一流学科建设研究生教学用书

# 高等高分子物理

**Advanced
Polymer
Physics**

刘引烽　张夏聪　编

化学工业出版社

·北京·

## 内容简介

《高等高分子物理》为高分子专业研究生课程服务，适合本专业研究生、高年级本科生及相关科研人员参考。内容编排主要包括链结构、凝聚态结构、溶液理论、转变与松弛和力学性能五大部分，融入基本概念和基本理论，并指出经典理论的不足与修正方法，对高分子物理领域新问题、新理论和新发展等拓展性内容深入浅出地加以介绍，与本科高分子物理课程内容紧密衔接并自然过渡，便于师生温故知新，也便于授课时自由取舍。

## 图书在版编目(CIP)数据

高等高分子物理 / 刘引烽，张夏聪编. —北京：化学工业出版社，2023.4(2025.3 重印)
ISBN 978-7-122-43002-1

Ⅰ. ①高⋯ Ⅱ. ①刘⋯ ②张⋯ Ⅲ. ①高聚物物理学-教材 Ⅳ. ①O631.2

中国国家版本馆 CIP 数据核字(2023)第 034080 号

责任编辑：王 婧 杨 菁
文字编辑：孙亚彤
责任校对：边 涛
装帧设计：韩 飞

出版发行：化学工业出版社
　　　　　（北京市东城区青年湖南街 13 号 邮政编码 100011）
印　　装：北京天宇星印刷厂
787mm×1092mm　1/16　印张 24$\frac{1}{2}$　字数 569 千字
2025 年 3 月北京第 1 版第 2 次印刷

购书咨询：010-64518888
售后服务：010-64518899
网　　址：http://www.cip.com.cn
凡购买本书，如有缺损质量问题，本社销售中心负责调换。

定　　价：79.00 元　　　　　　　版权所有　违者必究

# 前言

　　高等高分子物理或高聚物结构与性能，与高等高分子化学一起，作为专业基础课，通常为高分子化学与物理硕士研究生的必修课程。研究生课程教学本无需范本，各校自有其特色，授课教师也各有其思考，并各善其变通。

　　通行研究生本门课程的授课方法是，由高分子物理各领域之学者根据自己的专长各讲一论，讲义便也随师而变。对于以高分子物理研究为特色的高校而言，要落实这样的课程是相对容易的，但至于广大的普通高校，尤其是在高分子化学与物理硕士研究生专业已经相当普及但专业教师研究却并不专此的现状下，则勉为其难。

　　现行有些本科高分子物理课程的教材，内容非常丰富，但因本科阶段学时有限，无法全盘讲授，只能从中撷取基本部分进行讲解，其余部分则作为拓展内容置于硕士阶段学习。通行本科教材中，中国科技大学马德柱先生主编的《聚合物结构与性能》和何平笙先生的《新编高聚物的结构与性能》皆属上乘经典本科教材，其取名正代表了目前高分子物理课程所授之基本框架。其首版就是在早年我国高分子物理开创者钱人元先生于中科大授课及讲座笔记或录音基础上整理而成的，闪耀着循序渐进、鞭辟入里的智慧光芒，很多高校将之选为教材。马德柱先生新版上下编，由国内在高分子物理各方面卓有建树又卓有影响的大家共同执笔，将基础理论与新的发展有机融合，再版内容更加翔实，补充更多新成果，深入浅出地将浩如烟海的文献进行了优选和归纳，集领域当时先进之大成，实在是不可多得的好教材。何平笙先生的《新编高聚物的结构与性能》则融入作者几十年教学之心得，内容充实丰富，叙述亲和。何曼君等编著《高分子物理》（修订版）的章节安排独树一帜，体例独到，旁征博引，释理清明，原理与实证相辅相成，条分缕析，常令人豁然开朗，堪为该课程之圭臬。华幼卿、金日光编写的《高分子物理》等，与时俱进，不断更新。吴其晔等编写的《高分子物理学》在经典高分子物理基础上，补充了光电等功能特性，触及了高分子科学的发展前沿。这些为本科生撰写的教材各有千秋，并多有更新扩展，本科传授之余，亦可为研究生学习提供参考。但毕竟为本科生授课所编，直接用作研究生教学教材，非甚妥帖。

　　现有几种研究生用配套教材中，董炎明等编著的《高分子结构与性能》与本科内容一脉相承，在本科基础上做了调整，将溶液与分子量调整至链结构后，将聚集态结构部分后移，增加了作者对一些问题的理解，也增加了一些新的成果；励杭泉等所编《高分子物理》及胡文兵所编《高分子物理导论》不限于结构与性能关系这一材料学的逻辑，而是着眼于结构与运动的理论定位，前者以热力学和动力学为教材的基本架构，后者从链结构、链运动和链聚集三方面重新归纳整理了高分子物理基本知识；周啸与何向明所编《聚合物性能与结构》、陈平等的《高聚物的结构与性能》、何平笙的《高聚物的力学性能》（第2版）及傅政的《高分子材料强度及破坏行为》等研究生教材广受欢迎；殷敬华与莫志深所编的《现代高分子物理学（上册）》中更多是针对高分子及其复合材料的结构和复合体系的相容性及其热力学原理的介绍，尤其关注结晶结构；彭建邦等的《高分子链构象统计学》则专门介绍高分子链的构象统计学；严大东等的《高分子物理理论专题》专门介绍高分子体系的场论表述，以及用于处理高分子体系物理问题的一些常用的场论方法，包括自洽平均场理论、动态自洽场理论等，更适合物理学背景的学生。这些教材各有千秋，各校自编讲义又着眼于本校的研究成果或特色，旁人很难以点带面融会贯通地讲好这门系统性较强的课程。

上海大学1963年首届高分子方向本科生毕业，是国内较早设立高分子专业的院校之一。本教材基于上海大学高分子化学与物理专业学位课程高等高分子物理授课讲义而编写，主要目的在于教师授课有所本，学生学习有所依，双方皆得方便。书名中"高分子"为课程所涉对象，或为聚合物，或为高聚物，以一统之，当无有争议；冠以"高等"只是为有别于本科而已，就如同本科高分子化学之后研究生所学是高等高分子化学一样。而"物理"一词，则争议较多。便是本科高分子物理，尚有不同看法。因其中大部分内容看来只是属于结构与性能关系的材料学范畴，谈不上是关于高分子的物理学，因此，中科大等高校秉承钱人元老所授课程之名取作"高聚物结构与性能"实乃明智之举。但"高分子物理"这样的课程名和书名已沿袭了60多年，或将继续延续下去。凝聚态物理学中高分子链模型、构象统计热力学、溶液热力学、分子动力学、标度理论等内容，与高分子物理课程的主导内容均相吻合，故称之为高分子物理也未尝不可。不过高分子物理课程开课伊始便先将高分子物理定义为研究结构与性能之关系的学科分支，也开宗明义。综上为简便起见，本教材权称之为《高等高分子物理》。

本教材的编排体例与本科教学所用的《高分子物理》教材基本一致，但不涉及分子量及其分布以及高分子的热、光、电、磁等物理特性。对本科阶段已涉及的基本知识尽量简化，并尽力启发学生做更多的思考；在本科内容之外的材料选取方面，既考虑要反映前沿成果，也不能过于艰深，从而利于一般研究生学习。因此所选扩展内容以本校相关专业研究生们普遍能接受的程度为限。若能惠及其他普通高校，为高分子化学与物理专业硕士研究生必修课程的教与学服务，也不啻聊有所慰。

全书共六章。第一章绪论，主要简述高分子物理的任务及其与凝聚态物理的关系。第二章介绍高分子的链结构，增加了高分子链的旋光性问题、对蠕虫状链均方末端距推导的辨析，同时增加了对分子模拟与分形理论的简单介绍。第三章涉及高分子的凝聚态结构，着重于高分子链在晶体中的构象分析，同时增加了单链凝聚态结构模拟与性能、等温结晶过程 Avrami 方程及对次级结晶的修正、非等温结晶动力学的研究方程等。第四章高分子溶液，对溶剂的选择、溶液热力学与溶液动力学等均有所讨论，对最低临界共溶温度（LCST）体系也运用 DLVO 理论加以分析，对聚电解质溶液理论进行了较为详细的介绍。第五章高分子的转变与松弛，重点介绍了玻璃化转变的热力学理论及其发展，讨论了物理老化现象、拉伸流动及黏流的数学模型。第六章从材料力学角度对高分子力学性能进行分析，介绍了应力状态分析和应变状态分析，从不同角度推导橡胶状态方程及其修正，着重介绍了等效自由旋转链的非高斯链校正方法，介绍了几种黏弹性模型及动静态黏弹行为参数间的转化方程、黏弹性的分子理论，对材料的屈服和断裂也作了较为全面的介绍。

需要说明的是，为叙述简便，本书未对高分子的各种名称加以区别，均统一为"高分子"，而不管其来源于合成还是天然，也未管其分子量之高低，聚合度之多寡，但直引原文者除外。关于高分子的分子量，本书统一简称为"分子量"。

此外，材料工程专业涉及高分子领域研究方向的研究生有材料工程基础之类的学位课程，也可以选择《高等高分子物理》作教材或参考。此类课程应反映高分子方向的基础理论知识、现代科学技术方法以及模拟方法和软件的应用，其根本任务仍是解决结构-性能-应用三者间相互关系的问题，与高分子物理的核心内容相一致。因此，作为研究结构与性能关系的高分子物理也是高分子材料工程方向研究生必须掌握或了解的重要基础知识。

自 1988 年工作以来，本人一直从事高分子物理本科教学，从事高等高分子物理研究生教学也有 10 多年了，将这些年来的教学内容总结出版，将讲义化为出版物，以供学生在课程学习之时有所借鉴和参考，从而能在即将离开我所热爱的教学工作之前做一点最后的贡献，助力学生的进步与成长，也是我的初心和使命。

在此我要感谢我校在我之前讲授这门课程的姜传渔老师和吴若峰老师，是他们奠定了我校研究生高分子物理教学的基本框架。我也要感谢在我讲课的这十几年时间里，课题组的华家栋先生孜孜不倦的教诲，以及广大学生们对本课程所给予的大力支持。编撰本书，除参考众多教科书外，也包括了很多原始论文，并融入了本课题组的科研与教学成果，这里向所参考书籍和论文的作者们表示诚挚的谢意！向为本书付梓艰辛付出的编辑表示诚挚的感谢！同时感谢上海大学为本书出版提供资助。限于编者学识和眼界，材料选取存在不妥之处，理解上的疏漏实属难免，敬请读者批评指正，不胜感激！

刘引烽

2023 年 1 月于上海大学

# 目录

# 第四章　高分子溶液　155

# 第五章　高分子的转变与松弛　216

# 第六章　高分子材料力学性能　　272

# 第一章　绪论

　　自 Staudinger 创立高分子科学以来，高分子科学与工程得到了飞速的发展，取得了令人瞩目的成就。时至今日，无论是我们日常生活、工农业生产还是高端科技领域都离不开高分子材料的应用。可以说，合成有机高分子材料的出现是材料发展史上的一次重大突破，这些材料的使用推动了人类社会的进一步发展。同时，大量的高分子化合物及高分子材料的出现与应用，为物理和化学、生物和医药、电子和通信、机械和力学、环境与生态等学科理论研究提供了丰富的素材，推动了这些学科领域及其交叉学科领域的理论发展。

## 第一节　高分子科学发展简史

　　著名化学家傅鹰先生曾经说过："化学给人以知识，化学史则给人以智慧。"这句话可以拓展成为"科学史给人以智慧"。了解一门学科，我们都会从学科背景出发，首先介绍学科发展史，就是希望受众能从中了解学科在发展过程中所经历的曲折与艰辛、争鸣与求实、机遇与挑战，了解基本概念、原理、定律或假说的产生、沿革和发展的历史背景及重要意义，通过考察科学家的生平和发现发明的过程，认识科学研究的内在动力和外在机遇，从中得到启迪，获得智慧，从而进一步有机地结合到自身的学习、科研和生活中。经过高分子物理和高分子化学课程的学习，我们对高分子科学的发展史并不陌生，也同样希望大家能从中得到启发，受到教育。高分子科学的历史与其他学科一样，都经历了从蒙昧到萌芽，到争鸣，到建立和发展等历史阶段。这里我们做一简要的回顾。

### 一、高分子科学的蒙昧时期

　　从地球上出现生命开始，高分子就随之诞生，因此，高分子在地球上的出现可以追溯到 35 亿年前。而人类不仅自身与高分子密切相关，其衣食住行各方面也都离不开高分子。阿米什人（Amish）拒绝现代化，固守 500 年前的生活，但却无法拒绝高分子材料的应用；Irotatheri 村土著居民虽然被现代生活所遗忘，但也处处被高分子材料所包围。早期用来遮羞的树叶以及用以保暖的皮毛、棉、麻、丝等天然高分子材料成为人类身上的衣着材料；果腹的粮食、菜蔬纤维、动植物蛋白等高分子则成为人类赖以生存的营养来源；茅草树木、桐油大漆等高分子材料则为人们遮风挡雨、建房搭棚提供了材料；竹排树筏、车辇华盖等交通工具及其装饰也离不开高分子材料。天然高分子既可以直接应用于人类社会，也可以通过机械加工改造后应用，如经过缫丝工艺将蚕丝制作成精美的绫罗绸缎，利用棉麻制造绳索、草鞋和将棉麻用于造纸，利用天然大漆通过日晒氧化制备熟漆，等等。现代词汇中的"索绪""集绪""丝绪"等词汇均来源于早期我们祖先对蚕丝的加工应用。苏东坡词"夜阑风静縠纹平"的"縠"是一种绉纱，在藁城台西村商代遗址出土的商代丝织品中就有"縠"，研究发现早在 2600 多年前我国就有很高的纺织技术，其捻度达到了 2500 捻/m，说明有捻纺工具存在；而 10 万年前的大同许家窑遗址发现早期人类已会用投石索击打野兽，表明那时已有绳索出现；等等。自然界中广泛存在的天然高分子为人类的生存生活提供了丰富的材料，但直到 19 世纪中叶，人们对高分子的结构还一无所知，处于高分子科学的蒙昧时期。

## 二、高分子科学的萌芽时期

19 世纪中叶开始，一些化学家、发明家在进行化学实验的时候，无意中对天然高分子材料进行了改性，将纤维素改性成为战场上的火棉即硝化纤维素（C. F. Schönbein，1845）、高档梳妆用品硝酸纤维素塑料（俗称赛璐珞）（W. John 和 I. S. Hyatt，1868）等，将黏稠的天然橡胶通过硫化改造成了弹性体（C. Goodyear，1839）；也有意对天然高分子如纤维素进行了成分和结构分析（H. E. Fischer，1893），对高分子的长链结构有所设想。20 世纪初人们在实践中也合成了一些高分子而不自知，例如，通过裂解天然橡胶得到了单体（G. Williams，1860），又使之重新聚合而成了聚异戊二烯（F. G. Bouchardat，1875），合成了二甲基丁二烯橡胶（L. Kondakov，1900）；用苯酚与甲醛混合产生黏性物质（A. Bayer，1872），经改进制造了酚醛树脂（L. Baekeland，1908）和酚醛黏合剂（L. Baekeland，1909），还有 1926 年的醇酸树脂和 1929 年的脲醛树脂，用氨基酸缩合反应制备了十八肽（H. E. Fischer，1906）等。尽管此时人们仍然对高分子本身的结构缺乏了解，对其结构本质尚不明了，但开始对高分子有些兴趣了，这就构成了高分子科学的萌芽时期。

## 三、高分子科学的争鸣与创立时期

20 世纪初，正是胶体化学蓬勃发展时期，人们把对胶体化学的认识也扩展到了高分子体系中。由于高分子所测分子量不稳定、分析提纯困难、熔点和沸点不固定等特点与胶体体系极为相似，因此用胶体学说来解释高分子体系和现象就顺理成章。1920 年，Hermann Staudinger（1881—1965）发表了《论聚合》（*Über Polymerisation*），详细阐述了其高分子链的思想，预言了聚苯乙烯、聚甲醛、聚异戊二烯等长链结构式。这一划时代的伟大论文成为高分子科学创立的标志。论文发表后，立刻引起了科学领域的极大反响，批评声一时不绝于耳。但这场争论没有持续多久，就被一个个新的支持高分子存在的实验现象所平息。1926 年，在德国杜塞尔多夫自然科学研究者会议上，Staudinger 还是孤军奋战，同行们给他的忠告是："抛弃大分子的概念吧，绝对不会有那样的事！"但到1930 年，在法兰克福有机与胶体年会上，化学家们就已经基本承认高分子科学学说了，反对者只剩下一人。会议上对高分子的争论焦点转至聚合度是多少的讨论。高分子学说的成功主要得益于科学界对高分子开展的大量研究，包括对高分子的分析提纯和对分子量的测定。在激烈的争鸣时期之后，大约在 20 世纪 30 年代末迎来了高分子科学的建立。Staudinger 为此获得了 1953 年的诺贝尔化学奖。

## 四、高分子科学的发展时期

在高分子学说尚处在争鸣与初创时期，一些国际大公司嗅到了商机，不遗余力地开展高分子合成研究和产品开发。美国杜邦公司聘请了年仅 30 岁的 Wallace H. Carothers 为聚合物部主任带领研究人员，投入 2700 万美元对二元酸与二元醇或二元胺的缩聚展开研究；德国法本公司则聚集了以 Staudinger 为首的科学家对各种烯烃的加成聚合展开研究。杜邦公司 1934 年从注射器中挤出了尼龙（聚酰胺）丝，1940 年实现了尼龙的商品化，第一年就销售了 6400 万双尼龙袜；在 1929~1932 年间，法本公司几乎每天合成一种新的高分子，成绩显著。在欧美这两大公司的带动下，多种高分子得以合成，其中一部分还实现了工业化。

与此同时，高分子合成方法和高分子结构研究都得到了迅速发展。比较重要的成就包括 20 世纪 50 年代 Karl Ziegler 和 Giulio Natta 的配位聚合催化剂的发明，合成了高分子量的高密度聚乙烯（HDPE）和等规聚丙烯（PP），使合成高分子的结构从无规走向有规，该成果获得了 1963 年的诺贝尔化学奖；Michael Szwarc 发现活性离子聚合方法，之后一系列活性离子聚合与活性自由基聚合方法相继发明；Paul J. Flory 从聚合反应理论转向高分子构象统计理论、高分子溶液热力学和动力学研究以及对玻璃化转变现象的探索，建立了高分子物理的基本框架，为此他获得了 1974 年的诺贝尔化学奖；Paul Berg 创立了一系列的基因分离和连接技术，Frederick Sanger 和 Walter Gilbert 分别设计建立了酶法和化学法用以测定 DNA 中核苷酸序列，为此而获得了 1980 年的诺贝尔化学奖，其中 Sanger 曾因确定牛胰岛素结构而获得 1958 年诺贝尔化学奖；Robert Bruce Merrifield 发明了多肽固相合成技术，1964 年他用此法合成了 9 个氨基酸残基的舒缓激肽，仅用时 8 天，而以往则需要一年左右，因此他获得了 1984 年的诺贝尔化学奖；Donald James Cram、Jean-Marie Lehn 和 Charles J. Pedersen 发现冠醚和多环穴状配体，开创了超分子化学，这些具有特殊结构和性质的环状化合物的发现，为实现合成与天然蛋白质功能一样的有机化合物做出了开拓性贡献，获得了 1987 年诺贝尔化学奖；Pierre-Gilles de Gennes 创立了标度理论，获 1991 年诺贝尔物理学奖；Alan J. Heeger、Alan G. MacDiarmid 和白川英树因在聚乙炔等导电高分子合成与导电机理研究方面的成就获得了 2000 年的诺贝尔化学奖；William S. Knowles、Ryoji Noyori 和 K. Barry Shapless 在不对称催化反应领域研究取得了重要成果，为手性单体合成创造了新的条件，获得了 2001 年诺贝尔化学奖，其中 Sharpless 因在点击化学方面的开创性工作分享了 2022 年的诺贝尔化学奖；Yves Chauvin、Robert Grubbs 和 Richard Schrock 阐明了烯烃复分解反应机制，同时开发出实用有效的新型反应催化剂，为新的烯烃单体合成、拓展高分子化合物新品种设计开辟了道路，获得了 2005 年诺贝尔化学奖；Jean-Pierre Sauvage、J. Fraser Stoddart 和 Bernard L. Feringa 因在分子机器设计与合成方面的创新性贡献获得了 2016 年的诺贝尔化学奖。此外，John B. Fenn、田中耕一和 Kurt Wüthrich 将质谱和核磁共振技术成功地应用于生物大分子的结构分析而获得 2002 年的诺贝尔化学奖，Jacques Dubochet、Joachim Frank 和 Richard Henderson 采用冷冻电镜方法用于溶液中生物分子结构的高分辨测定而获得 2017 年的诺贝尔化学奖，等等。

这些成就为高分子科学体系的建立、充实和完善奠定了基础，使高分子化学和高分子物理学逐步形成了独立的学科方向。现代仪器设备在高分子领域中的应用大大拓展了高分子材料的表征技术，而尖端科技、极端条件下材料应用需求导向对材料设计提出了更高的要求，高分子的分子设计应运而生；与此同时，高分子的工业应用促使了高分子合成工业和成型加工工艺的方法创新和理论发展，导致高分子材料工程日益兴旺。高分子科学与高分子工程的架构逐渐明朗，促使新兴的高分子科学与高分子工程两大体系迅速发展。

在高分子研究机构方面，1940 年 Staudinger 在德国弗莱堡成立了大分子化学研究所（Institut für Makromoleculare Chemie），几乎同时，Hermann Mark 在美国 Brooklyn 工业研究院（现纽约大学工业研究所）成立了聚合物研究所。之后高分子研究所便在全球相继成立。我国第一家高分子研究所是徐僖院士在成都工学院（现四川大学）成立的。1947 年，IUPAC 在比利时召开了第一届世界聚合物大会（World Polymer Congress），目前每两年举办一次，已成为高分子界影响力最大的盛会；国内 1987 年以来，与世界聚合物大会交错，每两年举行一次国内高分子年度学术讨论会，每次会议都吸引大批优秀的高分子工作者参加。为了便于交流，在原先化学类杂志的基础上又创刊了一批高分子相关杂志，国际上最早的高分子专业杂志是 1940 年由 Staudinger 创办的《Polymer》；国内则是由中国化学会1957 年创办的《高分子通讯》，它是目前我国高分子界专业杂志《高分子学报》的前身。

在教育方面，著名高分子科学家 Flory 自 1953 年起在美国康奈尔大学开始培养高分子人才，为此他撰写了著名的《聚合物化学原理》，这本经典教材至今仍是重要的参考书。国内北京大学于 1953 年起招收高分子专业研究生。随后高分子学科的本科专业便逐步在各理工类院校相继设立。

## 五、高分子科学新时期

20 世纪中叶，高分子材料异军突起，引起了材料领域的重大变革。高分子材料以其优良的力学特性，以及原料来源广、加工制造方便、品种繁多、形态多样、用途广泛、省能节资、成本低廉、效益显著等优势，在材料领域中的地位日益突出，其产量增速最快，在材料中所占份额也越来越大。高分子工业既满足了人们日常生活的各种需要，也为工农业生产、尖端技术、国防建设提供了大量的产品。高分子材料是国民经济和现代社会生活中不可缺少的品种，它和金属材料、无机非金属材料以及复合材料一起形成了多种材料共存的格局，其使用量从体积上仅用 30 年时间就远超金属。从某种意义上讲，人类已进入了高分子合成材料的时代。

进入 21 世纪以来，特种高分子材料领域成为高分子科学的研究热点。一方面高分子在向更强、更耐高温或更耐低温等极端环境的高性能工程材料方向发展，同时也在向与高效合成化学、有效分离技术、光电磁声学交叉方向发展，同时，为生命科学的进步和发展开展了广泛而深入的研究。

与其他材料相比，高分子材料的耐温性、耐磨性等不尽如人意。为了应对极端条件，需要耐高温或耐极低温材料，需要有超强度、超耐磨材料；为了应对航空航天和各类导弹的需求，需要开发耐烧蚀材料。显然一般高分子材料难以胜任，一大批具有高性能的高分子材料应运而生。具有高强度、高模量和高耐热特点的工程塑料在机械工业、国防科技、交通工具中都得到了广泛的应用。

为了提高化学反应速率和选择性，高分子试剂及仿照天然酶结构的高分子催化剂走上历史舞台；高分子固相合成方法使生物活性蛋白的合成周期大大缩短；模板聚合的方法使生物复制在实验室进行成为可能。离子交换树脂、螯合树脂为电子工业、原子能工业提供超净水及富集有用的金属离子；拆分树脂为手性药物纯化或制备提供了简便易行的分离手段；仿造具有优良分离功能的生物膜结构，一批具有分离功能的反渗透膜、超滤膜、电渗析膜、气体分离膜等材料得以开发和大规模应用，在污水处理、海水淡化、纯净水制备等方面发挥着越来越重要的作用；高吸水性树脂使荒漠少水的地带披上了绿装；高分子絮凝剂使废水处理简便易行。为了实现信息的高速、高保密性传递，光纤材料发挥了重要的作用；有机高分子的非线性光学材料因具有高的非线性系数而被积极研发，使倍频器件、光开关、光存储器迅猛发展；与大规模集成电路相配套的光刻胶不断进步，为芯片集成度的不断飙升提供材料的支持。由导电高分子衍生出来的光电高分子材料成为新兴的研究热点，聚苯胺、聚噻吩等共轭聚合物及其衍生物相继研究开发，光致发光和光致变色、电致发光和电致变色以及聚合物发光二极管（PLED）柔性显示等一大批光电功能高分子材料被开发和应用，为新能源电极和电解质提供了新的材料选择。具有自我诊断、自我愈合、自我修复的仿生智能材料方面也得以广泛研究，取得了一系列成果。这些功能高分子材料的发明展示了高分子材料的独特魅力。

　　生物医用高分子材料因其具有良好的生物相容性和易加工性而得到了广泛的应用，遍及诊断、医疗、药剂和医用器械等多个领域，例如血袋、导管等医疗用品及手术工具，基因诊断方法及生物传感器，医疗植入物和人工脏器，靶向和控释药物制剂，组织工程皮肤和软骨，等等。人工肾、人工心脏、人工心脏瓣膜、人工皮肤、人工血管等人造脏器已完成了动物实验，逐步获得临床应用，使尿毒症病人、心脏衰竭患者、肢体残缺人士等有了重生和正常生活的希望；缓释药物、靶向和控释药物使药物有效成分在血液中和特定部位维持正常浓度的时间大大延长，有效提高了治疗效率；组织工程材料的出现使损伤修复趋于完美；等等。这些生物医用高分子材料的发展为人类生命健康和生活品质的提升提供了材料保障。

　　在各种材料中，高分子材料的结构最为复杂。对复杂体系的研究方法必须首先对复杂的体系做简化处理，在取得本质的规律后再将其简化的条件一一去除，逐步还原本真，恢复其原来面貌，从而得到真实结果。因此对高分子结构的研究是从近程结构向远程结构、再向凝聚态结构和织态结构逐步深入的，我们对高分子材料结构的认识也从局部向整体发展。与物理学家看高分子不同，在结构上我们不仅需要把高分子抽象成链，我们还要了解其链的组成。因此我们对高分子结构的认识是从点（零维，单体）开始，到通过化学键将其连成高分子链的线（一维，线性高分子和支化高分子），或高分子链的面（二维，梯形、面形或层状高分子），或高分子交联网络的体（三维，体型网络或树状大分子）的链结构；其中要包括由不同单体组成的嵌段共聚物或接枝共聚物、不同构型的结构单元组成的空间立构与几何立构形式，再到链在空间的形貌和几何尺寸，单链结构清楚了，再扩展到链和链之间的有序、部分有序或无序的堆砌方式，包括嵌段或接枝共聚物的双螺旋交织或各种胶束结构等自组装产生的复杂形貌（凝聚态结构与织态结构），以及与其他高分子形成的共混体系、与其他化合物分子或凝聚体粒子间形成的混合结构（复合结构）等，逐步深入了解高分子体系的不同层次结构；从静态的结构到动态的转变，了解其热力学本质和动力学过程，从而对高分子材料所具有的独特的性质能够从结构与变化的本质上加以阐述。对高分子体系研究所得的一些方法和理论也可以拓展至其他凝聚态和其他软物质。

　　对高分子材料的研究手段近年来有了很大的发展，这些方法既包括实验方法和理论方法，也包括计算机模拟研究方法。实验方法依赖于化学实验原理和各种先进的仪器测试技术，如 XRD、GPC、DSC、SEM、TEM、STM、AFM、SALS 等，对高分子内部的微观化学结构和不同层次的物理结构进行分析表征，对宏观的力学性能和热性能、光电磁声等物理性能以及化学和分离等功能进行测定，从而详细了解高分子的微观结构与各种宏观性能间的关系，探索规律性的结论。理论方法是通过物理化学原理、统计力学原理、量子力学原理、热力学与动力学原理等对高分子体系在相关条件设定的基础上推导体系的热力学参数、动力学参数、电子或光谱性能参数等，再与实验结果进行比较，从而了解这些物理化学性能的结构本质与环境影响。计算机模拟研究则是借助于电子计算机技术，运用量子力学、分子力学、分子动力学、Monte Carlo 等方法对分子中各原子或粒子的位置情况进行统计分析，以获得最可几状态及各种状态间变化的最佳途径，从而了解电子跃迁的能隙与机理、共聚物单体序列结构、分子链构象变化与链尺寸、链的运动方向与速率、转变与松弛、化学反应过程的反应路径和原理等相关参数。这些研究大大丰富了现代高分子科学的内涵。

# 第二节　高分子科学与工程

高分子科学与工程是高分子科学研究及其工程应用的综合，它是研究高分子合成方法与原理、不同层次的化学与物理的微观结构及其运动与转变、高分子材料的性能或功能特点及本质、高分子材料成型加工技术与理论、高分子材料应用及失效机制等解决高分子科学本质与高分子材料工程实际问题的学科，在高分子工程方面主要涉及聚合反应工程、高分子成型加工工艺、高分子材料应用和服役极限等工程问题。高分子材料的不断发展是高分子科学与工程建立与发展的基础，而高分子科学与工程又为高分子材料的发展提供了理论依据和实际目标。

## 一、高分子材料的重要性

高分子材料的重要性是不言而喻的。首先，从人类历史划分的角度看，它代表了一个时代即高分子时代的到来。人类文明的发展阶段是通过人们手中所使用的工具来划分的。当人们只能捡起有特定形状的石头或打磨石块来帮助狩猎和采摘野果时，人类还处于石器时代。当人们学会了冶炼，制造出锋利的青铜战剑来战斗、捕猎，用青铜制品盛放琼浆美味的时候，人类就步入了青铜时代。当铁制品大量运用于武器、农具和生活的各个方面时，人类又进入了铁器时代。铁器时代延续了三四千年，直到被高分子材料时代所打破。

高分子材料在人类经济和生活中已起到重要的作用，高分子材料是经济体系的重要组成部分，在工业、农业、能源、国防、通信、交通、建筑等各方面都有广泛的应用，与我们的日常生活也密切相关。人类的生活已离不开高分子材料，它给我们提供了丰富而美丽的衣饰、美味健康的食品、舒适温馨的住房以及便利快捷的交通出行。

高分子材料与生命也息息相关。无论是植物、动物还是微生物，就是我们人类自身，都离不开高分子。蛋白质、核糖核酸或脱氧核糖核酸、多糖等生物大分子是构成我们生命的重要物质，在维持新陈代谢、安排遗传密码、支撑身体机能等各方面都起着重要的作用。

有人曾问过这样的问题，至今为止，你认为化学对科学、对社会的最大贡献是什么？英国皇家学会前主席 Lord Todd 曾在 1980 年发文回应说："我倾向于认为，化学界最大的事件可能是聚合反应的发展，它已经对日常生活产生了极大的影响。如果没有了合成纤维、塑料、弹性体等，世界将完全不同。即使是在电子领域，如果没有绝缘材料，你能怎么办？到那时你还得重新找到聚合物。"这可能是关于高分子科学重要性的最好注解。

## 二、高分子科学与工程框架

高分子材料的飞速发展和广泛应用得益于高分子科学的建立与发展，也得益于高分子工程的建立与应用。高分子科学与工程的发展为材料科学与工程的进步与发展作出了重要的贡献。

### （一）高分子科学

高分子科学包括高分子化学、高分子物理、高分子成型加工、高分子表征和高分子分子设计。

高分子化学是研究高分子化合物的合成和高分子化学反应的学科。它是高分子科学的基础，为高分子材料的制备奠定理论基础。

高分子物理是研究高分子结构、性能及其相互关系的学科。它为高分子化学服务，也为高分子材料的应用奠定基础。

高分子成型加工研究高分子材料通过特定方法加工成所需结构形状的产品的过程。常见的方法是通过加热使得高分子材料受热熔化，再通过成型设备加工成型。如运用注塑、挤出、模压、压延、压注、吹塑、滚塑、吸塑、发泡、喷涂、旋涂、浇铸、流延、浸渍、手糊、纺丝、静电纺丝等方法将高分子加工成所需的形貌。

高分子材料的合成及研究离不开缜密的测试表征手段。先进的测试方法及测试仪器能够更加直观、细微地观察材料的结构及形貌，从而从深层次上揭示材料结构与性能的关系。

高分子分子设计指根据需要设计高分子材料的组成及结构，从而合成具有指定性能或功能的高分子材料。

高分子科学各分支间的相互关系可用图 1-1 表示。

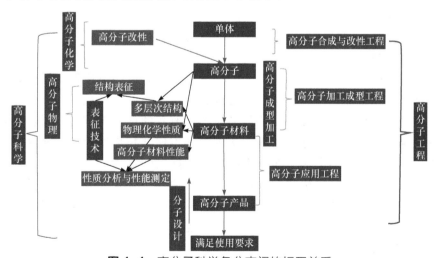

**图 1-1**  高分子科学各分支间的相互关系

### （二）高分子工程

作为高分子材料领域的另一个重要方面是高分子工程。高分子工程是研究高分子材料合成与改性、高分子材料成型与加工、高分子材料应用与服役等工程领域问题的分支。它包括高分子合成与化学改性反应工程、高分子加工成型工程和高分子工程应用三大方面。

高分子合成与化学改性反应工程是化学反应工程的一个分支，它以工业聚合与材料化学改性过程为主要对象，以聚合与化学改性反应热力学、动力学和传递过程（包括流动、传热和传质）理论为基础，研究聚合与化学改性反应设备的设计、操作和优化等问题。

高分子加工成型工程主要研究高分子各种成型方法的原理、加工设备及其机械设计、加工流变学、传递过程、成型条件对高分子材料结构与性能的影响，以及高分子动态加工成型新方法和高分子加工改性原理及运用等。

高分子工程应用是一个系统工程。因为高分子材料的应用不仅需要考虑高分子本身的结构与性能，更要与工程要求相结合，体现高分子的优良性能，保障工程质量，同时对环境友好，安全可靠并可持续发展。例如高分子在海水淡化中的应用过程，就涉及分离膜的应用设计，包括膜的孔径、膜与水的相互作用等低层次结构设计，同时在高层次结构上要将膜设计成中空纤维组件，以扩大膜与水的接触表面积，在尽可能小的空间中获得较高的分离效率，还需要和絮凝或微滤等前道组件配合，以去除较粗的杂质等，涉及组件的选择分离效率、水通量、制造成本和运行成本与安全等工程基本问题，同时还需要综合考虑其对社会、健康、安全、环境、可持续发展，以及法律和文化等诸多方面的影响。

## 三、高分子学科的发展趋势

### （一）通用高分子材料

高分子从应用性状可分为塑料、橡胶、纤维、涂料和黏合剂五大品种。通用高分子材料主要包括上述高分子材料的通用品种，如聚丙烯（PP）、聚乙烯（PE）、聚苯乙烯（PS）、聚甲基丙烯酸甲酯（PMMA）、聚氯乙烯（PVC）、ABS树脂等，以及在结构件中得以广泛应用的工程品种，如聚甲醛、尼龙、聚酰亚胺、聚醚醚酮、聚苯硫醚等。通用高分子材料正向着高性能、多功能、低污染、低成本方向发展。高分子材料及其复合材料合成与制备的高效性与可控性，高分子材料成型加工的新方法和新原理，通用高分子高性能化、功能化的方法与理论，高分子材料的构效关系、材料的稳定与老化、环境友好高分子材料的设计与制备、高分子材料的循环利用与资源化等都是其重要的研究与发展方向。在通用高分子合成方面，通过新型聚合催化剂的研究开发、反应器内聚烯烃共聚合金技术的研究等来实现聚烯烃树脂的可控性合成、高性能化并降低成本。高性能工程塑料的研究方向主要集中在研究开发高性能与易加工性兼备的材料。通过分子设计和材料设计，深入、系统地研究高强度高分子材料制备中的基本化学和物理问题，研究其多层次结构的控制方法及其对性能的影响，在认识结构与性能之间本质联系的基础上，寻求加工性能、高性能与成本的综合平衡。合成橡胶方面，通过研究合成方法、化学改性技术、共混改性技术、动态硫化技术、互穿网络技术、链端改性技术与增容技术等来实现橡胶的高性能化。在合成纤维方面，特种纤维、高性能纤维、功能性纤维、可穿戴功能设备织物载体以及差别化和感性化纤维的研发仍然是重要的方向。同时生物纤维、纳米纤维、新型高分子纤维的研究和开发也是纤维研究的重要方向。在涂料和黏合剂方面，环境友好及特殊条件下使用的高性能涂料和黏合剂是发展的两个主要方向。就我国高分子工业所存在的主要高分子材料品种在制备、改性和加工领域的一些共性难题开展攻关，针对国家重大战略需求的新型有机高分子材料和成型加工技术开展相关研究等都是重要的研究方向。

### （二）功能高分子材料

功能高分子材料包括化学功能高分子材料、分离功能高分子材料、光功能材料、电磁功能材料、致动材料等能量传输和能量转化材料。在化学功能领域，高分子化学反应试剂、高分子催化剂和固定化酶在有机合成、药物分析与筛选、组合化学、仿生法分子合成等化学反应中，发挥了独特的高分子效应。如何向生物学习，进一步提高化学功能高分子所参与反应的速率和选择性是其重要的方向，例如光解水制氢、光催化人工光合作用的光催化剂目前大多着眼于无机半导体催化剂，而自然界中参与此类反应的都是大分子，无疑仿酶催化将是在这一领域取得突破的关键。在吸附分离材料领域，离子交换树脂和螯合树脂、拆分树脂、高分子分离膜、高分子絮凝剂和高吸水性树脂等，无论是在制备方法还是在机理探索，以及功能特性与高分子结构的关系方面都有长足的进步，实现了分离材料结构与材料分离性能的预测、调控与优化。但在完成生物膜单向选择性输送物质与能量方面仍需要努力，需要通过分离膜与生化技术的集成，实现合成高分子分离膜材料的强度与可加工性能以及天然生物膜的特殊选择性、传导性与生物活性的有机组合；对于吸附分离树脂，不直接利用生物配体，而是通过模拟亲和作用及超分子化学的多重作用（分子识别）来设计合成具有分子识别特征的高选择性吸附树脂材料，具有重要的理论意义和实用价值。新型印迹高分子材料的设计与制备及选择性分离功能的研究对于高分子材料工程应用也是重要的发展方向。

　　光电磁声等功能高分子材料作为新一代信息技术的重要载体，在 21 世纪整个信息技术的发展中占有极其重要的地位。超高折射率和超高硬度的光学塑料、低损耗和特种功能的塑料光纤材料、高性能有机非线性光学材料、分子导线、刺激响应性材料、柔性显示、超高密度高分子存储材料、高分子生物电子和传感材料及其器件一再成为研究和关注的热点，其高性能化、稳定性、低成本和环境友好的要求无疑成为光电磁声等功能高分子材料应用的关键。而新型功能高分子材料的设计、模拟与计算、合成与组装，分子纳米结构的构筑，分子电子器件的研究与应用，智能与仿生高分子材料的新概念设计原理与制备方法，超分子及多级结构的高分子材料可控性制备、组装及其功能化等都是未来发展的重点。

## （三）生物医用高分子材料

　　健康与生命保障是人类永恒的追求。在此领域不仅要发展疾病诊断材料与器械，也要发展治疗、修复或替换其病损组织、器官或增进其功能的材料和医疗方法。生物医用功能高分子材料广泛用于疾病诊断与治疗、组织器官再生和功能替代、生物体免疫调控、生物安全控制等方面。不断开发智能、绿色、经济和高效的生物医用高分子材料是人们不断追求的目标。针对生物相容性、生物可降解性、人体病变组织环境改变的刺激响应性、磁响应性、亲疏水性及结晶性等需求，人们对生物医用高分子材料进行了广泛的研究。诊疗用高分子载体形貌和尺寸的可控性制备及其功能化，将用于生物特性诊断的活性物质（如同位素修饰、磁性修饰、抗体或抗原、DNA、配位体或激素等）有效引入与有效发挥作用，以及具备多重响应性是实现对病毒、细菌、细胞及体液等不同尺度对象进行有效示踪、化验、诊断和治疗的关键。生物医用材料的研究与应用，已从简单的植入发展到再生和重建有生命的组织和器官；从大面积的手术损伤发展到微创伤手术治疗；从暂时性的组织和器官修复发展到永久性的修复和替换；从药物缓释发展到控释、靶向释放等，与此相关的材料及其器件的功能设计与制备、可靠性试验与生物安全性评价、材料的预期寿命与失效带来的健康风险、材料的降解与可吸收性以及材料制备的绿色化与低成本等是其主要的研究方向。目前，人工脏器置换手术失败的一个重要原因是材料的抗凝血性能不足，需要尽快解决医用高分子材料的抗血栓问题；而使人工脏器能完全取代病变脏器植入体内，则要求高分子材料本身具有生物功能，发展新的适合医学领域特殊需要的专用高分子材料也已成为该领域发展方向的共识。此外，积极推广生物医用高分子材料的已有成果在临床医学上的应用以造福更多的患者，是值得努力的另一个方向。

## （四）高分子材料与环境友好

基于石油资源的合成高分子材料已得到了大规模的应用，在带给我们方便的同时也带来了环境污染的问题，而且在 50 年后将面临石油资源逐渐枯竭的威胁。因此，基于可再生的动物、植物和微生物资源的天然高分子将有可能成为未来高分子材料的主要化工原料。其中最丰富的资源有纤维素、木质素、甲壳素、淀粉、各种动植物蛋白质、脂质及多糖等。它们具有多种功能基团，可通过化学、物理方法改性成为新材料，也可通过化学、物理及生物技术降解成单体或低聚物用作化工原料。为解决环境污染问题，一方面生物降解高分子材料的研究已成为研究热点，另一方面废弃高分子材料的资源化利用也成为重要研究方向。生物降解高分子材料在 20 世纪末和 21 世纪初得到迅速发展，特别是一些发达国家的政府和企业投入巨资开展生物可降解高分子材料的研究与开发，已取得可喜的进展。生物降解高分子材料要求具有好的成型加工性及使用性能，在完成其使用功能后容易降解，同时还应降低成本。而实现废弃高分子材料的资源化利用，建设高分子材料绿色工程，是保护人类生态环境、实现资源充分利用、保证经济和社会可持续发展必须确实解决的全球性战略问题。

## （五）高分子材料加工

高分子材料的最终使用性能在很大程度上依赖于经过加工成型后所形成的材料的形态。高分子凝聚态主要包括结晶、取向、无定形等，多相高分子还包括相形态（如球、片、棒、纤维等）。高分子制品形态主要是在加工过程中复杂的温度场与外力场作用下形成的。因此，研究高分子材料在加工过程中外场作用下形态形成、演化、调控及最终"定构"，发展高分子材料加工与成型的新方法，对高分子材料的基础理论研究和开发高性能化、复合化、多功能化、低成本化及清洁化高分子材料有重要意义。目前这一学科前沿研究领域的主攻方向是研究在加工成型过程中材料结构的形成与演变规律，实现对材料形态的调控，探索新型加工原理和开发新加工方法。

另外，对于功能高分子材料和自组装超分子结构材料的加工正成为新兴的研究领域。例如通过新型的加工方法得到不同微纳尺寸的结构，将有机材料与金属及半导体材料一次性复合的新型复合成型技术等，在光电器件领域有重要的应用。

## （六）高分子材料科学与其他学科的交叉

高分子材料科学与数学、化学、物理、生物科学、生物工程、医学、信息、能源、生态环境、制造、交通、航空航天、海洋科学等的交叉，既促进了高分子材料科学本身的发展，同时又扩大了高分子材料的应用范围。例如，仿效生物体的结构或其特定功能制造仿生高分子材料是发展生物材料的重要途径；对有机高分子材料电子过程的研究使有机高分子材料科学与信息科学紧密结合，使有机塑料电子学成为一个重要研究方向；扫描探针显微镜和超高分辨率等现代检测技术的发展使有机高分子纳米材料的研究得以深入，固体核磁共振已成为阐明高分子中化学键变化、链间相互作用、多尺度结构与动力学演化，及其与宏观物理化学性质关系的有力工具。因此，如何发挥现代测试仪器在高分子微观结构分析、变化过程中间体捕捉与分析等方面的作用，是深入了解高分子结构与性能本质问题的关键，也是在分子尺度上对高分子进行观察、切割改造和组装的重要手段。

# 第三节 高分子物理学与凝聚态物理

## 一、高分子物理

20 世纪 20 年代高分子科学诞生后，有关高分子物理的研究也逐步开展。在分子量测定方面，1930 年 Staudinger 提出高分子分子量与其稀溶液黏度间存在一定的比例关系，20 世纪 40 年代由 Houwink、Mark 和 Sakurada 等对此进行了校正，成为黏度法测分子量的依据，P. Debye 和 B. H. Zimm 又建立了测定高分子重均分子量和链尺寸的光散射法；1930 年，K. Herrmann 等开始对合成高分子的晶体结构建立模型，与此同时，W. Kuhn 则首先采用统计原理研究了纤维素的断裂问题，之后 W. Kuhn、E. Guth 和 H. Mark、H. M. James 等又运用统计理论分别对高分子长链开展了构象统计、稀溶液黏度、流动双折射和橡胶弹性等问题的研究；在高分子溶液方面，P. J. Flory、M. L. Huggins 等创立了平均场理论，P. E. Rouse 和 B. H. Zimm 建立了溶液中高分子链的动力学理论并拓展至高分子熔体；J. D. Watson 和 F. H. C. Crick 发现 DNA 呈双螺旋结构，丰富了大分子的织态结构；Zigler 和 Natta 通过配位聚合方法实现了高分子的定向聚合，使高分子晶体结构的研究进一步深入，也促进了聚烯烃凝聚态结构表征技术的发展；针对玻璃化转变，J. H. Gibbs 和 E. A. DiMarzio 在 Flory 统计力学理论基础上提出了热力学理论，A. V. Tobolsky、M. L. Williams、R. F. Landel 和 J. D. Ferry 等详细研究了高分子材料的各种转变与松弛现象，提出了 WLF 方程，为自由体积理论提供了依据；而对高分子力学性能的研究，则在二元件模型的基础上，R. N. Haward 和 G. Thackray 用经典的双弹簧三元件模型描述高分子的黏弹性和后屈服行为，而 T. Ree 和 H. Eyring 则基于链段运动推导了屈服应力与应变速率和温度的一般关系式。由此，在高分子科学体系中形成了高分子物理分支，其理论体系渐显眉目。P. J. Flory 和 H. A. Stuart 在 20 世纪 50 年代初分别对此进行了总结。

随着现代物理学的发展，物理学研究对象也逐渐从晶体拓展到了高分子、液晶、胶体等软物质，从而将理论物理学的对称性破缺、重整化群、分形理论、耗散动力学等新概念、新理论，以及各类散射方法、固体核磁、扫描隧道显微镜等新技术引入到高分子科学领域，形成了现代高分子物理学。其中，S. F. Edwards 采用量子力学研究中的路径积分方法来描述高分子链，用自洽场近似方法来求解高分子链尺寸，首开自洽场理论应用于高分子凝聚态研究的先河，引入统计场理论，对诸如格子模型、珠簧模型等经典理论模型都可以加以重构并揭示其内在的关系；随后 E. Helfand 和 J. Noolandi 等更加完善了自洽场理论，用于描述和解决高分子晶体结构、多相组分自组装等相界面问题；针对受限条件下的高分子链动力学行为，S. F. Edwards 提出高分子链的约束管模型，P. G. de Gennes 提出蛇行理论，之后由 M. Doi 和 S. F. Edwards 进一步发展，成为管道/蛇形模型，在二维空间解决了高分子链缠结对流动的影响；在溶液理论方面，de Gennes 和 M. Daoud 等提出了亚浓溶液概念，运用串滴模型推导了相关体系的热力学参数的标度律，解决了亚浓溶液区间 Flory 理论与实验不符的问题；此外，针对共轭聚合物、DNA 等较为刚性的高分子，由 O. Kratky 和 G. Porod 提出的蠕虫状链模型也得到了进一步的发展，N. Saito、K. Takahashi 和 Y. Yunoki 于 1967 年以泛函积分的形式提出了一种"连续"型蠕虫状链模型，由于理论处理显著简化，可以借助统计物理、量子力学等已经成熟的相关理论进行研究，因此，研究内容逐渐从关于蠕虫状链模型的单链性质过渡到液晶相转变行为、共混高分子体系界面、嵌段共聚物自组装等行为的研究。上述标志着现代高分子物理学逐步建立。

从物理学角度出发对高分子链物理本质进行分析，了解其运动规律所产生的高分子物理学，与从高分子科学中分离出来的传统的高分子物理有所不同，前者对高分子链进行抽象，着重研究高分子链在热力学和动力学等方面的运动规律；后者则更多地关注结构与性能间的关系，这些性能不仅仅是运动特性，还包含了力学性能、光电磁声性能、热性能等应用特性。由于高分子材料直面应用，因此，从应用角度出发，研究结构与性能的关系对高分子材料工程的发展意义重大，故本教材仍更多地关注高分子的结构与性能间的关系。

高分子结构与性能的关系是贯穿经典高分子物理学始终的主线，即使是现代物理学中的高分子物理分支，究其本质，也是结构与性能间的关系，只是前者更多地关注应用中的力学性能。高分子的结构研究包括高分子结构单元的化学组成、键接方式、空间构型、空间构象、堆砌结构以及与其他物质间的复合结构，研究内容也随着高分子化学的发展和现代表征仪器的发展而逐步深入。在性能方面，随着功能高分子材料的不断发展，高分子的性能已从基础的力学性能和热性能逐步拓展到能量传输和能量转化、物质传输和物质转化等多方面特性，涉及的能量形式也从力、热拓展到声、光、电、磁等各种能量形式，而后者更多的冠以"功能"的名义，归属于功能高分子材料的范畴，高分子物理学的研究内容也相应拓展到能量传输与转化以及物质传输与转化等方面。此外，生物医用高分子材料的兴起，将高分子的研究拓展到了生命科学，其性能与结构的关系则从单纯的有机结构和性能拓展为仿生结构与仿生应用，其研究内容和研究意义别开生面。但由于功能高分子材料、生物医用高分子材料内容极其丰富，均有专门课程和教材，因此本教材在性能方面仅关注于高分子材料的力学性能。

## 二、凝聚态物理

凝聚态是固态和液态的统称。凝聚态物理学是研究固体和液体的基础性学科，此外，它还研究介于固、液之间的物态（如液晶、玻璃、凝胶等）、稠密气体和等离子体，以及只在低温下存在的特殊量子态（超导体、玻色-爱因斯坦凝聚体等）。它从微观角度出发，研究由大量粒子组成的凝聚态的结构、动力学过程及其与宏观物理性质之间的联系。凝聚态物理学研究对象丰富，研究内容十分广泛，研究层次从宏观、介观到微观，并进一步从微观层次统一认识各种凝聚态物理现象；物质维数从三维到低维和分数维，结构从周期到非周期和准周期，从完整到不完整和近完整；外界环境从常规条件到极端条件和多种极端条件交叉作用；等等。因此，凝聚态物理学形成了比固体物理学更深刻更普遍的理论体系。

凝聚态物理学起源于固体物理学。固体物理学的一个重要的理论基石是能带理论，它是建立在单电子近似的基础上的，另一个理论支柱是晶格动力学。20 世纪 70 年代特别是 80 年代之后，由于固体物理学的研究范围不断扩大，其涉及的概念体系也开始变迁，固体物理学这一名词常被"凝聚态物理学"所取代，导致凝聚态物理学正式形成。在固体物理学向凝聚态物理学转变过程中，L. Landau 于 1937 年针对二级相变提出了对称破缺的重要概念并将序参量加以普遍化，后来成为凝聚态物理学概念体系的主轴。P. W. Anderson 强调了对称破缺与元激发的重要性，对对称破缺、元激发、重正化群等许多基本概念给予了系统而富有洞见的论述，为凝聚态物理学奠定了基础。凝聚态物理学的概念体系则源于相变与临界现象的理论，植根于相互作用多粒子理论，因而具有更加宽阔的视野。例如它既关注处于相变点一侧的有序相，也不忽视处于另一侧的无序相，乃至于两者之间临界区域中体现标度律与普适性的物理行为。目前凝聚态物理学已成为物理学中最重要、最丰富和最活跃的分支学科，在诸如半导体、磁学、超导体等许多学科领域的重大成就中和当代高新科学技术领域中起关键性作用，为发展新材料、新器件和新工艺提供了科学基础。前沿研究热点层出不穷，新兴交叉分支学科不断出现，是凝聚态物理学科的一个重要特点。与生产实践密切联系是它的另一重要特点，许多研究课题经常同时兼有基础研究和开发应用研究的性质，研究成果可望迅速转化为生产力。随着凝聚态物理学从研究晶体逐渐过渡到研究高分子、液晶和复杂流体等软物质，尤其是现代科学仪器和现代物理理论在高分子科学研究中运用，凝聚态物理学也逐渐发展出高分子物理这一新的分支。在此方面，de Gennes 的标度理论、Doi 和 Edwards 的高分子缠结链分子运动理论，以及共聚或共混体系自组装的分子模拟等就是典型的代表，从而和现代高分子物理学体系融为一体。

## 三、研究高分子物理学的意义

高分子物理是高分子科学的有机组成部分，在高分子科学体系中的高分子物理，考虑到高分子体系结构单元的庞大和多分散性等特点，在运用统计原理和方法分析研究的基础上，通过分子运动为桥梁，将高分子的结构和高分子的性能紧密地联系起来，了解什么样的结构会有什么样的性能，了解怎样的性能需要采用怎样的结构。将结构与性能相联系，清楚地了解结构与性能之间的关系是材料基因组的重要内容，也是分子设计的重要基础。高分子物理的研究对于更好地运用现有高分子材料，更好地为不同的应用场合来设计新的高分子材料结构具有重要的指导意义，对促进高分子材料的发展和高分子科学的发展都有着直接的和积极的推动作用。

参考文献

# 第二章　高分子链结构

高分子材料往往不是单一的组分，它是以高分子化合物为主，添加有其他多种成分的混合物，因此其结构比较复杂。为了深入了解这种复杂的体系，可以将高分子材料的结构分为以下层次，逐步由简入繁地加以研究。

① 一次结构：涉及高分子结构单元的化学组成、结构单元与结构单元间的连接方式，包括结构单元的键接方式、结构单元的构型及其所形成的链的几何异构或空间立构、共聚形式及高分子链的构筑等。

② 二次结构：涉及高分子链的长短、链在空间的形态，包括高分子链中微构象与宏构象、链的柔性等。

③ 三次结构：涉及材料中高分子链与链的堆砌方式，包括高分子固体材料中三维有序的晶体结构、二维或一维有序的取向结构、无定形结构，也包括液态高分子的液晶结构和熔体结构等，高分子自组装产生的各种胶束结构也属于凝聚态结构。

④ 高次结构：涉及高分子材料中多相结构，包括嵌段或接枝共聚物自组装形成的多相结构、高分子相与其他高分子相形成的共混结构、织态结构，或高分子相与其他添加成分所形成的多相复合结构等。

## 第一节　高分子链近程结构

对于高分子物理学研究而言，着眼的是这种软物质的共性问题，因此，宜将所有高分子都抽象为一条链，并不在意其具体的化学结构，仅关心其能自由连接的链段的长短及由此产生的局部和整体的热力学与动力学。但是，从物质本质看，不同化学结构的高分子链具有不同的分子运动能力，并由此产生各种性能。抽象的长链连接单元的多少由其链段的长短决定，而高分子链段的长短、柔性的高低恰恰是由其化学结构所决定的，因此，了解高分子链的化学组成是了解物质本质的关键。

经过本科阶段的高分子物理课程学习，我们已经知道，高分子链的化学组成与结构单元的化学组成密切相关。大部分合成高分子化合物虽然分子量很大，但是其化学结构却并不复杂，它通常是由单体单元在分子链中的残基即结构单元通过化学键相互连接形成的，即使是天然高分子，也是由组成单元连接而成的，如淀粉是 D-葡萄糖单元以 $\alpha$-1,4-糖苷键（在支化处则以 1,6-糖苷键）相互连接而成的，纤维素是由 D-葡萄糖以 $\beta$-1,4-糖苷键连接而成的，蛋白质是由氨基酸以非重复序列连接而成的，等等。因此只要了解了结构单元，就了解了高分子化学结构的主体。

## 一、结构单元的化学组成

### （一）主链

结构单元在组成高分子链时不同的部分有着不同的分工。形成高分子链骨架结构的部分称之为主链。

根据主链的化学结构不同，可以将高分子链分为碳链高分子、杂链高分子、元素有机高分子和无机高分子四大类。

碳链高分子是主链上只有碳元素的高分子链，如聚丙烯、聚苯乙烯、聚甲基丙烯酸甲酯、酚醛树脂等。由于碳链高分子的主链只有 C—C 键，电子云分布均匀，链上各键的键能一致，因此链中少有薄弱环节，整体对酸、碱、盐等化学试剂的耐受力较强。但由于 C—C 键的键能较低，其软化耐热温度大多不高，容易加工成型，断裂分解温度也较低。不过也有例外，如聚四氟乙烯，尽管 C—C 键的键能不高，但受到 C—F 键的严密包裹和高度结晶的影响，聚四氟乙烯的耐热温度很高，软化温度也极高，成型加工不易，难以实现热塑加工，多采用粉末冶金的方法进行成型。也正因为 C—F 键的键能高，使得分子链有向骨架收缩的趋势，链间相互作用极低，整个分子就表现出极低的表面能和极强的自润滑性能，也容易产生蠕变。主链上含有孤立双键或孤立三键，会使其相邻的 C—C 键内旋转更加容易，改变构象能力加强，则链的柔性增大，软化点降低，适合做橡胶。而共轭双键结构、芳香环结构则正相反，它使高分子链的刚性增大，耐热性提高，但加工变得困难，如聚乙炔、聚对苯等高分子就是如此。

分子主链由碳和其他元素以共价键相连接得到的就是杂链高分子，如聚酯、聚酰胺、聚酰亚胺、环氧树脂、聚甲醛、聚砜等。这类高分子大多由缩聚反应或开环聚合反应而制得。杂原子取代基少，因此，所接单键内旋转位阻小；但由于主链带有极性，链间作用大，又导致链间距降低，内旋转困难。如脂肪聚酯、聚醚等以前者作用为主，柔性增大；而聚酰胺、聚脲等以后者作用为主，柔性降低。杂原子形成的键能较高，分子链间相互作用强，分子结构紧密，因此耐热性好，强度较高，多用作工程塑料。但主链所带的极性键也易被酸、碱、醇或水侵蚀，因而较易在酸碱作用下水解或醇解。

主链由硅、锗、锡、氮、磷、砷、锑、铝、钛及氧等非碳原子以共价键方式连接、含碳基团以侧基形式相连的就是元素有机高分子。这类高分子主链稳定，耐热性好，一般具有无机物的热稳定性和有机物的弹性和塑性，但韧性不够，如聚二甲基硅氧烷、苯氧基聚磷腈等。

无机高分子结构中一般不含碳原子，全部由非碳原子组成，如聚硅酸盐、聚二氯磷腈、聚硫氮、沸石分子筛等，耐热性更好，材料硬度大，但很脆。

分子主链有时不是线性的单链，而是像"梯子"和"双股螺线"那样的高分子链，如聚丙烯腈纤维受热时会发生环化反应，形成梯形结构，继续高温处理则成为碳纤维，可作为增强纤维用于多种耐高温、高模、高强复合材料中，也可以充当导电填料用于特殊的导电、导热和电磁波吸收或屏蔽等功能材料中。一些主链含有杂环结构的高分子，如聚噻吩、聚吡咯等，则很难说它是碳链高分子还是杂链高分子，但两条链的存在，使其耐热性都较高。新单体和新聚合方式的出现，大大丰富了高分子的主链形式。

（二）端基

端基是分布在高分子链末端的基团，也是高分子链中重要的组成部分。由于端基是造成分子链间空隙（自由体积）的原因之一，也是结晶缺陷的成因，因此，端基的数目与含量对材料的密度、硬度、抗冲击性能、流动等力学与流动性能都产生一定的影响。一些高分子链的断裂是从端基开始的，容易发生解聚反应，因此通常需要进行封端，以提高耐热性。例如聚甲醛的羟端基被酯化后，热稳定性显著提高；聚碳酸酯的羟端基和酰氯端基都能促使聚碳酸酯在高温下降解，所以也需要通过苯酚等化合物进行封端，以提高其耐热性。在缩聚反应中，加入封端试剂还可以对分子量进行控制。

但我们看到，很多时候在书写高分子链结构时，却很少写出链的端基。这一方面固然是端基在高分子链中的含量很少，其含量是分子量的函数，大多数情况下端基结构的重要性不那么明显，另一方面也是因为我们常常无法准确地写出高分子链的端基。因为，对加成聚合而言，高分子链的端基可以是引发剂和单体，受到链转移的影响，端基也可以是溶剂、链终止剂、分子量调节剂、氧化剂或其他杂质等；对于缩合聚合所得产物，也常因封端剂种类、缩合试剂间的比例、反应介质等条件的不同而不同。只有当我们需要运用端基的化学反应性对高分子链进行防降解封端处理、对高分子链实行扩链或交联改性、运用端基对纳米颗粒进行特殊吸附或键合等场合下，我们才会清楚地写出端基的结构。

对端基进行研究，可以得到有关合成机理的信息，在适当的条件下，还可以用端基分析法测定高分子的分子量和支化度。在功能化反应中，端基还是引入特殊基团的重要部位。

（三）侧基

侧基又叫悬挂基，是高分子主链两侧除氢原子之外其他的原子或原子团。它主要来源于单体主链上的取代基，也可能来源于链转移或异构化反应，但链转移产生的侧基我们通常称之为侧链或支链。因此，这里所说的侧基主要是主链原子上的取代基。它是高分子链化学结构中主要成分，高分子链间距离的远近、链间的分子间作用力、主链单键的内旋转能力等都与侧基密切相关。

侧基越是庞大，其对主链内旋转的阻碍就越大，分子链的柔性就越差。如聚苯乙烯的柔性就比聚丙烯柔性差，因为苯环的体积大，导致其所键接的主链内旋转势垒更高。侧基越是柔顺，则高分子链整体的柔性也会越大。例如，聚甲基丙烯酸甲酯的柔性 < 聚甲基丙烯酸乙酯的柔性 < 聚甲基丙烯酸丁酯的柔性 < 聚甲基丙烯酸己酯的柔性等。

侧基极性越大，会导致不同结构单元间的分子间作用力增大，从而使主链的内旋转受阻程度加大，链柔性也变差。如聚丙烯腈的柔性就比聚氯乙烯的柔性差，因为，氰基的极性比氯原子的大，导致聚丙烯腈链间的分子间作用力要高于聚氯乙烯链间的分子间作用力。

当 C 上的取代基为对称取代时，则会因极性的相互抵消而削弱链间的相互作用，分子链因侧基存在而相互远离，空间的增大导致链内旋转能力提高，从而链的柔性得以提高。例如聚异丁烯的柔性比聚丙烯好，聚偏氟乙烯的柔性比聚氟乙烯好，等等。

同时，侧基对高分子的化学反应性也有重要的影响，大部分交联反应、改性反应、络合物配体等都是利用侧基的反应性实现的。

## 二、结构单元间的键接

结构单元在键接形成高分子链时，根据结构单元是否首尾有别（图 2-1），键接时就有不同的可能性。理论上它有几种可能性？实际会怎样？受哪些因素影响？

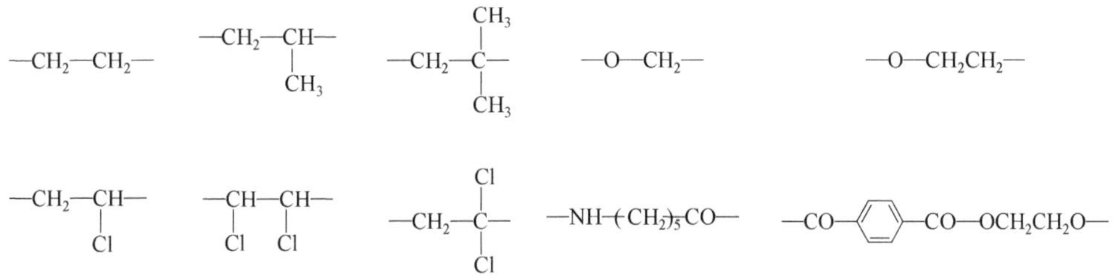

$$—CH_2—CH_2— \quad —CH_2—CH— \quad —CH_2—C— \quad —O—CH_2— \quad —O—CH_2CH_2—$$

（图 2-1 结构式示意）

**图 2-1** 不同类型的结构单元示意

例如，乙烯单体聚合形成聚乙烯时，撇开链转移的影响，由于两个碳原子是等同的，区分不出差别，因此只有一种键接方式。对称二元酸与对称的二元胺反应时，如对苯二甲酸与间苯二胺反应时，两个羧基和两个氨基都无法区分彼此，则在形成聚酰胺时，也只有一种键接方式。

但当乙烯基上有取代基且造成两个 C 上的结构不同时，如甲基丙烯酸甲酯、苯乙烯、偏二氯乙烯、三氟氯乙烯等，或者如聚甲醛、聚己内酰胺、聚 1,4-异戊二烯等的结构单元首尾有别时，则两个结构单元间相互键接时可能有两种键接方式：一种是头头（或尾尾）键接，一种是头尾键接，由此形成的长链就可能全为头尾键接、全为头头（或尾尾）键接或者两种键接方式的随机组合，即无规键接。

实际上，首尾不一的结构单元会由于首尾原子或基团的空间位阻不同、电子云分布差异所产生的电性不同，或者有特定的反应方式，在相互键接形成高分子链时，其键接方式是有选择性的，大部分高分子链主要还是以头尾键接方式为主。如上述各种高分子均如此。

但有些高分子会有一定比例的头头键接，甚至比例还较高，其原因主要是结构单元上首尾基团差别太小，包括空间位阻效应不明显或电性差异不大，就会有较高比例的头头键接方式。此外，聚合所用温度提高会造成分子间随机碰撞概率增大，也会提高头头键接的含量。例如，聚三氟氯乙烯、聚异戊二烯等头头键接方式比例较高，就是首尾原子差异不大造成的；而聚乙酸乙烯酯在提高聚合温度时，会使头头键接方式比例增大。

此外，在特定的聚合条件下，单体单元的结构会发生某些异常变化。例如，在强碱的作用下，丙烯酰胺聚合并不生成聚丙烯酰胺，而是异构化并生成聚$\beta$-氨基丙酸；对乙烯基苯磺酰胺在自由基聚合时得到的是聚乙烯基苯磺酰胺，而阴离子聚合时则异构化形成线性聚苯磺胺直链；4,4-二甲基-1-戊烯以 $AlCl_3$ 催化时在$-130$℃下聚合得到聚 4,4-二甲基-1-戊烯，而若把聚合温度提高到 0℃，则产生异构化现象；聚丙烯在催化反应时有时会生成类聚乙烯片段。这种单体单元与单体不相似的高分子被称为是"变幻高分子"或"奇异高分子"。

通常可通过选择催化剂控制聚合反应，使之主要生成一种结构。然而在正常的聚合条件下，必须考虑少数单体会发生异常反应产生异常结构，导致材料性能变化。

## 三、空间立构与几何异构

### （一）空间立构

如果结构单元主链上有不对称 C 原子，比如图 2-2 中所列结构单元，其结构单元有几种？仅考虑头尾键接时，有哪几种连接方式？

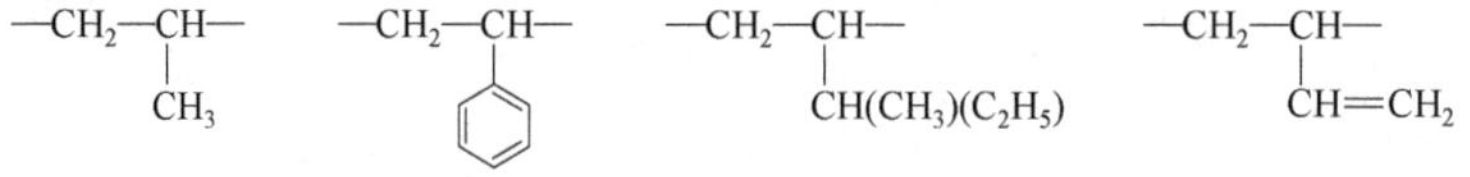

$$—CH_2—CH— \qquad —CH_2—CH— \qquad —CH_2—CH— \qquad —CH_2—CH—$$
$$\ \ |\qquad\qquad\qquad\ \ |\qquad\qquad\qquad\quad\ \ |\qquad\qquad\qquad\ \ |$$
$$CH_3 \qquad\qquad\qquad \bigcirc \qquad\qquad CH(CH_3)(C_2H_5) \qquad CH=CH_2$$

**图 2-2**　一些具有手性的结构单元

当结构单元的主链碳原子有不对称 C 时，如—$CH_2$—$CHR$—，它有两种互为镜像的异构单元（图 2-3），称为旋光异构单元。我们不妨把它们分别看成是 $d$ 型和 $l$ 型。

因此，在结构单元相互连接时就有以下几种可能：一种是由同一种旋光异构单元相互连接而成，即全由 $d$ 型构成的空间立构或全由 $l$ 型构成的空间立构，称为全同立构（isotactic），也称等规立构，例如全同聚丙烯、全同聚苯乙烯等；第二种是由 $d$ 型和 $l$ 型两种旋光异构单元相互交替连接而成的有规立构，称为间同立构（syndiotactic），也称间规立构，如间同聚甲基丙烯酸甲酯、间同聚氯乙烯等；第三种可能是两种旋光异构单元随机相互连接而成的立构，称为无规立构（atactic），如无规立构聚丙烯、无规立构聚乙酸乙烯酯等。

既然是由旋光异构单元连接而成的，那么这些高分子是否具有旋光性呢？

以聚氯乙烯为例，我们来看看两种旋光异构单元在高分子链上的绝对旋光构型（图 2-4）。

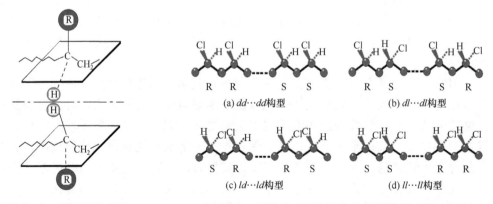

(a) $dd\cdots dd$ 构型　　　　(b) $dl\cdots dl$ 构型

(c) $ld\cdots ld$ 构型　　　　(d) $ll\cdots ll$ 构型

**图 2-3**　旋光异构单元　　　　**图 2-4**　规整 PVC 链端结构单元的绝对旋光构型

对于全同立构而言，高分子链中心两侧的结构单元的绝对构型与其所处的位置有关。可以看出，靠近左端的结构单元绝对构型与靠近右侧的结构单元的绝对构型正好相反，这样两侧结构单元间的内消旋使得此类全同高分子链没有旋光性。

对于间同立构而言，在高分子链上相邻结构单元的绝对构型正好相反，于是相邻结构单元间两两消旋导致此类间同立构的高分子链没有旋光性。

无规立构高分子由于绝对构型相反的两种旋光异构单元在链中接入概率相等，呈无规分布，因此也会发生消旋而不显旋光特性。

是否存在旋光性高分子呢？答案无疑是肯定的。大多数天然高分子如蛋白质、多糖和核糖核酸或脱氧核糖核酸都具有旋光性。具有旋光性的高分子具有怎样的结构特点呢？或者说具有旋光性的必要条件是什么呢？

假若主链带有手性因素的结构单元在连接时彼此不发生内消旋，这样的高分子就具有主链构型旋光性。例如组成蛋白质的所有氨基酸均具有相同的构型，每个氨基酸残基的绝对构型不会因其在链中所处位置的不同而发生改变，不会产生内消旋作用，因此蛋白质是有旋光性的。

利用缩聚反应可以将单体的手性直接引入高分子主链，如将 $d$-酒石酸与二元胺进行缩合聚合便可以得到主链构型旋光性高分子。旋光性聚酯、旋光性聚氨酯、旋光性聚脲等皆可由此方法制备，如式（2-1）就是一种旋光性聚酰胺的制备方法：

$$n[H_3N(CH_2)_6NH_3]^{2+} + n[OOC(\overset{*}{C}HOH)_2COO]^{2-} \longrightarrow$$
$$\{NH(CH_2)_6NHCO(\overset{*}{C}HOH)_2CO\}_n + 2nH_2O \tag{2-1}$$

带有不对称因素的环状单体，如内酰胺、环内酯、环硫内酯、环醚、环硫醚、环亚胺和环氨基酸酐（图 2-5）等开环聚合后若可以保留其不对称构型，则具有主链构型旋光性。

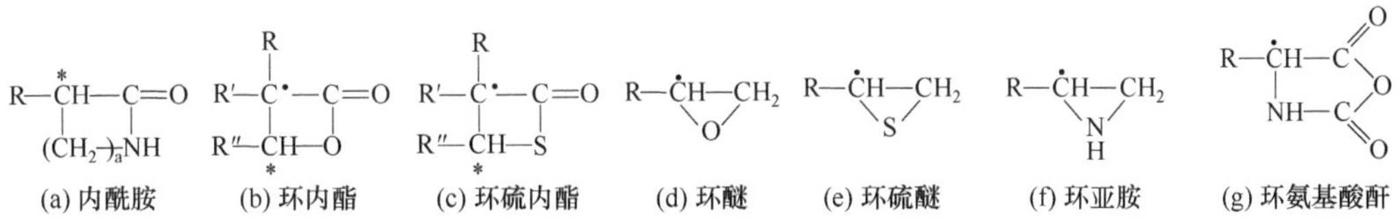

**图 2-5**　带有不对称因素的环状单体

例如，环氧丙烷开环聚合时可以有（$R$）-型和（$S$）-型两种对映体结构单元，形成高分子链时，可以形成全同立构、间同立构和无规立构。它有两种全同立构，一种全由（$R$）-构型单元组成，另一种全由（$S$）-构型单元所组成，它们具有不同的旋光方向。间同立构由（$R$）-构型和（$S$）-构型单元交替结合而成，因相邻的两个结构单元发生内消旋，所以没有旋光性。无规立构的聚环氧丙烷也没有旋光性。

通过侧基带有手性因素的单体进行聚合可以得到侧链构型旋光性高分子。如图 2-6 所示，$d$-对羟基苯基异丁酸与甲醛在酸性介质中进行缩聚可以得到旋光性酚醛树脂，带有不对称侧基的丙烯酸-$l$-$\alpha$-甲基苄酯聚合得到旋光性聚丙烯酸酯等。这种侧基含有不对称基团的结构单元，其绝对构型也不会随其所处位置不同而不同，仅取决于单体本身的构型，因此所得高分子也可以具有旋光性。

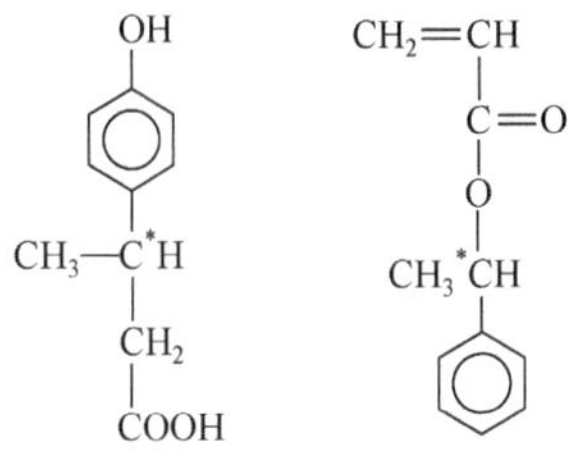

**图 2-6**　侧基带有不对称碳的单体

如果所用单体是外消旋的，通过特殊的聚合方法也可以获得具有旋光性的高分子，它包括立体选择性聚合（stereo selective polymerization，两种不同旋光性单体分别聚合，得到两种不同立体构型的高分子链）和不对称选择性聚合（asymmetric selective polymerization，得到一种旋光性高分子链和未参与聚合反应的单体）两种方法。例如，采用二烷基锌 /（+）冰片（-）-蒉醇为催化剂对 $d,l$-环氧丙烷进行开环聚合，可以获得旋光性聚环氧丙烷，未反应的单体呈（$S$）-型过量构型，就是不对称选择聚合；而在 $d$-莰乙基醚存在下，用部分水解的 $FeCl_3$-环氧丙烷混旋体开环聚合，所得粗产物没有旋光性，但将其溶于含有旋光性吸附试剂的体系中后，可以分成两个旋光方向相反的高分子组分，则是立体选择性聚合。

如果所得高分子具有单一螺旋结构，则具有构象不对称性，也能引起偏振光的旋转。由于高分子的分子量大，分子链很长，螺旋构象引起的旋光能力往往会超过单纯构型对旋光性的影响。例如，由于氢键使氨基酸残基在蛋白质链中形成具有单一螺旋的构象，附加了新的旋光特性，因此，蛋白质的旋光能力远大于构型所提供的旋光性。大多数天然高分子不仅主链结构具有不对称构型，分子链通常也具有不对称螺旋构象，因此具有显著的旋光能力。而一些在晶体结构中具有螺旋构象的合成高分子如聚丙烯、聚氧乙烯等，由于其左右螺旋概率相等，因此无法呈现旋光性；即使在不对称因素诱导下可以形成单螺旋，但由于分子链柔性好，通过分子热运动也会由单螺旋转化为等量的左右螺旋结构而失去旋光性。只有那些具有较大侧基的高分子可以保持其单螺旋构象。如在不对称试剂诱导下聚合所得的聚甲基丙烯酸三苯甲酯就具有相对稳定的单手螺旋构象，从而具有旋光性。

一般说来，如果没有特殊的形态，聚合度对旋光能力的影响是很小的。例如，对于旋光性基团处于侧基的柔性高分子，其旋光值与小分子单体或模型化合物相近或略有降低。降低的原因可能与聚合时发生部分消旋化现象有关。

但当手性碳原子处于结构单元的主链时，其旋光度则会受到聚合度的影响，尤其是链的键接结构离手性碳原子较近时。如聚$\alpha$-氨基酸，聚合生成的酰胺键与未缩合前的氨基有较大差别，因而聚合后的比旋光度比聚合前要高（图 2-7 中曲线 a 为负值，聚合度增大，负值更大），并随着聚合度的增加而增加，但由于端基的影响逐渐降低，因而其旋光度的增幅逐渐减少。如果所用溶剂是高分子的不良溶剂，即溶剂与链段间相互作用较弱时，高分子链收缩蜷曲，受分子内氢键的作用和不对称因素的影响将易于形成螺旋结构，这样，螺旋所附加的的不对称效应将使旋光度有较大的改变（图 2-7 中曲线 b 螺旋附加旋光性改变了原来的旋光方向）。若要形成螺旋结构，则必须达到一定的聚合度，因此，图 2-7 中聚合度到 4 以后，才有明显的转折，且构象产生的旋光方向与构型没有必然关系。

有规立构高分子因为具有良好的结构规整性，因此在适当的条件下容易结晶，从而影响材料的力学性能。无规立构高分子结构不规整，一般不容易结晶。大部分自由基聚合形成的高分子都不具有结晶能力，如自由基聚合得到的聚甲基丙烯酸甲酯、聚苯乙烯、聚乙酸乙烯酯等都不具备结晶能力。

但是，当高分子侧基较小且相互作用较强时，也有一定的结晶能力。如聚乙烯醇，尽管其母体聚乙酸乙烯酯通常为自由基聚合而得的无规立构，结晶能力很弱，而水解后所形成的聚乙烯醇虽也是无规立构，但却有较强的结晶能力，就是因为羟基侧基体积不大，又具有很强的氢键作用，使分子链间容易相互靠近形成稳定的晶体结构。聚氯乙烯有一定的结晶能力，也是如此原因。聚三氟氯乙烯与聚氯乙烯相比更容易结晶，原因在于与氢原子相比，氟原子与氯原子的基团大小和极性更为接近。

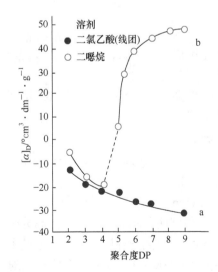

**图 2-7** 聚（L-谷氨酸甲酯）的比旋光度随聚合度的变化

### （二）几何异构

结构单元在主链上含有的双键我们称之为内双键。含有内双键的高分子，其结构单元有顺、反两种不同的几何构型。在形成高分子链时，理论上两种结构单元可以形成全顺式链、全反式链、顺反相间链及无规链四种几何异构链。但实际上，天然存在的或人工合成的以全顺式和全反式为主。

例如聚异戊二烯有两种天然结构，一种是全顺式结构，产自于天然橡胶，为黏稠的液体；一种为全反式结构，产自于杜仲胶和古塔波胶，为韧性皮革状物质。全反式结构的高分子易于紧密排列，因此易于结晶；而全顺式结构的高分子链间距离较大，通常具有较好的柔性。

聚乙炔是共轭高分子，分子主链也存在内双键。其结构单元有两种异构体，一种是顺式结构单元，一种是反式结构单元。在连接成高分子时，可以形成全顺式和全反式以及顺反交替或无规连接等几种构型。但因为共轭，其结构具有互变特性（图2-8）。尽管 C 原子均为 $sp^2$ 杂化，每三个原子在一个平面上，但聚乙炔整体在空间上既可以同面，也可以扭转。全反式的两种形式就可以看成是两个双键中的单键内旋 180° 而相互转化的，只是在结构转化时需要克服一定的能垒。而通过电子共轭异构化，全反式（1）的"撇"形双键可以转化为"捺"形双键，这两种结构能量一致，称为简并能态。在一条全反式聚乙炔链中，这两种简并能态是随机分布的，其结合部位（畴壁）则产生可以导电的孤子。而全顺式与全反式（2）的能量不同，转化需要克服能垒，因此产生孤子的能力较弱，其导电性比全反式（1）的聚乙炔要差得多。为了提高其导电性，可以通过掺杂电子给体或电子受体，人为提高孤子的含量而实现。

全反式（1）　　全反式（2）　　全顺式

**图 2-8**　聚乙炔构型

## 四、共聚

以一种结构单元所组成的高分子是均聚物，而由多种结构单元相互键接形成的高分子则为共聚物。不同的结构单元相互连接时，就有多种不同的连接方式，从而形成多种不同结构的链。以二元结构单元为例，两种结构单元分别称为 A 单元和 B 单元，两种单元在链中不同的分布就形成了不同的共聚物类型。

无规共聚物中两种结构单元在链中呈无规分布，随机连接。其实，无规共聚物也服从一定的统计规律。在链增长过程中，如果形成的自由基是与 A 单体反应还是与 B 单体反应，与自由基本身是 A 自由基还是 B 自由基无关，服从随机规律，仅取决于单体的浓度和单体的活性，这样形成的链称为 Bernoullian 统计链或零级 Markov 链；如果所接单体种类还与末端自由基有关，则最后形成的链为一级 Markov 链；如果与末端自由基前一个结构单元也有关系，则为二级 Markov 链；以此类推。因此，这些链又被称为统计共聚物。

交替共聚物是两种结构单元相互交替连接形成的链，它可以看成是统计共聚物的一个特例。如果交替出现的不是一个结构单元，而是由多个同种结构单元组成的片段，则为周期共聚物，其通式为 $(A_lB_m)_n$，如 $l = 1$、$m = 2$，$l = 2$、$m = 2$，等等。

嵌段共聚物是 A 和 B 两种结构单元各自聚合的长片段相互连接而成的，具有长序列结构，它可以是二嵌段共聚物 $A_lB_m$、三嵌段共聚物 $A_lB_mA_n$、四嵌段共聚物 $A_lB_mA_nB_p$ 等，这里的 $l$、$m$、$n$、$p$ 等都可能具有较大的数值。

如果嵌段的单元不是长序列结构，而是短序列结构，则称为链段共聚物。周期共聚物可看成是链段共聚物的特例。

接枝共聚物通常以一条链为主链，而将另一条链键接在这条主链上形成的带有长支链结构的共聚物，诸如 $A_lCH(B_m)A_n$ 结构，其中 $A_lCHA_n$ 在同一条主链上。接枝共聚物的两条链具有不同的链结构单元，它们可以是均聚物链，也可以是共聚物链。如果两条链的结构单元都相同，我们就称之为支化链，不再称之为接枝共聚物。

共聚物结构不同，性能也各不相同。无规共聚物中结构单元无规分布，结晶能力大幅下降，分子链间相互作用的改变则会影响其溶解特性和力学性能。嵌段共聚物和接枝共聚物因为不同的结构单元相对独立，可以形成微相分离结构，因而可以产生特殊的性质，如 ABS 树脂就兼具三种组分的特性，而 SBS 弹性体则可以进行热塑加工等。共聚是调节高分子材料性能的重要手段。

## 五、链形

结构单元相互连接最后形成的高分子化合物可以是线形的、支化的，也可以是交联网状的。高分子链的各种形式见图 2-9。

### （一）线形链

线形链有无规线团形、封闭线圈形、刚性的棒状、管状、绳索状（索烃）、珍珠项链状（轮烷或半轮烷）等。在封闭线圈结构里，还有各种纽结的拓扑结构（图 2-10）。

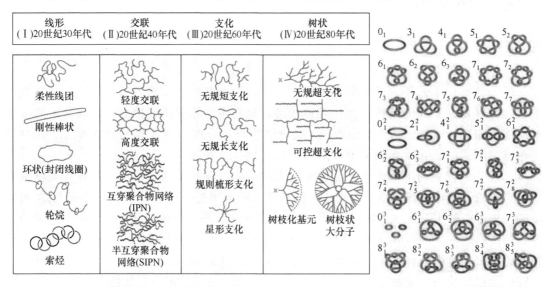

图 2-9　高分子链的各种形式　　　　图 2-10　纽结的拓扑结构

线形高分子一般是可溶可熔的，在一定溶剂作用下，线形高分子链间可以相互分离，形成单分子链分散于溶剂中，形成高分子溶液；在加热到一定温度下，也可以形成高分子流体。但也有少数例外，如聚四氟乙烯就很难找到相应的溶剂来溶解，也不能将其熔化为熔体，因此，聚四氟乙烯通常需要运用高温高压的粉末冶金方法来进行成型加工；聚丙烯腈熔点也接近于分解温度，很难进行熔融纺丝。类似地，聚酰亚胺、聚乙炔等刚性较强的线性链都较难溶解，也很难进行热熔加工。以耐高温高分子的可热塑加工为目的开展了很多相关改性研究。

## （二）支化链

支化链有长支链和短支链之分，也有无规支化、有规支化（如梳形、星形等）之别。

特殊的支化链结构是树枝化高分子，它包括无规超支化链、可控超支化链、规则树枝状和树枝状高分子。

短支化链因为可以将分子链间的距离扩大，体系中自由体积增多，提高链的柔性，从而造成材料的密度、硬度等参数降低，韧性提高；而长支链则会在分子链间产生缠绕，增大了链间的内摩擦，影响分子链间的相对位移，从而使溶液的黏度和熔体的黏度增大。但树枝状高分子因为分子尺寸小，分子间的内摩擦很低，因此其溶液黏度和熔体黏度都很低，由于缺乏链间的相互作用和物理缠结，其力学性能较差。但树枝状高分子外围有大量的功能基团，因此可以表现出出色的功能特性。

## （三）交联链

交联网状高分子可以是低交联密度体系，也可以是高交联密度体系，也可以是两种高分子交联网的互穿聚合物网络（IPN），或者一种是交联网一种是线形链的半互穿聚合物网络（SIPN）。

交联网状高分子可以是立体的网，也可以是平面的网，也可以是梯形的网。交联高分子通常不溶不熔，即使是分子量并没有趋于无穷大的梯形高分子，也会因其自身的刚性而使之难溶难熔。

# 第二节　高分子链远程结构

高分子链远程结构是分子中相距较远的原子或原子团即非键合原子或原子团间的相互关系，借此可以了解分子链在空间的形貌和尺寸。高分子链在空间的形貌和尺寸取决于高分子的分子量和链的柔性。当然，从高分子物理学上讲，聚合度或分子链长度比分子量更有意义。

## 一、分子量及其分布

### （一）平均分子量及其测定

天然高分子体系可以是单一分子量的化合物，而合成高分子的分子量几乎都不是单一值。这时我们采用平均分子量来表征高分子体系中高分子链的平均大小。

常用的平均分子量有四种：数均分子量 $\overline{M}_n$、重均分子量 $\overline{M}_w$、Z 均分子量 $\overline{M}_z$ 和黏均分子量 $\overline{M}_\eta$。若高分子试样的总质量为 $m$，总物质的量为 $n$；第 $i$ 种分子的分子量为 $M_i$，物质的量为 $n_i$，质量为 $m_i$，所占的摩尔分数为 $x_i$，质量分数为 $w_i$，则四种统计平均分子量定义为：

$$\begin{cases}\overline{M}_n = \dfrac{m}{n} = \dfrac{\sum\limits_i n_i M_i}{\sum\limits_i n_i} = \sum\limits_i x_i M_i = \dfrac{\sum\limits_i m_i}{\sum\limits_i \dfrac{m_i}{M_i}} = \dfrac{1}{\sum\limits_i \dfrac{w_i}{M_i}} \\[4mm] \overline{M}_w = \dfrac{\sum\limits_i n_i M_i^2}{\sum\limits_i n_i M_i} = \dfrac{\sum\limits_i x_i M_i^2}{\sum\limits_i x_i M_i} = \dfrac{\sum\limits_i m_i M_i}{\sum\limits_i m_i} = \sum\limits_i w_i M_i \\[4mm] \overline{M}_Z = \dfrac{\sum\limits_i n_i M_i^3}{\sum\limits_i n_i M_i^2} = \dfrac{\sum\limits_i x_i M_i^3}{\sum\limits_i x_i M_i^2} = \dfrac{\sum\limits_i m_i M_i^2}{\sum\limits_i m_i M_i} = \dfrac{\sum\limits_i w_i M_i^2}{\sum\limits_i w_i M_i} \\[4mm] \overline{M}_\eta = \left(\sum\limits_i x_i M_i^{a+1}\right)^{1/a} = \left(\sum\limits_i w_i M_i^{a}\right)^{1/a}\end{cases} \quad (2\text{-}2)$$

如果样品的分子量分布可以用数量分布 $N(M)$ 或质量分布 $W(M)$ 的连续函数来表示，则上述不同统计意义的平均分子量可以表示为：

$$\begin{cases}\overline{M}_n = \dfrac{\int_0^\infty N(M)M\mathrm{d}M}{\int_0^\infty N(M)\mathrm{d}M} = \int_0^\infty N(M)M\mathrm{d}M = \dfrac{\int_0^\infty W(M)\mathrm{d}M}{\int_0^\infty \dfrac{W(M)\mathrm{d}M}{M}} = \dfrac{1}{\int_0^\infty \dfrac{W(M)\mathrm{d}M}{M}} \\[4mm] \overline{M}_w = \dfrac{\int_0^\infty N(M)M^2\mathrm{d}M}{\int_0^\infty N(M)M\mathrm{d}M} = \dfrac{\int_0^\infty W(M)M\mathrm{d}M}{\int_0^\infty W(M)\mathrm{d}M} = \int_0^\infty W(M)M\mathrm{d}M \\[4mm] \overline{M}_Z = \dfrac{\int_0^\infty N(M)M^3\mathrm{d}M}{\int_0^\infty N(M)M^2\mathrm{d}M} = \dfrac{\int_0^\infty W(M)M^2\mathrm{d}M}{\int_0^\infty W(M)M\mathrm{d}M} \\[4mm] \overline{M}_\eta = \left[\int_0^\infty N(M)M^{a+1}\mathrm{d}M\right]^{1/a} = \left[\int_0^\infty W(M)M^{a}\mathrm{d}M\right]^{1/a}\end{cases} \quad (2\text{-}3)$$

式（2-2）和式（2-3）中，$a$ 为 Mark-Houwink 参数。当 $a=1$ 时，$\overline{M}_\eta = \overline{M}_w$；当 $a=-1$ 时，$\overline{M}_\eta = \overline{M}_n$。对于多分散体系，柔性链的 $a$ 值在 0.5～1 间，$\overline{M}_n < \overline{M}_\eta \leqslant \overline{M}_w < \overline{M}_Z$；对于刚性链，$a$ 值在 1～2 间，则 $\overline{M}_n < \overline{M}_w \leqslant \overline{M}_\eta < \overline{M}_Z$；对于单分散体系，$\overline{M}_n = \overline{M}_w = \overline{M}_Z = \overline{M}_\eta$。

不同统计意义的平均分子量采用不同的手段进行测定。质谱法可以精确测定物质的分子量，测定时给出的是分子质量 $m$ 对电荷数 $Z$ 之比，即质荷比（$m/Z$）。过去的质谱难以测定高分子的分子量，因离子化技术的发展，已使质谱可用于测定分子量高达百万的高分子化合物。这些新的离子化技术包括场解吸（FD）技术、快速离子或快速原子轰击（FIB 或 FAB）技术、基质辅助激光解吸电离（MALDI）技术和电喷雾离子化（ESI）技术。由基质辅助激光解吸电离技术和飞行时间质谱相结合而构成的仪器称为"基质辅助激光解吸飞行时间质谱仪"（MALDI-TOFMS），可测量分子量分布比较窄的高分子的重均分子量。由电喷雾离子化技术和离子阱质谱相结合而构成的仪器称为"电喷雾离子阱质谱仪"（ESI-ITMS），可测量高分子的重均分子量。

凝胶渗透色谱（GPC）又称尺寸排阻色谱（SEC），是测定高分子重均分子量和数均分子量的常用方法。

其他常用的方法还包括膜渗透压法（测量数均分子量）、蒸气压渗透法（测量数均分子量）、光散射法（测量重均分子量）和黏度法（测量黏均分子量）。本科阶段有详细的介绍，这里就不赘述了。

## （二）分子量分布及其表征

分子量分布可以用微分分布曲线来表示。当体系中相邻分子量的差异很小时，分子量分布可以看成是连续分布。如果相邻分子量间的差异较大，则用每一个级分的分子量所占的比例与分子量间的关系曲线表示，这种比例可以是数量分数，也可以是质量分数，前者分子量分布曲线为数量微分分布曲线 $N(M)$-$M$，后者则为质量微分分布曲线 $W(M)$-$M$。分子量分布曲线也可以用积分曲线表示。当相邻分子量差异很小，分子量看成是连续分布时，每种分子量及其以下的链所占总的比例与分子量的关系就是分子量分布的积分曲线。若为不连续分布，则将每一级分及低于该级分分子量的所有级分所占的比例定义为累积分数。相应地，也包括数量累积分布曲线 $I_n(M)$-$M$ 和质量累积分布曲线 $I_w(M)$-$M$ 两种。

如果这些分布曲线符合特定的数学函数，我们就可以用函数来表示分子量分布，常用的有 Schultz 函数分布、董履和函数分布和对数正态分布函数分布等，分别定义为：

$$
\begin{cases}
\text{Schultz函数：} & W(M) = \dfrac{(-\ln a)^{b+2}}{\Gamma(b+2)} M^{b+1} a^M \\[2mm]
& \text{其中} \Gamma(s) = \displaystyle\int_0^\infty x^{s-1} e^{-x} dx (s>0) \\[2mm]
\text{董履和函数：} & W(M) = yz \exp(-yM^z) M^{z-1} \\[2mm]
\text{对数正态分布函数：} & W(M) = \dfrac{1}{\beta\sqrt{\pi}} \dfrac{1}{M} \exp\left(-\dfrac{1}{\beta^2}\ln^2\dfrac{M}{M_p}\right)
\end{cases}
\tag{2-4}
$$

上述函数中，$a$ 和 $b$、$y$ 和 $z$、$\beta$ 和 $M_p$ 都是常数，每个函数中两个常数的变化直接影响分子量分布的宽度和最可几分子量的位置。

更为简洁的是用分布宽度指数、多分散系数、Zimm 分散度或不均匀因子等参数来表示分子量分布的宽度。其定义分别是：

$$
\begin{cases}
\text{数均分布宽度指数：} & \sigma_n^2 = \overline{\left[\left(M-\overline{M}_n\right)^2\right]_n} = (\overline{M}^2)_n - (\overline{M}_n)^2 = (\overline{M}_n)^2\left(\dfrac{\overline{M}_w}{\overline{M}_n}-1\right) \\[3mm]
\text{重均分布宽度指数：} & \sigma_w^2 = \overline{\left[\left(M-\overline{M}_w\right)^2\right]_w} = (\overline{M}^2)_w - (\overline{M}_w)^2 = (\overline{M}_w)^2\left(\dfrac{\overline{M}_z}{\overline{M}_w}-1\right) \\[3mm]
\text{（数均）多分散系数：} & d_n = \dfrac{\overline{M}_w}{\overline{M}_n} \\[3mm]
\text{重均多分散系数：} & d_w = \dfrac{\overline{M}_z}{\overline{M}_w} \\[3mm]
\text{不均匀因子：} & \text{数均因子} u_n = \dfrac{\overline{M}_w}{\overline{M}_n}-1, \ \text{重均因子} u_w = \dfrac{\overline{M}_z}{\overline{M}_w}-1 \\[3mm]
\text{Zimm分散度：} & \sigma' = \left(\dfrac{\overline{M}_z}{\overline{M}_w}-1\right)^{1/2}
\end{cases}
\tag{2-5}
$$

多分散系数通常使用数均值，其下标也常忽略而简化。重均多分散系数一般较少使用。

测定分子量分布首先对高分子体系按分子量进行分级。分级的原理可以利用不同分子量的高分子溶解速度不同或相分离速度有差异来分级，也可以利用不同分子量的高分子链运动能力如扩散速率、沉降速率有差别来进行分级，还可以按照不同分子量的高分子链有不同的尺寸来加以分级。

目前，利用不同分子量的高分子具有不同的尺寸来进行分级是最为常用的方法。其分离过程是在色谱柱中进行的，方便、快捷、高效又较为准确。其原理是，在色谱柱中填充着大量的凝胶粒子，粒子中分布着各种不同孔径的孔穴，大尺寸的高分子链可以流经的孔穴较少，淋出所需溶剂的体积也较少；而小尺寸的分子链能够流经的孔穴较多，淋出所需溶剂的体积较多。因此，大尺寸分子从色谱柱中先流出，小尺寸分子链后流出，这样就可以根据分子尺寸不同而分离。溶剂的淋洗体积与高分子分子量的关系通过已知分子量的标准样品进行标定，在 $M_a \sim M_b$ 间，淋洗体积（$V$）与分子量（$M$）的对数呈线性关系，称为色谱柱校正方程：

$$\lg M = A' - B'V \text{ 或 } \ln M = A - BV \tag{2-6}$$

式中，$A'$、$B'$、$A$、$B$ 皆为常数。$M_a$ 和 $M_b$ 分别是色谱柱测定分子量的下限和上限。在此范围之外，上述方程不成立。

需要注意的是高分子分子量与分子尺寸间不是绝对的对应关系，分子尺寸相同的链，分子量不一定相同；反之，分子量相同的高分子链，分子尺寸也不一定相同。因此，以尺寸来确定分子量时需要再作普适校正。其原理是，根据 Einstein 流体力学方程，溶液的特性黏数（$[\eta]$）与分子量的乘积与分子的流体体积成正比，因此在相同淋出体积条件下，有：

$$[\eta]_1 M_1 = [\eta]_2 M_2 \tag{2-7}$$

式（2-7）即为普适校正方程。而特性黏数 $[\eta]=KM^a$，只要知道两种体系的 Mark-Houwink 参数 $K$ 和 $a$，就可以对色谱柱校正方程再做一次校正，使色谱柱校正方程满足所测样品及其所测条件下的分子尺寸与分子量的关系。

## 二、构象

### （一）单键内旋转与构象

单键内旋转可以导致分子上各原子间在空间有不同的相对位置，这就是分子的构象。构象就是由单键内旋转造成的原子或原子团在空间相对位置不同而使分子具有不同的形态。

例如乙烷分子，理论上讲，C—C 键上两组氢原子间的相对位置可以有无穷多种，因此就有无穷多个构象。受到空间电性排斥作用的影响，不同位置所具有的势能是不一样的，如图 2-11 所示，其中两组氢原子间距离最远时的反式构象势能最低，最稳定；而相距最近时的顺式构象势能最高，最不稳定。在液态和气态，分子的热运动能足以使内旋转越过势垒而使构象发生转化，因此，这些不同的构象是无法分离的。当温度降低或分子中单键内旋转势垒升高后，体系取得稳定构象的概率增大，则有可能仅获得某几种能量相对较低的构象。我们把势能较低的、较为稳定的那些构象互称为构象异构体，为分子的特征构象。

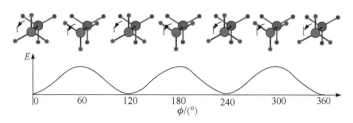

**图 2-11** 乙烷分子构象及势能曲线

当乙烷分子两个碳上各有一个氢原子被甲基取代后就是丁烷分子，其中间 C—C 键的旋转势能曲线发生变化，如图 2-12 所示，能量最低的构象是反式构象（*trans-*，t），另有 2 个能量较低的极小值构象，称为旁式构象（*gauche-*，g），而能量最高的是顺式构象（*cis-*，c），另 2 个能量较高的极大值构象是偏式构象（*skew-*，s）。单键内旋转势垒的高低与成键的两个 C 原子上所带取代基种类有关。不同取代基对 C—C 键内旋转势垒的影响见表 2-1。

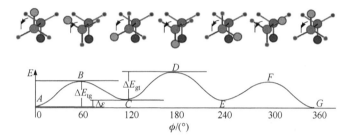

**图 2-12** 正丁烷分子不同旋转角时的势能曲线

**表 2-1** 不同分子中指定单键转动 360°的势垒

| 基团 | 势垒/(kJ·mol⁻¹) | 基团 | 势垒/(kJ·mol⁻¹) | 基团 | 势垒/(kJ·mol⁻¹) |
|---|---|---|---|---|---|
| $SiH_3$—$SiH_3$ | 4.2 | $CH_3$—OH | 4.2 | $CH_3$—$COCH_2CH_3$ | 3.35 |
| $CH_3$—$SiH_3$ | 7.1 | $CH_3$—$OCH_3$ | 11.3 | $CH_3$—$COOCH_2$— | 2.1 |
| $CH_3$—$CH_3$ | 11.7 | $CH_3$—CHO | 4.2 | $CH_3COO$—$CH_2$— | 5.0 |
| $CH_3$—$CH_2CH_3$ | 13.8 | $CH_3$—$CH=CH_2$ | 8.4 | $CH_3$—$NHCH_2CH_3$ | 13.8 |
| $CH_3$—$CH(CH_3)_2$ | 16.3 | $CH_3$— | 10.0 | $CH_3$—$SCH_2CH_3$ | 8.8 |
| $CH_3$—$C(CH_3)_3$ | 20.1 | $CH_3$—$C\equiv CCH_3$ | <8.2 | $CH_3$—$NH_2$ | 7.95 |
| $CCl_3$—$CCl_3$ | 42 | $CH_3COCH_2$—$CH_3$ | 9.6 | $CH_3$—SH | 5.4 |

## （二）高分子链构象

推广到高分子链时，我们把其中一个单键所具有的较稳定的构象称为微构象，例如一个 C—C 单键可取反式（t）和左右两种旁式（g⁻ 或 g⁺）共 3 种较为稳定的构象，这就是微构象。设每条链有 $n$ 根键，每根键有 $m$ 个微构象，那么含有 $n$ 根键的链就有 $m^n$ 个相对比较稳定的构象。可见，高分子链由于 $n$ 值很大，所以整个链的构象数就是一个庞大的天文数字。我们把高分子链由无数微构象组合形成的构象称为宏构象。

当分子的运动能力足以克服不同构象间的势垒时，高分子链就具有较强的柔性；反之，如果分子运动能力难以克服不同构象间的势垒时，则分子链就表现为刚性。这种刚柔性是通过动态方法观察到的，因此称为动态的刚柔性，它取决于不同构象间的势能差。例如反式构象向旁式构象间跃迁势垒为$\Delta E_{tg}$，旁式构象向反式构象跃迁势垒为$\Delta E_{gt}$。两种构象间的转变所需时间$\tau_p$称为持续时间，满足 Arrhenius 方程$\tau_p = \tau_0 \exp[\Delta E / (kT)]$，$\Delta E$ 代指$\Delta E_{tg}$或$\Delta E_{gt}$。当$\Delta E \ll kT$，则构象间的转变时间非常短，这种链就具有很好的动态柔性。

当然，我们也可以观察某一时刻高分子链上所有键所取的微构象，如果反式和旁式随机分布，说明高分子链也是柔性的；而若大多数键所采取的构象都是能量最低的构象，极端情况下所有键只有一种构象，则这种链就是刚性的。这种柔性是通过静态的方法观察到的，因此称为静态柔性。不同构象的分布取决于不同构象间的能量差$\Delta \varepsilon$。如果把连续取得反式的键的集合看成是刚性的片段，这个片段的长度$l_p$就称为持续长度，它与键长$l$间的关系满足$l_p = l \exp[\Delta \varepsilon / (kT)]$。当$\Delta \varepsilon / (kT) \to 0$ 时，$l_p \to l$，就是最柔顺的链。随着$\Delta \varepsilon$ 的增大，$l_p$也随之增大。当$l_p$大到与整个链的长度$L$一样时，高分子链就是只有一个刚性链段的棒状分子了。$l_p$越小，高分子链的柔性就越大。高分子从熔体骤冷后，其构象分布与熔体的构象分布基本相似，因此具有静态柔性。但由于所处温度较低，或需要越过的势垒$\Delta E$较高，则不同构象间的转化就无法实现，因此，这种链就缺乏动态柔性。链的本质是否具有柔性，通常要看是$\Delta E$高造成的还是因温度太低引起的。

在晶体结构中，高分子链受到晶格的约束，分子链取最低能量状态。对于碳链高分子而言，微构象取反式无疑具有最低的势能。所有微构象都为反式时，相间 C 原子上的原子（团）间就呈平行排列。此时相间碳原子上的取代基间的距离最近。如果相间 C 原子间的空间不足以容纳两个取代基时，这种构象受到范德瓦耳斯空间的排斥，体系就会部分偏离反式构象，从而形成非全反式的螺旋构象。因此，分子链究竟取何种构象，不仅受到构象势能的影响，也受原子的范德瓦耳斯半径即空间体积或排斥势能的影响。

例如聚乙烯链，在晶体中，对所有的 C—C 键首先考虑全反式构象，由于氢原子的范德瓦耳斯半径约为 0.11nm（Pauling 值），相间碳原子间的距离$d = 2l\sin(\alpha / 2) = 0.252\text{nm}$，可以容纳两个氢原子，因此聚乙烯分子链在晶体中可采取最低能量构象，即平面锯齿形链构象，记作 PZ 构象[图 2-13(a)]。

当 PE 上的 H 原子改为 F 原子时，由于 F 原子的范德瓦耳斯半径约为 0.135nm（Pauling 值），相间碳原子间的空间不足以容纳两个氟原子，因此，C—C 键不能全取反式，而是偏离反式旋转了一定的角度，形成螺旋链[图 2-13(b)]。在低于 19℃时，PTFE 采取 $H13_6$ 螺旋构象，它表示 13 个结构单元转 6 圈为一个周期的螺旋构象；约 19℃时发生晶型转变；高于 19℃后成为 $H15_7$ 构象。正因为 PTFE 中氟原子在碳链上沿碳链呈螺旋分布，而氟原子的范德瓦耳斯半径较大，正好可以把碳链上碳原子间的空隙填满，并覆盖住主链，因此，其他分子或反应性基团难以插入，有效地保护了碳碳主链。由于 C—F 键键能（485kJ/mol）比 C—C 键键能（332kJ/mol）高，氟原子的电子云对 C—C 键的屏蔽作用较氢原子强，键能也比 C—H 键能（414kJ/mol）高，因而氟原子可以保护 C—C 键

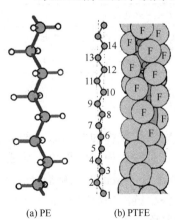

(a) PE　　(b) PTFE

**图 2-13**　PE 和 PTFE 的构象

免受紫外线和化学品的破坏，使得 PTFE 具有优异的耐候性、耐久性和抗化学品性能、低可燃性。此外，氟原子核对其核外电子及成键电子云的束缚作用较强，氟原子的极化率低，分布对称，使分子极性变小甚至消失，其结果是氟碳化合物的介电常数和损耗因子均较小，所以 PTFE 具有高度绝缘特性，表现出高温稳定性和化学惰性。链的外围带负电而中心带正电，整个链呈电中性，且收缩得很紧。在与其他物质摩擦起电时，PTFE 往往表现出负电性。因为自身收缩得很紧，与其他物质间就很难有相互作用，表现出极低的表面张力和自润滑特性。

对于全同立构聚$\alpha$-烯烃的分子链，如果每个结构单元都取反式构象，同样会因为相间 C 原子间的距离（0.25～0.26nm）容纳不下尺寸较大的取代基，受范德瓦耳斯斥力影响，分子链将转为旁式与反式交替出现的螺旋构象。如取代基位阻较小的 PP、PS 等就呈 $H3_1$ 螺旋；而取代基位阻较大的，如聚 4-甲基-1-戊烯、聚 4-甲基-1-己烯等，则会因螺旋扩张而采取 $H7_2$ 螺旋；聚 3-甲基-1-丁烯、聚邻甲基苯乙烯等取 $H4_1$ 螺旋构象。间规立构的聚$\alpha$-烯烃的分子链因取代基相距较远，仍可以取全反式构象，但也有取螺旋构象的情况。

受分子内氢键作用影响，全同立构的聚乙烯醇形成的是全反式构象，间规聚乙烯醇则是螺旋构象；而 PVC 则相反，间规立构呈全反式构象，全同立构为螺旋构象。

高分子链是取平面锯齿形构象还是螺旋构象是随着结构单元尺寸、分子间作用力不同而不同的。在螺旋构象中，每一螺旋周期所包含的结构单元的数目也随之有所变化，同时还会受到环境因素的影响。例如涤纶（PET 纤维）链上的乙二醇单元，在晶相中为反式构象，在非晶相中反式和左右旁式构象同时存在。涤纶薄膜拉伸时，随拉伸比的增加，旁式将逐渐转变为反式。聚偏二氟乙烯（PVDF）在室温下为螺旋构象，50℃下拉伸后分子链排列为平面锯齿形构象。在溶液中，分子链的构象还会受溶剂、温度以及高分子链与溶剂间的相互作用大小等因素的影响。

链构象对高分子的性能有重要影响。例如，蛋白质等生物大分子因其特殊的不对称螺旋构象，可以附加比其不对称构型所产生的旋光性高得多的旋光能力，甚至方向完全相反；特殊的构象也是蛋白质等生物分子具有活性的必要条件，构象一旦被破坏，活性即丧失；酶的独特构象赋予其特定的催化选择性，仿生设计的一些大分子利用其复杂的构象构筑特殊的微环境，从而产生相应的高分子效应；利用多肽的β折叠构象可以构筑物理交联点，使相应的高分子溶液体系快速凝胶化；快离子导体利用大分子独特的螺旋构象给碱金属离子提供了快速传导通道；生物体中的离子通道所独具的离子高速传输特性被定义为"量子限域超流体"，也与其构象有关。

高分子链构象数庞大，形貌变化多端，那么如何来表征高分子链的尺寸呢？这就需要运用统计方法来计算。

## 三、高分子链尺寸表征

### （一）高分子链尺寸表征参数

1. 高分子链末端距

将高分子链的一端固定于坐标原点作为起点，连接到另一点的矢量称为高分子链的末端距，用 $\bar{h}$ 表示（图 2-14）。由于高分子链处于不停的运动之中，因此末端距矢量统计平均值为 0，显然它不具有统计意义。

2. 高分子链均方末端距

均方末端距是将末端距平方后再平均的值，用 $\overline{h^2}$ 表示。

对于由 $n$ 根键所组成的线形高分子链，我们分别以 $\vec{l}_1$、$\vec{l}_2$、$\vec{l}_3$、$\cdots$、$\vec{l}_n$ 来表示第 $i$ 根键的矢量，若每根键的键长均为 $l$，即 $\vec{l}_i$（$i=1,2,3,\cdots,n$）的模皆为 $l$。显然，高分子链的末端距应为各根键的矢量之和 $\vec{h}=\sum_{i=1}^{n}\vec{l}_i$。末端距平方为：

$$\vec{h}^2 = \sum_{i=1}^{n}\vec{l}_i \cdot \sum_{i=1}^{n}\vec{l}_i = nl^2 + 2\sum_{i=2}^{n}\sum_{j=1}^{i-1}\vec{l}_i\vec{l}_j = nl^2 + 2l^2\sum_{i=2}^{n}\sum_{j=1}^{i-1}\cos\theta_{ij} \qquad (2\text{-}8)$$

式中，$\theta_{ij}$ 是第 $i$ 根键与第 $j$ 根键之间的空间夹角。因此，均方末端距就是对式（2-8）进行平均所得的值。

3. 高分子链均方旋转半径

与线形高分子只有两个端点不同，支化高分子因有多个端点，无法确定其均方末端距。此时，就需要用均方旋转半径来表示。假定高分子链中每个链单元的质量为 $m_i$，并集中在端点，从高分子链的质心引到第 $i$ 个链单元的距离为 $\vec{S}_i$，它也是一个向量（图 2-15），这样对所有链单元的 $\vec{S}_i^2$ 进行质量平均就是均方旋转半径：

$$\overline{S^2} = \sum_{i=0}^{n}m_i\vec{S}_i^2 \Big/ \sum_{i=0}^{n}m_i \qquad (2\text{-}9)$$

在对高分子链尺寸的实际测量中，要找到端点去测定末端距是不容易的，此时，采用均方旋转半径更为方便。

## （二）高分子模型链尺寸

实际高分子链是非常复杂的，如杂链高分子中含有不同键长的化学键，各条分子链有长有短，不同的原子体积不同，内旋转有障碍，一开始就计算实际高分子链是很困难的，因此需要对实际高分子链进行简化处理，这就是高分子链的模型，通过高分子模型链逐步向真实链过渡，最终获得或近似获得真实高分子链的尺寸。

1. 自由结合链

自由结合链是一个极端理想化的模型，它假定原子没有体积，原子间的键接完全自由，没有方向限制，所有的键均为单键，且键长相等，单键内旋转时没有势垒，每根键在任何方向取向的概率都相等，即 $\overline{\sum_{i=2}^{n}\sum_{j=1}^{i-1}\cos\theta_{ij}}=0$，所以，式（2-8）可改写为：

$$\overline{h_{\mathrm{f}}^2} = nl^2 + 2l^2\overline{\sum_{i=2}^{n}\sum_{j=1}^{i-1}\cos\theta_{ij}} = nl^2 \qquad (2\text{-}10)$$

拉伸至极限时，末端距平方 $L_{\max}^2 = n^2l^2$。对于自由结合链，采用相似的推导可得均方旋转半径 $\overline{S^2} = \dfrac{n+2}{6(n+1)}nl^2$，可见，它约为自由结合链均方末端距的 1/6。

2. 自由旋转链

自由旋转链是在自由结合链的基础上增加一个键角限制的理想链模型，即仍假定原子没有体积，化学键间有键角限制，每根键在符合键角限制的条件下可以自由旋转，没有势垒。假定键角为 $\alpha$，则两个相邻键矢量间的夹角即为键角的补角 $\theta$。第 $i$ 根键旋转时，第 $i+1$ 根键只能在与第 $i$ 根键成 $\theta$ 角的圆锥面上转动（图 2-16）。这样求解式（2-8）的关键在于求解第二项。

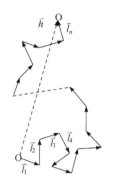

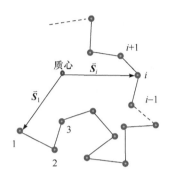

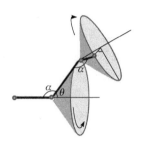

**图 2-14**　高分子链末端距　　**图 2-15**　高分子链均方旋转半径　　**图 2-16**　键角限制下的旋转

相邻两个键矢量的点积容易得到，而相间或其他相互远离的键矢量间的点积 $l_i l_j \cos\theta_{ij}$ 可以通过以第 $i$ 根键为基准，将第 $j$ 根键逐一向前一根键投影最后抵达第 $i$ 根键，这样两个键矢量间的点积就化为夹角余弦的函数，并可进一步化简得到：

$$\sum_{i=2}^{n}\sum_{j=1}^{i-1}\bar{l}_i \cdot \bar{l}_j = l^2\frac{\cos\theta}{1-\cos\theta}\left[n-\frac{\cos\theta(1-\cos^{n-1}\theta)}{1-\cos\theta}\right] \approx l^2\frac{n\cos\theta}{1-\cos\theta} \tag{2-11}$$

将式（2-11）代入式（2-8）可得：

$$\overline{h_r^2} = nl^2\frac{1+\cos\theta}{1-\cos\theta} = \overline{h_f^2}\frac{1+\cos\theta}{1-\cos\theta} \tag{2-12}$$

式（2-12）即自由旋转链的均方末端距。对 C—C 单键型自由旋转链，$\alpha=109.5°$，$\cos\theta \approx 1/3$，则 $\overline{h_r^2}=2nl^2$。即碳链高分子自由旋转链的均方末端距约为自由结合链的 2 倍。完全拉伸至极限时，因有键角限制，伸直链的 $L_{max}^2=2n^2l^2/3$，比自由结合链的要小些。

3. 受阻旋转链

高分子链不仅会有键角限制，单键内旋转时也会受到空间位阻的影响。考虑到内旋转受阻的模型链为受阻旋转链。由于内旋转势能函数 $u(\phi)$ 与内旋转角度 $\phi$ 有关，因此位阻因子可定义为：

$$\overline{\cos\phi} = \frac{\int_0^{2\pi}\cos\phi \cdot e^{-u(\phi)/(kT)}d\phi}{\int_0^{2\pi}e^{-u(\phi)/(kT)}d\phi} \tag{2-13}$$

则受阻旋转链的均方末端距为：

$$\overline{h^2} = nl^2\frac{1+\cos\theta}{1-\cos\theta}\times\frac{1+\overline{\cos\phi}}{1-\overline{\cos\phi}} \tag{2-14}$$

对于实际高分子链，均方末端距不仅受键长、键角、键的数目的影响，也受到内旋转势垒、原子占有体积等因素制约。若将各种因素都考虑进去，均方末端距的公式将变得十分复杂。与自由旋转链相比，其他所有未考虑到的因素综合为一个因子，称为刚性

因子 $\sigma$，则均方末端距改写为：

$$\overline{h^2} = \overline{h_r^2}\sigma^2 \qquad (2-15)$$

### 4. 等效自由结合链

以键作为统计单位时，其相互间的连接是不自由的，存在着键角、内旋转势垒及体积排除效应等限制，因此单键在内旋转时会受到附近其他键的牵制，一根键转动要带动附近一段链一起运动，每根键不能成为一个独立运动的单元，与自由结合链有很大的差距。如果将统计单元放大到若干根键，使其在运动时不受彼此间的相互干扰，就可看成是自由连接的。这种在高分子链中最小的能独立运动的片段就称为"链段"，也称为 Kuhn 链段。链段与链段间的连接相对而言是自由结合的。如果高分子链中有足够多的链段，符合统计规律，则这种实际的高分子链就称为等效自由结合链，其等效键长就是链段的长度 $l_e$，它相当于静态柔性的持续长度 $l_p$，等效键数就是链段数 $n_e$，这样，等效自由结合链的均方末端距与自由结合链的相似，为：

$$\overline{h_e^2} = n_e l_e^2 \qquad (2-16)$$

链段间的连接是自由的，因此进一步把链段放大至若干个链段作为新的统计单元也应该是自由连接的，在符合统计单元数足够大的前提下，也属于等效自由结合链，这种以链段或链段的结合体作为统计单元来对高分子链进行研究的模型就称为粗粒化模型。特别地，不仅新的统计单元数目足够多，而且新的统计单元中的链段数也足够多，使得在新的统计单元内部也符合等效自由结合链时，这个新的统计单元就称为 Gauss 链段。显然，一条链中可以划分出多种不同的 Gauss 链段来，因此，Gauss 链段并不是一个固定尺寸的单元。由于在不同的 Gauss 链段尺度上，高分子链都属于等效自由结合链，因此，高分子链在不同的尺度上具有自相似性。这就是高分子链的分形性质，也是 de Gennes 高分子标度理论的基本出发点。以 Gauss 链段为统计单元的分子链模型称为完全连续化的高斯链模型。

### （三）高斯链

以上各种模型链的均方末端距是通过矢量加和的几何方法进行推导的。对于等效自由结合链而言，由于链段间的连接是自由的，因此将高分子链一端固定在坐标原点，各个链段在空间的连接走向在忽略体积排除效应时，就可以看成是在三维空间的无规飞行，其末端在空间的分布符合无规飞行时的终点在空间的分布。而这种关于无规飞行的统计结果可以套用相关的数学模型。

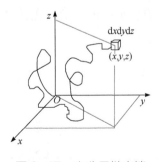

**图 2-17** 高分子链末端出现在空间 $(x, y, z)$ 附近的小体积元中

无规飞行的终点取决于飞行的步数和步长，类似地，高分子链末端在空间的落点取决于链段的数目和链段的长度。无规飞行的步长相当于链段长 $l_e$，而无规飞行的步数则相当于链段数 $n_e$。高分子链一端固定在原点，而另一端在 $(x, y, z)$ 处附近 $dxdydz$ 的体积元中出现（图 2-17），其概率 $P(x, y, z)$ 应为末端概率分布密度函数 $w(x, y, z)$ 与体积元的体积 $dxdydz$ 的乘积：

$$P(x, y, z) = w(x, y, z)dxdydz \qquad (2-17)$$

而根据无规飞行的概率统计原理，$P(x, y, z)$ 满足如下方程：

$$P(x,y,z)=\left(\frac{\beta}{\sqrt{\pi}}\right)^3 \mathrm{e}^{-\beta^2(x^2+y^2+z^2)}\mathrm{d}x\mathrm{d}y\mathrm{d}z \qquad （2\text{-}18）$$

式中，$\beta^2=\dfrac{3}{2n_el_e^2}$。

比较式（2-17）和式（2-18）可得末端在坐标（$x$，$y$，$z$）出现的概率分布密度函数为：

$$w(x,y,z)=\left(\frac{\beta}{\sqrt{\pi}}\right)^3 \mathrm{e}^{-\beta^2(x^2+y^2+z^2)} \qquad （2\text{-}19）$$

该函数为高斯分布函数，所以这种等效自由结合链也称为高斯链，其必要条件就是统计单元必须足够多，以满足统计规律。由于 $x^2+y^2+z^2=h^2$，因此上式也可写成 $w(x,y,z)=\left(\dfrac{\beta}{\sqrt{\pi}}\right)^3 \mathrm{e}^{-\beta^2h^2}$，概率分布密度函数对 $h$ 的变化关系是关于坐标原点的对称函数，其变化曲线如图 2-18(a)所示。

若只考虑末端距的长度而不考虑末端距的方向，那么高分子链末端落在半径为 $h\sim h+\mathrm{d}h$ 间的球壳内（图 2-19）的概率应为末端的径向概率分布密度函数 $w(h)$ 与径向线段 $\mathrm{d}h$ 的乘积 $w(h)\mathrm{d}h$，也等于末端概率密度函数 $w(x,y,z)$ 与球壳体积 $4\pi h^2\mathrm{d}h$ 的乘积：

$$w(h)\mathrm{d}h=\left(\frac{\beta}{\sqrt{\pi}}\right)^3 \mathrm{e}^{-\beta^2(x^2+y^2+z^2)}\times 4\pi h^2\mathrm{d}h=\left(\frac{\beta}{\sqrt{\pi}}\right)^3 \mathrm{e}^{-\beta^2h^2}4\pi h^2\mathrm{d}h \qquad （2\text{-}20）$$

由此可推出高分子链末端距为 $h$ 的径向概率分布密度函数为：

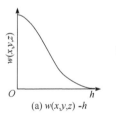
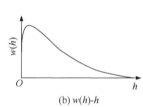

(a) $w(x,y,z)$-$h$　　(b) $w(h)$-$h$

**图 2-18**　高斯函数曲线

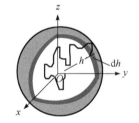

**图 2-19**　末端距为 $h$ 的高分子链

$$w(h)=\left(\frac{\beta}{\sqrt{\pi}}\right)^3 \mathrm{e}^{-\beta^2h^2}4\pi h^2 \qquad （2\text{-}21）$$

该函数是末端距的分布函数，与末端概率密度分布函数不同，它不是对称函数，它随末端距 $h$ 的变化关系曲线如图 2-18(b)所示。

通过该函数，我们可以求得均方末端距为：

$$\overline{h^2}=\int_0^\infty h^2 w(h)\mathrm{d}h=\int_0^\infty h^2\left(\frac{\beta}{\sqrt{\pi}}\right)^3 \mathrm{e}^{-\beta^2h^2}4\pi h^2\mathrm{d}h=\frac{3}{2\beta^2}=n_el_e^2 \qquad （2\text{-}22）$$

这一结果与等效自由结合链通过几何方法推导的结果式（2-10）是一致的。

与几何法无法获得平均末端距不同，统计法可以获得高分子链的平均末端距 $\overline{h}$ 为：

$$\overline{h}=\int_0^\infty h w(h)\mathrm{d}h=\int_0^\infty h\left(\frac{\beta}{\sqrt{\pi}}\right)^3 \mathrm{e}^{-\beta^2h^2}4\pi h^2\mathrm{d}h=\frac{2}{\sqrt{\pi}\beta}=\sqrt{\frac{8n_e}{3\pi}}l_e \qquad （2\text{-}23）$$

函数极大值所对应的末端距为最可几末端距，它可以通过对函数求一阶导数为零来获得：

$$\frac{\partial w(h)}{\partial h} = 0, \frac{\partial (e^{-\beta^2 \bar{l}^2 h^2} 4\pi h^2)}{\partial h} = 0$$

$$h^* = \frac{1}{\beta} = \sqrt{\frac{2n_e}{3}} l_e \qquad (2\text{-}24)$$

等效自由结合链的尺寸还可以通过其他数学方法进行统计计算。为简便起见，将链段数和链段长的下标省略，设第 $i$ 根链段单元矢量为 $\bar{l}_i$，长度为 $l$，则末端距为 $\bar{h} = \sum_{i=1}^{n} \bar{l}_i$。由于链段单元向量的端点可取半径为 $l$ 的球面的任意一点，因此可以采用 $\delta$ 函数来描述单元矢量在空间的分布概率。单元 $\bar{l}_i$ 出现在 $\bar{l}_i$ 到 $\bar{l}_i + d\bar{l}_i$ 间的概率为：

$$\tau(\bar{l}_i)d\bar{l}_i = \frac{1}{4\pi l^2} \delta\left(\left|\bar{l}_i\right| - l\right) d\bar{l}_i = \exp\left[-u(\bar{l}_i)/(kT)\right] d\bar{l}_i \qquad (2\text{-}25)$$

$\int \tau(\bar{l}_i)d\bar{l}_i = 1$，因此单元矢量的概率函数 $\tau(\bar{l}_i) = \frac{1}{4\pi l^2} \delta\left(\left|\bar{l}_i\right| - l\right)$。于是，单元数为 $n$ 的自由结合链的 Hamilton 量可记为：

$$H\left(\{\bar{l}\}\right) = -kT \sum_{i=1}^{n} \ln \tau(\bar{l}_i) \qquad (2\text{-}26)$$

由此可得构象的配分函数 $Z$ 为 $Z = \int \prod_{i=1}^{n} \tau(\bar{l}_i)d\{\bar{l}\}$，其中，$d\{\bar{l}\} = d\bar{l}_1 d\bar{l}_2 \cdots d\bar{l}_n$，因此，某一个特定构象态 $\{\bar{l}\} = \{\bar{l}_1, \bar{l}_2, \cdots, \bar{l}_n\}$ 出现的概率为：

$$P(\{\bar{l}\}) = Z^{-1} \prod_{i=1}^{n} \tau(\bar{l}_i) \qquad (2\text{-}27)$$

由式（2-27）可计算各种与构象态有关的统计参数 $F(\{r\})$：

$$F(\{r\}) = \int F(\{r\}) P(\{r\}) d\{r\}$$

而末端距分布就是指在整个构象态集合 $\{\bar{l}\}$ 中满足 $\sum_{i=1}^{n} \bar{l}_i = \bar{h}$ 的构象。运用 $\delta$ 函数可得：

$$P(\{\bar{h}, n\}) = \int \delta(\bar{h} - \sum_{i=1}^{n} \bar{l}_i) P(\{\bar{l}\}) d\{\bar{l}\} \approx \left(\frac{3}{2\pi n l^2}\right)^{3/2} \exp\left(-\frac{3h^2}{2n l^2}\right) \qquad (2\text{-}28)$$

该分布函数也是高斯分布函数。其末端距分布的 $2k$ 阶距为：

$$\overline{h^{2k}} = \int h^{2k} P(h, n) dh = (2k+1)!! \left(\frac{n l^2}{3}\right)^k \qquad (2\text{-}29)$$

当 $k = 1$ 时，得 $\overline{h^2} = n l^2$，与几何法、无规飞行法所得统计结果一致。

（四）格子模型链

高斯链模型采用数理统计方法对高分子链的构象进行统计计算。格子模型则将空间离散化，链的连接单元在人为划分的空间格点上逐一进行放置，通过计算机模拟来进行计算。

常见的格子有方格子、金刚石格子、三角点阵、石墨格子链以及面心立方点阵等。模拟的链在格子中的行走方式包括无规行走（RW）、非即回无规行走（NRRW）和自避行走（SAW），如图 2-20 所示就是在二维方格子中行走 20 步时不同行走方式的一种走法示意图。除二维方格子外，也可以采用三维或更高维的方格子。三维和更高维的方格子又称立方格子和超立方格子。

1. 无规行走链

对于无规行走链而言，设格子中格点的配位数为 $z$，链段数为 $n$。由于不考虑体积排除效应，允许链的自交叠和立即折返[图 2-20(a)]，因此，第 $i+1$ 步单元可以到达第 $i$ 步的 $z$ 个邻位格点中的任何一个格点，无需顾及这个格点是否已经被占据。于是，链的配分函数 $Z_n^{\mathrm{RW}} = z^n$。也就是说，在不存在任何相互作用时，链的所有构象等权重出现，即每一种构象出现的概率为 $Z^{-1}$。

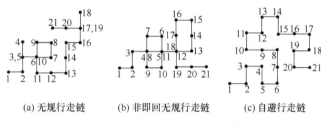

(a) 无规行走链　　(b) 非即回无规行走链　　(c) 自避行走链

**图 2-20**　二维方格子中的行走示意图

2. 非即回无规行走链

RW 链允许立即折回，这将导致有效链长变短。为了克服该不足，人们提出了非即回无规行走链。在链中，第 $i+1$ 个单元只能置于除已被第 $i-1$ 个单元所占格点之外的其余 $z-1$ 个格点[图 2-20(b)]。NRRW 链的配分函数为 $Z_n^{\mathrm{NRRW}} = z(z-1)^{n-1} \approx (z-1)^n$。

格子上的 RW 链和 NRRW 链的均方末端距模拟结果具有相同形式的表达式，$\overline{h^2} \propto n$，均对应高分子链在 $\theta$ 条件下的无扰链尺寸。

3. 自避行走链

考虑到真实链单元占有一定的体积，两个或两个以上非直接键接的链单元不能同时占有相同的空间位置。因此每一个格点只允许被一个链单元所占有。这种行走问题被称为"自避行走"，符合这种规则的链就是 SAW 链[图 2-20(c)]。对于真实链的自避行走，必须通过格子中链在周围的移动进行平衡。这时，链的配分函数在 $n \to \infty$ 时有如下的渐近形式：

$$Z_n^{\mathrm{SAW}} = n^{\gamma-1} z_{\mathrm{eff}}^n \tag{2-30}$$

式中，$\gamma$ 为一个临界指数；$z_{\mathrm{eff}}$ 为有效配位数。

通过计算机模拟高分子链不同的行走路径，对不同的排列方式加以统计计算，所得均方末端距可以表示为标度定律：

$$\overline{h_{\mathrm{saw}}^2} = a n^v \tag{2-31}$$

式中，$n$ 是键数，与链长有关；$a$、$v$ 是常数。大量模拟研究结果显示，无规行走的 $v$ 值为 1，自避行走链的 $v$ 值普遍在 1.00～1.20 之间，大多在 1.20 左右。de Gennes 用量子场论方法得到的 $v = 1.195$，而在无扰条件下得到的 $v$ 值很接近 1。

事实证明高斯链是存在的。Flory 在高分子科学发展初期就从理论上预测,在熔体中高分子链表现为不占体积的高斯链,之后,人们用中子散射实验也证明了此观点的正确性。在溶液中,当所用溶剂为θ溶剂时,高分子链也符合高斯链模型。在良溶剂的稀溶液中,受溶剂化作用影响,排除体积的排斥作用得以显现,此时高分子链符合自避行走模型。

## (五)蠕虫状链

如果链刚性较强,使得用于统计的连接单元的长度过长,或者尽管高分子链本质是

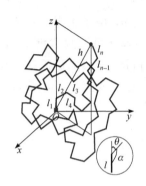

**图 2-21**  高分子链在第一根键方向投影

柔性的,但其分子量过小时,分子链的统计单元数不能达到满足统计意义的数值,上述的模型就无法施展其功用,此时,我们就得借助另一种模型——蠕虫状链(worm-like chain, WLC)来了解分子链的空间尺寸。蠕虫状链是 Porod 和 Kratky 在 1949 年提出的概念,因此蠕虫状链又称 Porod-Kratky 链。它是将自由旋转链的锯齿形键连平滑过渡到连续光滑曲线的一种模型。

1. 持续长度

对于一条由 $n$ 根键长为 $l$、键角为 $\alpha$ 的键所组成的自由旋转链,我们把第一根键的方向看成是 $z$ 轴(图 2-21),那么这条链的末端距在 $z$ 轴上投影的平均长度即为 $n$ 根键矢量在 $z$ 轴投影长度的加和:

$$\bar{z} = l + l\cos\theta + l\cos^2\theta + l\cos^3\theta + \cdots + l\cos^{n-1}\theta \tag{2-32}$$

式中,$\theta$ 为键角的补角。因为 $\cos\theta < 1$,因此有:

$$\bar{z} = \frac{1-\cos^n\theta}{1-\cos\theta}l \tag{2-33}$$

当 $n \to \infty$ 时,$\cos^n\theta \to 0$,则 $\bar{z}$ 的极限值定义为持续长度,用 $a$ 来表示,为:

$$a = \lim_{n \to \infty}\bar{z} = \frac{l}{1-\cos\theta} \tag{2-34}$$

该值仅与键长和键角有关,与分子量无关。$a$ 因为是分子量趋于无穷的值,也可看成是链本质的特征参数,它表示一条链保持某个特定方向的倾向,也反映高分子链的刚性尺度。对于有限长度的分子链而言,持续长度不能反映其真实的链尺寸。此时,就需要用蠕虫状链模型来处理。

保持分子的总长 $L$ 和持续长度 $a$ 不变,把键长无限分割,这样 $\theta$ 角就无限缩小并趋于 0,而键长 $l$ 也逐渐缩小,$n$ 值则逐渐增大,分隔后高分子链的形状从棱角清晰的无规折线变成方向逐渐改变的蠕虫状线条。这就是蠕虫状链模型,它是假想的线性链,是含有无穷细的连续曲率的链,任一点曲率方向是无规的。它是一种适用于研究半刚性分子链,尤其是低聚物链和刚性分子链构象的简化模型链。

利用级数关系 $e^{-x} = 1 - x + \dfrac{x^2}{2!} - \dfrac{x^3}{3!} + \cdots$($x < 1$),将 $x$ 替换成 $1-\cos\theta$,则 $e^{-(1-\cos\theta)} \approx \cos\theta$,所以:

$$\cos^n\theta = e^{-n(1-\cos\theta)} = e^{-(L/l)(l/a)} = e^{-L/a} \tag{2-35}$$

于是,链在第一根键方向上的投影长度 $\bar{z}$ 可表示为:

$$\bar{z} = \frac{1-\cos^n \theta}{1-\cos \theta}l = a(1-e^{-L/a}) \tag{2-36}$$

2. 均方末端距

（1）Porod 和 Kratky 处理方法

以黑体字母形式表示该物理量为矢量。从链端沿第一根键的方向延伸一无穷小段 d$\boldsymbol{h}$，则其模|d$\boldsymbol{h}$|=d$L$，则 d$\boldsymbol{h}$ 与 $\boldsymbol{h}$ 点乘时，因为 d$\boldsymbol{h}$ 的方向在 $z$ 轴上，因此，二者的点乘相当于 $\boldsymbol{h}$ 在 $z$ 轴上的投影 $\bar{z}$ 与 d$\boldsymbol{h}$ 的乘积。因此：

$$\boldsymbol{h}\mathrm{d}\boldsymbol{h} = \bar{z}\mathrm{d}L \tag{2-37}$$

因此，$2\boldsymbol{h}\mathrm{d}\boldsymbol{h} = 2\bar{z}\mathrm{d}L$，所以：

$$\mathrm{d}\boldsymbol{h}^2 = 2\bar{z}\mathrm{d}L = 2a\left(1-e^{-L/a}\right)\mathrm{d}L \tag{2-38}$$

积分可得：

$$\begin{aligned}\overline{h^2} &= 2a\int_0^L \left(1-e^{-L/a}\right)\mathrm{d}L \\ &= 2aL\left[1-\frac{a}{L}\left(1-e^{-L/a}\right)\right]\end{aligned} \tag{2-39}$$

根据自由旋转链的均方末端距公式（2-12），代入基本变量关系 $L=nl$ 及式（2-34）和式（2-35），当 $\cos\theta$ 趋近于 1 时，可得：

$$\begin{aligned}\overline{h^2} &= l^2\left[n\frac{1+\cos\theta}{1-\cos\theta}-\frac{2\cos\theta\left(1-\cos^n\theta\right)}{\left(1-\cos\theta\right)^2}\right] \\ &= aL\left[1+\cos\theta-\frac{2a}{L}\cos\theta\left(1-e^{-L/a}\right)\right] = 2aL\left[1-\frac{a}{L}\left(1-e^{-L/a}\right)\right]\end{aligned} \tag{2-40}$$

与蠕虫状链的表达式（2-39）一致。

（2）Porod 和 Kratky 处理的错误

由式（2-37）到式（2-38）时，$2\boldsymbol{h}\mathrm{d}\boldsymbol{h}$ 能够转换成 d$\boldsymbol{h}^2$ 的必要条件为 d$\boldsymbol{h}$ 是 $\boldsymbol{h}$ 方向上延伸的一个微小量。而 d$\boldsymbol{h}$ 是人为在第一根键的方向上延伸出的一无穷小段，末端距 $\boldsymbol{h}$ 的方向不可能总是与第一根键的方向保持一致，因此将 $2\boldsymbol{h}\mathrm{d}\boldsymbol{h}$ 转换成 d$\boldsymbol{h}^2$ 没有依据。

那么为什么在 $\cos\theta$ 趋近于 1 时，其计算结果又与自由旋转链一致呢？

这是因为将两个方程进行比较时有一个前提条件，即 $\cos\theta$ 趋于 1，此时键角趋于 π，链的方向近于 $z$ 轴，因此能近乎满足第一根键在 $z$ 轴方向，而末端距也几乎落在 $z$ 轴方向，这就满足了末端距 $\boldsymbol{h}$ 与 d$\boldsymbol{h}$ 是同一个方向的条件，从而使此时的蠕虫状链末端距与自由旋转链结果一致。不难进一步导出此时链的均方末端距为：

$$\overline{h^2} = 2aL\left[1-\frac{a}{L}\left(1-e^{-L/a}\right)\right] == 2aL\left[1-\frac{a}{L}\left(1-1+\frac{L}{a}-\frac{1}{2}\times\frac{L^2}{a^2}+\frac{1}{6}\times\frac{L^3}{a^3}\cdots\right)\right] = L^2\left(1-\frac{L}{3a}\right) \approx L^2$$

即均方末端距约为伸直链长度的平方。显然，这是典型的完全刚性链。

我们再看一下它对于柔性链的模拟。在存在键角的情况下，最为柔性的模型链就是自由旋转链。因为 $L \gg a$，因此，$e^{-L/a} \to 0$，则 $\frac{a}{L}\left(1-e^{-L/a}\right) \ll 1$，蠕虫状链均方末端距的表达式（2-39）中的后一项可忽略，则其均方末端距为：

$$\overline{h^2} = 2aL\left[1 - \frac{a}{L}\left(1 - e^{-L/a}\right)\right] = 2aL \tag{2-41}$$

对于 C—C 键，其键角的补角约为 70.5°，此时自由旋转链的持续长度为：

$$a = \frac{l}{1 - \cos\theta} \approx 1.5l \tag{2-42}$$

将式（2-42）及 $L = nl$ 代入式（2-41），可得均方末端距为 $3nl^2$。而以方程（2-12）计算的均方末端距结果为 $2nl^2$，显然，按 Porod 和 Kratky 处理的蠕虫状链在模拟柔性链时是有问题的。

（3）均方末端距

由式（2-11）可得：

$$\overline{h^2} = l^2\left[n\frac{1 + \cos\theta}{1 - \cos\theta} - \frac{2\cos\theta\left(1 - \cos^n\theta\right)}{\left(1 - \cos\theta\right)^2}\right] \tag{2-43}$$

将式（2-34）、式（2-35）及 $L=nl$ 代入式（2-43）中，得到：

$$\overline{h^2} = nl^2\frac{1 + \cos\theta}{1 - \cos\theta} - \frac{2l^2\cos\theta(1 - \cos^n\theta)}{(1 - \cos\theta)^2} = aL(1 + \cos\theta) - 2a^2\cos\theta(1 - e^{-L/a})$$

再由式（2-34）可得 $\cos\theta = 1 - \dfrac{l}{a}$，因此：

$$\overline{h^2} = aL\left(2 - \frac{l}{a}\right) - 2a^2\left(1 - \frac{l}{a}\right)(1 - e^{-L/a}) = L(2a - l) - (2a^2 - 2al)(1 - e^{-L/a}) \tag{2-44}$$

对于 $n$ 很大的柔性链，因为 $L \gg a$，所以 $e^{-L/a} \to 0$，则式（2-44）可简化为：

$$\overline{h^2} = L(2a - l) - 2a^2 + 2al \approx nl(2a - l) \tag{2-45}$$

对于 C—C 键形成的自由旋转链，由式（2-42）得 $a \approx 1.5l$，所以其均方末端距为 $\overline{h^2} \approx 2nl^2$，与自由旋转链结果一致。此时 $l_e = 2a - l \approx 2l$，即碳链自由旋转链的链段长度是键长的 2 倍。

对于刚性高分子链，因为 $a$ 值很大，理论上讲，刚性链的 $a$ 可以趋于无穷，例如全反式聚乙炔链的 $a$ 即为无穷大，此时 $L \ll a$，$\exp(-L/a)$ 可以用级数展开，则式（2-44）可化为：

$$\overline{h^2} = 2aL - lL - (2a^2 - 2al)\left[1 - \left(1 - \frac{L}{a} + \frac{L^2}{2!a^2} - \cdots\right)\right] = L^2\left(1 + \frac{l}{L} - \frac{l}{a} - \frac{L}{3a} + \cdots\right) \approx L^2$$

对于半刚性链，若其极限投影长度等于其伸直链长，即 $a=L$，则由式（2-44）可得：

$$\overline{h^2} = aL\left(2 - \frac{l}{a}\right) - 2a^2\left(1 - \frac{l}{a}\right)(1 - e^{-L/a}) \approx \frac{2}{e}L^2$$

它比完全刚性蠕虫状链的均方末端距略低一点，也具有刚性链的特征。

显然，通过这样处理，蠕虫状链与自由旋转链对于柔性链的描述就一致了，并且可以运用于刚性链体系。

蠕虫状链的均方旋转半径为：

$$\overline{S^2} = a^2\left[\frac{2a^2}{L^2}\left(\frac{L}{a}-1+\mathrm{e}^{-L/a}\right)-1+\frac{L}{3a}\right] \tag{2-46}$$

对柔性的 C—C 链，$L \gg a$，因此，$\mathrm{e}^{-L/a} \to 0$，则式（2-46）可简化为：

$$\overline{S^2} = \frac{aL}{3}\left(1-\frac{3a}{L}+\frac{6a^2}{L^2}-\frac{6a^3}{L^3}\right) \approx \frac{aL}{3} = \frac{nl^2}{2} = \frac{\overline{h^2}}{4} \tag{2-47}$$

因此，对柔性的 C—C 链组成的自由旋转链，均方旋转半径与均方末端距的关系是 $\overline{S^2} = \overline{h^2}/4$，此时根均方末端距可以看成是无规线团的直径。链的刚性越大，均方旋转半径与均方末端距差得越多。

（4）持续长度讨论

持续长度 $a$ 反映了链本身的刚柔性。$a$ 值越大，表明链的刚性越强。根据式（2-34），对于自由结合链，$\theta$ 是 0°到 180°间的任意值，$\cos\theta$ 的平均值为 0，此时，$a$ 值达到最小值 $l$；而对于自由旋转链，仅存在键角限制，如聚乙烯类碳链高分子，C—C 键的键角 $\alpha$ 为 109.5°，其 $a$ 值约为 1.5$l$，略高于自由结合链；对于键角为 120°的高分子，其 $a$ 值理论上约为 2$l$。对于全反式聚乙炔等刚性高分子而言，由于共轭双键不能内旋转，因此需要将两根键作为一个整体单元看待，单元长度是键长的 2 倍，单元数则是键数的 1/2。这样这些单元间的连接成为 180°键角的连接，$a$ 值将趋于无穷大。对于蠕虫状链模型研究较多的 DNA，当链段数趋于无穷时，其持续长度可为 $a = 35 \sim 50$nm。假定这种 DNA 中核糖或脱氧核糖五元环的尺寸 $l$ 值约为 0.3nm，则可反推出其键角补角 $\theta$ 约为 6.3°，因此键角则约为 173.7°，非常接近于刚性直线连接。当然这种键角是不存在的，用蠕虫状链模型时，连接单元不一定是真实键，而是假想键，这种假想键是自由旋转的，其"键数""键长"和"键角"与真实分子链的实际参数相关。

从式（2-36）可见，高分子链在第一根键方向上的投影长度 $\overline{z}$ 仅是 $a$ 和 $L$ 的函数，而 $a$ 是常数，因此很容易得到投影长度 $\overline{z}$ 与链的总长 $L$ 的关系。由于链长 $L$ 与分子量 $M$ 是一次方的正比关系，因此，投影长度和分子量间的关系与之类似。随链长或分子量增加，投影长度逐渐增大，链长趋于无穷时，投影长度趋近于 $a$ 值。

当 $L/a \gg 1$ 时，高分子链构象可完全回复到柔性高斯链模型的描述；而当 $L/a \ll 1$ 时，高分子链则完全成为棒状分子。因此，通过简单地调节 $L/a$ 的比值，就可以非常方便地调控高分子链在空间的构象分布，完成高分子链构象从"柔性"极限到"刚性"极限的任意过渡。因此，该模型特别适合于研究不同柔性的高分子体系，也适合于研究柔性会随外界条件发生变化的高分子链体系。

3. 蠕虫状链自洽场理论简介

考虑一个体积为 $V$ 的体系，共有 $n$ 根链长为 $L$ 的等同蠕虫状链，采用一个连续的空间曲线 $r(s)$ 来描述蠕虫状链的空间构象，$s$ 是一个沿高分子链变化的弧长变量，$s \in [0, L]$，键长被分隔为细小的片段，长度为 $b$，其键角的补角则为 $\theta$。定义一个在 $s$ 点位置的切线方向矢量 $\boldsymbol{u}(s) \equiv \mathrm{d}r(s)/\mathrm{d}s$，且为单位矢量 $|\boldsymbol{u}(s)| = 1$[图 2-22(a)]。

第 $i$ 片段和第 $j$ 片段间取向关系为 $\overline{\boldsymbol{u}_i \cdot \boldsymbol{u}_j} = \cos^{|i-j|}\theta$。链上相距 $l = b|i-j|$ 的两个点的单位矢量 $\boldsymbol{u}$ 和 $\boldsymbol{u}'$ 之间的关系为 $\overline{\boldsymbol{u} \cdot \boldsymbol{u}'} = \left(1-\theta^2/2\right)^{1/b}$。随着链上两个片段间距离的增加，$\boldsymbol{u}(s)$ 和 $\boldsymbol{u}(s')$ 的相关性 $\boldsymbol{u}(s) \cdot \boldsymbol{u}(s') = \exp(-|s-s'|/a)$ 逐渐降低并趋于 0[图 2-22(b)]。

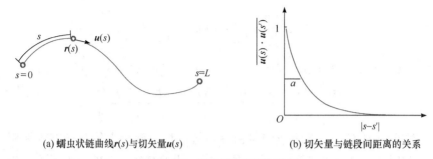

(a) 蠕虫状链曲线$r(s)$与切矢量$u(s)$    (b) 切矢量与链段间距离的关系

**图 2-22**    连续蠕虫状链模型

1972 年，Freed 采用费曼路径积分方法详细推导了蠕虫状链模型的相关方程，基本奠定了蠕虫状链自洽平均场理论方法的基础。首先将蠕虫状链的弯曲能量写为：

$$U_1 = \frac{a}{2} \sum_{i=1}^{n} \int_0^L \left| \frac{d\theta_i(s)}{ds} \right| ds \qquad (2\text{-}48)$$

由于蠕虫状链具有取向性，链段间排除体积相互作用的形式则相对复杂，除了各向同性的相互作用外，还需考虑各向异性的取向相互作用。通常有两种形式来描述上述相互作用，分别是 Maier-Saupe 型和 Onsager 型。描述找到尾端标记为 $s$ 的片段在空间位置 $r$ 和角度方向 $\theta$ 的概率称为传播子函数 $q(r,\theta,s)$，它满足方程：

$$\frac{\partial q(r,\theta,s)}{\partial s} = \left[ \frac{1}{2\lambda} \nabla_\theta^2 - \theta \cdot \nabla_r - w(r,\theta) \right] \times q(r,\theta,s) \qquad (2\text{-}49)$$

式中，$\nabla_\theta^2$ 和 $\nabla_r$ 分别为传播子函数对 $\theta$ 的二阶微分和对 $r$ 的一阶微分；$w(r,\theta)$ 为体系平均场自由能函数在鞍点的近似方程的解，与片段密度函数有关，也与相互作用强度系数有关。传播子函数的初始条件为 $q(r,\theta,0)=1$。

蠕虫状链自洽场理论方法的最关键任务是求解扩散方程（2-49），求得高分子片段在空间的分布概率，即传播子函数 $q(r,\theta,s)$，从而得出高分子的密度分布。由于该方程是一个描述六维变量的偏微分方程，且方程中还包含空间和角度的耦合算符，求解难度很大。受此因素影响，绝大多数理论研究都通过利用体系的对称性来降低方程的维度加以简化，但只适用于简单体系。

蠕虫状链自洽场理论方法已扩展至刚柔嵌段或接枝共聚物的自组装，以及液晶的相结构和相转变。借助高性能计算的相关技术，对扩散方程的求解效率也在不断提高。如果体系中涉及多重相互作用，则需要设计合理且高效的数学处理方法。

## 四、柔性表征

柔性是分子链可以改变构象的性质。构象越多，柔性越大。在键长和键的数目相同时，分子链的柔性可以通过均方末端距来进行比较。上述各种链模型表明，对于碳链高分子，自由结合链的柔性最好，其均方末端距 $\overline{h^2} = nl^2$；自由旋转链受到键角的限制，均方末端距约为 $\overline{h^2} = 2nl^2$，比自由结合链的大了一倍；当受到内旋转势垒和其他阻碍时，受刚性因子的影响，均方末端距更大。

通过实际测量可以获得高分子链的均方末端距。受实验条件的影响，所测得的高分子链的均方末端距并不一定是本体中高分子链的真实均方末端距值，有些条件下实测值可能会大于真实值，有些条件下又会小于真实值。如果我们找到一种条件能使实测值与真实值一致，这种条件就称为无扰条件，又称为$\theta$条件，在此条件下实测所得的均方末端距称为无扰均方末端距，所得均方旋转半径为无扰均方旋转半径，也称无扰尺寸，用$\overline{h_0^2}$来表示。

但是，由于均方末端距还跟键的数目（聚合度）相关，对于同种高分子链，分子量越大，键的数目越多，均方末端距就越大。而此时，因为键的数目多了，高分子链改变构象的能力也相应提高。所以，均方末端距增加并不一定是链的柔性降低。所以在不同的高分子链间进行柔性的比较时，需要把键数的影响排除。

将高分子链实际均方末端距与自由结合链或自由旋转链等理想模型链的均方末端距加以比较，就可以得到一系列表征柔性的参数，其定义为刚性因子$\sigma^2 = \overline{h_0^2} / \overline{h_r^2}$、极限特征比$C_\infty = \overline{h_0^2} / \overline{h_f^2}$。可见，高分子链刚性越大，其均方末端距就越大，则刚性因子和极限特征比也越大。刚性因子是高分子链内旋转受阻程度的表征参数，所以又称为空间位阻参数。极限特征比是高分子链以化学键为统计单元时受键角限制和内旋转受阻等一切非自由连接因素的综合量度，因此是非自由结合参数。

因为均方末端距与键数$n$成正比，而$n$又和分子量成正比，因此，均方末端距与分子量的比值同样可以消除键数对均方末端距的影响。令分子无扰尺寸$A$为：

$$A = \sqrt{\frac{\overline{h_0^2}}{M}} \tag{2-50}$$

可见，分子链刚性越大，均方末端距越大，则$A$值也越大。它是单位分子量均方末端距的平方根值，也是反映分子链本征柔性的参数。

链段是等效自由结合链的统计单元。如前所述，链段的长短可以用来比较不同高分子链的柔性。在分子量一定时，链段越短，则链段数就越多，但单元长度对均方末端距的贡献更大，因此链的均方末端距就越小，高分子链的柔性越大。

通过光散射、黏度等方法可以在溶液中测定高分子链的均方末端距，在特定的$\theta$条件下可以测出无扰均方末端距，它与高分子链在本体中的均方末端距是一样的。由此，我们可以计算出高分子链的链段长、链段数、刚性因子、极限特征比和分子无扰尺寸等参数。设测得的无扰均方末端距为$\overline{h_0^2}$，若分子链伸直链长度$L_{max} = n_e l_e$，结合式（2-16）可得$l_e = \overline{h_0^2} / L_{max}$和$n_e = L_{max}^2 / \overline{h_0^2}$。

# 第三节　高分子链结构的分子模拟

## 一、分子模拟简介

### （一）概述

分子模拟是一种计算机辅助实验技术。作为现代研究方法之一，它可以模拟材料的结构，探索新材料的性质，预测材料的行为，从微观角度认识材料；也可以验证实验结果，重现实验过程，规避安全性风险，模拟目前实验尚无法考察的物理现象，从而发展新的理论；通过研究极快或极慢的反应与变化，了解化学反应的路径、过渡态、反应机理等关键性问题，代替以往的化学合成、结构分析、物理检测等实验而进行新材料的设计，缩短新材料研制的周期，降低开发成本，使新材料设计高效、快速、廉价，通过研究分子结构与性质来增进人们对微观现象的认识等，因此近年来得到了快速发展。

分子模拟从其尺度上可分为分子尺度模拟和介观尺度模拟。

分子尺度模拟方法主要有四种：量子力学（QM）方法、分子动力学（MD）方法、分子力学（MM）方法和蒙特卡洛（MC）方法。

量子力学方法又包括分子轨道从头计算（ab initio）方法、半经验分子轨道方法和密度泛函方法（DFT）。由于一般分子中电子数目庞大，分子轨道从头计算方法计算量很大，采用变分原理进行计算，通常只能计算数百个原子以内的分子；半经验分子轨道方法用实验值取代理论积分项，从而简化了计算，但也只能对数千个原子以内的分子进行计算；密度泛函方法用电子密度取代电子波函数作为基本量，对于含 $N$ 个电子的多电子体系，其电子波函数有 $3N$ 个变量，而电子密度仅是三个变量的函数，因此方便了处理，大大减少了工作量。

但总的说来，量子化学计算方法还是太过复杂，适用于简单分子或电子数量较少的体系。除了光谱数据的模拟，许多高分子结构与行为不需要那么精确计算，因此分子尺度上采用经典力学模拟的非量子化学计算方法得到了开发与应用。蒙特卡洛方法是最早对庞大的体系采用的非量子计算方法，由系统中质点的随机运动结合统计力学概率分配原理进行计算，获得体系的统计及热力学资料，用以研究复杂体系结构和相变。分子动力学方法运用力场、牛顿运动力学原理进行计算。分子力学方法依据分子力场和波恩-奥本海默（Born-Oppenheimer）近似原理进行计算，系统的能量视为原子核位置的函数。

介观尺度模拟比较成熟的方法有：介观动力学（MesoDyn）、布朗动力学（BD）、耗散分子（或粒子）动力学（DPD）、自洽场理论、含时 Ginzburg-Landau 方程、动力学密度泛函理论和格点玻尔兹曼方法等。

布朗动力学将高分子运动分为依力场作用的运动和来自溶剂分子的随机力作用下的运动。耗散分子（或粒子）动力学是随机的模拟技术，粒子（群）在空间运动，作用在粒子上的力可以看成是所有其他粒子对其作用的总和，包括保守力、耗散力和随机力。所谓保守力是体系做功由其始末位置决定而与其路径无关，其大小和方向由物体间的相对位置确定，如重力、弹簧的弹力、静电场力等。耗散力对系统做负功，使总机械能减小，如摩擦力等。随机力则是按概率变化值来确定的。这种模拟方法用粒子来代替分子或流体的区域，而不是关注于单个原子，原子的细节被认为与过程无关。与传统的分子动力学相比，耗散分子（或粒子）动力学的优势在于其允许最大的时间尺度和长度尺度。采用介观模型方法有助于解决高分子科学和工程中所涉及的复杂问题，其应用包括对自组装、乳化、流变学以及受限条件下的动力学过程等进行研究。

由于材料在不同凝聚层次和不同凝聚尺度上有不同的性质和规律，即具有"层展现象"，因此，在研究不同层次的物质性质时，往往不能简单地运用外推、叠加或归纳等方法。理论上讲，计算机可以模拟任何尺度上材料的结构与性质，但因为高分子具有松弛时间长、松弛时间谱分布宽等特征，受计算能力的限制，人们往往只能针对某个具体尺度问题建立模型进行计算。如 Kremer 就曾提出"尺度适应"的模拟方法，针对具体问题，在不同区域进行不同程度的粗粒化处理。为了揭示高分子微观结构与宏观性能间的关系，还要衔接好已有的各个尺度上的理论和模拟方法，实现从微观到介观再到宏观的贯通，解决多尺度连贯性问题。

## （二）常用概念

### 1. 坐标系

对于分子模拟程序来说，如何确定原子和分子在体系中的位置是非常重要的。在笛卡尔坐标系中，每一个原子都有其特定的位置参数 $(x, y, z)$。但这种坐标体系离第一个原子越远的，坐标受其他原子位置的影响就越复杂，且不能直接显示我们所研究的分子结构的常用数据，如键长、键角等，因此在分子模拟研究中常使用另一种坐标体系，即内坐标系。它采用原子间的相对位置进行定位，相当于每一个原子都是下一个原子的坐标原点，常被写成 Z 矩阵的形式。每一个原子对应于 Z 矩阵的一行。我们以交叉构象的乙烷为例来说明（图 2-23）。

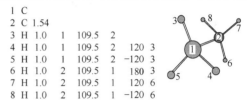

```
1 C
2 C 1.54
3 H 1.0   1   109.5   2
4 H 1.0   1   109.5   2   120 3
5 H 1.0   1   109.5   2  -120 3
6 H 1.0   2   109.5   1   180 3
7 H 1.0   2   109.5   1   120 6
8 H 1.0   2   109.5   1  -120 6
```

**图 2-23**　乙烷分子的内坐标系

Z 矩阵第 1 列为所涉原子的编号，第 2 列为编号所对应的原子，第 3 列是该原子与第 4 列原子间的键长（第 2 行该项是该原子与第一行原子间的键长），第 5 列是该原子与第 4 列原子形成的化学键与第 4、6 两列原子形成的化学键之间的键角；第 7 列则是前 3 个原子与后 3 个原子所在面间的二面角。这样，乙烷一共有 8 个原子，Z 矩阵的第 1 行，定义原子 1 为 C 原子；第 2 行，定义原子 2 为另一 C 原子，与 C1 距离 1.54Å（1Å=0.1nm）；第 3 行，原子 3 为 H 原子，与 C1 距离 1Å，3-1-2 的键角为 109.5°；第 4 行，原子 4 为 H 原子，与 C1 原子键长 1Å，4-1-2 键角为 109.5°，4-1-2-3 二面角为 120°；后面的原子与第 4 个原子相同，用于和前面原子间的键长、键角和二面角定位。

在分子模拟程序中，两种坐标系都可以运用，选择其中一种即可。例如量子力学计算程序一般使用内坐标系，分子力学程序一般使用笛卡尔坐标系。

### 2. 势能面

分子模拟中默认采用的是 Born-Oppenheimer 近似，将电子与原子核的运动分离，将求解整个体系的波函数的复杂过程分解为求解电子波函数和求解原子核波函数两个相对简单的过程。使用分离变数法就可以将体系的波函数写成电子与原子核运动独立的波函数相乘。这种近似将电子态的能量看作只是核坐标的函数，核的移动必然引起能量的变化。当然不同的移动方式引起的能量变化大小不同，如乙烷 C—C 键键长从平衡态移动 0.01nm 需要 12.55kJ/mol 的能量；而两个苯环之间非共价移动 0.1nm，能量变化仅 0.42kJ/mol。体系能量的变化可以看成是在一个多维面上的运动，这个面就是势能面。

对势能面我们感兴趣的是不动点，即对坐标的一阶偏导为 0 的点。在不动点，所有原子所受的力为 0。极小点是一种不动点，它代表的是稳定的结构；另一种不动点是鞍点，其一阶偏导和二阶偏导皆为 0，它代表过渡态结构。通过数学方法可以在势能面上找到这些不动点。

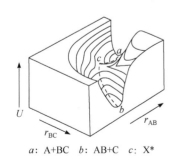

$a$: A+BC　$b$: AB+C　$c$: X*

**图 2-24**　势能面图

例如，图 2-24 为两个变量的势能面图。$a$ 代表的体系是 A+BC，$b$ 代表的是 AB+C 的体系。$a$ 和 $b$ 是两个极小点，说明 $a$ 和 $b$ 皆为稳定结构，而 $b$ 点势能值比 $a$ 点小，为最小点，说明 AB+C 结构比 A+BC 结构更稳定。$c$ 点是从 $a$ 到 $b$ 最小能量路径上的极大点，为鞍点，此时 $c$ 结构中所有原子所受到的力也为 0，是结构 $a$ 到结构 $b$ 变化中的过渡态 $X^*$。连接反应物和产物之间的最低能量路径称为反应坐标。

再如，对于正丁烷（不同旋转角的势能图如图 2-12 所示），我们也可以计算模拟出其不同构象的势能面。中心两个 C 原子间的 C—C 键在旋转过程中有一系列的不动点：图 2-12 中，$A$、$C$、$E$ 和 $G$ 为极小点，$B$、$D$ 和 $F$ 为极大点。由于高分子链的构象数非常庞大，因此，单一稳定结构并不能完全反映一个分子的性质，必须考虑热力学 Boltzmann 分布，除小分子外，要找到极小值需要进行大量的计算。

3. 分子图形

分子模拟的一个简单而实用的功能就是绘出分子图形。采用分子式专用软件来绘出分子图形可以方便地得到分子结构的基本信息，如键长、键角及其构型等，有些软件甚至可以给出 NMR、IR 或 UV 等数据。分子图形可以采用棒状、管状、球棍状和空间填充显示，如图 2-25 所示为乙烷的几种分子图形。

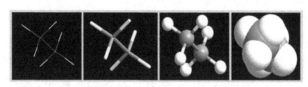

**图 2-25** 乙烷的几种分子图形的表示方法

对于高分子体系要显示所有的原子是困难的，因此，除上述类型外，还可以使用卡通图、带状图等类型的显示方法（图 2-26）。

4. 表面

分子模拟中常需要处理两个或更多的分子间的非共价键相互作用问题，这些问题涉及范德瓦耳斯表面（Van de Waals surface）和分子表面（molecular surface）。范德瓦耳斯表面是原子范德瓦耳斯球的简单空间重叠，基于精确分子模型（Corey Pauling Koltun，CPK）或空间填充模型可得。如果使用一个小的探针分子接近分子的范德瓦耳斯表面，由于探针分子球有一定的体积，它在分子表面滚动时有些缝隙无法进入，便成为死空间，由探针球在分子范德瓦耳斯表面上滚动时得到的内向部分就是分子表面。它包括两类表面元素，一是接触表面（contact surface），对应于探针真正接触到的范德瓦耳斯表面部分，另一类是凹表面，对应于那些由于缝隙太小而探针无法进入的部分。分子表面常用水作为探针，球半径为 0.14nm。还有一种表面是可及表面（accessible surface），是探针分子在范德瓦耳斯表面上滚动时其球心所形成的面（图 2-27）。

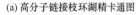
(a) 高分子链接接枝环湖精卡通图

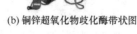
(b) 铜锌超氧化物歧化酶带状图

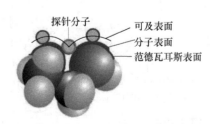

**图 2-26** 高分子体系的显示方法　　　　**图 2-27** 分子的表面类型

分子表面的计算方法是由 Connolly 等提出的，显示表面的方法很多，图 2-28 是一些常用类型。

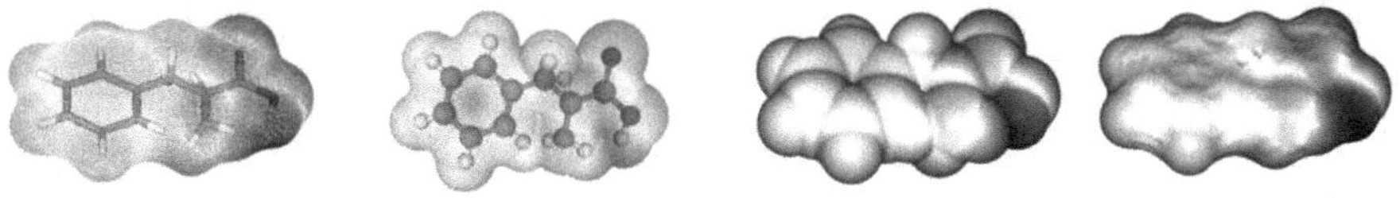

(a) 网格状表面    (b) 半透明图    (c) 球状表面    (d) 可及表面

**图 2-28** 苯基丙氨酸的分子表面显示方法

## 二、量子力学模型

### （一）Schrödinger 方程

描述电子性质的基本方程是 Schrödinger 方程。单电子定态 Schrödinger 方程为：

$$\hat{H}\psi = E\psi \tag{2-51}$$

式中，$E$ 为粒子能量的本征值；$\psi$ 为待求的本征波函数；$\hat{H}$ 为 Hamilton 算符。$\hat{H}$ 的计算式为：

$$\hat{H} = -\frac{h^2}{2m}\nabla^2 + v \tag{2-52}$$

式中，$h$ 是普朗克常数；$m$ 是粒子的质量；$v$ 是势函数；$\nabla^2$ 为 Laplace 算符。$\nabla^2$ 的计算式为：

$$\nabla^2 = \frac{\partial^2}{\partial x^2} + \frac{\partial^2}{\partial y^2} + \frac{\partial^2}{\partial z^2} \tag{2-53}$$

求解 Schrödinger 方程是偏微分本征方程的问题。

Schrödinger 方程只能对少数几个体系有精确解，如势箱中的粒子、谐振子、环中粒子、球中粒子和氢原子等。解这些问题的共同之处是对方程的可能解引入边界条件，如对于在势箱中的粒子，波函数在边界处应为 0，环中粒子的波函数必须有 $2\pi$ 的周期性。另外，在求解 Schrödinger 方程时需要的条件是波函数必须归一化，满足此条件的波函数被称为是归一化的。通常，Schrödinger 方程的解要满足正交化。同时满足正交和归一条件的波函数称为正交归一波函数。

### （二）分子轨道从头计算法

最为普遍的量子力学方法是从头计算法，它从分子中的原子与电子的关系开始进行计算，几乎可以得到分子的一切性质，如结构、构象、偶极矩、离子化能、电子亲和势、电子密度等等，计算结果与实验也相当吻合，还可以获得实验无法得到的一些资料。20世纪 70 年代后，量子力学逐渐受到重视，从头计算法成为化学合成和药物设计所依赖的重要方法，它可以优化路线、预测可能性、评估构效、节省时间和材料。

对单电子体系，求解 Schrödinger 方程可以得出精确解。对于带有多个电子的体系，Schrödinger 方程没有精确解，得到的只能是对真实解的近似。有多种方法可以求得近似解。一种是先将 Hamilton 算符简化，求得与问题相关的简单解，然后再考虑由于 Hamilton

算符的差别对解的影响，这种方法称为微扰理论（perturbation theory），当简化体系与实际体系相差较小时，这种方法比较适用。

对于带有 $N$ 个电子的多电子体系，设 $N$ 个电子的自旋轨道（自旋与空间波函数的积）为 $\chi_1$，$\chi_2$，$\cdots$，$\chi_N$，则电子的波函数为：

$$\psi = \frac{1}{\sqrt{N!}} \begin{vmatrix} \chi_1(1) & \chi_2(1) & \cdots & \chi_N(1) \\ \chi_1(2) & \chi_2(2) & \cdots & \chi_N(2) \\ \vdots & \vdots & & \vdots \\ \chi_1(N) & \chi_2(N) & \cdots & \chi_N(N) \end{vmatrix} \tag{2-54}$$

这种描述电子波函数的形式称为 Slater 行列式，是满足反对称原理的最简单轨道波函数形式。

在量子力学计算中，最常用的分子自旋轨道是展开成原子轨道线性组合（LCAO）的形式，因此，每个分子轨道可写成如下形式：

$$\psi_i = \sum_{\mu=1}^{K} c_{\mu i} \phi_\mu \tag{2-55}$$

式中，$\psi_i$ 是第 $i$ 个分子轨道；$\phi_\mu$ 是组成第 $i$ 个分子轨道的 $K$ 个原子轨道之一；$c_{\mu i}$ 是组合系数。

对含 $N$ 个电子的体系，Hamilton 算符包括每个电子的动能算符加上势能算符（电子和核间的库仑引力及电子间的库仑斥力），其一般表示式为：

$$\hat{H} = -\frac{h^2}{2m} \sum_{i=1}^{N} \nabla_i^2 - \frac{Z_A}{r_{1A}} - \frac{Z_B}{r_{1B}} - \cdots + \frac{1}{r_{12}} + \frac{1}{r_{13}} + \cdots \tag{2-56}$$

式中，下标 A、B 表示原子核；$Z$ 表示核上带电量；$r_{1A}$ 表示核 A 与电子 1 间的距离；$r_{12}$ 则表示电子 1 与电子 2 间的距离。

这样通过求解积分可以得到体系中总的作用能。

上述分子轨道是直接给出的，但对大多数电子结构，还需要计算分子轨道。此时，需要采用变分法来实现。因为从与实际近似的波函数求得的能量要大于实际能量，因此，最佳波函数可以从能量最小化得到，即能量的一阶偏导等于 0。通过把上述条件作用于能量展开式，并保持分子轨道的正交归一化，就得到了 Hatree-Fock 方程：

$$F_i \chi_i = \varepsilon_i \chi_i \tag{2-57}$$

式中，$\varepsilon_i$ 是 $\chi_i$ 的轨道能；$F_i$ 是 Fock 算符，它包括分子轨道中的电子在核势场中运动的动能和势能 $H_i^{core}$ 以及电子间的库仑斥力 $J_{ij}$。同时，由于在同一轨道中发现自旋相同的电子概率为 0，即自旋平行的电子总是相互"回避"的，库仑排斥作用会因此而降低，需要扣除一部分交换作用能 $K_{ij}$：

$$F_i = H_i^{core} + \sum_{j=1}^{N/2} (2J_{ij} - K_{ij}) \tag{2-58}$$

对 Hatree-Fock 方程的求解通常采用自洽场（self-consistent field，SCF）方法。首先得到 Hatree-Fock 本征方程的一套试验解，用它计算库仑项算符 $J$ 和交换积分项算符 $K$，得到新的微分方程。解此方程得到二次试验解。将之带入原方程得到新的微分方程，重复该过程不断迭代，使单电子解逐步精确，同时使总能量也逐步降低，直到所有电子的位置都不再变化，即达到"自洽"，找到最佳波函数（分子轨道）。

### （三）半经验分子轨道计算

从头计算方法虽然精确，但对计算机资源要求很高，计算甚为缓慢，所能计算的系统也极为有限，通常不超过 100 个原子。考虑到 Hatree-Fock 方程的 SCF 计算所需大部分时间都花在用于计算和处理积分上，减少计算量的最有效方法就是忽略或近似这些积分。自 1960 年起，陆续发展出较为简便的近似分子轨道理论或半经验分子轨道理论方法。这些方法仅考虑价电子的影响，通过引入一些实验值来代替计算真正的积分项，从而大大减少了计算量，所得结果与精确的量子力学方法一致。而且，由于使用了从实验数据得到的参数，一些近似计算方法在计算某些性质上甚至比从头计算还要精确。如 Pople 和 Dewar 等研究小组开发的零微分重叠（zero-differential overlap，ZDO）、全略微分重叠（complete neglect of differential overlap，CNDO）、间略微分重叠（intermediate neglect of differential overlap，INDO）、忽略双原子微分重叠（neglect of diatomic differential overlap，NDDO）、改进的间略微分重叠（modified INDO，MINDO/3）、改进的 NDDO（modified neglect of diatomic overlap ，MNDO）、Zerner 改进的 INDO（ZINDO）等。

针对原子接近范德瓦耳斯半径之和时，对原子间斥力估计过高的缺点，Dewar 等发展了 AM1 方法（Austin Model 1），对 MNDO 进行了显著改善，采用高斯函数对吸引和排斥力进行修正，计算表明这样的修正处理是有效的，许多与核间斥力相关的不足都被克服了，成为目前广泛使用的半经验理论方法。PM3（Parameter MNDO）的 Hamilton 算符与 AM1 相同，但其参数使用了自动参数化程序，在生成热计算方面的误差小于 AM1，在处理高价态化合物上也优于 AM1。

### （四）密度泛函理论（density functional theory，DFT）

DFT 是第三类电子结构理论方法，它采用泛函（即以函数为变量的函数）对 Schrödinger 方程进行求解。依据电子的密度分布，将电子密度分布函数作为描述体系所有性质的唯一变量，比基于波函数的一些现代方法更简单，可以用于较大分子的计算，如处理几百个原子的体系。由于密度泛函包含了电子相关，它的计算结果也非常精准，比 Hatree-Fock 方法好，且计算速度更快。DFT 引起了量子化学计算的二次革命，该理论的提出者 Walter Kohn 为此分享了 1998 年的诺贝尔化学奖。

### （五）量子计算方法可获参数

量子力学理论计算最常用的软件有 Gaussian、GAMESS、HyperChem、MOPAC 等。这些方法可以预测许多分子的结构与化学反应性质，如分子能量和结构、过渡态能量和结构、化学键及反应的能量、分子轨道、偶极矩和多极矩、原子电荷和静电势、振动频率、红外和拉曼光谱、核磁性质、极化率和超极化率、热力学性质和反应途径等，还可以模拟气相和溶液中的体系，模拟基态和激发态。研究内容包括单点能计算、构型优化、频率分析、化学反应及反应性、模拟激发态研究光化学、电子光谱、模拟溶液体系性质等。下面以聚噻吩的电子结构为例加以简介。

【例】应用 Gaussian 09 程序，利用密度泛函理论中的 B3LYP 方法，在 6-31G（d,p）基组水平上对聚噻吩的分子结构进行优化，然后用 Gaussview 打开 chk 文件提取 HOMO、

LUMO 图进行能量分析与相关计算。

（1）结构优化

表 2-2 给出聚合度 $n=1\sim8$ 的聚噻吩分子链经过全优化后并通过计算得出的相关数据。

**表 2-2**　聚噻吩（$n=1\sim8$）的理论 HOMO-LUMO 能隙及吸收光谱最大吸收波长

| 聚合度 | HOMO /eV | LUMO /eV | $\Delta E$ /eV | $\lambda_{max}$ /nm |
|---|---|---|---|---|
| $n=1$ | −6.3491 | −0.2285 | 6.1206 | 202.5945 |
| $n=2$ | −5.5480 | −1.1989 | 4.3491 | 285.1165 |
| $n=3$ | −5.2000 | −1.6392 | 3.5608 | 348.2364 |
| $n=4$ | −5.0191 | −1.8863 | 3.1328 | 395.8121 |
| $n=5$ | −4.9048 | −2.0535 | 2.8493 | 435.1946 |
| $n=6$ | −4.8310 | −2.1613 | 2.6697 | 464.4717 |
| $n=7$ | −4.7840 | −2.2362 | 2.5478 | 486.6944 |
| $n=8$ | −4.7766 | −2.2716 | 2.4950 | 496.9940 |

分子的 HOMO 和 LUMO 的空间分布能够揭示原子对分子轨道的贡献情况。如表 2-3 所示，在噻吩单体中，HOMO 和 LUMO 分布都在整个分子上，说明所有原子均对单体噻吩分子的 HOMO 和 LUMO 有贡献。然而随着聚噻吩聚合度的增加，H 原子对聚噻吩分子的 HOMO 和 LUMO 的贡献作用均减弱，且只有两端噻吩环的 S 原子对 HOMO 有较大贡献，中间噻吩环的 S 原子则对 HOMO 的贡献很小，同时两端噻吩环中 $\beta$ 位的 C 原子对 LUMO 的贡献逐渐减小以致消失。此外，分子中的 HOMO 和 LUMO 分布能够反映每一个单元的成键特征，由表 2-3 可见，聚噻吩中 HOMO 显示相邻的噻吩环间电子云分布偏于各自的环上，在环间的分布稀疏，不能抵消两环之间的斥力，对分子中原子的键合起反作用，不利于分子的稳定性；而 LUMO 则显示电子云在环间分布密集，对两环的吸引可以有效地抵消两环之间的斥力，有利于分子的稳定性。

**表 2-3**　聚噻吩的前线轨道

| 分子 | HOMO | LUMO |
|---|---|---|
| | −6.3491eV | −0.2285eV |
| | −5.5480eV | −1.1989eV |
| | −5.2000eV | −1.6392eV |
| | −5.0191eV | −1.8863eV |

续表

| 分子 | HOMO | LUMO |
| --- | --- | --- |
|  | −4.9048eV | −2.0535eV |
|  | −4.8310eV | −2.1613eV |
|  | −4.7840eV | −2.2362eV |
|  | −4.7766eV | −2.2716eV |

注：1eV=1.6×10⁻¹⁹J。

（2）聚噻吩的能级分析

图 2-29(a)是根据表 2-2 所作的 HOMO 值以及 LUMO 值随聚噻吩聚合度的变化趋势曲线，由图可见，随着聚合度的增加，HOMO 值不断增大，并趋于稳定，LUMO 值不断减小，也逐渐趋于稳定。说明随着聚合度的增加，聚噻吩生成空穴或者接受电子的能力均增强，但是，随着聚合度的增加，电子的转移特性逐渐趋于稳定。

如图 2-29(b)所示，随着聚合度的增加，聚噻吩的能隙变窄，并趋于稳定，表明聚噻吩的电子跃迁所需的能量逐渐下降并趋于稳定。

（3）聚噻吩的吸收波长计算

根据聚噻吩的能隙数据，由公式 $\lambda_{max}=1240/E_g$ 可以获得不同聚合度的聚噻吩的最大吸收波长。如图 2-30 所示，随着聚合度的增加，聚噻吩中的电子 $\pi$-$\pi^*$ 跃迁特征吸收峰的最大吸收波长逐渐增大，发生了红移，表明随着聚合度的增加，聚噻吩的有效共轭长度增加，电子的离域能力相应增强，最大吸收波长发生红移。

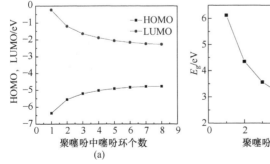
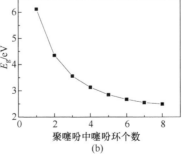
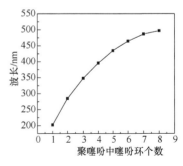

图 2-29 聚噻吩的 HOMO 能级和 LUMO 能级(a)及能隙 $E_g$(b)与聚噻吩中噻吩环个数的关系

图 2-30 聚噻吩的最大吸收波长与聚噻吩中噻吩环个数的关系

## 三、非量子力学方法概述

### （一）力场

分子力场是原子分子尺度上的一种势能场，它决定着分子中原子的拓扑结构与运动行为。

分子的总能量为动能与势能之和，分子的势能通常可表示为简单的几何坐标的函数。例如双原子分子 AB 的振动势能 $U$ 可以表示为 AB 键长 $l$ 的函数：

$$U(l) = \frac{1}{2}k(l - l_0) \tag{2-59}$$

式中，$k$ 为弹性常数；$l$ 为键长；$l_0$ 为 AB 的平衡键长。这样以简单数学形式表示的势能函数称为力场（force field）。

分子力场是分子模拟中一个十分重要的概念，它是用经典力学进行分子模拟的基石。经典力学的计算以力场为依据，力场的完备与否决定计算的正确程度。

#### 1. 总势能

对复杂分子而言，其总势能为各类型势能之和：

$$U = U_{nb} + U_b + U_\theta + U_\phi + U_\chi + U_{el} \tag{2-60}$$

式中，$U_{nb}$ 是非键势能，来自于非键合的原子间的范德瓦耳斯力；$U_b$ 是键长伸缩势能；$U_\theta$ 是键角弯曲势能；$U_\phi$ 是二面角（图 2-31）扭曲势能；$U_\chi$ 是离平面振动（图 2-32）势能；$U_{el}$ 是库仑作用项。

以丙烷（图 2-33）为例，此分子中共有 10 个化学键（8 个 C—H 键和 2 个 C—C 键），其中 2 个 C—C 键是等价键，C—H 键有两类：一类是甲基上的 6 个 C—H 键，另一类是亚甲基上的 2 个 C—H 键。分子中共有 18 个键角，分别为 1 个 C—C—C 键角，10 个 C—C—H 键角，7 个 H—C—H 键角；有 18 个双面角扭曲项，其中包含 12 个 H—C—C—H 双面角扭曲项，6 个 H—C—C—C 双面角扭曲项。分子中无平面原子，故无离平面振动项。其范德瓦耳斯作用项共有 44 项，分别为 28 组非键合 H 原子和 H 原子对间的作用项、16 组非键合 H 原子与 C 原子间的作用项。丙烷为中性分子，原子所带的部分电荷很小，可以忽略其库仑作用。

图 2-31 双氧水二面角

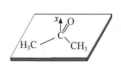

图 2-32 丙酮分子的离平面振动

图 2-33 丙烷分子的三维

#### 2. 力场作用项的一般形式

范德瓦耳斯作用：一般力场中非键合原子对间皆需考虑范德瓦耳斯力作用。将原子视为位于其原子核坐标的一点，单原子分子对间常用的范德瓦耳斯作用势能为 Lennard-Jones（LJ）势能，又称 12-6 势能，其数学式为：

$$U(r) = 4\varepsilon\left[\left(\frac{\sigma}{r}\right)^{12} - \left(\frac{\sigma}{r}\right)^6\right] \qquad (2\text{-}61)$$

式中，$r$ 为原子对间的距离；$\varepsilon$ 与 $\sigma$ 为势能参数，因原子的种类而异。方程中第一项为排斥能，第二项为吸引能。当 $r$ 很大时，范德瓦耳斯作用为 0。

键长伸缩项：

$$U_{\text{b}} = \frac{1}{2}\sum_i k_{\text{b}}(l_i - l_{i0})^2 \qquad (2\text{-}62)$$

式中，$k_{\text{b}}$ 为键长伸缩的弹性常数；$l_i$ 和 $l_{i0}$ 分别表示第 $i$ 根键的键长及其平衡键长。弹性常数越大，振动越快，振动频率越高。

键角弯曲项：

$$U_{\theta} = \frac{1}{2}\sum_i k_{\theta}(\theta_i - \theta_{i0})^2 \qquad (2\text{-}63)$$

式中，$k_{\theta}$ 为键角弯曲的弹性常数；$\theta_i$ 和 $\theta_{i0}$ 分别表示第 $i$ 根键的键角及其平衡键角。弹性常数越大，振动越快，振动频率越高。

二面角扭曲项：

$$U_{\phi} = \frac{1}{2}\sum_i \left[V_1(1+\cos\phi) + V_2(1-\cos 2\phi) + V_3(1+\cos 3\phi)\right] \qquad (2\text{-}64)$$

式中，$V_1$、$V_2$ 和 $V_3$ 为二面角扭曲项的弹性常数；$\phi$ 表示二面角的角度。例如利用 AMBER 力场计算可得 $OCH_2$—$CH_2O$ 分子中 O—C—C—O 扭转角的势能图，计算可得其最低势能对应于扭转角 60° 和 300° 处。

离平面振动项：

$$U_{\chi} = \frac{1}{2}\sum_i k_{\chi}\chi^2 \qquad (2\text{-}65)$$

式中，$k_{\chi}$ 为离平面振动项的弹性常数；$\chi$ 表示离平面振动的角度。

库仑作用项：

$$U_{\text{el}} = \sum_{i,j}\frac{q_i q_j}{D r_{ij}} \qquad (2\text{-}66)$$

式中，$q_i$ 和 $q_j$ 为分子中第 $i$ 个离子与第 $j$ 个离子所带电荷；$r_{ij}$ 表示两个离子间的距离；$D$ 为有效介电常数。不含离子的分子中，库仑作用项主要为偶极间的作用：

$$U_{\text{dipole}} = \frac{\mu_i \mu_j}{D r_{ij}^2}(\cos\chi - 3\cos\alpha_i \cos\alpha_j)^2 \qquad (2\text{-}67)$$

式中，$\mu_i$ 和 $\mu_j$ 为分子中第 $i$ 个与第 $j$ 个偶极的模；$\chi$ 及 $\alpha$ 的定义如图 2-34 所示。

上述力场是 MM2 力场所用的关系式。另一种常见力场为 Urey-Bradly（UB）所推导的力场，该力场将非键合作用项写成距离的二次函数。不论力场的形式如何，力场中含有多少参数，重要的是这些参数可以应用于各种分子的同类作用中。

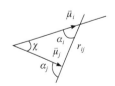

**图 2-34** 分子中偶极作用的坐标

## （二）常用力场

分子力场应具有普适性和较高的准确性，而"求全"和"求精"往往又是矛盾的。近年来发展的一些通用力场是在总结大量分子体系的经验参数上得到的，几乎适用于所有的分子体系，但同时精度也略低一些。根据其发展历程，我们可以将力场分为经典力场、第二代力场、其他力场等。

### 1. 经典力场

经典力场主要有 MM 力场（先后发展出 MM2、MM3、MM4、MM+等）、AMBER 力场、CHARMM 力场、CVFF 力场等。

#### （1）MM 力场

$$U = U_{nb} + U_b + U_\theta + U_\phi + U_\chi + U_{el} + U_{cross} \tag{2-68}$$

其中：

$$
\begin{cases}
U_{nb} = a\varepsilon e^{-c\sigma/r} - b\varepsilon(\sigma/r)^6 \\
U_b = \frac{k}{2}(l-l_0)^2[1-k'(l-l_0)-k''(l-l_0)^2-k'''(l-l_0)^3] \\
U_\theta = \frac{k_\theta}{2}(\theta-\theta_0)^2[1-k_\theta'(\theta-\theta_0)-k_\theta''(\theta-\theta_0)^2-k_\theta'''(\theta-\theta_0)^3] \\
U_\phi = \sum_{n=1}^{3}\frac{V_n}{2}(1+\cos n\phi) \\
U_\chi = k(1-\cos 2\chi)
\end{cases}
\tag{2-69}
$$

$U_{el}$ 是一般的库仑作用项，$U_{cross}$ 是交叉作用项。例如与同一个原子键合的两根键($l_1$, $l_2$)，其交叉作用项为：

$$U(l_1, l_2) = \frac{k_{12}}{2}(l_1-l_{10})(l_2-l_{20}) \tag{2-70}$$

此三个原子构成一个键角，其交叉作用项为：

$$U(l_1, l_2, \theta) = \frac{k_{12\theta}}{2}[(l_1-l_{10})+(l_2-l_{20})](\theta-\theta_0) \tag{2-71}$$

此外，键伸缩与二面角扭曲的交叉作用项为：

$$U(l, \phi) = k(l-l_0)\cos n\phi \text{或} U(l, \phi) = k(l-l_0)(1+\cos n\phi) \tag{2-72}$$

#### （2）AMBER 力场

此力场主要适用于较小的蛋白质、核酸和多糖等生化分子，可以获得独立分子几何结构、构型能、振动频率及溶剂化自由能。AMBER 力场的参数全来自计算结果与实验值的比对，其标准形式为：

$$
\begin{aligned}
U &= U_b + U_\theta + U_\phi + U_{nb} + U_{Hb} + U_{el} \\
&= \sum_b k_b(l-l_0)^2 + \sum_\theta k_\theta(\theta-\theta_0)^2 + \sum_\phi \frac{1}{2}V_0[1+\cos(n\phi-\phi_0)] \\
&\quad + \sum \varepsilon\left[\left(\frac{r*}{r}\right)^{12} - 2\left(\frac{r*}{r}\right)^6\right] + \sum\left(\frac{C_{ij}}{r_{ij}^{12}} - \frac{D_{ij}}{r_{ij}^{10}}\right) + \sum\frac{q_i q_j}{\varepsilon_{ij}r_{ij}}
\end{aligned}
\tag{2-73}
$$

式中，$l$ 为键长；$\theta$ 和 $\phi$ 分别是键角与二面角；第 4 项是范德瓦耳斯作用项；第 5 项为氢键作用项；第 6 项是静电作用项。

（3）CHARMM 力场

该力场为哈佛大学发展，力场参数来自计算结果与实验值的比对，同时还引用了大量的量子计算结果为依据，可应用于有机小分子、溶液、聚合物、生化分子等，几乎除了有机金属分子外，通常皆可得到与实验值相近的结构、作用能、构型能、转动势垒、振动频率、自由能等。其力场形式为：

$$U = U_b + U_\theta + U_\phi + U_\chi + U_{el} + U_{vdw} + U_{Hb} \tag{2-74}$$

$$= \sum_b k_b(l-l_0)^2 + \sum_\theta k_\theta(\theta-\theta_0)^2 + \sum_\phi [\,|k_\phi| - k_\phi \cos(n\phi)] + \sum_\chi k_\chi(\chi-\chi_0)^2$$

$$+ \sum \frac{q_i q_j}{4\pi\varepsilon_0 r_{ij}} + \sum \left( \frac{A_{ij}}{r_{ij}^{12}} - \frac{B_{ij}}{r_{ij}^6} \right) sw(r_{ij}^2, r_{on}^2, r_{off}^2)$$

$$+ \sum \left( \frac{A}{r_{AD}^{12}} - \frac{B}{r_A^6} \right) \cos^m(\phi_{A-H-D}) \cos^n(\phi_{AA-A-H}) sw(r_{AD}^2, r_{on}^2, r_{off}^2) \times sw\left[ \cos^2(\phi_{A-H-D}), \cos^2\phi_{on}, \cos^2\phi_{off} \right]$$

式中，$sw$ 为开关函数，下标"on"或"off"表示开始计算或终止计算此函数的键长及角度值。

（4）CVFF 力场

CVFF 力场即一致性价力场，为 Dauber Osguthope 等所发展，最初以生化分子为主，适用于计算氨基酸、水及含各种官能团的分子体系。其后，经过不断的强化，CVFF 力场可适用于计算多肽、蛋白质和多种有机小分子、水等，以体系结构与结合能计算最为准确，也可提供合理的构型能和振动频率。其力场形式为：

$$U = U_b + U_\theta + U_\phi + U_\chi + U_{el} + U_{vdw} + U_{Hb} \tag{2-75}$$

$$= \sum_b k_b[1 - e^{-a(l-l_0)^2}] + \sum_\theta k_\theta(\theta-\theta_0)^2 + \sum_\phi k_\phi[1 + \cos(n\phi)] + \sum_\chi k_\chi \chi^2$$

$$+ \sum_b \sum_{b'} k_{bb'}(l-l_0)(l'-l_0') + \sum_\theta \sum_{\theta'} k_{\theta\theta'}(\theta-\theta_0)(\theta'-\theta_0')$$

$$+ \sum_b \sum_\theta k_{b\theta}(l-l_0)(\theta-\theta_0) + \sum_\phi \sum_\theta \sum_{\theta'} k_{\phi\theta\theta'} \cos\phi(\theta-\theta_0)(\theta'-\theta_0)$$

$$+ \sum_\chi \sum_{\chi'} k_{\chi\chi'} \chi\chi' + \sum \varepsilon \left[ \left( \frac{r^*}{r} \right)^{12} - 2\left[ \left( \frac{r^*}{r} \right)^6 \right] \right] + \sum \frac{q_i q_j}{\varepsilon_0 r_{ij}}$$

2. 第二代力场

第二代力场形式上比经典力场复杂，需要大量的力常数，以计算分子的各种结构与性质、光谱、热力学性质、晶体参数等，适用于有机分子和不含过渡金属元素的分子系统。根据参数不同可分为 CFF91、CFF95、PCFF 和 MMFF94 等。

CFF91 适用于碳氢化合物、蛋白质及其配位基的交互作用，也适用于小分子的气态结构与性能；CFF95 衍生自 CFF91，针对多糖、聚碳酸酯等高分子；PCFF 也衍生自 CFF91，适用于聚合物和有机物，包括合成聚合物、核酸、多糖及碳水化合物和脂肪等有机物。MMFF94 为 Merck 公司针对药物设计而发展的，它引用了大量的量子计算结果，采取的是 MM2、MM3 力场的形式，主要应用于计算固态或液态有机小分子，可得到准确的几何结构和物化特性。其力场形式为：

$$U = \sum_b [K_2(l-l_0)^2 + K_3(l-l_0)^3 + K_4(l-l_0)^4]$$

$$+ \sum_\theta [H_2(\theta-\theta_0)^2 + H_3(\theta-\theta_0)^3 + H_4(\theta-\theta_0)^4]$$

$$+ \sum_\phi \{V_1[1-\cos(\phi-\phi_1^0)] + V_2[1-\cos(2\phi-\phi_2^0)] + V_3[1-\cos(3\phi-\phi_3^0)]\}$$

$$+ \sum k_\chi \chi^2 + \sum_b \sum_{b'} F_{bb'}(l-l_0)(l'-l_0') + \sum_\theta \sum_{\theta'} F_{\theta\theta'}(\theta-\theta_0)(\theta'-\theta_0')$$

$$+ \sum_b \sum_\theta F_{b\theta}(l-l_0)(\theta-\theta_0) + \sum_b \sum_\varphi (l-l_0)(V_1\cos\phi + V_2\cos 2\phi + V_3\cos 3\phi) \qquad (2\text{-}76)$$

$$+ \sum_{b'} \sum_\phi (l'-l_0')(V_1\cos\phi + V_2\cos 2\phi + V_3\cos 3\phi)$$

$$+ \sum_\theta \sum_\phi (\theta-\theta_0)(V_1\cos\phi + V_2\cos 2\phi + V_3\cos 3\phi)$$

$$+ \sum_\phi \sum_\theta \sum_{\theta'} k_{\phi\theta\theta'} \cos\phi(\theta-\theta_0)(\theta'-\theta_0')$$

$$+ \sum \frac{q_i q_j}{\varepsilon r_{ij}} + \sum \left( \frac{A}{r_{ij}^9} - \frac{B}{r_{ij}^6} \right)$$

3. 其他力场

前述力场由于最初设计是针对有机物和生物分子，故仅能涵盖周期表中的部分元素，为此从原子角度出发开发了通用力场，以适应更广泛的元素。此类力场有 ESFF 力场、UFF 力场和 Dreiding 力场等。

除了一般性力场外，还有一些力场是针对特殊体系设计的，如针对金属氧化物固体的力场、专门研究沸石系统的力场、针对高分子的力场等。

我国的 GALAMOST 软件针对高分子体系研究进行设计开发，在嵌段共聚物自组装与微相分离、活性聚合反应微观动力学及其对链结构的影响、补丁粒子（表面存在一个或多个物理化学性质不同的区域的粒子）的设计及其自组装结构与动力学机理等方面有重要应用，可研究高分子在溶液和受限条件下的生长、组装、结构转变以及高分子玻璃化转变微观机理等问题，希望能发展成为具有国际竞争力的代表性国产分子动力学模拟软件。

## 四、分子力学模拟

力场从宏观角度满足的是牛顿力学原理，从微观角度满足的是量子力学原理。分子力学方法把分子看成是原子的群体，用牛顿力学方法来处理微观的分子力场。应用的主要参数是势函数和力常数。我们已经介绍了各种软件所对应的力场构成方法，其主要差别就在于势函数与力常数的构成与选择。

（一）势能图与势能面

分子力学计算过程首先就是构造分子力场，无论是哪种力场，分子的势能都包括两个方面，一是键合原子的势能 $U_{bond}$，它包括键长、键角和键的扭转产生的势能及其相互作用影响；二是非键合原子间的势能 $U_{nb}$，包括静电作用、氢键作用和范德瓦耳斯力作用势能。势能函数构造完成后，就需要对原子的各种位置势能进行计算，以寻找出最低能量形式。我们以优化构象为例来说明分子力学的计算过程。这是分子力学的主要应用之一。

寻找势能最低点的过程称为能量最小化。利用能量最小化方法所得到的构象称为几何优选构象。对复杂的分子而言，由于势能面上有多个极小点，因此由能量最小化方法所得到的几何优选构象并不一定是能量最低的构象，需仔细检查确认。

分子的稳定性与势能图密切相关，借助于势能图就可以了解分子的稳定性及其热力学性质。因此，构造势能面是非常重要的一环。

对于含有 $N$ 个原子的分子，其势能为 $3N$ 个笛卡尔坐标的函数 $V(x_i,y_i,z_i)|(i=1\sim N)$。除了非常简单的分子，大部分分子都无法将所得到的势能面完全以图形显示（$3N$ 维）。因此，为了了解势能与坐标变化的关系，往往将分子中的一些不重要的坐标固定，只计算部分势能面。例如，正戊烷只考虑分子的两个扭转角 $\phi_1$ 和 $\phi_2$，扭转范围均为 $0°\sim360°$。若分子中其余的键长、键角都不变，则势能仅为两个扭转角的函数，其势能面以等高线、三维线或立体面方式表示，如图 2-35 所示。

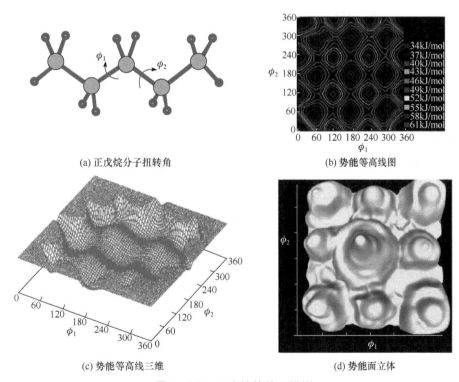

(a) 正戊烷分子扭转角

(b) 势能等高线图

(c) 势能等高线三维

(d) 势能面立体

**图 2-35**　正戊烷势能面模拟

通常势能面有很多一阶偏导为 0 的点，它既包括了势能面极小值和极大值，也包含从极小到极大的过渡点（拐点），鞍点也在其中。讨论分子的稳定性时，最重要的是极小值，它所对应的原子的位置就是分子相对稳定的构象，其中最低能量为最低极小值，相当于分子最稳定的构象。由势能面求最低极小值的过程称为能量优化过程，所对应的结构则为最优化结构。

（二）函数极小值求解

能量最优化过程相当于求势能函数的极小值。单一变量的函数 $f(x)$ 具有极小值的条件是其一阶偏导等于零，而二阶偏导大于零：

$$f'(x)=0;\ f''(x)>0 \tag{2-77}$$

求取函数极小值时，不同的起点可能会得到不同的结果。例如，对于图 2-36 中的曲线，$A$、$B$、$C$ 为不同的起点，$G_1$ 和 $G_2$ 为函数的两个极小值点。从 $A$ 或 $B$ 作为起点时，得到的极小值是 $G_1$ 点，而由 $C$ 出发，则得到 $G_2$ 点。因此，要求得函数的其他极小值，必须变更起始点。

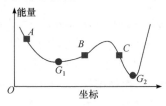

**图 2-36**　求极小值可能的情形

函数求导的方法一般采取下式：

$$f'(x)=\lim_{\delta x\to 0}\frac{f(x+\delta x)-f(x)}{\delta x} \tag{2-78}$$

或：

$$f'(x)=\lim_{\delta x\to 0}\frac{f(x+\delta x)-f(x-\delta x)}{2\delta x} \tag{2-79}$$

利用导数极小化法可以求得势能函数的极小值。势能函数的一阶偏导称为"梯度"，当其为正值时，代表该点处于正向变大的位置上，极小值点应指向变量减小方向；反之，梯度为负值时，代表该点处于正向变小的位置上，极小值点应处于变量增大的方向。偏导的数值表示该点所处位置的倾斜度，数值很大时，表示该点所处位置很陡直，反之则较平坦。势能函数的二次偏导表示势能面于此位置的弯曲度。为正值时，表示曲面向上弯曲；为负值时，曲面所处位置是向下弯曲的。数值越大，所处位置弯曲得越厉害。

多变量函数 $f(x_1, x_2, x_3, \cdots, x_n)$ 具有极小值的条件也相似，函数对任意变量的一阶偏导等于零，二阶偏导大于零：

$$\frac{\partial f}{\partial x_i}=0;\ \frac{\partial^2 f}{\partial x_i^2}>0\ \ (i=1,2,\cdots,n) \tag{2-80}$$

以向量 $\vec{x}$ 代替变量：

$$\vec{x}=\begin{bmatrix} x_1 \\ x_2 \\ \vdots \\ x_n \end{bmatrix} \tag{2-81}$$

这样，$f(x)$ 的一阶偏导为：

$$f'(\vec{x})=\left(\frac{\partial f}{\partial x_1},\frac{\partial f}{\partial x_2},\cdots,\frac{\partial f}{\partial x_n}\right) \tag{2-82}$$

在 $\vec{x}$ 处的二阶偏导为：

$$f''(\vec{x}) = \begin{bmatrix} \dfrac{\partial^2 f}{\partial x_1^2} & \dfrac{\partial^2 f}{\partial x_1 \partial x_2} & \cdots & \dfrac{\partial^2 f}{\partial x_1 \partial x_n} \\[2mm] \dfrac{\partial^2 f}{\partial x_2 \partial x_1} & \dfrac{\partial^2 f}{\partial x_2^2} & \cdots & \dfrac{\partial^2 f}{\partial x_2 \partial x_n} \\[1mm] \vdots & \vdots & & \vdots \\[1mm] \dfrac{\partial^2 f}{\partial x_n \partial x_1} & \dfrac{\partial^2 f}{\partial x_n \partial x_2} & \cdots & \dfrac{\partial^2 f}{\partial x_n^2} \end{bmatrix} \tag{2-83}$$

利用一阶偏导求极值时，先给出初值 $\vec{x}_k$，并求出 $\vec{x}_k$ 点处的一阶偏导 $f'(\vec{x}_k)$，然后使体系向极小值方向按照步幅移动一个微量：

$$\vec{x}_{k+1} = \vec{x}_k + \lambda \vec{s}_k \tag{2-84}$$

式中，$\vec{s}_k = -\dfrac{f'(\vec{x}_k)}{|f'(\vec{x}_k)|}$ 为沿梯度方向的单位矢量；$\lambda$ 为找到极小值所需移动的幅度参数，可以是定值，也可以根据步间所得势能变化量的大小加以调节。当我们得到的连续 3 步的势能函数值满足 $f(\vec{x}_n) > f(\vec{x}_{n+1}) < f(\vec{x}_{n+2})$ 时，必有一势能极小值落在 $\vec{x}_n$ 和 $\vec{x}_{n+2}$ 间。这样通过逐步缩小步幅便可以找出极小值的点。

利用二阶偏导也可以求极小值，过程虽然复杂，但可以得到较为准确的结果。常用的二阶偏导法为牛顿-拉森法（Newton-Ralpson method）。这种方法需要用到矩阵运算，计算量较大。

对于一元多次函数 $U(x)$，其对 $x_k$ 点的泰勒展开式为：

$$U(x) = U(x_k) + (x - x_k)U'(x_k) + \frac{(x - x_k)^2}{2} U''(x_k) + \cdots \tag{2-85}$$

将式（2-85）对 $x$ 进行微分，并忽略高阶项，可得 $U(x)$ 的一次偏导：

$$U'(x) = 2U'(x_k) + 2(x - x_k)U''(x_k) \tag{2-86}$$

在极小值点，$x = x^*$，$U'(x) = 0$，所以：

$$U'(x_k) + (x^* - x_k)U''(x_k) = 0 \tag{2-87}$$

则：

$$x^* = x_k - \frac{U'(x_k)}{U''(x_k)} \tag{2-88}$$

如果该函数为多元函数，则：

$$\vec{x}^* = \vec{x}_k - \tilde{U}''(\vec{x}_k)^{-1} \tilde{U}'(\vec{x}_k) \tag{2-89}$$

式中，$\tilde{U}''(\vec{x}_k)^{-1}$ 为 Hessian 矩阵的反矩阵。

【例】对二元函数 $f(x,y) = x^2 + 2y^2$ 而言，其一阶偏导为：

$$f'(\vec{x}) = \begin{bmatrix} \dfrac{\partial f}{\partial x} \\[2mm] \dfrac{\partial f}{\partial y} \end{bmatrix} = \begin{bmatrix} 2x \\ 4y \end{bmatrix} \tag{2-90}$$

二阶 Hessian 矩阵为：

$$f''(\vec{x}) = \begin{bmatrix} \dfrac{\partial^2 f}{\partial x^2} & \dfrac{\partial^2 f}{\partial x \partial y} \\ \dfrac{\partial^2 f}{\partial y \partial x} & \dfrac{\partial^2 f}{\partial y^2} \end{bmatrix} = \begin{bmatrix} 2 & 0 \\ 0 & 4 \end{bmatrix} \tag{2-91}$$

其反矩阵为：

$$f''(\vec{x})^{-1} = \begin{bmatrix} 1/2 & 0 \\ 0 & 1/4 \end{bmatrix} \tag{2-92}$$

这样，若起始点为（9,9），则：

$$\vec{x}^* = \vec{x}_k - \tilde{U}''(\vec{x}_k)^{-1}\tilde{U}'(\vec{x}_k) = \begin{bmatrix} 9 \\ 9 \end{bmatrix} - \begin{bmatrix} 1/2 & 0 \\ 0 & 1/4 \end{bmatrix}\begin{bmatrix} 18 \\ 36 \end{bmatrix} = \begin{bmatrix} 0 \\ 0 \end{bmatrix} \tag{2-93}$$

（0,0）点即为函数的极小值点。当然起始点离极小值点越近，用牛顿-拉森法计算的效果越好。

需要注意，Hessian 矩阵的特征值必须全为正数才能找到极小值点，否则会导致寻移至能量较高的点。

上述分子力学计算的能量相当于分子在假想的无动能的 0K 状态，对于在某一温度下的情况则需要进行动能校正。校正项包括移动能 $U_{trans}(T)$、转动能 $U_{rot}(T)$、振动能 $U_{vib}(T)$ 和 0K 时振动能 $U_{vib}(0)$（即零点能）。在一定的温度下，分子的移动能和转动能可利用统计力学的均分理论进行估计，分别为 $U_{trans}(T) = 3k_BT/2$、$U_{rot}(T) = 3k_BT/2$（非线性分子）或 $U_{rot}(T) = k_BT$（线性分子）。但分子的振动能则需要知道分子的振动频率 $\nu_i$。

含有 $N$ 个原子的分子有 $3N$ 个自由度，扣除 3 个平移自由度和 3 个转动自由度（非线性分子）或 2 个转动自由度（线性分子）后则有 $3N-6$（非线性分子）或 $3N-5$（线性分子）种振动模式：

$$U_{vib}(T) = \sum_i^{3N-5或3N-6} \frac{h\nu_i}{\exp\left(\dfrac{h\nu_i}{k_BT}\right)-1} \tag{2-94}$$

式中，$h$ 为普朗克常数。分子的零点能应是各振动模式最低能量的和：

$$U_{vib}(0) = \sum_i \frac{1}{2}h\nu_i \tag{2-95}$$

不同分子有不同的振动频率和零点能，如表 2-4 所示。

**表 2-4　甲烷和水分子的振动频率和零点能**

| 分子 | 振动频率/cm$^{-1}$ | 零点能/cm$^{-1}$ |
| --- | --- | --- |
| 甲烷 | 2895，1513（2），2999（3），1298（3） | 9406 |
| 水 | 3721，3582，1590 | 4447 |

注：振动频率中，括号内数字为该频率下的振动模式数目。

## （三）分子力学模拟的应用

### 1. 计算多原子分子的振动频率

以三原子线性分子 A-B-A 为例，如图 2-37 所示，仅考虑沿分子轴方向的振动。第 1 个和第 2 个原子间、第 2 个和第 3 个原子间的平衡键长均为 $l_0$，原子离其平衡位置的位移为 $\xi_i$，设每个原子的位移与键长相比很小，则振动符合 Hook 定律，其振动势能为：

$$U = \frac{1}{2}k(\xi_1-\xi_2)^2 + \frac{1}{2}k(\xi_2-\xi_3)^2 \quad (2\text{-}96)$$

**图 2-37** 线性分子的简振模式

势能函数的一阶偏导为：

$$\begin{cases} \dfrac{\partial U}{\partial \xi_1} = k(\xi_1-\xi_2) \\ \dfrac{\partial U}{\partial \xi_2} = -k(\xi_1-\xi_2)+k(\xi_2-\xi_3) \\ \dfrac{\partial U}{\partial \xi_3} = -k(\xi_2-\xi_3) \end{cases} \quad (2\text{-}97)$$

由势能函数的二次微分，得 Hessian 矩阵：

$$\tilde{\boldsymbol{U}}'' = \begin{bmatrix} k & -k & 0 \\ -k & 2k & -k \\ 0 & -k & k \end{bmatrix} \quad (2\text{-}98)$$

其质权坐标系的力矩阵为：

$$\begin{aligned}
\tilde{\boldsymbol{F}}_q &= \begin{bmatrix} m_A^{-1/2} & 0 & 0 \\ 0 & m_B^{-1/2} & 0 \\ 0 & 0 & m_A^{-1/2} \end{bmatrix} \begin{bmatrix} k & -k & 0 \\ -k & 2k & -k \\ 0 & -k & k \end{bmatrix} \begin{bmatrix} m_A^{-1/2} & 0 & 0 \\ 0 & m_B^{-1/2} & 0 \\ 0 & 0 & m_A^{-1/2} \end{bmatrix} \\
&= \begin{bmatrix} \dfrac{k}{m_A} & -\dfrac{k}{\sqrt{m_A}\sqrt{m_B}} & 0 \\ -\dfrac{k}{\sqrt{m_A}\sqrt{m_B}} & \dfrac{2k}{m_B} & -\dfrac{k}{\sqrt{m_B}\sqrt{m_A}} \\ 0 & -\dfrac{k}{\sqrt{m_B}\sqrt{m_A}} & \dfrac{k}{m_A} \end{bmatrix} = 0
\end{aligned} \quad (2\text{-}99)$$

此矩阵的特征值可由解行列式 $|F_q - \lambda I| = 0$ 求得：

$$\begin{vmatrix} \dfrac{k}{m_A}-\lambda & -\dfrac{k}{\sqrt{m_A}\sqrt{m_B}} & 0 \\ -\dfrac{k}{\sqrt{m_A}\sqrt{m_B}} & \dfrac{2k}{m_A}-\lambda & -\dfrac{k}{\sqrt{m_A}\sqrt{m_B}} \\ 0 & -\dfrac{k}{\sqrt{m_A}\sqrt{m_B}} & \dfrac{k}{m_A}-\lambda \end{vmatrix} = 0 \quad (2\text{-}100)$$

将此行列式展开，得：

$$\left(\frac{k}{m_A}-\lambda\right)\left(\frac{2k}{m_B}-\lambda\right)\left(\frac{k}{m_A}-\lambda\right)-\frac{2k^3}{\sqrt{m_A}\sqrt{m_B}}\left(\frac{k}{m_A}-\lambda\right)=0 \tag{2-101}$$

其三个根分别为：

$$\lambda_1=\frac{k}{m_A};\ \lambda_2=0;\ \lambda_3=\frac{2m_A+m_B}{m_A m_B}k \tag{2-102}$$

利用简正频率与特征值的关系 $\nu_i=\frac{\sqrt{\lambda_i}}{2\pi}$ 可以计算出各特征值对应的振动频率。由解特征方程 $F_q A=\lambda A$ 可得与特征值对应的分子振动时原子的位移情况。设 $A_1$、$A_2$ 和 $A_3$ 分别表示三个原子的位移幅度，则 $\lambda_1=\frac{k}{m_A}$ 对应于 $A_1=-A_3$ 及 $A_2=0$，为对称伸缩振动模式；$\lambda_2=0$ 对应于 $A_1=A_3$ 及 $A_2=\sqrt{\frac{m_B}{m_A}}A_1$，为平移模式；$\lambda_3=\frac{2m_A+m_B}{m_A m_B}k$ 对应于 $A_1=A_3$ 及 $A_2=-2\sqrt{\frac{m_B}{m_A}}A_1$，为非对称伸缩振动模式（图 2-38）。

利用多原子分子的振动频率可计算分子的热力学性质。所计算的振动频率可与实验值相比对，检验力场的精确性。利用二次偏导方法求多原子分子的能量最小化过程可得到计算振动频率所需的 Hessian 矩阵，而不需要重复计算。

利用分子力场所计算的多原子分子的振动频率往往较量子力学方法所得结果更接近于实验值，但分子力场的计算时间远远小于量子力学方法。例如，对 10 个丙氨酸残基的螺旋多肽分子用分子力场计算的简正频率分析结果如图 2-39 所示。该分子有 112 个原子，不适合执行量子力学计算，但利用分子力学方法可轻松获得合理的结果。

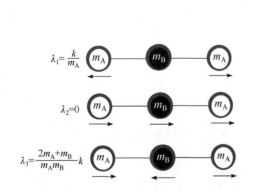

图 2-38 线性分子的简振模式

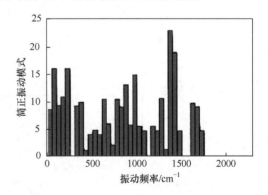

图 2-39 多肽分子的简正振动分布

**2. 预测分子结构和构象**

分子力学模拟选择合适的力场可以计算各种可能构象的势能，通过能量最小化方法，得到几何优选构象，从而寻找最稳定的构象。例如，对 DNA 或 RNA 分子片段利用分子力学方法计算各种构象间相互转化的势能面，了解其最稳定结构。

**3. 其他应用**

通过分子力学最低势能的计算可以来预测自组装团簇结构。例如针对 Stupp 等设计合成的由刚性片段和柔性片段组成的 HEMMH 分子[结构如图 2-40(a)所示]，其团簇自组装模型如图 2-40(b)所示。以分子力学能量最小化方法分别计算刚性聚集体和柔性聚集体的能量，从而得出团簇的大小，计算结果与实验观察非常吻合；以此为出发点，结合分子动力学计算可得呈蘑菇状分布的团簇结构，也与实验观察及设想模型相符。

(a) HEMMH分子化学结构        (b) 团簇自组装模型

**图 2-40**   HEMMH 分子

分子力学方法也可以了解化学反应中过渡态结构和反应路径。如图 2-41 所示为 $Cl^-$ 与 $CH_3Cl$ 的 $S_N2$ 反应能量曲线。图中显示系统处于鞍点的过渡态结构及最小值点的结构。图中能量最小值点的结构由 $Cl^-$ 与 $CH_3Cl$ 偶极组成，称为"离子-偶极复合物"。由鞍点过渡态结构计算得到一个负特征值。鞍点附近所有 Hessian 矩阵带有一个负特征值的能量面区域称为鞍点的二次区域；而能量极小值点附近所有 Hessian 矩阵特征值全正的能量面区间称为极小值点的二次区域。

分子力学可以计算分子的热力学性质，如任一构象的势能以及分子的生成焓、反应热等，可以计算晶体结构以及研究化学反应中的立体效应等。

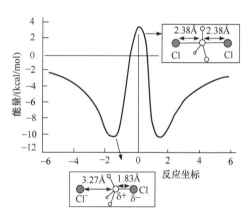

**图 2-41**   $Cl^-$ 与 $CH_3Cl$ 的 $S_N2$ 反应曲线

1kcal=4.1868×$10^3$J,1Å=0.1nm

## 五、分子动力学模拟

分子动力学模拟计算，简称 MD 计算，其基本原理是牛顿运动方程。自 1966 年发展以来，应用已十分广泛。此计算的成败取决于选用的力场和计算方法的正确与否。因此在选择模拟软件前，必须先了解其基本原理，以免用错条件。

（一）基本原理

考虑含有 $N$ 个分子的运动系统，系统的总能量为系统中分子的动能与总势能之和。其总势能为分子中各原子位置的函数。这里我们将势能分为分子内非键原子间的范德瓦耳斯作用势能与分子内键合原子间势能之和：

$$U = U_{VDW} + U_{BOND} \tag{2-103}$$

范德瓦耳斯作用可近似为各原子间的范德瓦耳斯作用之和：

$$U_{\mathrm{VDW}} = u_{12} + u_{13} + \cdots + u_{1n} + u_{23} + u_{24} + \cdots = \sum_{i=1}^{n-1} \sum_{j=i+1}^{n} u_{ij}(r_{ij}) \tag{2-104}$$

分子内势能是由键长伸缩、键角弯曲等键合作用变形而产生的势能总和。

根据经典力学，系统中任一原子 $i$ 所受之力是势能的偏导：

$$\vec{F}_i = -\nabla_i U = -\left( \vec{i} \frac{\partial}{\partial x_i} + \vec{j} \frac{\partial}{\partial y_i} + \vec{k} \frac{\partial}{\partial z_i} \right) U \tag{2-105}$$

式中，$\nabla$ 为 Hamilton 算符。于是，由牛顿运动定律可得 $i$ 原子的加速度 $\vec{a}_i$ 为：

$$\vec{a}_i = \vec{F}_i / m_i \tag{2-106}$$

而 $\dfrac{\mathrm{d}^2}{\mathrm{d}t^2} \vec{r}_i = \dfrac{\mathrm{d}}{\mathrm{d}t} \vec{v}_i = \vec{a}_i$，可以得出：

$$\begin{cases} \vec{v}_i = \vec{v}_i^0 + \vec{a}_i t \\ \vec{r}_i = \vec{r}_i^0 + \vec{v}_i^0 t + \dfrac{1}{2} \vec{a}_i t^2 \end{cases} \tag{2-107}$$

式中，$\vec{v}_i$ 为速度；上标 0 代表各物理量的初始值。

先由系统中各分子的初始位置计算系统的势能，代入上述牛顿方程计算各原子所受的力及加速度，然后给一非常短的时间间隔 $t = \delta t$ 代入式（2-107）中，得到经过 $\delta t$ 后各分子的位置及速度。重复以上步骤，由新位置计算系统的势能，计算各原子所受的力和加速度，预测再经过 $\delta t$ 后各分子的位置和速度。如此循环往复，可得到各时间下系统分子运动的位置、速度和加速度等信息。分子的位置随时间的变化即分子运动轨迹。

## （二）牛顿运动方程的数值解法

分子动力学计算必须解方程式（2-107），以计算分子的位置和速度。最常用的解法是 Velert 所发展的数值解法。将粒子的位置以泰勒级数展开：

$$r(t + \delta t) = r(t) + \frac{\mathrm{d}r(t)}{\mathrm{d}t} \delta t + \frac{1}{2!} \times \frac{\mathrm{d}^2 r(t)}{\mathrm{d}t^2} (\delta t)^2 + \cdots \tag{2-108}$$

将式中的 $\delta t$ 换成 $-\delta t$，得：

$$r(t - \delta t) = r(t) - \frac{\mathrm{d}r(t)}{\mathrm{d}t} \delta t + \frac{1}{2!} \times \frac{\mathrm{d}^2 r(t)}{\mathrm{d}t^2} (\delta t)^2 - \cdots \tag{2-109}$$

将上述式（2-108）和式（2-109）相加，并略去高阶项，得：

$$r(t + \delta t) = r(t - \delta t) + 2r(t) + \frac{\mathrm{d}^2 r(t)}{\mathrm{d}t^2} (\delta t)^2 \tag{2-110}$$

式中，$\dfrac{\mathrm{d}^2 r(t)}{\mathrm{d}t^2} = a(t)$，由此可预测粒子在 $t + \delta t$ 时的位置。

将式（2-108）和式（2-109）相减，并略去高阶项，得：

$$v(t) = \frac{\mathrm{d}r}{\mathrm{d}t} = \frac{1}{2\delta t} [r(t + \delta t) - r(t - \delta t)] \tag{2-111}$$

式（2-111）表示时间 $t$ 时的速度可由 $t + \delta t$ 及 $t - \delta t$ 的位置得到。

Velert 方法的缺点是式（2-111）中含有 $1/\delta t$ 项，若 $\delta t$ 太小，容易导致较大的误差。

改进的方法是所谓的跳蛙法：

$$\begin{cases} v_i\left(t+\dfrac{1}{2}\delta t\right)=v_i\left(t-\dfrac{1}{2}\delta t\right)+a_i(t)\delta t \\ r_i(t+\delta t)=r_i(t)+v_i\left(t+\dfrac{1}{2}\delta t\right)\delta t \end{cases} \tag{2-112}$$

计算时假设已知 $v_i\left(t-\dfrac{1}{2}\delta t\right)$ 和 $r_i(t)$，则由 $t$ 时的位置 $r_i(t)$ 计算粒子所受力与加速度 $a_i(t)$。再依式（2-112）预测时间为 $t+\dfrac{1}{2}\delta t$ 时的速度 $v_i\left(t+\dfrac{1}{2}\delta t\right)$，以此类推。那么时间为 $t$ 时的速度为：

$$v_i(t)=\frac{1}{2}\left[v_i\left(t+\frac{1}{2}\delta t\right)+v_i\left(t-\frac{1}{2}\delta t\right)\right] \tag{2-113}$$

利用跳蛙法计算时仅需储存 $v_i\left(t-\dfrac{1}{2}\delta t\right)$ 和 $r_i(t)$ 两种信息，可节省储存空间。以 $x$ 轴上两个粒子为例介绍一下其计算过程。

【例】设两个粒子的初始位置分别为 $x_1(0)=0$、$x_2(0)=2$，初速度分别为 $v_1(0)=1.0\times10^{-3}$、$v_2(0)=-0.5\times10^{-3}$。若粒子的质量相同，$m=1.0$，积分时间间隔 $=0.01$，其范德瓦耳斯作用取 12-6 势能，参数 $\varepsilon=1.0$、$\sigma=1.0$。计算粒子的运动轨迹、运动速度和作用势能。

解：在任一瞬间二粒子的距离为：

$$r=|x_1-x_2|=[(x_1-x_2)^2]^{1/2}$$

所受力分别为：

$$F_1=-\frac{\mathrm{d}U}{\mathrm{d}x_1}=-\frac{\mathrm{d}U}{\mathrm{d}r}\cdot\frac{\mathrm{d}r}{\mathrm{d}x_1}=4\varepsilon\left[12\left(\frac{\sigma^{12}}{r^{13}}\right)-6\left(\frac{\sigma^6}{r^7}\right)\right]\frac{\mathrm{d}r}{\mathrm{d}x_1}=4\varepsilon\left[\frac{12\sigma^{12}}{r^{13}}-\frac{6\sigma^6}{r^7}\right]$$

$$F_2=-F_1$$

表 2-5 列出了利用 Velert 跳蛙法计算两个粒子运动 15 步的位置、速度及作用势能 $U$。

**表 2-5**　分子动力学模拟两个粒子运动 15 步的位置、速度与作用势能

| 步数 | $x_1$ | $x_2$ | $v_1$ | $v_2$ | $U$ |
|---|---|---|---|---|---|
| 1 | 0.0019 | 1.9981 | 0.0192 | −0.0187 | −0.0615 |
| 2 | 0.0057 | 1.9944 | 0.0376 | −0.0371 | −0.0622 |
| 3 | 0.0113 | 1.9888 | 0.0564 | −0.0559 | −0.0636 |
| 4 | 0.0189 | 1.9813 | 0.0761 | −0.0756 | −0.0658 |
| 5 | 0.0286 | 1.9717 | 0.0960 | −0.0962 | −0.0688 |
| 6 | 0.0405 | 1.9598 | 0.1188 | −0.1183 | −0.0729 |
| 7 | 0.0548 | 1.9456 | 0.1428 | −0.1423 | −0.0784 |
| 8 | 0.0717 | 1.9287 | 0.1694 | −0.1689 | −0.0856 |
| 9 | 0.0916 | 1.9088 | 0.1994 | −0.1989 | −0.0952 |
| 10 | 0.1150 | 1.8855 | 0.2340 | −0.2335 | −0.1080 |

续表

| 步数 | $x_1$ | $x_2$ | $v_1$ | $v_2$ | $U$ |
|---|---|---|---|---|---|
| 11 | 0.1426 | 1.8580 | 0.2752 | −0.2747 | −0.1257 |
| 12 | 0.1751 | 1.8255 | 0.3258 | −0.3253 | −0.1508 |
| 13 | 0.2142 | 1.7865 | 0.3906 | −0.3901 | −0.1882 |
| 14 | 0.2620 | 1.7387 | 0.4783 | −0.4778 | −0.2473 |
| 15 | 0.3225 | 1.6783 | 0.6048 | −0.6043 | −0.3486 |

从表中的数据可以看出，2 个粒子的位置在逐渐靠近，速度也逐渐增大，势能以吸引为主，随着粒子的靠近，势能在降低，它将导致粒子相互靠近的运动速度加快。

除了 Velert 方法外，还有 Beeman 方法、Gear 提出的校正预测法等，这里不一一赘述。

分子动力学计算的关键是选取适当的时间间隔，即步程 $\delta t$，以减少计算时间又不失精准性。选择的原则一般为系统中最快运动周期的 1/10。例如水分子的各种运动中，分子内的键长键角的运动比分子间质心的相对位移或分子的转动要快得多，考虑其振动频率约为 $1.08 \times 10^{14} s^{-1}$，振动周期为 $\tau = 1/\nu = 0.93 \times 10^{-14} s$，因此分子动力学计算的步程大约为 $0.9 \times 10^{-15} s$。研究对象不同，考虑的运动频率不同，所取步程也有所不同。

高分子特性大多受链段等较大尺寸单元的运动影响，与键长、键角等键的变化关系不大，因此在计算中须固定键长和键角等参数，选用较长的步程。这种方法被称为键长限制法。

## （三）周期性边界条件与最近镜像

分子动力学计算常选取一定数目的分子，将其置于一立方体盒子中，其密度必须与实际体系的密度一致。设立方体盒子的边长为 $L$，其体积 $V = L^3$。若分子的质量为 $m$，则含 $N$ 个分子的体系密度为 $d = Nm/L^3$。通过调整盒子的边长，可以使其与实际密度相符。例如，对于分子量为 1000、密度为 $1 g/cm^3$ 的体系，若执行的分子数为 18，可以计算出立方体盒子的边长为 3.1nm。

为了使计算中系统的密度维持恒定，通常采用周期性边界条件。以二维计算系统为例，盒子中系统粒子的排列及移动方向如图 2-42 所示。图中位于中央的盒子是所模拟的系统，其周围盒子与模拟系统具有相同的排列及运动，称周期性镜像系统。计算系统中任一粒子移出盒外时，则必有一粒子由相对的方向移入，如图中的第 2 个粒子。这样的限制称为周期性边界条件，以保证系统中的粒子数恒定，密度保持不变。

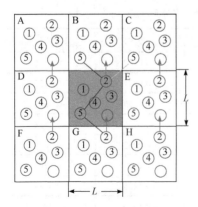

**图 2-42**　二维周期性系统的粒子移动

计算系统中分子间作用力时，采取最近镜像方法。仍以图 2-42 为例，计算分子 2 和 5 的作用力时，是取分子 2 与距离最近的上方镜像 B 盒子中的分子 5 来计算，而非计算模拟盒子中的分子 2 和分子 5。同样，计算分子 5 与分子 2 的作用，就取分子 5 与下方 G 盒子中的分子 2 间的作用。为此需采用截断半径的方法计算远程作用力，以免因重复计算粒子所受的力而导致结果错误。根据范德瓦耳斯力作用势能图的特点，将范德瓦耳斯力很小可以忽略的距离设为截断半径 $r_c$。当分子间的距离大于截断半径时，则将其间的作用视为零。截断半径最大不能超过盒长的一半，即 $r_c \leqslant L/2$。一般的原子所选的截断半径约为 1nm。

### （四）分子动力学计算流程

含 $N$ 个原子的系统，每一计算步骤需要计算 $N(N+1)/2$ 组远程作用力，这是最为耗时的计算。计算的时间间隔约为飞秒（$10^{-15}$s），所以实际上比较适合研究较快的运动。首先将一定数目的分子置于立方体盒子中，使其密度与实际相等，再选定温度。然后设定系统中分子的初始位置。可将分子随机置于盒子中，也可取其结晶形态的位置作初始位置。系统中所有 $N$ 个原子运动的总动能 $U_K$ 为：

$$U_K = \sum_{i=1}^{N} \frac{1}{2} m_i (|v_i|)^2 = \frac{3}{2} N k_B T \tag{2-114}$$

原子的初速度可以按照上述关系产生，例如取一半的原子向左运动，而另一半向右运动；或是令原子的初速度呈高斯分布，而原子的总动能为 $3Nk_BT/2$。产生原子的起始位置和初速度后，则可进行分子动力学计算。由初始位置与速度开始，计算每一步产生的新的速度和新的位置，由新产生的速度可以计算系统的温度 $T_{Cal}$：

$$T_{Cal} = \frac{\sum_{i=1}^{N} m_i (v_{xi}^2 + v_{yi}^2 + v_{zi}^2)}{3Nk_B} \tag{2-115}$$

若计算温度与所定温度相比过高或者过低，则需要校正速度。一般容许的温度误差范围为 10%。超出此范围时，则将所有原子的速度乘以校正因子 $f[f=(T/T_{Cal})^{1/2}]$，使得系统的计算温度为：

$$\frac{\sum_{i=1}^{N} m_i (v_{xi}^2 + v_{yi}^2 + v_{zi}^2) \times f^2}{3Nk_B} = T_{Cal} \frac{T}{T_{Cal}} = T \tag{2-116}$$

将计算温度校正到系统所设温度。实际执行时，开始每隔数步就需要进行速度校正，随后，校正的时间间隔拉长，每隔数百步、数千步才需要校正，直至原子的速度不需要再校正。此时系统的总动能在 $3Nk_BT/2$ 上下 10% 涨落，可以认为系统已达热平衡状态。当体系达到热平衡后，才可以开始储存计算的轨迹和速度，其流程图如图 2-43 所示。

### （五）分子动力学模拟应用

利用分子动力学可以计算低聚物的均方末端距等参数。以正癸烷为例，当分子较长时，可以采取限制方法。它有两种限制类型，一种是仅限制键长，另一种则既限制键长，也限制键角。将分子中的甲基、亚甲基均视作粒子，每根正癸烷链含有 10 个这样的粒子，如图 2-44 所示。

计算采用 Rigby 所发展的烃类聚合物的简化力场：

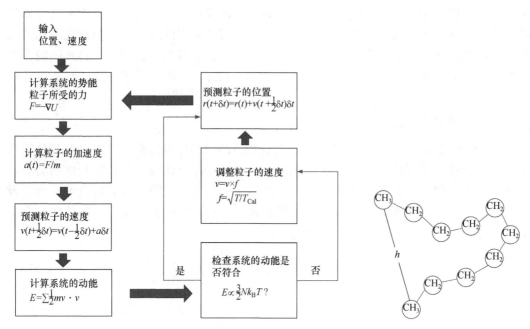

**图 2-43**　Velert 跳蛙法分子动力学计算流程图　　　　**图 2-44**　正癸烷粒子

$$U = U_V + U_b(l) + U_\theta(\theta) + U_\phi(\phi) \tag{2-117}$$

式中，$U_V$ 是范德瓦耳斯作用项；$U_b(l)$ 是粒子间键的伸缩项；$U_\theta(\theta)$ 是粒子间键角弯曲项；$U_\phi(\phi)$ 是粒子间二面角扭转项；计算系统的密度设为 $0.63g/cm^3$，温度 481K，对限制系统的计算时间为 6ns。分子动力学计算引用 Velert 跳蛙法，积分步程为 $\delta t = 2 \times 10^{-3}$ ps。链的均方旋转半径为：

$$\overline{S^2} = \frac{\sum\limits_{i=1}^{n} m_i S_i^2}{\sum\limits_{i=1}^{n} m_i} \tag{2-118}$$

式中，$m_i$ 是粒子 $i$ 的质量（$CH_3 = 15$，$CH_2 = 14$）；$S_i$ 是粒子 $i$ 与正癸烷质心间的距离。分子的转动惯量 $I$ 为：

$$\boldsymbol{I} = \begin{bmatrix} I_{xx} & I_{xy} & I_{xz} \\ I_{yx} & I_{yy} & I_{yz} \\ I_{zx} & I_{zy} & I_{zz} \end{bmatrix} \tag{2-119}$$

式中，转动惯量矩阵的各元素为：

$$I_{xx} = \sum_{i=1}^{n} m_i(y_i^2 + z_i^2); \quad I_{yy} = \sum_{i=1}^{n} m_i(x_i^2 + z_i^2); \quad I_{zz} = \sum_{i=1}^{n} m_i(x_i^2 + y_i^2);$$
$$I_{xy} = I_{yx} = \sum_{i=1}^{n} m_i x_i y_i; \quad I_{yz} = I_{zy} = \sum_{i=1}^{n} m_i y_i z_i; \quad I_{zx} = I_{xz} = \sum_{i=1}^{n} m_i x_i z_i \tag{2-120}$$

式中，$m_i$ 是第 $i$ 个粒子的质量；$x_i$，$y_i$，$z_i$ 为其笛卡尔坐标。通过改变坐标系统$(a$，$b$，$c)$，可以使转动惯量矩阵呈对角线化形式：

$$\boldsymbol{I}_{abc} = \begin{bmatrix} I_{aa} & 0 & 0 \\ 0 & I_{bb} & 0 \\ 0 & 0 & I_{cc} \end{bmatrix} \qquad (2\text{-}121)$$

则此矩阵对角线上的三个分量相当于绕着 $a$、$b$、$c$ 轴的转动惯量。上述过程相当于将矩阵 $\boldsymbol{I}$ 对角线化。

$$\boldsymbol{I}_{abc} = \tilde{\boldsymbol{C}}^{\mathrm{T}} \tilde{\boldsymbol{I}} \tilde{\boldsymbol{C}} \qquad (2\text{-}122)$$

式中，$\tilde{\boldsymbol{C}}$ 矩阵的每一行即为 $\tilde{\boldsymbol{a}}$、$\tilde{\boldsymbol{b}}$、$\tilde{\boldsymbol{c}}$ 向量。

计算所得的均方末端距 $\overline{h^2}$ 和均方旋转半径 $\overline{S^2}$ 与转动惯量 $I_{aa}$、$I_{bb}$、$I_{cc}$ 可以反映聚合物的形状。设系统含有 $N$ 根聚合物键，则任意物理量 $A$ 的平均值为：

$$\overline{A} = \frac{\sum\limits_{t=1}^{T}\sum\limits_{j=1}^{N} A_{j,t}}{TN} \qquad (2\text{-}123)$$

式中，$T$ 为计算的总时间（步数）；$A_{j,t}$ 为第 $j$ 根链在时间 $t$ 时的 $A$ 值。聚合物的每组 C—C—C—C 扭转角均有旁式（g）与反式（t）的构象。旁式有两种，分别为 $g+$ 与 $g-$。反式为最稳定的构象，旁式则为次稳定的构象。令 $n_g$ 与 $n_t$ 分别表示旁式与反式构象的含量，其平均比值即旁反比 $R_{g/t}$（$R_{g/t} = \overline{n}_g / \overline{n}_t$）越小，聚合物中呈反式构象越多，聚合物越稳定。计算所得均方末端距、均方旋转半径及旁反比、扭转势能和范德瓦耳斯势能的平均值结果列于表 2-6 中，表中同时列出无限制的计算结果。

**表 2-6** 481K 正癸烷分子动力学计算结果

| 计算类型 | 均方末端距[1] | 均方旋转半径[1] | 旁反比 | 扭转势能 $\overline{U_\phi}$[2] | 范德瓦耳斯势能 $\overline{U_v}$[2] |
|---|---|---|---|---|---|
| 无限制 | 5.06±0.03 | 0.632±0.002 | 0.602±0.008 | 44.21±0.13 | −7.55±0.001 |
| 限制键长 | 5.00±0.04 | 0.622±0.003 | 0.588±0.013 | 43.61±0.29 | −7.73±0.001 |
| 限制键长和键角 | 4.86±0.04 | 0.72±0.02 | 0.72±0.02 | 45.09±0.30 | −8.41±0.06 |

① 单位为 $\sigma$，而 $\sigma^2 = (0.38\text{nm})^2$。
② 势能单位为 $\varepsilon$，$\varepsilon = 72\text{K}$。

表 2-7 则是采用式（2-122）方法计算出的转动惯量特征值及其与均方旋转半径的比值。

**表 2-7** 481K 正癸烷转动惯量的分子动力学计算结果

| 计算类型 | $\overline{I_{aa}^2}/\overline{S^2}$ | $\overline{I_{bb}^2}/\overline{S^2}$ | $\overline{I_{cc}^2}/\overline{S^2}$ |
|---|---|---|---|
| 无限制 | 0.0889±0.001 | 0.0897±0.0011 | 0.0210±0.001 |
| 限制键长 | 0.0891±0.002 | 0.0844±0.0015 | 0.0209±0.0004 |
| 限制键长和键角 | 0.0886±0.002 | 0.0914±0.0019 | 0.0230±0.0003 |

由数据可见，对于转动惯量与均方旋转半径之比，$a$ 轴与 $b$ 轴的值大致相等，而 $c$ 轴

的比值很小，说明正癸烷的平均形状为扁平的盘形（图 2-45）。

从表中数据也可以看出，采用仅限制键长的计算结果与无限制系统的计算结果非常接近，但若再加以键角限制，则会造成一些误差。加入键长的限制可容许在分子动力学计算中引用较长的积分步程，可以节约实际计算时间。

应用分子动力学可获得许多有用的信息，包括系统的运动轨迹及各种物理量的平均、热力学性质和动力学特性。

对于特定原子或特定的内坐标的运动轨迹也可以通过分子动力学计算得到。例如聚醚醚酮（PEEK）一对特定的二面角[定义如图 2-46（a），其中 $\bar{\mu}$、$\bar{\nu}$ 和 $\bar{\omega}$ 分别是两个苯环和中间 3 个原子所在面的法向]的轨迹如图 2-46（b）所示。

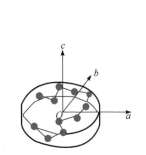
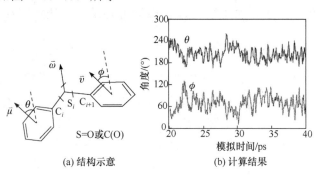

(a) 结构示意    (b) 计算结果

**图 2-45**　正癸烷分子动力学　　　**图 2-46**　分子动力学计算 PEEK 中一对键角和二面角
模拟结果　　　　　　　　　　　　　　　　的运动轨迹

可以发现，两个扭转角同时变化，此消彼长，说明相邻一对苯环发生的是协同运动。

由分子动力学可以计算体系的势能、动能和自由能等热力学参数；可以获得粒子的径向分布函数；如果给以一定的压力进行计算，可以了解原子和分子体系的位移形变，从而建立应力-应变曲线；通过计算可以了解原子和分子的运动轨迹、均方位移、计算速度相关函数、偶极相关函数等动力学特性参数；对于共聚物、表面活性剂等分子的自组装体系，也可以了解其自组装过程及其机理。

实际执行分子动力学计算时常采用简化单位以减少误差，如表 2-8 所示。

**表 2-8**　各种物理量简化的转换式

| 简化量 | 简化密度 $\rho^*$ | 温度 $T^*$ | 能量 $E^*$ | 压力 $P^*$ | 时间 $t^*$ | 力 $f^*$ | 力矩 $\tau^*$ |
|---|---|---|---|---|---|---|---|
| 转换式 | $\rho\sigma^3$，$\rho$ 为数目密度 | $k_B T/\varepsilon$ | $E/\varepsilon$ | $P\sigma^3/\varepsilon$ | $(\varepsilon/m\sigma^2)^{1/2}\,t$ | $f\sigma/\varepsilon$ | $\tau/\varepsilon$ |

表 2-8 中 $\sigma$ 和 $\varepsilon$ 为 12-6 势能参数。质量的简化单位为原子的质量，长度简化单位为 $\sigma$。若系统中含有不止一种原子，则选取其中一种原子的 $\sigma$ 和 $\varepsilon$ 作为简化单位的标准。下面以氩分子为例做一简介。

【例】氩分子系统中，氩的原子量为 78，熔点为 84K，12-6 势能参数为 $\sigma = 0.3504$nm、$\varepsilon = 0.24$kcal/mol（1kcal=4.1868kJ）。温度为 84K 时，氩原子系统为液体，系统的密度为 1.784g/cm³。那么如果积分步程为 $10^{-12}$ s，压力 1atm（101325Pa）。试转化为简化单位。

解：数目密度 $\rho$=(1.784/78)×6.022×10²³ = 1.377×10²² /cm³；简化密度为 $\rho^* = \rho\sigma^3 = 1.377\times$

$10^{22} \times (3.504 \times 10^{-8})^3 = 0.592$

简化温度 $T^* = k_{\mathrm{B}}T/\varepsilon = 1.3806 \times 10^{-16} \times 84/(0.24 \times 6.9446 \times 10^{-14}) = 0.6958$

简化压力 $P^* = P\sigma^3/\varepsilon = 1.01325 \times 10^6 \times (3.504 \times 10^{-8})^3/(0.24 \times 6.9446 \times 10^{-14}) = 2.615 \times 10^{-3}$

积分步程 $\delta t^* = (\varepsilon/m\sigma^2)^{1/2} = \{0.24 \times 6.9446 \times 10^{-14}/[78/6.022 \times 10^{23} \times (3.504 \times 10^{-8})^2]\}^{1/2} \times 10^{-12} = 0.3237$

## 六、蒙特卡洛模拟

由于在高分子合成、结构与性能中存在着大量随机过程，如多种单体的无规共聚、高分子链的无规降解、高分子链的微构象、高分子均相成核、高分子溶液的相分离、复合体系的逾渗行为等，因此，蒙特卡洛（Monte Carlo）方法在高分子科学研究中得到了广泛的应用。

### （一）基本思想

蒙特卡洛方法在数学上称为随机模拟方法或随机抽样技术，也称统计试验。当所求问题是某种事件出现的概率，或者是某个随机变量的期望值时，则通过某种"随机试验"的方法，可以得到这种事件出现的概率，或者得到这个随机变量的统计平均值，由此作为问题的解。其基本过程是首先建立概率模型或随机过程，如果本来不是随机性质的确定性问题，则要将其转化为随机性质的问题；然后采用抽样试验获得所求参数的统计特征，比如从（0,1）上产生具有均匀分布的随机数来获得子样；构造概率模型并能从中抽样后，确定一个随机变量，作为所要求的问题的解，即无偏估计，给出解的近似值。

设所求参数 $y$ 是随机变量 $x$ 的数学期望 $E(x)$，那么用 Monte Carlo 方法来近似确定 $y$ 的方法就是对 $x$ 进行 $N$ 次重复抽样，产生相互独立的 $x$ 值的序列 $x_1$, $x_2$, $\cdots$, $x_N$，并计算其算术平均值：

$$\overline{x_N} = \frac{1}{N} \sum_{n=1}^{N} x_n \tag{2-124}$$

根据 Kolmogorov 的大数定理，有：

$$P\left(\lim_{N \to \infty} \overline{x_N} = y\right) = 1 \tag{2-125}$$

即当 $N$ 充分大时，$\overline{x_N} \approx E(x) = y$ 成立的概率等于 1，即可以用 $\overline{x_N}$ 来作为所求量 $y$ 的估算值。

Monte Carlo 方法的精度可用估计值的标准误差来表示，样本的方差为：

$$\sigma^2\left(\overline{x_N}\right) = \frac{1}{N}\sigma^2(x) = E\left\{\left[\overline{x_N} - E(x)\right]^2\right\} \tag{2-126}$$

而当 $N \to \infty$ 时：

$$\lim_{N \to \infty} \sigma^2\left(\overline{x_N}\right) = \lim_{N \to \infty} \sigma^2(x)/N = 0 \tag{2-127}$$

可见，样本容量 $N$ 是决定 Monte Carlo 计算精度的关键。

简单说来，蒙特卡洛方法是针对随机事件进行模拟的。每一事件由多步过程组合而成。每一步有多个随机的走向，每一走向都有其特定的概率。蒙特卡洛方法就是通过产生随机数，由其所在的概率范围确定事件每一步的走向。通过大量的样本模拟，就可以获得该事件的各种可能，从而进行相应的统计。下面我们以一些实例来说明蒙特卡洛方法在高分子结构研究中的应用。

**（二）高分子链构象模拟**

高分子链中具有大量的单键，单键内旋转形成高分子链丰富的构象。由于不同的构象具有不同的势能，因此，取得不同构象的概率是不同的。能量较低的构象因为较为稳定，因此取得的概率比较高，而能量较高的构象取得的概率比较低。利用 Monte Carlo 方法模拟，就是针对高分子链上的所有单键的微构象，通过构建概率模型，来确立每一单键所取的微构象，从而获得高分子链的宏构象，由此进一步计算多种物理量的统计平均值。

在研究高分子链构象统计学时，Volkenstein 提出了旋转异构态（rotational isomeric state，RIS）理论。其核心是，高分子链在内旋转时，每个单键只能出现在几个分离的旋转角位置，对应于能量极小值的构象异构体。因此，每个单键只能取这几种分离的旋转异构态。于是，绕一个单键内旋转的连续势能函数可近似地用几个深度不同的势阱来代替，统计力学上求配分函数、概率密度及有关参数的平均值时，可以用简单的求和来代替积分。例如与势能函数 $E(\phi)$（$\phi$ 为旋转角）有关的配分函数 $Z = \int_0^{2\pi} \exp[-E(\phi)]\mathrm{d}\phi$ 可以用下列求和式代替：

$$Z = \sum_i u_i \tag{2-128}$$

式中，$u_i$ 是状态 $i$ 的统计权重，定义为：

$$u_i = u_0 \exp\left(-\frac{E_i}{kT}\right) \tag{2-129}$$

式中，$u_0$ 是常数，由状态 $i$ 的熵决定。这样状态 $i$ 出现的概率为：

$$p_i = \frac{u_i}{\sum\limits_i u_i} = \frac{\exp[-E_i/(kT)]}{\sum\limits_i \exp[-E_i/(kT)]} \tag{2-130}$$

例如丁烷分子中的 C—C 键存在着三种异构态：反式 t、左旁式 $g^-$ 和右旁式 $g^+$，其能量曲线如图 2-47 所示。在随机模拟其构象时，以反式构象能量为基准，令 $E_t = 0$，两种旁式构象能量相等，它与反式构象的能量差为 $E_\sigma = E_{g+} - E_t = E_{g-} - E_t$。于是，我们可以写出对应前一根键的三种旋转异构态的能量矩阵：

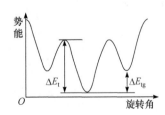

$$\boldsymbol{E}_\mathrm{I} = \begin{array}{c} \\ \mathrm{t} \\ g^+ \\ g^- \end{array} \begin{array}{ccc} \mathrm{t} & g^+ & g^- \\ \left[\begin{matrix} E_t & E_{g^+} & E_{g^-} \\ E_t & E_{g^+} & E_{g^-} \\ E_t & E_{g^+} & E_{g^-} \end{matrix}\right] \end{array} = \begin{array}{c} \\ \mathrm{t} \\ g^+ \\ g^- \end{array} \begin{array}{ccc} \mathrm{t} & g^+ & g^- \\ \left[\begin{matrix} 0 & E_\sigma & E_\sigma \\ 0 & E_\sigma & E_\sigma \\ 0 & E_\sigma & E_\sigma \end{matrix}\right] \end{array} \tag{2-131}$$

**图 2-47**　正丁烷内旋转势能曲线

式中，矩阵外左侧列表示第 $i-1$ 键的状态；矩阵上方行则为第 $i$ 键的状态。对能量差进行 Boltzmann 转换，令转换因子为：

$$\sigma = \exp[-E_\sigma / (RT)] \tag{2-132}$$

则我们可以获得一阶统计权重因子矩阵：

$$U_1 = \begin{array}{c} \\ t \\ g^+ \\ g^- \end{array} \begin{array}{ccc} t & g^+ & g^- \\ \begin{bmatrix} 1 & \sigma & \sigma \\ 1 & \sigma & \sigma \\ 1 & \sigma & \sigma \end{bmatrix} \end{array} \tag{2-133}$$

这样取反式构象的概率与取左旁式或右旁式构象的概率为：

$$p_t = \frac{1}{1+2\sigma}$$

$$p_{g^+} = p_{g^-} = \frac{\sigma}{1+2\sigma} \tag{2-134}$$

丁烷反式构象与旁式构象的能量差为 3.8kJ/mol，则 300K 下，可以算出 $\sigma = 0.218$。反式构象的概率 $p_t = 0.696$，两种旁式的概率 $p_{g^+} = p_{g^-} = 0.152$。据此我们可以在[0,1]上划分出选取构象类别的概率分布区间，例如，选择左旁式区间为[0, 0.152]、右旁式为（0.152, 0.304）、反式为[0.304, 1]；也可以将反式置前，选择落在[0, 0.696]区间，左旁式为（0.696, 0.848），右旁式为[0.848, 1]，当然，左右旁式的顺序也可以互换。然后，我们就可以根据产生的随机数来确定丁烷中间键在某一时刻的构象。

对于由大量单键组成的高分子链，则可以通过逐一模拟高分子链上每一根键的微构象，最终组成构象集得到链的宏构象，由此可以计算各种宏构象的势能及其平均值，了解最可几构象以及链在空间的形貌和均方末端距。模拟过程与上述过程类似，说明如下。

若单键内旋转相对独立，即仅考虑一阶相互作用的构象能，此时，每个单键所取构象与前一键的构象无关，符合 Bernoullian 事件，统计权重仅与构象的能量差有关。假设每一根键的旋转异构态仍为反式和两种旁式，其出现的概率符合式（2-134）。当 $\sigma = 0.218$ 时，以上述第一种区间划分为例，Monte Carlo 模拟时，若产生的第一个随机数为 0.389，落在旁式外而在反式概率区间，则第一根键的构象取反式；若接着产生的随机数为 0.101，落在左旁式区间，则第二根键的构象取左旁式。以此类推，每根键所取构象均由产生的随机数确定。构建完所有键的构象后，就得到了高分子链的第一个宏构象。再进行第二次分子构象的模拟，如此往复，经过大量的分子宏构象的构建，我们就可以获得高分子链的构象群，从而建立不同的宏构象形貌，可以计算不同宏构象的能量及其分布，也可以从中了解最可几构象，并计算均方末端距。

由于高分子链中单键内旋转并不是独立的，其运动会受到其他键所处构象的影响，构象能和统计权重就需要重新构建。如果考虑二阶相互作用，即考虑到前一根键构象的影响，我们可以引入由于二阶相互作用而引起的超额自由能 $E_\Delta$：

$$E_\Delta = \begin{array}{c} \\ t \\ g^+ \\ g^- \end{array} \begin{array}{ccc} t & g^+ & g^- \\ \begin{bmatrix} \Delta E_{tt} & \Delta E_{tg^+} & \Delta E_{tg^-} \\ \Delta E_{g^+t} & \Delta E_{g^+g^+} & \Delta E_{g^+g^-} \\ \Delta E_{g^-t} & \Delta E_{g^-g^+} & \Delta E_{g^-g^-} \end{bmatrix} \end{array} \tag{2-135}$$

假定反式和旁式间的相互转换不需要跃过额外的势垒，而左右旁式的能量虽然相同，但它们之间相互转换要越过附加的额外能垒 $E_w$，即附加的超额构象能为：

$$
\boldsymbol{E}_\Delta = \begin{array}{c} {} \\ \mathrm{t} \\ \mathrm{g}^+ \\ \mathrm{g}^- \end{array}
\begin{array}{ccc} \mathrm{t} & \mathrm{g}^+ & \mathrm{g}^- \\ \left[\begin{array}{ccc} 0 & 0 & 0 \\ 0 & 0 & E_w \\ 0 & E_w & 0 \end{array}\right] \end{array}
\tag{2-136}
$$

所以不同构象的能量矩阵为：

$$
\boldsymbol{E}_{\mathrm{II}} = \boldsymbol{E}_{\mathrm{I}} + \boldsymbol{E}_\Delta = \begin{array}{c} {} \\ \mathrm{t} \\ \mathrm{g}^+ \\ \mathrm{g}^- \end{array}
\begin{array}{ccc} \mathrm{t} & \mathrm{g}^+ & \mathrm{g}^- \\ \left[\begin{array}{ccc} 0 & E_\sigma & E_\sigma \\ 0 & E_\sigma & E_\sigma + E_w \\ 0 & E_\sigma + E_w & E_\sigma \end{array}\right] \end{array}
\tag{2-137}
$$

同样，我们对能量差进行 Boltzmann 转化：

$$
\sigma = \exp[-E_\sigma / (RT)]\text{和}\sigma_w = \exp[-(E_\sigma + E_w) / (RT)]
\tag{2-138}
$$

得到统计权重因子矩阵为：

$$
\boldsymbol{U}_{\mathrm{II}} = \begin{array}{c} {} \\ \mathrm{t} \\ \mathrm{g}^+ \\ \mathrm{g}^- \end{array}
\begin{array}{ccc} \mathrm{t} & \mathrm{g}^+ & \mathrm{g}^- \\ \left[\begin{array}{ccc} 1 & \sigma & \sigma \\ 1 & \sigma & \sigma_w \\ 1 & \sigma_w & \sigma \end{array}\right] \end{array}
\tag{2-139}
$$

这样，每根键所取构象的条件概率 $p_{ij}$ 为：

$$
p_{\mathrm{tt}} = \frac{1}{1+2\sigma}, \quad p_{\mathrm{tg}^+} = \frac{\sigma}{1+2\sigma}, \quad p_{\mathrm{tg}^-} = \frac{\sigma}{1+2\sigma},
$$

$$
p_{\mathrm{g}^+\mathrm{t}} = \frac{1}{1+\sigma+\sigma_w}, \quad p_{\mathrm{g}^+\mathrm{g}^+} = \frac{\sigma}{1+\sigma+\sigma_w}, \quad p_{\mathrm{g}^+\mathrm{g}^-} = \frac{\sigma_w}{1+\sigma+\sigma_w},
\tag{2-140}
$$

$$
p_{\mathrm{g}^-\mathrm{t}} = \frac{1}{1+\sigma+\sigma_w}, \quad p_{\mathrm{g}^-\mathrm{g}^+} = \frac{\sigma_w}{1+\sigma+\sigma_w}, \quad p_{\mathrm{g}^-\mathrm{g}^-} = \frac{\sigma}{1+\sigma+\sigma_w}
$$

一根键所取构象确定后，下根键的构象选择在[0,1]区间内均可划分出三个数值区间对应三种不同的构象概率，然后产生随机数，视随机数所在区间而取相应的构象。以此类推到所有键。

高分子构象的构建与丁烷分子的构象构建是一样的，只是每个分子就需要进行大量的计算。然后对一条链再进行大量取样，形成高分子链的构象群。因此其计算量比丁烷分子大得多。

无规行走、非即回无规行走和自避行走模型也是 Monte Carlo 构象统计模拟的重要方面。例如在立方格子中，对于非即回无规行走，由于向上一步返回的概率为 0，因此每一次行走有 5 种选择。假定行走时作直角拐弯的概率是 $w$，则沿原方向继续前进的概率是 $1-w$，其余四个方向的概率为 $w/4$。这样在计算机程序上需产生[0, 1]的无序数序列。从坐标原点（0, 0, 0）出发，当无序数为 $0\sim(1-w)$ 时选择 $x$ 方向前进，其他的再四等分，分别对应一个直角拐弯的选择。行走 $n$ 次后得到终点坐标。由终点坐标可得末端距大小。再做 $N$ 次统计，就可以得到其均方末端距。

自避行走链的模拟可以追溯到 1949 年 King 的工作，但当时计算机运算速度太低，所得样本太少。之后，Wall 等完成了比较系统的工作，主要困难在于，对于每一个链，链段相重叠的概率随链长增大而迅速增加。假如行走中发生了重叠，在计算程序中就必须重新开始另一次行走。步数能达到 $n$ 而不发生重叠的概率为 $\exp(-\lambda n)$，其中 $\lambda$ 为耗散常数，只依赖于格子和行走的类别。这样自相交概率为 0.5 时的步数即半衰期为 $n_{1/2} = \ln 2 / \lambda$。Wall 的研究表明，$\lambda = 0.04 \sim 0.13$，由此可得 $n_{1/2}$ 仅为 5～17。因此，对高分子链模拟失败从头再来的概率太大，计算程序中最费时的部分都用于检查自相交的循环上。当时模拟的结果表明，均方末端距与 $n$ 的关系符合式（2-31），在无相互作用情况下，式（2-31）中的 $\nu$ 依赖于格子的维数，对于二维格子，$\nu \approx 1.5$；对三维格子，$\nu \approx 1.2$。在当年计算能力有限的条件下，能取得这些成果极为不易。之后 de Gennes 用量子场论给出的标度关系指出，在三维情况下，$\nu = 1.195$；在更高维空间中，$\nu = 1$。这些结果与 Flory 平均场理论、Edwards 自洽场理论得出的结果是一致的。

## （三）共聚物序列结构模拟

共聚反应的 Monte Carlo 模拟研究开展得较早，所涉及的问题主要是组成和序列分布问题。它有三个假定：低转化率、一级 Markov 统计和反应不可逆。低转化率假定可以保证单体浓度保持恒定；一级 Markov 统计表明活性自由基在接下一个单体时不仅与体系中反应物浓度和单体活性有关，也与前一状态有关，即存在末端效应；第三个假定保证反应向正方向进行。

对于一个普通的二元共聚反应，有四个基元反应：

$$\begin{cases} \sim\sim\sim M_1 \cdot + M_1 \longrightarrow \sim\sim M_1 M_1 \cdot \text{反应速率常数为} k_{11} \\ \sim\sim\sim M_1 \cdot + M_2 \longrightarrow \sim\sim M_1 M_2 \cdot \text{反应速率常数为} k_{12} \\ \sim\sim\sim M_2 \cdot + M_1 \longrightarrow \sim\sim M_2 M_1 \cdot \text{反应速率常数为} k_{21} \\ \sim\sim\sim M_2 \cdot + M_2 \longrightarrow \sim\sim M_2 M_2 \cdot \text{反应速率常数为} k_{22} \end{cases} \tag{2-141}$$

式中，$\sim\sim\sim\sim M_1 \cdot$ 和 $\sim\sim\sim\sim M_2 \cdot$ 为高分子活性链端基；$M_1$ 和 $M_2$ 代表单体。定义活性比即竞聚率为：

$$r_1 = k_{11} / k_{12}; \quad r_2 = k_{22} / k_{21} \tag{2-142}$$

假定各速率常数与链长无关，而且链引发和链终止过程可以忽略（一般当高分子的链长很长时，链引发和链终止过程的影响可以被忽略），则上述 4 个基元反应的速率分别为：

$$\begin{cases} R_{11} = k_{11}[M_1\cdot][M_1] \\ R_{12} = k_{12}[M_1\cdot][M_2] \\ R_{21} = k_{21}[M_2\cdot][M_1] \\ R_{22} = k_{22}[M_2\cdot][M_2] \end{cases} \tag{2-143}$$

按一级 Markov 统计，链增长过程的概率 $p_{ij}$ 为：

$$\begin{cases} p_{11} = \dfrac{R_{11}}{R_{11} + R_{12}} = \dfrac{r_1 f_1}{r_1 f_1 + f_2} \\[2mm] p_{12} = \dfrac{R_{12}}{R_{11} + R_{12}} = \dfrac{f_2}{r_1 f_1 + f_2} \\[2mm] p_{21} = \dfrac{R_{21}}{R_{21} + R_{22}} = \dfrac{f_1}{f_1 + r_2 f_2} \\[2mm] p_{22} = \dfrac{R_{22}}{R_{21} + R_{22}} = \dfrac{r_2 f_2}{f_1 + r_2 f_2} \end{cases} \tag{2-144}$$

式中，$f_i$ 是投料比：

$$f_1 = \frac{[M_1]}{[M_1]+[M_2]}; \quad f_2 = \frac{[M_2]}{[M_1]+[M_2]} \tag{2-145}$$

根据反应竞聚率、投料比可以计算出各单体在接入不同活性链时的概率。

例如，假定我们计算得到 $p_{11}= 0.6$，$p_{12}= 0.4$；$p_{21}= 0.3$，$p_{22}= 0.7$。当活性自由基是～～～～$M_1 \cdot$ 时，我们将[0, 0.6]作为接 $M_1$ 单体的概率区间，[0.6, 1]作为接 $M_2$ 单体的区间。当活性自由基是～～～～$M_2 \cdot$ 时，将[0, 0.3]作为接 $M_1$ 单体的区间，(0.3, 1]作为接 $M_2$ 单体的区间。接下来就可以通过产生随机数来构造共聚物链了。在[0,1]区间产生一个随机数，根据其数值所落入的概率区间，来决定活性自由基末端下一步接哪种单体。例如，从 $M_1$ 单体开始，若第一个随机数是 0.464，落在 $p_{11}$ 区间，故接 $M_1$；若接下来产生的随机数是 0.862，落在 $p_{12}$ 区间，则接下来接 $M_2$；第 3 个随机数是 0.323，落在 $p_{22}$ 区间，故再接 $M_2$。以此类推，直至达到所需的链长或者所需的单体转化率为止。在模拟过程中可统计共聚组成、序列长度及其分布等共聚物结构参数。

Price 对于共聚反应提出了 Bernoulli 模型，该模型认为，体系现时所处的状态与体系前一时刻的状态无关，而且也不影响下一时刻体系所处的状态。研究发现，聚 1,4-丁二烯加成中的顺反异构体，乙烯-乙酸乙烯共聚物中的单体单元的序列分布，聚苯乙烯、聚氯乙烯、聚乙烯醇中的头尾结构等均近似符合 Bernoulli 模型，它也可看成是 Markov 统计特例，是零级 Markov 统计。对于这样的模型，其概率区间的设定更为简单。如果共聚反应符合二级 Markov 统计规律，其概率区间如何设定，请自行思考。

# 第四节　高分子链结构的分形

## 一、分形简介

早在 17 世纪，Leibniz 就曾思考过递归问题，只是他误以为只有直线会自相似。1872 年，德国数学家 Weierstrass 给出了一个处处连续却处处不可导的函数 $W(x) = \sum_{n=0}^{\infty} a^n \cos(b^n \pi x)$，其图形与 XRD 曲线的噪声类似，就是典型的分形曲线。1904 年 Koch 用更为直观的函数构造方法给出了后来广泛引用的 Koch 曲线。1975 年，IBM 公司的 Benoit B. Mandelbrot 提出"分形几何"概念，扩展了维数的思想，开创性地提出了分数维，创造了分形或分维概念，用分形来描述树和山等复杂事物，被尊为"分形几何之父"。1982 年他出版了《大自然的分形几何》（The Fractal Geometry of Nature），在科学与文化艺术领域都掀起一股"分形热"。

自相似性是分形原理的基本特征。所谓自相似性是指局部的放大图形与整体图形相同或相似。它可以是近似的自相似，如山的局部与整体、树枝与大树、云朵与云团、海岸线的局部与整体等大自然所呈现的不严格相似的分形构造（图 2-48），也可以是通过数学方法构造的严格相似的分形图案，如 Koch 曲线（图 2-49）等。

另一个概念是自仿射分形，是指局部经三方向不同比例放大后与整体相同或相似，也包括严格的相似与近似的相似。可见，自仿射分形实际上也是自相似性。

| (a) 自然界的山脉 | (b) 树叶 | (c) 云朵 |

**图 2-48** 自然的分形

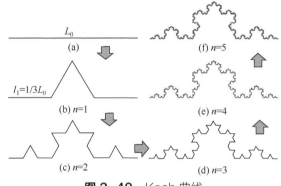

**图 2-49** Koch 曲线

自相似性是隐含在自然界的不同尺度层次之间的一种广义的对称性。它使自然造化的微小局部能够体现较大局部的特征，进而也能体现其整体的特征，是自然界能够实现多样性和秩序性的有机统一的基础。

## 二、分形的基本概念

### （一）自相似分形

1. Koch 曲线

把一条长为 $L_0$ 的线段[图 2-49(a)]三等分，中间一段用夹角为 60° 的两条长为 $l_1 = L_0/3$ 的折线来代替，就构成一个生成元。曲线总长度为 $L_1 = 4l_1 = (4/3)L_0$。

将图 2-49(b)上的 4 段折线均用再缩小 1/3 的生成元迭代，结果就得到图 2-49(c)。经过第三次、第四次、第五次迭代后，其结构如图 2-49(d)、图 2-49(e)和图 2-49(f)所示。

迭代过程可以不断进行下去，迭代次数（或结构层次）可以无限大。这种曲线称为 Koch 曲线，它处处连续，但各点均不可微分。

2. 自相交曲线

自相交曲线是把直线线段[图 2-50(a)]三等分，用 13 个 1/3 的线段构成一个生成元[图 2-50(b)]；将 13 段折线的每一段都用再缩小 1/3 的生成元[图 2-50(c)]迭代，就可以得到图 2-50(d)，生成元之间有很大程度的重叠。

迭代过程继续进行下去，所得到的图形就是自相交曲线。迭代次数越多，重叠的部分也就越多。

3. Sierpinski 垫

将一个正三角形三边的中点相连，可以得到 4 个小正三角形，去掉中间一个，得到 3 个三角形[图 2-51(a)]；然后进行同样操作，就得 $3^2$ 个三角形[图 2-51(b)]；继续下去，

分别得 $3^3$、$3^4$、…个类似的图形，称 Sierpinski 垫（图 2-51）。

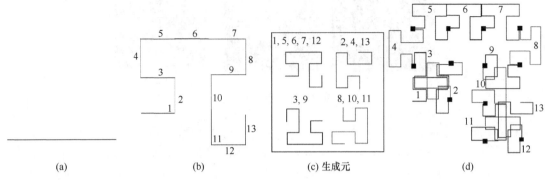

(a)　　　　　(b)　　　　　(c) 生成元　　　　　(d)

**图 2-50**　自相交曲线

4. 分形曲面

如图 2-52 所示，将一个边长为 $l_0$ 的正方形面九等分，把中间小正方形往上升高 $l_0/3$，形成由 5 个正方形构成的立方体，与其他八个正方形一起，构成生成元。该生成元的面由 13 个边长为 $l_0/3$ 的正方形构成。再用缩小 1/3 的生成元对每个正方形进行迭代，可获第二层嵌套结构。继续进行下去，$n$ 次迭代后，图形的每一部分和整体都具有相似性，因此也是一种分形。

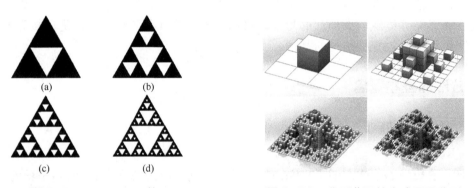

**图 2-51**　Sierpinski 垫　　　　**图 2-52**　分形曲面的生成元及分形

我们还可以举出很多这样的具有严格自相似分形的例子。利用数学的方法构造出的分形曲线或曲面给艺术创作领域也带来了灵感。

（二）自相似分形的维数

1. 欧氏（Euclid）维数

在欧式空间，如果我们将单位长度的线段 $N$ 等分，每段长 $r$，则 $Nr=1$ 或 $N=1/r$；对单位面积正方形进行 $N$ 等分，每个小正方形边长为 $r$，则 $Nr^2=1$ 或 $N=(1/r)^2$；对单位体积的立方体进行 $N$ 等分，每个小立方体的边长为 $r$，则 $Nr^3=1$ 或 $N=(1/r)^3$。可见，$r$ 的幂次实际上就是该几何体能得到度量的欧氏空间的维数 $d$：

$$Nr^d=1 \quad 或 \quad N=(1/r)^d \tag{2-146}$$

因此，欧氏几何中维数为：

$$d=(\ln N)/\ln(1/r) \tag{2-147}$$

式中，$N$ 为小几何体的数目；$r$ 为小几何体的线尺度变化的倍率，即每个小几何体的线尺度变化为原几何体的 $r$ 倍，或者说缩小了 $1/r$ 倍。

对直线而言，$N=1/r$，$d=1$；对正方形，$N=(1/r)^2$，$d=2$；对立方体 $N=(1/r)^3$，$d=3$。可见，对欧氏几何图形，$d$ 为整数。

2. 自相似分形维数

对于自相似图形，与欧氏空间一样，将等分个数 $N$ 与边长缩小倍数 $1/r$ 间用指数形式建立关系后，可以获得自相似曲线或图形的维数。因为它通常不是整数，为了与欧氏维数区别，我们称之为分形维数，简称分维，用 $D$ 表示：

$$D = \frac{\ln N}{\ln(1/r)} \tag{2-148}$$

反之，如果将线尺度放大 $k$ 倍时，则成为一个由 $M$ 个小几何体构成的大相似体，同样，有：

$$D = \frac{\ln M}{\ln k} \tag{2-149}$$

该式与式（2-148）是一致的。分维可以定量描述分形结构的自相似性。

例如，对于上述典型分形图形，我们可以分别计算其分维。对于 Koch 曲线，$N=4$，$r=1/3$，$D = \frac{\ln 4}{\ln[1/(1/3)]} = 1.2619$；对于自相交曲线，$N=13$，$r=1/3$，$D = \frac{\ln 13}{\ln[1/(1/3)]} = 2.3347$；对正三角形图案的 Sierpinski 垫，$N=3$，$r=1/2$，$D = \frac{\ln 3}{\ln[1/(1/2)]} = 1.585$；对分形曲面，$N=13$，$r=1/3$，$D = \frac{\ln 13}{\ln[1/(1/3)]} = 2.3347$；等等。

我们也可以将式（2-148）按照式（2-146）的形式写成：

$$N(r) = (1/r)^D = r^{-D} \tag{2-150}$$

如果将线尺度放大 $a$ 倍，变为 $ar$，则自相似性的表现为：

$$N(ar) = (1/ar)^D = a^{-D} r^{-D} = a^{-D} N(r) \tag{2-151}$$

即 $r$ 放大 $a$ 倍，$N(ar)$ 与 $N(r)$ 相似，仅差因子 $a^{-D}$，正比式成立，则其必然是自相似的分形图形，且 $D$ 就是其分维。

关于分维，我们也可以看看它与拓扑维数间的关系。拓扑学也是研究几何图形性质的一个分支，它通常用来研究连续性，因此，拓扑维数与欧氏维数也不同。例如有限长的直线可以连续收缩成一点，所以其拓扑维数 $d_T$ 为 0；Koch 线、海岸线可连续变化为直线，所以其拓扑维数 $d_T$ 为 1；球面、13 个小立方体构成的分形曲面能连续变化为平面，其拓扑维数 $d_T$ 为 2；等等。拓扑维数 $d_T$ 也是整数，但与几何对象的变化无关。

前已计算，Koch 曲线的分维 $D=1.2618$，其所处欧氏空间为平面，$d=2$，而拓扑维数 $d_T=1$，$d>D>d_T$。其他图像也可以证明，$d>D>d_T$，即分维介于欧氏维数和拓扑维数之间，这是分形的重要标志。

3. 分形曲线的长度

曲线长度和分维的关系可用 Koch 曲线为例来说明。对 Koch 曲线，$N=4$，$r=1/3$。设其初始长度为 $L_0$，第一次迭代后长度为 $L_1 = L_0(4/3) = L_0(Nr)$，第二次迭代后 $L_2 = L_1(4/3) = L_0(Nr)^2$，以此类推，第 $n$ 次迭代后，$L_n = L_0(Nr)^n$。因此：

$$\frac{L_n}{L_0} = r^n N^n, \quad 或 \ln \frac{L_n}{L_0} = n\ln r + n\ln N \tag{2-152}$$

由 $N = r^{-D}$ 或 $\ln N = -D \ln r$，得：

$$\frac{L_n}{L_0} = r^n r^{-nD} = r^{n(1-D)} \text{或} \ln \frac{L_n}{L_0} = n\ln r - nD\ln r = n(1-D)\ln r \tag{2-153}$$

令比例尺 $\varepsilon = r^n$（为变化的总倍数），则分形曲线的长度：

$$L(\varepsilon) = L_0 \varepsilon^{1-D} \tag{2-154}$$

式（2-154）对任何分形曲线都适用。可见，分形曲线的长度 $L_n = L(\varepsilon)$，它不是一个定值，而与所选的比例尺有关。实际测量 $L(\varepsilon)$ 或分维 $D$ 时，比例尺 $\varepsilon$ 就是所用的缩小倍数或分辨率。$\varepsilon$ 也可以看成是测量码尺的相对长度（即长度之比）。

例如，对 Koch 曲线，$r = 1/3$，$D = 1.2618$，$\varepsilon = (1/3)^n$。迭代 2 次后的长度 $L_2 = 1.778 L_0$，迭代 3 次后的长度 $L_{23} = 2.3699 L_0$。显然，迭代次数 $n$ 愈大，则 Koch 曲线的长度就愈长。

值得注意的是，对于迭代 $n$ 次的曲线，如果选择的实际测量码尺 $\varepsilon_r > \varepsilon$，则测出的曲线长度就比真实长度要小。

例如，对 $n = 4$ 的 Koch 曲线[图 2-49(e)]，其实际长度为 $L_4$。若选用的实际测量码尺 $\varepsilon_r = 1/3$，测出的长度就为 $L_1 = L_0(1/3)^{-0.2618}$，等于图 2-49(b)中曲线的长度，而不是图 2-49(e)的真实长度。当选择的 $\varepsilon_r = (1/3)^2$ 或 $\varepsilon_r = (1/3)^3$ 时，测出的长度分别为 $L_2$ 和 $L_3$，仍比真实长度 $L_4$ 要小。只有当 $\varepsilon_r = \varepsilon = (1/3)^4$ 时，测出的长度才是真实长度 $L_4$。进一步缩小码尺，则测出长度仍为 $L_4$。

## （三）近似自相似分形与维数

### 1. 海岸线

分形理论形成前，人们曾对挪威海岸线进行了实际测量，其海岸线长度 $L$ 满足：

$$L(\varepsilon) = A\varepsilon^{1-D}$$

式中，$\varepsilon$ 是比例尺；$A$ 为常数；$D = 1.52$。这个经验关系式与分形公式（2-154）相同，故 $D = 1.52$ 就是挪威海岸线的分形维数。

显然，海岸线就是一种近似自相似的分形曲线，采用一个码尺 $\varepsilon$ 去测量海岸线时，所用码尺越小，测出的海岸线就越长。当比例尺趋于无穷小时，海岸线的长度就趋于无穷大。这表明，任何国家的海岸线长度都是不确定的，它依赖于测量时所用码尺的大小。该结论在 1967 年的 Science 上发表，是分形理论的首次成功应用。

### 2. 河流

河流分支也是典型的自然分形。如淮河流域分布就是如此。

世界各主要河流长度 $L$ 与流域面积 $A$ 的双对数关系近似为直线（图 2-53）：

$$\lg L = \lg 1.89 + 0.6\lg A \tag{2-155}$$

由此可得 $L = 1.89A^{0.6}$ 或 $A \propto L^{1.67}$，可见，河流分形维数为 $D = 1.67$。

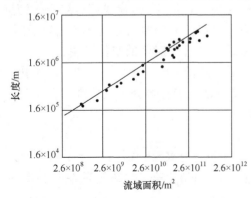

**图 2-53**　世界主要河流长度与流域面积的关系

## （四）标度不变性

分形除自相似性外，还有一个特点是标度不变性。分维的幂律形式指出，线尺度放大 $a$ 倍，变为 $ar$，则自相似性的表现满足式（2-151），该方程即为标度不变性，也称为伸缩对称性。该性质表明，对于具有自相似性的分形而言，无论尺度放大或缩小多少，其几何特征不变。

上述分形关系成立的尺度范围称为无标度区，在该区域中，由于曲线的测定长度与所用比例尺有关，无法获得"确切长度"，所以又称为无标度性。如 $n \to \infty$ 的 Koch 曲线，用 1，1/2，$\cdots$，1/$n$ 中的任一尺度都难以得到其确切长度。因此，其无标度区可以无限大。

对自然界的分形，其相似性受到限制，其分形关系仅在特定的范围内成立，该范围即为无标度区。比如云彩，其分形关系仅在 $1 \sim 10^6 \mathrm{km}^2$ 内才成立，而在小于 $1\mathrm{km}^2$ 内或大于 $10^6 \mathrm{km}^2$ 的范围外都不再有自相似性，其分形关系便不再成立。

## （五）测度

测度是定量描述几何图形的基本参数，是赋予一个集合以数值大小的一种方式。对规整几何图形的测度是指对长度、面积及体积的测量，所以又将长度、面积和体积分别称为一维测度、二维测度和三维测度。长度、面积和体积的量纲分别是长度单位的 1 次、2 次和 3 次方，它们正是图形的欧氏维数。

当几何图形的周界曲线或曲面可以用解析函数给出时，几何量的计算可以用微积分给出。如曲线的弧长可以通过线段的加和来求得，其长度的量纲也是长度单位的 1 次方；计算曲边梯形的面积时，其积分是以小矩形面积进行叠加来求得的，其面积的量纲是长度单位的 2 次方；计算曲顶柱体的体积则以立方体为标准进行加和，其量纲为长度单位的 3 次方。如果我们用维数大的"尺子"去量维数小的物体，得到的测度值则为 0；用维数小的"尺子"去量维数大的物体，得到的测度值则为无穷大。只有用维数相当的"尺子"去测量某一维度的物体，才能得到具体的测度值。例如对于一个正方形，如果我们用三维的"尺子"去测量，其体积为 0，用一维的"尺子"去量，其长度为无穷大，用二维的"尺子"去量，得到的面积是一个常数。因此，对于分形图形，例如 Koch 曲线，其维数是介于 1 与 2 之间的分数，假若我们用二维的"尺子"去量 Koch 曲线，得到的面积为 0；用一维的"尺子"去测量 Koch 曲线，得到的长度值就为无穷大。

## （六）维数的测定

### 1. Hausdorff 维数

Hausdorff 维数是最为重要的分形维数，在数学上有着严密的定义。它适用于任意集合，且以测度为基础，数学上可以方便地表达。但其涉及的数学概念比较复杂，这里就不详细介绍了。我们以 Koch 曲线为例做简单介绍。

通过前面的分析，我们知道，Koch 曲线的维数在 1 和 2 之间。如果我们设定一个维数 $s$，让 $s$ 值从 0 开始慢慢变大，其 Hausdorff 测度值 $H$ 开始将一直保持无穷大；当 $s$ 超出某个维数值后，$H$ 值又将突然变为 0 并一直保持为 0；只有当 $s$ 正好为某个 $D_s$ 值（对于 Koch 曲线，$D_s = 1.2618$）时，Hausdorff 测度将突然变为一个非 0 的实数，此时的 $s$ 值就是 Koch 曲线的 Hausdorff 维数。

Hausdorff 维数满足下列数学方程：

$$D = \lim_{n \to \infty} \frac{\ln N(\varepsilon_0 / k^n)}{-\ln(\varepsilon_0 / k^n)} = \frac{\ln M}{\ln k} \qquad (2\text{-}156)$$

式中，$\varepsilon_0$ 是起始码尺缩小倍数，如 Koch 曲线 $\varepsilon_0 = 1/3$；$k$ 是进一步分割时码尺变小的倍率，Koch 曲线中，$k=3$；$M$ 是分割时小自相似体的个数，Koch 曲线的 $M = N = 4$。可见该式与 Mandelbrot 分维是一致的。不过，要从不规则图形中计算 Hausdorff 维数是相当困难的。为此，在实际应用中，人们提出了计盒维数、关联维数等实用分形维数的计算方法。

2. 计盒维数

计盒维数也称为盒维、Minkowski 维。其基本方法是，将分形图形置于一个单位边长的均匀分割的网格上，每个格子就是一个盒子，测定覆盖这个分形所需的最少格子数。通过对网格的逐步细化，查看所需覆盖数目的变化，从而计算出计盒维数。

假设盒子的边长是 $\varepsilon$，分形曲线占据了 $N$ 个盒子，那么计盒维数就是：

$$D_s = \lim \frac{\lg N(\varepsilon)}{\lg(1 / \varepsilon)}$$

例如，对于图 2-54 所示的海岸线，首先把海岸线置于边长为 $\varepsilon_1$ 网格中，数出和海岸线相交的盒子数 $N_1$；再缩小网格，使其边长为 $\varepsilon_2$，再数出相交盒子 $N_2$；如此反复缩小盒子的边长，数出相交的盒子数。一般对于 $\varepsilon_i$，有 $N_i$，根据分维定义得：

$$N_i(\varepsilon_i) = A\varepsilon_i^{-D}$$

式中，$A$ 为比例常数。取对数作图，可得 $D$。由图 2-54 可得，当 $\varepsilon_1 = 1/2$ 时，$N_1 = 13$；$\varepsilon_2 = 1/4$ 时，$N_2 = 29$；以此类推计算多组数值后，由 $\ln N = \ln A - D \ln \varepsilon$ 作图（图 2-55）可得直线，由此可得 $D = 1.7515$。这样由分割盒子的实验就可以计算出各种分形的分维。

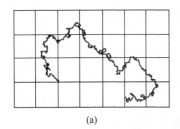 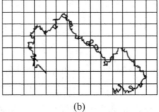 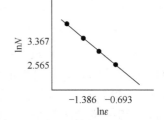

图 2-54　海岸线计盒分维　　　图 2-55　海岸线计盒分维计算曲线

盒子可以是方的，也可以是圆的。例如我们可以用半径为 $\varepsilon$ 的球来覆盖空间，并逐步减小球的半径。在很多情况下采用方格的 $N(\varepsilon)$ 计算更简单，并且盒子的数目和它的覆盖数是相等的，而同样的覆盖数，需要更多个球。但采用球形也有好处，它可以拓展到其他坐标系，表达更为简单。

计盒维数和 Hausdorff 维数有关，而且它们通常是一致的，只有在极特别的情况下才有区别。

通过对覆盖分形图的盒子计数来计算分形维数，方法很简便，但也有着理论和实践两方面的局限性。对于实际计算，只有分维小于二维或在二维附近，且相空间维数也不高时，才是可行的。维数增高后，计算量迅速上升，以至于很难得到收敛的结果。

3. 信息维数

将盒子编上号，若知道分形图中的点落入第 $i$ 只盒子的概率是 $P_i$，那就可以写出用尺寸为 $\varepsilon$ 的盒子进行测算时所得的信息量 $I = -\sum\limits_{i=1}^{N(\varepsilon)} P_i \ln P_i$，然后就可以用 $I$ 代替 $N(\varepsilon)$。定义信息维数 $D_i$ 为：

$$D_i = \lim_{\varepsilon \to 0} \frac{\sum\limits_{i=1}^{N(\varepsilon)} P_i \ln P_i}{\ln \varepsilon} \tag{2-157}$$

假如落入每只盒子的概率都相同，即 $P = 1 / N(\varepsilon)$，求和记号下面的每一项都和编号 $i$ 无关，则 $I = \ln N(\varepsilon)$，于是就回到了前面的盒子维数 $D_s$ 的定义。一般来说，$D_i \leqslant D_s$。

从计算角度看，信息维数的算法比计盒维数还要费事，因而应用较少。

4. 关联维数

关联函数是最基本的统计量之一。由此函数可以计算分形维数。

如果把在空间随机分布的某参量在坐标 $x$ 处的密度记为 $\rho(x)$，则关联函数 $C(\varepsilon)$ 可定义为：

$$C(\varepsilon) = \overline{\rho(x)\rho(x+\varepsilon)} \tag{2-158}$$

根据具体情况，密度的平均可以有不同的统计方法，即有不同的平均意义。如果图形的分布在各个方向是均等的，也可用两点间距离 $\varepsilon = |\varepsilon|$ 的函数来表示关联函数。

如果关联函数是幂型，则两点间的距离便不存在特征长度，关联总是以同样比例衰减。假定其关系为：

$$C(\varepsilon) \propto \varepsilon^{-a} \tag{2-159}$$

则有：

$$a = d - D \tag{2-160}$$

式中，$d$ 是空间维数；$D$ 是分形维数。关联维数的定义是：

$$D_2 = \lim_{\varepsilon \to 0} \frac{\ln C(\varepsilon)}{\ln \varepsilon} \tag{2-161}$$

其中：

$$C(\varepsilon) = \frac{1}{N^2} \sum_{i=1}^{N} H\left(\varepsilon - |x_i - x_j|\right) \tag{2-162}$$

5. 广义维数

广义维数定义为：

$$D_q = \lim_{\varepsilon \to 0} \frac{S_q(\varepsilon)}{-\ln \varepsilon} \tag{2-163}$$

其中：

$$S_q(\varepsilon) = \frac{1}{1-q} \ln \left[ \sum_{i=1}^{N(\varepsilon)} \rho_i^{\,q} \right] \tag{2-164}$$

式（2-164）是 $q$ 阶 Renyi 信息，$D_q$ 称为 $q$ 阶广义维数，有时也叫 Renyi 信息维数。

其他分形维数的定义和测定方法有变码尺测长度法、小岛法、功率谱法、质点分形体的分维测量和物理方法等手段，这里就不一一介绍了。

## 三、高分子链的分形

### （一）高分子链无规行走分形

高分子链通常是由大量的单体通过化学键连接在一起而形成的长链分子。对于线形链而言，它可以是柔性的无规线团，如 PE、PP 等，也可以是刚性的棒状链，如聚乙炔、芳香聚酰胺、碳纤维等。高分子链在空间的形态可以是蜷曲的，也可以是伸展的，对于许多生物高分子和在特定条件下的某些高分子链，高分子链也可以是螺旋形的。

以 PE 为例，其重复单元为 $CH_2$[图 2-56（a）]，当我们仅考虑主链上的碳碳键时，就可以将主链上键的连接简化为线段间的连接[图 2-56（b）]。图 2-56（c）是以不同尺度链段作为统计单元的末端距。高分子链构象统计指出，对于自由结合链，高分子链的均方末端距为：

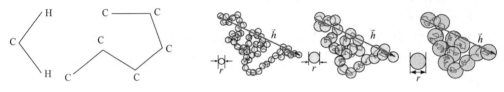

(a) PE的重复单元$CH_2$　　(b) PE重复单元间的连接　　(c) 高分子长链统计长度变化时的末端距

**图 2-56**　高分子链结构的分形

$$\overline{h^2} = nl^2$$

式中，$n$ 为键的数目；$l$ 为键长。该结果在数学上符合无规行走模型。但实际高分子链中化学键之间的连接不是自由的，为了与真实高分子链一致或接近，将统计单元扩展至链段（Kuhn 链段），在链段数目足够多时，高分子链末端分布满足高斯分布，成为高斯链，其均方末端距为：

$$\overline{h^2} = n_e l_e^2$$

式中，$n_e$ 是链段的数目；$l_e$ 是链段的长度。可见高斯链的均方末端距与其聚合度成正比。对任意一段单元数为 $n_i$ 的高斯链，其均方末端距 $\overline{h_i^2}$ 与其聚合度的关系应该与上式相似，因此高斯链的分形维数为 $D = 2$。我们也可以把统计单元从 Kuhn 链段逐步扩大 $g$ 倍至 Gauss 链段，Gauss 链段长度为 $r$，Gauss 链段数相应减为 $N$，则链的均方末端距在 $N$ 足够多时依然满足高斯链方程，即 $\overline{h^2} \propto Nr^2$。但其均方末端距应该不变，因此，$N$ 与 $r$ 的关系为：

$$N \propto r^{-2}$$

由分形的定义，得：

$$D = \frac{\ln N}{\ln(1/r)} = 2$$

由于高分子链在三维空间中的分布，故 $d = 3$，而 $D = 2$，尽管 $D$ 是整数，但 $D \neq d$，因此它是一种分形结构。

显然，将一小段高斯链放大，其外形和整链相似。当然，由于高分子链构象分形是不规则的，它非严格意义上的相似，只有平均意义上的相似，具有统计平均的性质。其相似性也只在一定尺度范围内成立，在小于 Kuhn 链段长度或者大于整链长度时，自相似性就失效了。

（二）自避行走模型的分维

高斯链模型的缺点是显而易见的。由于无规飞行的物体是一个运动的质点，其运动的轨迹可以交叉和重复占据的，但高分子链段却是占据体积的，一个链段所占据的部分是不允许其他链段再进入的，同时，链段间也无法交叉和穿透，且根均方末端距超出伸直链长后概率密度函数应为 0，因此无规飞行并不能完全模拟高分子链的实际，可以采用无规自避行走（SAW）模型。其均方末端距 $\overline{h_{saw}^2}$ 所表示的标度定律[式(2-31)]显然也符合分形原理，前已指出，其指数 $v$ 与分维值有关，多在 1.2 左右，de Gennes 用量子场论方法得到 $v = 1.195$，而在无扰条件下得到的 $v$ 值很接近 1。

自避行走模型的分维计算方法是，对于线性链而言，其链段数 $N$ 与聚合度 $X_n$ 或键的数目 $n$ 成正比，而链的根均方末端距（为简化起见，记作 $h$）与统计长度 $r$ 间也应成正比关系（量纲一致）。设根均方末端距与链段数的 $D$ 次方成正比，即：

$$h \propto N^D r \qquad (2-165)$$

则在改变统计长度时，均方末端距不变，因此有：

$$D = \frac{\ln N}{\ln(1/r)} \qquad (2-166)$$

对支化链，可以用根均方回转半径（记作 $S$）来代替根均方末端距 $h$，则 $S \propto N^D r$。通过计算机模拟可生成不同构象，然后进行统计平均，所获得的结果为：

$$D = \frac{d+2}{3} \qquad (2-167)$$

式中，$d$ 为空间维数。

上式表明，$D$ 与 $d$ 有关。对于形成直线的刚性链，如聚乙炔链，$d = 1$，$D = 1$，这种链不是分形；而三维空间的高分子链，采用无规行走模型时 $D = 2$，与 $d$ 不同，属于分形；采用自避行走模型时，$d = 3$，则 $D = 5/3 = 1.67$，也是分形。可见，$D_{SAW} < D_{RW}$。

高分子链在不同条件下其分形维数是不同的。在 $\theta$ 溶剂中，无扰分子链构象的分形维数为 2；而在良溶剂中，分子链结构单元间存在着近程排斥作用，分子链尺寸增大，在三维空间中分形维数为 5/3，与自避行走链相仿。

（三）高分子分维的测量

用中子散射可以测定高分子链分维。为了研究一条高分子链的情况，可以将一条高分子链进行氘代成为氘代链。高分子溶液的散射光强 $I$ 与光程差 $q$ 间的关系为：

$$I(q) \propto q^{-D}$$
$$q = \frac{4\pi}{\lambda} \sin\frac{\theta}{2} \qquad (2-168)$$

式中，$\lambda$ 为中子射线波长；$\theta$ 为散射角。以 $\ln I(q)$ 对 $\ln q$ 作图，可以近似获得一条直线（图 2-57）。其中直线部分的斜率为：

$$\beta = -D \qquad (2-169)$$

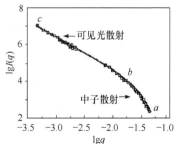

**图 2-57** 散射强度／随光程差 $q$ 的变化关系曲线

实验结果表明，高分子在稀溶液中，链构象的分形维 $D = 5/3$，符合自避行走模型分维；而对于高分子链在浓溶液和熔体中的测定结果则表明，$D = 2$，符合无规行走模型；对稀溶液中的天然肌红蛋白，$D = 1.66$，稀溶液中的 $\alpha$-血红蛋白，$D = 1.64 \approx 5/3$，都接近自避行走模型。

## 四、高分子凝聚态分形结构研究

除了高分子链结构分形研究外，高分子材料凝聚态结构如晶体的形成、玻璃化转变的机理、复合体系中填料的分布、高分子合金体系中两相结构等都可以通过微观结构形貌的分形特征及其变化加以研究。

例如，对于晶体生长过程，借助 X 射线小角散射（SAXS）、小角度中子散射（SANS）、TEM 等微观结构或形貌分析手段，由表面散射幂指数定律 $I(q) \propto q^{-D}$，作 $\ln I$-$\ln q$ 关系图，可求得晶体生长的分维 $D$。

由图像分析、凝胶基团的网络数目与边长的对数关系等可求得晶体生长的分维 $D$，从而了解晶体生长过程和高分子织态结构。

对于复合型导电高分子，填料浓度对其导电性能的影响存在着渗滤阈值。研究填料结构与导电性关系，通过导电填料添加量与分形维数间的关系，可以建立填料浓度及其分布与导电率的关系。

研究高分子材料制备条件对材料内部填料分布的分形结构特征、对材料的断裂或磨损表面分形的影响及其与材料力学性能间的关系等，可以了解材料服役过程中材料结构的破坏与发展，对其寿命做出相应的分析和判断。

在凝聚动力学研究中，通过扩散限制凝聚方式进行凝聚，由于粒子间没有排斥作用，粒子间的每一次碰撞都导致不可逆的相互黏附，最终形成疏松的絮凝状态，其分维在 1.7～1.8；而采用反应限制凝聚方式进行凝聚，则因为粒子间黏附概率小，粒子间要碰撞多次才能相互黏附，最终能形成比较密实的凝聚形态，分维在 2.1～2.2。这样通过测定高分子凝聚体的分形维数，可以分析高分子溶液中凝聚体的形成过程，推断其形成机理，从而调控凝聚态结构的动力学演变过程，获得所期望的材料性能。

## 五、溶液相分离及其他分形研究

在高分子溶液方面，通过分形研究，可以了解高分子与周围环境间的相互作用，以获得高分子溶液与简单流体的区别；研究不同柔性的线性高分子链、不同支化高分子链的流动分形，可以了解其流动动力学上的差别，从而了解刚性、支化等结构因素对流动的影响。

对具有不同相互作用基团的高分子体系溶液进行分形分析，研究其分维值随浓度变化的规律，可以了解高分子链在溶液中的缔合现象、自组装原理和形成胶束的规律。

在高分子溶液发生相分离时，其 TEM 或 AFM 等微观形貌图像中将有比较明显的分区现象。将这些微观形貌图像分成 $n \times n$ 的格子，然后计算高分子链占有部分的面积分数 $S_{ij}$ 及其平均值 $S(n)$，得方差系数 $x(n) = S(n)^{1/2}$ 和标准差 $\sigma_{sn}$；再进一步将格子边长缩小，

分成 $n' \times n'$，作同样处理。反复上述过程，最后作 $\lg n$-$\lg x$ 图，其直线斜率就是高分子溶液的相分离分维 $D$。

对于相分离产生的形貌，采用格子法分别测定高分子边界周长 $L_{shape}(n)$ 与高分子链所占面积的平方根 $S(n)^{1/2}$，用双对数值作图可得一条直线，其斜率即为形状分维 $D_{shape}$。针对不同溶剂在膜中的渗透性，可以了解渗透性与分维间的关系。

研究热致可逆凝胶的微丝凝聚体结构，通过力学性能的测定，可以了解浓度对分形和力学性能的影响，了解结构演变与力学性能间的关系。

研究化学反应、凝胶-溶胶转变等过程中原料的结构演变，可以发现体系初始状态对结构演变和终态的影响规律。

对增塑高分子临界凝胶状态的非线性流变行为进行分形研究，可以了解黏性增长函数-松弛模量-凝胶网络分形结构的变化间的关系。

参考文献

# 第三章　高分子凝聚态结构

　　不同化学结构的高分子材料有不同的性能特点，比如，含有芳环或脂环等刚性基团的、带有强极性基团的、具有交联结构的，就具有良好的耐热特性；含有卤素或是含磷基团的、有大量芳稠环的一般具有良好的阻燃特性；含 F 的、含强极性腈基的，就具有良好的耐油特性；带有烃类短侧基的 C—C 键易于加工成型；等等。

　　通过链结构的学习，我们注意到，化学结构相同但链结构不同的高分子也有不同的性能。如等规 PP 可以做塑料，而无规 PP 是黏性的液体，不能单独用作材料。而即使是等规 PP，采用不同的加工成型方法也因链间的堆砌结构不同而有不同的性能。例如注射成型的 PP 铰链合页结晶度高，刚性、硬度大，耐弯折，外观不透明；挤出成型并经快速冷却所得的 PP 薄膜很柔软，经双向拉伸的 PP 薄膜强度很高，双向拉伸但不经热处理定型的 PP 薄膜有热收缩性，这些透明的薄膜性能不同，可用于不同场合不同物品的包装；单向拉伸的 PP 薄膜取向方向强度高，可用于制作打包带、捆扎绳和编织袋等。可见，高分子链的堆砌结构对性能也是有影响的。

　　高分子链与链间的堆砌方式就是高分子链的凝聚态结构，又称超分子结构。凝聚态结构对性能的影响与化学结构对性能的影响是不同的。化学结构主要影响高分子的化学性质，如化学反应性、高分子的老化与降解、高分子的功能改性以及溶解高分子的溶剂选择等，也影响高分子材料是否容易结晶或取向，继而影响材料的密度、硬度、强度及熔点、软化点等物性参数，对高分子链的柔性等也有影响，从而间接影响材料的各种性能。而高分子的凝聚态结构直接影响材料的力学性能，其结晶与否、取向与否对材料的强度和韧性有很大的影响，也影响材料的尺寸稳定性、材料的透明性和材料的柔韧性。高分子的凝聚态不仅取决于材料的链结构，也取决于材料的加工成型过程，在使用过程中，受到环境因素的影响，也可能会发生凝聚态的改变。

　　高分子链因分子量很大，所以单链也可以形成凝聚态（单链凝聚态），它具有独特的结构和性质。在多链缠结的凝聚态下，沿链的分子间作用力总和已远超化学键键能，因此，高分子在气化前就会分解，没有气态。在液体和固体中，分子链有有序和无序之分，无序的液体和无序的固体都是无定形相，是各向同性结构。在有序的固体结构中，三维有序的固体为晶体；二维或一维有序则为取向结构。液体的一维、二维和三维有序结构统称为液晶，其中近三维有序的为近晶相液晶，二维有序且层中的取向方向随层面不同而有序旋转的则是胆甾相液晶，一维有序的为向列相液晶。不过在高分子凝聚态结构中，往往有序与无序结构是共存的，如结晶高分子中结晶与非晶是共存的，非晶态结构中也会存在一定的有序结构。在固态下，高分子还有两种力学状态，一种是普弹的硬质状态，一种是高弹的软质状态。在液态下，高分子熔体黏度特别大，其力学状态称为黏流态，主要用于成型加工。

# 第一节　分子间作用力

分子间作用力是影响凝聚态的重要因素，对物质的凝固点、沸点、汽化热、熔化热等物理参数有重要影响。它是高分子材料具有较高机械强度等优良力学性能的重要原因，并显著影响高分子力学三态的温度范围、耐热性、溶解性、化学反应性以及自组装能力和加工成型性等高分子材料特性。

分子间作用力包括范德瓦耳斯力、氢键和电荷转移相互作用（CTC）。范德瓦耳斯力是分子内或分子间非键原子之间普遍存在的一种相互作用力，它包括静电力、诱导力和色散力。

静电力又称库仑力，极性分子（基团）存在着固有偶极，偶极间存在的静电相互作用就是静电力，其大小可以表示为：

$$\Delta E_{\mathrm{C}} = -\frac{2\mu_1^2\mu_2^2}{3r^6kT} \tag{3-1}$$

式中，$\mu_1$、$\mu_2$ 是两种极性分子（基团）的偶极矩；$r$ 是分子（基团）间距离；$k$ 是玻尔兹曼常数；$T$ 是绝对温度。静电力作用能为 $13\sim21$kJ/mol。极性高分子如聚氯乙烯、聚丙烯腈等分子间作用力主要是静电力。

诱导力又称德拜力，是在极性分子（基团）的固有偶极诱导下，临近它的分子（基团）会产生诱导偶极，分子（基团）间的诱导偶极与固有偶极之间所产生的吸引力就是诱导力，其大小为：

$$\Delta E_{\mathrm{D}} = -\frac{\alpha_1\mu_1^2 + \alpha_2\mu_2^2}{r^6} \tag{3-2}$$

式中，$\alpha_1$、$\alpha_2$ 是两种分子（基团）的极化率。诱导力作用能为 $6\sim13$kJ/mol。诱导力存在于与极性分子（基团）相邻的分子间。

色散力又称伦敦力，是分子（基团）相互靠近时，它们的瞬时偶极之间产生的很弱的吸引力，其大小为：

$$\Delta E_{\mathrm{L}} = -\frac{3}{2}\left(\frac{I_1 I_2}{I_1 + I_2}\right)\frac{\alpha_1\alpha_2}{r^6} \tag{3-3}$$

式中，$I_1$、$I_2$ 为分子电离能。色散力作用能为 $0.8\sim8$kJ/mol。色散力存在于一切分子中，是范德瓦耳斯力中最普遍的一种。

范德瓦耳斯力作用范围通常用范德瓦耳斯半径来表示。在原子间距离大于范德瓦耳斯半径之和时，基团间以吸引力为主。而一旦二者间的距离小于范德瓦耳斯半径之和，则斥力迅速增大。正如上一章分子模拟中提起过的，根据 Lennard-Jones 力场，分子间引力与距离的 6 次方成反比，而斥力则与距离的 12 次方成反比。范德瓦耳斯力可以产生于任意非键原子间，因此，它是没有方向性和饱和性的。

氢键是电负性很强的原子 X 与氢形成的共价键 X—H 与另一个电负性很强的原子 Y 间的相互作用，其中，氢提供了空轨道，而 Y 原子提供了孤对电子。其作用方向在 X—H 键的延长线上。其大小比静电力强，比化学键弱。

CTC 是电子给体与电子受体间的相互作用。与氢键相似，由电子给体提供电子而电子受体提供空轨道，但因为不是电子完全转移，因此它没有形成化学键，但在两个非键分子（基团）间会产生较强的相互作用，其强度与氢键作用相当，在 $15\sim35$kJ/mol。

CTC、氢键与化学键类似，作用范围比范德瓦耳斯力要小得多，但比化学键要长，其尺度对于不同的体系是不同的，即便是同一体系，在不同的条件下也是不同的。从氢键和 CTC 的形成机制看，这两种相互作用都是具有方向性和饱和性的，而且在一定条件下可以发生化学键的转化，导致分子结构的变化。

对于离子型聚合物而言，体系中还存在着离子间的相互作用，这种静电作用比极性基团间的静电作用更大。由于不存在饱和性和方向性，分子链间可以通过与反离子间的相互吸引而凝聚或交联，同时分子链也会因反离子向外扩散而产生链内的相互排斥，从而使分子链相对较为伸展。

物质内分子间作用力大小可以用内聚能来表示。所谓内聚能是指将 1mol 物质中的分子相互分离并远离至分子间作用力之外所需的能量。由于物质在气态下分子间相互远离，分子间作用力可近似为 0，因此，内聚能与汽化热有关。只是汽化热中还包含了体系对外做的功，因此，内聚能（$\Delta E$）应等于汽化热（$\Delta H_V$）扣除对外做功后的能量：

$$\Delta E = \Delta H_V - RT \tag{3-4}$$

对于大分子而言，1mol 物质所包含的质量太大，因此，为了方便不同物质间的比较，更常用的参数是内聚能密度（CED），它是单位体积的内聚能：

$$CED = \Delta E / \tilde{V} \tag{3-5}$$

小分子的内聚能或内聚能密度可以通过汽化热利用上述公式进行计算，但高分子因为不能汽化，因此无法通过汽化热来计算，通常需要通过实验来测定和估算。

因为内聚能密度的平方根是物质的溶度参数，因此，只要测出高分子的溶度参数，就可以得到其内聚能密度。对于非交联高分子，可以选取一系列具有不同溶度参数值的溶剂来溶解高分子，测定溶液的黏度，黏度最大的那种溶剂溶解性最好；如果是交联高分子，则测定高分子在不同溶剂中的溶胀程度 $Q$，溶胀程度最大的那种溶剂溶解性最好。根据高分子溶液理论，溶解性最好的溶剂，其溶度参数就等于高分子的溶度参数。将其平方就可以得到高分子的内聚能密度。

随着聚合度增加，高分子的内聚能无疑会随之增高，但内聚能密度则改变不大；极性增大，分子间作用力也增加，内聚能和内聚能密度都增大。非极性高分子的内聚能密度通常都很小，因此宏观表现较为柔软，更适合做橡胶。但易于结晶的 PE 等则另当别论。为了提高橡胶的力学强度，通常需要提高其分子量。用作纤维材料的高分子通常具有很高的强度，因此其极性一般都比较大，例如聚酰胺（尼龙）66 或者 PET 纤维等就具有比较高的内聚能密度（表 3-1），此时对分子量的要求就可以适当降低，以满足熔融纺丝的加工要求。对于极性和分子量都大的高强度纤维，则需要利用溶液进行纺丝，包括利用液晶状态纺丝。对于纤维材料，同时还需要赋予其一定的弹性。

**表 3-1**　一些典型高分子的内聚能密度及其应用

| 高分子 | CED/($J \cdot cm^{-3}$) | 应用 | 高分子 | CED/($J \cdot cm^{-3}$) | 应用 |
|---|---|---|---|---|---|
| 聚乙烯（PE） | 259 | 橡胶 | 聚苯乙烯（PS） | 305 | 塑料 |
| 聚丙烯 | 289 | | 聚甲基丙烯酸甲酯（PMMA） | 347 | |
| 聚异丁烯（PIB） | 272 | | 聚乙酸乙烯酯（PVAc） | 368 | |
| 天然橡胶（NR） | 280 | | 聚氯乙烯（PVC） | 381 | |
| 聚丁二烯（PBD） | 276 | | 聚对苯二甲酸乙二酯（PET） | 477 | 纤维 |
| 丁苯橡胶（SBR） | 276 | | 聚酰胺 66 | 774 | |
| 聚氯丁二烯（PCBD） | 290 | | 聚丙烯腈（PAN） | 992 | |

# 第二节　高分子凝聚态结构

高分子凝聚态结构根据其有序性可分为：三维有序的晶体、一维或二维有序的取向和完全无序的无定形结构。

## 一、高分子晶体形貌

在结晶高分子中，不同的高分子在不同的条件会形成不同的结晶形态，如单晶、球晶、串晶、纤维晶和伸展链晶体等，如图 3-1 所示。

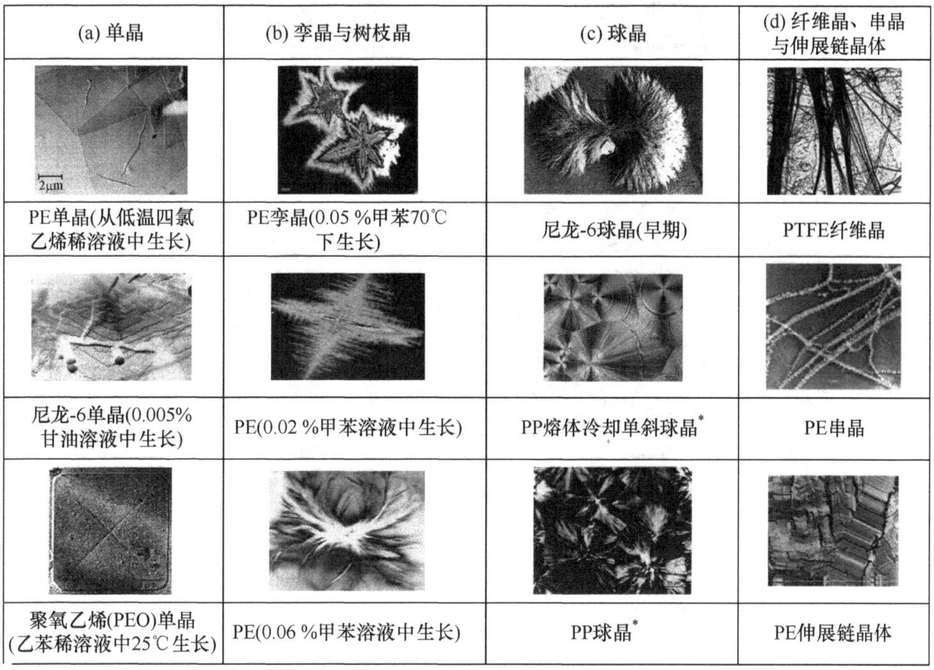

| (a) 单晶 | (b) 孪晶与树枝晶 | (c) 球晶 | (d) 纤维晶、串晶与伸展链晶体 |
|---|---|---|---|
| PE单晶(从低温四氯乙烯稀溶液中生长) | PE孪晶(0.05 %甲苯70℃下生长) | 尼龙-6球晶(早期) | PTFE纤维晶 |
| 尼龙-6单晶(0.005%甘油溶液中生长) | PE(0.02 %甲苯溶液中生长) | PP熔体冷却单斜球晶* | PE串晶 |
| 聚氧乙烯(PEO)单晶(乙苯稀溶液中25℃生长) | PE(0.06 %甲苯溶液中生长) | PP球晶* | PE伸展链晶体 |

**图 3-1**　高分子各种晶体形貌电镜照片（＊偏光显微镜照片）

### （一）单晶

所谓单晶（monocrystal，single crystal）本意是指晶格在三维方向上有规律地周期性排列而成的连续的完善晶体，但高分子单晶则是指具有规整几何形状的薄片状晶体形式，并非是晶体学意义上的单晶。

通过电镜可以观察到一些精心培养出来的具有规整几何图形的高分子薄片状晶体[图 3-1(a)]。例如从二甲苯稀溶液或四氯乙烯稀溶液中生长出来的聚乙烯晶体是菱形的，从甘油中得到的尼龙-6、尼龙-66、尼龙-610 晶体也是菱形的，从氯代苯中析出的聚丙烯晶体是长方形的，从环己醇中得到的聚甲醛晶体是正六边形的，从二甲苯中生长的聚 4-甲基-1-戊烯晶体是正方形的，从碳酸丙烯酯中培养的聚丙烯腈晶体是平行四边形的，等等。生长条件的改变会对单晶形状和尺寸产生很大的影响。

高分子单晶通常需要在低过冷度下在极稀溶液（如 0.01 %）中缓慢培养而成。当溶液浓度稍稍提高或者过冷度稍稍增加时，片晶间会共面形成镜面对称的孪晶（共格或非共格，如图 3-2 所示）并有可能形成帐篷状空心锥形，不过在制样时，这些空心锥形容易坍塌成为扁平状[图 3-3(a)]。继续提高浓度或增大过冷度，结晶速率进一步加快，晶体的生长面不再局限于侧面生长，而能形成包含若干个厚度相等的互相重叠的多层晶体[图 3-3(b)]。电镜观察表明，PE 形成多层片晶时，晶体是通过螺旋生长方式一个台阶一个台阶生长的[图 3-3(c)]。

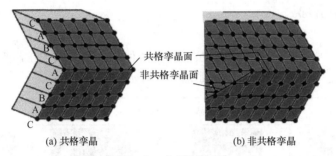

(a) 共格孪晶      (b) 非共格孪晶

**图 3-2**　孪晶示意图

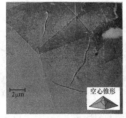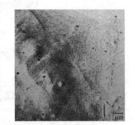

(a) PE空心锥形孪晶    (b) PEO多层晶体    (c) PE多层片晶螺旋生长方式

**图 3-3**　孪晶和多层晶体

实验测定表明，单层片晶中，分子链是垂直于单晶平面的，而片晶厚度仅为 10nm 左右，远远小于分子链的长度。

## （二）球晶

球晶（spherulite）是以一个晶核为中心，以相同的生长速率沿各径向方向同时放射生长而形成的圆球状晶体结构，是一种多晶凝聚体[图 3-1(c)]。高分子从浓溶液中析出或从熔体状态冷却时，多生成这种球晶。

在偏光显微镜下球晶有独特的光学花样。在正交偏振光下，可以观察到球晶典型的黑十字花样（Maltese cross）[图 3-4(a)]。在正交偏振光下的小角激光光散射也有类似的

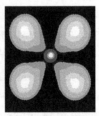

(a) 偏光显微的照片    (b) 小角激光光散射图样(正交偏振光)    (c) 小角激光光散射图样(平行偏振光)

**图 3-4**　球晶在偏光下的特征花样

四叶花瓣图形[图 3-4(b)]，平行偏振光下则呈现哑铃状图形[图 3-4(c)]。这说明球晶具有对称性和双折射特性。

电镜观察表明，球晶是由径向放射生长的微纤组成的，而这些微纤就是长条状的片晶，其厚度也在 10～20nm 之间，分子链是垂直于片晶平面的，与半径方向也垂直。片晶在径向方向上呈螺旋结构（图 3-5），因此球晶是以晶核为中心，通过片晶向各径向方向旋转生长而形成的。

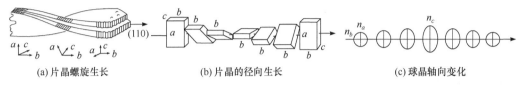

| (a) 片晶螺旋生长 | (b) 片晶的径向生长 | (c) 球晶轴向变化 |

**图 3-5** 球晶中微纤生长方向

当相邻片晶具有同步周期性螺旋时，将产生环带结构，如聚乳酸的球晶就有明显的环带结构（图 3-6）。这种同步的环带在偏光显微镜下可以产生黑色同心圆环的消光花样，晶片扭转周期与偏光显微镜照片上的消光圆环的间距相对应（图 3-7）。这种球晶称为环带球晶。具有旋光性的高分子在特定条件下可以形成环带球晶。

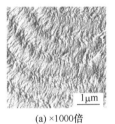 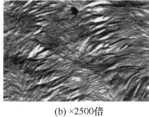 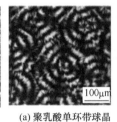 

| (a) ×1000倍 | (b) ×2500倍 | (a) 聚乳酸单环带球晶 | (b) 聚(*R*-3-羟基丁酸酯)双环带球晶 |

**图 3-6** 聚乳酸的环带球晶的电镜照片　　　　**图 3-7** 环带球晶的偏光显微镜照片

如果相邻片晶螺旋生长不同步，则晶体结构中就没有明显的环带结构，在偏光显微镜下的黑十字花样上就观察不到黑色同心圆环消光花纹，这种球晶被称为放射形球晶。大部分没有旋光性的高分子体系通常都是放射形球晶。

对于环带球晶，温度改变时，扭转的周期也会发生变化，致使环带周期随之改变，螺距也有所不同。例如熔体冷却时，初期结晶温度较高，结晶速率较小，片晶螺旋生长转向较慢，螺距就较长；随着结晶温度的降低，结晶速率加快，则会使片晶生长螺旋转向加快，从而使螺距变短，此时晶体就呈内宽外窄的环带。如果结晶尚未完成，进一步降低温度，结晶速率又会重新减缓，螺距则随之又加长。

聚（*R*-3-羟基戊酸酯）的环带球晶有两个不同的区域，一个是双环带区域，又称为睛状区域，以 *a* 轴为半径方向，片晶生长方向为左手扭转；而另外一个是锥形的单环带区域，以 *b* 轴为半径方向，片晶呈右手扭转生长（图 3-8）。

据此，我们可以看出，从分子层面到介观层面上，手性有四个层次。第一个层次由分子构型的不对称性产生，如 D-乳酸、L-氨基酸等。第二个层次是构象的不对称，分子呈单手螺旋时就产生构象的不对称性，分子中可以有不对称 C 原子，也可以没有不对称 C 原子。第三个层次就是片晶单手螺旋，这一尺度是由多个分子链所形成的片晶在生长过程中扭转产生的，它与构型或构象的不对称性也没有必然联系。片晶尺度的手性虽然不依赖于分子手性，但通常存在一定的不对称因素，如晶胞单斜或三斜、分子链有一定的倾斜等，扭转的方向取决于不对称的表面张力。而表面张力则来自于片晶上下表面折叠链构象的不对称。一些手性共聚物在自组装形成胶束时可以产生该层次的手性，它是由若干分子链协同作用而产生的。聚苯胺、聚吡咯等非平面共轭聚合物的凝聚体在特定条件也可以形成螺旋结构。第四个层次是捆束尺度上的手性。由多个片晶组成的捆束具有相同的螺旋结构时，这种效应就会被加强。当然，材料在宏观尺度上也有手性，比如宏观的单向螺旋结构等。

## （三）树枝晶

树枝晶（dendrite）的形貌如同树枝具有分叉结构[图 3-1(b)]。高分子从稀溶液中结晶时，如果过冷度稍大，或溶液黏度稍微增大，或者分子量过大时，高分子将不再形成单晶或多层单晶，而是生成较为复杂的结晶形式。由于突出的棱角通常是更为有利的生长点，因此高分子链易于在棱角处继续向前生长，仿佛顶端优势，这种趋势不断增强的结果就形成了树枝晶。与球晶在所有半径方向以相同的速率发展不同，树枝晶只在特定方向上优先发展。液固界面如果比较粗糙，则晶体容易呈树枝生长，在光滑界面上树枝晶相对少见。树枝晶的基本结构单元也是折叠链片晶，且具有规则的外形，分子链方向与单晶的片晶一致。

## （四）纤维晶和串晶

纤维晶（fibrous crystal）是细长的纤维形貌的晶体[图 3-1(d)]。在纤维晶中分子链呈伸展状态并相互间近乎平行排列，且与纤维轴方向平行。由于分子链互相交错，因此纤维晶的长度大大超过分子链长度。纤维晶通常具有较高的机械强度。这种纤维晶通常在高分子熔体或高分子溶液受到激烈搅拌、拉伸、高速剪切等强烈的流动场作用时而产生，在强烈的剪切或拉伸力作用下，分子链沿外场方向取向，从而形成纤维晶。

当作用力不那么激烈时，或者高分子的结晶速率较快时，在纤维晶表面上会生成很多片状附晶，从而构成类似烤肉串形貌的晶体结构，称为串晶（shish-kebab），其结构如图 3-9 所示。

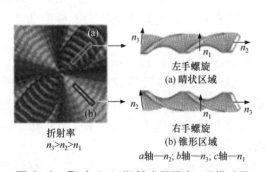

左手螺旋
(a) 睛状区域

右手螺旋
(b) 锥形区域

折射率
$n_3 > n_2 > n_1$

$a$轴—$n_2$; $b$轴—$n_3$; $c$轴—$n_1$

**图 3-8**　聚（$R$-3-羟基戊酸酯）环带球晶

**图 3-9**　串晶结构

## （五）伸展链晶体

高分子熔体在高压下慢速冷却可以得到伸展链晶体[extended-chain crystal，图 3-1（d）]。与纤维晶纤细结构和片晶的薄片状结构不同，伸展链晶体尺寸较大，其厚度与分子链长度相当，甚至可达分子链长度的许多倍，其密度接近理想晶体的数值，熔点也高于其他结晶形态，具有相当完善的晶体结构。伸展链晶体厚度与温度无关，与分子量及其分布有一定关联。外界压力越大，高分子链越容易伸展形成伸展链晶体。这种晶体具有很高的硬度和强度。如 PE 在 4.8kbar（1kbar=$10^8$Pa）、226℃下生长可以得到密度达 0.99g/cm³ 的伸展链晶体，其结构非常完善。而聚三氟氯乙烯在不足 1kbar 下即可获得伸展链晶体。

### （六）准晶

1850 年德国科学家 Bravais 就总结出晶体的平移周期性，将晶体中原子的三维周期排列方式概括为 14 种空间点阵。受这种平移对称约束，晶体的旋转对称只能有 1 次、2 次、3 次、4 次、6 次等 5 种旋转轴。这种限制就像生活中不能用正五边形的拼块铺满地面一样，晶体中原子排列是不允许出现 5 次或 6 次以上的旋转对称性的。1984 年以色列、中国、美国和法国等国家学者几乎同时在淬冷合金中发现了 5 次对称轴的有序结构，确证这些合金相是具有长程定向有序而没有周期平移有序的一种封闭的正二十面体相。这一发现对传统晶体学产生了强烈的冲击。它为物质微观结构的研究增添了新的内容，为新材料的发展开拓了新的领域。这种有序结构被称为准晶（quasicrystal）。随后又陆续发现了具有 8 次、10 次、12 次对称轴的准晶结构。Danielle Shechtman 因此独享了 2011 年诺贝尔化学奖。

高分子结构的复杂性使这种准晶结构也有可能存在，但尚需在制备和表征方面进行必要的探索。准晶点阵技术可使光在电路中传播时产生锐角转折，因此可以更广泛地控制光的传播，简化光子通信系统，从而推动高速通信和计算机设备的发展。

## 二、高分子的晶体结构

### （一）晶系与晶胞

经典晶体学指出，晶体有 7 大晶系 14 种布拉维（Bravais）格子，分别是立方（包括简单立方、体心立方和面心立方 3 种 Bravais 格子）、四方（包括简单四方和体心四方 2 种 Bravais 格子）、正交（包括简单正交、体心正交、面心正交和底心正交 4 种 Bravais 格子）、六方、三方、单斜（包括简单单斜和底心单斜 2 种 Bravais 格子）及三斜晶系，如图 3-10 所示。

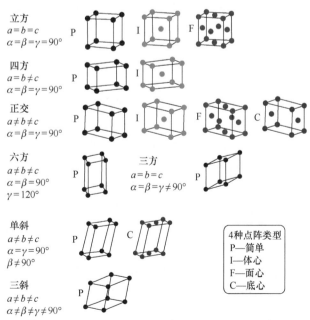

**图 3-10**　7 大晶系和 14 种 Bravais 格子示意图

## （二）晶体

一些天然高分子具有单一分子量，因为高分子链完全相同，因此每条分子链作为一个整体进入晶格质点是可能的，这种晶体属于分子晶体，它可以属于任一晶系（表3-2）。例如血红蛋白等球状蛋白质从水溶液中结晶时，就可以形成分子晶体。它有规则的外形，是热力学晶相，具有相应的热力学性质。其重复周期比低分子晶体大得多，与链球尺寸相当，说明蛋白质是以分子链球形式作为晶格质点的。如 $\beta$-乳球蛋白、溶菌酶、人血红蛋白等晶体均属于四方晶系，其晶胞尺寸多在 3 nm 以上，远大于小分子分子晶体的晶胞尺寸。

**表3-2　天然蛋白质分子晶体的三维结构参数**

| 蛋白质 | 晶胞参数 | | 晶胞中的分子数 | | 分子量 | |
| --- | --- | --- | --- | --- | --- | --- |
| | $a \times b \times c$ /(nm×nm×nm) | $\beta$ /(°) | 可能[①] | 设想 | X 射线法 | 其他方法 |
| 锌胰岛素 | 7.47×7.47×3.06 | — | $9n$ | 18 | 6200 | 5733 |
| 核糖核酸酶 | 3.66×4.05×5.23 | 90 | $4n$ | 4 | 13700 | 13683 |
| 溶菌酶 | 7.22×7.12×3.14 | 90 | $4n$ | 8 | 13900 | 14000 |
| $\beta$-乳球蛋白 | 6.93×7.04×15.65 | 90 | $4n$ | 16 | 17700 | 17500 |
| 人血清蛋白 | 17.8×5.4×16.6 | 90 | $4n$ | 8 | 65200 | 65000 |
| 人血红蛋白 | 5.37×5.37×19.35 | 90 | $4n$ | — | — | — |
| 马血红蛋白 | 10.9×6.32×5.44 | 111 | $4n$ | 4 | 33350 | 33500 |

① $n = 1, 2, 3, \cdots$。

合成高分子的分子量有多分散性，因此，高分子链尺寸也各不相同，以分子链作为一个整体进入晶格就不太可能。此时晶格质点由分子链的片段承担。以分子链片段作为质点时，分子链必须采取使主链的中心轴相互平行的方式排列形成晶胞。通常约定以分子链中心轴方向为晶胞的 $c$ 轴方向，在此方向上原子间为化学键键合作用；晶胞的另两个方向则依赖分子间作用力而凝聚在一起。这样就产生了各向异性，三个轴的长度一般不会相同，因此，这种以分子链片段作为晶格质点的晶体一般不会出现立方晶系和三方晶系。

## （三）链构象

在各种结晶形态中，柔顺的高分子长链为了排入晶格，一般只能采取比较伸展的构象，彼此平行排列，才能在晶体中作规整的密堆砌。高分子链在晶体中采取何种构象由分子内和分子间两方面因素决定，包括分子间作用力和内旋转势垒等。分子间作用力主要影响分子链间的堆砌密度，对大多数高分子而言，它对链构象的影响较小，但分子间作用力比较大时也会影响链的构象。从分子内的因素看，晶体中高分子链采取怎样的构象应满足两个条件：一是能量尽可能低，二是满足空间条件。通过 XRD 和电子衍射等技术，已经确定了许多高分子所生成的各种晶型的晶胞参数，为揭示高分子在晶体中的构象提供了依据。

高分子链的主要构象形式有平面锯齿形（简写为 PZ，如聚乙烯、多种间规高分子等）、螺旋形（简写为 H，IUPAC 推荐简写为 S，本教材仍沿用 H，如取代聚烯烃等）、滑移面对称结构（如 PVDF 的 $tg^+$ $tg^-$ 及多种间规高分子等）、对称中心结构[如聚乙二醇

（PEG）接近 tg]、二重轴垂直分子链轴的结构（如 PBT 的 tg$^+$tg$^-$）、镜面垂直于分子链轴的结构（如尼龙-77）以及双重螺旋分子（如 DNA、等规 PMMA 等）。下面我们分析讨论一下高分子链在晶体中所采取的具体构象。

1. 碳链高分子

首先我们分析具有最简单结构的聚乙烯。如第一章所述，聚乙烯链中任一 C—C 键的势能曲线与丁烷相仿，其反式构象是势能最低构象。当所有的 C—C 键均采取反式构象（…tt…）时，整个分子链呈平面锯齿形。其重复周期的长度就是 2 根 C—C 键在链轴方向上的投影长度。根据 C—C 键长为 0.154nm 和键角为 109.5°计算，其尺寸为 0.252nm。采取全反式构象时，相间碳原子上的氢原子间均呈平行排列，其间距也是 0.252nm，大于两个氢原子范德瓦耳斯半径（0.11nm，Pauling 值）之和，即在空间上也是允许的。因此，可以预测聚乙烯晶体中分子链方向的等同周期长度 $c = 0.252$nm，与实测值 0.2534nm 非常接近，证明聚乙烯分子链在晶体中为全反式构象（图 3-11）。$c$ 轴的增大表明链更为伸展，以利于紧密堆砌。

聚四氟乙烯（PTFE）结构与聚乙烯相似，反式仍为能量最低构象。由于氟原子的范德瓦耳斯半径为 0.135nm（Pauling 值），若仍取全反式构象，则两个氟原子至少需要 0.270nm 的空间，无法进入 0.252nm 的空间。此时，分子链必须扭转一定的角度以满足空间约束（图 3-12）。实验结果表明，在温度低于 19℃时，所有的 C—C 键均稍稍偏离全反式平面构象，旋转角从 0°增加到 13.85°，以减少非近邻氟原子间的相互作用，整个分子呈轻微的螺旋形构象 H13$_6$，即在一个等同周期中，含有 13 个结构单元，转了 6 圈，等同周期 $c = 1.69$nm。这种构象使得聚四氟乙烯链不再是平面锯齿形而接近圆柱形。约 19℃时，聚四氟乙烯发生晶型转变，高于此温度，链构象变为 H15$_7$ 螺旋，等同周期被拉长为 1.95nm，旋转角减小为 12°。

同样，等规聚丙烯如果采取全反式构象，相间碳原子上的甲基处于平行位置，它们之间的距离 0.252nm 难以容纳两个甲基，因此，也必须采取螺旋链形式。实验表明，聚丙烯链采取的是反式与旁式相间的…tg…构象，形成 H3$_1$ 螺旋，即每 3 个结构单元转 1 圈 [图 3-13(a)]。其中每个结构单元上有一个 C—C 键平行于分子链的中心轴，这样一个等同周期 $c$ 轴的长度为 $c = 3 \times [l + l\sin(109.5° - 90°)] = 0.6162$nm，与实测值 0.650nm 相近，但有偏差。这是因为即便甲基间错开了，甲基与氢原子间的范德瓦耳斯半径之和仍大于 0.252nm，

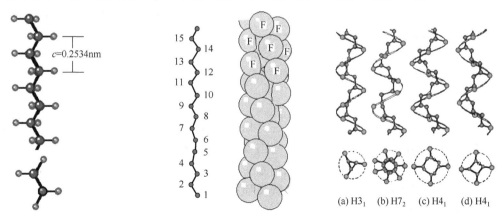

**图 3-11** PE 的全反式构象　　**图 3-12** PTFE 的螺旋构象　　**图 3-13** 聚烯烃晶体的螺旋构象

(a) H3$_1$　(b) H7$_2$　(c) H4$_1$　(d) H4$_1$

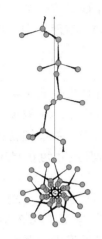

**图 3-14** 聚异丁烯在拉伸纤维中的螺旋构象

使得化学键也产生了伸展变形，从而增大了 $c$ 轴的周期长度。其他如聚 1-丁烯、聚 5-甲基-1-己烯、聚甲基乙烯基醚、聚异丁基乙烯基醚和聚苯乙烯等空间位阻较小的等规聚 $\alpha$-烯烃都为…tg…构象，形成 H3$_1$ 螺旋构象。位阻较大的等规聚 $\alpha$-烯烃，尽管也是…tg…构象，但其螺旋会扩张，如聚 4-甲基-1-戊烯、聚 4-甲基-1-己烯等为 H7$_2$ 螺旋，聚 3-甲基-1-丁烯、聚邻甲基苯乙烯、聚萘基乙烯等呈 H4$_1$ 螺旋链结构[图 3-13(b)、图 3-13(c)和图 3-13(d)]，等等。

聚异丁烯有两个甲基取代，因为它们的空间位阻大，排除了形成全反式平面锯齿形构象的可能性，按 X 射线衍射的数据和能量推算，可能取 H8$_3$ 螺旋构象（图 3-14）。

聚丁二烯有四种规整的构型异构体，都可以结晶。反式 1,4-聚丁二烯、顺式 1,4-聚丁二烯和间规 1,3-聚丁二烯在晶体中都取主链接近平面锯齿形的全反式构象，而等规 1,3-聚丁二烯取 H3$_1$ 螺旋形构象（图 3-15）。

间规聚 $\alpha$-烯烃的分子链取全反式构象…tt…时，取代基间的距离较远，因而是其势能最低的构象，如聚丙烯腈和聚氯乙烯的间规立构呈平面锯齿形构象结晶。间规聚丙烯除了形成这种构象外，有时也能形成一种…ttgg ttgg…系列的 H4$_2$ 螺旋构象（图 3-16）。

等规 PMMA 还能像 DNA 那样形成双螺旋结构（图 3-17）。

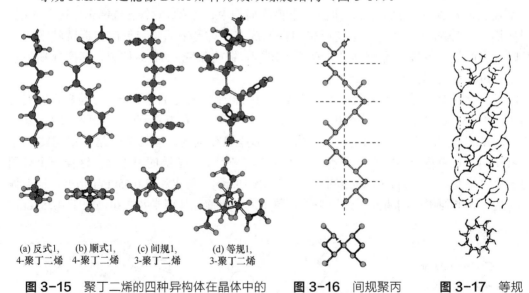

(a) 反式1,4-聚丁二烯　(b) 顺式1,4-聚丁二烯　(c) 间规1,3-聚丁二烯　(d) 等规1,3-聚丁二烯

**图 3-15** 聚丁二烯的四种异构体在晶体中的构象　　**图 3-16** 间规聚丙烯的螺旋构象　　**图 3-17** 等规 PMMA 双螺旋构象

当取代基可以形成氢键时，范德瓦耳斯半径就不是严格的空间限制条件了。比如聚乙烯醇，尽管 OH 的范德瓦耳斯半径与 H 原子或 OH 的半径之和也超出了 0.252nm，但等规聚乙烯醇链在晶体中形成全反式构象…tt…，就是因为 OH 与 OH 间受氢键作用而拉近了彼此间的距离。而间规聚乙烯醇反而采取螺旋构象。

2. 杂链高分子

主链含有杂原子的体系，其最低能量构象与碳链高分子不同。如聚甲醛（PMO）

的旁式能量比反式更低，其中 C—O—C 键角为 112°，而 O—C—O 键角为 111°，形成等同周期为 1.73nm 的⋯gg⋯系列的 $H9_5$ 螺旋构象，而聚氧乙烯（PEO）链则形成等同周期为 1.93nm 的⋯ttg ttg⋯系列的 $H7_2$ 螺旋构象，结果其链直径比聚甲醛要大得多（图 3-18）。

聚酰胺分子中酰氨基的 C—N 键长 0.133nm，比一般的 C—N 键长 0.146nm 短得多，因而带有双键特征，CONH 在同一平面上。一般含有酰氨基的脂肪链更倾向于采取平面锯齿形构象。分子间氢键对链的宏构象有强烈影响，尼龙-66 分子链间平行排列就可以建立全数氢键[图 3-19(a)]；而尼龙-6 的分子链平行排列时只能有一半基团可以形成氢键，取反平行排列时才能建立全部分子间的氢键[图 3-19(b)]。尼龙通常有三种晶型，其中的分子链分别以锯齿形构象平行排列和反平行排列，以及带有一定螺旋形构象排列而成。

聚对苯二甲酸乙二酯的主链上有苯环，结晶时分子链会完全伸展成大锯齿形构象。其晶胞属三斜晶系（图 3-20）。

3. 共轭聚合物

聚噻吩晶体属于单斜晶系，通过 XRD 测定晶胞参数可以算得其 $c$ 轴长度为 0.803nm，由此可推得其连接为伸展链构象，且硫原子交替分布在分子链的两侧。

聚乙炔中存在着共轭双键，对于其中任一双键，都存在着顺反异构。全顺式结构和全反式结构形成的晶体其晶胞周期是不一样的。

表 3-3 列出了一些高分子晶体中的分子链构象及晶胞参数。

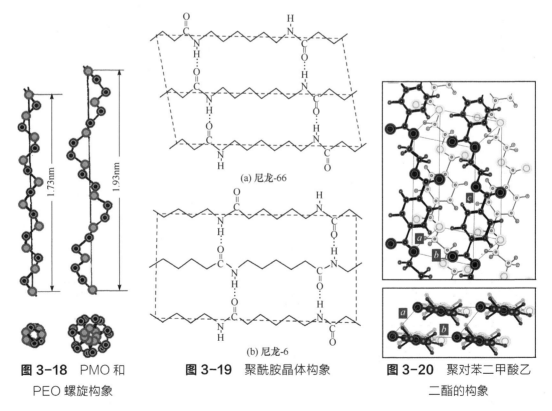

图 3-18　PMO 和 PEO 螺旋构象

(a) 尼龙-66

(b) 尼龙-6

图 3-19　聚酰胺晶体构象

图 3-20　聚对苯二甲酸乙二酯的构象

**表 3-3** 高分子的晶胞结构

| 高分子 | 晶系 | 晶胞参数 | | | | | 链构象 | 结晶密度 /(g·cm⁻³) |
|---|---|---|---|---|---|---|---|---|
| | | $a$/Å[①] | $b$/Å[①] | $c$/Å[①] | 交角 | $N$ | | |
| 聚乙烯 | 正交 | 7.36 | 4.92 | 2.534 | | 2 | PZ | 1.00 |
| 聚四氟乙烯（＜19℃） | 准六方 | 5.59 | 5.59 | 16.88 | $\gamma=119.3°$ | 1 | H13₆ | 2.35 |
| 聚四氟乙烯（>19℃） | 三方 | 5.66 | 5.66 | 19.50 | | 1 | H15₇ | 2.30 |
| 聚三氟氯乙烯 | 准六方 | 6.438 | 6.438 | 41.5 | | 1 | H16.8₁ | 2.10 |
| 聚丙烯（等规） | 单斜 | 6.65 | 20.96 | 6.50 | $\beta=99°20'$ | 4 | H3₁ | 0.936 |
| 聚丙烯（间规） | 正交 | 14.50 | 5.60 | 7.40 | | 2 | H4₁ | 0.93 |
| 聚 1-丁烯（等规） | 三方 | 17.7 | 17.7 | 6.50 | | 6 | H3₁ | 0.95 |
| 聚 1-戊烯（等规） | 单斜 | 11.35 | 20.85 | 6.49 | $\beta=99.6°$ | 4 | H3₁ | 0.923 |
| 聚 3-甲基-1-丁烯（等规） | 单斜 | 9.55 | 17.08 | 6.84 | $\gamma=116°30'$ | 2 | H4₁ | 0.93 |
| 聚 4-甲基-1-戊烯（等规） | 四方 | 18.63 | 18.63 | 13.85 | | 4 | H7₂ | 0.812 |
| 乙烯基环己烷（等规） | 四方 | 21.99 | 21.99 | 6.43 | | 4 | H4₁ | 0.94 |
| 聚苯乙烯（等规） | 三方 | 21.90 | 21.90 | 6.65 | | 6 | H3₁ | 1.13 |
| 聚氯乙烯 | 正交 | 10.6 | 5.4 | 5.1 | | 2 | PZ | 1.42 |
| 聚乙烯醇 | 单斜 | 7.81 | 2.25[②] | 5.51 | $\beta=91.7°$ | 2 | PZ | 1.35 |
| 聚氟乙烯 | 正交 | 8.57 | 4.95 | 2.52 | | 2 | PZ | 1.430 |
| 聚异丁烯 | 正交 | 6.88 | 11.91 | 18.60 | | 2 | H8₃ | 0.972 |
| 聚偏二氯乙烯 | 单斜 | 6.71 | 4.68[②] | 12.51 | $\beta=123°$ | 2 | H2₁ | 1.954 |
| 聚偏二氟乙烯 | 正交 | 8.58 | 4.91 | 2.56 | | 2 | ～PZ | 1.973 |
| 聚甲基丙烯酸甲酯（等规） | 正交 | 20.98 | 12.06 | 10.40 | | 4 | DH10₁ | 1.26 |
| 反式聚 1,4-丁二烯 | 单斜 | 8.63 | 9.11 | 4.83 | $\beta=114°$ | 4 | Z | 1.04 |
| 顺式聚 1,4-丁二烯 | 单斜 | 4.60 | 9.50 | 8.60 | $\beta=109°$ | 2 | Z | 1.01 |
| 聚 1,3-丁二烯（等规） | 三方 | 17.3 | 17.3 | 6.50 | | 6 | H3₁ | 0.96 |
| 聚 1,3-丁二烯（间规） | 正交 | 10.98 | 6.60 | 5.14 | | 2 | ～PZ | 0.964 |
| 反式聚 1,4-异戊二烯 | 单斜 | 7.98 | 6.29 | 8.77 | $\beta=102.0°$ | 2 | Z | 1.05 |
| 顺式聚 1,4-异戊二烯 | 单斜 | 12.46 | 8.89 | 8.10 | $\beta=92°$ | 4 | Z | 1.02 |
| 聚甲醛 | 三方 | 4.47 | 4.47 | 17.39 | | 1 | H9₅ | 1.49 |
| 聚氧化乙烯 | 单斜 | 8.05 | 13.04 | 19.48 | $\beta=125.4°$ | 4 | H7₂ | 1.228 |
| 聚氧化丙烯 | 正交 | 9.23 | 4.82 | 7.21 | | 2 | H2₁ | 1.20 |
| 聚四氢呋喃 | 单斜 | 5.59 | 8.90 | 12.07 | $\beta=134.2°$ | 2 | PZ | 1.11 |
| 聚乙醛 | 四方 | 14.63 | 14.63 | 4.79 | | 4 | H4₁ | 1.14 |
| 聚丙醛 | 四方 | 17.50 | 17.50 | 4.8 | | 4 | H4₁ | 1.05 |
| 聚正丁醛 | 四方 | 20.01 | 20.01 | 4.78 | | 4 | H4₁ | 0.997 |
| 聚对苯二甲酸乙二酯 | 三斜 | 4.56 | 5.94 | 10.75 | $\alpha=98.5°,\ \beta=118°,\ \gamma=11°$ | 1 | ～PZ | 1.445 |

续表

| 高分子 | 晶系 | 晶胞参数 | | | | | 链构象 | 结晶密度 /(g·cm⁻³) |
|---|---|---|---|---|---|---|---|---|
| | | $a$ /Å[①] | $b$ /Å[①] | $c$ /Å[①] | 交角 | $N$ | | |
| 聚对苯二甲酸丙二酯 | 三斜 | 4.58 | 6.22 | 18.12 | $\alpha = 96.90°$, $\beta = 89.4°$, $\gamma = 110.8°$ | 1 | — | 1.43 |
| 聚对苯二甲酸丁二酯 | 三斜 | 4.83 | 5.94 | 11.59 | $\alpha = 99.7°$, $\beta = 115.2°$, $\gamma = 11°$ | 1 | Z | 1.40 |
| 尼龙-3 | 单斜 | 9.3 | 8.7 | 4.8 | $\gamma = 60°$ | 4 | PZ | 1.40 |
| 尼龙-4 | 单斜 | 9.29 | 12.24[②] | 7.97 | $\beta = 114.5°$ | 4 | PZ | 1.37 |
| 尼龙-5 | 三斜 | 9.5 | 5.6 | 7.5 | $\alpha = 48°$, $\beta = 90°$, $\gamma = 67°$ | 2 | PZ | 1.30 |
| 尼龙-6, $\alpha$相 | 单斜 | 9.56 | 17.2[②] | 8.01 | $\beta = 67.5°$ | 4 | PZ | 1.23 |
| 尼龙-7 | 三斜 | 9.8 | 10.0 | 9.8 | $\alpha = 56°$, $\beta = 90°$, $\gamma = 67°$ | 4 | PZ | 1.19 |
| 尼龙-8 | 单斜 | 9.8 | 22.4[②] | 8.3 | $\beta = 65°$ | 4 | PZ | 1.14 |
| 尼龙-9 | 三斜 | 9.7 | 9.7 | 12.6 | $\alpha = 64°$, $\beta = 90°$, $\gamma = 67°$ | 4 | PZ | 1.07 |
| 尼龙-11 | 三斜 | 9.5 | 10.0 | 15.0 | $\alpha = 60°$, $\beta = 90°$, $\gamma = 67°$ | 4 | PZ | 1.09 |
| 尼龙-12, $\gamma$相 | 单斜 | 9.38 | 32.2 | 4.87 | $\beta = 121.5°$ | 2 | H2₁ | 1.04 |
| 尼龙-66, $\alpha$相 | 三斜 | 4.9 | 5.4 | 17.2 | $\alpha = 48.5°$, $\beta = 77°$, $\gamma = 63.5°$ | 1 | PZ | 1.24 |
| 尼龙-66, $\beta$相 | 三斜 | 4.9 | 8.0 | 17.2 | $\alpha = 90°$, $\beta = 77°$, $\gamma = 67°$ | 1 | PZ | 1.248 |
| 尼龙-610 | 三斜 | 4.95 | 5.4 | 22.4 | $\alpha = 49°$, $\beta = 76.5°$, $\gamma = 63.5°$ | 1 | PZ | 1.157 |
| 尼龙-1010 | 三斜 | 4.9 | 5.4 | 27.7 | $\alpha = 49°$, $\beta = 77°$, $\gamma = 64°$ | 1 | PZ | 1.135 |
| 聚碳酸酯 | 单斜 | 12.3 | 10.1 | 20.8 | $\beta = 84°$ | 4 | Z | 1.315 |
| 反式聚乙炔 | 单斜 | 4.26 | 1.33 | 2.46 | $\alpha = 91.4°$ | 2 | PZ | 1.126 |
| 顺式聚乙炔 | 正交 | 7.61 | 4.39 | 4.47 | | 4 | PZ | 1.158 |
| 聚对苯, $\alpha$晶 | 正交 | 7.81 | 5.53 | 4.20 | | 2 | PZ | 1.393 |
| 聚对苯, $\beta$晶 | 单斜 | 8.06 | 5.55 | 4.30 | $\beta = 100°$ | 2 | PZ | 1.334 |
| 聚噻吩 | 单斜 | 7.83 | 5.55 | 8.20 | $\beta = 96°$ | 4 | PZ | 1.539 |

① 1Å = 0.1nm。

② $c$轴为分子链轴方向的重复周期。

注：1. $N$表示晶胞中所含的链数。

2. 链构象一栏中，PZ表示平面锯齿形；Z表示锯齿形；～PZ表示接近平面锯齿形；H表示螺旋形；DH表示双螺旋；随后的数字 $U_t$ 表示 $t$ 圈螺旋中含有 $U$ 个重复单元。

## （四）晶体的密度

晶体中的晶胞结构清楚了，其密度就可以通过晶胞参数和其中所有原子的质量来进行估算。

例如，PE晶体晶胞结构如图3-21所示，为正交晶系，实测晶胞参数为：$a = 0.736$nm，$b = 0.492$nm，$c = 0.2534$nm；$\alpha = \beta = \gamma = 90°$。每个晶胞中含有2条PE链，每条链含有1个结构单元。因此，其晶胞体积 $= a \times b \times c = 0.09176$nm³，其晶胞的质量 $= 2 \times M_0/N_0 = 2 \times 28 /6.022 \times 10^{23} = 9.2992 \times 10^{-23}$g。由此可得PE晶体的密度为1.013g/cm³。

$\alpha$型等规PP晶体属于单斜晶系，分子链取H3₁螺旋。实测晶胞参数为：$a = 0.665$nm，$b = 2.096$nm，$c = 0.650$nm；$\alpha = \gamma = 90°$，$\beta = 99°20'$。每个晶胞中含有4条分子链（图3-22），

每条链含有 3 个结构单元。因此，其晶胞体积 $= a \times b \times c \times \sin\beta = 0.8940\,\text{nm}^3$，其晶胞的质量 $= 4 \times M_0 \times 3 / N_0 = 4 \times 42 \times 3 / 6.022\times10^{23} = 8.3693\times10^{-22}\text{g}$。由此可得，PP 晶体的密度为 $0.936\,\text{g/cm}^3$。可见在晶体中 PP 链没有 PE 链堆砌紧密。

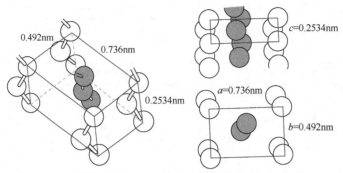

**图 3-21** PE 的晶胞结构与参数

聚碳酸酯链结构比聚乙烯复杂得多，主链上有苯环，但其结晶时分子链也完全伸展成大锯齿形构象，规整排列成单斜晶系（图 3-23）。晶胞参数为：$a = 1.23\text{nm}$，$b = 1.01\text{nm}$，$c = 2.08\text{nm}$；$\alpha = \gamma = 90°$，$\beta = 84°$。每个晶胞中含有 4 条分子链，每条链含有 2 个结构单元。因此，其晶胞体积 $= a \times b \times c \times \sin\beta = 2.5698\text{nm}^3$，其晶胞的质量 $= 4 \times M_0 \times 2 / N_0 = 4 \times 254 \times 2 / 6.022\times10^{23} = 3.3743\times10^{-21}\,\text{g}$。因此聚碳酸酯晶体的密度为 $1.313\text{g/cm}^3$。

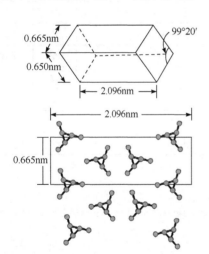

**图 3-22** PP 的晶胞结构与参数

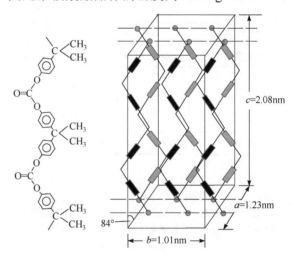

**图 3-23** 聚碳酸酯的晶胞结构（浅色的是后排链，深色的是前排链）

## （五）特殊现象

### 1. 同质异晶

由于结晶条件的变化，引起分子链构象的变化或者链堆砌方式的变化，则一种高分子可以形成几种不同的晶型，例如聚乙烯的稳定晶型属正交晶系，拉伸后的晶体则属于三斜或单斜晶系；等规聚丙烯在不同结晶温度下，同是 $H3_1$ 螺旋链构象按不同方式堆砌可以形成三种不同的晶型，分属于单斜、六方和三斜晶系；等规聚 1-丁烯也可以得到分属于六方、四方和正交晶系的三种不同的晶型（表 3-4）。这种现象称为高分子的同质多晶现象。

PP 的 $\alpha$ 晶型属单斜晶系,其熔点 $T_m = 165℃$,是最普遍的刚硬晶体;$\beta$ 晶型为准六方,其熔点约 145～150℃,也是较为常见的晶型,其性能特点是抗冲性好,且带有透明性;$\gamma$ 型属三斜晶系,熔点 155℃,是低分子量 PP 的常见晶型,也是在高压下高分子量的 PP 可以获得的晶型。

**表 3-4** 聚丙烯和聚 1-丁烯的不同晶型

| 高分子晶型 | 单体单元数/晶胞 | 晶胞尺寸 $a×b×c$ /Å×Å×Å[①] | 链构象 | 晶系 |
|---|---|---|---|---|
| 等规聚丙烯($\alpha$ 型) | 12 | 6.65×20.96×6.50 | H3₁ | 单斜 |
| 等规聚丙烯($\beta$ 型) | 27 | 19.08×19.08×6.49 | H3₁ | 六方 |
| 等规聚丙烯($\gamma$ 型) | 3 | 6.38×6.38×6.33 | H3₁ | 三斜 |
| 等规聚 1-丁烯(Ⅰ型) | 18 | 17.7×17.7×6.7 | H3₁ | 六方 |
| 等规聚 1-丁烯(Ⅱ型) | 44 | 14.89×14.89×20.87 | H11₃ | 四方 |
| 等规聚 1-丁烯(Ⅲ型) | 8 | 12.49×8.96×7.6 | H4₁ | 正交 |

① 1Å =0.1nm。

**2. 异质同晶**

结构相近的两种均聚物进行共混或结构相近的两种单体进行共聚时,在一定条件下也可以形成共晶现象,即在一个晶胞中含有不同的均聚物链,或者含有共聚物链中不同的结构单元,这种现象就是异质同晶现象。例如 PP 和 PIB 都存在着六方晶系,且晶胞参数相近,因此两种高分子的均聚物链也可以进入同一晶胞中,形成共晶。聚 4-甲基-1-戊烯/聚 4-甲基-1-己烯、聚苯乙烯/(苯乙烯-对甲基苯乙烯)共聚物等共混体系,也可产生异质同晶现象。而丙烯与 1-丁烯共聚时,晶胞中可以同时含有这两种不同的结构单元,且均为 H3₁ 螺旋链构象,形成异质同晶的晶体结构。乙烯-乙烯醇共聚物、氟乙烯-四氟乙烯共聚物、苯乙烯-甲基苯乙烯共聚物等都可以产生异质同晶现象。

**3. 晶格缺陷**

不难想象,由于高分子链存在着相互缠结的现象,结晶时链段并不能充分自由运动,在作规整堆砌排列时必然会受到妨碍,因而在其晶体内部往往含有比低分子结晶更多的晶体缺陷,多由端基、链扭结、链扭转造成,包括局部构象错误、局部键长键角改变、链的位移等,使高分子的晶体结构中时常含有许多空隙、错位、变形、扭转等结晶缺陷。当缺陷严重影响晶体的完善程度时,便导致出现所谓类晶结构,甚至成为非晶区。

## 三、高分子取向结构

### (一)取向结构

从无序向有序转变时,小分子会发生结晶或生成类晶,而高分子则既可以转变为三维有序的晶体结构,也可以形成一维或二维有序的结构。线形高分子因其长度远大于其截面积,在外场作用下很容易沿某特定方向作占优势的平行排列,就是取向。所形成的一维或二维有序的结构就称为取向结构。在外场作用下,高分子体系中的分子链或链段等运动单元沿特定方向作优势排列的过程称为取向过程。

与结晶的三维有序结构不同，取向结构的有序程度要低得多。未取向的无序高分子材料体系，其分子链和链段是随机排列的，为各向同性结构；取向后，由于分子链或链段在某些方向上是择优排列的，因此呈现各向异性。结晶高分子在外场作用下，也可以发生晶片、晶带等单元的取向。取向后材料的力学性能、光学性能、电性能、热性能等都会发生相应的变化。

高分子取向结构有单轴取向形成的一维有序和双轴取向形成的二维有序两种结构。

1. 一维有序

一维有序结构通常是由单轴取向造成的，它是体系中的取向单元在单一方向上作占优势排列。如对纤维或薄膜沿某一方向进行拉伸时，纤维或薄膜中的分子链或链段则倾向于沿拉伸方向排列。薄膜材料单轴取向后分子链排列方式如图3-24所示。由于单轴取向薄膜中分子链仅沿拉伸方向占优势排列，在取向方向上强度有所提高，所以一般在合成纤维制造中会对从喷丝孔中喷出的丝进行牵引，以提高分子链沿拉伸方向的取向程度。

2. 二维有序

通过双轴取向可以获得二维有序结构。体系中的取向单元在两个方向上受到作用时，取向单元倾向于在由这两个方向所决定的平面上排列。例如对薄膜材料沿平面的纵横两个方向进行拉伸，导致分子链或链段等取向单元倾向于沿薄膜平面方向排列。对于薄膜材料而言，单轴取向与双轴取向的分子链的排列是不同的，双轴取向时分子链排列情况如图3-25所示。为了提高薄膜的强度，一般需要对其进行双轴拉伸，使薄膜平面上的强度和耐磨性得以提高。

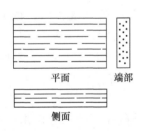

平面        端部

侧面

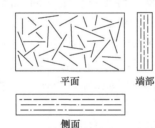

平面        端部

侧面

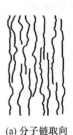

(a) 分子链取向

(b) 链段取向

**图 3-24** 取向薄膜中单轴取
向分子链排列

**图 3-25** 取向薄膜中双轴取
向分子链排列

**图 3-26** 高分子取向

3. 取向度

取向度用于表征取向的程度，可以用序参量 $F$ 作为取向函数来表示：

$$F = \frac{1}{2}(3\overline{\cos^2\theta} - 1) \qquad (3\text{-}6)$$

它是 Legendre 多项式的第二项平均值。式中，$\theta$ 为分子链主轴与取向方向的夹角。对于理想单轴取向，在链取向方向上，平均取向角为 0°，$\overline{\cos^2\theta} = 1$，$F = 1$；在垂直于链取向的方向上，平均取向角为 90°，$\overline{\cos^2\theta} = 0$，$F = -0.5$；完全无规取向时，$F = 0$，$\overline{\cos^2\theta} = 1/3$，则 $\overline{\theta} = 54°44'$。实际试样的平均取向角为：

$$\overline{\theta} = \arccos\sqrt{\frac{1}{3}(2F + 1)} \qquad (3\text{-}7)$$

利用取向试样的各向异性可以测定材料的取向度。如利用沿分子链方向与垂直于链方向上声波传播速率不同、光学折射率不同、红外吸收不同等来测定取向度。对于结晶高分子，随着拉伸取向过程中取向度的增加，广角 X 射线的环形衍射花样会逐渐变为圆弧，圆弧的长度逐渐缩短，因此可以采用圆弧长度的倒数来表征微晶取向度。工业上有时会简单地应用拉伸比来估计取向程度。但由于拉伸有时并不产生取向，而仅发生黏流，且在很大程度上与拉伸的条件和材料曾经历的应变历史有关，故应用拉伸比来判断取向度有时并不可靠。

### （二）取向机理

非晶高分子在受到外场作用时，取向单元可以是整链也可以是链段。链段的取向是通过链段的运动来完成的，因此在玻璃化转变温度（$T_g$）以上即可实现。而整链的取向需要通过分子链上各链段的协同运动来实现，因此需要在黏流温度（$T_f$）以上才能进行。两种运动单元的取向过程所需要的条件是不同的，最终所形成的取向结构也不相同（图 3-26），材料所显示的性能也就有所差异。

由于链段的运动需要克服高分子内的黏滞阻力，因此无论是链段取向还是整链取向均需要时间。由于链段运动所受阻力与分子链上链段的协同运动相比要小得多，因此链段取向相对容易，取向速率较快，完成链段取向所需时间也较短，在外场作用下，高分子中将首先发生链段的取向。在高弹态下整个分子的运动速率极慢，所以一般不发生分子链取向，只发生链段的取向。只有在黏流态下，分子链的取向才比较容易进行。

### （三）解取向

与取向过程相反，将有序化的取向结构转化为无序状态的过程称为解取向。解取向通过分子热运动来完成。外场一旦撤销，体系通过热运动将逐步恢复至平衡状态，同样，由于链段运动需要克服体系的内摩擦力，故解取向也是需要时间的过程。由于取向与解取向所涉及的运动单元是一样的，因此，取向过程容易的，解取向过程也相对容易；取向过程快的，解取向过程也快。所以，链段的解取向过程比分子链解取向过程更快、更容易。

显然，分子链取向的同时，链段也会发生取向。但若在分子链取向后，将温度设于玻璃化转变温度和黏流温度之间，则分子链取向会保留而链段的取向会解除。这种处于大区域的分子链高度取向而小区域的局部链段几乎完全无规的取向结构简称 GOLR（Global Orientation and Local Random）态。

结晶高分子的取向除了非晶区中的链段或分子整链的取向外，在外场作用下，也可能发生晶区中晶粒的定向排列，甚至产生晶区中晶格的破坏与重组。

## 四、高分子凝聚态结构模型

### （一）晶态结构模型

对于高分子的晶态结构，人们根据相关实验事实，提出了相应的晶态结构模型以给出合理的解释，从而进一步了解晶体生长与链结构和实验条件的关系，为控制和调节结晶方式与结晶程度奠定基础。

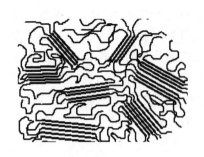

**图 3-27**　结晶高分子的缨状微束模型

### 1. 缨状微束模型

人们最早提出的高分子晶体模型就是缨状微束模型（图 3-27）。该模型根据结晶高分子 X 射线图中同时出现衍射花样和弥散环的现象，以及所测得的晶区尺寸远小于分子链长等主要实验事实，认为结晶高分子中，晶区与非晶区同时存在，互相穿插。由于认为晶区与非晶区并存，所以也被称为两相模型。晶区中的分子链互相靠近，紧密有序地排列形成规整的结构，但晶区尺寸很小，一根分子链可以同时穿过几个晶区，各晶区的 $c$ 轴方向并不相同，通常是无规取向的，晶区尺寸也不尽相同；而在非晶区中分子链无规堆砌。该模型可以解释下列现象：结晶高分子的宏观密度小于晶胞密度；拉伸后的高分子晶体由于微晶区的取向，其 X 射线衍射图上出现圆弧形；结晶高分子由于微晶尺寸不同，熔融时有一定大小的熔限；拉伸高分子，因为非晶区中分子链取向，从而导致光学双折射现象，而由于非晶区比晶区有较大的可渗入性，因此其化学反应和物理作用均存在着不均匀性；等等。因此，缨状微束模型早年被广泛接受，并沿用了很长时间。

### 2. 折叠链模型

A.Keller 对菱形片状聚乙烯单晶进行电镜观察并测定了其电子衍射图，分析研究表明，单晶中分子链方向（$c$ 轴）垂直于单晶薄片，但晶片厚度尺寸远比整个分子链的长度要小。为了合理地解释这一事实，Keller 提出了折叠链模型。他认为，高分子结晶时，伸展的分子链倾向于相互凝聚在一起形成链束，构成了高分子结晶的基本结构单元。由于这种规整的结晶链束细而长，有较高的表面能，因此不稳定，会自发地折叠成带状结构，从而降低体系的表面能，并抵消了折叠部位由于规整性破坏导致的能量升高。为进一步减少表面能，结晶链束应在已形成的晶核表面上折叠生长，最终形成规则的单层片晶[图 3-28(a)]。这就是片晶生长的过程。也因此，片晶中的高分子链的方向总是垂直于晶片平面的。当溶液极稀时，单根分子链也有可能折叠形成单晶。

按照折叠链模型，分子链束在单晶生长面上规则折叠时将产生扇形区域[图 3-28(b)]。它是高分子单晶独有的特征。其他物质的单晶是不会出现扇形特征的，如石蜡烃单晶的各部分结构都是一样的[图 3-28(c)]。扇形化的结果是，聚乙烯的菱形单晶被分成 4 个等价的扇区[图 3-29(a)]，生长面都是（110）面，而生成截顶菱形片晶时，则除了上述四个扇区外，又增加了两个小扇区，其生长面为（100）面[图 3-29(b)]，它与其他 4 个（110）扇区是不等价的，因为它们的晶胞畸变情况不同，链折叠方向不同。可以推测，这两个

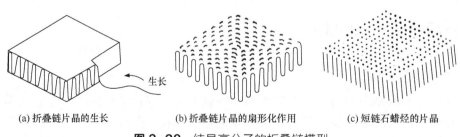

(a) 折叠链片晶的生长　　　(b) 折叠链片晶的扇形化作用　　　(c) 短链石蜡烃的片晶

**图 3-28**　结晶高分子的折叠链模型

（100）扇区稳定性稍差，在接近晶体熔点的温度下进行热处理时，会先行熔融而产生裂隙，该推测得到实验证实。聚 4-甲基-1-戊烯的正方形单晶也可以形成 4 个等价的扇区[图 3-29(c)]，聚甲醛正六边形单晶则有 6 个等价的扇区[图 3-29(d)]。高分子单晶的扇形化作用实际上也支持了折叠链模型。

　　球晶是大量的片晶按径向方向呈放射状旋转生长而成的，其基本单元也是片晶。按照折叠链模型，球晶生长时，片晶中的分子链沿着晶片端部折叠生长，结果不管这些条状片晶是不是发生扭曲，分子链总是处在与径向相垂直的方向上。聚乙烯和全氘代聚乙烯混合结晶的实验表明，聚乙烯与氘代聚乙烯链在晶体中存在各自有序的排列区域，而不是二者混杂的无序混合堆砌，证明了高分子链通过折叠进入晶体中的可能性。

　　3. 近邻松散折叠链模型

　　观察表明，单晶的表面结构非常松散，因此单晶的密度远小于理想晶体的密度。因此，Fischer 提出了近邻松散折叠链模型（图 3-30）对折叠链模型进行修正。他认为在结晶高分子的晶片中，仍以折叠的分子链为基本结构单元，只是折叠处可能是一个松散而不规整的环圈，而在晶片中，分子链的相连链段仍然是相邻排列的。对单晶表面刻蚀后残余物的分子量及分布进行测定，其结果也支持了近邻松散折叠链的观点。

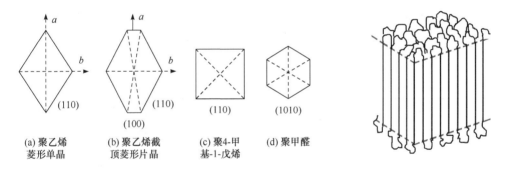

| | | | |
|---|---|---|---|
| (a) 聚乙烯<br>菱形单晶 | (b) 聚乙烯截<br>顶菱形片晶 | (c) 聚4-甲<br>基-1-戊烯 | (d) 聚甲醛 |

**图 3-29**　片状单晶扇形化　　　　　**图 3-30**　近邻松散折叠链模型

　　不过，规整折叠与松散折叠是折叠链结构的两种基本模式，实际情况下可能都存在。在多层片晶中，分子链可以跨层折叠，也可以从一层晶片中折叠数次后，再转到另一层去折叠，这样层片之间就存在着联结链（图 3-31）。实验也发现在 PE 的晶片与晶片之间，有许多伸直链束结构的联结链。这种联结链的数目随聚乙烯分子量的增加而增加，也随结晶温度的降低而增多。

　　从熔体冷却结晶时，体系黏度大，高分子链间又存在着缠结现象，在结晶速率较快时，球晶中的片晶生长过程是很复杂的。按上述观点，球晶晶片间必定存在大量的联结链。实验证明，聚乙烯球晶中的确存在着大量的联结链（图 3-32）。

　　4. 插线板模型

　　P.J.Flory 认为高分子结晶时，分子链作近邻规整折叠的可能性是很小的。聚乙烯结晶速率很快，而分子线团的松弛时间太长，分子链根本来不及作规整折叠，因此只能对局部链段进行调整而进入晶格。这样在晶片中相邻的分子链不一定是由同一条分子链上邻接的链段折叠而成，而可能属于非邻接的链段或不同分子的链段。于是，分子链在排列进入晶格时，晶片表面上的分子链就像老式电话交换机插线板上的插头电线一样，松散杂乱，构成非晶区。也因此，这种模型又被称为插线板模型（图 3-33）。对氘代高分子与未氘代的同种高分子混合物进行中子小角散射测定，可以获得两种高分子链的均方旋转半径。J.Schelten 等用这种方法研究了聚乙烯，发现结晶聚乙烯中分子链的均方旋转半径与在熔体中高分子链的均方旋转半径相同。之后人们对等规聚丙烯、聚氧乙烯、等规聚苯乙烯进行类似的测定，都得到了相同的结果（表 3-5）。如果高分子链进行规整折叠，其均方旋转半径应该会有较大的变化。因此可以推测，分子链在晶体中基本上保持其熔体中的大致位置和总的构象，而只是在进入晶格时作局部的调整。于是在各层片晶间存在着系带链，这些系带链构成片晶叠层间的无定形区域。在此区域中，高分子链的片段取无规构象，为蜷曲状态，包括缠结、环链、打结等拓扑结构。

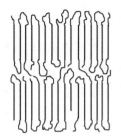

**图 3-31** 多层片晶的折叠链模型

1μm

**图 3-32** PE 球晶中片晶之间的联结链

**图 3-33** 插线板模型

**表 3-5** 小角中子散射结果

| 高分子 | 结晶方法 | $(S_2/M_w)^{1/2}$ /(nm$^{1/2}$ · mol$^{1/2}$ · g$^{-1/2}$) | |
|---|---|---|---|
| | | 熔体 | 结晶 |
| 聚乙烯 | 从熔体中快速淬火 | 0.046 | 0.046 |
| | 快速淬火 | 0.035 | 0.034 |
| | 139℃等温结晶 | 0.035 | 0.038 |
| | 从熔体中快速淬火，然后 137℃退火 | 0.035 | 0.036 |
| 聚氧乙烯 | 缓慢冷却 | 0.042 | 0.052 |
| 等规聚苯乙烯 | 在 140℃结晶 5h | 0.026～0.028 | 0.024～0.027 |
| | 在 140℃结晶 5h 后，180℃结晶 50min | 0.026～0.028 | 0.026 |
| | 在 200℃结晶 1h | 0.022 | 0.024～0.029 |

5. 隧道-折叠链模型

由于高分子结晶大多是晶相与非晶相共存的，各种结晶模型中都包含了这一特征，并且都有相应的实验依据，为此，R.Hosemann 综合了各种结晶缺陷，将高分子结晶结构中所有可能存在的各种形态综合在一起，提出了一种折中的综合模型，称为隧道-折叠链模型（图 3-34），它可以描述半结晶性高分子中复杂的结构形态。

## （二）非晶态结构模型

非晶态是高分子材料中普遍存在的凝聚态形式，如广泛使用的聚苯乙烯、聚氯乙烯等通用高分子都是非晶态的，而即使是结晶高分子实际上也存在着大量的非晶区域，尤其是结晶过程也往往是从非晶态的熔体开始生长的，因此，非晶态结构是很重要的凝聚态，它对晶体形成和本体性质都有着重要的影响。关于高分子的非晶态结构主要有以下模型。

### 1. 非晶态毛毡

与结晶高分子的缨状微束模型相对应，早年人们通常认为高分子非晶态就是许多高分子链杂乱无章地缠结在一起，如同将羊毛混乱地铺陈捣制而成的毛毡一样，因此称之为"非晶态毛毡"。

### 2. 局部有序模型

结晶高分子折叠链模型提出并得到广泛接受之后，非晶态结晶模型也得到了发展。一些含有局部微观有序的非晶态模型成为主流。这些模型包括"链束模型"、"似晶模型"、"折叠链缨状微束粒子模型"（简称两相球粒模型）以及"塌球模型"[图 3-35(a)]和"曲棍球模型"[图 3-35(b)]等。

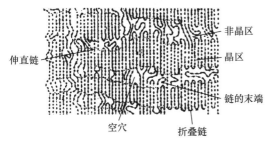

（a）塌球模型　　（b）曲棍球模型

**图 3-34**　隧道-折叠链模型　　　　　　**图 3-35**　局部有序模型示意图

其中，两相球粒模型把非晶态高分子分为有序区 A、粒界区 B 和粒间相 C 三个部分（图 3-36），其中有序区 A 和粒界区 B 组合成粒子相。有序区由大致平行的分子链组成，其有序程度与链结构、分子间作用力和热历史等因素有关，其尺寸为 2～4nm。粒界区由折叠链的弯曲部分、链端、缠结点和联结链组成，分布在有序区周围，尺寸为 1～2nm。粒间相则由无规线团、低分子量物、分子链末端和联结链组成，尺寸约 1～5nm。由于存在着链段的部分有序堆砌，为结晶提供了先期条件，因此，一些高分子结晶速率很快。

按完全无序模型计算，高分子非晶区密度与纯晶区的密度之比 $\rho_a/\rho_c < 0.65$，但实验测得许多高分子的非晶和结晶密度比 $\rho_a/\rho_c = 0.85～0.96$，可见非晶高分子不完全是无序的。一些非晶态高分子缓慢冷却或热处理后密度增加，电镜下还观察到球粒的增大，也说明体系中存在着部分有序的粒子相，其有序程度在熔体缓慢冷却时逐渐增加，粒子相逐步扩大。

### 3. 无规线团模型

P. J. Flory 从统计热力学出发推导出无规线团模型（图 3-37）。该模型认为，非晶态高分子在本体中，分子链的构象与其在溶液中一样，呈无规线团，线团分子之间是无规缠结的，因而非晶态高分子在凝聚态结构上是均相的。一些实验现象也支持了这一观点，例如：对橡胶的弹性行为研究表明，处于非晶态的橡胶分子链是完全无规的，并不存在可被进一步溶解或拆散的局部有序结构；对非晶态高分子的本体和高分子溶液分别进行辐射交联，发现两种体系中分子内交联的倾向基本一致，说明本体中并不存在诸如紧缩的线团或折叠链等局部有序结构；高分子本体试样中分子链的旋转半径与溶液中高分子链的旋转半径相近，表明高分子链无论在本体还是在溶液中都具有相同的状态；等等。

但是，正如不同的晶态模型来自于不同的实验现象一样，不同的非晶态模型也来自于不同的实验事实，因此每一种模型都有其合理的依据。没有哪一种模型可以解释非晶态高分子结构研究的所有实验现象，因此需要针对所研究的体系选择或建立合理的模型，从而了解不同高分子的非晶态结构本质，进一步了解其结构发展变化及其对性能所产生的影响。

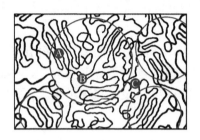

**图 3-36** 两相球粒模型
A—有序区；B—粒界区；C—粒间相

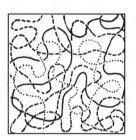

**图 3-37** 无规线团模型

## 五、高分子单链凝聚态

### （一）多链凝聚态的缠结

多链凝聚态中，分子链与分子链之间是相互缠结的，这种缠结是多链缠结，它是高分子体系特有的结构，导致其有特定的性质。例如在熔体黏度 $\eta$ 与分子量 $M$ 的关系中，分子量较低时，黏度 $\eta \propto M$，而当分子量超过临界分子量（$M_c$）时，$\eta \propto M^{3.4}$，说明分子量达到 $M_c$ 时，分子链间就存在着缠结。为简便起见，将高斯链的根均方旋转半径记作 $S$，则一条高斯链所占体积为 $\frac{4\pi}{3}S^3$。如果没有相互穿透的其他链存在，则该高斯链的非晶态密度为 $\rho_i$，而实测非晶态高分子密度为 $\rho$，因此 G. C. Berry 指出，二者之比就是相互穿透缠结的链的数目：

$$N = \frac{\rho}{\rho_i} = \frac{\rho}{M\Big/\left(\tilde{N}\dfrac{4\pi}{3}S^3\right)} = \frac{4\pi\tilde{N}\rho S^3}{3M} \tag{3-8}$$

式中，$\tilde{N}$ 为 Avogadro 常数。Flory 曾在 20 世纪 50 年代初就推断高分子链在凝聚态时是高斯链，20 年后经中子小角散射实验所证实，不但线团的均方旋转半径 $S^2 \propto M$，且与 $\theta$ 溶液中的值相同，其散射函数与 Debye 的高斯链理论式相符。由于 $S^2$ 与 $M$ 成正比，所以，相互穿透的分子链数目 $N \propto M^{1/2}$。

Flory 的特性黏数理论为：

$$[\eta]_\theta = K_\theta M^{1/2} = 6^{3/2} H \frac{S^3}{M} \tag{3-9}$$

式中，$K_\theta$ 是与 $M$ 无关的常数；$H = 2.6 \times 10^{23}$；$[\eta]_\theta$ 取单位 $cm^3/g$。当 $M = M_c$ 时，按 van Krevelen 的经验关系，$K_\theta M_c^{1/2} = 13\ cm^3/g$，则 $\frac{S^3}{M} = \frac{K_\theta M^{1/2}}{6^{3/2} H} = 0.3402 \times 10^{-23}$，因此，$N = 8.58\rho$。一般非晶态高分子熔体密度$\rho$ 在 $1g/cm^3$ 附近，所以在 $M = M_c$ 时，相互穿透的链的数目 $N$ 在 10 左右。随着分子量的增大，相互穿透的分子链数目还会增多。

### （二）单链凝聚态的制备与表征

与多链凝聚态不同，单链凝聚态是由一条高分子链所形成的凝聚状态，因此，不存在分子链之间的缠结，只有分子链内部的缠结。为了制备单链凝聚态，就必须将高分子配成极稀溶液（如 $10^{-6}g/mL$），使高分子链之间相互远离，然后降温使溶剂冻结，再在真空下将溶剂升华即可获得单链颗粒；也可以通过 LB 膜技术将高分子极稀溶液在水等溶剂表面进行展布后收集漂浮在表面层上的单链粒子；或者通过将高分子极稀溶液喷雾至铜网或高分子薄膜等收集器表面，通过溶剂快速挥发，直接收集单链颗粒；利用微乳液聚合法在适当的条件下，控制在一个液滴内仅引发聚合生成一条高分子链，也可以获得高分子单链颗粒。此外，还有反相沉淀法、漏斗富集法等制备单链凝聚态的手段。

对单链凝聚态的表征包括结构表征与形态表征两方面。红外光谱、拉曼光谱、荧光光谱、核磁共振、DSC、光散射（包括小角中子散射、小角 X 光散射及小角激光散射）等常用于获得高分子链的结构信息，同时结合 GPC 对分子量分布进行表征；单链凝聚态的形貌可以通过电子显微镜、原子力显微镜等现代实验手段直接进行观察。

1945 年 Boyer 等首先实现了非晶单分子链的分离和观察。他们将聚氯苯乙烯（$M = 400000$）溶解于苯中，形成浓度为 $10^{-7}g/mL$ 的极稀溶液，加入沉淀剂得到尺寸为 $1.5 \sim 50.0nm$ 的圆形颗粒。计算分析表明，这样大小的颗粒由单链或几条分子链组成。通过观察到的尺寸可以估算颗粒的分子量，若与其他分子量测定方法所得值一致，则可证明是单链。

Bittiger 在研究三乙酸纤维素在氯仿/甲醇溶液（浓度约 $10^{-4}g/mL$）中的结晶过程时，在观察到片晶和片状凝聚体的同时，也发现了少量 50nm 长的棒状小晶粒，从其长度和直径估计，一个小晶体就相当于一条分子链，因此提出了单分子链单晶（single-chain monocrystal）的概念。

对单链凝聚态的研究还包括采用分子模拟方法，从微观角度对其微观构象和宏观形貌进行模拟，主要方法有分子动力学模拟和 Monte Carlo 模拟等。

例如，通过对一条 PE 全反式伸展链在室温下松弛行为的分子动力学（MD）模拟看到单链 PE 以打圈形态存在[图 3-38(a)]，最终塌缩成均方旋转半径很小的紧缩球粒。由于无溶剂化的作用，链单元间的范德瓦耳斯吸引力起了重要作用，使分子链不再保持高斯链形态，

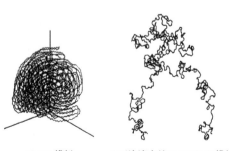

(a) MD模拟　　　　(b) $\theta$溶液中的Monte Carlo模拟

**图 3-38**　PE 单链（含 4000 个 $CH_2$）

而围绕着自身盘绕。在 $\theta$ 条件下用 Monte Carlo 模拟得到的单链形态则是典型的高斯链构象[图 3-38(b)]。这是单链凝聚态与多链凝聚态最基本的差异。分子链要打圈，必须使链上部分构象从反式构象 t 转变为旁式构象 $g^\pm$，因此其构象能较高。MD 模拟也说明链单元间吸引力增大时，旁式 $g^\pm$ 构象的比例会显著增大。

**（三）单链凝聚态的类型**

单链凝聚态是一条高分子链所形成的凝聚态，它是高分子特有的一种凝聚状态。与多链凝聚态类似，它也存在着晶态与非晶态等不同的凝聚状态。

1. 单链玻璃态

无规 PMMA、无规 PS 等不易结晶的高分子，通过微乳液聚合方法或者在分散成孤立链的极稀溶液后通过喷雾干燥或冷冻干燥的方法可以制备单链玻璃态高分子。钱人元等在用 DSC 分析 PS 微胶束颗粒热行为时，发现其在第一次 DSC 扫描曲线上，$T_g$ 附近有一明显的不可逆放热峰（图 3-39 曲线 1），焓为 1J/g 左右；而将样品加热至 130℃恒温 3min，然后在空气中淬火，接着进行第二次升温扫描，就不再出现该放热峰，而仅出现 $T_g$ 转折（图 3-39 曲线 2）。利用红外光谱研究单链 PS 微胶束颗粒的热行为发现，胶束中单链 PS 与本体 PS 相比构象能较高。因此在第一次升温过程中，从构象能较高的受限单链转变成局部链段的缠结凝聚态时，能量降低，从而释放热能。通过加热后再淬火处理，消除了受限单链构象，就不再出现放热峰。这里的缠结并非拓扑缠结，而是相邻 2～3 根链段受范德瓦耳斯力作用相互靠近形成的局部凝聚态，有一定的凝聚能，类似物理交联点。采用 Monte Carlo 方法对其内旋转异构态模拟结果表明，胶束中单链 PS 的微构象中，高能态的构象较多，其构象能比自由 PS 单链高 0.93J/g，说明胶束中的单链 PS 颗粒在玻璃化转变时构象转变对 DSC 放热峰有重要贡献。

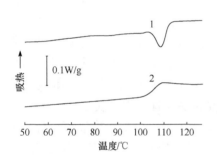

**图 3-39** PS 单链（$M = 4\times10^6$）纳米球 DSC 曲线（升温速率：10℃/min）
1—第一次升温至 130℃的 DSC 曲线；2—至 130℃后快速冷至室温做第二次升温曲线

单链也可以实现分子内的交联，因为没有凝胶化现象，因此可以在很高的浓度下进行，从而制备具有特定功能的纳米颗粒。

2. 单链晶态

高分子单链是最简单的高分子体系，因为不涉及分子链间的相互作用和缠结，因此，研究单链结晶行为对了解高分子链结晶过程的机理和结晶行为都具有重要的意义。卜海山等采用 LB 膜或喷雾方法制备了 PEO、等规 PS、顺式 1,4-聚丁二烯、反式聚异戊二烯和聚偏氟乙烯的单晶，证实高分子单链可以形成单晶，可出现规则的片晶形貌，也发现了一些新的片晶形态和新的孪晶模式，由此证明单链单晶的存在。研究表明，单链或寡链粒子凝聚态的结晶行为与本体不同，冷结晶温度大大降低，结晶速率大大提高，反映了本体链缠结对高分子结晶的影响。

由于典型的高分子尺寸在 10～100nm 量级，而一个初级晶核的临界体积大约为 10nm³，因此一个可结晶的高分子链在条件合适的情况下可以通过成核、生长而形成一个纳米尺寸的小晶体，成为单链晶体；若分子链结晶能力差，则将成为一个纳米尺寸的非晶颗粒。在光电领域，纳米尺寸的单分子链凝聚态，尤其是共轭聚合物的单链凝聚态结构与性能的研究，将因其量子效应和高比表面积的表面效应而具有重要的意义。

（四）单链凝聚态的力学性能

高分子单链凝聚态由于避免了分子链与分子链之间的缠结，与相互穿插的多分子链体系相比，具有不同的结构和性能，在研究高分子形成凝聚态过程中的机制以及高分子材料各种物理性质的本质方面有着独特的优势。

对含有 $N$ 个链段的一条高分子链进行拉伸，若将末端距 $h$ 与链段数 $N$ 之比 $h/N$ 视为一个链段的形变，则拉力可以表示为 $f = \mu h / N$，其中 $\mu$ 为弹性系数。在玻璃态下，形变主要是键的变形，引起内能变化，为能弹性。而在高弹态下，形变主要由熵变引起，属于熵弹性。Rief 等在 1997 年通过 AFM 观察了单链拉伸。他们通过化学修饰方法，在右旋糖酐分子链上无规地接上几个分子的链霉抗生物素蛋白（streptavidin），同时使右旋糖酐链端经化学方法与 AFM 的金底板表面结合；而原子力扫描针尖则用生物素修饰，这样当针尖遇到右旋糖酐链上的链霉抗生物素蛋白时，利用链霉抗生物素蛋白与生物素的专一结合能，使右旋糖酐悬挂于针尖之上，当提起针尖时，就可使一段右旋糖酐链（从金底板的表面到针尖结合的一段）拉直，如图 3-40(a)所示。由针尖悬臂的弯曲可以测得拉力的大小，直至链霉抗生物素蛋白与生物素的结合脱开，这样就可以得到一段右旋糖酐链的拉力伸长曲线，拉伸距离可达 $10^3$nm 以上。由于每次针尖与分子链结合点不同，拉伸链的长度就不一定相同，因此拉力-伸长曲线也不同[图 3-40(b)]。但是对每次的拉力-伸长曲线以最大拉伸距离做归一化处理，则所有的拉力-伸长曲线可以落到同一条曲线上[图 3-40(c)]，由此推断是单分子链拉伸。实验表明，单分子链的拉力-伸长行为是完全可逆的弹性形变。该曲线与橡胶拉伸的应力应变曲线类似，符合熵弹性特征。在达到最大伸长的 70% 以下时，拉力很小，均小于 20pN；在最大伸长的 70%~80% 之间，拉力-伸长曲线的斜率出现突变，并在最大伸长的 80% 处出现一个平台，达到 300pN。伸长程度更大时，斜率更高，最大拉力可达 800pN，此时，分子链几乎被拉直，其形变也不再是熵弹性形变，可能是右旋糖酐链上的两个六元环连接的扭转角发生转变，造成分子链伸长，使拉力急剧增大。

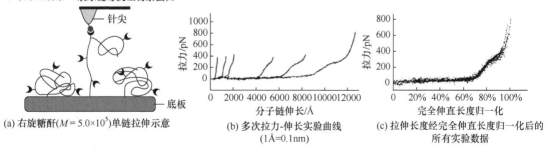

(a) 右旋糖酐($M = 5.0 \times 10^5$)单链拉伸示意　(b) 多次拉力-伸长实验曲线　(c) 拉伸长度经完全伸直长度归一化后的
　　　　　　　　　　　　　　　　　　　　　(1Å=0.1nm)　　　　　　　　所有实验数据

**图 3-40**　右旋糖酐分子链的拉伸及数据处理

## 六、高分子凝聚态结构对性能的影响

结晶和取向对性能的影响与结晶度或取向度有关。

## （一）结晶对性能的影响

与非晶态相比，材料结晶区分子链排列更加紧密，密度高，因此材料的硬度也大，但材料受到冲击后，分子链段活动余地减小，其抗冲强度会受到影响。但具体影响要视材料的使用温度而定。

当高分子处于玻璃化转变温度之上时，非晶区处于高弹态，链段运动能力很强，晶区成为高分子链的物理交联点，可以防止材料变形。因此，结晶度增大，物理交联点增多，材料的硬度和强度都增大，断裂伸长率减小。而在冲击作用下，非晶区链段运动可以吸收较多的能量，因此，其抗冲击能力仍很强。在结晶度不高时，随着结晶度增大，材料力学性能明显提升。结晶度过高时，会因为链段运动能力受阻而导致材料变脆。

当高分子处于玻璃化转变温度之下时，非晶区域链段运动被冻结，结晶度增大，分子链紧密排列的区域增多，链段活动余地更少，在受到冲击作用时，材料很容易产生脆裂，抗冲强度降低。因此，结晶度增大对材料力学性能有非常不利的影响。

橡胶需要的是材料的柔韧性，因此，一般不希望其结晶，否则其高弹性区间将变窄。但如果是热塑性弹性体，物理交联作用也可以由少量的结晶部分承担。对于塑料和纤维材料，则需要根据使用温度来控制结晶度。若希望通过提高结晶度来提高材料的尺寸稳定性和材料硬度、强度等力学性能时，一般会采用退火或加入成核剂的工艺来加快结晶过程。而若要降低结晶度，则可以采取淬火工艺。但淬火通常只适用于薄制件，对厚制件进行淬火时，由于内外温差较大，外部骤冷而停止结晶，但内部温度仍较高，难以避免结晶，从而导致材料由内而外结晶度的差异，产生较大的内应力。此时，加入大量成核剂，反而可以通过减小晶区尺寸来降低体系结晶程度，并使材料内外性能基本保持一致。

## （二）取向对性能的影响

经过取向的高分子材料在结构与性能上一般表现为各向异性。但 GOLR 态在不同的尺度上表现不同。与分子链小尺度有关的性质会表现为各向同性，如极小的双折射和红外二向色性，声速和广角 X 射线衍射也接近各向同性。而与分子链大尺度取向有关的性质表现为各向异性，如热膨胀系数，将 GOLR 态的试样加热到 $T_g$ 以上时，其热膨胀系数在拉伸方向为负值，而垂直于拉伸方向的热膨胀系数为正值，在拉伸方向会明显收缩。

单轴取向材料在取向方向上的强度会提高，而在与取向方向相垂直的方向上强度会有所降低。对于纤维材料而言，我们只需要其一维强度，因此，合成纤维生产中通常采用牵伸工艺来大幅度提高纤维的牵伸方向即取向方向的强度。在拉伸强度提高的同时，断裂伸长率则相应下降。

表 3-6 和表 3-7 分别是超高分子量 PE 纤维和涤纶纤维经单轴牵伸前后力学性能数据的比较。由表 3-6 数据可见，PE 原丝经过一级牵伸后，各项性能指标均有所改善，并且随着牵伸温度升高，熔化热也增大，说明总的结晶度在增加；经过二级牵伸后，其强度得以进一步提高。

由表 3-7 数据可见，随着拉伸比的增加，涤纶纤维取向度提高，纤维的密度、结晶度都逐渐增加，拉伸强度逐渐提高，断裂伸长率相应降低。

但若牵伸过度，分子链过分取向，分子链排列过于规整，纤维弹性大幅度下降，会出现脆性现象。因此，在实际使用时，一般要求纤维具有 10 %～20 %的弹性伸长，使纤维具有高强度的同时，也具有适当的弹性。各种纤维因为分子链柔性、结晶能力、分子间作用力等因素有差异，因此，其需要的取向程度是不同的。例如，较为刚性的纤维素分子只要牵伸 80 %～120 %就可以了，而聚乙烯等柔性高分子则需要牵伸 500 %以上。

**表 3-6**　超高分子量 PE 纤维的牵伸前后性能对比

| 名称 | 牵伸温度 /℃ | 强度 /$10^2$N·$dtex^{-1}$[①] | 模量/$10^2$N·$dtex^{-1}$[①] | 伸长率/ % | $\Delta H$/(J/g) |
|---|---|---|---|---|---|
| 原丝 | — | 4.00 | 57.95 | 13.72 | 196.92 |
| 一级牵伸 | 137 | 23.12 | 662.49 | 4.17 | 219.20 |
|  | 140 | 22.41 | 639.21 | 4.13 | 225.18 |
|  | 143 | 22.53 | 649.71 | 4.12 | 233.61 |
| 二级牵伸 | 137～145 | 27.37 | 941.48 | 3.59 | 246.29 |
|  | 140～145 | 26.60 | 1019.79 | 3.31 | 252.64 |
|  | 143～147 | 27.84 | 1113.00 | 3.25 | 252.59 |

① dtex = $100m/L$，式中 $m$ 为丝线的质量，g；$L$ 为丝线的长度，m。

**表 3-7**　涤纶纤维拉伸比对性能的影响

| 拉伸比 | 密度(20℃)/(g·$cm^{-3}$) | 结晶度/% | 双折射(20℃) | 拉伸强度/(g·$d^{-1}$)[①] | 断裂伸长率/% | $T_g$/℃ |
|---|---|---|---|---|---|---|
| 1 | 1.3383 | 3 | 0.0068 | 11.8 | 450 | 71 |
| 2.77 | 1.3694 | 22 | 0.1061 | 23.5 | 55 | 72 |
| 3.08 | 1.3775 | 37 | 0.1126 | 32.1 | 39 | 83 |
| 3.56 | 1.3804 | 40 | 0.1288 | 43.0 | 27 | 85 |
| 4.09 | 1.3813 | 41 | 0.1368 | 51.6 | 11.5 | 90 |
| 4.49 | 1.3841 | 43 | 0.1420 | 64.5 | 7.3 | 89 |

① d：旦，9000m 长的纤维束的质量（g）。

为了使纤维同时具有高强度和适当的弹性，在加工成型时，可以利用分子链取向和链段解取向速率不同来实现。在纤维尚未凝固时进行拉伸，此时高分子仍具有显著的流动性，可以获得整链的取向，就是用慢的取向过程使分子链得到良好的取向，以达到高强度；再在短时间内用热风或水蒸气很快地吹一下，用快的过程使链段解取向，使之具有弹性，同时消除内应力。拉伸后的热吹过程称为"热处理"。链段解取向温度在 $T_f$ 与 $T_g$ 之间，因此，热处理的温度和时间要适当，若处理时间过长或温度过高，则会使整链也解取向而丧失高强度。热处理还可以减小纤维的热收缩率。如果纤维未经热处理，被拉直的链段在使用过程中受热发生解取向而蜷曲，则会产生热收缩现象。经过热处理的纤维，其链段已发生蜷曲，在使用过程中就不会再变形，所以，热处理又称为"热定型"。

双轴取向可以提高材料在双轴所在平面上的强度，因此对于要求面上二维强度的薄膜而言，生产时常采用双轴拉伸或吹塑工艺，以使薄膜中的分子链双轴取向，以大幅度提高面上强度。双轴拉伸是将熔融挤出的片状高分子物料在适当的温度下沿互相垂直的两个方向上同时拉伸，结果使制品的面积增大而厚度减小，最后成膜；吹塑则是将熔融高分子物料挤出成管状，同时将压缩空气由管芯吹入，同时在纵向进行牵伸，使管状物料迅速膨大，厚度减小而成薄膜。这两种工艺制成的薄膜中分子链都倾向于与薄膜平面相平行的方向排列，而在平面上的取向又是无序的。这种双轴取向的薄膜不存在薄弱的方向，大大提高了实际使用的强度和耐折性；同时由于薄膜平面上不再存在各向异性，因而在存放时薄膜就不会发生不均匀收缩，从而避免了透明薄膜显示中的变形失真等问题。

# 第三节　高分子结晶动力学与熔融热力学

## 一、高分子结晶动力学

### （一）基本概念

结晶动力学研究结晶的形成方式和结晶生长过程的相关动力学参数及各种因素的影响规律，从而帮助我们了解结晶的本质，选择合适的结晶条件，满足不同的应用需求。研究结晶动力学的方法包括运用膨胀计、DSC、光学解偏正光强度计、TEM、XRD、NMR及 IR 等仪器测定和观察结晶生长过程的实验方法，也可以针对结晶过程的热力学参数和动力学参数进行理论推导和相关模拟。

任何物质的结晶过程都包括晶核形成和晶体生长两个方面。晶核形成简称成核，就是体系中产生一些局部有规则排列的、成为结晶核心的微小晶粒的过程；晶体生长则是体系中的分子或分子链的片段向晶核表面扩散，并作规整堆砌形成特定线度尺寸晶体的过程。因此，结晶动力学研究也包含晶核形成与晶体生长这两方面。结晶速率是表征结晶过程快慢的物理量，由成核速率和晶体生长速率共同决定。所以，在研究结晶动力学时，不仅需要表征结晶总速率，也需要了解晶体的成核速率和晶体生长速率。

对于结晶总速率，常定义结晶过程进行到一半所需的时间，即半晶期 $t_{1/2}$，作为表征结晶快慢的参数，或者用其倒数 $1/t_{1/2}$ 作为结晶速率参数。此外，DSC 曲线上结晶峰的半峰宽也可用以表征结晶速率，半峰宽越窄，表明结晶速率越快。从结晶开始，到达结晶速率最快时的时间称为结晶最快时间，用 $t_{max}$ 表示，该值越小，结晶速率越快。结晶最快速率是指结晶程度 $X$ 随时间增长最快时的值，用 $(dX/dt)_{max}$ 表示，该值越大，结晶速率越快。此外，Avrami 方程等结晶动力学模拟中的结晶速率常数 $k_c$ 也是表征结晶快慢的常用参数。

晶核按其来源可分为均相成核、异相成核和自身成核三种，其中均相成核是在均相熔体或溶液中通过温度或浓度的局部涨落自发形成的局部有规则排列的晶核的过程；异相成核是在体系中外来物的诱导下生成晶核的过程。均相成核和异相成核都是初级成核。自身成核是在体系中存在尚未消失的溶质晶体情况下诱导产生晶核的过程，这种非均相成核过程又称为二次成核，它是在体系中残存的微小晶粒以及在晶体之间或晶体与其他固体（如器壁、搅拌器等）接触碰撞时产生的微小晶粒的诱导下发生的。

按照晶核的空间生长方向，可分为初级成核（primary nucleation）、二次成核（secondary nucleation）和三次成核（tertiary nucleation）。初级成核是指晶核在三维空间中形成，形成的所有表面都是新的；二次成核是在初级成核完成后，晶核进一步沿二维空间生长；三次成核是晶核在两面受限下沿一维生长。如果晶核为长方体，初级成核、二次成核和三次成核将分别形成 6 个、4 个和 2 个新表面，如图 3-41 所示。

此外，晶核类型还可以按晶核形成对温度的依赖关系，分为依热成核（成核过程与温度有关，如均相成核）、不依热成核（成核过程与温度无关，如异相成核、自身成核）；按成核速率与时间的关系，分为预先成核（即异相成核或自身成核）和散现成核（如均相成核）等。

成核速率可以用单位时间生成的晶核数目来表征。晶体生长速率的表征参数较多，它可以用单位时间内晶体尺寸变化、体系有序程度变化、体系体积或比容变化、结晶热变化等在晶体生长过程中引起的各种参数的变化来表示。

结晶动力学的研究方法可以分为等温结晶过程和非等温结晶过程两大类。

## （二）等温结晶

高分子在结晶时，因为分子链作规整紧密堆砌，体积将发生收缩，因此可以通过体积变化来跟踪研究高分子结晶过程。

在恒温下测定高分子的体积随时间的变化，得到 V-t 曲线如图 3-42(a)所示。从图中可以看出，体积从初始体积 $V_0$ 开始，初期下降较慢，然后快速减少，之后又逐渐变缓，最后无限逼近其平衡体积 $V_\infty$，整条曲线呈现反 S 形。设在 t 时刻体系的体积为 $V_t$，可以定义待结晶分数 $\theta$ 为：

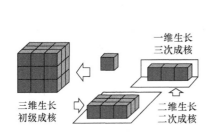
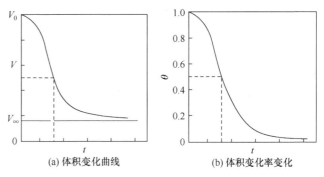

图 3-41 空间生长的成核类型  图 3-42 结晶过程的体积变化

$$\theta = \frac{V_t - V_\infty}{V_0 - V_\infty} \tag{3-10}$$

上述的所有体积变量也可更替为相应的比容，所得 $\theta$ 值不变。如果 t 时刻体系的相对结晶度为 X，则 $\theta = 1 - X$。经过转换所得的 $\theta$-t 曲线如图 3-42(b)所示。对于等温结晶过程已有很多模型来模拟，下面我们择要介绍几种模型。

1. Avrami 方程

通过将水波扩散模型推广到二维和三维结晶过程，Avrami 采用泊松分布导出了小分子结晶动力学的基本方程：

$$\theta = \exp(-k_c t^n) \tag{3-11}$$

式中，$k_c$ 是结晶速率常数，反映结晶速率的高低；n 为 Avrami 指数，反映结晶机理。对于小分子晶体，$n = n_1 + n_2$，其中 $n_2$ 是晶体生长方式指数，一维生长的晶体（如纤维晶、针状晶）$n_2$ 取 1，二维生长的晶体（如片晶、面晶）$n_2$ 取 2，三维生长的晶体（如球晶、方晶等）$n_2$ 取 3；$n_1$ 是晶核形成指数，均相成核时 $n_1$ 为 1，异相成核或自身成核时 $n_1$ 取 0。可见，理论上讲，$n$ 值应为 1～4 之间的整数。小分子结晶过程基本都符合 Avrami 方程（3-11）。

对式（3-11）两边各取两次对数得：

$$\lg(-\ln\theta) = \lg k_c + n\lg t \tag{3-12}$$

以 $\lg(-\ln\theta)$ 对 $\lg t$ 作图应该得到一条直线，其截距为 $\lg k_c$，由此可获得结晶速率常数，反映高分子的结晶速率，$k_c$ 越大，结晶速率越快；直线斜率为 Avrami 结晶指数 $n$，据此并结合晶体生长类型可了解体系成核机制。

由于高分子等温结晶过程与小分子结晶相似，将 Avrami 方程（3-11）推广至高分子体系，实验数据表明，该方程对大多数高分子等温结晶过程也具有普适性。例如，用膨胀计法或解偏振光强法测定尼龙-1010 样品结晶时体积或解偏振光强随时间变化，将实验数据用 Avrami 方程处理作图，得图 3-43。由图可见，Avrami 方程对于尼龙 - 1010 的结晶过程具有较好的适用性。但它也存在一些偏差。

首先，与小分子相比，高分子没有小分子那样灵活，结晶速率常数 $k_c$ 一般都低于小分子晶体，因此结晶过程很慢。其次，由于高分子结晶过程的复杂性，无论是其成核过程还是其晶体生长过程都存在着多种机理并存的现象，因此解得的 Avrami 指数通常都不为整数。在应用 Avrami 方程处理高分子结晶数据时，需审慎地分析 Avrami 指数 $n$ 的物理意义。第三，结晶后期的实验点与直线发生了偏离。根据第三点现象，通常将高分子的结晶过程分为两个阶段：符合 Avrami 方程的直线部分称为主期结晶（primary crystallization）阶段，而偏离 Avrami 方程的非线性部分称为次期结晶（secondary crystallization）阶段。主期结晶完成后，体系中残留的非晶部分及晶体结构不完善部分将继续结晶，以减少晶体内部的缺陷。由于主期结晶完成后，晶体已相互接触，其生长方式不再按 Avrami 模型增长；同时，到结晶后期，分子运动变得很困难，因此，结晶速率会变得极其缓慢。这些因素导致高分子后期结晶过程逐渐偏离 Avrami 方程。一般说来，高分子结晶过程中，在晶体粒子彼此接触前，Avrami 方程是适用的。而对于偏离 Avrami 方程的次期结晶情况，人们也提出了多种修正方程。

**2. 对次期结晶的修正方程**

**（1）一级增长动力学模型**

次期结晶时结晶体相互挤撞使可供晶体生长的总表面积减少，从而导致 Avrami 方程理论与实验数据发生偏离。因此，只要对结晶体的自由表面积 $S$ 进行修正，即可得到符合次期结晶阶段的动力学方程。周卫华等提出的一级增长动力学模型方程为：

$$\frac{\mathrm{d}X}{\mathrm{d}t} = K'S(1-X) \tag{3-13}$$

式中，$K'$ 为不依赖于温度的常数；$S$ 是结晶体的总表面积。当 $t < t_0$ 时，结晶体的结晶速率满足 Avrami 方程，当 $t > t_0$ 时：

$$-\ln\theta = k_1 t_0^n - k_2\left(t^n - t_0^n\right) + k_3\left(t^{n-1} - t_0^{n-1}\right) \tag{3-14}$$

式中，$t_0$ 表示晶粒开始相互挤撞的时间；$k_1$、$k_2$、$k_3$ 均为结晶速率常数。用该模型对

PP 和 PET 的结晶过程进行处理，发现此模型及由此导出的动力学方程与实验结果相符。结晶后期比 Avrami 方程更接近实际。

（2）$Q$-修正 Avrami 方程

针对结晶后期晶粒与其相邻晶粒相互挤撞，会导致该方向上晶体停止生长，使实验值与 Avrami 理论预期值产生偏离的现象，钱保功等根据 Evans 的统计处理方法，对晶体停止生长进行部分修正，得到了 $Q$-修正的 Avrami 方程：

$$Q(\theta) = \ln(1 - \ln\theta) + \sum_{i=1}^{\infty} (1 - \ln\theta)^i - 1.3179 = k_q t^n \tag{3-15}$$

式中，$k_q$ 与 Avrami 方程中的 $k_c$ 的关系为 $k_q = ek_c$，$e$ 为自然常数。

采用 $Q$-修正的 Avrami 方程对一些高分子如 PET、聚二烯等结晶过程进行研究，其线性相关性明显好于 Avrami 方程（图 3-44）。

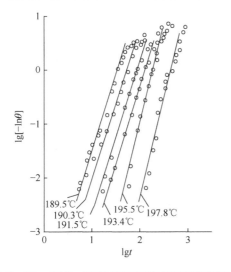

**图 3-43**　尼龙-1010 在不同温度下等温结晶　　　　**图 3-44**　PET 等温结晶实验数据
　　　　Avrami 方程处理曲线　　　　　　　　　　1—Avrami 方程处理；2—$Q$-修正 Avrami 方程处理

（3）Tobin 模型

考虑到晶体生长时要受到相邻结晶体的阻碍，Tobin 对结晶体的总面积进行了修正。对同时存在均相成核和异相成核的二维体系，当结晶度低于 50 % 时，结晶动力学方程可近似为：

$$\frac{1-\theta}{\theta} = k_c t^n \tag{3-16}$$

式中符号的意义与 Avrami 方程相同。只是由式（3-16）获得的 $n$ 值较大，与由 Avrami 方程处理得到的 $n$ 值相差 1 左右。该方程适用于均相成核和异相成核同时存在的情况，也可用于结晶生长体的线生长速率改变的情况。

（4）Cheng 和 Wunderlich 修正

在晶体生长过程中，由于晶核体积所占体积分数很小，在结晶动力学的研究中一般不予考虑。但当晶核体积所占体积分数达到 10 % 时，晶核体积对结晶过程的贡献就会显现。较早形成的结晶体在后期生长缓慢，在等温条件下对结晶的进一步生长起阻碍作用，活性核的数目随时间逐渐减少，从而偏离 Avrami 方程。Cheng 和 Wunderlich 对此进行修正。假定晶核的数目为 $N(t) = N_0 t^{\alpha}$，式中，$N_0$ 是初期活性核数目；$\alpha$ 为负数（若晶核的数目为常数，则 $\alpha = 0$）。将 Avrami 方程修正为：

$$\ln(1 - \ln\theta) = \ln k_1 + (n + \alpha)\ln t \tag{3-17}$$

式中，$k_1 = gN_0G^n$，$g$ 为形状因子（对于球晶，$g = 4\pi/3$），$G$ 为结晶总速率。但也有人认为 $\alpha$ 可以为正数，比如把 $n$ 看成是异相成核的 Avrami 指数，则 $\alpha = 1$ 时，$n + \alpha$ 就是均相成核的 Avrami 指数。$\alpha > 0$ 表示晶核数目随时间增加，这一点在早期的实验中已得到证实。

同时他们认为，当结晶受到成核控制时，在一定的温度下，结晶体的线生长速率随时间线性变化。但当结晶受扩散控制时，结晶体的线生长速率减慢。于是，他们假定晶体线生长速率 $dr/dt$ 与时间有如下关系：

$$\frac{dr}{dt} = Gt^m \tag{3-18}$$

式中，$m$ 是负数，表示晶体的线生长速率随时间的增加而降低。这时 Avrami 方程可写为：

$$\ln(1 - \ln\theta) = \ln k_1 + n(m + 1)\ln t \tag{3-19}$$

同样，$k_1 = gN_0G^n$。因为 $m < 0$，所以斜率 $n(1 + m) < n$。例如，当结晶体的生长受扩散控制时，$m = -0.5$，则斜率为 $0.5n$。对应于一维、二维和三维生长的结晶体在异相成核的情况下，其 Avrami 指数分别为 0.5、1 和 1.5，在均相成核情况下分别为 1、1.5 和 2。

（5）Kim-Kim 模型

Kim 和 Kim 认为，高分子结晶体的线生长速率在一定条件下会随时间而逐渐减慢。假定高分子结晶体 $t$ 时刻的线生长速率 $G(t)$ 与起始生长速率 $G(0)$ 间相差一个生长函数 $g(\theta)$：

$$G(t) = G(0)g(\theta) \tag{3-20}$$

而生长函数是未结晶部分所占体积分数的 $m$ 次幂，即 $g(\theta) = \theta^m$，当 $m = 0$ 时，结晶体的线生长速率为常数；$m > 0$ 时，结晶体的线生长速率随时间变慢。$m$ 的实验值一般在 0～1 之间。据此可得出 Avrami 方程的修正式为：

$$\ln\theta = -k_c f^n(t) \tag{3-21}$$

$$f(t) = \int_0^t \theta^m dt \tag{3-22}$$

除此之外，Dietz 提出引入参数方程、Hay 提出非指数方程等也对 Avrami 方程进行了修正。次期模型还包括 Perez-Cardenas 模型、Price 和 Hillie 积分模型、Velisaris-Seferis 模型等。

Avrami 方程以总的过程量模拟结晶速率，是总过程的动力学方程。下面我们对涉及成核速率与晶体生长速率的结晶动力学方程也简要加以介绍。

3. 成核与生长过程方程

（1）Turnbull-Fisher 方程（TF 方程）

Turnbull 和 Fisher 曾导出了结晶成核与生长速率公式：

$$G = G_0 e^{-\Delta E/(RT_c)} e^{-\Delta u/(RT_c)} \qquad (3-23)$$

式中，$G_0$ 是指前因子，与待结晶的单元数目有关；$\Delta E$ 是形成临界尺寸晶核所需活化能（成核活化能）；$\Delta u$ 是结晶单元通过液固界面到达晶体表面所需的活化能（扩散活化能）；$T_c$ 是结晶温度。由于结晶温度处于玻璃化转变温度之上，迁移活化能与链段扩散运动有关，因此可由 WLF 方程求出 $\Delta u = \dfrac{C_1 T_c}{C_2 + T_c - T_g}$，其中 $C_1 = 4.12\text{kJ/mol}$，$C_2 = 51.1\text{K}$。较高温度结晶时，高分子链段扩散活化能低，扩散能力强，此时，$\Delta u/(RT_c)$ 项较小，$\exp[-\Delta u/(RT_c)]$ 项相对较大，且保持恒定，决定结晶总速率的因素是成核活化能项；而较低温度下结晶时，$\Delta u/(RT_c)$ 项较大，$\exp[-\Delta u/(RT_c)]$ 项相对较小，主要影响因素就是扩散活化能项。通过测定不同温度下的结晶速率 $G$，作 $\ln G$-$1/T$ 图，可求得指前因子 $G_0$ 和成核活化能 $\Delta E$。

（2）Lauritzen-Hoffmann 方法

Lauritzen 和 Hoffmann 在 1973 年提出了球晶生长的分子模型，导出了著名的 LH 方程：

$$G = G_0 \exp\left[-\frac{\Delta u}{R(T_c - T_\infty)}\right] \exp\left[-\frac{k_g}{T_c \Delta T f}\right] \qquad (3-24)$$

式中，$\Delta u$ 意义同式（3-23），约为 6.280kJ/mol，相当于高分子链段的扩散活化能；$T_\infty$ 为黏流体停止流动温度（固化温度），近似为 $T_\infty = T_g - C \approx T_g - 30\text{K}$；$T_c$ 为结晶温度；$\Delta T$ 表示过冷度，$\Delta T = T_m^0 - T_c$，$T_m^0$ 为平衡熔点，一般取 $T_m^0 = T_m + 8\text{K}$，$T_m$ 是熔点；$f$ 是校正因子，$f = \dfrac{2T_c}{T_m^0 + T_c}$；$k_g$ 是成核参数，与结晶温度无关，满足如下方程：

$$k_g = \frac{n b_0 \sigma \sigma_e T_m^0}{\Delta h_f k} \qquad (3-25)$$

式中，$n$ 为调节因子，在慢速结晶区 $n = 4$，快速结晶区 $n = 2$；$b_0$ 为片晶单层厚度；$\sigma$ 是侧表面自由能；$\sigma_e$ 是端表面自由能；$\Delta h_f$ 为单位体积熔（对于 PE：$\Delta h_f = 2.933 \times 10^8 \text{kJ/m}^3$）。$k_g$ 与上述 TF 方程中成核活化能的 $\Delta E$ 关系为：

$$\Delta E = \frac{k k_g T_c^2}{\Delta T f} \qquad (3-26)$$

LH 方程与 TF 方程一致，只是因为增加了调节因子，使其适用范围得以扩大。同样，通过测定不同温度下的结晶速率 $G$，作 $\ln G$ - $\dfrac{1}{T_c \Delta T f}$ 图，从所得直线上可求得指前因子 $G_0$ 和成核参数 $k_g$，并由此求得成核活化能 $\Delta E$ 及表面自由能 $\sigma$ 或 $\sigma_e$。

（3）Mandelkern 方程

Mandelkern 导出的方程与上述方程类似：

$$G = G_0 \exp\left(-\frac{u_p}{RT_c}\right) \exp\left(\frac{-k_2' T_m^0}{RT_c \Delta T}\right) \qquad (3-27)$$

式中，$u_p$ 是迁移活化能（与 TF 方程和 LH 方程中的扩散活化能 $\Delta u$ 类似，但取值单位不同，例如对 PE，$u_P = 2.93 \times 10^4 \text{J/mol}$）；$k'_2$ 与晶体的表面能有关，满足下式；

$$k'_2 = \frac{4b_0\sigma\sigma_e}{\Delta h_f} \tag{3-28}$$

式中，$b_0$、$\sigma$、$\sigma_e$ 和 $\Delta h_f$ 的意义与 LH 方程中的参数相同。$k'_2$ 与慢速区的成核参数 $k_g$ 的关系为：

$$k'_2 = \frac{kk_g}{T_m^0} \tag{3-29}$$

通过测定不同结晶温度下的结晶速率 $G$，作 $\ln G - \dfrac{1}{T_c \Delta T}$ 图，从所得直线上可求得指前因子 $G_0$ 和 $k'_2$，并由此求得成核活化能及表面自由能 $\sigma$ 或 $\sigma_e$。

### （三）非等温结晶

1. 基于 Avrami 方程

（1）Dutta 法

对 Avrami 方程进行求导可得结晶速率方程：

$$\frac{\mathrm{d}\theta}{\mathrm{d}t} = -nk_c t^{n-1}\theta \tag{3-30}$$

Dutta 假定该方程可用于非等温结晶，并假定结晶速率常数 $k_c$ 满足 Arrhenius 方程，即 $k_c = A\mathrm{e}^{E_d/(RT)}$，而结晶度 $X = 1-\theta$，从而导出如下关系式：

$$\frac{(T_p - T_0)}{\phi(1 - X_p)} \frac{\mathrm{d}X_p}{\mathrm{d}t} = n - 1 - \frac{E_d(T_p - T_0)}{RT_p^2} \tag{3-31}$$

式中，$T_0$ 和 $T_p$ 分别是 DSC 曲线上结晶峰的起始温度和峰值温度；$X_p$ 是结晶曲线峰值时相对结晶度；$E_d$ 是结晶扩散活化能；$\phi$ 为变温速率。据此，以 $\dfrac{(T_p - T_0)}{\phi(1 - X_p)} \dfrac{\mathrm{d}X_p}{\mathrm{d}t}$ 对 $(T_p - T_0)/T_p^2$ 作图，可得一条直线，其斜率为 $E_d/R$，截距为 $n-1$，由此可以求取结晶扩散活化能 $E_d$ 和 Avrami 指数 $n$。

（2）Harnisch-Muschik 法

Harnisch 和 Muschik 假定 Avrami 方程可用于非等温结晶，通过推导得出：

$$n = 1 + \left( \ln \frac{\mathrm{d}X_1/\mathrm{d}t}{1 - X_1} - \ln \frac{\mathrm{d}X_2/\mathrm{d}t}{1 - X_2} \right) / \ln(\phi_2/\phi_1)$$

式中，$X_i$ 是在一定温度下的相对结晶度；$\phi_i$ 是升温或降温速率。由此可转化为线性方程：

$$\ln \frac{\mathrm{d}X}{\mathrm{d}t} = \ln(1 - X) - (n-1)\ln\phi \tag{3-32}$$

如图 3-45 所示，在不同的变温速率 $\phi$ 下测定 LDPE 的结晶度 $X$，然后作 $\ln \dfrac{\mathrm{d}X/\mathrm{d}t}{1 - X} - \ln\phi$ 图，得一直线，由其斜率可得 Avrami 指数 $n$。结果指出，LDPE 结晶过程的 Avrami 指数为 2.9。这是从非等温 DSC 曲线解析 Avrami 指数的方法。

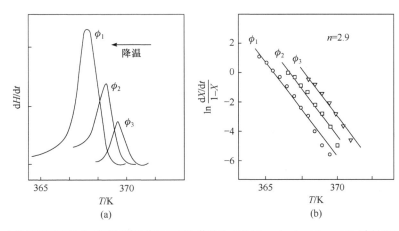

**图 3-45**　LDPE 不同降温速率下得到的 DSC 曲线(a)及 Harnisch-Muschik 法处理后的图线(b)

$\phi_1$= 10K/min，$\phi_2$= 5K/min，$\phi_3$= 2.5K/min

（3）Jeziorny 法

Jeziorny 法将 Avrami 方程直接应用于解析等速变温 DSC 曲线。由 Avrami 方程可得：

$$\lg(-\ln\theta) = \lg k_c + n\lg t$$

以 $\lg(-\ln\theta)$ 对 $\lg t$ 作图可以求出 $n$ 和 $k_c$。再求出 $n$ 和 $k_c$ 随冷却速率的变化对 $k_c$ 进行校正：

$$\lg k_C = \lg k_c / \phi \tag{3-33}$$

实验表明（表 3-8），冷却速率 $\phi$ 增加，$n$ 和 $k_c$ 都随之增大，校正后可得等温结晶速率常数 $k_C$。该推导发现，$n$ 值从 2 到 3，表明降温速率加快使结晶从二维生长向三维转化。但 $k_C$ 是恒定值。只是该方法略显粗糙，缺乏必要的理论基础。

**表 3-8**　Jeziorny 法所得不同冷却速率下的 $n$、$k_c$ 和 $k_C$

| $\phi/(\text{K} \cdot \text{min}^{-1})$ | $n$ | $k_c$ | $k_C$ |
|---|---|---|---|
| 8.5 | 2.35 | 1.202 | 1.022 |
| 12 | 2.45 | 1.303 | 1.022 |
| 17 | 2.65 | 1.445 | 1.022 |

（4）Privalko 法

Privalko 定义有效结晶速率常数 $k^* = k_c / \phi^n$，令对比时间为 $\phi t$，代入 Avrami 方程，得：

$$\theta = \exp[-k^*(\phi t)^n] \tag{3-34}$$

据此方程，作 $\lg(-\ln\theta)$-$\lg(\phi t)$ 图可得一直线，其斜率为 $n$，截距为 $k^*$。

2. 基于 Ozawa 方程

（1）Ozawa 方法

Ozawa 从高分子结晶的成核和生长出发，基于 Evans 理论导出了等速升温或等速降温时的结晶动力学方程为：

$$\theta = \exp[-\frac{P(T)}{\phi^m}]$$

$$\text{或 } \lg(-\ln\theta) = \lg P(T) - m\lg\phi \tag{3-35}$$

式中，$\theta$ 与 Avrami 方程中的符号意义一致，表示待结晶分数，若结晶度定义为 $X$，则 $\theta = 1-X$；$P(T)$ 是冷却函数，与成核方式、成核速率、结晶生长速率有关：

$$P(T) = g\int_{T_0}^{T} N_c(x)[R_c(T) - R_c(x)]^{m-2}V(x)\mathrm{d}x \tag{3-36}$$

式（3-36）中，$N_c(x) = \int_{T_0}^{x} u(T)\mathrm{d}T$，$R_c(x) = \int_{T_0}^{x} V(T)\mathrm{d}T$，而 $u(T)$ 和 $V(T)$ 分别表示成核速率和生长速率；$T_0$ 为结晶起始温度；$g$ 为生长因子；$\phi$ 为升温速率或降温速率；$m$ 为 Ozawa 指数，它与 Avrami 指数 $n$ 相似，都是与结晶成核机理及结晶生长方式有关的常数。

由此，在不同变温速率的结晶度曲线上，选择相同温度下的结晶度值作 $\lg(-\ln\theta)$-$\ln\phi$ 图可以得到一条直线，其斜率为 $m$，其截距为 $\lg P(T)$。该方程适用于 PET、尼龙、PP 和聚苯硫醚（PPS）等体系。

例如，对于 PET 试样，在 DSC 上先将其升温至熔融温度以上的 550K 后，再以不同的速率降温来跟踪测定其非等温结晶过程，根据所得 DSC 曲线进行计算得到不同降温速率下结晶程度与温度曲线[图 3-46(a)]，以 $\ln(-\ln\theta)$ 对 $\ln\phi$ 作图，得到直线[图 3-46(b)]，说明 Ozawa 方程是适用于 PET 非等温结晶过程拟合的。经计算，不同温度下的 $n$ 值为 $2.75\sim$ $2.93$，与理论值 $n = 3$ 也非常接近，说明 Ozawa 方法在解析 $n$ 方面有较好的表现。

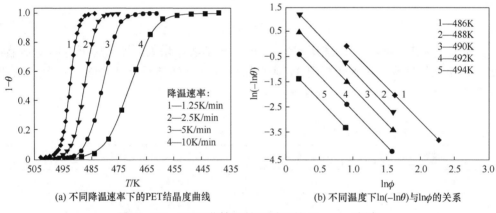

(a) 不同降温速率下的PET结晶度曲线　　(b) 不同温度下 $\ln(-\ln\theta)$ 与 $\ln\phi$ 的关系

**图 3-46**　PET 非等温结晶过程的 Ozawa 方法

由于在不同冷却速率下高分子结晶的温度区间相差很大，所以用 Ozawa 方程处理实验结果有很大的局限性，其冷却函数 $P(T)$ 的物理意义以及它与结晶速率常数间的关系也不明确，因此需要对其进行修正。

（2）改进 Ozawa 方法

由 Avrami 方程，张志英推导出的结晶速率微分方程为：

$$\frac{\mathrm{d}\theta}{\mathrm{d}t} = -k(T)(-\ln\theta)^m\theta \tag{3-37}$$

式中，$k(T)$ 是结晶速率常数；$m$ 是表征结晶机理的参数。$k(T)$ 与 Avrami 方程中 $k_c$ 的关系是 $k(T) = mk_c^{1/m}$。

对于等速降温过程，Ozawa 方程中的变温函数 $P(T)$ 与结晶速率常数 $k(T)$ 的关系为：

$$P(T) = \left[ -\frac{1}{m} \int_{T_0}^{T} k(T) \mathrm{d}T \right]^m \tag{3-38}$$

式中，$T_0$ 是结晶起始温度。在一定实验温度范围内，有如下经验关系：

$$\ln P(T) = aT + b \tag{3-39}$$

式中，$a$、$b$ 为待定常数。由式（3-38）和式（3-39），可解得：

$$k(T) = -a \exp\left( \frac{aT + b}{m} \right) \tag{3-40}$$

结晶线生长速率 $G(T)$ 与温度 $T$ 的关系为：

$$G = G_0 \mathrm{e}^{-\psi T_\mathrm{m}^0 / [T(T_\mathrm{m}^0 - T)]} \mathrm{e}^{-\Delta u / (kT_\mathrm{c})} \tag{3-41}$$

式中，$T_m^0$ 为平衡熔点；$\psi \approx 265\mathrm{K}$，为成核温度参数。对于预成核过程的球晶：

$$k(T) = G(T) \left( \frac{36\pi N_0}{X_0} \right)^{1/3} \tag{3-42}$$

式中，$X_0$ 为平衡结晶度；$N_0$ 为单位体积内的晶核数目。

对于具体的高分子结晶过程，可以通过实验数据拟合出待定常数 $a$ 与 $b$，然后代入式（3-40），可得 $k(T)$ 与温度 $T$ 的关系。如图 3-47(a) 所示是 PET 非等温结晶过程所得 $k(T)$ 与 $T$ 的关系。根据 $k(T)$ 与 $G(T)$ 的关系，将 $k(T)$ 的值代入式（3-42）可求得 $G(T)$，如图 3-47(b) 所示。由图可见，实验范围内的数据与理论值是吻合的。

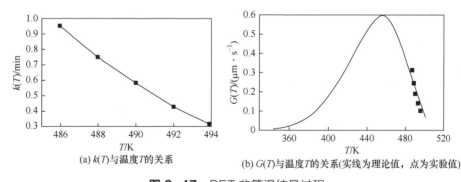

(a) $k(T)$ 与温度 $T$ 的关系　　　　(b) $G(T)$ 与温度 $T$ 的关系(实线为理论值，点为实验值)

**图 3-47**　PET 非等温结晶过程

但这些方程在温度降低后会出现实验与理论的偏离，也是次期结晶现象造成的。

（3）莫志深法

结合 Avrami 方程、Ozawa 方程，莫志深得到方程：

$$\lg \phi = \lg F(T) - a \lg t \tag{3-43}$$

式中，$F(T) = [P(T)/k]^{1/m}$；$a = n/m$，$n$ 为 Avrami 指数，$m$ 为 Ozawa 指数。

在某一相同的相对结晶度下，作 $\lg\phi$-$\lg t$ 图，斜率为 $-a$，截距为 $\lg F(T)$，$F(T)$ 上升，结晶速率降低。该方程的物理意义是，对某一高分子结晶体系在单位时间内变化到某一结晶度必须选取的冷却速率值。不同结晶度下 $\lg\phi$-$\lg t$ 图如图 3-48 所示。

（4）Caze 法

利用 Ozawa 方程，Case 导出如下方程组：

$$\begin{cases} T_p = \dfrac{n}{a}\ln\phi - \dfrac{b}{a} \\[2mm] T_1 = \dfrac{n}{a}\ln\phi + \ln\left(\dfrac{3-\sqrt{5}}{2}\right)/a - \dfrac{b}{a} \\[2mm] T_2 = \dfrac{n}{a}\ln\phi + \ln\left(\dfrac{3+\sqrt{5}}{2}\right)/a - \dfrac{b}{a} \end{cases} \tag{3-44}$$

式中，$T_p$、$T_1$ 和 $T_2$ 分别是结晶峰上峰值温度、第一拐点温度和第二拐点温度，如图 3-49 所示；$a$、$b$ 定义同式（3-39）。以 $T_p$、$T_1$ 和 $T_2$ 对 $\ln\phi$ 作图，可得三组直线，其斜率（$n/a$）相同而截距不同。由截距和斜率可分别求得 $n$、$a$ 和 $b$。

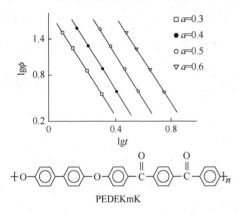

**图 3-48**　PEDEKmK 结晶过程拟合    **图 3-49**　DSC 结晶曲线上 $T_p$、$T_1$ 和 $T_2$ 的定义

3. Nakamura 法

Nakamura 等基于晶体生长速率与成核速率的比值与温度无关的假设，即等温动力学条件下，将 Avrami 方程成功推广到变温情况下的相变过程，具体形式为：

$$X(t) = 1 - \exp\left[-\left(\int_0^t P(t)\mathrm{d}t\right)^n\right] \tag{3-45}$$

式中，积分下限表示结晶起始时刻，计为 0；$P(t)$ 为温度 $T(t)$ 下的非等温结晶动力学速率常数，$P(t) = k(T)^{1/n}$。Isayev 将 Lauritzen-Hoffmann 形式的速率常数引入 Nakamura 方程，并对之进行适当变形后得：

$$P(t) = k(T)^{1/n} = (\ln 2)^{1/n}(1/t_{1/2}) \tag{3-46}$$

$$\frac{1}{t_{1/2}} = \beta\exp\left[\frac{-\Delta u}{R(T-T_\infty)}\right]\exp\left[\frac{-k_g}{T\Delta Tf}\right] \tag{3-47}$$

$$\begin{cases} \lg\{-\lg[1-X(t)]\} = \lg C + n\lg F(t) \\[2mm] F(t) = \displaystyle\int_0^t \exp\left[-\frac{\Delta u}{R(T-T_\infty)}\right]\exp\left[-\frac{k_g}{T_c\Delta Tf}\right]\mathrm{d}t \end{cases} \tag{3-48}$$

式中，$\beta$ 为常数；$C = \beta^n\ln 2$，也是常数，它与温度、冷却速率无关；其他参数见式（3-24）下的参数说明。以 $\lg\{-\lg[1-X(t)]\}$ 对 $\lg F(t)$ 作图，可以得一条与冷却速率无关的直线，直线的截距为 $\lg C$，斜率为 $n$。因此，选择合适的 $k_g$，使一系列直线在不同冷却速率下都具有很好的同一线性关系，进而可求得体系结晶动力学参数 $k_g$、Avrami 指数 $n$ 及 $\beta$ 等，具有较好的可操作性。

### 4. Khanna 法

Khanna 认为结晶速率的快慢为冷却速率的函数，定义结晶速率系数 $CRC$ 为：

$$CRC = \Delta\phi / \Delta T_p \tag{3-49}$$

以 $\phi$ 对 $T_p$ 作图近似可得直线，直线的斜率即 $CRC$ 值。一般 $CRC$ 越大，结晶速率越快。图 3-50 是部分高分子的 $CRC$ 值，可见，HDPE、PTFE 等对称性好的高分子具有较大的 $CRC$ 值。与 HDPE 相比，PTFE 的 $CRC$ 更高，说明冷却速率的变化对 PTFE 结晶峰值温度的影响较小。

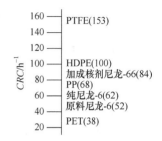

**图 3-50** 部分高分子的 $CRC$ 值

### 5. 动力学结晶能力

Ziabicki 定义了一个动力学结晶能力参数 $G_c$：

$$G_c = \int_{T_g}^{T_m} k(T)\mathrm{d}T \tag{3-50}$$

式中，$k(T)$ 是结晶速率常数。动力学结晶能力的含义是结晶速率在可结晶温度区间内的积分值。$G_c$ 越大，表示结晶速率越快，或结晶范围越宽。

Jeziorny 假定高分子结晶动力学过程符合一级动力学模型：

$$\frac{\mathrm{d}X}{\mathrm{d}t} = k(T)(1 - X) \tag{3-51}$$

并假定 $k(T)$ 符合 Gaussian 函数：

$$k(T) = k_{max}\exp\left[\frac{-4\ln 2(T - T_{max})^2}{D^2}\right] \tag{3-52}$$

式中，$k_{max}$ 为速率常数的最大值；$T_{max}$ 表示最快结晶速率温度；$D$ 表示结晶曲线的半高宽。根据以上假定，动力学结晶能力可由式（3-53）计算：

$$G_c = \int_{T_g}^{T_m} k(T)\mathrm{d}T = (\pi\ln 2)^{1/2} k_{max}D / 2 \tag{3-53}$$

Jeziorny 用式（3-54）求取 $k_{max}$：

$$k_{max} = \frac{1}{1 - X(t_{max})} \times \frac{X(t_{max})}{t_{max}} \tag{3-54}$$

式中，$t_{max}$ 表示从结晶开始到结晶速率最快时的时间。考虑冷却速率 $\phi$ 的影响，对 $G_c$ 进行适当修正，动力学结晶能力的最终形式为：

$$G_c = \frac{G}{\phi} \tag{3-55}$$

Kissinger 从 $n$ 级动力学模型出发，当结晶速率与温度的关系符合 Arrhenius 方程 $k = Ae^{E_d/(RT)}$ 时，可推出：

$$\ln\frac{\phi}{T_p^2}=\ln\frac{AR}{E_d}-\ln[g(X)]-\frac{E_d}{RT_p} \tag{3-56}$$

$$或\quad \frac{d\left(\ln\dfrac{\phi}{T_p^2}\right)}{d\left(\dfrac{1}{T_p}\right)}=-\frac{E_d}{R} \tag{3-57}$$

式中，$g(X)$ 是结晶度函数；$T_p$ 是结晶曲线峰值对应的温度。式（3-56）或式（3-57）就是 Kissinger 方程。作 $\ln\dfrac{\phi}{T_p^2}$-$1/T_p$ 图，得线性关系，斜率 $=-E_d/R$，可求结晶扩散活化能等参数。

## （四）成核方式与晶体成长

根据晶核的来源不同，晶核的成核方式可分为均相成核和异相成核；根据成核速率是否依赖于温度，则可分为依热成核和不依热成核；根据成核速率与时间的关系，可分为预先成核和散现成核。

通过等温结晶过程，由 Avrami 指数可以反映晶体的成核方式与晶体生长方式，因为，Avrami 指数 $n$ 是由成核方式 $n_1$ 和生长方式 $n_2$ 叠加而成，即 $n=n_1+n_2$。

均相成核是在熔体或溶液中由于分子运动产生的晶核，其形成与温度有关，因此属于依热成核过程，它易于在低温下形成。均相成核有时间依赖性，Avrami 指数中晶核形成指数 $n_1$ 应包含时间维数，所以 $n_1=1$；由于均相成核是在低温下随机出现的，因此均相成核也称之为散现成核过程。

异相成核是外来晶核物种形成的晶核，或者是在熔化或溶解过程中自身未能完全消融的晶核（自身成核），其成核速率与温度无关，属于不依热过程。由于异相晶核是已存在的，为瞬时成核，与时间无关，属于预先成核过程，因此 Avrami 指数中晶核形成指数 $n_1$ 就不包含时间维数，故 $n_1=0$。

Hoffmann 根据晶体表面二次成核形成速率和晶体生长的扩散速率，将高分子的结晶过程分为三个区域，分别记为Ⅰ、Ⅱ、Ⅲ区。当二次成核速率远小于表面扩散速率时，结晶处于Ⅰ区；二者速率相当时，处于Ⅱ区；成核速率远大于表面扩散速率时，则处于Ⅲ区。可见Ⅰ区和Ⅲ区的结晶总速率都较低，属于慢速区，Ⅱ区属于快速区。LH 方程指出，慢速区 $n=4$，快速区 $n=2$，所以，成核参数的 $k_g$ 在不同区域中的相互关系大约是：$k_g$（Ⅰ区）$=k_g$（Ⅲ区）$=2k_g$（Ⅱ区）。

在选定结晶温度下如何确定结晶是处于Ⅰ、Ⅱ还是Ⅲ区的方法还有 Lauritzen $Z$ 判别法，定义 $Z$ 为：

$$Z=\frac{10^3 L}{za_0}\exp\left(-\frac{X}{T_c}\Delta T\right) \tag{3-58}$$

式中，$L$ 为晶片厚度，可由 SAXS 测得；$a_0$ 为高分子分子链的宽度；$z$ 是初始片晶厚度所对应的链单元数目，例如 PE 中，片晶厚度为 20nm 时，可粗略计算得到（—$CH_2$—）的单元数约为 158。分别以 $X=k_g$ 和 $X=2k_g$ 计算，若 $Z\leqslant 0.01$，则属Ⅰ区；若 $Z\geqslant 1$，则属Ⅱ区。若 $L$ 未知，则可以先用 $Z=0.01$、$X=k_g$ 代入计算，若 $L$ 值合理，即属Ⅰ区；

否则用 $Z=1$、$X=2k_g$ 代入计算，看 $L$ 值是否合理。

## （五）影响结晶过程的因素

### 1. 结晶能力

高分子的结晶能力与高分子结构密切相关。高分子链结构的对称性、规整性和柔性是评判高分子结晶能力大小的三大判据。

对于结构对称的结构单元，高分子链易于规整堆砌，因此具有很好的结晶能力，如聚乙烯和聚四氟乙烯都是对称性很好的高分子，都有很好的结晶能力。此时，不同的高分子的结晶速率就取决于高分子链的柔性。

如果高分子链结构不对称，则高分子链是否能结晶就要看其立体构型是否规整。规整性立构如等规高分子和间规高分子就具有良好的结晶能力，而无规立构的就不易结晶。能够结晶的高分子，其结晶速率的快慢还取决于高分子链的柔性。柔性越好，晶体生长越容易，结晶速率就比较快。如等规聚丙烯和等规聚苯乙烯，因为 PP 的柔性好于 PS，因此，PP 的结晶速率也快于 PS。但刚性高分子如果结晶前混乱程度不高，结晶速率也可以比较快。

高分子的结晶速率和结晶度一方面取决于其结构，另一方面也取决于外在条件。

### 2. 结晶温度

高分子从熔体冷却结晶或从玻璃态升温结晶时，其过冷度 $\Delta T_c = T_m - T_c$ 或过热度 $\Delta T_h = T_c - T_g$ 均会影响结晶的快慢。在不同的温度下使高分子进行等温结晶过程，以等温结晶速率对结晶温度作图，得到结晶速率与结晶温度的关系曲线，如图 3-51 所示。

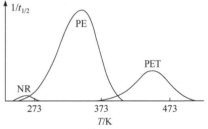

由图可见，高分子结晶温度范围处于玻璃化转变温度和熔点之间，在此范围内的某个温度下结晶速率出现一个峰值，所对应的温度就是最快结晶温度。对各种高分子结晶实验数据进行总结（表 3-9），可以大致得到以下经验方程：

$$T_{max} \approx 0.85 T_m \qquad (3\text{-}59)$$

**图 3-51**　结晶速率与结晶温度的关系

**表 3-9**　几种高分子的 $T_m$ 和 $T_{max}$

| 高分子 | $T_m$ /K | $T_{max}$ /K | $T_{max}/T_m$ |
|---|---|---|---|
| 天然橡胶 | 301 | 249 | 0.83 |
| 等规聚苯乙烯 | 513 | 448 | 0.87 |
| 聚己二酸己二酯 | 332 | 271 | 0.82 |
| 聚丁二酸乙二酯 | 380 | 303 | 0.78 |
| 聚丙烯 | 449 | 393 | 0.88 |
| 聚对苯二甲酸乙二酯 | 540 | 453 | 0.84 |
| 尼龙-66 | 538 | 420 | 0.79 |

显然，就均相成核过程而言，温度较低时，体系有较多的晶核形成；而高温下，则

因为高分子链的热运动能力较强，晶核不稳定，很容易被破坏。而晶体生长是高分子链向晶核方向迁移，依附于晶核表面逐步有序长大的过程，需要高分子链有较好的运动能力，因此晶粒在较低的温度下难以生长，在较高温度下则容易进行。显然，在靠近熔点附近的温度下，由于晶核难以形成，总的结晶速率就很低；而在接近玻璃化转变温度时，由于链运动能力很差，晶体生长速率很慢而导致总的结晶速率也很低。因此，在熔点与玻璃化转变温度间的某个温度下，总的结晶速率达到最大，该温度称为最快结晶温度 $T_{max}$。

为了得到结晶度小的高分子样品，可以采用淬火的方法，即迅速冷却至玻璃化转变温度以下，使结晶速率迅速降低，从而得到以无定形为主的体系。反之，如果希望得到高结晶度且完善的高分子样品，则需要在 $T_{max}$ 以上、熔点 $T_m$ 以下不多处长时间处理，即进行退火处理，这样得到的产品中晶体数目虽然少，但晶体却可以很大，完善程度很高。如果热处理工艺时间不够，却希望有比较高的结晶度，则应在 $T_{max}$ 下加以处理。

3. 其他因素

成核剂对结晶有促进作用，往往用来提高产品的结晶速率，但晶核的增多也会阻碍晶体的生长，使晶粒变小，对于不希望有很高很完善的结晶形态的体系，也可以通过添加成核剂来增加结晶缺陷。

杂质对结晶过程有很大的影响。有些杂质会起到成核剂的作用，加速结晶；有些杂质则会阻碍结晶的进行，使结晶速率降低。惰性稀释剂的存在会使结晶部分的浓度下降，从而降低结晶速率。

溶剂与高分子间的相互作用不同，对结晶产生的影响也不同。一般而言，相互作用大的溶剂可以使高分子链的运动能力增大，从而加快结晶的生长过程，使结晶速率加快。

要注意的是，实际过程中的结晶与 DSC 研究过程中的结晶是有差别的。常规 DSC 的升降温速率都比较慢，而在诸如注射、吹拉膜和纺丝等高分子实际加工过程中，其冷却速率却很快。这样，常规 DSC 测定方法很难模拟高分子实际加工过程中的真实环境，对于结晶速率较快的半结晶高分子而言，在 DSC 研究中，因为冷却速率较慢，其结晶成核总能实现，而实际加工过程中并不一定能实现。此外，大多数半结晶高分子折叠链片晶都处于亚稳状态，在常规 DSC 的升温扫描过程中将不可避免地伴随高分子片晶由亚稳态向更稳定状态的转变，从而干扰最终的熔融实验结果，使我们难以获得高分子晶体内部最初凝聚态结构的相关信息。在实际过程中，成核剂的存在会使得结晶成核速率再增大几个数量级，与常规 DSC 热分析也存在着较大的偏差。例如，研究表明，降温速率为 10K/min 时，PET 发生结晶的温度要高于 PBT 的结晶温度。但当降温速率达到 60K/min 时，二者的结晶峰温度基本相等。随着降温速率进一步加快到与实际加工过程的降温速率相当时，PET 的结晶温度反而低于 PBT 的结晶温度。因此，对于实际加工过程中发生的结晶动力学行为，可能与常规 DSC 条件下所测得的结果存在差别。

闪速差示扫描量热技术（闪速 DSC）具备快速升降温能力，所能达到的最大升降温速率超过 $2 \times 10^4 K/s$，测定条件为 $-110 \sim 450℃$，同时具有超高的时间分辨率、样品用量可低至纳克、易于消除热历史、便于操作等特点，可以实现对熔体降温过程中结晶成核和生长的精确控制，甚至可以得到大多半结晶高分子的无定形态，从而为大过冷度下高分子等温结晶的研究创造了有利条件。在高分子结晶和熔融行为相关问题的研究中，闪速

DSC 有望发挥更加重要的作用，从而推动高分子结晶学相关基础理论的进一步深化与完善。例如，采用闪速 DSC 研究方法，发现等规 PP、丙烯-丁烯共聚物、丙烯-己烯共聚物等半结晶高分子在 $T_g \sim T_m$ 之间可以获得 2 个最大结晶速率，从而将均相成核和异相成核的结晶成核分开。该技术与加工过程中的冷却速率相匹配，为模拟实际加工过程中高分子的结晶行为也提供了可能。

## 二、高分子晶体熔融

与结晶相反，熔融是结晶的逆过程，是将有序结构破坏的过程。结晶度、结晶热等热力学参数可以通过熔融过程来进行测定。

（一）熔融现象

高分子结晶时体积会减小，反过来，高分子晶体在熔融过程中体系的体积则会增大。与小分子晶体熔融过程体积温度变化曲线[图 3-52(a)]不同的是，高分子晶体在熔融时会产生一个边熔融边升温的现象，其熔融温度有一个较宽的范围，称为熔限，如图 3-52(b)所示。结晶过程条件不同，熔融范围不同，但其终点温度基本一致。其产生的原因在于高分子晶体不均匀，尺寸有大有小，晶体的完善程度有高有低，结晶熔融的终点温度是结晶最为完善的部分发生熔融的温度。如果将升温过程中每一温度都维持足够长时间，使体系达到平衡后再测定其体积，则可以得到与小分子一致的体积温度变化曲线[图 3-52(c)]，且转变温度与结晶过程的条件无关。在这种缓慢的升温条件下，较小的较不完善的晶体在较低的温度下即被破坏，但同时又允许更完善的因而更为稳固的晶体生成。这与气泡间的合并、晶粒的陈化过程相似，存在着小晶粒逐渐消融而大晶粒逐渐长大的过程，最终可以形成非常完善的晶体。这说明高分子晶体熔融是一个热力学平衡过程。与小分子晶体熔融过程一样，它也是热力学一级相变，在此过程前后自由能的一阶导数如压力、体积、焓、熵等不连续。

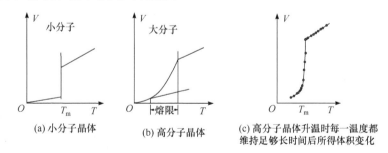

(a) 小分子晶体　　(b) 高分子晶体　　(c) 高分子晶体升温时每一温度都维持足够长时间后所得体积变化

**图 3-52**　熔融过程中体积变化曲线

晶体熔融时发生不连续变化的各种物理性质都可以用来测定熔点。最常用的方法是用差示扫描量热法（DSC）来测定熔点和熔化热。

（二）影响熔点的因素

从熔融热力学看，在熔融过程中，满足以下热力学方程：

$$\Delta G_m = \Delta H_m - T_m \Delta S_m = 0 \tag{3-60}$$

式中，$\Delta H_m$ 和 $\Delta S_m$ 分别为熔化热和熔化熵。因此熔点可表示为：

$$T_m = \frac{\Delta H_m}{\Delta S_m} \qquad (3\text{-}61)$$

可见，但凡能使熔化热增高或熔化熵降低的因素都可以使熔点升高。从分子结构角度看，熔化热由晶体熔融过程中晶格内相互作用被破坏而产生，熔化熵则是由熔融过程中有序程度被破坏而产生的混乱程度决定的。一般而言，晶格质点间的相互作用越强、熔融后混乱程度越低的体系熔点越高。因此分子间作用力越大、分子链刚性越大的高分子熔点越高。

要注意的是，熔化热不是内聚能密度，不能简单地与分子间作用力相对应。例如，聚酰胺的熔点高于相对应的聚酯，但有些聚酰胺的熔化热却低于相应的聚酯。不过，分子间作用力增大，可以使熔化熵降低，因此，同样会使熔点增高。

例如，聚对苯二甲酰对苯二胺（即 Kevlar，或尼龙-TT）的熔点 > 尼龙-68 的熔点、聚对苯二甲酸乙二酯（PET）的熔点 > 聚辛二醇乙二酯（POT）的熔点等是因为前者含有刚性的芳香基团；而结构单元中含有相同碳原子数的聚脲、聚酰亚胺的熔点 > 聚酰胺的熔点 > 聚乙烯的熔点，则是因为体系中氢键含量依次降低，分子间作用力随之下降，使熔化熵依次增大；可以形成氢键的聚酰胺体系中，随着结构单元中碳原子数增多，氢键密度降低，则熔点随之降低，如尼龙-66 的熔点 > 尼龙-1010 的熔点等；而尼龙-9 的熔点 > 尼龙-8 的熔点、尼龙-7 的熔点 > 尼龙-6 的熔点、尼龙-66 的熔点 > 尼龙-6 的熔点等，则都是前者可以形成全数氢键，后者仅能形成半数氢键所致。脂肪族聚酯中既有极性基团 C=O 而增大分子间作用力，又含有柔性基团—COO—使分子链柔性增加，二者的作用相反，而柔性所起的作用更大，因此，其熔点低于聚乙烯。聚氨酯中既有氢键存在，也有柔性基团，因此其熔点高于聚乙烯而低于聚酰胺。

当体系中含有杂质时，如存在溶剂、增塑剂或残存的单体等，高分子晶体结构会受到影响，晶体的熔点 $T_m$ 与纯晶体熔点 $T_m^0$ 相比会有所下降，用经典热力学相平衡理论可得：

$$\frac{1}{T_m} - \frac{1}{T_m^0} = -\frac{R}{\Delta H_u} \ln a_A \qquad (3\text{-}62)$$

式中，$R$ 是气体常数；$\Delta H_u$ 是单位物质的量重复单元的熔化热；$a_A$ 是含杂质的晶体熔融后结晶组分 A 的活度。当杂质 B 浓度很低时，$-\ln a_A$ 约为 B 的摩尔分数 $x_B$。

当把链的末端看成是杂质时，链端含量越少的高分子量体系，熔点就降低得不多，而分子量越小的体系，其链端含量相对越高，熔点下降就越明显。

对于无规共聚物，如果共聚单体本身不能结晶，或虽能结晶，但无法进入原结晶高分子的晶格，与之形成共晶，则生成的共聚物结晶熔点会下降，下降的程度也满足式（3-62）。嵌段或接枝共聚物因同组分的链段在一起，因此对结晶熔点的影响很小。当共聚单体含量增大到一定程度时，熔点会急剧变化到添加组分的结晶熔点上。

分子链上出现的结构不规整单元，包括等规高分子中出现的间规或无规片段、分子链上出现的少量的支化现象等都可以看做是杂质的影响。

杂质的存在不仅使熔点降低，一般也使熔限变宽。

结晶温度的高低会影响晶体的形貌，继而影响起始熔点的高低和熔限的宽窄。低温下易生长出晶核多而晶粒小的结晶体系，结晶温度越低，小尺寸的晶体就越多，起始熔点就越低，熔限也随之越宽；反之，在较高的温度下结晶的样品，其晶体尺寸较大，完善程度也较高，其起始熔点相对较高，熔限较窄。

结晶高分子如果在结晶过程中受到牵引等应力作用，则有助于加速结晶过程，提高结晶度，并提高熔点。因为受到牵引作用的分子链易于取向，从而有助于结晶过程。

# 第四节　高分子液晶态结构

某些晶体受热熔融或被溶剂溶解后，虽然具有了液态物质的流动性，但仍部分保留了晶态物质分子的有序排列，这种兼具部分有序状态和流动性质的过渡状态称为液晶态。处于液晶态的物质称为液晶。

1888 年，奥地利植物学家 Reinitzer 发现胆甾醇酯加热到 145.5℃时先变为雾状液体，继续加热到 178.5℃时才完全澄清；而冷却时，胆甾醇酯液体先呈现蓝色，然后变浑浊，继续降温又变为紫色，最后成为白色固体。之后，德国 Lehman 教授利用带热台的偏光显微镜深入研究了上述过程，提出了液晶的概念。1908 年，德国 Vorlaender 首次合成了170 余种热致液晶，提出了形成液晶态分子的规则。

## 一、液晶类型与特征

### （一）液晶类型

#### 1. 液晶的分子结构

液晶分子通常由三个部分组成，其中最关键的是液晶元或称致晶基元，它是液晶的介元部分，具有刚性的分子结构。这是液晶各向异性所必需的结构因素。其次是在液态下能维持分子的某种有序排列所必须的分子间作用力，它可以是强极性基团、高度可极化基团、形成氢键基团或芳香基团等。第三，液晶的流动性要求分子结构上必须含有一定的柔性部分，如烷烃或烷氧醚等。对于形成胆甾型液晶的分子，还需要有光学活性中心，如不对称碳原子等。

按照液晶元的刚性结构的形状，液晶有 3 种不同的类型，一种是棒状结构的液晶元，属于"筷子型"，具有这类结构的液晶最多，分子设计比较方便，如 4,4′-二甲氧基氧化偶氮苯[图 3-53(a)]，其核心成分是 1,4-取代苯基，以及由它构成的二联苯、三联苯、苯甲酰氧基苯、二苯乙烯、二苯乙炔、苯甲亚氨基苯、二苯并噻唑等基团。

第二类是平面片状结构的液晶元，称为"碟型"或"盘状"，包括带有烷基"尾巴"的各种苯环、稠环和酞菁等的化合物。如苯并[g]菲、六（苯乙炔）苯、芘、䓛、蔻、卵苯等衍生物[图 3-53(b)]。

第三类是曲面片状结构的"碗型"，这类液晶因为结构设计比较复杂，所以品种较少。如图 3-53(c)所示的碳三烯衍生物就属于此类液晶。

#### 2. 液晶态类型

根据液晶分子排列的形式和有序程度的不同，液晶态有三种不同的晶相：近晶相（smectic phase）、向列相（nematic phase）和胆甾相（cholesteric phase）。

　　近晶相是所有液晶中最接近晶体结构的一类。在此类液晶中，棒状分子依靠所含官能团提供的垂直于分子长轴方向的强烈作用，互相平行排列成层状结构。分子长轴垂直或近似垂直于层片平面，前者为近晶相 A[图 3-54(a)]，后者为近晶相 C[图 3-54(b)]。但这些层片不是严格刚性的，分子可以在本层内活动，但不能来往于各层之间，分子薄层间可以相对滑动，而垂直于层片方向的流动则要困难得多。这种结构决定了其黏度呈现各向异性的可能性，只是通常情况下，各层片取向并不统一，因而近晶相液晶一般在各个方向上都是非常黏滞的。近晶相通常用符号 S 表示，根据晶型的差别，近晶相可细分为 A、B、C、C*、D*、E、E*、G、H、H*、I、I*、J 和 K 等 14 个亚类，其中带"*"的亚类表明组成液晶的分子具有手性。图 3-54(a)和图 3-54(b)给出了近晶相 A（$S_A$）和近晶相 C（$S_C$）中分子的堆砌状态示意图。可以看出，近晶相 A 液晶态分子长轴基本垂直于层面，而近晶相 C 液晶分子的长轴与层面法向有夹角，分子呈倾斜状。

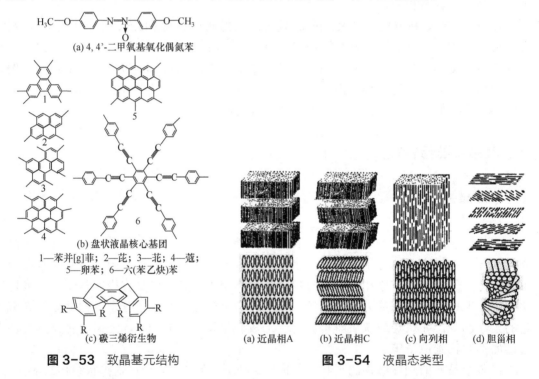

$H_3C-O-\bigcirc-N=N-\bigcirc-O-CH_3$
(a) 4, 4'-二甲氧基氧化偶氮苯

(b) 盘状液晶核心基团
1—苯并[g]菲；2—芘；3—苝；4—蔻；
5—卵苯；6—六(苯乙炔)苯

(c) 碳三烯衍生物

图 3-53　致晶基元结构

(a) 近晶相 A　　(b) 近晶相 C　　(c) 向列相　　(d) 胆甾相

图 3-54　液晶态类型

　　与近晶相液晶类似，还有一类液晶分子排列成柱状结构，形成这类液晶的液晶元是刚性盘状分子，所形成的柱体具有六角形结构。

　　向列相液晶具有一维有序结构，液晶元是刚性棒状分子，结构中棒状分子间互相平行排列，但它们的重心排列是无序的，有序性低于近晶相。并且这些分子在长轴方向是处于连续变化中的。在外力作用下发生流动时，由于这些棒状分子容易沿流动方向取向，并可在流动取向相中互相穿越，因此，向列相液晶都有相当大的流动性，是液晶态中流动性最好的一种，通常用符号 N 表示。向列相因为分子为线性状态，有时也称丝状相[图 3-54(c)]。

　　胆甾相液晶长形分子基本上是扁平的，依靠端基的相互作用，彼此平行排列成层状结构，但它们的长轴是在层片平面上的，层内分子排列与向列相相似，而相邻两层间分子长轴的取向不同，依次规则地扭转一定的角度，层层累加而形成螺旋面结构，所以胆甾相又称为手性向列相。分子长轴方向在旋转 360°后复原，这两个取向相同的分子层间的距离，称为胆甾相的螺旋周期（即螺距）$P$。这些扭转的分子层会反射白光而发生散射，使透射光发生偏转，因此胆甾相液晶具有彩虹般的颜色和极高的旋光能力。螺距 $P$ 与最大反射光波长的关系为：

$$\lambda_{max} = nP\sin\varphi \qquad (3\text{-}63)$$

式中，$n$ 为折光指数；$\varphi$ 为入射光与取向分子层间的夹角。

胆甾相液晶首先在胆甾醇衍生物中发现，但目前发现和设计的胆甾相液晶与胆甾醇结构已无关系。胆甾相通常用 Ch 或 N* 表示[图 3-54(d)]。

按照液晶形成条件不同，可以将液晶分为热致液晶、溶致液晶、场致液晶等。

热致液晶是对晶体进行加热，达到熔点时，物质首先从各向异性的固体转变为各向异性的熔体，此时熔体不是清澈透明的，而是浑浊的，它具有流动性，但又具有光学双折射现象；继续升温，达到某一温度后，各向异性的液体才转变为各向同性的透明液体，该温度称为清晰点。从熔点开始到清晰点之间的这段温度范围内，物质形成了液晶，这就是热致液晶。

如果将物质配制成溶液，在一定的浓度范围内能形成各向异性的液体的体系则称为溶致液晶。

场致液晶中的场可以是力、光、电等作用场。力致液晶是指施加力达到一定数值后才能形成液晶态的物质，它在常压下可以不显示液晶行为。如果产生的力来自于流体的剪切作用则称为流致液晶，它是在流动场作用下能形成液晶的物质。与溶致液晶相比，流致液晶分子的刚性、轴比 $D/L$（$D$ 是棒状分子的直径，$L$ 是分子链长度）等参数都较小。

## （二）液晶特征

液晶是一类软物质，它具有两大特征，一是其复杂性，它兼具晶体与液体的部分特征，在看似均一的表象下具有复杂的微观和亚微观结构；第二是其柔性，在外界温度场、浓度场、电磁场等发生微弱变化时，其结构和性质都能发生很大的变化，呈现出电光效应、光学各向异性、动态光散射等特性。液晶相本身就是液-固相变过程中的中间态，液晶相的生成及其形态演变与相变过程的诸多参数（如升-降温速率、浓度变化等）密切相关。

### 1. 液晶的亚稳定性

从热力学角度看，液晶相变行为有两种，一种是双向性的，即无论是熔体冷却还是晶体加热，两种过程中均可观察到液晶相生成。其自由能变化如图 3-55(a)所示，由于液晶的吉布斯（Gibbs）自由能最低，因而这种液晶相是热力学稳定的。另一种是单向性的，单向性液晶转变的自由能变化如图 3-55(b)所示，其液晶相的 Gibbs 自由能较高，只有在快速冷却时才能观察到液晶相的生成，而加热时只有晶相到液相的转变，没有液晶现象。这种液晶相的结晶成核受动力学因素控制，是亚稳定的。

### 2. 软物质特性

与常规固态晶相不同，液晶具有软物质的特征。在外场作用下液晶分子能发生较大程度的应变响应。对软物质而言，熵变成为结构变化的主导作用，体系的自由能有时甚至主要由熵的变化决定，其有序结构不是靠内能的最小化，而是靠熵的最大值来实现。

熵是软物质分子形成宏观结构的主要驱动力。

3. 对称破缺和序参量

从对称性上讲，各向同性液体具有最高的时空对称性操作，无论坐标系在空间如何运动（平移、转动），液体的各种物性均保持不变。气体或液体由于各向同性的结构与性质具有最高的对称度。除流体外，每种有序相都对应一种或几种对称破缺。晶体有确定的、周期性的、有序的空间点阵结构，当坐标系移动或转动后，晶体在空间各点的物性会发生变化，因此晶体欠缺了空间平移对称性和旋转对称性。液晶由于其准周期结构也欠缺了某些对称操作。向列相液晶破缺了旋转对称性。近晶相液晶破缺旋转对称性、一维平移对称性。各向同性液体的序参量为 0，而晶体序参量最大，液晶介于其间。

若引入三个 Euler 角 $\theta$、$\phi$、$\psi$ 来描述分子空间取向，对于向列相液晶而言，关键要明确环绕棒状分子排列方向的指向矢 $\vec{n}$ 的 $\theta$ 角的分布，如图 3-56 所示。指向矢 $\vec{n}$ 仅表示单位量，不分正负，指向空间特定方向。该分布可以用下列分布函数表示：

$$f(\cos\theta) = \sum_{i=0,\text{偶数}} \frac{2i+1}{2}\overline{F_i(\cos\theta)}F_i(\cos\theta) \tag{3-64}$$

式中，$F_i(\cos\theta)$ 是 Legendre 多项式的第 $i$ 项。Legendre 多项式为 $F_n(x) = \dfrac{1}{2^n n!} \times \dfrac{\mathrm{d}^n}{\mathrm{d}x^n}\left[\left(x^2-1\right)^n\right]$。以 $x = \cos\theta$ 代入，根据分布函数（3-64），可以得到 Legendre 多项式的平均值为：

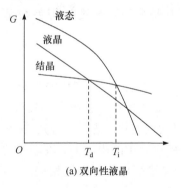

(a) 双向性液晶

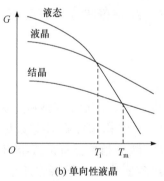

(b) 单向性液晶

**图 3-55**　液晶自由能变化的双向性与单向性

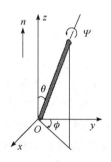

**图 3-56**　描述向列相液晶分子空间取向的 Euler 角

$$\overline{F_i(\cos\theta)} = \int_{-1}^{1} F_i(\cos\theta)f(\cos\theta)\mathrm{d}(\cos\theta) \tag{3-65}$$

式中，$\overline{F_0(\cos\theta)} = 1$；$\overline{F_1(\cos\theta)} = \overline{(\cos\theta)} = 0$；$\overline{F_2(\cos\theta)} = \dfrac{1}{2}(3\overline{\cos^2\theta}-1)$；$\overline{F_3(\cos\theta)} = \dfrac{1}{2}(5\overline{\cos^3\theta}-3\overline{\cos\theta}) = 0$；$\overline{F_4(\cos\theta)} = \dfrac{1}{8}(35\overline{\cos^4\theta}-30\overline{\cos^2\theta}+3)$；…

式（3-6）中，取向度就是用序参量 $F$ 来表示的，它是 Legendre 多项式的第二项平均值 $\overline{F_2(\cos\theta)}$。这里也以此作为液晶的序参量。

当材料处于高温液相时，分子的排列杂乱无章，$\overline{\cos^2\theta} = 1/3$，序参量 $F = 0$；而当其处于低温向列相时，分子基本定向排列，具有一维有序，$\overline{\cos^2\theta}=1$，$F=1$。序参量发生变化，说明材料发生了相变，序参量发生突然变化，说明液相到向列相的转变为一级相变。

胆甾相中棒状分子平行排列成层状，层内与向列相相似，相邻层间分子长轴取向角度呈螺旋周期变化。螺旋周期（螺距）$P=\pi/|q_c|$，其中 $q_c$ 指相邻层分子取向轴的旋转角。当螺距 $P=0$ 或旋转角 $q_c=0$ 时，分子长轴取向不发生螺旋变化，即得到向列相。分子取向轴方向可以用该轴与指向矢 $\boldsymbol{n}$ 的关系表示：

$$n_x=\cos(q_c z+\phi)\ ;\quad n_y=\sin(q_c z+\phi)\ ;\quad n_z=0 \tag{3-66}$$

式中，$z$ 为分子重心的坐标；$\phi$ 是起始层即 $z=0$ 时分子取向轴与 $y$ 轴的夹角（参见图 3-56）。

近晶相比向列相更有序，它既有层内二维取向序，又有层间的一维平移序。其分布函数为：

$$f(\cos\theta,z)=\sum_{i=0,\text{偶数}}\sum_{n=0}A_{in}F_i(\cos\theta)\cos\frac{2\pi nz}{d} \tag{3-67}$$

该分布函数为二重分布函数，有两个变量 $\theta$ 和 $z$。式中，$d$ 为层间距；$A_{in}$ 为系数，$A_{00}=\dfrac{1}{2d}$，$A_{0n}=\dfrac{1}{d}\overline{\cos\dfrac{2\pi nz}{d}}$（$n\neq0$），$A_{i0}=\dfrac{2i+1}{2d}\overline{F_i(\cos\theta)}$（$i\neq0$），$A_{in}=\dfrac{2i+1}{2d}\overline{F_i(\cos\theta)\cos\dfrac{2\pi nz}{d}}$（$i$, $n\neq0$）。其中平均的意义为 $\bar{x}=\displaystyle\int_{-1}^{1}\int_{0}^{d}xf(\cos\theta,z)\mathrm{d}z\mathrm{d}(\cos\theta)$，且 $\displaystyle\int_{-1}^{1}\int_{0}^{d}f(\cos\theta,z)\mathrm{d}z\mathrm{d}(\cos\theta)=1$。由以上分析可定义三个序参量：

$$\begin{cases}F=\overline{F_2(\cos\theta)}\\[4pt]\tau=\overline{\cos(2\pi z/d)}\\[4pt]\sigma=\overline{F_2(\cos\theta)\cos(2\pi z/d)}\end{cases} \tag{3-68}$$

第一个序参量 $F$ 为取向序参量，描述刚性分子的定向排列程度；第二个序参量 $\tau$ 是纯平移序参量，描述取向分子层的平移程度；第三个序参量 $\sigma$ 为取向与平移的耦合序参量。

对于各向同性液体，对称度最高，有序度最低，各个序参量均为 0，即 $F=\tau=\sigma=0$。对于近晶相液晶，因为有序度高，所以表征时还需用到平移序参量 $\tau$。对近晶相，取向分子的重心均在 $z=0$ 处，则序参量 $\tau=1$；如果取向分子的重心沿 $z$ 方向均匀无序分布，即处于向列相，则序参量 $\tau=0$。从液相到近晶相转变，或从向列相到近晶相转变的过程中，序参量 $\tau$ 发生突变，说明这些相变也为一级相变。

## 二、高分子液晶结构与性质

### （一）高分子液晶类型

大部分高分子液晶的介元是棒状或"筷子型"的。按照液晶元在高分子链中所处位置的不同，高分子液晶大致可分为三大类。

① 主链型：即由液晶元相互连接而成，或通过柔性链节与液晶元相间组成，称为主链型液晶，如图 3-57(a)和图 3-57(b)所示。

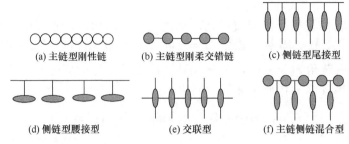

**图 3-57** 高分子液晶类型

② 侧链型：分子主链是柔性的，刚性的液晶元连接在侧链上，称为侧链型液晶。有尾接型和腰接型两种，尾接型如图 3-57(c)所示，腰接型如图 3-57(d)所示。侧链型液晶是在液晶元的棒状单元一端或中间有一个链接基团接于高分子主链上。

③ 混合型：液晶元长链与分子主链方向垂直[腰接成主链，图 3-57(e)]，或主链和侧链上均含有液晶元[图 3-57(f)]。

德国化学家 Vorlaender 早在 1923 年就意识到高分子体系存在液晶态。1956 年 Flory 指出，刚性棒状高分子能在临界浓度下形成溶致液晶，并得到证实。起先研究的对象只限于多肽的溶液，例如聚 L-谷氨酸-γ-苄酯在间甲酚的溶液中，它的分子成 α 螺旋构象，成为刚性的棒状分子。当溶液浓度达到某一临界值时，便形成一各向异性相。设棒状分子的轴比为 $D/L$，则这种多肽在溶液中的临界体积分数 $\phi_c$ 与分子轴比的关系为：

$$\phi_c = 4\left(\frac{D}{L}\right) \tag{3-69}$$

实验研究确认，聚 L-谷氨酸-γ-苄酯液晶属胆甾相液晶。

具有刚性链结构的全对位芳族聚酰胺在溶液中可以形成向列相液晶。例如聚对苯甲酰胺溶解在 DMA-LiCl 中和聚对苯二甲酰对苯二胺溶解在浓硫酸中，刚性分子链都呈伸展状态。当浓度达到临界浓度时，由于部分刚性分子凝聚在一起，形成有序排列的微区结构，溶液由各向同性转变为各向异性，即形成液晶。PET 与刚性聚酯形成的共聚物则是典型的刚柔链交错型液晶高分子。

典型的侧链型液晶有聚（甲基丙烯酰氧己基氧联苯腈）。侧链型液晶元常通过柔性链段作为间隔段与高分子主链连接，柔性间隔段可以提供给液晶元充分的活动能力，有利于液晶态的形成。液晶元依靠极性相互作用或疏水相互作用组合成有序结构，形成液晶。液晶中大分子主链和液晶元堆砌时会发生微相分离排列，多产生近晶相。

液晶元通过腰部或重心位置与主链连接，主链周围空间被大体积的刚性液晶元所占有，因此主链被迫采取相对伸直的构象，主链和侧基协同作用构成液晶相的基本结构单元，即使不采用柔性间隔基也能形成液晶。这就是周其凤等设计的甲壳型液晶（MJLCP）。其设计理念与传统的侧链型液晶分子的要求不同。对于侧链型液晶高分子，传统的设计方法是根据德国科学家 Finkelmann 和 Ringsdorf 的柔性去耦合理论来进行的，即在主链和液晶元之间要加入柔性成分，以排除主链热运动对液晶元有序排列的干扰。MJLCP 侧基产生"甲壳"效应，使主链呈现伸展构象，在物理性质上可以与主链型液晶高分子相似，但其分子量的可控性比依赖于缩聚方法得到的主链型液晶高分子要高得多。将手性分子或纳米结构基元引入到 MJLCP 中，可以得到手性液晶高分子或者多种多级有序组装结构，极大地拓展了 MJLCP 的性质和潜在应用范围；而以 MJLCP 为构筑单元，将其引入到嵌段共聚物或聚合物刷等体系中，则可以得到更高层次的组装结构。

除此之外，还有液晶基元可以通过形成星形结构和树枝状结构，从而构成一些具有独特性质的液晶高分子品种。

## （二）高分子液晶结构

液晶的凝聚态结构特点是其内部有许多有序微区，同一微区内刚性棒状分子的取向大致相同，但不同的微区间分子的指向矢是不同的，这种凝聚态结构是由有序介质的缺陷引起的，缺陷对于液晶的凝聚态结构及性能有十分重要的影响。与小分子液晶相比，高分子液晶因分子量大，运动松弛时间长，故液晶缺陷结构存在的时间也较长。有序微区结构是高分子液晶凝聚态的基本结构单元，并对高分子液晶材料的流变性能、光学性能和力学性能产生重要的影响。

高分子液晶中相当普遍的凝聚态结构是条带结构，溶致液晶和热致液晶中都可以产生。特别是在受到外力如拉伸或剪切作用时，更容易产生条带结构。图 3-58(a)就是溶致液晶聚（对苯二甲酰对苯二胺，PPTA）受剪切作用后产生的条带结构的偏光显微照片，条带宽度在 0.6～10μm 间。研究表明，它是由许多沿剪切应力方向规则取向排列并周期性弯曲成锯齿状的微纤结构产生的光学效应。

向列相液晶的有序微区结构中刚性棒状分子呈单轴平行排列，但是在外界条件轻微变化的影响下，分子排列很容易产生畸变。在缺陷附近的分子排列产生畸变就会形成被称为"向错结构"的凝聚态结构。小分子液晶的向错畸变自由能和强度较小，通常难以观察，高分子液晶弛豫时间长，容易被冻结成液晶玻璃态，所以容易被观察到[图 3-58(b)]。

胆甾相高分子液晶也会产生类似于向列相的向错结构，但更为复杂，主要与其分子的手性特征有关。向错可以是指向矢的畸变，也可以是螺旋轴的畸变，而畸变的螺旋轴既可以与胆甾相的螺旋轴平行，也可以与之垂直。图 3-58(c)是胆甾相液晶中的双螺旋线结构和指纹结构的电镜照片。

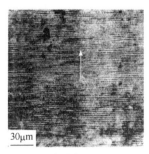  

| (a) 溶致液晶PPTA | (b) 含盘状基元热致聚 | (c) 乙基氰乙基纤维素胆甾相 |
| 剪切诱发条带结构 | 芳酯液晶的向错结构 | 液晶的指纹结构电镜照片 |

**图 3-58**　液晶凝聚态结构

## （三）高分子液晶性质

### 1. 光学特性

液晶的各向异性使之具有光学双折射现象，而胆甾相液晶还具有较高的旋光性。在一定的条件下，向列相液晶也能表现出旋光效应。例如将向列相液晶填入两平行玻璃片间，再将两玻璃片绕垂直轴相对扭转90°，使向列相液晶内部发生偏转，就形成一个具有扭曲排列的向列相液晶盒，这种液晶盒可以使光发生旋转。如果在液晶盒前后分别放置方向平行的起偏片与检偏片，则光线无法透过检偏片。若事先设置的起偏片与检偏片相互垂直，则光线可以透过检偏片。

2. 流变行为

能形成液晶的高分子溶液与一般高分子溶液不同，它具有独特的流动特性。

（1）黏度与浓度的关系

对于一般高分子溶液体系，溶液的黏度会随浓度升高而增加。而能形成液晶的高分子溶液则表现为随浓度的增加，体系的黏度先增大再减小，到达最低点后又重新增加。图 3-59 是聚对苯二甲酰对苯二胺浓硫酸溶液的黏度-浓度关系曲线。可以看到，它的黏度随浓度的变化规律与一般高分子溶液体系不同，在低浓度范围内黏度随浓度增加急剧上升，出现一个黏度极大值；随后，浓度增加，黏度反而急剧下降，并出现一个黏度极小值；最后，黏度又随浓度的增大而上升。这种黏度随浓度变化的形式，是刚性高分子链形成的液晶态溶液体系的一般规律，它反映了溶液体系内区域结构的变化。浓度很小时，刚性高分子在溶液中均匀分散，无规取向，形成均匀的各向同性溶液，此时溶液的黏度-浓度关系与一般体系相同，随着浓度的增加，黏度迅速增大，黏度出现极大值时的浓度为第一个临界浓度 $c_1^*$。达到 $c_1^*$ 时，体系内开始建立有序区域结构，形成向列相液晶，使黏度迅速下降。这时，溶液中各向异性相与各向同性相共存。浓度继续增大，各向异性相所占的比例增大，黏度减小，直到体系成为均匀的各向异性溶液时，体系的黏度达到极小值，这时溶液的浓度达到第二临界值 $c_2^*$。临界浓度 $c_1^*$ 和 $c_2^*$ 随液晶分子的分子量增大而降低，随温度的升高而增大。

（2）黏度与温度的关系

图 3-60 是聚对苯二甲酰对苯二胺浓硫酸溶液的黏度-温度关系曲线。可以看出，这种液晶态溶液的黏度随温度的变化规律也不同于一般高分子浓溶液体系。随着温度的升

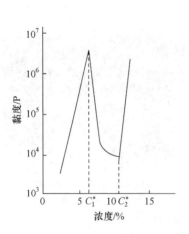

**图 3-59** 聚对苯二甲酰对苯二胺浓硫酸溶液
（20℃，$M = 29700$）的黏度-浓度曲线
$1P = 10^{-1} Pa \cdot s$

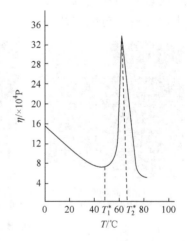

**图 3-60** 聚对苯二甲酰对苯二胺浓硫酸溶液
（浓度 = 9.7%，$M = 29700$）的黏度-温度曲线
$1P = 10^{-1} Pa \cdot s$

高，溶液黏度并不是单调下降的，而是在第一临界温度 $T_1^*$ 处出现一个极小值，高于这个温度，黏度又开始上升，这显然是各向异性溶液开始向各向同性溶液转变引起的。继续升高温度，溶液的黏度在体系完全转变成均匀的各向同性溶液之前，在第二临界温度 $T_2^*$ 处出现一个极大值，之后，黏度又随温度升高而降低。随着液晶溶液的浓度增加，黏度出现极大值和极小值的温度将向高温方向移动。而随着液晶分子量的增大，临界温度 $T_1^*$ 和 $T_2^*$ 也随之升高。

（3）剪切力作用

图 3-61 是聚对苯甲酰胺/DMA 溶液在剪切力作用下的行为。3%和5%两条曲线是临界浓度以下的各向同性溶液的行为，而 7%和 9.5%两条曲线则是液晶溶液的行为。可以看到，当剪切力较小时，液晶态溶液黏度的降低大于一般高分子溶液，说明液晶内流动单元更易取向；而当剪切力大到一定值后，溶液的黏度只和溶液的浓度有关，因为在高剪切力下，液晶态溶液和一般高分子溶液中的流动单元都已全部取向，差别消失。

3. 力学行为

液晶高分子由于分子链易取向，因此在取向方向表现出高拉伸强度和高模量。加工时，高分子液晶流经喷丝口、挤出口模或流道时，即使剪切速率很低，也能获得足够高的取向度。多数情况下不必再进行后拉伸，就能达到一般柔性高分子经过拉伸后才能达到的分子取向度。所以液晶高分子往往具有自增强能力，在加工时即使不添加其他增强材料，也能达到甚至超过普通工程塑料用玻纤增强后的机械强度。同时，液晶还具有高抗冲、高模量、高抗弯曲及高抗蠕变性能。由于液晶高分子熔体黏度或溶液黏度都随剪切速率的增加而下降，所

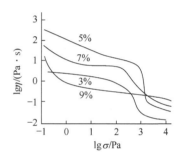

**图 3-61** 聚对苯甲酰胺/DMA 溶液的黏度与剪切力的关系曲线

以其加工流动性好，成型压力低，可用一般的塑料加工设备进行注射或挤出成型，所得成品的尺寸精度较高。

4. 光电和热行为

液晶高分子一般都具有电绝缘强度高、介电常数低、介电损耗小、抗电弧性较高等优异的电性能，且绝缘强度和介电常数都很少随温度而变化，导热性也很低。一些特殊设计的高分子液晶还具有非线性光学效应，如含偶氮苯类的液晶高分子具有非线性光学系数高、抗激光损坏性好和非线性响应速率快等优点。高分子液晶中的大量液晶元易于取向，液晶中非线性光学发色团的极化取向度高，其二阶非线性光学系数在液晶取向后有明显提高。

液晶高分子材料通常还因为结构中含有芳香环等刚性液晶元，分子链刚性大，分子间作用力强，因此具有突出的耐热性。大量芳环的存在则赋予其优良的阻燃性，极限氧指数都很高。高度取向的分子链排列也使其具有很低的热膨胀系数，它比普通工程塑料的热膨胀系数要低一个数量级，达到一般金属的水平。因此，高分子液晶在加工成型过程中不发生收缩或收缩很小，保证了制品尺寸的精确性和稳定性。

## 三、高分子液晶理论

关于液晶的理论模型主要包括两类，一类是唯象模型，以 Oseen-Frank 自由能模型和 Landau-de Gennes 模型为代表；另一类是分子模型，以 Onsager 模型、Flory 液晶理论、Maier-Saupe 模型为代表。Landau 理论是统计物理中研究传统相变的常用理论，它把系统的自由能密度在相变点附近展开成序参数及空间微分的幂级数。de Gennes 首次将 Landau 理论运用到液晶的相变研究中，给出了一种关于液晶的序参量的展开公式，即 Landau-de Gennes 模型，为此，他获得了 1991 年的诺贝尔物理学奖。为简单起见，这种模型在总自由能中只考虑由于材料扭转引起的弹性能和使材料处于单轴或双轴状态的热能，该能量泛函用 $Q$-张量表示为：

$$F_{\mathrm{LG}}(Q,\nabla Q) = \int_{\Omega} \left[ f_{\mathrm{d}}(Q,\nabla Q) + f_{\mathrm{B}}(Q) \right] \mathrm{d}x \tag{3-70}$$

式中，$Q$ 是材料所占的区域；弹性能密度 $f_{\mathrm{d}}(Q,\nabla Q)$ 和体积能量密度 $f_{\mathrm{B}}(Q)$ 定义为：

$$\begin{aligned}
f_{\mathrm{d}}(Q,\nabla Q) &= \frac{1}{2} \sum_{i,j,k=1}^{3} \left[ L_1 \left( \frac{\partial Q_{ij}}{\partial x_k} \right)^2 + L_2 \frac{\partial Q_{ij}}{\partial x_j} \times \frac{\partial Q_{ik}}{\partial x_k} + L_3 \frac{\partial Q_{ik}}{\partial x_j} \times \frac{\partial Q_{ij}}{\partial x_k} \right] \\
&\quad + \frac{1}{2} \sum_{i,j,k,l=1}^{3} \left( L_4 e_{lik} Q_{lj} \frac{\partial Q_{ij}}{\partial x_k} + L_5 Q_{lk} \frac{\partial Q_{ij}}{\partial x_l} \times \frac{\partial Q_{ij}}{\partial x_k} \right)
\end{aligned} \tag{3-71}$$

$$f_{\mathrm{B}}(Q) = -\frac{a^2}{2} tr\left(Q^2\right) - \frac{b^2}{3} tr\left(Q^3\right) + \frac{c^2}{4} \left[ tr\left(Q^2\right) \right]^2 \tag{3-72}$$

式中，$L_i$ 是弹性系数；$tr$ 代表的是矩阵的迹；系数 $a$、$b$ 和 $c$ 一般应该依赖于温度，但为了简便起见，通常将之视为与温度无关的常量。该模型在处理各种电场、磁场取向效应方面较为成功。

Onsager 模型仅考虑棒状分子存在着排除体积，而忽略其分子间的相互作用。液晶体系中存在两种势能的竞争：一方面，排除体积势驱使分子全部指向同一个方向；另一方面，熵最大化原理又使得分子的指向尽可能无序。因此，浓度较低时，每条分子都有足够的空间，彼此接触较少，则熵的作用明显，因此分子不论在位置上还是指向上都是无序的；当浓度增加到中等浓度时，排除体积势开始显现其重要性，分子便尽可能平行排列以节约空间。可以说，当浓度增加时，Onsager 排除体积势驱使体系出现了一个从无序相到向列相的相变。

假设棒状分子的直径和长度分别是 $d$ 和 $L$，在 $d \ll L$ 时，排除体积 $B = 2dL^2\sin\gamma$，$\gamma$ 是棒状分子间夹角。体系总体积为 $V$，分子棒的数目为 $N$，浓度 $c = N/V$。棒的体积分数为 $v = \pi cLd^2/4$，定义每个棒的取向分布函数为 $f(\boldsymbol{n})$，$\boldsymbol{n}$ 为向列相主轴矢量，单位体积内棒的数目为 $cf(\boldsymbol{n})\mathrm{d}\Omega_n$，其中，棒轴矢量均在 $\Omega_n$ 定义的立体角内，按 $f(\boldsymbol{n})$ 分布在主轴 $\boldsymbol{n}$ 的周围。在各向同性的体系中，$f(\boldsymbol{n})=1/(4\pi)$；在向列相中，该函数是一个在主轴 $\boldsymbol{n}$ 方向有极大值的函数。Onsager 模型给出的体系自由能为：

$$G = N^2 T \left\{ \ln c + \int f(\boldsymbol{n}) \ln[4\pi f(\boldsymbol{n})] \mathrm{d}\Omega_n + \frac{1}{2}c \iint f(\boldsymbol{n}_1) f(\boldsymbol{n}_2) B \mathrm{d}\Omega_{n_1} \mathrm{d}\Omega_{n_2} \right\} \tag{3-73}$$

式中，第一项是圆棒的平动自由能；第二项是因圆棒取向所致熵减小对自由能的贡献；第三项则是近似条件下的棒间相互作用能。近似条件包括溶液浓度很低，即满足 $v \ll 1$ [或 $c \ll 1/(L^2 d)$]，同时 $L \gg d$。在高分子液晶体系应用研究中，若满足上述条件，使用 Onsager 模型对其各向异性溶液的性质和相转变进行研究，得到了很好的结果。得到体系自由能后，求出能使之达到最小的平衡分布函数 $f(\boldsymbol{n})$，从而获得棒状分子相变时的有关参数。其主要结果有：

① 在低浓度下，圆形棒状刚性分子的有序取向过程是一级相转变。

② 从向列相（N）到各向同性相（I）转变时，两相态的棒状分子临界体积分数分别是 $v_N = 4.49 d/L$ 和 $v_I = 3.34 d/L$。当 $v < v_I$ 时，溶液是各向同性的；$v > v_N$ 时，体系是各向异性的；$v_I < v < v_N$ 时，各向同性和各向异性同时存在于溶液中。

③ 在 $v_I = v_N$ 时，临界有序参数为 0.84。

Onsager 模型是在稀溶液和大的长径比液晶的条件下得到的，因此有一定的局限性。

Flory 采用格子模型对液晶进行了统计热力学推导。他将液晶体系看成是晶格，棒状分子的长径比为 $x$，将每个棒状分子分为 $x$ 个单元，共占据 $x$ 个格子；这 $x$ 个单元分为 $y$ 段，每段含 $x/y$ 个单元，必须占据同一行中的格子；片段与片段之间不一定在同一行（图 3-62）。每个溶剂分子占据一个格子。设体系总的格子数为 $N$，棒状分子数为 $N_p$，溶剂分子数为 $N_s$，则 $N = xN_p + N_s$。推导体系热力学参数时，首先推导棒状分子在格子中的排列概率，并由此得到配分函数 $\Omega$。从物理意义上讲，总配分函数包括空间的或组合的因子 $\Omega_1$ 以及取向因子 $\Omega_2$。推导的基本思路是，假定体系中已放入 $j$ 条棒状分子，在放入第 $j+1$ 条分子时，先放置第 1 个片段中的第 1 个单元，所有的空格子都可以放置，因此有 $N-jx$ 种放置方法；在第 1 个单元位置确定后，第一个片段中的第 2 个单元必须放置在与第 1 个单元相同行的并与之紧邻的位置上，所以放置的方法数与格子的配位数有关，也与其是否是空格的概率有关，也即需要乘以是空

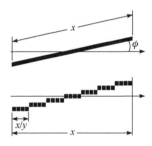

图 3-62　与占优方向成 $\phi$ 角的棒状分子片段与单元

格的概率。这样的操作持续下去，直至放完第 $y$ 个片段的最后一个单元。于是可以推出配分函数为：

$$\begin{cases} \Omega_1 = \dfrac{(N_s + \overline{y} N_p)!}{N_s! N_p! N^{N_p(\overline{y}-1)}} \\ \Omega_2 = \prod_x (\omega_y N_p / N_{py})^{N_{py}} \end{cases} \tag{3-74}$$

式中，$N_{py}$ 是最大取向度偏差为 $y$ 的棒状分子的数目；$\omega_y$ 是与 $y$ 相关的立体角分数；$\overline{y} = \sum_y y N_{py} / N_p$，$N_{py}/N_p$ 代表棒状分子的取向分布，在完全取向时，$y = 1$，$\Omega_2$ 将变得很小；若体系高度无序，$y = x$，则 $\omega_y = N_{py}/N_p$，$\Omega_2 = 1$。当取向程度较高时，$\Omega_2 \approx (\overline{y}/x)^{2N_p}$，这样：

$$\Omega = \frac{(N_{\mathrm{s}} + \overline{y}N_{\mathrm{p}})!(\overline{y}/x)^{2N_{\mathrm{p}}}}{N_{\mathrm{s}}!N_{\mathrm{p}}!N^{N_{\mathrm{p}}(\overline{y}-1)}} \tag{3-75}$$

由 $S = k\ln\Omega$ 和 $G = -kT\ln\Omega$ 可导出体系的熵和自由能：

$$\begin{cases} S = k\ln\Omega = k\left[N_{\mathrm{s}}\ln\phi_{\mathrm{s}} + N_{\mathrm{p}}\ln\dfrac{\phi_{\mathrm{p}}}{x} + N_{\mathrm{p}}(\overline{y}-1)\right] \\[3mm] G = -kT\ln\Omega = -kT\left[N_{\mathrm{s}}\ln\phi_{\mathrm{s}} + N_{\mathrm{p}}\ln\dfrac{\phi_{\mathrm{p}}}{x} + N_{\mathrm{p}}(\overline{y}-1)\right] \end{cases} \tag{3-76}$$

式中，$\phi_{\mathrm{s}}$ 和 $\phi_{\mathrm{p}}$ 分别是溶剂分子和液晶高分子所占的体积分数。以 $\overline{y}=1$ 时的配分函数 $\Omega_0$ 表示完全有序状态下的配分函数，将 $\ln(\Omega/\Omega_0)$ 对 $\overline{y}$ 作图（图 3-63），可以看到，在长径比 $x$ 和浓度都足够小时，随着 $\overline{y}$ 增大，$\Omega$ 单调上升；而当 $x$ 值增大及浓度增大时，$\Omega$ 值会先上升，而后降低，出现极大值。由图可见，从单调上升至出现极大值的变化过程中，临界曲线在长径比 $x = 100$ 时，体积分数 $\phi_{\mathrm{p}}^*$ 为 0.0784。当 $\phi_{\mathrm{p}} > \phi_{\mathrm{p}}^*$ 时，将都会出现极大值，它对应于稳定的液晶态。临界曲线的 $\phi_{\mathrm{p}}^*$ 可以由配分函数对 $\overline{y}$ 的一阶偏导为 0 来求得：

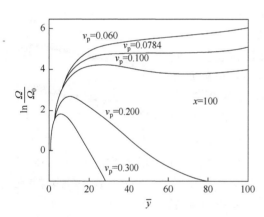

**图 3-63**　配分函数 $\Omega$ 随 $\overline{y}$ 的变化

$$\phi_{\mathrm{p}} = \frac{x}{x - \overline{y}}\left(1 - e^{-2/\overline{y}}\right)$$

在临界点时：

$$x = y^* + \frac{1}{2}y^{*2}\left(e^{2/y^2} - 1\right)$$

对应于 $\phi_{\mathrm{p}}^*$ 时，$\overline{y} = y^*$，从而解得：

$$\phi_{\mathrm{p}}^* = 1 - (1 - 2/y^*)(e^{2/y^*}) \approx \frac{8}{x}\left(1 - \frac{2}{x}\right) \tag{3-77}$$

此即 Flory 液晶理论公式，被广泛应用于高分子溶致液晶的半经验分析，与实验结果定量或半定量地吻合。进一步引入液晶高分子与溶剂间的相互作用参数 $\chi_1$，可以对体系混合热进行修正，从而获得更为准确的混合自由能。

## 四、高分子液晶的应用

在基础理论中，高分子液晶有着特殊的地位，引发了大批物理学家对其特殊的行为进行研究和探索，提出了很多新的理论。而在现代高科技领域，高分子液晶也发挥着巨大的作用。高分子液晶在高强高模纤维的制备、液晶自增强材料的开发、光电响应及温度显示材料、生命科学等方面都得到了广泛的应用。

利用向列相液晶灵敏的电响应特性和光学特性，可以将其用作显示材料。将透明的向列相液晶薄膜夹在两块导电玻璃板之间，在某些位点施加合适的电压，这些位点很快就不再透明，撤销电压，位点重新透明。因此，当电压以某种图形加到液晶薄膜上，便会产生图像。这一原理可应用于数码显示、光学快门及复杂图像等显示中。由于工作电压很低，工作电流仅微安级，功耗极小，向列相液晶与大规模的集成电路的发展相适应，从而在电子手表、计算器、便携仪表、手提电脑和 GPS 电子地图等终端显示、电视屏幕、广告牌方面有很大的优势；通过盘状液晶的混合取向可以扩大视角，使不同角度下的清晰度都能得到提高。

利用胆甾相液晶的颜色随温度而变化的特性，可将其用于温度测量，小于 0.1℃的温度变化，液晶就有视觉可辨的颜色变化，非常灵敏。胆甾相液晶的螺距因某些微量杂质的存在而改变，从而产生颜色的变化，这一特性可用作某些痕量化学药品和特殊气体分子的指示剂和传感器。

将刚性高分子溶液的液晶体系所具有的流变学特性应用于纤维加工过程，已创造了液晶纺丝技术。采用这种技术可以使纤维的力学性能提高两倍以上，获得高强度、高模量、综合性能好的纤维。

刚性高分子形成的液晶体系具有高浓度、低黏度和在低切变速率下就高度取向的特点，因此采用液晶纺丝，顺利解决了通常情况下高浓度必然伴随着高黏度的问题。由于液晶分子的取向特性，纺丝时可以在较低的牵伸条件下获得高取向度，避免了纤维在高倍拉伸时产生应力和受到损伤。

液晶高分子中含有的刚性介晶基元能够在外力场作用下形成分子链取向。这种特点使其成为制作高强度高模量材料的理想材料之一。由液晶高分子制备的高强度材料的密度比传统材料小，但是强度却是传统材料的几倍，且具有优异的耐高温性和耐化学腐蚀能力，同时具有精度高、尺寸稳定优异、可电镀、静电消散、低翘曲等特性，性能超越陶瓷、热固性塑料，可用作特种工程塑料，广泛应用于插槽、线轴、开关、连接器、芯片支架等电子器件中。以液晶高分子制作的高性能特种纤维则可作为航天器着落材料，以及用于防护、渔业和体育用品等领域。

传统的树脂基复合材料多以玻璃纤维、碳纤维等宏观纤维作增强成分。但纤维与基质间的结构差别、热膨胀系数差别等使之在界面处容易产生结构缺陷，导致应力集中，使材料的抗冲性能降低。而且玻璃纤维增强体系中，配料的高黏度和高摩擦不仅耗能高，而且也容易造成设备严重磨损。

液晶高分子在熔融加工条件下能原位形成取向的液晶微纤增强结构，因而被称为"自增强材料"。将这种高分子液晶材料分散在柔性高分子基体中，利用高剪切或高拉伸使液晶高分子取向，在共混物中形成液晶微纤，由于液晶高分子与基体材料相容性好，能够达到分子级的复合，取向的液晶高分子间仍易于相对滑动，黏度较低，也改善了材料的加工流动性。这种采用液晶高分子来达到原位取向增强目的的复合方式，为获得高模量、高强度、易加工的新型复合材料提供了一条新的途径。

利用高分子液晶的热光效应可以实现光信息存储。用于信息记录的多为热致液晶。其原理是通过激光照射局部区域使之受热，导致该区域液晶高分子熔融成为各向同性液体，从而与未照射区域的光信号有所区别来实现的。首先将存储介质制成透光的向列相液晶，让测试的入射光沿着向列相液晶的分子取向方向射入样品，入射光可以完全透过，表面此时没有信息记录。然后用另一束待记录的激光信号局部照射存储介质，使局部温度升高，取向分子失去有序度，高分子熔融成各向同性液体。激光消失后，熔融高分子凝结为不透光的晶体，表明该激光信号被记录。此时用测试光照射时，将只有部分光线透过样品。记录的信息在室温下将被永久保存。

由液晶高分子制成的膜材料具有较强的选择渗透性，可用于气、液相体系组分的分离分析。由溶致高分子液晶构成的生物膜也因其具有特殊的识别、运输、传递、分离物质和能量的功能，在生物学、医学、药物学、仿生学等领域具有广阔的应用价值。利用胆甾相液晶的虹彩现象和旋光性能，可进行加密作为防伪标识应用于钞票、机密文件、证件等防伪领域；由于高分子液晶耐热性好，可用高压蒸汽消毒和大多数化学试剂消毒，因此可代替不锈钢用于外科器械、牙科工具、杀菌托盘及设备、药物传输系统和诊疗器械等医疗领域。

引入一些光敏基团，可以将液晶制成光致变色、光致发光、光致伸缩等功能材料。这些功能高分子材料已经得到了广泛的研究。利用高分子液晶弹性体受热或受光照射时会发生很大的形变，可以将其制成致动材料而用于微型机构中。

# 第五节　共混物的多相结构

## 一、高分子混合物的类型

高分子混合物根据混合组分的不同，可以分为三类：一是高分子与增塑剂组成的体系，就是增塑高分子，其中增塑剂相当于高分子的高沸点溶剂，加入后可以改善体系的加工性能；二是高分子与填充剂组成的体系，形成高分子复合物，填充剂可以是粉末状的，如 $CaCO_3$、石粉 $SiO_2$ 等，也可以是纤维状的，如玻璃纤维（GF）、碳纤维（CF）等，也可以是由织物编织成二维或三维复杂结构通过浸渍而成的；第三类是高分子与高分子的混合体系，通过物理-机械共混，如溶液浇注、乳液共混等，或者通过化学方法混合，如嵌段共聚或接枝共聚、溶胀聚合、梯度共聚等，或原位聚合得到互穿聚合物网络（IPN）或半互穿聚合物网络（SIPN），以及反应性加工方法接枝等技术实现。因此，第三类包括共混高分子和共聚高分子两种类型，都是多组分高分子。由于高分子混合物可以通过简单的方法得到，而所得到的材料却具有单一组分所没有的综合性能，且可以随着混合组分的改变而得到千变万化的体系，因此，它是开发新材料的一个重要手段。利用现有的高分子品种，通过简单的工艺过程制备高分子混合物，显示出它特有的优越性，因而在工业上得到广泛的应用。

从凝聚态研究的角度出发，高分子混合物有两种类型：一类是两个组分能在分子水平上互相混合而形成宏观均相的体系，如大部分高分子-增塑剂体系属于均相混合体系，只有极少数高分子-高分子混合体系属于均相体系。另一类则不能达到分子水平的混合，两个组分分别自成一相，结果混合体系便成为非均相体系，如高分子-填充剂体系和大多数高分子-高分子体系就是非均相混合体系。对于嵌段共聚物或接枝共聚物体系，如果嵌段或接枝的组分属于不相容结构，则尽管也是分子水平的混合，但由于分子量太大，从微观上会产生微相分离，因此大多也是非均相体系。非均相高分子混合物具有与一般高分子不同的凝聚态结构特征，同时也带来了一系列独特的性质，值得详细探讨。

对非均相体系而言，高分子混合物的结构可以分为单连续相体系（海岛结构）、双连续相体系或层状体系、两相互锁（互穿体系）等三种。

## 二、高分子-高分子的相容性

两种高分子能不能相混合，混合的程度如何，就涉及高分子的相容性问题。高分子-高分子混合物的织态结构与混合组分高分子之间的相容性有着密切的关系。

高分子的相容性概念与低分子的互溶性概念有相似之处，但又不完全相同。对于低分子来说，互溶就是指两种化合物能达到分子水平的混合，否则就是不互溶，要发生相分离。

高分子-高分子的相容性也常用溶度参数来判断。按溶液 Hildebrand 理论，混合热 $\Delta H \propto (\delta_A - \delta_B)^2$，这里 $\delta_A$ 和 $\delta_B$ 分别是两种高分子的溶度参数。这就是说，两种高分子的溶度参数愈接近，$\Delta H$ 就愈小，则这两种高分子的相容性就愈好。但是，与高分子选择溶剂的情况一样，溶度参数相近的原则并不是绝对的，因而只能作为一种辅助的工具。

从热力学上讲，两种物质互溶的条件是混合过程的自由能变化满足下式：

$$\Delta G = \Delta H - T\Delta S \leqslant 0$$

对于高分子与高分子的混合，这个条件仍然适用。但是由于高分子的分子量很大，混合时熵的变化很小，而且高分子-高分子混合过程一般又是吸热过程，即 $\Delta H$ 是正值，因此要满足 $\Delta G \leqslant 0$ 的条件是很困难的，其 $\Delta G$ 往往大于零，因而绝大多数高分子-高分子混合物都不能达到分子水平的混合，结果形成非均相混合物，称为"两相结构"或"两相体系"。不过这也正是我们所希望的。如果高分子-高分子混合物能达到分子水平的混合，形成均相混合物，反倒显示不出所希望获得的某些特征。在不完全相容的高分子-高分子混合物中，还存在着混合程度的差别，而这种混合的程度仍然与高分子-高分子间的相容性有关。因此，高分子的相容性概念不像低分子的互溶性那么简单，它不只是指出相容与不相容，而且还注意相容性的程度。

共混体系的相容性的表征方法有玻璃化转变法、电子显微镜（EM）或原子力显微镜（AFM）法、散射法等。非晶高分子都具有特定的 $T_g$，若共混物相容或半相容，则体系仅有一个 $T_g$，并介于各组分 $T_g$ 之间；若体系出现多个与其组分大致对应的 $T_g$，则体系不相容。采用 EM 或 AFM 直接观察，通过各组分相互融合的程度可以大致判断二者的相容性，看到的接触点越模糊，则体系相容性越好。散射法包括光散射、小角 X 射线散射和小角中子散射等，它通过不同波长光的散射差异来推测分散相的粒径及其分布，从而判断共混体系的相容性。其他表征技术还有红外光谱法、反相色谱法等。

较为简便的实验法是将两种高分子溶解于共溶剂中，然后相混合，根据混合后发生相分离的相体积比来判断两种高分子的相容性。但这种方法在理论上是有缺陷的，因为两种高分子在溶液中共溶，不等于在固相中能够相容，其中加进了溶剂的因素。由于方法简便，因而尚有一定的实用价值。除此以外，也可用混合溶液浇膜，视所得薄膜的透明性来判断高分子对的相容性；或者直接在滚筒上熔融轧片或热压成片后，根据薄片的光洁度和透明度来判断。用透光性来判断相容性的方式称为浊点法。

为了改善共混组分中两高分子间的相容性，可以通过接枝改性、嵌段共聚、添加相容剂、引入特殊基团以增加二者的相互作用能等措施来达到。

研究发现，如果共混的两个组分间存在氢键，随着氢键含量的上升，不相容的共混体系也可以转变为相容。氢键含量达到一定程度后，本来不相容的组分能量转移能力可以超过相容体系，"比相容体系更相容"，此时，孤立的异种高分子链逐渐形成可溶的"高分子间络合物"的物理状态，发生"不相容—相容—络合"转变。相容体系和络合体系都是均相的，但前者是异种链节间的无规混合，而后者则相互配对。

## 三、共混高分子的主要特点

大多数共混高分子形成的非均相体系从热力学看，并不是处于一种稳定状态的，但是它又不像一般低分子不稳定体系那样容易发生进一步的相分离。受动力学限制，高分子-高分子混合物处于一种亚稳定状态。由于共混高分子体系黏度很大，分子或链段的运动实际上处于一种冻结的状态，运动的松弛时间很长，才使这种热力学不稳定状态得以维持，有相对的稳定性。但是嵌段共聚物形成的非均相体系则有可能是热力学上的稳定体系。

高分子-高分子混合物的分散程度取决于组分间的相容性。相容性太差时，两种高分子混合程度很差，材料通常呈现宏观的相分离，出现分层现象，因而少有实用价值。两种高分子的相容性愈好，则两相愈容易分散得均匀，可以混合得愈好。这类相容性适中的共混高分子具有较大的实用价值，它们在某些性能上可以呈现突出的甚至超过两种组分的优异性能。这类共混高分子所呈现的相分离是微观的或亚微观的相分离，在外观上是均匀的，而不再有肉眼看得见的分层现象。当分散程度较高时，甚至连光学显微镜也观察不到两相的存在，但在高放大倍数的电镜下能够观察到两相结构。完全相容的高分子混合时，可以达到分子水平的分散，最终形成热力学上稳定的均相体系。

完全相容的高分子共混体系，由于形成均相体系，材料只有一个玻璃化转变温度。而不完全相容的那些共混高分子，由于发生亚微观相分离，形成两相体系，两相分别具有相对的独立性，各有自身的玻璃化转变温度。这一性质可被用于了解各种共混高分子的相分离情况和组分的相容性。由于各种测定玻璃化转变温度的方法灵敏度不同，结果也可能不完全一致，常需多种方法配合使用来测定。

## 四、非均相多组分结构

按照密堆砌原理及实验观察结果，非均相多组分高分子的织态结构的理想模型如图 3-64 所示。一般含量少的组分形成分散相，含量多的组分形成连续相。随着分散相含量的逐渐增加，分散相从球粒状分散变成棒状分散，到两个组分含量相近时，则形成层状结构，这时两个组分在材料中都成连续相的双连续相。双连续相也可能是非层状交错的和复杂互穿网状结构的。例如，以溶胀的方法把一种组分的单体引入另一种组分的交联高分子中去，然后进行聚合时，这样得到的多组分高分子就是一种互相贯穿的网状结构的双连续相。当然，多组分高分子的实际结构要复杂得多，可能出现过渡形态，或者几种形态同时存在。

(a) 分散相零维球粒　　(b) 分散相一维纤维　　(c) 两相二维层状双连续相　　(d) 三维网状双连续相

**图 3-64** 非均相多组分高分子的织态结构模型

对于一个组分能结晶或者两个组分都能结晶的多组分高分子，则在其凝聚态结构中又增加了晶相和非晶相的织态结构因素，变得更为复杂。

嵌段或接枝高分子受子链长短、结构的刚柔性和相互作用基团以及手性差别等内因的影响，在不同的溶剂体系（包括非溶剂类型）、溶液浓度、温度或 pH、施加的外场等外部环境条件下，可以获得非常丰富的自组装形貌。

例如林嘉平课题组以聚（L-谷氨酸-γ-苄酯）（PBLG）、聚谷氨酸等合成多肽为硬段，以 PEG 或聚苯醚（PPO）等为软段，合成了一系列的嵌段或接枝共聚物，发现二嵌段共聚物 PBLG-b-PEG 通过自组装可以形成棒状和囊泡胶束，其中棒状内部的 PBLG 硬段具有类似液晶的有序排列；聚 L-谷氨酸（PLGA）和 PPO 的三嵌段共聚物 PLGA-b-PPO-b-PLGA 随 PLGA 链长增加或溶液 pH 降低，会从囊泡转化为球形胶束；PBLG 接枝 PEG（PBLG-g-PEG）在四氢呋喃（THF）溶液中随溶剂中三氟乙酸（TFA）含量的增加，胶束形貌从纺锤形过渡到球形。PBLG 分子量为 300000、PEG 为 750 的接枝共聚物，从 15℃到 30℃，自组装体会发生从直棒到开环弯棒再到圆环的形貌转变。继续升高温度到 45℃时，圆环发生塌缩变形（图 3-65）。

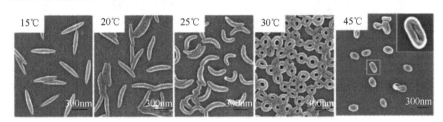

**图 3-65** PBLG-g-PEG 随温度升高时从棒状到环状的结构演变

将二嵌段共聚物 PBLG-b-PEG 与较低分子量的均聚物 PBLG 共混，可以自组装形成超分子螺旋，其中 PBLG 均聚物构成棒状内核，嵌段共聚物则在 PBLG 棒表面有序排列形成螺纹结构。研究发现，当起始溶剂极性较弱或者溶液温度较低时，形成非螺旋纤维体。随着温度从 5℃逐渐升高至 60℃时，自组装结构逐渐从非螺旋转变为右手螺旋，再转变为非螺旋串珠（类似于算盘中的档与珠），再转变为左手螺旋棒[图 3-66(a)]。提高溶剂中极性溶剂二甲基甲酰胺（DMF）含量，自组装形貌也同样会发生从右手螺旋向左手螺旋的转变。这种转变是可逆的。当逐渐提高均聚物 PBLG 的分子量时，自组装体从棒状逐渐向环状超分子螺旋体过渡，最终超分子螺旋的形貌可以完全转变为环状。而随着嵌段共聚物含量的减少，环上螺旋则逐渐变得不明显，当不加嵌段共聚物时，高分子量的 PBLG 会形成光滑的螺旋环[图 3-66(b)].

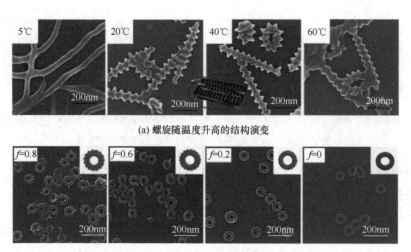

(a) 螺旋随温度升高的结构演变

(b) 超分子螺旋环结构随共聚物含量f增加的结构演变

**图 3-66**　共聚物 PBLG-b-PEG 与均聚物 PBLG 共混体系的自组装超分子形貌

上述组装体还可以作为初级粒子进一步组装形成纳米线等多级自组装体。

可见，共混体系的织态结构是非常丰富的。其结构以及在不同条件下结构的转变都有着其热力学和动力学的机制，可以运用布朗动力学、分子动力学、耗散粒子动力学等方法对共混体系的形貌及其变化历程进行相关模拟研究。

共混物的结构可以用电镜直接观察，这时取样与测试前样品的前处理对共混物的形态影响非常重要。在共混物制备过程中取样，可以了解其形貌的动态演化；共混物制备完成后的样品则可反映其终态结构。取样完成后，利用电镜对样品进行观察前，需要对样品进行预处理。常见的处理方法有染色法、刻蚀法和低温脆断法。染色法常采用强氧化试剂如 $RuO_4$、$OsO_4$ 等与样品中的醚键、羟基、芳香基或氨基反应来提高样品的衬度。刻蚀法则是通过选择适当的溶剂溶去共混组分中的一相或几相，如利用铬酸刻蚀橡塑共混物中的橡胶成分，从而使样品形成带有空洞的立体结构，有利于观察未溶解组分的立体结构。低温脆断法是将样品在液氮中淬火，然后脆断得到共混物断面，用以观察共混物内部的截面结构。

## 五、共混结构对性能的影响

在共混高分子中，早期研究较多的是由一个分散相和一个连续相组成的两相共混物。为了研究方便，通常又根据两相的"软""硬"情况，将其分为四类：①分散相软-连续相硬，如橡胶增韧塑料；②分散相硬-连续相软，如热塑性弹性体 SBS；③分散相和连续相均软，如天然橡胶与合成橡胶的共混物；④分散相和连续相均硬，如聚乙烯改性聚碳酸酯等。

由于各类共混物有各自的性能特点，情况比较复杂。下面我们主要以第一类共混物为例，作简单的介绍。

（一）光学性能

大多数非均相的共混高分子都不再具有其组分均聚物的光学透明性。例如 ABS 塑料（即丙烯腈-丁二烯-苯乙烯共聚共混物）中，连续相 AS 共聚物是一种透明的塑料，分散相丁苯胶也是透明的，但是 ABS 塑料是乳白色的，这是由于两相的密度和折射率不同，光线在两相界面处发生折射和反射。

又如有机玻璃，原是很好的透明材料。对于要求有较高抗冲性能的场合，可以在 PMMA 的基体中引入少量的丁苯共聚物，做出与 ABS 塑料相类似的 MBS 塑料。它也是一个两相体系材料，强度提高了很多，但透明性通常将丧失。

如果严格调节两相中的共聚组成，使两相的折光率接近，也可以减少两相界面上的光散射，从而得到透明的高抗冲 MBS 塑料。如果将分散相粒子进一步细化，当其尺寸小到比光的波长还小时，体系就会变得透明。例如热塑性弹性体 SBS 嵌段共聚物也是非均相材料，其中聚苯乙烯段凝聚成微区，分散在由聚丁二烯段组成的连续相中，但是由于微区的尺寸十分小，只有 10nm 左右，不至于影响光线的通过，因而显得相当透明。

### （二）热性能

非晶态高分子作塑料使用时，其使用温度上限是 $T_g$。为了提高韧性，如果采取增塑的办法，则会使 $T_g$ 下降，导致塑料的使用温度上限降低；甚至当增塑剂稍多时，室温下就会失去塑料的刚性，只能作软塑料使用。而采用橡胶增韧塑料时，例如高抗冲聚苯乙烯，虽然引入了玻璃化转变温度很低的橡胶组分，但是由于形成两相体系，橡胶以分散相形式存在，对于聚苯乙烯连续相的 $T_g$ 影响不大，因而能够基本保持未增韧前塑料的使用温度上限。这种扬长避短的改性手段正是高分子共混物的突出优点。

### （三）玻璃化转变温度

如果混合体系完全相容，则体系只存在一个 $T_g$，其大小近似满足 Fox 经验方程：

$$\frac{1}{T_g} = \sum_i \frac{w_i}{T_{gi}} \tag{3-78}$$

式中，$w_i$ 和 $T_{gi}$ 分别为第 $i$ 组分高分子的质量分数和玻璃化转变温度。对不完全相容的体系，则每个组分都有其各自的 $T_g$，与原 $T_g$ 相近。

例如，A 和 B 的两组分体系模量-温度曲线如图 3-67 所示。其中单组分 A 和单组分 B 的曲线上只有一个转折点，分别为 A 和 B 的玻璃化转变温度 $T_{gA}$ 和 $T_{gB}$；C 和 D 为二者的混合物，其中 C 是 A 和 B 无规共聚物曲线，因为以低分子尺寸相混合，所以是相容体系，只有一个转折；而 D 是 A 和 B 两种高分子的混合物，是不相容体系，因此有两个 $T_g$。这两个 $T_g$ 与单组分 A 和 B 的 $T_{gA}$ 和 $T_{gB}$ 相近，但又不完全一样。相容性提高时，两个转变温度就越接近，而与单组分的 $T_g$ 相去越远。到半相容时，玻璃化转变温度合并为一个，但转变的温度范围会变得很宽。

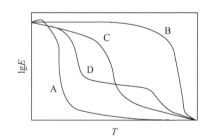

**图 3-67** 双组分混合物模量-温度曲线

（A、B 为单组分纯高分子，C、D 为 A 和 B 的混合物）

### （四）共混物力学性能

显然共混体系的模量主要由连续相决定，但分散性对模量也有很大的贡献。对于共混体系的模量等力学性质 $P$ 有以下估算法则。

1. 线性法则

对均匀混合的二组分共连续体系，材料的力学性能参数可以由线性方程加以估算：

$$P = P_1\phi_1 + P_2\phi_2 + \chi_{12}\phi_1\phi_2 \qquad (3\text{-}79)$$

式中，$\phi_i$ 为 $i$ 组分的浓度，一般取体积分数；$\chi_{12}$ 是共混组分间的相互作用参数。

2. 指数法则

在组成比接近 1∶1 的嵌段共聚物、IPN 和层压薄膜体系中，二组分通常可以形成双连续相。两相完全分离的体系中，由于两种不同组分的接触只在相界面，所以可以忽略上式中的相互作用项，并由形态学模型分为串联和并联两种，则分别对应给出性能值的上下限：

$$P = P_1\phi_1 + P_2\phi_2 \qquad (3\text{-}80)$$

$$P^{-1} = P_1^{-1}\phi_1 + P_2^{-1}\phi_2 \qquad (3\text{-}81)$$

一般情形下，高分子共混材料的性能处于上下限之间，用下式表示：

$$P^n = P_1^n\phi_1 + P_2^n\phi_2 \qquad (3\text{-}82)$$

$n$ 取值范围为 $[-1, 1]$，由实验数据进行曲线拟合可以得到相应的值。当指数取 1/5 时，为 Davies 模型。该模型要求两相间有完美的黏附力。

3. Halpin-Tsai 模型和 Nielsen 校正

基于 Hill 的自洽理论，Halpin-Tsai 模型给出的共混物力学性能参数 $P$ 为：

$$\frac{P}{P_1} = \frac{1 + AB\phi_2}{1 - B\phi_2} \qquad (3\text{-}83)$$

式中，下标 1 表示基体相；下标 2 表示分散相；$A$、$B$ 为与组分均聚物性能有关的常数。Nielsen 在分母的 $B$ 前增加一个浓度校正因子 $\gamma$，它由粒子的填充状态决定，$\gamma = 1 + \dfrac{1-\phi_m}{\phi_m^2}\phi_2$，$\phi_m$ 是可填充粒子的最大体积分数，与颗粒形状和取向有关。该模型还有数种拓展，主要是对常数 $A$ 和 $B$ 的表达式进行修正。

4. 高柳素夫模型

高柳素夫将黏弹性力学模型中弹簧和黏壶元件转换为高分子共混材料的两相，用以解释共混体系的力学性能。该模型又被称为串并联模型。

（1）并联模型

设共混物由两部分并联而成，其中第 1 部分不含分散相，第 2 部分含有分散相（图 3-68），其中第 1 部分所占体积分数为 $\lambda_1$，第 2 部分所占的体积分数为 $\lambda_2$，$\lambda_1 + \lambda_2 = 1$。而第 2 部分由 A 和 B 两部分串联而成，其体积分数分别为 $\phi_{2A}$ 和 $\phi_{2B}$，同样，$\phi_{2A} + \phi_{2B} = 1$。

首先我们看一下第 2 部分中 A 和 B 的串联结构，可以写出其应力方程为 $\sigma_2 = \sigma_{2A} = \sigma_{2B}$，应变为 $\varepsilon_2 = \varepsilon_{2A}\phi_{2A} + \varepsilon_{2B}\phi_{2B}$，模量 $E_2 = \sigma_2 / \varepsilon_2$，所以：

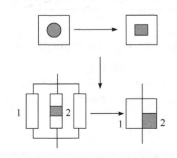

图 3-68　共混物的并联模型
（白色为组分 A，黑色为组分 B）

$$\frac{1}{E_2} = \frac{\varepsilon_{2A}\phi_{2A} + \varepsilon_{2B}\phi_{2B}}{\sigma_2} = \frac{\varepsilon_{2A}\phi_{2A}}{\sigma_{2A}} + \frac{\varepsilon_{2B}\phi_{2B}}{\sigma_{2B}} = \frac{\phi_{2A}}{E_A} + \frac{\phi_{2B}}{E_B}$$

对 1 和 2 并联部分，我们有应变 $\varepsilon = \varepsilon_1 = \varepsilon_2$，应力为 $\sigma = \lambda_1\sigma_1 + \lambda_2\sigma_2$，所以材料的总模量为：

$$E = \frac{\sigma}{\varepsilon} = \frac{\lambda_1\sigma_1 + \lambda_2\sigma_2}{\varepsilon} = \frac{\lambda_1\sigma_1}{\varepsilon_1} + \frac{\lambda_2\sigma_2}{\varepsilon_2} = \lambda_1 E_1 + \lambda_2 E_2 = \lambda_1 E_A + \lambda_2\left(\frac{\phi_{2A}}{E_A} + \frac{\phi_{2B}}{E_B}\right)^{-1} \tag{3-84}$$

（2）串联模型

如果我们把共混体系看成是由不含分散相的 1 和含有分散相的 2 两部分串联而成的（图 3-69），其中 1 所占的体积分数是 $f_1$，2 所占的体积分数为 $f_2$，显然 $f_1 + f_2 = 1$。而第二部分由 A 和 B 并联而成，其体积分数分别为 $\phi_{2A}$ 和 $\phi_{2B}$，同理，$\phi_{2A} + \phi_{2B} = 1$。

首先我们看一下第二部分中 A 和 B 的并联部分，可以写出其应力方程为 $\sigma_2 = \sigma_{2A}\phi_{2A} + \sigma_{2B}\phi_{2B}$，应变为 $\varepsilon_2 = \varepsilon_{2A} = \varepsilon_{2B}$，所以第二部分的模量为：

$$E_2 = \frac{\sigma_2}{\varepsilon_2} = \frac{\sigma_{2A}\phi_{2A} + \sigma_{2B}\phi_{2B}}{\varepsilon_2} = E_A\phi_{2A} + E_B\phi_{2B}$$

对 1 和 2 串联部分，我们有应力 $\sigma = \sigma_1 = \sigma_2$，应变 $\varepsilon = f_1\varepsilon_1 + f_2\varepsilon_2$，所以材料总模量的倒数为：

$$\frac{1}{E} = \frac{\varepsilon}{\sigma} = \frac{f_1\varepsilon_1 + f_2\varepsilon_2}{\sigma_1} = \frac{f_1}{E_1} + \frac{f_2}{E_2} = \frac{f_1}{E_A} + \frac{f_2}{(E_A\phi_{2A} + E_B\phi_{2B})}$$

所以：

$$E = \left[\frac{f_1}{E_A} + \frac{f_2}{(E_A\phi_{2A} + E_B\phi_{2B})}\right]^{-1} \tag{3-85}$$

采用并联模型和串联模型有相似性。其中串联给出了共混体系模量的下限，并联则给出了上限。而连续相将主导共混体系的力学性质。例如，有一个材料为 A 和 B 的混合物，其中 $E_A = 10^7 \text{Pa}$，$E_B = 10^{10} \text{Pa}$，而 $\phi_B$ 在（0，1）间变化，则模量曲线如图 3-70 所示。可见 $\phi_A$ 和 $\phi_B$ 在 0.3～0.7 会发生相反转。相反转时，性质会产生突变，发生从接近 A 到接近 B 的变化。

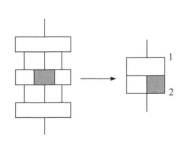

图 3-69　共混物的串联模型
（白色为组分 A，黑色为组分 B）

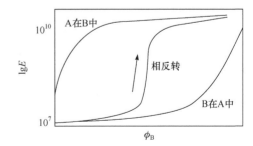

图 3-70　共混物的模量变化曲线

5. 其他模型

Kolarik 提出了等价盒子模型（EBM）。该模型将上述的串联和并联模型加以并联，相当于力学模型中的四元件模型，由此来估算共混体系的力学性质。

Nijhof 和 Veenstra 等针对共连续混合体系提出了对称互联骨架（SISS）模型；Wang 等假定共混物是由两种各向同性的纯组分组成的各向同性体系，提出节点互联骨架（KISS）模型；其他还有 Doi-Ohta 模型、Yu 模型等。

## 六、高分子共混体系的增容剂

由不相容的 A、B 两种高分子所形成的共混物是一个多相体系，存在两相间的界面及两相结构形态。相界面形成了材料的薄弱环节。为了改善界面状况和不合理的两相结构形态，需加入第三组分，即通常所说的"增容剂"或"相容剂"。

改善组分间相容性的常用方法有：化学改性引入极性基团，使之产生特殊相互作用，使得混合焓 $\Delta H \leqslant 0$，如引入特殊相互作用，包括氢键、离子-离子、偶极-偶极、电荷转移络合物 CTC 等；也可以加入少量第三组分（增容剂），降低两组分间界面张力。

### （一）增容剂的增容作用

增容剂的作用包括可以降低界面张力 $\gamma_{界面}$，降低界面能；乳化作用，减小粒径，提高分散度；增进相区间相互作用；促进相区间的相互渗透；提高界面粘接强度等。

增容作用的体现主要是分散相尺寸降低，分散程度提高，且共混相形态相对稳定，不随时间和温度而改变。但增容剂本身并不总是分子水平分散。

对于一个共混体系，其自由能变化为：

$$G = \sum n_i \mu_i + \sum A_i \gamma_i \tag{3-86}$$

式中，$n_i$ 为第 $i$ 组分的物质的量；$\mu_i$ 为第 $i$ 组分的化学势；$A_i$ 为第 $i$ 组分的表面面积；$\gamma_i$ 为第 $i$ 组分的界面能。对于同一个共混体系，第一项是确定的，共混体系有怎样的相结构主要取决于第二项，而界面能是主要的决定因素，界面面积则是重要的参数。只有当增容剂处于界面区域时，共混体系 $\sum A_i \gamma_i$ 达到最小值。如果增容剂形成无效胶束结构，则会影响其增容效率。

共混体系的界面张力 $\gamma$ 随增容剂浓度 $c$ 变化为：

$$\gamma = (\gamma_0 - \gamma_s) e^{-Kc} + \gamma_s \tag{3-87}$$

式中，$\gamma_0$、$\gamma_s$ 和 $K$ 都是与共混体系的结构参数有关的常数。当增容剂浓度为 0 时，$\gamma = \gamma_0$；当增容剂浓度趋于无穷大时，则 $\gamma = \gamma_s$。加入增容剂导致共混物界面张力降低，最低降至 $\gamma_s$，而非 0。

粒子尺寸对界面张力的影响可以借助修改的 Weber 准数方程来计算。Weber 准数方程为：

$$\frac{2G\eta_m R}{\gamma} = F(\eta_r) \tag{3-88}$$

式中，$R$ 是分散相粒子的平均半径；$G$ 是剪切速率；$\eta_m$ 为连续相熔体黏度；$F(\eta_r)$ 为相对黏度的函数。代入界面张力方程（3-87）中可得：

$$R = (R_0 - R_s) e^{-Kc} + R_s \tag{3-89}$$

式中，$K$ 为常数；$R_0$、$R_s$ 为增容剂浓度 $c$ 分别为 0 和饱和时分散相的平均半径。

增容剂的影响不仅体现在共混物中相尺寸降低和分散度提高，而且对相形态的结构有影响，甚至可以引起相形态的反转。通过控制增容共混物中分散相和连续相的溶胀度，可以得到具有不同微观结构的共混物。例如以 PS-b-PMMA 增容 PS/SAN（SAN 为苯乙烯-丙烯腈共聚物）共混物时，发现当共混物组分分子量为特定值时，随着 SAN 中丙烯腈含量减少，微观相形态从分离的泡囊结构变成溶合的泡囊结构，最后变成相反转的网络。含量少的组分在界面区域的分数达到最大，倾向于产生平面状界面。

## （二）影响因素

对 A/A-b-B/B 体系，若体系中没有氢键等特殊相互作用，增容剂 A-b-B 中的某一段与相容组分的分子量相对大小是决定增容作用好坏的重要参数。Kramer 证明，嵌段共聚物中各段分子量大于与其相容的均聚物分子量时，可通过相互扩散形成"湿刷"结构，从而明显提高界面相容性。例如：LDPE/HPB（氢化聚丁二烯）-b-PS/PS，增容剂的质量分数为 2% 即可，它可均匀分布于共混物界面区域。

对 A/A-b-C/B，若 C 与 B 有氢键等特殊作用，则相容剂在界面定向排列主要取决于相互作用的强弱，分子量大小没有明显影响。

增容剂结构也有较大的影响。如采用嵌段或接枝共聚物等，因属于微相分离型，其在两相中均有形成胶束的趋势；而无规共聚物或官能化高分子、均聚物等，属于均相型，不能形成自身的胶束或微区，需能与两相相容。例如 PMMA/SAN、PMMA/SMA（苯乙烯-顺丁烯二酸酐共聚物）、PVC/NBR（丁腈橡胶）本不相容，但经过共聚物做相容剂，在一定组成时可相容。

此外采用反应性增容剂，通过组分间某些官能团的相互反应，就地生成接枝或嵌段共聚物，相容性更好。反应性增容剂指带有反应性基团的高分子，其特点是：①共混物应具有足够的混合度；②两种组分间具有彼此可反应的官能团；③反应能在短时间内完成。

反应性增容有四类反应，包括：链插入反应生成嵌段或无规高分子；端基官能团与主链官能团反应形成接枝共聚物；主链官能团间反应得到接枝或交联共聚物；形成离子键。表 3-10 是一些典型的反应性增容剂体系。

**表 3-10** 反应性增容剂的主要种类

| 增容类型 | 增容剂 | 共混体系 |
|---|---|---|
| 酸酐-胺 | PP-MA<br>EPDM-MA<br>SMA<br>SEBS-MA | PP/PA6<br>EPDM/PA6<br>ABS/PA6<br>PPO/PA6 |
| 噁唑啉-羧基<br>环氧-羧基、羟基、酸酐或胺 | PP-g-VO$_x$（乙烯基噁唑啉）<br>P（St-co-GMA）<br>PP-g-AA | PP/PBT<br>PPO/PA6<br>PP/PBT |
| 分子链间形成盐 | 磺化 PS 锌盐 | （PS + PPO）磺化 EPDM 的锌盐 |

注：EPDM 为三元乙丙橡胶，MA 为顺丁烯二酸酐，P（St-co-GMA）为苯乙烯-甲基丙烯酸缩水甘油酯共聚物，PP-g-AA 为聚丙烯接枝丙烯酸。

加入反应性增容剂形成的界面层厚度可达 10～60nm，与一般增容剂分子的旋转半径相比大得多。其原因可能是原位形成接枝共聚物，以胶束形式凝聚在一起。测试结果表明，增容剂层本身厚度几乎未变，而界面中心则向反应一侧迁移。

共混物的制备方法有重要的作用。比如有以下四种加料方式：三元组分在混合机中预混，再在挤出机中共混；增容剂与分散相在挤出机中混合，再加入连续相共混；增容剂加连续相预混，再加入分散相共混；三元同时加入挤出机中共混，再逐渐升温共混。一般以最后这种方式最为常用。

### （三）增容剂在共混物中的分布

由于增容剂也属于表面活性剂，形成胶束的过程是热力学自发过程，因此增容剂自组装形成胶束也是可能的。但胶束的形成对共混物相容性改善几乎不起作用，增容剂只有分布在界面区才是有效的。在不同的共混体系中，不同结构的增容剂有不同的分布。

① 当 A、B 高度不相容时，增容剂 C-b-D 的分布有两种可能：a. C 与 A 相容，D 与 B 相容，则形成 A…C-b-D…B 结构，此时增容剂主要分布在界面区。b. 增容剂 C-b-D 只与其中一个组分相容性好，与另一组分相容性不好，则一部分相容剂会在两相的界面富集，而另一部分在相容的组分内自组装形成胶束。

② 当 A、B 部分相容时，增容剂则一部分在界面，而其他部分可能会以单分子状态分散在两相的相区中。

关于共混体系的理论研究，包括混合自由能理论、刷子理论和统计热力学的"自洽场"理论等，对混合体系的自由能变化、增容剂在不同相容性的共混体系中的分布及其对界面能和界面强度的影响等进行了理论研究和计算机模拟；在实验研究方面，包括对界面形貌的观测，对共混体系微观结构的表征，以及共混体系的玻璃化转变机制、界面层厚度及界面张力，增容剂在界面区域的分布及其作用等，开展了大量的研究，为共混体系的界面结构、分子运动与力学性能间的关系提供了丰富的实验成果。

参考文献

# 第四章　高分子溶液

高分子溶液不仅是研究高分子结构的重要体系，也是高分子材料应用的重要形式之一。本章涉及高分子溶液的形成、高分子溶液热力学理论、高分子溶液动力学及聚电解质溶液等。

## 第一节　高分子溶液的形成

### 一、高分子溶液特点

高分子溶液是高分子链以分子形式分散于溶剂中形成的均一体系，它是热力学稳定的真溶液。

高分子在溶液中的尺寸根据其分子量高低、柔性大小及高分子链在溶剂中的伸展状态而不同。一般柔性高分子链的根均方旋转半径在纳米数量级，即约为 $1 \sim 100nm$，与胶体分散体系中分散质点的尺寸相当；而刚性高分子的链段长，链段数目少，其在溶液中的形貌与棒状粒子形成的胶体体系相似，因此，高分子溶液与胶体体系有诸多相似之处。例如高分子在溶液中的运动性质与胶粒运动性质相似，其布朗运动、扩散等都比小分子或小离子的运动要慢；二者都具有较强的光散射，出现明显的 Tyndall 现象；二者都会被半透膜所截留；等等。但胶体是动力学稳定、热力学不稳定的体系，而高分子溶液则是热力学和动力学皆稳定的体系，因此二者热力学性质截然不同。例如，胶体体系的依数性是不稳定的，因为体系中的粒子数目会因为相互碰撞凝聚而减少，它会随时间而变化，也会随体系所经历的过程而改变。高分子溶液则具有明确而稳定的依数性，它不随溶液所经历的过程而变化，不随时间而改变。

由于高分子分子量大，分子链很长，在溶剂的作用下，链的构象不断变化，导致高分子链在溶剂中形貌不断改变，不同的链有不同的形貌和尺寸，因此从分子角度看它不可能是按分子链分散的理想溶液；而从链段的角度看，由于链段与链段间存在着化学键作用，因此，链段在溶液中的分布也存在着不均一的特点，它也不可能是按链段分散的理想溶液。

高分子链一旦在溶剂中分散形成高分子溶液，高分子链间的相对内摩擦力将急剧增加，溶液的黏度迅速增大，高分子链越伸展，体系中高分子链间的内摩擦力也越大，溶液的黏度也就越大。有些高分子溶液呈半固体或固体状态，其黏度就更高。

高分子溶液形成过程与高分子链结构密切相关。

高分子溶液形成过程中，首先是溶剂分子向高分子体系内部渗透，导致高分子体积发生膨胀，这一过程称之为溶胀。无论是线形高分子还是交联高分子，无论是形成浓溶液还是形成稀溶液，都存在溶胀过程。该过程主要取决于体系中自由体积，包括其尺寸与分布。溶剂向晶体内部的渗透速率慢，向非晶部分的渗透速率快；向柔性体系中渗透速率快，向刚性体系中渗透速率慢。对于分子间作用力大小的影响，则要看溶剂分子对链段间相互作用力的破坏能力，也即溶剂与链段间的相互作用是否大于链段间的相互作用，破坏能力大的渗透快，破坏能力小的渗透慢。

溶解的第二步是高分子链向溶剂中的扩散。对于稀溶液而言，溶胀后的高分子链逐渐从本体上解离，向纯溶剂区域扩散，最终形成高分子溶液。该过程取决于分子链的运动能力，分子量越大、链越长、缠结越严重的高分子运动能力越弱，向溶剂扩散的速率就越慢，其在稀溶液浓度范围内的溶解度也越低。对于以高分子为分散介质的浓溶液及分子量特别大的或交联高分子体系，仅存在溶剂分子向高分子链中渗透的溶胀过程，溶胀程度取决于溶剂和链段间的相互作用力、溶剂含量、交联点间的分子量大小等因素，最终形成溶胀体的过程与高分子链分子量关系不大。对于交联高分子，添加过量溶剂时，当溶解自由能与溶胀后链伸展产生的弹性自由能达到平衡时，溶胀体中溶剂进出的速率相等，体系达到溶胀平衡。

## 二、溶剂选择

高分子形成溶液的首要任务是选择溶剂。溶剂的选择主要依据以下原则。

### （一）相似相溶

相似相溶是溶剂选择的基本定性原则，简单地说就是极性高分子采用极性溶剂，非极性高分子采用非极性溶剂。在一般高分子溶解过程中，这种方法有一定的可行性。如PP可以采用环己烷溶解，聚乙烯醇选择水作溶剂，等等。但这一原则是定性的，缺乏定量化判据，因此，在实际应用中难免粗糙。极性相近到何种程度可以溶解某种极性高分子无从判断。例如PVC极性与一氯甲烷很像，但却不能溶解在一氯甲烷中，因此还需要有定量的方法来加以判断和选择。

### （二）Huggins 参数 $\chi_1$ 不大于 0.5

运用 Flory-Huggins 晶格理论，可以推出高分子溶液的混合自由能变化。由此可进一步推出高分子稀溶液中溶剂的化学势变化 $\Delta\mu_1$，与理想溶液溶剂的化学势变化 $\Delta\mu_1^i$ 相比，过量化学势 $\Delta\mu_1^E$ 为：

$$\Delta\mu_1^E = \Delta\mu_1 - \Delta\mu_1^i = RT\left(\chi_1 - \frac{1}{2}\right)\phi_2^2 \tag{4-1}$$

式中，$\phi_2$ 为溶液中高分子所占的体积分数。可见，当 $\chi_1 < 0.5$ 时，过量化学势为负值，溶剂与高分子的相互作用较强，高分子链在这种溶剂中膨胀伸展，溶剂对高分子链的溶解性好；$\chi_1 = 0.5$ 时，过量化学势为 0，高分子在这种溶剂中既不伸展也不收缩，与其在本体时一样，称为无扰状态，这种溶剂为高分子的临界溶剂，称为 $\theta$ 溶剂；当 $\chi_1 > 0.5$ 时，过量化学势为正值，溶剂与高分子的相互作用小，高分子链在这种溶剂中发生收缩，这种溶剂为高分子链的非溶剂或劣溶剂。当 $\chi_1 = 0$ 时，体系溶解过程没有热效应，为无热溶液，所用溶剂为无热溶剂。$\chi_1 < 0$ 时的溶剂为良溶剂，$0 < \chi_1 < 0.5$ 的溶剂为不良溶剂。

不过，在学习了相分离一节后，我们会知道，当 $\chi_1 > 0.5$ 不多时，其实溶液也不会发生相分离。临界相分离原理指出，$\chi_1^* = \dfrac{1}{2}\left(1 + \dfrac{1}{\sqrt{x}}\right)^2$，其中 $x$ 为链段的数目。可见临界相分离时的 $\chi_1$ 是比 0.5 要大一些的，在此数值以下，溶液都不会发生相分离。

（三）溶度参数相近

溶解热力学自由能关系式如下：

$$\Delta G_{\mathrm{M}} = \Delta H_{\mathrm{M}} - T\Delta S_{\mathrm{M}} \tag{4-2}$$

当 $\Delta G_{\mathrm{M}} \leqslant 0$ 时，溶解自发。因此，溶解过程中，焓 $\Delta H_{\mathrm{M}}$ 越小，溶解自发的倾向越大。而根据 Hildebrand 公式，二元非极性体系混合时的焓为：

$$\Delta H_{\mathrm{M}} = V_{\mathrm{M}}\phi_1\phi_2(\delta_1 - \delta_2)^2 \geqslant 0 \tag{4-3}$$

式中，$V_{\mathrm{M}}$ 是混合体积；$\phi_1$ 和 $\phi_2$ 分别是两个组分的体积分数；$\delta_1$ 和 $\delta_2$ 分别是两个组分的溶度参数。溶度参数 $\delta$ 定义为内聚能密度（CED）的平方根，即 $\delta = (\mathrm{CED})^{1/2}$，其单位为 H（希），相当于 $(\mathrm{cal/cm^3})^{1/2}$（1cal=4.1868J），也可以用 $(\mathrm{J/cm^3})^{1/2}$ 或 $(\mathrm{MPa})^{1/2}$ 为单位。

由式（4-3）可知，$\Delta H_{\mathrm{M}}$ 最小值为 0，此时，二者的溶度参数相等。即二组分的 $\delta$ 相等时，溶解性最佳。二者 $\delta$ 越接近，溶解性越好，这就是溶度参数相近原则。一般认为，$|\delta_1 - \delta_2| < 1.5\mathrm{H}$，可能可溶；反之则不溶。例如聚异丁烯溶度参数为 7.9H，可溶于己烷（7.3H）和环己烷（8.2H），不能溶于丙酮（10H）和十氟丁烷（5.2H）；PMMA（9.1H）可溶于苯（9.2H）和二氧六环（10H）中，不溶于乙醚（7.4H）和甲醇（14.5H）中；PVAc（9.4H）可溶于丙酮（10H）和苯（9.2H），不溶于正己烷（7.3H）和甲醇（14.5H）；等等。

实际应用中，也常考虑采用两种或两种以上的溶剂配成混合溶剂以调节溶剂的溶解能力、挥发能力或降低成本。混合溶剂的溶度参数 $\delta_{\mathrm{M}}$ 可用下式进行计算：

$$\delta_{\mathrm{M}} = \sum_i \phi_i\delta_i \tag{4-4}$$

式中，$\phi_i$ 是第 $i$ 组分的体积分数。表 4-1 为部分高分子选择混合溶剂的实例。

**表 4-1　根据溶度参数相近原则选择混合溶剂的实例**

| 高分子 \| 溶度参数[①] | 混合溶剂组成 \| 溶度参数[①] | 混合溶剂可溶的体积比 |
|---|---|---|
| PS \| 9.1 | 丙酮 \| 10（不溶）　+ 环己烷 \| 8.2（可溶） | 1：1 |
| CBR（氯化顺丁橡胶）\| 8.2 | 乙醚 \| 7.4（可溶）　+ 乙酸乙酯 \| 9.1（可溶） | 1：1 |
| VC-VAc　\| 9.8 | 乙醚 \| 7.4（不溶）　+ 乙腈 \| 11.8（不溶） | 48：52 |
| BAR（丁腈橡胶）\| 9.4 | 甲苯 \| 9.0（可溶）　+ 氰化乙酸乙酯 \| 11.3（不溶） | 83：17 |

① 溶度参数单位为 H。

当然，Hildebrand 公式是针对非极性体系而言的，因此，溶度参数相近原则对非极性体系比较适用。在拓展到极性体系时，则需要结合 Hanson 三维溶度参数或溶剂化原则进行判断。

## （四）溶剂化原则

将高分子和溶剂按照其对电子的亲和力不同分为以下三大类：Ⅰ．弱亲电类（包括烃、卤代烃及其衍生物）；Ⅱ．亲核类（包括醚、酯、酮、醛、磷酸、酰胺、胺、砜及其衍生物等）；Ⅲ．强亲电类或能形成氢键类（如硝基、腈、酚、醇、羧酸、磺酸及其衍生物等）。

溶剂化原则指出，高分子在溶解时，溶剂和高分子间需要有一定的相互作用。在溶度参数相近的基础上，高分子的溶解规律是：亲电的Ⅰ类高分子和Ⅲ类高分子只能在溶度参数相近的Ⅱ类亲核溶剂中溶解；而Ⅱ类亲核高分子则只能在溶度参数相近的Ⅰ类或Ⅲ类亲电溶剂中溶解。表 4-2 给出了按溶剂化原则选择溶剂的实例。

**表 4-2　根据溶剂化原则选择溶剂的实例**

| 高分子 \| 溶度参数[①] | | 非溶剂 \| 溶度参数[①] | | 溶剂 \| 溶度参数[①] | |
|---|---|---|---|---|---|
| PAN \| 12.7 | （Ⅲ） | 乙醇\| 12.7，甲醇 \| 14.5 | （Ⅲ） | DMF \| 12.1 | （Ⅱ） |
| PC \| 9.5 | （Ⅱ） | 环己酮 \| 9.9 | （Ⅱ） | 氯仿 \| 9.3，二氯甲烷 \| 9.7 | （Ⅰ） |
| PVC \| 9.5 | （Ⅰ） | 氯仿 \| 9.3，二氯甲烷 \| 9.7 | （Ⅰ） | 环己酮 \| 9.9 | （Ⅱ） |

① 溶度参数单位为 H。

注：表中括号内为高分子、非溶剂、溶剂所归属的类别。

# 三、Hanson 三维溶度参数

## （一）溶度参数的三个分量

分子间作用力包括色散力、极性力（含静电力和诱导力）和氢键等。因此表示分子间作用力大小的参数内聚能密度（CED）也可表示为三个分量之和：

$$CED = CED_d + CED_p + CED_h$$

式中，下标 d、p 和 h 分别表示色散力、极性力和氢键。由此相应的溶度参数也应存在色散力分量 $\delta_d$、极性力分量 $\delta_p$（包括静电力分量和诱导力分量）和氢键分量 $\delta_h$。因此，溶度参数的平方满足下式：

$$\delta^2 = \delta_d{}^2 + \delta_p{}^2 + \delta_h{}^2 \tag{4-5}$$

一些溶剂和高分子的溶度参数见表 4-3。

**表 4-3　一些溶剂的三维溶度参数**　　　　　　　　　　　　　　　　单位：H

| 溶剂 | $\delta_d$ | $\delta_p$ | $\delta_h$ | $\delta$ | 溶剂 | $\delta_d$ | $\delta_p$ | $\delta_h$ | $\delta$ |
|---|---|---|---|---|---|---|---|---|---|
| 正丁烷 | 6.9 | 0.0 | 0.0 | 6.9 | 硝基乙烷 | 7.8 | 7.6 | 2.2 | 11.1 |
| 正己烷 | 7.3 | 0.0 | 0.0 | 7.3 | 硝基苯 | 9.8 | 4.2 | 2.0 | 10.8 |
| 环己烷 | 8.2 | 0.0 | 0.1 | 8.2 | 吡啶 | 9.3 | 4.3 | 2.9 | 10.6 |

续表

| 溶剂 | $\delta_d$ | $\delta_p$ | $\delta_h$ | $\delta$ | 溶剂 | $\delta_d$ | $\delta_p$ | $\delta_h$ | $\delta$ |
|---|---|---|---|---|---|---|---|---|---|
| 苯 | 9.1 | 0.0 | 1.0 | 9.2 | 聚丁二烯 | 8.6 | 1.1 | 1.7 | 8.8 |
| 甲苯 | 8.8 | 0.7 | 1.0 | 8.9 | 丁腈橡胶 | 9.1 | 4.3 | 2.1 | 10.3 |
| 苯乙烯 | 9.1 | 0.5 | 2.0 | 9.3 | 丁苯橡胶 | 8.6 | 1.6 | 1.3 | 8.8 |
| 邻二甲苯 | 8.7 | 0.5 | 1.5 | 8.8 | 聚异戊二烯 | 8.1 | 0.7 | 0.4 | 8.1 |
| 乙苯 | 8.7 | 0.3 | 0.7 | 8.7 | 聚异丁烯 | 7.1 | 1.2 | 2.3 | 7.6 |
| 联苯 | 10.5 | 0.5 | 1.0 | 10.6 | 氯化聚丙烯 | 9.9 | 3.1 | 2.6 | 10.7 |
| 一氯甲烷 | 7.5 | 3.0 | 1.9 | 8.3 | 聚甲基丙烯酸乙酯 | 9.1 | 5.1 | 3.7 | 11.1 |
| 溴乙烷 | 8.1 | 3.9 | 2.5 | 9.3 | 聚甲基丙烯酸甲酯 | 7.6 | 5.1 | 3.7 | 9.9 |
| 氯仿 | 8.7 | 1.5 | 2.8 | 9.3 | 聚氧乙烯 | 8.5 | 1.5 | 4.6 | 9.8 |
| 四氯化碳 | 8.7 | 0.0 | 0.3 | 8.7 | 聚氧丙烯 | 8.0 | 2.3 | 3.6 | 9.1 |
| 三氯乙烷 | 8.8 | 1.5 | 2.6 | 9.3 | 脲醛树脂 | 10.2 | 4.1 | 6.2 | 12.6 |
| 二氯甲烷 | 8.9 | 3.1 | 3.0 | 9.9 | 苯胺 | 9.5 | 2.5 | 5.0 | 11.0 |
| 呋喃 | 8.7 | 0.9 | 2.6 | 9.1 | 正丁胺 | 7.9 | 2.2 | 3.9 | 9.1 |
| THF | 8.2 | 2.8 | 3.9 | 9.5 | 二乙胺 | 7.3 | 1.1 | 3.0 | 8.0 |
| 1,4-二氧六环 | 9.3 | 0.9 | 3.6 | 10.0 | 环己胺 | 8.5 | 1.5 | 3.2 | 9.2 |
| 乙醚 | 7.1 | 1.4 | 2.5 | 7.7 | 喹啉 | 9.5 | 3.4 | 3.7 | 10.7 |
| 丙酮 | 7.6 | 5.1 | 3.4 | 9.8 | DMF | 8.5 | 6.7 | 5.5 | 12.1 |
| 环己酮 | 8.7 | 3.1 | 2.5 | 9.6 | DMA | 8.2 | 5.6 | 5.0 | 11.1 |
| 二乙基甲酮 | 7.7 | 3.7 | 2.3 | 8.8 | 二硫化碳 | 10.0 | 0.0 | 0.3 | 10.0 |
| 甲醛 | 7.2 | 3.9 | 5.5 | 9.9 | 二甲基亚砜 | 9.0 | 8.0 | 5.0 | 13.0 |
| 丁醛 | 7.2 | 2.6 | 3.4 | 8.4 | 乙硫醇 | 7.7 | 3.2 | 3.5 | 9.0 |
| 苯甲醛 | 9.5 | 3.6 | 2.6 | 10.5 | 二甲基砜 | 9.3 | 9.5 | 6.0 | 14.6 |
| 碳酸乙酯 | 9.5 | 10.6 | 2.5 | 14.5 | 二乙基亚砜 | 8.3 | 1.5 | 1.0 | 8.5 |
| 乙酸乙酯 | 7.7 | 2.6 | 3.5 | 8.8 | 乙酰氯 | 7.7 | 5.2 | 1.9 | 9.5 |
| 乙酸正丁酯 | 7.7 | 1.8 | 3.1 | 8.5 | 琥珀酸酐 | 9.1 | 9.4 | 8.1 | 15.4 |
| 乙酸异丁酯 | 7.4 | 1.8 | 3.1 | 8.2 | 乙酸酐 | 7.8 | 5.7 | 5.0 | 10.9 |
| 乙腈 | 7.5 | 8.8 | 3.0 | 11.9 | 甲醇 | 7.4 | 6.0 | 10.9 | 14.5 |
| 丙烯腈 | 8.1 | 8.5 | 3.3 | 12.2 | 乙醇 | 7.7 | 4.3 | 9.5 | 13.0 |
| 苯甲腈 | 8.5 | 4.4 | 1.6 | 9.7 | 1-丙醇 | 7.8 | 3.3 | 8.5 | 12.0 |
| 硝基甲烷 | 7.7 | 9.2 | 2.5 | 12.3 | 2-丙醇 | 7.7 | 3.0 | 8.0 | 11.5 |
| 糠醇 | 8.5 | 3.7 | 7.4 | 11.9 | 甘油 | 8.5 | 5.9 | 14.3 | 17.7 |
| 正丁醇 | 7.8 | 2.8 | 7.7 | 11.3 | 二乙二醇 | 7.9 | 7.2 | 10.0 | 14.6 |
| 异丁醇 | 7.7 | 2.8 | 7.1 | 10.8 | 三乙二醇 | 7.8 | 6.1 | 9.1 | 13.4 |
| 环己醇 | 8.5 | 2.0 | 6.6 | 10.9 | 聚乙酸乙烯酯 | 10.2 | 5.5 | 4.7 | 12.5 |
| 乙二醇单甲醚 | 7.9 | 4.5 | 7.0 | 11.5 | 聚丙烯腈 | 8.9 | 7.9 | 3.3 | 12.3 |

续表

| 溶剂 | $\delta_d$ | $\delta_p$ | $\delta_h$ | $\delta$ | 溶剂 | $\delta_d$ | $\delta_p$ | $\delta_h$ | $\delta$ |
|---|---|---|---|---|---|---|---|---|---|
| 二乙二醇单甲醚 | 7.9 | 4.5 | 6.0 | 10.9 | 聚氯乙烯 | 9.1 | 4.9 | 1.5 | 10.4 |
| 二乙二醇单乙醚 | 7.9 | 4.5 | 6.0 | 10.9 | 聚偏二氟乙烯 | 8.4 | 6.1 | 4.5 | 11.3 |
| 甲酸 | 7.0 | 5.8 | 8.1 | 12.2 | 聚苯乙烯 | 10.4 | 2.8 | 2.1 | 11.0 |
| 乙酸 | 7.1 | 3.9 | 6.6 | 10.4 | 尼龙-66 | 9.1 | 2.5 | 6.0 | 11.2 |
| 苯甲酸 | 8.9 | 3.4 | 4.8 | 10.7 | 纤维素 | 4.0 | 3.9 | 6.8 | 8.8 |
| 苯酚 | 8.8 | 2.9 | 7.3 | 11.8 | 环氧树脂 | 10.0 | 5.9 | 5.6 | 12.9 |
| 间甲酚 | 8.8 | 2.5 | 6.3 | 11.1 | 聚砜（双酚A聚砜） | 9.3 | 0.0 | 3.4 | 9.9 |
| 水 | 7.6 | 7.8 | 20.7 | 23.4 | 聚己二酸乙二酯 | 8.0 | 3.0 | 4.6 | 9.7 |
| 乙二醇 | 8.3 | 5.4 | 12.7 | 16.1 | 聚二甲基硅氧烷 | 8.5 | 2.5 | 2.5 | 9.2 |

## （二）溶解性判断的宽容球

将三个溶度参数分量分别置于三维坐标系的三个轴，用以表示溶度参数的方法就是 Hanson 三维溶度参数。当溶质与溶剂的三个溶度参数分量均分别相等时，即 $\delta_d = \delta_{d0}$、$\delta_p = \delta_{p0}$、$\delta_h = \delta_{h0}$（下标 0 表示溶剂）时，溶解性最好。绝对相等的体系是极少的，能溶解高分子的溶剂，其溶度参数存在着一定的范围。将高分子（用下标 p 表示）的三个溶度参数分量作为坐标参数置于球心，那么溶剂与高分子间溶度参数差的平方和在一定的范围内都可能是可以溶解的，它满足下列方程：

$$4(\delta_{d0} - \delta_{dp})^2 + (\delta_{p0} - \delta_{pp})^2 + (\delta_{h0} - \delta_{hp})^2 \leqslant R_{A0}^{\ 2} \tag{4-6}$$

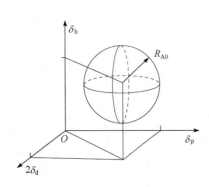

**图 4-1**　三维溶度参数的宽容球示意

显然，这是一个球形的方程，其中溶度参数的色散力分量乘以了权重因子 2，以使这个临界可溶的曲面更接近于球形（图 4-1）。这个球就称为宽容球，$R_{A0}$ 就是宽容球半径。高分子结构不同，$R_{A0}$ 不同。如果所选溶剂的溶度参数值落在宽容球内，则有可能是能溶解高分子的溶剂；若落在球面上，则可能为 $\theta$ 溶剂；而落点在球壳之外，则为非溶剂。

【例】丁腈橡胶的溶度参数为 10.5H（以下数值皆以此为单位），其色散力、极性力和氢键的分量为（9.3，4.5，2.0），而其宽容球半径 $R_{A0} = 4.7$，已知戊醇的溶度参数为 10.6，其色散力、极性力和氢键的分量为（7.8，2.0，6.9），试判断丁腈橡胶能否在戊醇中溶解。

解：首先计算溶剂落点与高分子坐标点间的距离

$$R_A = [4 \times (9.3-7.8)^2 + (4.5 - 2.0)^2 + (2.0 - 6.9)^2]^{1/2} = 6.3H$$

由于 $R_A = 6.3 > 4.7$，所以不溶。

而如果直接采用一维溶度参数来判别，则因为 $|\delta_1 - \delta_2| = 0.1H < 1.5H$，应为可溶。但实际上是不溶的，说明采用一维溶度参数来判断极性溶剂是不可靠的，而采用了三维溶

度参数后，则可以与实际更为接近。

实际上在为高分子选择溶剂时，并不总是选择最佳溶剂。从研究溶解性、成膜性、相分离运用或从经济方面考虑，往往是先选定一种良溶剂作为主溶剂，再配以溶解性较差的溶剂进行调节，使混合溶剂的溶度参数坐标从靠近宽容球的球心处向球壳方向移动，在溶解能力可接受的前提下，达到调节使用性能的目的。

### （三）混合溶剂的三维溶度参数

由混合溶剂的一维溶度参数公式（4-4），可以类推出混合溶剂的三维溶度参数计算方程：

$$\delta_{Md} = \sum_i \phi_i \delta_{di}, \quad \delta_{Mp} = \sum_i \phi_i \delta_{pi}, \quad \delta_{Mh} = \sum_i \phi_i \delta_{hi} \tag{4-7}$$

【例】以下几种溶剂的溶度参数及其分量分别如下。A 溶剂：丁酮 9.3H（以下数值皆以此为单位），其色散力、极性力和氢键的分量为（7.8，4.3，2.5）。B 溶剂：乙醇 13.0（7.7，4.4，9.5）。C 溶剂：烃类稀释剂 8.0（8.0，0.2，0.3）。D 溶剂：乙酸乙酯 8.5（7.7，1.8，3.1）。试给出 A、B、C 三种溶剂的配比，使其溶解效果同 D。

解：设 A 溶剂的体积分数为 $a$，B 溶剂的体积分数为 $b$，C 溶剂的体积分数为 $c$，则根据式（4-7）可得以下方程组：

$$\begin{cases} 7.8\,a + 7.7\,b + 8.0\,c = 7.7 \\ 4.3\,a + 4.4\,b + 0.2\,c = 1.8 \\ 2.5\,a + 9.5\,b + 0.3\,c = 3.1 \\ a + b + c = 1 \end{cases}$$

四个方程解三个未知数，方程不一定有解，那么在某一参数上只能尽量接近。请思考如何求解。

# 第二节　高分子溶液热力学

对于理想溶液，由于体系中各种分子的分子间作用能均相等，因此，溶解过程中既没有体积的变化，也没有焓的变化，溶剂的蒸气压 $P_1$ 满足 Raoult 定律：

$$P_1 = P_1^0 x_1 \tag{4-8}$$

式中，$P_1^0$ 为纯溶剂在相同温度下的蒸气压；$x_1$ 为溶剂的摩尔分数。由此可得理想溶液的混合体积 $\Delta V_M^i$、混合热 $\Delta H_M^i$、混合熵 $\Delta S_M^i$ 和混合自由能 $\Delta G_M^i$ 等热力学参数为：

$$\begin{cases} \Delta V_M^i = 0 \\ \Delta H_M^i = 0 \\ \Delta S_M^i = -R(n_1 \ln x_1 + n_2 \ln x_2) \\ \Delta G_M^i = RT(n_1 \ln x_1 + n_2 \ln x_2) \end{cases} \tag{4-9}$$

这里的上标 i 代表理想溶液；$n_1$ 和 $n_2$ 分别是溶剂和溶质的物质的量；$x_2$ 是溶质的摩尔分数。

高分子溶液不是理想溶液。一方面，体系中各种分子间的相互作用能不可能完全相等；同时，高分子是由很多链段组成的长链，链段间既有联系，又有一定的自由度，因此既不同于溶质分子数相同的小分子溶液，也不同于溶质分子数等于链段数目的小分子溶液。为了了解高分子溶液的热力学性质，很多学者都对高分子溶液进行了研究，提出了平均场理论、稀溶液理论、亚浓溶液理论（标度理论）及聚电解质溶液理论等高分子溶液理论。

# 一、Flory-Huggins 平均场理论

Flory-Huggins 将溶液近似为晶格（类晶格模型），通过高分子链在格子中排布时所具有的方法数来计算其混合熵，根据作用能的变化情况来计算混合热，从而获得一系列高分子溶液的热力学参数。

## （一） 基本假定

① 高分子链均相同，每条高分子链均含 $x$ 个链段，每个链段体积与溶剂分子体积相当。

② 溶液中分子按晶格排列，每个溶剂分子占据 1 个格子；每个链段也占据 1 个格子，这样，每条高分子链就占据 $x$ 个格子。

③ 溶解前后，链段在格子中的分布均匀，链段占有任一格子的概率相等；高分子链具有柔性，所有构象具有相同的能量。溶解前的这种状态称为高分子解取向态。

④ 格子的配位数为 $Z$，不依赖于组分。

⑤ 溶液由 $N_1$ 个（物质的量为 $n_1$）溶剂和 $N_2$ 条高分子链（物质的量为 $n_2$）组成，溶液的总格子数为 $N$，$N = N_1 + xN_2$。

## （二） 热力学参数

### 1. 混合熵

根据统计热力学原理，体系的熵 $S$ 与体系的微观状态数 $\Omega$ 有关：

$$S = k \ln \Omega \tag{4-10}$$

式中，$k$ 是 Boltzmann 常数。高分子混合熵的计算实际上就是要计算溶液的微观状态数。只要知道溶液形成前后高分子链和溶剂的放置方法总数，就可以由此来计算其熵值的变化。

在溶液状态中，共有 $N$ 个格子，先计算放置 $N_2$ 条高分子链的方法数，然后计算将 $N_1$ 个溶剂放入剩余的 $N_1$ 个格子中的方法数，从而获得溶解后的熵值；然后分别计算在 $xN_2$ 个格子中放置 $N_2$ 条高分子链的方法数，及在 $N_1$ 个格子放入 $N_1$ 个溶剂的方法数，从而获得溶解前体系的熵值，就可以获得溶解前后熵的变化了。本科阶段我们已经详细介绍了计算过程，这里就不再赘述了。我们得到高分子溶液的混合熵为：

$$\Delta S_{\mathrm{M}} = -k(N_1 \ln \phi_1 + N_2 \ln \phi_2) = -R(n_1 \ln \phi_1 + n_2 \ln \phi_2) \tag{4-11}$$

式中，$\phi_1 = \dfrac{N_1}{N_1 + xN_2}$，$\phi_2 = \dfrac{xN_2}{N_1 + xN_2}$，分别为溶剂和高分子在溶液中的体积分数。与理想溶液混合熵相比，是将摩尔分数 $x_i$ 换成了体积分数 $\phi_i$。如果溶质分子与溶剂分子的体积相等，每条链的链段数 $x = 1$，两式就一样了。

　　图 4-2 是含有不同链段数的高分子溶液混合熵随溶质摩尔分数变化的曲线。其中给出了视高分子溶液为理想溶液时的熵变曲线（曲线 1，此时混合熵与链段数 $x$ 无关）、$x =$ 10 时高分子溶液熵（曲线 3）和分子数等于链段总数的理想溶液混合熵（曲线 2）、$x =$ 100 时高分子溶液熵（曲线 5）和分子数等于链段总数的理想溶液混合熵（曲线 4）。由图可见，高分子溶液熵（曲线 3 或曲线 5）与分子数等于链段总数的理想溶液熵相比要小得多，随着链段数目 $x$ 的增大，溶液熵值的峰形变窄，峰值所对应的高分子摩尔分数下降。与分子数目相同的理想溶液熵相比，高分子溶液熵在稀溶液时的混合熵高于理想溶液，而在高浓度下低于理想溶液熵，在临界组成时，高分子溶液熵与理想溶液熵相等，临界组成与链段数 $x$ 有关。$x$ 愈大，临界组成的高分子摩尔分数愈小。临界组成如何计算？此时的高分子溶液是否为正则溶液呢？请同学们思考。

　　高分子溶液混合熵对混合自由能（熵致混合自由能，简称熵能）的贡献为：

$$\Delta G_S = -T\Delta S_M = kT(N_1 \ln\phi_1 + N_2 \ln\phi_2) = NkT\left(\phi_1 \ln\phi_1 + \frac{\phi_2}{x}\ln\phi_2\right) \tag{4-12}$$

　　定义约化熵能（reduced free energy from entropy）为 $\Delta G_S/(NkT)$，则：

$$\frac{\Delta G_S}{NkT} = \phi_1 \ln\phi_1 + \frac{\phi_2}{x}\ln\phi_2 = S_1 + S_2 \tag{4-13}$$

　　它由两部分组成，一部分是 $S_1 = \phi_1 \ln\phi_1$，与溶剂体积分数 $\phi_1$ 有关，权称为溶剂项；另一部分是 $S_2 = \dfrac{\phi_2}{x}\ln\phi_2$，与高分子体积分数 $\phi_2$ 及每条高分子链所含链段数 $x$ 有关，称为链段项。这两部分对约化熵能的贡献如图 4-3 所示。

　　溶剂项曲线的极小值偏向于较大的 $\phi_2$，链段项的极小值则偏向于较小的 $\phi_2$，这两个极值可以分别通过一阶导数为零来求得，$S_1$ 极小值 $\phi_2' = 1 - e^{-1} = 0.632$，$S_2$ 极小值 $\phi_2'' = e^{-1} = 0.368$，均与链段数目无关。

　　两条曲线有一个交点，此时溶剂项与链段项相等。交点的组成 $\phi_{2c}$ 可以通过方程 $S_1 = S_2$ 即 $\phi_1 \ln\phi_1 = \dfrac{\phi_2}{x}\ln\phi_2$ 及 $\phi_1 + \phi_2 = 1$ 来求得。在 $x = 1$ 时，两条曲线呈镜像对称，其交点组成 $\phi_{2c} = 0.5$；随着 $x$ 增加，链段项对混合熵的贡献随之降低，与溶剂项曲线的交点也随之移向低浓度。交点浓度 $\phi_{2c}$ 随 $x$ 的变化曲线如图 4-4 所示。$x > 6$ 时，交点浓度 $\phi_{2c}$ 已趋于 0。

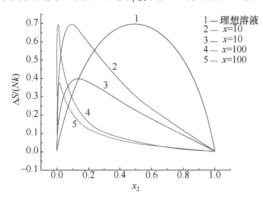

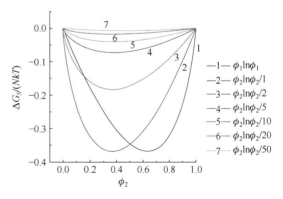

**图 4-2**　高分子溶液混合熵与理想溶液混合熵
　　　　的比较

**图 4-3**　约化熵能溶剂项与链段项（不同链段
　　　　数）的变化曲线

随着 $x$ 的增大，链段项贡献越来越小，熵能也渐渐与溶剂项一致。不同链段数 $x$ 下约化熵能的变化曲线如图 4-5 所示。约化熵能通过其一阶导数为零，可以得到求解极小值的方程：

$$x = \frac{1 + \ln \phi_2}{1 + \ln \phi_1} \qquad (4\text{-}14)$$

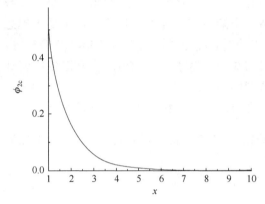

图 4-4　约化熵能溶剂项与链段项交点浓度　　　图 4-5　约化熵能随链段数的变化曲线
　　　　随链段数的变化曲线

随着 $x$ 增大，$\phi_2$ 逐渐从 0.5 右移，最终趋于 $S_1$ 的极小值 0.632（图 4-6）。

对于多分散性高分子：

$$\Delta S_M = -R\left(n_1 \ln \phi_1 + \sum_i n_i \ln \phi_i\right) = -nR\left(\phi_1 \ln \phi_1 + \sum_i \frac{\phi_i}{x_i} \ln \phi_i\right) \qquad (4\text{-}15)$$

式中，$n_i$ 和 $\phi_i$ 分别代表第 $i$ 种聚合度的高分子的物质的量和体积分数；$x_i$ 表示第 $i$ 种高分子的链段数。

对高分子共混体系，将式（4-15）中溶剂项去掉，则为：

$$\Delta S_M = -R\left(\sum_i n_i \ln \phi_i\right) = -nR\left(\sum_i \frac{\phi_i}{x_i} \ln \phi_i\right) \qquad (4\text{-}16)$$

2. 混合热

高分子溶液的混合热通过溶解前后体系中相互作用能变化来推导。由于分子间相互作用随彼此间的距离增大而迅速减小，所以，只需考虑最邻近的一对分子间的相互作用能对混合热的影响。我们得到高分子溶液的混合热为：

$$\Delta H_M = N_1 kT \chi_1 \phi_2 = n_1 RT \chi_1 \phi_2 = NkT \chi_1 \phi_1 \phi_2 = nRT \chi_1 \phi_1 \phi_2 \qquad (4\text{-}17)$$

式中，$\chi_1$ 为 Huggins 参数，反映高分子与溶剂混合时相互作用能的变化：

$$\chi_1 = \frac{(Z-2)\Delta \varepsilon_{12}}{kT} \qquad (4\text{-}18)$$

式中，$\Delta \varepsilon_{12}$ 表示溶解过程中生成一对链段-溶剂作用对的能量变化，以 $\varepsilon_{12}$ 表示链段-溶剂作用对的相互作用能，$\varepsilon_{11}$ 表示溶剂-溶剂作用对的相互作用能，$\varepsilon_{22}$ 表示链段-链段作用对的相互作用能，则：

$$\Delta\varepsilon_{12} = \varepsilon_{12} - \frac{1}{2}(\varepsilon_{11} + \varepsilon_{22}) \tag{4-19}$$

定义约化热能（reduced free energy from heat）为 $\Delta G_H/(NkT)$，则 $\frac{\Delta G_H}{NkT} = \chi_1\phi_1\phi_2$。

可见，约化热能随高分子体积分数变化，与链段数无关，仅与 Huggins 参数 $\chi_1$ 有关。$\chi_1$ 的正负直接导致约化热能的正负。溶剂与链段相互作用强，体系溶解过程放热时，则 $\chi_1 < 0$，利于溶解；反之，溶剂与链段相互作用弱，溶解过程吸热时，则 $\chi_1 > 0$，此时就需要与约化熵能进行比较，后面重点讨论这种情形。$\chi_1 > 0$ 时的约化热能变化曲线如图 4-7 所示。通过热能的一阶偏导等于零可以求得热能的极值出现在 $\phi_2 = 0.5$ 处。

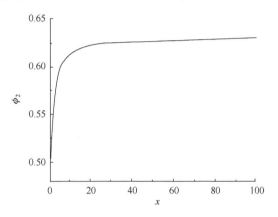
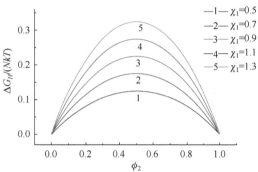

**图 4-6** 约化熵能极小值浓度随链段数的变化　　**图 4-7** 约化热能随相互作用参数的变化曲线

3. 混合自由能和化学势

由以上结果可得高分子溶液的混合自由能为：

$$\begin{aligned}\Delta G_M &= \Delta H_M - T\Delta S_M \\ &= kT(\chi_1 N_1\phi_2 + N_1\ln\phi_1 + N_2\ln\phi_2) = RT(\chi_1 n_1\phi_2 + n_1\ln\phi_1 + n_2\ln\phi_2) \\ &= NkT(\chi_1\phi_1\phi_2 + \phi_1\ln\phi_1 + \frac{\phi_2}{x}\ln\phi_2) = nRT(\chi_1\phi_1\phi_2 + \phi_1\ln\phi_1 + \frac{\phi_2}{x}\ln\phi_2)\end{aligned} \tag{4-20}$$

定义约化自由能（reduced free energy）为 $\Delta G/(NkT)$，则：

$$\frac{\Delta G}{NkT} = \chi_1\phi_1\phi_2 + \phi_1\ln\phi_1 + \frac{\phi_2}{x}\ln\phi_2 \tag{4-21}$$

针对 $\chi_1 > 0$ 时的情况，我们可以分析如下。约化自由能在不同链段数、不同相互作用参数下，随组分变化曲线如图 4-8 所示。

对于 $x = 1$ 的小分子溶质，约化自由能曲线是对称的。随相互作用参数的增加，曲线从单纯的凹形转变为由凹形与凸形组合而成的复杂形式。随着 $x$ 值的增大，曲线偏离对称性。各曲线间的差别随 $x$ 增大也越来越小，相互间越来越接近，与聚合度几乎无关，仅取决于相互作用参数的大小（图 4-9）。由式（4-21）可见，约化自由能主要由三项构成，第一项与相互作用参数有关，第二项对任意体系都相同，第三项与链段数有关，当链段数足够大时，该项即可忽略。此时，约化自由能的差别仅取决于相互作用参数间的差别。

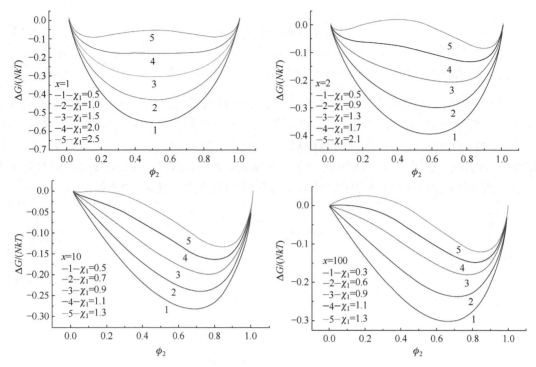

**图 4-8**　混合自由能随相互作用参数的变化曲线（$x = 1, 2, 10, 100$）

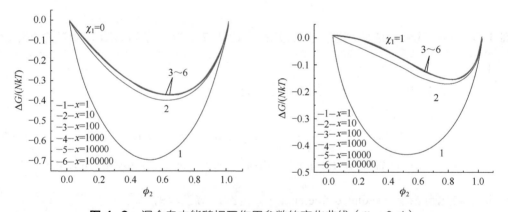

**图 4-9**　混合自由能随相互作用参数的变化曲线（$\chi_1 = 0, 1$）

由式（4-20）可以推出，溶液中溶剂的化学势变化 $\Delta\mu_1$ 和溶质的化学势变化 $\Delta\mu_2$ 分别为：

$$\Delta\mu_1 = \left(\frac{\partial \Delta G_M}{\partial n_1}\right)_{T,P,n_2} = RT\left[\ln\phi_1 + \left(1 - \frac{1}{x}\right)\phi_2 + \chi_1\phi_2^2\right] \tag{4-22}$$

$$\Delta\mu_2 = \left(\frac{\partial \Delta G_M}{\partial n_2}\right)_{T,P,n_1} = RT\left[\ln\phi_2 - (x-1)\phi_1 + x\chi_1\phi_1^2\right] \tag{4-23}$$

对 $\phi_2 \ll 1$ 的稀溶液，利用泰勒级数展开 $\ln\phi_1 = \ln(1-\phi_2) = -\phi_2 - \frac{1}{2}\phi_2^2 \cdots$，并忽略高次项，式（4-22）可写成：

$$\Delta\mu_1 = RT\left[-\frac{1}{x}\phi_2 + \left(\chi_1 - \frac{1}{2}\right)\phi_2^2\right] \approx RT\left[-x_2 + \left(\chi_1 - \frac{1}{2}\right)\phi_2^2\right] \tag{4-24}$$

（三）过量化学势与 $\theta$ 条件

对于理想溶液稀溶液（$x_2 \ll 1$），结合 $\ln x_1 = \ln(1-x_2) = -x_2 - \frac{1}{2}x_2^2\cdots$，忽略高次项，溶剂的化学势为：

$$\Delta\mu_1^{\mathrm{i}} = RT\ln x_1 \approx -RTx_2 \tag{4-25}$$

与理想溶液稀溶液相比，高分子稀溶液溶剂化学势变化式（4-24）的第一项相当于理想溶液中溶剂的化学势变化，第二项相当于非理想部分。非理想部分用 $\Delta\mu_1^{\mathrm{E}}$ 表示，称为过量化学势：

$$\Delta\mu_1^{\mathrm{E}} = \Delta\mu_1 - \Delta\mu_1^{\mathrm{i}} = RT\left(\chi_1 - \frac{1}{2}\right)\phi_2^2 \tag{4-26}$$

由于混合自由能由混合热与混合熵构成，因此化学势可由偏摩尔混合热和偏摩尔混合熵构成。同理，过量化学势则应由过量偏摩尔混合热和过量偏摩尔混合熵构成。令 $\overline{\Delta H_1}^{\mathrm{E}} \equiv RTK_1\phi_2^2$，$\overline{\Delta S_1}^{\mathrm{E}} \equiv R\Psi_1\phi_2^2$，其中 $K_1$ 和 $\Psi_1$ 分别称为热参数和熵参数，于是：

$$\Delta\mu_1^{\mathrm{E}} = \overline{\Delta H_1}^{\mathrm{E}} - T\overline{\Delta S_1}^{\mathrm{E}} = RT(K_1 - \Psi_1)\phi_2^2 \tag{4-27}$$

与式（4-26）比较可得：$\chi_1 - \frac{1}{2} = K_1 - \Psi_1$。定义 $\Delta\mu_1^{\mathrm{E}} = 0$ 时的温度为 $\theta$ 温度（即 Flory 温度），则：

$$\theta \equiv \frac{\overline{\Delta H_1}^{\mathrm{E}}}{\overline{\Delta S_1}^{\mathrm{E}}} \equiv \frac{K_1}{\Psi_1}T \tag{4-28}$$

由此，$\Delta\mu_1^{\mathrm{E}} = RT\Psi_1\left(\frac{\theta}{T} - 1\right)\phi_2^2$。当 $T = \theta$ 时，$\Delta\mu_1^{\mathrm{E}} = 0$，$\chi_1 = 0.5$，$K_1 = \Psi_1$，此时高分子溶液中溶剂的化学势与理想溶液中溶剂的化学势一致。这种高分子溶液称为"假理想溶液"，又称为 $\theta$ 溶液或 $\theta$ 状态。但因此时 $\chi_1$ 不为 0，因此混合热并不等于理想溶液的 0。尽管 $\overline{\Delta H_1}^{\mathrm{E}}$ 和 $\overline{\Delta S_1}^{\mathrm{E}}$ 都不是理想值，但由于二者的贡献正好相互抵消，从而导致溶剂的化学势与理想溶液一致。通过选择溶剂和温度，可以使高分子溶液达到 $\theta$ 状态，此时，所用溶剂为 $\theta$ 溶剂，所处温度为 $\theta$ 温度。表 4-4 是一些高分子 $\theta$ 溶液的实例。

**表 4-4**　一些高分子溶液的 $\theta$ 条件

| 高分子 | 溶剂 | $\theta$ 温度/℃ | 高分子 | 溶剂 | $\theta$ 温度/℃ |
|---|---|---|---|---|---|
| 聚异丁烯 | 乙苯 | −24.0 | 聚氯乙烯（无规） | 苯甲醇 | 155.4 |
| | 甲苯 | −13.0 | 聚乙烯 | 联苯 | 125 |
| 聚丙烯（无规） | 氯仿∶正丙醇<br>（74∶26） | 25.0 | 丁苯橡胶 | 正辛烷 | 21 |

续表

| 高分子 | 溶剂 | $\theta$ 温度/℃ | 高分子 | 溶剂 | $\theta$ 温度/℃ |
|---|---|---|---|---|---|
| 聚苯乙烯（无规） | 环己烷 | 35 | PMMA（无规） | 丙酮 | −55 |
| | 甲苯∶甲醇<br>（20∶80） | 25 | | 乙酸丁酯 | −20 |
| 聚丙烯酸 | 二氧六环 | 29 | 聚二甲基硅氧烷<br>（PDMS） | 乙酸乙酯 | 18 |
| 聚乙烯醇 | 水 | 97 | | 氯苯 | 68 |

注：括号中数值为体积比。

Flory 平均场理论没有考虑体系中相互作用不同会引起溶液熵的减小，在推导混合熵时，高分子链都相同的假定及混合前高分子取解取向的无定形态也不合理，分子链间因为有缠结，其熵没有假想的那么高；在稀溶液中，链段不可能均匀分布；形成高分子溶液时，混合体积也有变化，相互作用参数实际上与浓度有关等，这些都使该理论与实际有出入。平均场理论给出的结果表明，分子量越大，高分子溶液混合熵趋同，与分子量无关。这样对于分子量较大的体系，熵驱动的可能性就很小了。如果考虑高分子链并非都相同，或者直接将溶解前高分子链的构象熵从解取向态更正为结晶态而将之设为 0 来进行校正，所得结果如何呢？请同学们自行推导。不过，即便做上述校正，所得溶液混合熵也会因高分子分子量增大而趋同。尽管平均场理论多有不足，但由于该理论原理简明，热力学参数表达式简单，在应用中能解决不少实际问题，对实际过程的指导意义重大，因此得到了广泛的应用。

## 二、Flory-Krigbaum 稀溶液理论

对于稀溶液而言，高分子链段在溶液中可以分散得很好，但分布不可能均匀。为此 Flory-Krigbaum 提出了稀溶液理论。其基本假定是：

① 在高分子稀溶液中，存在着纯溶剂区和高分子链段区。

② 在链段区中，高分子链段分布也不均匀，中心部位的密度较大，愈往外密度愈低，其链段密度的径向分布符合高斯分布，即满足：

$$\rho = x\left(\frac{\beta}{\sqrt{\pi}}\right)^3 \exp\left(-\beta^2 h^2\right) \tag{4-29}$$

式中，$x$ 为每条链的链段数；$h$ 为高分子链的末端距；$\beta^2 = \dfrac{3}{2\overline{h_0^2}}$，$\overline{h_0^2}$ 是高分子链无扰均方末端距。

③ 每条高分子链都有一个排斥体积 $u$，以阻止其他高分子进入。$u > 0$，则链的溶剂化程度高，高分子链彼此不能靠近；$u = 0$，高分子链链段-链段与链段-溶剂的相互作用相同，处于无扰状态；$u < 0$，高分子链彼此贯穿而塌缩，高分子在这种溶剂中产生收缩。

根据以上假设，Flory-Krigbaum 推导出排斥体积 $u$ 与高分子的分子量和溶液的温度

间的关系为：

$$u = 2\Psi_1\left(1 - \frac{\theta}{T}\right)\frac{\bar{v}^2}{V_1}m^2F \tag{4-30}$$

式中，$\bar{v}$ 是高分子的偏微比容；$V_1$ 为溶剂分子的体积；$m$ 是一条高分子链的质量；$F$ 是与分子尺寸有关的函数：

$$F = 1 - \frac{X}{2!2^{3/2}} + \frac{X^2}{3!3^{3/2}} - \cdots$$

式中，$X = A\dfrac{\bar{v}^2}{V_1}\left(\dfrac{M}{h^2}\right)^{3/2}M^{1/2}\Psi_1\left(1 - \dfrac{\theta}{T}\right)$，其中 $A$ 为常数。温度升高，$X$ 增大，$F$ 值减小。同时，排斥体积也增大。

于是，高分子链的摩尔体积为 $\tilde{N}u = 2\Psi_1\left(1 - \dfrac{\theta}{T}\right)\dfrac{\bar{v}^2}{\tilde{V}_1}M^2F$，$\tilde{N}$ 是 Avogadro 常数，$\tilde{V}_1$ 是溶剂的摩尔体积。

Flory-Krigbaum 将稀溶液中一条高分子链看成是一个体积为 $u$ 的小球来推导溶液的混合自由能。将 $N_2$ 个刚性球置于体积为 $V$ 的溶液中时，其排列的方法总数为：

$$\Omega = K\prod_{i=0}^{N_2-1}(V - iu) = KV^{N_2}\prod_{i=0}^{N_2-1}\left(1 - \frac{iu}{V}\right) \tag{4-31}$$

式中，$K$ 为常数。忽略溶解热，则：

$$\Delta G_M = \Delta H_M - T\Delta S_M = -kT\ln\Omega = -kT\ln\left[KV^{N_2}\prod_{i=0}^{N_2-1}\left(1 - \frac{iu}{V}\right)\right]$$
$$= -kT\left[N_2\ln V + \sum_{i=0}^{N_2-1}\ln\left(1 - \frac{iu}{V}\right)\right] + C \tag{4-32}$$

式中，$C$ 为常数。在稀溶液中，$\dfrac{iu}{V} \ll 1$，所以，$\ln\left(1 - \dfrac{iu}{V}\right) \approx -\left[\dfrac{iu}{V} + \dfrac{1}{2}\left(\dfrac{iu}{V}\right)^2 + \dfrac{1}{3}\left(\dfrac{iu}{V}\right)^3 + \cdots\right]$，忽略高次项，则：

$$\Delta G_M = -kT\left(N_2\ln V - \sum_{i=0}^{N_2-1}\frac{iu}{V} + \cdots\right) + C$$
$$= -kT\left(N_2\ln V - \frac{N_2^2 u}{2V}\right) + C \tag{4-33}$$

由此可得溶液中溶剂的化学势为：

$$\Delta\mu_1 = \left(\frac{\partial\Delta G_M}{\partial n_1}\right)_{T,P,n_2} = \left(\frac{\partial\Delta G_M}{\partial V}\right)_{T,P,n_2}\left(\frac{\partial V}{\partial n_1}\right)_{T,P,n_2}$$
$$= -\tilde{V}_1 kT\left[\frac{N_2}{V} + \frac{u}{2}\left(\frac{N_2}{V}\right)^2\right] \tag{4-34}$$

由式（4-30）知，$T = \theta$ 时，$u = 0$。对于真实高分子链，其排斥体积由两部分组成，一部分是外排斥体积，另一部分是内排斥体积。外排斥体积是高分子链因溶剂化作用而扩展，相互不得靠近产生的附加体积，此时溶剂与链段的相互作用能大于高分子链段与链段间的相互作用能；内排斥体积则是高分子固有的已占体积，不容侵犯而产生。如果链段间的作用较大，或者高分子链的柔性很好，链相互接触的两部分的总体积可以小于它们各自体积之和，此时内排斥体积就是负值。如果正的外排斥体积与负的内排斥体积正好抵消，$u = 0$，高分子链如同不占体积的线一样，处于无扰状态，这种状态的尺寸称为无扰尺寸。这时的溶液就是假理想溶液。

受溶剂化作用影响，高分子链在溶液中的尺寸与无扰尺寸不同。定义扩张因子$\alpha$为：

$$\alpha \equiv \left(\frac{\overline{h^2}}{h_0^2}\right)^{1/2} \equiv \left(\frac{\overline{S^2}}{S_0^2}\right)^{1/2} \tag{4-35}$$

Flory-Krigbaum 从理论上推导出：

$$\alpha^5 - \alpha^3 = 2C_m\Psi_1\left(1 - \frac{\theta}{T}\right)M^{1/2} \tag{4-36}$$

式中，$C_m$为常数。可见，当$T > \theta$时，$\alpha > 1$。

在良溶剂中，$\alpha \gg 1$，$\alpha^5 \propto M^{1/2}$，即$\alpha \propto M^{1/10}$，则：

$$\left(\overline{h^2}\right)^{1/2} = \alpha\left(\overline{h_0^2}\right)^{1/2} \propto M^{1/10}M^{1/2} \propto M^{3/5} \tag{4-37}$$

同样，如果用高分子链在溶液中的旋转半径$S$来表示其尺寸，则：

$$S \propto \left(\overline{h^2}\right)^{1/2} \propto M^{3/5} \tag{4-38}$$

这就是柔性高分子链在良溶剂稀溶液中的分子尺寸与分子量的关系，指数 3/5 称作 Flory 指数。该结论已得到很多实验数据的支持。在良溶剂中，高分子链的排斥体积应该与$S^3$成正比，所以：

$$u \propto S^3 \propto M^{9/5} \tag{4-39}$$

不同条件下各参数的相互关系见表 4-5。至于在$\theta$溶剂和劣溶剂中，分别对应于$\alpha = 1$和$\alpha < 1$的情形，其$\alpha$、$u$和$S$等参数与$M$的关系，请自行推导。

**表 4-5    不同条件下各种参数的相互关系**

| 温度条件 | 相互作用能关系 | 排斥体积$u$ | 相互作用参数$\chi_1$ | 第二位力系数$A_2$ | 一维扩张因子$\alpha$ | 过量化学势$\Delta\mu_1^E$ |
|---|---|---|---|---|---|---|
| $T > \theta$ | $\varepsilon_{12} > \varepsilon_{22}$ | $u > 0$ | $\chi_1 < 0.5$ | $A_2 > 0$ | $\alpha > 1$ | $\Delta\mu_1^E < 0$ |
| $T = \theta$ | $\varepsilon_{12} = \varepsilon_{22}$ | $u = 0$ | $\chi_1 = 0.5$ | $A_2 = 0$ | $\alpha = 1$ | $\Delta\mu_1^E = 0$ |
| $T < \theta$ | $\varepsilon_{12} < \varepsilon_{22}$ | $u < 0$ | $\chi_1 > 0.5$ | $A_2 < 0$ | $\alpha < 1$ | $\Delta\mu_1^E > 0$ |

Flory-Krigbaum 考虑了稀溶液中链段分布的不均匀性，提出了排斥体积效应，获得了各种参数间的关系。但该理论没有考虑$\Delta V_m \neq 0$的情况，也没有考虑$\Delta H_m \neq 0$的情况。高分子溶解时，混合体积变化往往小于 0，体积缩小导致链段与溶剂间的距离更近，相互作用更强，体系能量更低，同时也使溶液的构象熵降低。混合时体系既有吸热（$\Delta\delta^2_m > 0$），也有体积减小造成相互作用更强而产生的放热等。因此，这一理论还可以进一步完善。

高分子溶液的其他理论还有 Maron 理论、Flory-Eishinger 理论、Flory-Prigogine 对应态理论和 de Gennes 标度理论等。例如 Flory-Prigogine 和 Eishinger 利用液体的状态方

程，导出混合体积变化、混合热及相互作用参数与浓度的关系，但总的说来，这些新理论表达式烦琐，使用不便，也存在一些难以验证等问题。de Gennes 将统计物理中的标度概念引入高分子溶液，采用自洽场和重整群等近代物理方法和数学工具对高分子溶液进行处理，将复杂问题简单化，得到广泛关注。

# 第三节　高分子溶液相平衡

## 一、高分子溶液渗透压

用一张半透膜将一个容器分割成两个池，一边放溶液，另一边放纯溶剂，起始两边液体的液面一样高。若半透膜只允许溶剂通过而不允许溶质通过，这样一段时间后溶液侧的液面就会上升而溶剂侧的液面会下降，最后达到渗透的平衡。渗透平衡时两边液体的压力差称为溶液的渗透压，用 $\Pi$ 表示。渗透压产生的原因在于溶液中溶剂的蒸气压降低，从而导致溶剂化学势下降。在一定的温度下，溶液渗透压与溶剂的化学势变化间的关系为 $\Pi = -\dfrac{\Delta \mu_1}{\tilde{V}_1}$。

就稀溶液而言，对于理想溶液，将溶剂化学势变化关系式（4-25）代入，可近似得到理想溶液稀溶液的渗透压与浓度的关系：

$$\Pi = -\frac{\Delta \mu_1}{\tilde{V}_1} = \frac{RTx_2}{\tilde{V}_1} = \frac{RTn_2}{n\tilde{V}_1} \approx \frac{RTn_2}{V} = RT\frac{c}{M} \tag{4-40}$$

式中，$c$ 为溶质的质量浓度；$M$ 为溶质的摩尔质量。

对高分子稀溶液，按 Flory-Huggins 理论，将式（4-24）代入，并引入如下关系：

$$x_2 = \frac{n_2}{n} = \frac{xn_2}{xn} \approx \frac{\phi_2}{x}; \quad \frac{x_2}{\tilde{V}_1} = \frac{n_2}{n\tilde{V}_1} \approx \frac{n_2}{V} = \frac{c}{M}; \quad \rho_2 = \frac{W_2}{V_2} = \frac{cV}{V_2} = \frac{c}{\phi_2} \ \text{或} \ \phi_2 = \frac{c}{\rho_2}$$

式中，$\rho_2$ 是高分子的密度；$W_2$ 是高分子的质量；$V_2$ 是高分子的体积；$V$ 是溶液体积。则得：

$$\Pi = -\frac{\Delta \mu_1}{\tilde{V}_1} \approx -\frac{RT}{\tilde{V}_1}\left[-x_2 + \left(\chi_1 - \frac{1}{2}\right)\phi_2^2\right] = RT\left[\frac{c}{M} + \left(\frac{1}{2} - \chi_1\right)\frac{c^2}{\rho_2^2 \tilde{V}_1}\right] = RT\left(\frac{c}{M} + A_2 c^2\right) \tag{4-41}$$

其中：

$$A_2 = \left(\frac{1}{2} - \chi_1\right)\Big/\left(\rho_2^2 \tilde{V}_1\right) \tag{4-42}$$

$A_2$ 称为第二位力系数。$A_2$ 与浓度和分子量无关，是一个常数。$A_2$ 与 $\chi_1$ 都可以表示链段与溶剂分子间的作用力，但 $A_2$ 是可以测定的参量。

根据 Flory-Krigbaum 理论所得化学势表达式（4-34），则高分子稀溶液的渗透压为：

$$\Pi = -\frac{\Delta \mu_1}{\tilde{V}_1} = RT\left(\frac{c}{M} + \frac{\tilde{N}u}{2M^2}c^2\right) = RT\left(\frac{c}{M} + A_2 c^2\right) \tag{4-43}$$

其中，第二位力系数为：

$$A_2 = \frac{\tilde{N}u}{2M^2} \propto \frac{M^{9/5}}{M^2} \propto M^{-1/5} \tag{4-44}$$

可见，$A_2$ 是与分子量有关的参数。与实验所测得 $A_2 \propto M^{-0.2\pm0.05}$ 非常接近。因此 $\chi_1$ 也与分子量有关。

在测定分子量时，一般仍将 $A_2$ 视作常数。为了方便求解，将渗透压与浓度的关系改写为：

$$\frac{\Pi}{c} = RT\left(\frac{1}{M} + A_2 c\right) \tag{4-45}$$

这样，以 $\Pi/c$ 对 $c$ 作图，就可以得一直线，直线的斜率为 $RTA_2$，截距为 $RT/M$（图4-10）。由此可求得 $A_2$ 和 $M$。不难证明，所得分子量为数均分子量。

将高分子溶解于良溶剂中形成稀溶液，逐步添加劣溶剂时，$\chi_1$ 值逐步升高，$A_2$ 值逐步降低，如果温度不变，则图4-10中的直线截距不变，而斜率降低，高分子链将从伸展状态逐步收缩，$\chi_1$ 升高到 1/2 时，$A_2$ 值降低为 0，体系成为 $\theta$ 状态。进一步添加劣溶剂，高分子链将发生塌缩，$A_2$ 为负值。塌缩转变的剧烈程度与分子量有关。分子量比较高时，塌缩转变很剧烈，体积突变，与热力学一级相变类似；而分子量比较低时，其转变呈连续的转折，与二级相变类似。研究观察和计算机模拟发现，单链线团在塌缩转变过程中存在着一个称为"熔球态"的中间态，它有典型的核壳结构，内核为塌缩状态，而外壳呈膨胀状态，沿线团径向方向出现不连续的链单元能量状态分布。

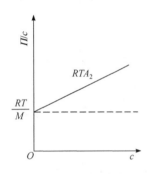

**图4-10** 渗透压法测定分子量原理

如果将高分子在良溶剂中形成的稀溶液逐步降温，图4-10中的直线截距和斜率都将减小，到 $T = \theta$ 时，体系成为 $\theta$ 状态。此时直线平行于横坐标。进一步降低温度，则图4-10的直线斜率为负值。

## 二、相分离与相平衡

根据高分子溶液相分离与温度的关系可以将高分子溶液分为两类。

一类是存在最高临界共溶温度的体系，称为 UCST 体系。这一类体系在温度较高时，高分子可以与溶剂完全互溶而成为均相溶液；当温度降至临界共溶温度 $T_c$ 以下时，在某些组成下体系就分离成两相，一相为凝液相，即浓相，在该相中高分子的含量相对较高；而另一相为稀溶液相，即稀相，在该相中，高分子的含量相对较低。$T_c$ 与高分子的分子量有关，分子量越大，$T_c$ 也越高（图4-11）。

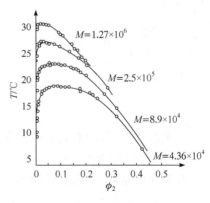

**图4-11** 不同分子量的 PS-环己烷体系的溶解度曲线

另一类溶液是低温下互溶，高温下分相，存在最低共溶温度的体系，称为 LCST 体系。当温度升至临界共溶温度 $T_c$ 以上时，在某些组成下高分子溶液就将分离成稀相和浓相。这里仅讨论 UCST 体系。

我们以 Flory-Huggins 平均场理论所得混合自由能与溶液中高分子体积分数间的关系曲线来进行讨论。

如前所述，约化自由能在不同链段数、不同相互作用时随组分变化曲线如图 4-8 所示。给定链段数 $x$，相互作用参数 $\chi_1$ 的大小直接影响曲线的凹凸性，曲线上存在一个或两个极小值，不存在或存在一个极大值。例如，给定 $x=1$，$\chi_1$ 在 2 以下时，体系在任意组成时均呈凹形曲线，表明溶液是稳定的，极小值出现在 $\phi_2=0.5$ 处；$\chi_1 > 2$ 时，曲线出现上凸部分，说明该体系在一定的浓度范围内将出现相分离，$\chi_1$ 很大时，甚至可以使 $\Delta G > 0$，体系溶解不自发。设 $x=10$，在不同 $\chi_1$ 值下的约化自由能曲线如图 4-12 所示。

可见，当 $\chi_1$ 值很小时，例如 $\chi_1 < 0$ 时，混合自由能曲线皆为凹形曲线，有一个极小值[图 4-12(a)]。自由能的一阶导数随高分子体积分数的增加而逐渐增大。说明高分子在溶剂中是稳定的，可以与溶剂互溶。

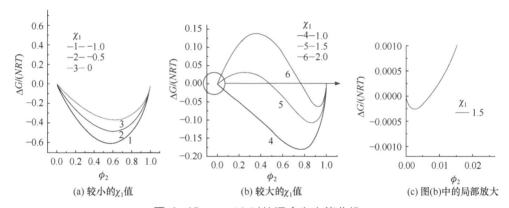

**图 4-12** $x=10$ 时的混合自由能曲线

而当 $\chi_1 > 1$ 时，曲线皆存在两个极小值[图 4-12(b)]，在两个极小值之间有一个极大值[由于曲线不对称，左侧的极小值不明显，图 4-12(c)将该区域放大后可以看到低浓度下的极小值]。从极小值向极大值过渡的区域中，其一阶导数从逐渐增大过渡到逐渐减小，因此有一个极大值，即在此区间内存在二阶导数为 0 的点，该点是自由能曲线从凹形转变为凸形的分界点。在凸形曲线中，溶液是不稳定的，将产生相分离。拐点的组成称为旋节点，两个极小值点的组成称为双节点，如图 4-13 所示。旋节点之间的组成为不稳定区，在此区域中的体系将发生相分离。在双节点之外的凹形曲线区域，体系是均相的溶液。而双节点到旋节点之间的浓度区间，体系受到微扰时容易产生相分离，因此是亚稳定区域。改变温度时，旋节点的组成和双节点的组成均随之变化。由不同温度下旋节点连接组成的曲线称为旋节线（spinodal curve），由双节点所连接成的曲线

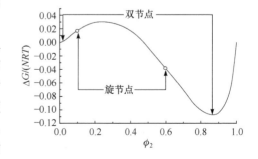

**图 4-13** 旋节点和双节点示意图

称为双节线（binodal curve）。因此，在温度与组成的关系曲线上，双节线之外的区域都是稳定的均相溶液，旋节线内的区域是不稳定区，会发生相分离，在双节线与旋节线之间则为亚稳区。有时，我们把双节线就称为亚稳线，而把旋节线称为不稳线。

随着温度的改变，双节点和旋节点最终将汇合于一点，此点就称为临界点，处于临界点的温度就是临界互溶温度，此时体系的组成称为临界组成。

双节点和旋节点的组成可以通过自由能的一阶偏导为零来求得。临界状态实际上就是双节点与旋节点重合的情况，此时，自由能的二阶与三阶偏导为0：

$$\left(\frac{\partial^2 \Delta G}{\partial \phi_2^2}\right)_{T,P} = 0 \qquad 及 \qquad \left(\frac{\partial^3 \Delta G}{\partial \phi_2^3}\right)_{T,P} = 0 \tag{4-46}$$

将 $\Delta G$ 的表达式（4-20）代入可得：

$$\left(\frac{\partial \Delta G}{\partial \phi_2}\right)_{T,P} = NkT\left(-\ln\phi_1 + \frac{\ln\phi_2}{x} - 2\chi_1\phi_2 - 1 + \frac{1}{x} + \chi_1\right)$$

$$\left(\frac{\partial^2 \Delta G}{\partial \phi_2^2}\right)_{T,P} = NkT\left(\frac{1}{1-\phi_2} + \frac{1}{x\phi_2} - 2\chi_1\right) \tag{4-47}$$

$$\left(\frac{\partial^3 \Delta G}{\partial \phi_2^3}\right)_{T,P} = NkT\left[\frac{1}{(1-\phi_2)^2} - \frac{1}{x\phi_2^2}\right]$$

由此可解得临界参数：$\phi_2^* = \dfrac{1}{1+\sqrt{x}}$；$\chi_1^* = \dfrac{1}{2}\left(1 + \dfrac{1}{\sqrt{x}}\right)^2$。当 $x=1$ 时，$\chi_1^* = 2$。$x$ 越大，临界相分离时的 $\chi_1^*$ 值就越小，$\phi_2^*$ 也越小，其与 $x$ 的关系如图 4-14(a)和图 4-14(b)所示。消去 $x$，可得在相同聚合度下，临界相互作用参数$\chi_1^*$与临界高分子体积分数$\phi_2^*$间的关系[图 4-14(c)]。

以高分子溶液中溶剂的化学势$\Delta\mu_1$ 对高分子体积分数$\phi_2$ 作图，可以了解高分子溶液浓度对化学势的影响，借此可以分析相分离的两相组成。假定每条高分子链的链段数 $x=1000$，在不同的$\chi_1$ 下，我们可以得到$\Delta\mu_1/(RT)$随$\phi_2$ 的变化曲线（图 4-15）。可见，当$\chi_1$ 比较小时，$\Delta\mu_1/(RT)$单调下降；当$\chi_1$ 比较大时，$\Delta\mu_1/(RT)$有极小值和极大值。在临界点，溶液的两个极值点重合成为拐点。因此，相分离的起始条件是：

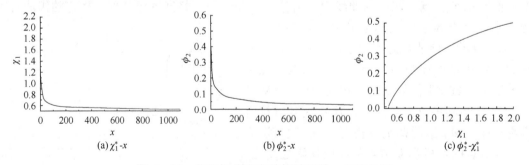

(a) $\chi_1^*$-$x$          (b) $\phi_2^*$-$x$          (c) $\phi_2^*$-$\chi_1^*$

**图 4-14** 临界相分离参数与链段数 $x$ 间的关系

$$\begin{cases} \left(\dfrac{\partial \Delta \mu_1}{\partial \phi_2}\right)_{T,P} = 0 \\[3mm] \left(\dfrac{\partial^2 \Delta \mu_1}{\partial \phi_2^2}\right)_{T,P} = 0 \end{cases} \tag{4-48}$$

这与自由能分析式（4-46）是等价的。将式（4-22）代入可得：

$$\begin{cases} \dfrac{-1}{1-\phi_2} + \left(1 - \dfrac{1}{x}\right) + 2\chi_1 \phi_2 = 0 \\[3mm] \dfrac{-1}{(1-\phi_2)^2} + 2\chi_1 = 0 \end{cases} \tag{4-49}$$

解得：

$$\begin{cases} \phi_2^* = \dfrac{1}{1+\sqrt{x}} \approx \dfrac{1}{\sqrt{x}} \\[3mm] \chi_1^* = \dfrac{1}{2(1-\phi_2^*)^2} = \dfrac{1}{2}\left(1 + \dfrac{1}{\sqrt{x}}\right)^2 \approx \dfrac{1}{2} + \dfrac{1}{\sqrt{x}} \end{cases} \tag{4-50}$$

临界相分离体积分数 $\phi_2^*$ 和临界相分离相互作用参数 $\chi_1^*$ 间的关系如图 4-14（c）所示。二者呈正向关系，即 $\chi_1^*$ 增大，$\phi_2^*$ 也增大。这一结果是否表示溶剂越差，相分离时高分子体积分数越高？反之，$\phi_2^*$ 越大，$\chi_1^*$ 越大，是否表示相分离浓度越高，相分离所用溶剂越差？显然不可能。这是因为我们所得到的临界相分离参数中 $\chi_1^*$ 值针对的是一条曲线，而 $\phi_2^*$ 针对的是在这条临界相分离曲线上的拐点。在这条曲线上，实际上任意 $\phi_2$ 值都不会产生相分离。

根据 $\chi_1 - \dfrac{1}{2} = K_1 - \Psi_1 = \Psi_1\left(\dfrac{\theta}{T} - 1\right)$，代入临界值 $\chi_1^*$ 可解得临界相分离温度为：

$$\begin{aligned} \frac{1}{T^*} &= \frac{1}{\theta}\left[1 + \frac{1}{\Psi_1}\left(\chi_1^* - \frac{1}{2}\right)\right] = \frac{1}{\theta}\left[1 + \frac{1}{\Psi_1}\left(\frac{1}{\sqrt{x}} + \frac{1}{2x}\right)\right] \\ &\approx \frac{1}{\theta} + \frac{1}{\theta \Psi_1 \sqrt{x}} \end{aligned} \tag{4-51}$$

若以 $1/T^*$ 对 $\left(\dfrac{1}{\sqrt{x}} + \dfrac{1}{2x}\right)$ 作图，可以得到直线，与实验点的值相吻合（图 4-16）。

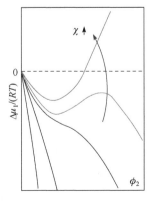

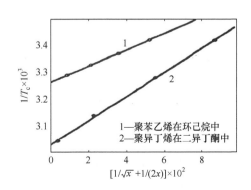

**图 4-15**　$\Delta\mu_1/(RT)$ 对 $\phi_2$ 作图（$x=1000$）　　　　**图 4-16**　临界共溶温度与分子量的关系

## 三、交联高分子的溶胀平衡

交联高分子在溶剂中溶胀时，受到溶解自由能作用，溶剂不断渗入交联高分子中使其体积发生膨胀，同时交联网链也随之伸展，构象熵减小，从而产生弹性收缩能。当溶解自由能与弹性收缩能作用相抵时，交联高分子就达到了溶胀平衡。此时，溶胀体内部溶剂的化学势与溶胀体外部纯溶剂的化学势相等，即 $\Delta\mu_1 = 0$。而化学势的变化来自于两方面，一方面来自于溶解过程自由能，另一方面来自于弹性自由能。

由平均场理论，式（4-22）是溶解自由能导致的化学势变化，而弹性收缩能借用高弹性理论可以得到：

$$\Delta G_{el} = \frac{1}{2}NkT\left(3\lambda^2 - 3\right) = \frac{3}{2}NkT\left(\lambda^2 - 1\right) \tag{4-52}$$

式中，$\lambda$ 是交联高分子线膨胀倍率，假设溶胀前交联体为各向同性的立方体，边长为 $l$，溶胀平衡时边长扩大了 $\lambda$ 倍，则其变成边长为 $\lambda l$ 的立方体；$N$ 是单位体积中有效网链的数目；$k$ 是 Boltzmann 常数；$T$ 是绝对温度。定义溶胀度 $Q$ 为达到溶胀平衡后的体积 $V$ 与溶胀前体积 $V_0$ 之比，即 $Q = \dfrac{V}{V_0} = \lambda^3 = (1 + n_1\tilde{V}_1) = \dfrac{1}{\phi_2}$，于是，弹性自由能引起的溶剂化学势变化为：

$$\Delta\mu_1^{el} = \left(\frac{\partial G_{el}}{\partial\lambda}\right)\cdot\left(\frac{\partial\lambda}{\partial n_1}\right) = 3NkT\lambda\left[\frac{1}{3}(1 + n_1\tilde{V}_1)^{-2/3}\tilde{V}_1\right] = NkT\tilde{V}_1\lambda^{-1} = \frac{\rho_2 RT\tilde{V}_1}{M_c}\phi_2^{1/3}$$

于是：

$$\ln(1-\phi_2) + \phi_2 + \chi_1\phi_2^2 + \frac{\rho_2 V_1}{M_c}\phi_2^{1/3} = 0$$

$\phi_2 \to 0$ 时，$\ln(1-\phi_2) = -\phi_2 - \dfrac{1}{2}\phi_2^2 - \cdots$，将其代入简化后，可得溶胀平衡方程：

$$Q^{5/3} = \phi_2^{-5/3} = \frac{\left(\dfrac{1}{2} - \chi_1\right)\overline{M_c}}{\rho_2\tilde{V}_1} \tag{4-53}$$

由该方程可进行交联度、Huggins 参数以及溶度参数等参数的测定和计算。

## 四、LCST 体系的热力学分析

前面讨论的是 UCST 体系，而且通常讨论 $\chi_1$ 大于零的情形。对于 UCST 体系，温度升高是有利于高分子溶解的。温度越高，体系越稳定，溶解性越好。由溶液热力学关系式（4-18）可见，随着温度的升高，相互作用参数 $\chi_1$ 降低，高分子与溶剂间的相互作用增强。

但是，LCST 体系与之相反，随着温度的升高，高分子与溶剂间的相互作用减弱，不利于高分子溶解。从相互作用参数上，我们无法得到合理的解释。其实，在设定相互作用参数时隐含了一种假定，那就是同时解开一对溶剂和一对链段间的相互作用，生成两对溶剂-链段作用对时，其能量的变化是不随温度的变化而变化的，为常数。但实际上，这种相互作用能是与温度有关的。

根据 DLVO 理论，在粒子表面电势较低时，粒子间的相互作用可以简化为以下形式：

$$\begin{cases} \varepsilon_{11} = A_1 e^{-\kappa_1 x} - \dfrac{B_1}{x} \\[2mm] \varepsilon_{22} = A_2 e^{-\kappa_2 x} - \dfrac{B_2}{x} \\[2mm] \varepsilon_{12} = A_3 e^{-\kappa_3 x} - \dfrac{B_3}{x} \end{cases} \qquad (4\text{-}54)$$

式中，$A_1$、$A_2$ 和 $A_3$ 分别表示溶剂分子间、链段-链段间和溶剂-链段对间的排斥能系数；$B_1$、$B_2$ 和 $B_3$ 分别为三种作用对间的吸引能系数；$\kappa_1$、$\kappa_2$ 和 $\kappa_3$ 分别是三种作用对粒子间屏蔽层厚度的倒数；$x$ 为粒子间的距离。

### （一）$\Delta\varepsilon_{12}$ 近似为常数

吸引能系数 $B$ 在强相互作用（如静电相互作用）时，就与温度成反比，见式（3-1）。在不同距离上，形成溶剂-链段的能量变化实际上是不同的。假定破坏和生成一对相互作用对的临界距离是一样的，且假定 $\kappa_1 = \kappa_2 = \kappa_3$，则生成一对溶剂-链段对时，能量变化为：

$$\Delta\varepsilon_{12} = \varepsilon_{12} - \frac{1}{2}(\varepsilon_{11} + \varepsilon_{22}) = \left[A_3 - \frac{1}{2}(A_1 + A_2)\right]e^{-\kappa_1 x} - \left[B_3 - \frac{1}{2}(B_1 + B_2)\right]\frac{1}{x} = Ae^{-\kappa_1 x} - \frac{B}{x} = C \quad (4\text{-}55)$$

若生成和破坏一对相互作用对的临界距离（相当于范德瓦耳斯力半径）是恒定的，则 $\Delta\varepsilon_{12}$ 是常数 $C$。

由式（4-18），$\chi_1 \propto \Delta\varepsilon_{12}/T$。当 $\Delta\varepsilon_{12} < 0$ 时（图 4-17 中图线 a），$\chi_1 < 0$，溶剂与链段间存在着强烈的相互作用，体系溶解性很好。随着温度 $T$ 升高，$\chi_1$ 逐渐增加并趋于 0（图 4-17 中图线 b），说明温度升高，对原先溶解性好的体系有所阻碍，溶剂与链段间的相互作用随温度的升高，因分子运动剧烈而有所减弱。但体系在任何温度下都是稳定的溶液。

当 $\Delta\varepsilon_{12} = 0$ 时，$\chi_1 = 0$，溶剂与链段间的相互作用与各自作用的平均值相等，体系溶解性很好，且溶解特性与温度无关（图 4-17 中图线 c）。

当 $\Delta\varepsilon_{12} > 0$ 时（图 4-17 中图线 d），$\chi_1 > 0$，溶剂与链段间的相互作用没有各自内聚作用强。随着温度 $T$ 升高，$\chi_1$ 逐渐减小并趋于 0。在较宽的温度范围内，存在一个临界温度 $T^*$，当 $T < T^*$ 时，$\chi_1 > 0.5$；当 $T > T^*$ 时，$\chi_1 < 0.5$；当 $T = T^*$ 时，$\chi_1 = 0.5$（图 4-17 中图线 e）。

可见，UCST 体系符合上述分析的条件。

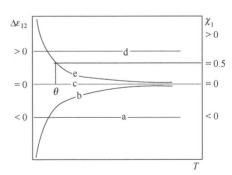

**图 4-17**　$\Delta\varepsilon_{12}$ 为常数时，$\Delta\varepsilon_{12}$ 和 $\chi_1$ 随温度的变化

### （二）$\Delta\varepsilon_{12}$ 不为常数

当分子链、溶剂中均存在着强相互作用时，如含有极性基团，尤其是氢键或 CTC 作用基团、平面共轭基团时，由于分子间吸引能系数 $B$ 与温度有关，因此式（4-55）在相

同的假定条件下就需改为：

$$\Delta\varepsilon_{12} = Ae^{-\kappa_1 x} - \frac{B}{kTx} \approx A' - \frac{B'}{T} \qquad (4\text{-}56)$$

$\Delta\varepsilon_{12}$ 不再是常数，而与温度有关。但我们可以假定 $A'$ 和 $B'$ 都是常数，有以下几种情形。

1. $B' > 0$

即溶剂-链段的吸引能大于内聚吸引能的均值。在这种情况下，温度足够低时，式（4-56）中的两项之差可以为负值，即在低温下 $\Delta\varepsilon_{12} < 0$，导致低温下 $\chi_1 < 0$，说明低温是有利于溶解的；随着温度升高，后项逐渐减小，$\Delta\varepsilon_{12}$ 逐渐升高，$\chi_1$ 也随之升高，最后 $\Delta\varepsilon_{12}$ 逐渐趋于 $A'$，$\chi_1$ 则升高至最大值后又逐渐下降，并最终趋于 0。由于 $A'$ 中的指前因子 $A$ 反映的是溶剂-链段间排斥能系数与单纯溶剂间及单纯高分子链段间排斥能系数均值的差值，对于这种情况，我们可以分以下情形来讨论：

① 如果 $A' \leqslant 0$，则在所有温度范围内均可保证 $\Delta\varepsilon_{12} < 0$，则 $\chi_1 < 0$[图 4-18(a) 和图 4-18(b) 中的曲线 a]，不会影响高分子在溶剂中的溶解；若 $A'$ 为正值但足够小，当 $T \to \infty$ 时，$\chi_1$ 趋于 0，并在所有温度范围内均能保证 $\chi_1 \leqslant 0.5$[图 4-18(a) 和图 4-18(b) 中的曲线 b]，则无论温度如何升高，都不会影响高分子在溶剂中溶解的本质。在此范围内，会在某一温度 $T^*$ 时出现 $\Delta\varepsilon_{12} = 0$ 的临界点，导致 $\chi_1 = 0$，此时溶剂与链段间的相互作用能与各自作用能的平均值相等，即出现无热溶液。虽然随温度升高，溶剂与高分子链间的相互作用在减弱，但与内聚作用相比，溶剂-链段间的相互作用仍占优势，因此，在这些情况下不会出现相分离现象。

② 如果 $A'$ 是正值，但数值比较大，当 $T \to \infty$ 时，$\chi_1$ 趋于 0，但在某一温度下可能出现 $\chi_1 \geqslant 0.5$ 的情况，随后 $\chi_1$ 又随温度升高而降低，并逐渐趋于 0[图 4-18(a) 和图 4-18(b) 中的曲线 c 和曲线 d]。在这种情况下，随着温度升高，会出现两个临界值，一个是在 $T^*$ 时，出现 $\Delta\varepsilon_{12} = 0$ 的临界点，即 $\chi_1 = 0$ 的无热溶液；另一个是在 $\theta$ 温度时，出现 $\chi_1 = 0.5$。当继续升高温度时，将出现溶解大幅下降的转变，体系出现相分离，这就是 LCST 的相变温度，即浊点。但由于 $\chi_1$ 随温度升高，最终将趋于 0，所以，还存在着另一个 $\theta'$ 温度，使体系重新进入混溶状态。只是，这个 $\theta'$ 温度有可能超出了实际使用温度范围，不一定能测到。

2. $B' < 0$

此时，溶剂-链段的吸引能小于内聚吸引能的均值，体系是否能溶解与分子间的排斥能系数有关。

在很低的温度下，无论排斥能间的关系如何，都能找到一个临界温度，在此温度以下都会使 $\Delta\varepsilon_{12} > 0$，此时 $\chi_1$ 为很大的正值，体系是不能溶解的状态。随着温度升高，$\Delta\varepsilon_{12}$ 逐渐减小，并逐渐趋近于 $A'$，$\chi_1$ 也随之逐渐降低，并逐渐趋于 0。因此，如果 $B' < 0$，温度升高是有利于溶解的。这是 UCST 的情形。但是否能溶解要看 $\chi_1$ 的值能否降低到 0.5 及以下。

① 若 $A' > 0$，在所有温度范围内都会使 $\Delta\varepsilon_{12} > 0$，$\chi_1 > 0$。溶剂与链段间的排斥能较高。在温度趋于无穷大时，$\chi_1$ 趋于 0，则存在 $\theta$ 温度，可使 $\chi_1 = 0.5$，在此温度以下，高分子无法溶解；在此温度以上，高分子可以溶解[图 4-18(c) 和图 4-18(d) 中的曲线 b 和曲线 c]。$A'$ 越大，$\theta$ 温度越高。若此 $\theta$ 温度足够高，超出了实际使用的温度范围，则在实际使用的温度范围内，体系将不能溶解而出现相分离。

② 若 $A'$ 数值较小，甚至是负值时，即溶剂与链段间的排斥远小于溶剂间或链段间的排斥时，在温度升高至某一临界的 $\theta$ 温度后，可以使 $\chi_1 \leqslant 0.5$，体系从不溶状态开始进

入溶解状态；若 $A'$ 数值足够小，能使体系的 $\chi_1 \leqslant 0$，则体系还会出现另一个临界温度 $T^*$，使得 $\Delta\varepsilon_{12} = 0$，$\chi_1 = 0$，溶剂与链段间的相互作用与各自作用的平均值相等，出现无热溶液状态[图 4-18(c)和图 4-18(d)中的曲线 a]。继续升高温度时，$\chi_1$ 再从负值逐渐升高趋于 0。因此，在 $T^*$ 温度以上，该溶剂即为高分子的良溶剂。

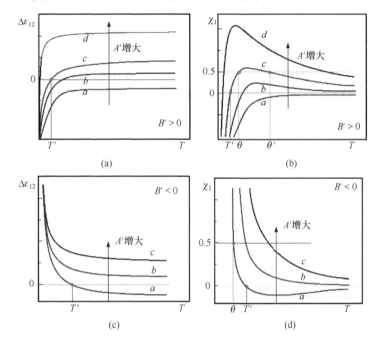

**图 4-18**　$\Delta\varepsilon_{12}$ 不为常数时，不同条件下 $\Delta\varepsilon_{12}$ 和 $\chi_1$ 随温度的变化示意图

3. $B' = 0$

此时即化为 $\Delta\varepsilon_{12}$ 为常数的情形。

由于不同体系的排斥能与吸引能常数均不同，因此，这里不能做定量计算，只能给出定性的分析。

## 五、高分子共混体系相容性

### （一）多组分高分子-高分子混合体系

Scott 和 Tompa 将平均场理论推广到二组分高分子混合物体系，其混合自由能则可以表示为：

$$\Delta G_{\mathrm{M}} = RTV\left( \frac{\phi_1 \ln \phi_1}{\tilde{V}_1} + \frac{\phi_2 \ln \phi_2}{\tilde{V}_2} + \chi_{12}\phi_1\phi_2 \right) \tag{4-57}$$

式中，$V$ 是高分子混合物的总体积；$\phi_1$ 和 $\phi_2$ 分别是高分子 1 和 2 的体积分数，$\phi_1 + \phi_2 = 1$；$\tilde{V}_1$ 和 $\tilde{V}_2$ 分别是高分子 1 和 2 的摩尔体积；$\chi_{12}$ 是高分子 1 与高分子 2 间的相互作用参数。

为了简化分析，可以作对称性假定。令 $M_1 = M_2 = M$，$\rho_1 = \rho_2 = \rho$，并假定 $\chi_{12} = 2\rho / M_{\mathrm{cr}}$（$M_{\mathrm{cr}}$ 为临界分子量），则：

$$\begin{cases} \Delta G_{\mathrm{M}} = \dfrac{\rho RTV}{M_{\mathrm{cr}}} \left( \dfrac{M_{\mathrm{cr}}}{\rho} \dfrac{\phi_1 \ln \phi_1}{\tilde{V}_1} + \dfrac{M_{\mathrm{cr}}}{\rho} \dfrac{\phi_2 \ln \phi_2}{\tilde{V}_2} + 2\phi_1\phi_2 \right) \\[2mm] \qquad = \dfrac{\rho RTV}{M_{\mathrm{cr}}} \left[ \dfrac{M_{\mathrm{cr}}}{M} (\phi_1 \ln \phi_1 + \phi_2 \ln \phi_2) + 2\phi_1\phi_2 \right] \\[2mm] \Delta H_{\mathrm{M}} = \dfrac{2\rho RTV\phi_1\phi_2}{M_{\mathrm{cr}}} \\[2mm] -\Delta S_{\mathrm{M}} = \dfrac{\rho RV}{M_{\mathrm{cr}}} \left[ \dfrac{M_{\mathrm{cr}}}{M} (\phi_1 \ln \phi_1 + \phi_2 \ln \phi_2) \right] \end{cases} \qquad (4\text{-}58)$$

分别以混合热、负混合熵和混合自由能的约化值，并分别取 $M_{cr}/M$ 分别为 1.5、1.25、1、1/1.25 和 1/1.5，对组成 $\phi_1$ 作图，如图 4-19 所示。

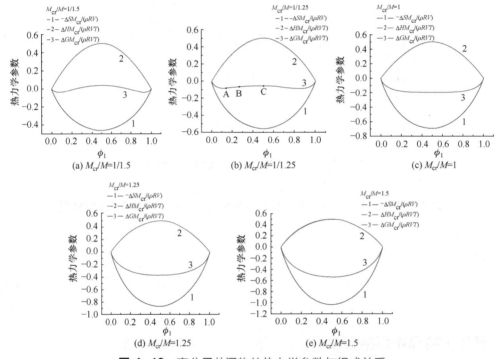

**图 4-19**  高分子共混物的热力学参数与组成关系

由图 4-19(b)可见，对于 $M_{cr}/M = 1/1.25$ 的体系，在 A 点因处于凹形曲线上，体系是稳定的；而在凸形曲线部分的 C 点时，虽然 $\Delta G_{\mathrm{M}} < 0$，但体系处于不稳定状态，将发生相分离。因此，体系的混合自由能并不能作为判断高分子混合物相容与否的充分条件，它只是相容性的必要条件。研究表明，均相高分子混合物的相容性还需满足下列条件：

$$\left. \dfrac{\partial^2 (\Delta G_{\mathrm{M}})}{\partial \phi_1^2} \right|_{T,P} > 0 \qquad (4\text{-}59)$$

由此可以讨论多组分高分子-高分子混合体系的相容性问题。

1. 二组分高分子混合物

设临界分子量链段对应的体积是参考体积 $V_{\mathrm{r}}$，则二组分高分子混合体系的混合自由能也可写成：

$$\Delta G_{\mathrm{M}} = \frac{RTV}{V_{\mathrm{r}}} \left( \frac{\phi_1 \ln \phi_1}{x_1} + \frac{\phi_2 \ln \phi_2}{x_2} + \bar{\chi}_{12} \phi_1 \phi_2 \right) \tag{4-60}$$

这里，$\bar{\chi}_{12} = V_{\mathrm{r}} \chi_{12}$；$x_1$ 和 $x_2$ 分别是高分子 1 和 2 相对于参考体积 $V_{\mathrm{r}}$ 的数目，即 $x_i = V_i / V_{\mathrm{r}}$（$i = 1, 2$）。

对于二组分高分子混合物，与高分子溶液类似，Scott 给出的体系的双节点和旋节点的临界条件分别为：

$$\mu_1' = \mu_1'', \quad \mu_2' = \mu_2'' \qquad \text{（双节点）}$$

$$\left. \frac{\partial^2 (\Delta G_{\mathrm{M}} / V)}{\partial \phi_1^2} \right|_{T,P} = 0 \qquad \text{（旋节点）}$$

$$\left. \frac{\partial^2 (\Delta G_{\mathrm{M}} / V)}{\partial \phi_1^2} \right|_{T,P} = \left. \frac{\partial^3 (\Delta G_{\mathrm{M}} / V)}{\partial \phi_1^3} \right|_{T,P} = 0 \qquad \text{（临界条件）}$$

上标"'"和"""分别代表曲线上两个极小值所对应的两相。由此得到双节点组成满足：

$$\begin{cases} \ln \phi_1' + \left(1 - \dfrac{x_1}{x_2}\right) \phi_2' + x_1 \chi_{12} (\phi_2')^2 = \ln \phi_1'' + \left(1 - \dfrac{x_1}{x_2}\right) \phi_2'' + x_1 \chi_{12} (\phi_2'')^2 \\[2mm] \ln \phi_2' + \left(1 - \dfrac{x_2}{x_1}\right) \phi_1' + x_2 \chi_{12} (\phi_1')^2 = \ln \phi_2'' + \left(1 - \dfrac{x_2}{x_1}\right) \phi_1'' + x_2 \chi_{12} (\phi_1'')^2 \end{cases} \tag{4-61}$$

旋节点为：

$$(\chi_{12})_{\mathrm{sp}} = \frac{1}{2} \left[ \frac{1}{(\phi_1)_{\mathrm{sp}} x_1} + \frac{1}{(\phi_2)_{\mathrm{sp}} x_2} \right] \tag{4-62}$$

临界条件为：

$$\begin{cases} (\chi_{12})_{\mathrm{cr}} = \dfrac{1}{2} \left( \dfrac{1}{x_1^{1/2}} + \dfrac{1}{x_2^{1/2}} \right)^2 \\[3mm] (\phi_1)_{\mathrm{cr}} = \dfrac{x_2^{1/2}}{x_1^{1/2} + x_2^{1/2}} \\[3mm] (\phi_2)_{\mathrm{cr}} = \dfrac{x_1^{1/2}}{x_1^{1/2} + x_2^{1/2}} \end{cases} \tag{4-63}$$

上述方程也可通过化学势进行推导。由上述临界条件参数值可知，当高分子相当大时，临界相互作用参数 $(\chi_{12})_{\mathrm{cr}}$ 趋于零，混合是吸热过程，因此高分子量的高分子混合体系一般都是热力学不相容的。

### 2. 高分子-高分子-溶剂三组分体系

两种高分子混合物在溶剂中形成的三组分体系，其混合自由能为：

$$\Delta G_{\mathrm{M}} = \frac{RTV}{V_0}\left( \phi_0 \ln\phi_0 + \frac{\phi_1 \ln\phi_1}{x_1} + \frac{\phi_2 \ln\phi_2}{x_2} + \chi_{01}\phi_0\phi_1 + \chi_{02}\phi_0\phi_2 + \chi_{12}\phi_1\phi_2 \right) \qquad (4\text{-}64)$$

式中，$V_0$ 是溶剂的摩尔体积或参考体积；$\phi_0$ 是溶剂的体积分数；$\chi_{01}$ 和 $\chi_{02}$ 分别是高分子 1 与溶剂和高分子 2 与溶剂间的相互作用参数。这种三组分体系的旋节点满足：

$$\left( \frac{\partial^2 \Delta G_{\mathrm{M}}/V}{\partial \phi_1^2}\bigg|_{T,P} \right)\left( \frac{\partial^2 \Delta G_{\mathrm{M}}/V}{\partial \phi_2^2}\bigg|_{T,P} \right) = \left( \frac{\partial^2 \Delta G_{\mathrm{M}}/V}{\partial \phi_1 \partial \phi_2}\bigg|_{T,P} \right)^2 \qquad (4\text{-}65)$$

在对称性假定即 $\chi_{01}=\chi_{02}$、$x=x_1=x_2$ 的前提下，体系的双节点为：

$$\ln\theta_1 + x\chi_{12}(1-\phi_0)\theta_2^2 = \ln\theta_2 + x\chi_{12}(1-\phi_0)\theta_1^2 \qquad (4\text{-}66)$$

这里，$\theta_1 = \dfrac{\phi_1}{\phi_1+\phi_2}$，$\theta_2 = \dfrac{\phi_2}{\phi_1+\phi_2}$。由此可见，在对称性假定的情况下，双节点与 $\chi_{01}$ 和 $\chi_{02}$ 无关，体系中的溶剂只是减弱了两种高分子间的相互作用参数。我们可以将 $\chi_{12}(1-\phi_0)$ 看作是高分子 1 和 2 之间的有效相互作用参数。当溶液很稀时，$\phi_0 \to 1$，高分子 1 和 2 的有效相互作用参数趋近于零，这时三组分体系可溶为一相。

可以推断，无论两种高分子的相容性如何，只要两种高分子有共溶剂，就可以制备同时溶解这两种高分子的均相溶液。由此可通过理论预测 $\chi_{01} \neq \chi_{02}$ 的三组分体系相图。

在对称性假定下，Scott 给出高分子-高分子-溶剂三组分体系相分离的临界值为：

$$\begin{cases} (\chi_{12})_{\mathrm{cr}} = \dfrac{\left(1/x_1^{1/2} + 1/x_2^{1/2}\right)^2}{2(1-\phi_0)} \\[3mm] (\theta_i)_{\mathrm{cr}} = x_i^{1/2}/\left(x_1^{1/2} + x_2^{1/2}\right) \end{cases} \qquad (4\text{-}67)$$

式中，$\theta$ 的意义同式（4-66）。由此可推出三组分体系形成均相溶液时，所需溶剂的最小体积分数为：

$$(\phi_0)_{\min} = 1 - \frac{\left(1/x_1^{1/2} + 1/x_2^{1/2}\right)^2}{2(\chi_{12})_{\mathrm{cr}}} \qquad (4\text{-}68)$$

据此，我们可以配制相应的高分子混合物溶液。

## （二）多分散高分子混合体系

进一步将平均场理论扩展到多分散性的高分子混合体系中，则对于多分散性高分子-高分子-溶剂体系，其混合自由能表达式为：

$$\Delta G_{\mathrm{M}} = NkT\left[ \phi_0 \ln\phi_0 + \sum_{i=1}^{p} \frac{\phi_{1i}}{x_{1i}}\ln\phi_{1i} + \sum_{j=1}^{q} \frac{\phi_{2j}}{x_{2j}}\ln\phi_{2j} + \psi(\phi_1,\phi_2,T) \right] \qquad (4\text{-}69)$$

其中 $\psi$ 定义为：

$$\psi = \phi_0\phi_1\chi_{01}(\phi_1,\phi_2,T) + \phi_0\phi_2\chi_{02}(\phi_1,\phi_2,T) + \phi_1\phi_2\chi_{12}(\phi_1,\phi_2,T) \qquad (4\text{-}70)$$

它是组分间的相互作用函数。式（4-69）中，$\phi_{1i}$ 是高分子 1 中链段数为 $x_{1i}$ 的分子的体积分数；$\phi_{2j}$ 是高分子 2 中链段数为 $x_{2j}$ 的分子的体积分数；$\phi_1 = \sum\limits_{i=1}^{p} \phi_{1i}$，$\phi_2 = \sum\limits_{j=1}^{q} \phi_{2j}$，$p$ 和 $q$ 分别是高分子 1 和 2 中不同链长的分子的组分数；$N$ 是体系中格子的总数，$N = N_0 + \sum\limits_{i=1}^{p} N_{1i} x_{1i} + \sum\limits_{j=1}^{q} N_{2j} x_{2j}$。

定义约化自由能 $Z = \Delta G_M / (NkT)$，则该混合体系的旋节点由下面行列式给出：

$$J_{sp} = \left(NkT\right)^{p+q} \begin{vmatrix} \dfrac{\partial^2 Z}{\partial \phi_{11}^2} & \cdots & \dfrac{\partial^2 Z}{\partial \phi_{11}\partial \phi_{1p}} & \dfrac{\partial^2 Z}{\partial \phi_{11}\partial \phi_{21}} & \cdots & \dfrac{\partial^2 Z}{\partial \phi_{11}\partial \phi_{2q}} \\ \vdots & & \vdots & \vdots & & \vdots \\ \dfrac{\partial^2 Z}{\partial \phi_{1p}\partial \phi_{11}} & \cdots & \dfrac{\partial^2 Z}{\partial \phi_{1p}^2} & \dfrac{\partial^2 Z}{\partial \phi_{1p}\partial \phi_{21}} & \cdots & \dfrac{\partial^2 Z}{\partial \phi_{1p}\partial \phi_{2q}} \\ \dfrac{\partial^2 Z}{\partial \phi_{21}\partial \phi_{11}} & \cdots & \dfrac{\partial^2 Z}{\partial \phi_{21}\partial \phi_{1p}} & \dfrac{\partial^2 Z}{\partial \phi_{21}^2} & \cdots & \dfrac{\partial^2 Z}{\partial \phi_{21}\partial \phi_{2q}} \\ \vdots & & \vdots & \vdots & & \vdots \\ \dfrac{\partial^2 Z}{\partial \phi_{2q}\partial \phi_{11}} & \cdots & \dfrac{\partial^2 Z}{\partial \phi_{2q}\partial \phi_{1p}} & \dfrac{\partial^2 Z}{\partial \phi_{2q}\partial \phi_{21}} & \cdots & \dfrac{\partial^2 Z}{\partial \phi_{2q}^2} \end{vmatrix} = 0 \quad (4\text{-}71)$$

临界条件点可以用下列方程组描述：

$$\begin{cases} J_{sp} = 0 \\ J_{cr} = 0 \end{cases}$$

式中，行列式 $J_{cr}$ 是用 $\dfrac{\partial J_{sp}}{\partial \phi_{11}}, \dfrac{\partial J_{sp}}{\partial \phi_{12}}, \cdots, \dfrac{\partial J_{sp}}{\partial \phi_{1p}}, \dfrac{\partial J_{sp}}{\partial \phi_{21}}, \dfrac{\partial J_{sp}}{\partial \phi_{22}}, \cdots, \dfrac{\partial J_{sp}}{\partial \phi_{2q}}$ 取代行列式（4-71）中的任意一行所得的行列式确定。

借助式（4-69），可以导出下列关系式：

$$\begin{cases} \dfrac{\partial^2 Z}{\partial \phi_{1i}^2} = \varphi_{1i} + L_{11}, \quad \dfrac{\partial^2 Z}{\partial \phi_{2j}^2} = \varphi_{2j} + L_{22} \\[2mm] \dfrac{\partial^2 Z}{\partial \phi_{1i}\partial \phi_{1i'}} = L_{11} \quad (i, i' = 1, 2, \cdots p; i \neq i') \\[2mm] \dfrac{\partial^2 Z}{\partial \phi_{2j}\partial \phi_{2j'}} = L_{22} \quad (j, j' = 1, 2, \cdots q; j \neq j') \\[2mm] \dfrac{\partial^2 Z}{\partial \phi_{1i}\partial \phi_{2j}} = \dfrac{\partial^2 Z}{\partial \phi_{2j}\partial \phi_{1i}} = L_{12} = L_{21} \end{cases} \quad (4\text{-}72)$$

式中，$\varphi_{1i} = \left(x_{1i}\phi_{1i}\right)^{-1}$；$\varphi_{2j} = \left(x_{2j}\phi_{2j}\right)^{-1}$；$L_{mm} = \phi_0^{-1} + \dfrac{\partial^2 \psi}{\partial \phi_m \partial \phi_n}$ $(m, n = 1, 2)$。将上述三式代入 $J_{sp}$ 的行列式，就得到一个简单的旋节点参数的解析表达式：

$$1 + L_{11}\sum_{i=1}^{p}\varphi_{1i}^{-1} + L_{22}\sum_{j=1}^{q}\varphi_{2j}^{-1} + \left(L_{11}L_{22} - L_{12}^{2}\right)\sum_{i=1}^{p}\varphi_{1i}^{-1}\sum_{j=1}^{q}\varphi_{2j}^{-1} = 0 \qquad （4-73）$$

因 $J_{cr} = 0$，则得到临界条件为：

$$S_1\left(1 + L_{22}\sum_{j=1}^{q}\varphi_{2j}^{-1}\right) - S_2 L_{12}\sum_{i=1}^{p}\varphi_{1i}^{-1} = 0 \qquad （4-74）$$

式中，$S_1 = \sum_{i=1}^{p}\varphi_{1i}^{-1}\left(\partial J_{sp} / \partial \phi_{1i}\right)$；$S_2 = \sum_{j=1}^{q}\varphi_{2j}^{-1}\left(\partial J_{sp} / \partial \phi_{2j}\right)$。进一步整理可得：

$$\begin{cases} \sum_{i=1}^{p}\varphi_{1i}^{-1} = \sum_{i=1}^{p}x_{1i}\phi_{1i} = \phi_1 x_{w,1} \\ \sum_{j=1}^{q}\varphi_{2j}^{-1} = \sum_{j=1}^{q}x_{2j}\phi_{2j} = \phi_2 x_{w,2} \end{cases} \qquad （4-75）$$

$$S_1 = \prod_{i=1}^{p}\varphi_{1i}\prod_{j=1}^{q}\varphi_{2j}\left[\left(1 + L_{22}\phi_2 x_{w,2}\right)\left(L_{111}\phi_1^2 x_{w,1}^2 + L_{11}\phi_1 x_{w,1}x_{z,1}\right)\right.$$
$$\left. + (1 + L_{11}\phi_1 x_{w,1})L_{221}\phi_1 x_{w,1}\phi_2 x_{w,2} - 2L_{12}\phi_1^2 x_{w,1}^2\phi_2 x_{w,2}L_{121} - L_{12}^2\phi_2 x_{w,2}\phi_1 x_{w,1}x_{z,1}\right] \qquad （4-76）$$

$$S_2 = \prod_{i=1}^{p}\varphi_{1i}\prod_{j=1}^{q}\varphi_{2j}\left[\left(1 + L_{11}\phi_1 x_{w,1}\right)\left(L_{22}\phi_2 x_{w,2}x_{z,2} + L_{222}\phi_2^2 x_{w,2}^2\right)\right.$$
$$\left. + (1 + L_{22}\phi_2 x_{w,2})L_{112}\phi_1 x_{w,1}\phi_2 x_{w,2} - 2L_{12}\phi_1 x_{w,1}\phi_2^2 x_{w,2}^2 L_{121} - L_{12}^2\phi_1 x_{w,1}\phi_2 x_{w,2}x_{z,2}\right] \qquad （4-77）$$

式中，$x_{w,1}$、$x_{z,1}$、$x_{w,2}$ 和 $x_{z,2}$ 分别代表高分子 1 和 2 的重均和 Z 均链段数，且：

$$L_{mnr} = \partial L_{mn} / \partial \phi_r = \phi_0^{-2} + \partial^3\psi / \partial\phi_m\partial\phi_n\partial\phi_r \quad (m,n,r = 1,2) \qquad （4-78）$$

## （三）超临界气体-高分子混合体系

对于超临界气体-高分子混合物（如高压聚乙烯合成过程中的聚乙烯-乙烯体系），将 Flory-Huggins 格子理论改写为：

$$\frac{\Delta G_M}{NRT} = \phi_g \ln\phi_g + \sum_i \frac{\phi_i}{x_i}\ln\phi_i + \chi\phi\phi_g \qquad （4-79）$$

式中，$\phi_g$ 和 $\phi$ 分别是超临界气体-高分子混合物中气体和高分子所占的体积分数；$\phi_i$ 是占有 $x_i$ 个格子的高分子的体积分数，$\phi = \sum_i \phi_i$；$\chi$ 是气体分子与高分子的相互作用参数，且：

$$\chi = \alpha + \frac{\beta}{(1 - \gamma\phi)} \qquad （4-80）$$

式中，$\alpha$、$\beta$ 和 $\gamma$ 都是常数。经推导得到超临界气体-高分子混合体系的旋节点和临界条件为：

$$\frac{1}{1 - \phi} + \frac{1}{x_w\phi} = 2\left[\alpha + \frac{\beta(1 - \gamma)}{(1 - \gamma\phi)^3}\right] = 2X \quad （旋节点） \qquad （4-81）$$

$$\frac{1}{(1-\phi_c)^2} - \frac{x_z}{(x_w\phi_c)^2} = \frac{6\beta\gamma(1-\gamma)}{(1-\gamma\phi_c)^4} = 6Y \qquad （临界条件） \qquad （4-82）$$

因为旋节点通过临界点，联立以上两式得：

$$X + \phi_c Y = \alpha + \frac{Y}{\gamma} \qquad （4-83）$$

通过实验可以测得 $X$ 和 $Y$，借助方程（4-83），就可以通过临界点实验来计算各参数的值。

# 第四节　高分子亚浓溶液

在稀溶液中，高分子链是互相分离的，溶液中链段分布不均匀，如图 4-20(a)所示；当浓度增大到一定程度后，高分子链互相穿插交叠，整个溶液链段分布趋于均一，如图 4-20(c)所示，这种溶液就称之为亚浓溶液，也可以称之为亚稀或半稀溶液。亚浓溶液的概念是 de Gennes 首先提出的。

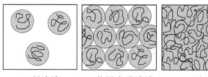

(a) 稀溶液　　(b) 临界交叠溶液　　(c) 亚浓溶液

**图 4-20**　稀溶液向亚浓溶液过渡

溶液从稀到浓，链段从彼此分离到彼此交叠，溶液的热力学性质及其依赖关系将发生改变。分子链相互穿插将导致其尺寸增大，例如分子量为 40 万的 PE 链在稀溶液中培养的单晶线团的回转半径 $R_g < 10\text{nm}$，而 145℃时，晶区融化，高分子链相互穿插，分子链舒展，线团尺寸就增大，成为 $R_g \approx 31\text{nm}$ 的高斯线团。

## 一、临界交叠浓度

高分子溶液从高分子链相互远离的稀溶液[图 4-20(a)]过渡到亚浓溶液[图 4-20(c)]的过程中，浓度逐渐增加，高分子线团逐渐靠近，当彼此恰好相互触碰，成为线团密堆积时[图 4-20(b)]，此时的浓度即为临界交叠浓度 $c^*$，又称高分子线团接触浓度。因此，临界交叠浓度是高分子从单链凝聚态向多链凝聚态转变的临界浓度。在理想的临界交叠状态下，显然宏观浓度 $c^*$ 与每一个线团内部的局部浓度也是相等的。不过，由于高分子链是不断运动的，其边界并不清晰，因此临界交叠状态是很模糊的，有一定的浓度范围，无法给出精确的数值。

设每条高分子链的线团体积为 $v_2$，它与根均方旋转半径的三次方成正比，结合式（4-39）$S \propto M^{0.6}$，则：

$$c^* = \frac{M}{\tilde{N}v_2} \propto \frac{M}{S^3} \propto \frac{M}{(M^{0.6})^3} = M^{-0.8} = M^{-4/5} \tag{4-84}$$

## 二、亚浓溶液的渗透压

对于稀溶液，根据 Flory-Krigbaum 理论，我们已经得出：

$$\Pi = RT\left(\frac{c}{M} + \frac{\tilde{N}u}{2M^2}c^2 + \cdots\right)$$

由于 $u$ 与 $S^3$ 成正比，上式可改写为：

$$\frac{\Pi}{RT} = \frac{c}{M} + K_2 S^3\left(\frac{c}{M}\right)^2 + K_3\left(\frac{c}{M}\right)^3 + \cdots$$

式中，$K_2$ 和 $K_3$ 等是和第二位力系数 $A_2$、第三位力系数 $A_3$ 等有关的常数。由于第三位力系数及以后各项的系数都很小，可以忽略，结合 $c^* \propto \dfrac{M}{S^3}$，上式可改写成 $(c/c^*)$ 的函数：

$$\frac{\Pi}{RT} = \frac{c}{M}\left(1 + K_2 S^3 \frac{c}{M}\right) = \frac{c}{M}\left(1 + K_2' \frac{c}{c^*}\right) = \frac{c}{M}f\left(\frac{c}{c^*}\right) \tag{4-85}$$

式中，$K_2'$ 亦为常数；$f(c/c^*)$ 为无量纲的量。因假定其是无热溶液，因此，它有以下性质：

① 当 $c \ll c^*$ 时，$f\left(\dfrac{c}{c^*}\right) = 1 + K_2'\left(\dfrac{c}{c^*}\right)$。$\ln\Pi$-$\ln c$ 应为直线，其斜率为 1。

② 当 $c \gg c^*$ 时，所有热力学性质都必定达到某种极限值，该值与浓度有关而与分子量无关。此时，溶液中链段在体系中均匀分布，相当于由 $N_2 x$ 个链段组成的一条高分子链。

这样，为了消掉渗透压表达式（4-85）中与分子量有关的量，即要消除 $f$ 函数的前置因子 $1/M$，$f(c/c^*)$ 不应该是 $(c/c^*)$ 的级数展开，而应该是 $(c/c^*)$ 的简单幂次，设幂次为 $m$，结合式（4-84）的 $c^* \propto M^{-4/5}$，则有：

$$f\left(\frac{c}{c^*}\right) = B\left(\frac{c}{c^*}\right)^m = B'c^m M^{4m/5} \tag{4-86}$$

式中，前置因子 $B$ 和 $B'$ 都是与 $c$ 和 $M$ 无关的常数。由此可得：

$$\frac{\Pi}{RT} = \frac{c}{M}f\left(\frac{c}{c^*}\right) = \frac{c}{M}B'c^m M^{4m/5} = B'c^{m+1}M^{4m/5-1}$$

要使渗透压 $\Pi$ 与分子量 $M$ 无关，则 $4m/5 - 1 = 0$，所以，$m = 5/4$，于是：

$$\frac{\Pi}{RT} = B'c^{9/4} \tag{4-87}$$

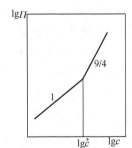

**图 4-21**　从稀溶液到亚浓溶液渗透压与浓度的关系

此时，$\ln\Pi$-$\ln c$ 也应该是直线，其斜率为 9/4。因此从稀溶液到浓溶液，$\ln\Pi$-$\ln c$ 直线的斜率将从 1 转变为 9/4（图 4-21），转折

点浓度即为 $c^*$。式（4-87）被称为 de Cloiseaux 定律，为光散射和渗透压等实验所证实。

比较一下 Flory-Huggins 平均场理论结果，由式（4-41）可得：

$$\frac{\Pi}{RT} = \frac{c}{M} + \frac{1}{\rho_2^2 \widetilde{V_1}} \left( \frac{1}{2} - \chi_1 \right) c^2 + \cdots$$

在 $c \gg c^*$ 时，$c \gg 1/M$，则 $\frac{\Pi}{RT} \propto c^2$。可见，亚浓溶液理论与平均场理论在渗透压的浓度关系上相差了 $c^{1/4}$，$c^{1/4}$ 称为相关因子，它反映了亚浓溶液独特的效应。这是高分子链从单链凝聚态到多链凝聚态转变的重要标志。其他热力学性质相应地也会产生类似的相关因子。

## 三、临界交叠浓度的估算

由高分子的分子量 $M$ 和旋转半径 $S$，根据式（4-88）可以估算临界交叠浓度：

$$c^* = \frac{M}{\widetilde{N} \rho_2 S^3} \tag{4-88}$$

如果以单位体积中高分子所占质量来计算临界交叠浓度，且假定高分子线团为球形，则 $c^* = \dfrac{M}{\widetilde{N} \dfrac{4}{3} \pi S^3}$。表 4-6 是聚苯乙烯在苯中的旋转半径 $S$ 和临界交叠浓度 $c^*$。

**表 4-6**　聚苯乙烯在苯中的旋转半径 $S$ 和临界交叠浓度 $c^*$

| $\overline{M_w}$ | $24 \times 10^3$ | $171 \times 10^3$ | $320 \times 10^3$ | $610 \times 10^3$ | $1.27 \times 10^6$ | $3.8 \times 10^6$ | $8.4 \times 10^6$ | $24 \times 10^6$ |
|---|---|---|---|---|---|---|---|---|
| $S$ / nm | 5.86 | 18.8 | 27.3 | 40.1 | 62.1 | 119.0 | 191.0 | 357.0 |
| $c^*$ / (mg·g$^{-1}$) | 226 | 48.5 | 29.6 | 17.9 | 10.0 | 4.25 | 2.28 | 0.99 |

由表可知，对于百万级分子量的聚苯乙烯而言，浓度达到 10mg/g 即可成为亚浓溶液。

## 四、亚浓溶液中分子链的尺寸

为了表征高分子在亚浓溶液中的分子链尺寸，引入相关长度的概念和串滴模型。

在亚浓溶液中，高分子链很像是具有某种网眼的交联网，定义相关长度就是网眼的平均尺寸 $\xi$（图 4-22），假定：

① $c > c^*$ 时，因为高分子链相互穿插，链尺寸比网眼尺寸大得多，所以 $\xi$ 只与浓度有关，而与分子量无关，浓度越高，网眼尺寸越小。

② $c = c^*$ 时，因为线团刚刚接触，还未互穿，因此网眼大小与一个线团的尺寸相当。

所以，网眼尺寸可写作：

$$\xi(c) = S\left(\frac{c^*}{c}\right) \quad (c > c^*) \tag{4-89}$$

式中，指数 $n$ 取值必须使 $\xi(c)$ 与 $M$ 无关。因为 $S \propto M^{3/5}$，$c^* \propto M^{-4/5}$，可知，$n = 3/4$，因此：

$$\xi(c) \propto c^{-3/4} \tag{4-90}$$

这样，相关长度 $\xi$ 将随浓度 $c$ 的增大而很快减小。与式（4-87）相比可知渗透压的关系可以写成：

$$\frac{\Pi}{RT} \propto \xi^{-3} \tag{4-91}$$

该式说明亚浓溶液中，高分子链的相关长度可通过渗透压进行测定。

亚浓溶液中高分子链尺寸可以通过串滴模型来计算。

假定一条高分子链上含有 $N$ 个链段，每 $g$ 个链段形成一个直径为 $\xi$ 的球滴，因而高分子链也可以看成是由一连串尺寸为 $\xi$ 的小球滴串接而成的，因此小球滴又称串滴。如图 4-23 所示，整条链是由 $N/g$ 个尺寸为 $\xi$ 的串滴组成的，在每一个串滴内部，不允许其他分子链存在，分子链与其他链没有相互作用。这样 Flory 溶液定律仍可应用。

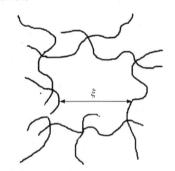

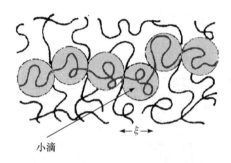

小滴

**图 4-22** 亚浓溶液中高分子链的网眼　　　**图 4-23** 亚浓溶液中的串滴模型示意图

前已指出，$S \propto M^{3/5}$，若每个串滴单元内的子链的分子量为 $M_b$，则串滴的尺寸 $\xi \propto M_b^{3/5}$，而串滴中的链段数 $g$ 与 $M_b$ 呈线性关系，即 $g \propto M_b$，所以 $\xi \propto g^{3/5}$。

根据式（4-90）可得：

$$g \propto c^{-5/4} \tag{4-92}$$

而 $c\xi^3 \propto c^{1-9/4} = c^{-5/4}$，所以式（4-92）也可写成

$$g \propto c\xi^3 \quad \text{或} \quad \xi^3 \propto \frac{g}{c} \tag{4-93}$$

可见串滴中的链段数与液滴的体积成正比，与溶液的浓度成正比；或者说串滴的体积与串滴中的链段数成正比，与溶液的浓度成反比。说明溶液基本上可以看成是串滴的密堆积体系。

若串滴数 $N/g$ 很大，以串滴直径 $\xi$ 为统计单元长度仍能满足高斯链的统计规律，则高分子链的均方旋转半径满足 $S^2 \propto \frac{N}{g}\xi^2$。结合式（4-90）和式（4-92），则

$$S^2 \propto Nc^{-1/4} \quad (c > c^*) \tag{4-94}$$

这是用 Daoud 串滴模型推导的结果，它表明在亚浓溶液中，高分子链的尺寸不仅与分子量有关，而且与溶液的浓度有关。

而根据 Flory 稀溶液理论所得式（4-39），$S^2 \propto M^{1.2} \propto N^{1.2}$，高分子链的尺寸只是分子量的函数，而与浓度无关。将氘代聚苯乙烯溶解在普通聚苯乙烯的二硫化碳溶液中，测定不同浓度下氘代链的均方旋转半径，发现其与浓度的 $-1/4$ 次方呈正比（图 4-24）。当 $c > c^*$ 时，浓度越高，链尺寸越小，分子链尺寸有所紧缩。实验结果符合式（4-94）的结论。由此证明，采用串滴模型能更好地符合亚浓溶液区域高分子链尺寸情况。

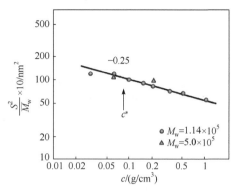

**图 4-24**　氘代 PS 均方半径与浓度关系

如果进一步提高浓度，溶液中高分子链进一步穿插交叠，并相互缠绕，形成高分子浓溶液。

# 第五节　高分子溶液动力学

高分子溶液动力学包括高分子溶液中溶剂的挥发、溶液的黏度、溶剂的渗透和溶质的扩散。

## 一、溶剂的挥发

溶剂的挥发性对于溶液的保存以及需要通过溶剂挥发来制膜或形成适当涂层的体系而言，是很重要的特性。不同的体系、不同的施工工艺、不同的目的对于溶剂的挥发速率要求是不同的，如溶液贮存时希望溶剂不易挥发，而在高分子溶液成膜过程中则希望溶剂有适当的挥发性；对平面进行涂料涂布时，溶剂的挥发不能太快，否则不易流平；而对垂直立面进行涂布时，溶剂的挥发性则不能太慢，否则易产生流挂。对于单组分溶剂，无论挥发速率多少，仍为单组分；而对多组分体系，由于各组分的沸点不同、挥发速率不同，因此在溶剂挥发过程中残余溶剂组成会不断变化，存在着不平衡挥发问题。

### （一）单组份体系

溶剂的挥发速率与环境温度尤其是液表温度、蒸气压、比表面积以及流过表面的空气流速等因素有关。如果溶剂是水，则还与环境的相对湿度有关。液表温度不是恒定的，溶剂的挥发会使液表温度下降，而环境则会将热量传递给溶剂体系，如果热传递速率较快，则液表温度下降不明显，否则液表温度会急剧下降。气化热高的溶剂，以及处于挥发快的环境中的溶剂，液表温度就下降得较快。

由物理化学原理可知，液体表面积越大，挥发速率越快。例如空气喷涂，雾化的溶剂很快就挥发了。在挥发条件下的蒸气压是很重要的。一般而言，沸点低、蒸气压高的溶剂容易挥发。因此，溶剂的沸点可以在一定程度上帮助我们判断溶剂的挥发性。例如，乙醇的沸点比水低，所以乙醇比水挥发快；汽油的沸点比乙醇还低，所以汽油比乙醇挥发得更快。但是，用沸点来判断溶剂的挥发性并不完全可靠，它不是普遍规律。例如，乙酸正丁酯和乙二醇单甲醚的沸点皆为125℃左右，但二者的挥发速率并不相同，前者是后者的2倍；乙苯沸点为136℃，正丁醇沸点是118℃，但乙苯更容易挥发。从蒸气压角度看，一般蒸气压越高的溶剂越容易挥发，比如液体的粒径变小导致其蒸气压变大，所以以更容易挥发；再如乙酸乙酯与乙醇沸点接近，其蒸气压比乙醇高，所以乙酸乙酯挥发速率更快。但是也不能单纯用蒸气压来判断，例如甲基正丙基酮与异丙醇比，前者不仅沸点高，蒸气压也低，但挥发速率却更快。为了表征溶剂的挥发性，我们引入相对挥发速率的概念。

通常以乙酸正丁酯为参考，定义相对挥发速率为：

$$E^0 = \frac{t_{90}(乙酸正丁酯)}{t_{90}(待测溶剂)} \tag{4-95}$$

式中，$t_{90}$ 是指在特定条件下溶剂挥发90%的时间。这样各种溶剂的相对挥发速率就可以通过实验测得。一些常见溶剂的相对挥发速率见表4-7。

**表4-7    常见溶剂的相对挥发速率**

| 溶剂 | 相对挥发速率 $E^0$ | 溶剂 | 相对挥发速率 $E^0$ |
|---|---|---|---|
| 一缩二丙二醇丁醚 | 0.005 | 乙酸正丁酯 | 1 |
| 一缩二乙二醇乙醚乙酸酯 | 0.008 | 石脑油 | 1.2 |
| 一缩二乙二醇丁醚 | 0.01 | 乙醇（95%） | 1.4 |
| 一缩二乙二醇乙醚 | 0.02 | 异丙醇 | 1.5 |
| 水（相对湿度65%） | 0.06 | 正辛烷 | 1.6 |
| 乙二醇单丁醚 | 0.07 | 乙醇（100%） | 1.7 |
| 丁二醇单甲醚 | 0.076 | 甲苯 | 2.0 |
| 环己酮 | 0.3 | 二乙酮 | 2.3 |
| 水 | 0.38 | 甲基正丙基酮 | 2.4 |
| 乙二醇单乙醚 | 0.39 | 乙酸异丙酯（95%） | 3.5 |
| 正丁醇 | 0.39 | 甲乙酮 | 3.8 |
| 乙二醇单甲醚 | 0.53 | 乙酸乙酯（95%） | 4 |
| 乙酸戊酯 | 0.68 | 四氢呋喃 | 4.8 |
| 二甲苯 | 0.77 | 苯 | 5.4 |
| 乙苯 | 0.82 | 丙酮 | 5.7 |
| 丙醇 | 0.9 | 正己烷 | 7.8 |

### （二）混合溶剂体系

混合溶剂的相对挥发速率需要根据其组成来估算。通常把溶剂分为三大类，第一大类为烃或卤代烃类，第二大类为酯和酮类，第三大类为醇和醚类。

同类溶剂混合后，其相对挥发速率与混合溶剂的溶度参数计算相似，是各组分体积分数贡献之和：

$$E = \sum_i \phi_i E_i^0 \qquad (4\text{-}96)$$

当混合溶剂中含有不同类型的溶剂时，就需要对式（4-96）进行修正：

$$E = \sum_i \phi_i \gamma_i E_i^0 \qquad (4\text{-}97)$$

式中，$\gamma_i$ 为活度系数（亦称逃逸系数），是混合溶剂的种类和体积分数的函数，可以通过图 4-25 的活度系数与组分体积分数的关系曲线来获得。

【例】已知异丙醇 $E^0=1.5$，石脑油 $E^0=1.2$，现将其等体积混合，试估算混合溶剂的相对挥发速率。

解：由图 4-25(c)醇在烃(石脑油)中的活度曲线，得到对应体积分数为 0.5 时醇在烃中的活度系数为 1.55；而根据烃在醇中的活度曲线[图 4-25(b)]，查得对应体积分数为 0.5 时烃在醇中的活度系数为 1.78，由此，根据式（4-97）可得：

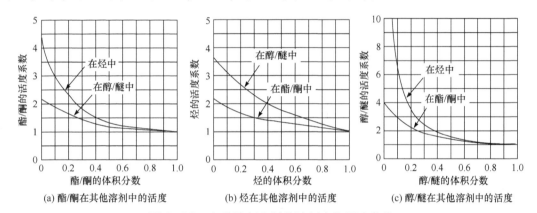

**图 4-25**　各种溶剂在其他溶剂中的活度曲线

$$E = \sum_i \phi_i \gamma_i E_i^0 = 0.5 \times 1.55 \times 1.5 + 0.5 \times 1.78 \times 1.2 = 2.23$$

对三元混合溶剂，如果三种溶剂均属于同一类，则只需运用式（4-96）计算其相对挥发速率。

如果不属于同一种类型，则其相对挥发速率的计算需要分两种情况。

1. 三种溶剂分属于两类

在这种情况下，需要将同类溶剂的体积分数相加，在活度曲线上查得其共同的活度系数，计算 $E$ 时再分别代入。

【例】求等体积的烃（$E^0=4$）、醇 A（$E^0=3$）和醇 B（$E^0=2$）混合后溶剂的相对挥发速率。

解：将两种醇的体积分数相加，则醇的总体积分数为 2/3，根据图 4-25(c)醇在烃中活度系数曲线，查得对应体积分数为 2/3 处的活度系数为 1.1；再查得烃的体积分数为 1/3 时在醇中的活度系数为 2.3，则根据式（4-97）可得：

$$E = \sum_i \phi_i \gamma_i E_i^0 = (1/3) \times 2.3 \times 4 + (1/3) \times 1.1 \times 3 + (1/3) \times 1.1 \times 2 = 4.9$$

这种方法可推广到分属于两类的多种溶剂混合时相对挥发速率的估算。

## 2. 三种溶剂分属于三类

这种情况比较复杂。A、B 和 C 三种溶剂混合后，每一种溶剂的活度系数都无法直接从活度曲线上读出，需要通过计算来得到。例如 A 在溶剂 B 和 C 中的活度 $\gamma_{A(B,C)}$ 为：

$$\gamma_{A(B,C)} = \frac{\phi_B}{\phi_B + \phi_C}\gamma_{A(B)} + \frac{\phi_C}{\phi_B + \phi_C}\gamma_{A(C)} \qquad (4\text{-}98)$$

式中，$\gamma_{A(B)}$ 指 A 在溶剂 B 中的活度；$\gamma_{A(C)}$ 指 A 在溶剂 C 中的活度；$\phi_B$ 和 $\phi_C$ 分别表示 B 和 C 在混合溶剂中所占的体积分数。它也可推广至属于三类的几种溶剂混合。

【例】等体积混合甲苯（A, $E_A^0 = 2.0$）乙醇（B, $E_B^0 = 1.7$）和丙酮（C, $E_C^0 = 5.7$），求混合溶剂的挥发速率。

解：先求各种溶剂的活度系数。因为三种溶剂两两间都是等体积的，所以根据图 4-25 查询其活度系数时，取体积分数为 0.5 时的值。查得烃体积分数为 0.5 时在醇中的活度系数为 1.78，在酮中的活度系数为 1.33；醇体积分数为 0.5 时在烃中的活度系数为 1.55，在酮中的活度系数为 1.34；酮体积分数为 0.5 时在烃中的活度系数为 1.35，在醇中的活度系数为 1.16。于是，根据式（4-98）得：

$$\gamma_{A(B,C)} = \frac{1/3}{1/3 + 1/3} \times 1.78 + \frac{1/3}{1/3 + 1/3} \times 1.33 = 1.555$$

$$\gamma_{B(A,C)} = \frac{1/3}{1/3 + 1/3} \times 1.55 + \frac{1/3}{1/3 + 1/3} \times 1.34 = 1.445$$

$$\gamma_{C(A,B)} = \frac{1/3}{1/3 + 1/3} \times 1.35 + \frac{1/3}{1/3 + 1/3} \times 1.16 = 1.255$$

所以，混合溶剂的相对挥发速率为：

$$E = \sum_i \phi_i \gamma_i E_i^0 = 1.555 \times 2.0/3 + 1.445 \times 1.7/3 + 1.255 \times 5.7/3 = 4.24$$

## （三）挥发平衡的计算与判断

对于多组分溶剂体系，每一种溶剂的挥发速率不同，因此进入到气相的溶剂量是不同的。如果挥发过程中能始终保持液相中溶剂的组成不变，则称为平衡挥发。大部分体系都是不平衡挥发体系，它将造成一些特殊的现象。例如高分子成膜溶剂可以通过良溶剂与不良溶剂或劣溶剂配合组成。若良溶剂挥发速率更快，则体系出现相分离较快，高分子中分子量较大的部分迅速凝聚将导致膜表面粗糙。若能保持平衡挥发，或劣溶剂挥发更快，则相分离发生滞后，则可以得到较为平整的薄膜。平衡挥发时，体系挥发至气相的组成与液相组成是一致的。

判断体系是否是平衡挥发，首先需要计算挥发形成的气相组成。组分 $i$ 经挥发在气相中的体积分数为：

$$V_i = \frac{i\text{溶剂单位时间的挥发量}}{\text{单位时间体系挥发总量}} = \frac{E_i}{E_\text{混}} = \frac{\phi_i \gamma_i E_i^0}{\sum_i \phi_i \gamma_i E_i^0} \qquad (4\text{-}99)$$

通过比较 $V_i$ 和 $\phi_i$，即可知是否属于平衡挥发。

【例】将异丙醇和石脑油等体积混合，试判断该体系是否是平衡挥发。

解：根据式（4-97）可得混合溶剂的总挥发速率为：

$$E = \sum_i \phi_i \gamma_i E_i^0 = 0.5 \times 1.55 \times 1.5 + 0.5 \times 1.78 \times 1.2 = 2.23$$

根据式（4-99）可以得到每一挥发组分在气相的体积分数为：

$$V_1 = \frac{E_1}{E} = \frac{0.5 \times 1.55 \times 1.5}{2.23} = 0.52$$

$$V_2 = \frac{E_2}{E} = \frac{0.5 \times 1.78 \times 1.2}{2.23} = 0.48$$

显然，异丙醇在气相中的体积分数更高。初始气相组成与液相组成不同，挥发是不平衡的。异丙醇挥发更快。随着挥发过程的进行，液相中异丙醇体积分数将降低，这会减弱异丙醇的挥发趋势；但同时其体积分数的降低会导致活度系数升高，这又将加速其挥发，到底何者占主导地位，将决定体系是否能达到平衡挥发的组成。

若达到平衡挥发，应有 $V_1 / V_2 = \phi_1 / \phi_2$，即满足平衡方程 $\gamma_1 E_1^0 = \gamma_2 E_2^0$，其关键在于变量活度系数，它可以通过活度系数的模拟方程进行计算。也可以将活度曲线乘以其相对挥发速率后，通过作图法由交点求解平衡挥发的组成。

### （四）溶剂残留量与膜厚的关系

在制备膜材料时，体系溶剂含量较多时，溶剂较易挥发。但一段时间后，随着体系中溶剂含量的减少，溶剂挥发就会减慢。溶剂残留与膜厚等因素有关，符合下列经验方程：

$$\lg C = A \lg \left( \frac{X^2}{t} \right) + B \tag{4-100}$$

式中，$C$ 为溶剂的质量浓度；$X$ 为膜厚；$t$ 是溶剂保留时间；$A$ 和 $B$ 均为常数。

【例】利用溶剂挥发制备薄膜。已知膜厚 $7\mu m$，1h 后，溶剂残留量为 $C = 12.2\%$，而 24h 后溶剂的残留量为 $C = 8.6\%$，试计算 2 周后溶剂的残留量。

解：根据式（4-100），我们可以先将常数 $A$ 和 $B$ 解出来。代入数据，联立方程解得：$A = 0.11$，$B = -1.10$。代入 $A$ 和 $B$ 的值计算得：$C = 0.064 = 6.4\%$。即 2 周后，膜中仍有 6.4% 的溶剂残留。所以针对这种情况，需要采取提高挥发温度、提高环境通风效率或添加挥发速率较快的溶剂来提高其挥发能力。

## 二、溶液的黏度

高分子在溶液中的尺寸与本体中不同，高分子链在迁移时会携带部分溶剂一起迁移，其中一部分溶剂是与高分子有溶剂化作用而紧密依附的，另一部分则是单纯携带的。这样高分子在溶液中迁移时的有效质量和有效体积都比高分子本身的质量和体积来得大。在运动时高分子所占据的体积为 $V_h$，称为高分子流体力学体积。被携带的溶剂分子数目与高分子链的分子量、溶液的黏度、相互作用类型、浓度和温度等因素有关。高分子在迁移过程中还会发生构象的改变等等，使问题复杂。

如图 4-26 所示，液体夹在两个平行板间，平行板面积为 $A$，平行板间相距 $x$。当我们对上层板施以作用力 $F$，并以恒定的速率 $v$ 移动时，最上面的液层与平行板一起以速

率 $v$ 移动，而最下层附着于下层固定板的液层移动速率为 0，在两个平行板间的液体将可分为无数个液层，层间距离为 $dx$，流动速率差为 $dv$。液层间流动速率梯度则为 $dv/dx$。如果是稳定的流动，则流动速率梯度为常数，这种稳定的流动称为层流。施加的力 $F$ 越大，则液层间的速率梯度也越大。以单位面积的力 $\sigma$ 来表示，则：

$$\sigma = \frac{F}{A} = \eta \frac{dv}{dx} \tag{4-101}$$

式中，$\sigma$ 称为剪切应力；速率梯度 $dv/dx$ 相当于剪切应变 $\gamma$（$\gamma = \tan\theta$，$\theta$ 是剪切应变的角度，如图 4-27 所示）的速率 $d\gamma/dt$，所以又称切变速率或剪切速率。剪切应力与剪切速率间的比例系数 $\eta$ 称为液体的黏度，其单位是 $Pa \cdot s$。式（4-101）称为牛顿黏度定律，该方程即牛顿流体方程。

大部分小分子液体的黏度在一定温度和压力下都是常数，这种流体被称为牛顿流体。高分子溶液和高分子熔体的黏度通常不是常数，会随着剪切应力或剪切速率的变化而变化，因此为非牛顿流体。

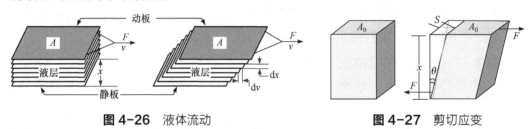

**图 4-26** 液体流动        **图 4-27** 剪切应变

定义高分子溶液的黏度 $\eta$ 与溶剂黏度 $\eta_0$ 之比 $\eta_r = \eta/\eta_0$ 为相对黏度，定义增比黏度 $\eta_{sp} = \eta_r - 1$，它反映了高分子对溶液黏度的贡献。这些值与溶液的浓度有关，一般溶液的浓度越高，溶液的黏度越大，增比黏度也越大。为了了解高分子结构对黏度影响的本征情况，定义特性黏数 $[\eta]$ 为：

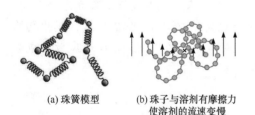

(a) 珠簧模型    (b) 珠子与溶剂有摩擦力
使溶剂的流速变慢

**图 4-28** 柔性高分子珠簧模型

$$[\eta] = \lim_{c \to 0} \frac{\eta_{sp}}{c} \tag{4-102}$$

式中，$[\eta]$ 又称为极限黏数。

Kirkwood 和 Riseman 对溶液中的柔性高分子提出了珠簧模型。他们假定，高分子链段的质量集中在珠子上，每条高分子链含有 $x$ 个珠子。珠子与珠子间以弹簧相连，则有 $x-1$ 条弹簧[图 4-28(a)]。珠子与溶剂之间的摩擦系数为 $\mu$，弹簧与溶剂之间没有摩擦作用。因此，整条珠簧链与溶剂之间的摩擦系数为：

$$f = x\mu \tag{4-103}$$

珠子与溶剂之间存在着摩擦作用，使高分子链内部溶剂与高分子间的相对流速减慢。在珠簧链的质心处溶剂的相对流速最小，随着离质心距离的增加，溶剂的相对流速逐渐增大，直至与珠簧链外面的流速相等，如图 4-28(b)所示。溶剂在珠簧链内外的流速之差取决于珠子的分布情况和高分子的密度 $\rho$。因为珠子的摩擦系数 $\mu$ 与溶剂的黏度 $\eta_0$ 成正比，所以，用一个与溶剂黏度无关的参数 $\mu/\eta_0$ 来表示。

在层流情况下，若 $\mu / \eta_0$ 很小，导致流速差缩小到最小时，此时溶剂的流速在珠簧链的中心与珠簧链的边缘是一样的，高分子迁移时其内部所带走的溶剂与外部进入高分子链的溶剂相等，溶剂的流动与高分子的存在没有关系，这一现象称为自由穿流。

若 $\mu / \eta_0$ 很大，珠子与溶剂的摩擦系数很大，则珠簧链内外流速之差很大，溶剂只能在高分子的外缘作相对流动，即高分子链迁移时带走高分子内部的所有溶剂，高分子与它所带的溶剂之间没有相对运动，这种情况称为非穿流。

在上述两种极端情况之间，高分子迁移时总会带着部分溶剂一起迁移，因此属于部分穿流。根据这种珠簧模型，Kirkwood 和 Riseman 推导出部分穿流高分子溶液的特性黏数为：

$$[\eta] = \left(\frac{\pi}{6}\right)^{3/2} \frac{\tilde{N}}{100} XF(X) \frac{\overline{(h^2)}^{3/2}}{M} \qquad (4\text{-}104)$$

式中，$X = (6\pi^3)^{-1/2} x \dfrac{\mu}{\eta_0} (\overline{h^2})^{1/2}$；$F(X)$ 是 $X$ 的函数。当 $x\mu / \eta_0$ 足够大，且分子量 $M > 10^4$ 时，$XF(X)$ 将趋于一极限值，通过实验可以测得该值。因此，特性黏数与分子量的关系依赖于高分子链在溶液中的尺寸与分子量的关系。

根据 Einstein 黏度理论，有：

$$[\eta] = \frac{2.5}{\rho} = 2.5\tilde{N}\frac{V_h}{M} \qquad (4\text{-}105)$$

式中，$\rho$ 是溶质流动时所具有的密度；$V_h$ 是溶质的流体力学体积；$\tilde{N}$ 为 Avogadro 常数。因为 $V_h \propto \left(\overline{S^2}\right)^{3/2} \propto \left(\overline{h^2}\right)^{3/2}$，所以，结合式（4-35）及式（2-50），Flory 将式（4-105）写为：

$$[\eta] \propto \frac{\left(\overline{h^2}\right)^{3/2}}{M} = \Phi \frac{\left(\overline{h^2}\right)^{3/2}}{M} = \Phi \frac{\left(\alpha^2 A^2 M\right)^{3/2}}{M} = \Phi\alpha^3 A^3 M^{1/2} \qquad (4\text{-}106)$$

式中，$A$ 是高分子链的分子无扰尺寸。此式也可看成是式（4-104）的简化式。

在 $\theta$ 溶剂中，扩张因子 $\alpha = 1$，$[\eta]_\theta = \Phi_0 A^3 M^{1/2} = K_\theta M^{1/2}$，其中 $K_\theta = \Phi_0 A^3$；在良溶剂中，扩张因子 $\alpha \propto M^{1/10}$，则 $[\eta] = \Phi\alpha^3 A^3 M^{1/2} = \Phi' A^3 M^{4/5} = K_g M^{4/5}$；刚性棒状分子满足 Einstein-Kuhn 方程，$[\eta] = KM^2$。因此，特性黏数与高分子的分子量间有如下对应关系：

$$[\eta] = KM^a \qquad (4\text{-}107)$$

式中，$K$、$a$ 为常数，它们与高分子及溶剂性质、温度和分子量范围有关，$a$ 又称为 Mark-Houwink 指数，取值范围为 $[0.5, 2]$。该式称为 Mark-Houwink 方程。由此可以通过实验测得高分子溶液的特性黏数，继而求得高分子的黏均分子量。

通过上述方程同样可以测定高分子的链尺寸。

在 $\theta$ 条件下，作 $[\eta]_\theta$-$M^{1/2}$ 图应为直线，直线的斜率为 $K_\theta = \Phi_0 A^3$。实验结果表明，$\Phi_0 = 2.84 \times 10^{23}/\text{mol}$。由此可求得高分子链的分子无扰尺寸 $A$ 和高分子链的无扰均方末端距。

在良溶剂情况下作 $[\eta]$-$M^{4/5}$ 图也应近似为直线，其斜率为 $\Phi' A^3$。理论指出：

$$\Phi' = \Phi_0(1 - 2.63\varepsilon + 2.86\varepsilon^2) \qquad (4\text{-}108)$$

式中，$\varepsilon$ 与 Mark-Houwink 指数有关，$\varepsilon = (2a-1)/3$。由直线斜率和 $\varPhi$ 值可以获得高分子链的无扰尺寸 $A$。

在良溶剂中，由于分子链的构象较为伸展，或多或少偏离了高斯链的特点，此时均方末端距的扩张倍数与均方旋转半径的扩张倍数并不相同，因此，若 $\alpha_s = (\overline{S^2}/\overline{S_0^2})^{1/2}$，且 $\alpha_\eta = ([\eta]/[\eta]_\theta)^{1/3}$，则 $\alpha_\eta \neq \alpha_s \neq \alpha$。根据模型计算可得：对于球状线团，$\alpha^3 = \alpha_s^{2.43}$；对于椭球状线团，$\alpha^3 = \alpha_s^{2.18}$。可见良溶剂中均方旋转半径扩张得更多。

1953 年 Rouse 也提出了珠簧模型，该模型将所有的珠子视为没有体积的质点，且珠子之间没有流体力学相互作用。每个珠子受相邻珠子的位移产生的弹簧拉力作用，同时受到附近溶剂分子对其产生的随机力作用，在此基础上建立了每个珠子的运动方程。如何同时解这 $x$ 个方程组是有些难度的，Rouse 利用简正坐标对这些方程进行处理，推导得到各模式的松弛时间为：

$$\tau_i = \frac{\mu x^2 b^2}{3\pi^2 kT} \times \frac{1}{i^2} \quad (i = 1, 2, \cdots) \tag{4-109}$$

式中，摩擦系数 $\mu = \mu_0(1 + \mu_1 c + \cdots)$，$\mu_0$ 为浓度趋近于 0 时的摩擦系数，$c$ 为溶液的浓度，$\mu_1$ 为一阶浓度系数；$x$ 是珠子的总数（链段数）；$b$ 是弹簧的长度（链段长）。在稀溶液情况下，由于珠簧链的加入，液体流动时的应力张量 $\sigma_{\alpha\beta}$（$\alpha, \beta = x, y, z$）将有所增大，可表示为：

$$\Delta\sigma_{\alpha\beta} = \frac{c\tilde{N}}{M} \sum_{n=1}^{x} \left( \frac{\partial U}{\partial r_{n\alpha}} r_{n\beta} \right) \tag{4-110}$$

式中，$c\tilde{N}/M$ 为单位体积中高分子链的数目；$U$ 为珠簧模型的内能。Rouse 模型通过弹簧的弹性能加和得到 $U$ 的加和，从而得到应力张量的增量方程；再由珠子的运动方程，解得其变化速率，从而获得体系在 $\theta$ 条件下的特性黏数为：

$$[\eta]_\theta \approx \frac{\tilde{N}kT}{2M\eta_0} \sum_{i=1}^{x} \tau_i \approx \frac{\tilde{N}x^2 b^2 \mu}{M\eta_0} \times \frac{1}{6\pi^2} \sum_{i=1}^{x} i^{-2} \approx \frac{\tilde{N}x^2 b^2 \mu}{36M\eta_0} \tag{4-111}$$

式中，求和上限以 $\infty$ 代替，且 $\sum_{i=1}^{\infty} i^{-2} = \pi^2/6$。因为 $x$ 与分子量成正比，因此，Rouse 模型得到 $\theta$ 条件下的特性黏数与分子量的一次方成正比。

由于 Rouse 模型没有考虑到流体力学的相互作用，因而与实际有较大的差别。在没有流体力学相互作用的情况下，珠子的运动除了通过弹簧弹力相互影响外，不会影响其他珠子。但在存在流体力学作用时，一个珠子的运动将通过溶剂的流动影响其他珠子。Zimm 对 Rouse 模型加以改进，考虑了流体力学对珠子运动产生的影响，得到 $\theta$ 条件下的松弛时间方程为：

$$\tau_i = \frac{1}{(3\pi)^{1/2}} \times \frac{\eta_0 (bx^{1/2})^3}{kT} i^{-3/2} \quad (i = 1, 2, \cdots) \tag{4-112}$$

将此方程代入式（4-111）中的松弛时间变量，所得 $\theta$ 溶液中的特性黏数为：

$$[\eta]_\theta \approx \frac{\tilde{N}kT}{2M\eta_0} \sum_{i=1}^{x} \tau_i \approx \frac{\tilde{N}}{2} \times \frac{(bx^{1/2})^3}{(3\pi)^{1/2}M} \sum_{i=1}^{x} i^{-3/2} \approx 0.425 \frac{\tilde{N}(bx^{1/2})^3}{M} = 0.425 \frac{\tilde{N}h_0^3}{M} \tag{4-113}$$

这里使用了 $\sum_{i=1}^{x} i^{-3/2} = 2.612$ 。$h_0$ 是高分子链的无扰根均方末端距。可见，因为 $x$ 与分子量成正比，所以特性黏数与分子量的 1/2 次方成正比，与实验结果一致。而在良溶剂中，Zimm 得到的松弛时间为：

$$\tau_i \approx \frac{\eta_0 b^3 N^{3v}}{kT} i^{-3v} \quad (i=1,2,\cdots) \tag{4-114}$$

代入特性黏数方程进行修正则得：

$$[\eta] \approx \frac{\tilde{N}(bN^v)^3}{M} \sum_{i=1}^{x} i^{-3v} \propto M^{3v-1} \tag{4-115}$$

当 $v=3/5$ 时，$M$ 的指数为 0.8。Zimm 改进模型与实际相符。

卢宇源等从流体动力学的角度，提出了基于多体流体力学相互作用的部分穿透球模型。假设 1 条由 $N$ 个链段组成的分子链处于体积为 $V$ 的溶液中，该体系受到剪切速率为 $\dot\gamma$ 的简单剪切场的作用，那么，链段将阻止溶剂分子从链内穿过，链段密度较高的局部区域将"捕捉"到一定量的溶剂分子，同时高分子链沿涡度方向以一定的角速度 $\omega$ 旋转。由特性黏数定义有：

$$[\eta] = \lim_{c \to 0} \frac{\eta - \eta_0}{c\eta_0} = \lim_{c \to 0} \frac{\eta\dot\gamma^2 - \eta_0\dot\gamma^2}{c\eta_0\dot\gamma^2} = \lim_{c \to 0} \frac{\Delta\dot{w}}{\dot{w}_0 c} \tag{4-116}$$

式中，高分子浓度 $c = N/V$；$\eta_0$ 表示纯溶剂的零剪切黏度；$\Delta\dot{w} = \eta\dot\gamma^2 - \eta_0\dot\gamma^2$ 代表因一条高分子链的加入而导致的能量耗散速率的增量，它由高分子链对流场扰动而带来的耗散 $\Delta\dot{w}_1$ 和高分子链沿涡度方向旋转而带来的耗散 $\Delta\dot{w}_2$ 两部分组成，即 $\Delta\dot{w} = \Delta\dot{w}_1 + \Delta\dot{w}_2$。

引入携水函数 $\xi(r)$ 来代表伴随高分子无规线团一起运动时溶剂所占的比例，用泄水函数 $\kappa(r)$ 代表链段与溶剂间运动的相对速率。假定高分子无规线团链的密度分布满足球对称性质，携水函数和泄水函数均仅与高分子无规线团的径向密度分布函数 $\rho(r)$ 相关。根据 Einstein 扰动耗散理论，分别获得位于距无规线团中心 $r$ 处的 $\Delta\dot{w}_1$ 和 $\Delta\dot{w}_2$ 分别为：

$$\begin{cases} \Delta\dot{w}_1 = 2.5\eta_0\dot\gamma^2 \dfrac{(Nv_{\mathrm{m}} + V_{\mathrm{s}})}{V} \\ \Delta\dot{w}_2 = \dfrac{2}{3V}\pi\mu\dot\gamma \displaystyle\int \rho(r)[\kappa(r)]^2 r^4 \mathrm{d}r \end{cases} \tag{4-117}$$

式中，$Nv_{\mathrm{m}}$ 代表所有链段的总占有体积；$V_{\mathrm{s}}$ 表示高分子无规线团所携带溶剂的总体积。对于半径为 $R$ 的链段，由 Stokes 公式，其平动摩擦系数 $\mu = 6\pi\eta_0 R$，将式（4-117）代入式（4-116），可得特性黏数的一般表达式为：

$$[\eta] = \frac{4\pi^2 R}{N} \int \rho(r)[\kappa(r)]^2 r^4 \mathrm{d}r + 2.5\left\{ v_{\mathrm{m}} + \frac{1}{N} \int [1 - v_{\mathrm{m}}\rho(r)]\xi(r)4\pi r^2 \mathrm{d}r \right\} \tag{4-118}$$

这是一个普适的特性黏数方程。在自由泄水近似下，$\xi(r) = 0$、$\kappa(r) = 1$，$N \gg 1$ 时，式（4-118）可简化为 $[\eta] = \pi R R_{\mathrm{g}}^2 \propto N$，与 Rouse 模型的结果和 Debye 转动耗散理论的结果形式上完全一致；在完全携水条件下，$\xi(r) = 1$、$\kappa(r) = 0$，此时可将无规线团看成携带溶剂的等效半径为 $R_\eta$ 的球，则 $R_\eta$ 为链的流体力学半径，那么 $[\eta] = 10\pi R_\eta^3/(3N)$，与 Zimm 模型

结果形式一致；如果令 $\Phi=\left(5\pi/9\sqrt{6}\right)(R_\eta/R_\mathrm{g})^3$，则 $[\eta]=\Phi\left(R_\mathrm{g}\sqrt{6}\right)^3/N$，就化为 Fox-Flory 公式；对于树枝形高分子，也可导出相应的特性黏数模型公式。

利用方程（4-118），通过 Monte Carlo 方法模拟计算得到径向密度分布函数 $\rho(r)$，并结合链段对溶剂的有效捕获面积、流体力学相互作用关系，分别计算获得携水函数 $\xi(r)$ 和泄水函数 $\kappa(r)$，即可对线形、环形、星形、支化、超支化和树枝状等多种链形高分子的特性黏数进行预测，与实验数据均非常吻合。

## 三、高分子在溶液中的扩散

高分子在溶液中由于局部浓度不同或温度不同引起溶质向某一方向的迁移称为扩散，又称为平移扩散。高分子呈棒状或椭球状时，在溶液中会绕着其自身某个轴而转动的现象称为旋转扩散。平移扩散系数 $D$ 的浓度依赖性为：

$$D=D_0(1+k_Dc+\cdots)\tag{4-119}$$

式中，$D_0$ 为无限稀释时的平移扩散系数；$c$ 为溶液的浓度；$k_D$ 为常数。

平移扩散的典型方程是 Fick 第一扩散定律和 Fick 第二扩散定律：

$$\begin{cases}J=-D\dfrac{\partial c}{\partial r}\\[2mm]\dfrac{\partial c}{\partial t}=D\dfrac{\partial^2 c}{\partial r^2}\end{cases}\tag{4-120}$$

式中，$J$ 是单位时间内穿过单位面积的质量，称为流量；$c$ 是溶液在 $r$ 处的浓度。

高分子在溶液中的扩散能力与摩擦阻力有关，扩散时受到的阻力愈大，则扩散愈困难。因此，扩散系数与摩擦系数 $\mu$ 成反比：

$$D=\frac{kT}{\mu}\quad\text{或}\quad D_0=\frac{kT}{\mu_0}\tag{4-121}$$

式中，$\mu_0$ 是无限稀释时的摩擦系数；$k$ 是 Boltzmann 常数。摩擦系数的浓度依赖性为：

$$\mu=\mu_0(1+k_\mu c+\cdots)\tag{4-122}$$

式（4-119）和式（4-122）中的常数间的关系为：

$$k_\mu=2A_2M-\bar{v}-k_D\tag{4-123}$$

式中，$A_2$ 为第二位力系数；$M$ 为高分子的分子量；$\bar{v}$ 为高分子的比容。

该式包含了两个方面的因素，$2A_2M$ 反映的是热力学因素，$\bar{v}$ 和 $k_D$ 反映的则是流体力学因素。

扩散系数 $D_0$ 与分子量的关系为：

$$D_0=K_DM^{-b}\tag{4-124}$$

式中，$K_D$ 和 $b$ 值与高分子的形状和溶剂化程度有关。按 Stockes 定律，高分子的流体力学半径 $R_\mathrm{h}$ 与扩散系数 $D_0$ 有如下关系：

$$D_0 = \frac{kT}{6\pi\eta R_h} \tag{4-125}$$

式中，$\eta$ 是溶液的黏度。如果已知常数 $K_D$ 和 $b$，可由高分子在溶液中的扩散系数 $D_0$ 求得高分子的分子量 $M$ 和高分子的流体力学半径 $R_h$。在溶液中 $D_0$ 大约是 $10^{-11}\text{m}^2/\text{s}$，在熔体中 $D_0$ 约为 $10^{-16}\sim10^{-18}\text{m}^2/\text{s}$。测定 $D_0$ 的方法有超速离心法和准弹性光散射法等。

旋转扩散系数 $D_r$ 与旋转摩擦系数 $\mu_r$ 间的关系也满足式（4-121），即：

$$D_r = \frac{kT}{\mu_r} \tag{4-126}$$

$D_r$ 对于研究蛋白质、病毒等棒状高分子非常有用。已有很多理论建立了 $D_r$ 与棒状分子结构参数之间的关系。

## 四、剪切流动体系

在存在剪切作用时，Horst 和 Wolf 提出，高分子溶液体系的 Gibbs 混合自由能 $\Delta G_{\dot\gamma}$ 为：

$$\Delta G_{\dot\gamma} = \Delta G_0 + E_S \tag{4-127}$$

式中，$\Delta G_0$ 是体系零剪切时的 Gibbs 混合自由能，它相当于 Flory-Huggins 理论的混合自由能；$E_S$ 是体系稳态流动时储存的能量。因此：

$$\Delta G_0 / (RT) = n_1 \ln\phi_1 + n_2 \ln\phi_2 + \chi_1 n_1 \phi_2 \tag{4-128}$$

式中，$\chi_1$ 是相互作用参数；$n_1$ 和 $n_2$ 分别是组分 1 和 2 的物质的量。体系稳定流动储能 $E_S$ 来源于分子链在剪切力作用下熵值减小，它可表示成：

$$E_S = \left(n_1\tilde{V}_1 + n_2\tilde{V}_2\right)\eta\tau_0\dot\gamma^2(\eta/\eta_0)\left|\eta\dot\gamma\right|^{-2d^*} \tag{4-129}$$

式中，$\tilde{V}_1$ 和 $\tilde{V}_2$ 分别是组分 1 和 2 的摩尔体积；$\eta$ 是体系在剪切速率为 $\dot\gamma$ 时的黏度；$\eta_0$ 和 $\tau_0$ 分别是体系零剪切黏度和特性松弛时间；指数 $d^*$ 则定义为：

$$d^* = -(\partial\ln\eta)/(\partial\ln\dot\gamma) \tag{4-130}$$

不同结构的高分子链对剪切应力的反应不同，能量变化值也不同。

### （一）高分子溶液

要计算高分子溶液在剪切作用下的相图，就必须知道 $\Delta G_0$ 和 $E_S$ 对组成的依赖关系。在 $\Delta G_0$ 的表达式中，关键是要求得相互作用参数 $\chi_1$。对于高分子溶液体系，相互作用参数 $\chi_1$ 与组成和温度的关系可表示为一般多项式：

$$\chi_1 = \alpha + (\beta_0 + \beta_T / T) / (1 - \gamma\phi_2) \tag{4-131}$$

式中，$\alpha$、$\beta_0$、$\beta_T$ 和 $\gamma$ 皆可通过实验测得。这样，$\Delta G_0$ 就可以表述成组成和温度的函数。

在 $E_S$ 的表达式（4-129）中，涉及的 $\tau_0$ 为 Rouse 松弛时间：

$$\tau_0 = \tau_R = \frac{6}{\pi^2}\left[\frac{(\eta_0 - \eta_s)M}{c_2 RT}\right] \tag{4-132}$$

式中，$M$ 是高分子的分子量；$\eta_s$ 是纯溶剂的黏度；$c_2$ 是高分子质量浓度；$\eta_0$ 由 $\ln\eta_0 = A + E_\eta/(RT)$ 计算，其中 $A = A_0 + A_1\phi_2$，$E_\eta = E_0 + E_1\phi_2$，常数 $A_0$、$A_1$、$E_0$ 和 $E_1$ 等皆可由实验来确定。借助 Graessley 非线性流管道模型理论，通过对式（4-133）进行拟合可以计算不同剪切速率 $\dot\gamma$ 下的黏度 $\eta$：

$$\frac{\eta}{\eta_0} = \chi^{1.5}(\theta)h(\theta) \tag{4-133}$$

式中，$\chi(\theta) = \frac{2}{\pi}\left[\mathrm{arccot}\,\theta + \theta/(1+\theta^2)\right]$，$h(\theta) = \frac{2}{\pi}\left[\mathrm{arccot}\,\theta + \theta(1-\theta^2)/(1+\theta^2)^2\right]$，而 $\theta = \frac{\eta\dot\gamma\tau_0}{2\eta_0}$。这样由 $\dot\gamma$、$\eta$ 和式（4-130）可进一步计算得到 $d^*$，最后得到 $E_S$。通过对不同组成的计算结果进行拟合，可以发现：

$$E_S/(RT) = \left(c/a^2\right)\phi_2^2 \exp\left[-b(\phi_2 - a)^2\right] \tag{4-134}$$

式中，$a$、$b$ 和 $c$ 是仅依赖于 $\dot\gamma$ 的参数。

借助相平衡的条件，可得到模型体系不同剪切速率下的相图（图 4-29）。由图可见，除了通常所见的相图外，还出现了一条剪切诱导的相分离带，随着剪切速率的增加，相分离带上移，最终两个相分离区域合并。

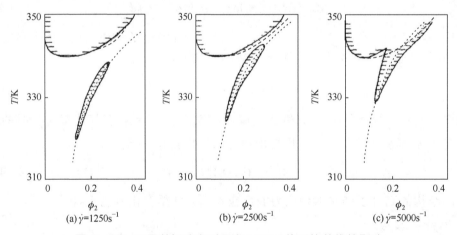

**图 4-29**　不同剪切速率对具有 LCST 体系旋节线的影响

点线（…）—剪切速率为 0 时的旋节线；实线（—）—不同剪切速率下的旋节线；虚线（– – –）—相应剪切速率下，剪切储能极大值的组成依赖关系

## （二）高分子混合物

对于高分子混合物体系，相互作用参数 $\chi$ 对温度的依赖关系可简单表示为：

$$\chi = \chi_c + \chi_1(T - T_c) \tag{4-135}$$

式中，$T_c$ 是零剪切时相分离的临界温度；$\chi_c$ 是 Flory-Huggins 格子理论中临界点处的相互作用参数[见式（4-63）]，即：

$$\chi_c = \frac{1}{2}\left(\frac{1}{x_1^{1/2}} + \frac{1}{x_2^{1/2}}\right)^2 \tag{4-136}$$

为方便起见，高分子混合物的 $E_S$ 可写成：

$$E_S = \left(n_1\tilde{V}_1 + n_2\tilde{V}_2\right)J_e^o(\eta\dot{\gamma})^2|\eta\dot{\gamma}|^{-2d^*} \tag{4-137}$$

式中，$J_e^o$ 是混合物的稳态剪切柔量。混合物的 $\eta_0$ 和 $J_e^o$ 可以通过纯组分的零剪切黏度和稳态剪切柔量计算得到。

纯高分子的稳态剪切柔量 $J_{e,i}^o$ 和特性松弛时间 $\tau_{0,i}$ 为：

$$\begin{cases} J_{e,i}^o = \tau_{0,i}/\eta_{0,i} \\ \tau_{0,i} = \tau_{R,i} = \dfrac{6\eta_{0,i}M_i}{\pi^2\rho_i RT} \end{cases} \tag{4-138}$$

式中：

$$\begin{cases} \eta_{0,i} = \eta_{0,i}(T_c)\exp\left[\dfrac{E_i^{\neq}}{RT}\left(\dfrac{1}{T} - \dfrac{1}{T_c}\right)\right] \\ \eta_{0,i}(T_c) = KM^{3.4} \end{cases} \tag{4-139}$$

式中，$E_i^{\neq}$ 为组分 $i$ 的流动活化能；$K$ 为经验常数。高分子混合物的 $\eta_0$ 和 $J_e^o$ 可通过下列组合规则获得：

$$\begin{cases} \eta_0^{1/3.4} = w_1\eta_{0,1}^{1/3.4} + w_2\eta_{0,2}^{1/3.4} \\ J_e^o = \dfrac{w_1\eta_{0,1}^{4.4/3.4}J_{e,1}^o + w_2\eta_{0,2}^{4.4/3.4}J_{e,2}^o}{\eta_0^{4.4/3.4}} \end{cases} \tag{4-140}$$

式中，$w_i$ 是组分 $i$ 的质量分数。那么，混合物的特性松弛时间为：

$$\tau_0 = J_e^o/\eta_0 \tag{4-141}$$

不同剪切速率下混合物的黏度计算与溶液的情况相似，通过拟合计算可以得到 $E_S$ 对组成的复杂的依赖关系。例如对由分子量分别为 75000 的 A 高分子（A75）与 200000 的 B 高分子（B200）组成的高分子模型混合物体系，运用类似溶液的计算方法得到不同剪切速率下高分子混合物的相图如图 4-30 所示。

由图 4-30 可见，低剪切速率导致相分离温度上移，均相区扩大。在某一特定的剪切速率下，除了"原有的相分离区"之外，还有一个封闭的剪切诱导的相分离区出现，这个封闭区位于 $T_c$ 之下。进一步提高

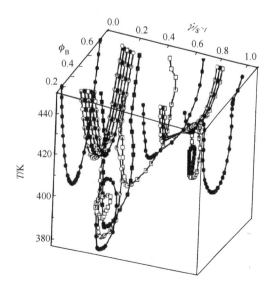

**图 4-30** 模型混合物在不同剪切速率下的相图

剪切速率，封闭区随之扩大，在特定的剪切速率下，与"原有的相分离区"归并。在上面的剪切速率范围内，有两个特征的剪切速率出现，也就是说，在某一特定的组成和温度，可以观察到这样的现象：升温和降温都导致相分离的发生。再进一步增加剪切速率，已经归并的相分离区又一次减小（相分离温度向高温漂移），出现了一个剪切诱导相分离的反转现象，且随剪切速率的提高，封闭的剪切诱导相分离区又一次出现，但是，此时该封闭区位于 $T_c$ 之上。之后再提高剪切速率，又一次发生封闭区与"原有的相分离区"归并现象。此后，再增加剪切速率，剪切对相分离的影响逐渐消失，即相图逐渐恢复到零剪切时的形状。该计算结果与 Huggins 的实验现象定性上是一致的。

此外，Chopra、Casas 和 Vazquez 等从剪切流动对高分子构型、第一法向应力的影响方面进行考虑，拓展了 Horst-Wolf 模型。

# 第六节　聚电解质溶液

## 一、聚电解质种类

聚电解质是带有可电离的离子性基团的高分子。在介电常数很大的溶剂中，聚电解质就会发生电离，生成带有电荷的高分子骨架和许多低分子离子。低分子离子称为抗衡离子或反离子。按照电离后高分子骨架所带电荷的种类，可以把聚电解质分为聚阴离子、聚阳离子和两性离子三种。

聚电解质溶液的性质与其离子是否解离及解离程度有关。若采用非离子化溶剂，因高分子不能电离，其溶液的性质与普通高分子溶液相似，高分子呈无规线团。在离子化溶剂中，由于发生电离，高分子骨架上因带有同性电荷而存在静电斥力，与电离出来的反离子间又存在吸引作用，因此高分子链在溶液中的形貌将发生变化，其形貌包括螺旋形、伸展形和双螺旋形等（图 4-31）。同时，聚电解质溶液的热力学性质和动力学性质都将发生改变，改变的程度与溶液的浓度、溶液中添加的小分子电解质种类及浓度、环境温度、溶液的 pH 值等因素都有关系（图 4-32）。

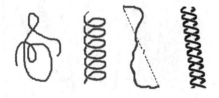

(a) 无规线团　(b) 螺旋链　(c) 伸展链　(d) 双螺旋链
**图 4-31**　聚电解质在溶液的形态

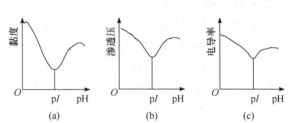

**图 4-32**　聚电解质溶液黏度、渗透压和电导率与 pH 的关系（p$I$ 为等电点）

## 二、聚电解质溶液渗透压

将聚电解质在离子化溶剂中形成的溶液与纯溶剂间以半透膜分隔，高分子离子不能透过半透膜，而离解出的小离子可以。为了保持溶液的电中性，小分子离子也必须留在聚电解质离子的同一侧，这样达到渗透平衡时小离子在膜两边浓度不等的状态就是 Donnan 平衡（图 4-33）。Donnan 从热力学角度出发，分析了不同情况下体系达到 Donnan 平衡时，小离子在膜两侧的分布及体系的渗透压。

## （一）不发生电离的高分子溶液

对不发生电离的普通高分子溶液[图 4-33(a)]，体系的渗透压 $\Pi_1$ 可以用 Flory-Huggins 理论给出：

$$\frac{\Pi_1}{c_2} = RT\left(1 + A_2 c_2 M^2\right)$$

式中，$c_2$ 为高分子溶液的摩尔浓度。为简化起见，设 $A_2 = 0$，则：

$$\Pi_1 = c_2 RT \tag{4-142}$$

以渗透压对浓度作图应该有 $\Pi_1 \propto c_2$。而在亚浓溶液区域，其关系则接近 $\Pi_1 \propto c_2^{9/4}$。

## （二）发生电离的聚电解质溶液

对发生电离的聚电解质溶液，以反离子为 $Na^+$ 为例，假定每条高分子链电离产生 $z$ 个 $Na^+$，则聚电解质可以表示为 $Na_z P$，其中 P 代表高分子骨架部分。$Na_z P$ 的电离式为：

$$Na_z P \longrightarrow zNa^+ + P^{z-}$$

由于高分子离子 $P^{z-}$ 不能透过半透膜，为了保持溶液的电中性，尽管 $Na^+$ 可以透过半透膜，$Na^+$ 也必须留在 $P^{z-}$ 同一侧[图 4-33(b)]。因为渗透压只与粒子的数量有关，所以在稀溶液下，以浓度代替活度，溶液的渗透压 $\Pi_2$ 可近似为：

$$\Pi_2 = (z+1)c_2 RT \tag{4-143}$$

以渗透压对浓度作图有 $\Pi_2 \propto c_2$，但实验给出的关系接近 $\Pi_2 \propto c_2^{9/8}$，有一点偏离。

## （三）有外加电解质时的聚电解质溶液

将聚电解质溶液（$\alpha$ 相）以半透膜与小分子电解质溶液（$\beta$ 相）分隔开，小分子电解质中的离子将发生迁移，从而建立新的平衡。为了保持电中性，达平衡时，$\beta$ 相中正负离子所减少的电荷量必须相等，而 $\alpha$ 相中正负离子的总电荷量也应抵消。按热力学要求，膜两边小分子离子的浓度虽然不相等，但达到平衡时，小分子离子在膜两边的化学势应该相等。以聚电解质钠盐溶液与 NaCl 溶液平衡为例（图 4-34），达到平衡时，NaCl 在膜两边的化学势相等：

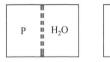

(a) 未电离的高分    (b) 高分子可电离出 $z$ 个
　子溶液　　　　　　　$Na^+$ 的聚电解质溶液

**图 4-33** 不发生电离与可电离高分子溶液与水的平衡（高分子溶液与水以半透膜分隔）

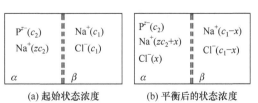

(a) 起始状态浓度　　　　(b) 平衡后的状态浓度

**图 4-34** 聚电解质与小分子电解质溶液的平衡[浓度为 $c_2$ 的聚电解质钠盐溶液（$\alpha$ 相）与浓度为 $c_1$ 的 NaCl 溶液（$\beta$ 相）以半透膜分隔]

$$\mu_{\mathrm{NaCl},\alpha} = \mu_{\mathrm{NaCl},\beta}$$

即 $RT \ln a_{\mathrm{NaCl},\alpha} = RT \ln a_{\mathrm{NaCl},\beta}$，其中 $a$ 是 NaCl 的活度。所以，膜两边的活度也应该相等。在稀溶液中活度可以用浓度来代替，所以：

$$\left([\mathrm{Na^+}][\mathrm{Cl^-}]\right)_\alpha = \left([\mathrm{Na^+}][\mathrm{Cl^-}]\right)_\beta$$

设起始 $\alpha$ 相聚电解质钠盐的浓度为 $c_2$，$\beta$ 相 NaCl 溶液的浓度为 $c_1$[图 4-34(a)]；在建立平衡后，有相同数量的 $\mathrm{Na^+}$ 和 $\mathrm{Cl^-}$ 扩散到了左边，设其浓度为 $x$[图 4-34(b)]。这样 $\alpha$ 相中高分子离子的浓度未变，仍为 $c_2$，$\mathrm{Na^+}$ 浓度为 $(c_2+x)$，$\mathrm{Cl^-}$ 的浓度为 $x$；$\beta$ 相中 $\mathrm{Na^+}$ 和 $\mathrm{Cl^-}$ 的浓度皆降为 $(c_1-x)$，由此，我们可以得到：

$$(zc_2+x)x = (c_1-x)^2$$

解得：

$$x = \frac{c_1^2}{zc_2+2c_1} \tag{4-144}$$

此时，体系渗透压 $\Pi_3$ 由膜两侧的浓度差引起，因此：

$$
\begin{aligned}
\Pi_3 = \Delta cRT &= \left[(c_2+zc_2+2x)_\alpha - 2(c_1-x)_\beta\right]RT \\
&= (c_2+zc_2-2c_1+4x)RT \\
&= \frac{zc_2^2+2c_2c_1+z^2c_2^2}{zc_2+2c_1}RT
\end{aligned}
\tag{4-145}
$$

① 若 $c_2 \gg c_1$，则 $c_1$ 可略去不计，$x \approx 0$，说明当高分子侧聚电解质浓度很高时，膜外小分子电解质基本上不能进入膜内。此时，渗透压为：

$$\Pi_3 = \frac{zc_2^2+2c_2c_1+z^2c_2^2}{zc_2+2c_1}RT \approx (c_2+zc_2)RT = (z+1)c_2RT = \Pi_2$$

与 $\beta$ 相为纯溶剂的情况相似。

② 若 $c_1 \gg c_2$，则 $c_2$ 可略去不计，$x = c_1/2$，说明当膜外小分子盐浓度很高时，小分子电解质几乎均等地分布在膜两边。此时渗透压为：

$$\Pi_3 = \frac{zc_2^2+2c_2c_1+z^2c_2^2}{zc_2+2c_1}RT \approx c_2RT = \Pi_1$$

与高分子不发生电离的情况类似。所以加入足量的小分子电解质后，用渗透压法可以测定高分子的分子量。

## 三、聚电解质溶液的黏度

### （一）不发生电离的高分子溶液

对不发生电离的高分子溶液，其比浓黏度（黏数）$\dfrac{\eta_{\mathrm{sp}}}{c}$ 通常随浓度的下降而线性减小，满足 Huggins 公式：

$$\frac{\eta_{sp}}{c} = [\eta] + k[\eta]^2 c \qquad (4-146)$$

## （二）离聚物溶液

聚电解质溶液的黏数与浓度的关系不再呈线性变化。这种改变随聚电解质解离度的增大而逐渐明显。

当离子基团的摩尔分数低于 15% 时，这种聚电解质通常被称为离聚物（ionomer）。例如，在弱极性的 THF 溶剂中，不同磺化度的聚苯乙烯磺酸钠（SPS）的黏数随浓度的变化曲线如图 4-35 所示。其中，母体 PS 的黏数随浓度增大而逐渐增大，呈线性关系。磺化后的 PS 黏数随浓度的增大而迅速上升，磺化度越高，上升越快。Lundberg 指出，在这种聚电解质中，存在着分子内和分子间两种离子聚集作用，低浓度下，分子内作用较强，分子链因而蜷曲导致其黏度小于母体；高浓度下，链与链相互靠近，离子更易在分子间聚集形成物理交联，使黏度大于母体。在弱极性溶剂中，反离子的离子半径增大，离子的聚集能力下降。不过，反离子的离子半径需要考虑其溶剂化后的尺寸。

温度升高时，普通高分子溶液黏度一般都会降低。但有时高分子链受热舒展也会导致黏度略有升高，只是这种增黏幅度不大，增黏的温度范围也很窄。离聚物溶液黏度与之不同，会随温度升高而增大。图 4-36 是磺化度为 0.49% 的三元乙丙橡胶磺酸钠（SEPDM-Na）在二甲苯/己醇（体积比为 95/5）中的黏度随温度的变化关系。离聚物在较高浓度下，随温度升高，黏度先下降然后增大，浓度愈高，转折温度就愈低。其原因在于，在少量己醇存在下，体系存在着下列平衡过程：

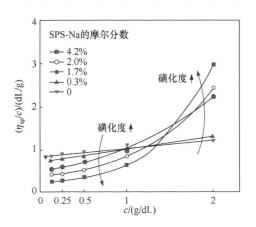

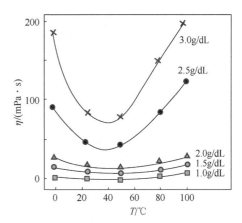

**图 4-35**　SPS 不同磺化度样品在 THF 中的黏数与浓度的关系

**图 4-36**　SEPDM-Na 在二甲苯/己醇（体积比为 95/5）中的黏温关系（曲线右侧数值为离聚物浓度）

$$\text{alc.} + (\text{P—SO}_3\text{Na})_n \underset{升温}{\overset{降温}{\rightleftharpoons}} n(\text{P—SO}_3\text{Na} \cdot \text{alc.}) \qquad (4-147)$$
$$\text{（聚集态 } \eta\uparrow\text{）} \qquad\qquad \text{（溶剂化态 } \eta\downarrow\text{）}$$

式中，alc. 表示共溶剂己醇。在低温下高分子磺酸钠与共溶剂己醇一起在二甲苯中处于溶剂化状态，随着温度的升高，黏度逐渐降低。当升温至一定温度后，己醇从共溶状态中脱离出来，离聚物形成物理交联，黏度提高。离聚物的浓度越高、磺化程度越高，则这种反常的黏度-温度效应就越明显。共溶剂添加量过少则不起作用，过多则处于溶剂化状态不易脱出，难以使平衡左移，反常的黏度温度现象就不明显。

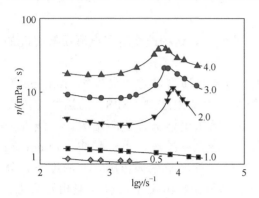

**图 4-37** SPS-Zn 在二甲苯/油醇（体积比为 96/4）中的黏度与剪切速率的关系（曲线上的数字为其浓度，g/dL）

这类离聚物溶液在浓度较低时，溶液黏度随着剪切速率增大而降低；而在浓度较高时，溶液黏度随剪切速率增大会出现增大的现象。这是因为剪切速率足够大时，分子链舒展使分子内离子的聚集被破坏，在浓度较高时有利于分子间的离子聚集，导致黏度增大。在更大的剪切作用下，聚集再次瓦解，则黏度重新开始下降（图 4-37）。

在非极性液体中加入少量离聚物可以起到降低流体阻力的作用，即减阻效应。衡量减阻效果可以用流量增加率 $TI_0$ 或黏性衰减系数 $R$ 来表示。实验表明，离聚物减阻效果比普通高分子更好（表 4-8）。

**表 4-8** 非离子黏度及离聚物对煤油的减阻效果

| 高分子 | IP（离聚物） | | NIP（非离聚物） | |
|---|---|---|---|---|
| 浓度/$10^{-6}$ | 500 | 1000 | 500 | 1000 |
| $R$ | 0.0532 | 0.0399 | 0.112 | 0.0971 |
| $TI_0$/% | 37 | 43 | 17 | 34 |

注：NIP 是丙烯酸十二酯-甲基丙烯酸共聚物，是不带离子的母体；NaOH 中和后为离聚物 IP。

离聚物的表观分子量会因存在分子间离子聚集而增大，在受到剪切作用时，离聚物首先被破坏减轻了施加于分子链上的剪切力，降低了主链的断裂概率，因此，离聚物的剪切稳定性较高。

减阻作用是一种特殊的湍流现象。层流时，流体受黏滞力作用，不存在旋涡耗散，因此，没有减阻效果。湍流时，流体质点的运动速率随机变化，形成大大小小的旋涡，大尺度旋涡从流体中吸收能量发生变形、破碎，向小尺度旋涡转化；小尺度旋涡又称耗散性旋涡，在黏滞力作用下被减弱、平息。来自流体微元的径向作用力作用在减阻剂微元上，使其发生扭曲和旋转变形；减阻剂分子间的引力则抵抗上述作用力反作用于流体微元，改变流体微元的作用方向和大小，使一部分径向力被转化为顺流向的轴向力，从而减少了无用功的消耗，宏观上得到了减少摩擦阻力损失的效果。减阻效果与减阻剂结构、分子量、流体黏度、管道直径、含水率等因素有关。

在强极性溶剂如醇、二甲基甲酰胺等溶剂中，离聚物可以呈现出典型的聚电解质行为，即随着浓度的降低，黏数迅速增大。

## （三）聚电解质溶液

典型的聚电解质溶液黏数与浓度的关系如图 4-38 所示。曲线 1 是聚 4-乙烯基-*N*-丁基吡啶季铵盐在水溶液中的黏数与浓度的关系。可见，在浓度降低时，其黏数迅速增大，出现明显的反常现象。当体系中含有小分子盐时，这一反常行为将得到遏制，外加电解质浓度愈高，其行为与普通高分子的行为就愈接近，如图 4-38 中的曲线 2～曲线 5 所示。

1. 无外加盐存在时

聚电解质在水等极性溶剂中会解离生成带有某种电荷的聚离子和带相反电荷的反离子，形成聚电解质溶液。聚电解质溶液在稀释时，聚离子链所固定的反离子数减少，电离基团间的静电斥力增大，聚离子链呈现为更伸展的形式，导致溶液的黏数增大。

按照 Debye-Hückel 理论，在电解质溶液中，会产生"电黏性效应"。Smoluchowsky 提出含有带电球形粒子的溶液，其增比黏度为：

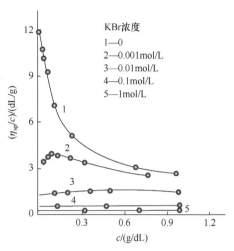

**图 4-38** 聚 4-乙烯基-*N*-丁基吡啶季铵盐在 KBr 水溶液中的黏数与浓度的关系

$$\eta_{sp} = 2.5\phi \left[ 1 + \frac{1}{x\eta_0 r^2} \left( \frac{D\zeta}{2\pi} \right)^2 \right] \quad (4\text{-}148)$$

式中，$\eta_0$ 为溶剂的黏度；$\phi$ 为球形粒子的体积分数；$x$ 为溶液的电导率；$r$ 为球粒半径；$D$ 为溶液的相对介电常数；$\zeta$ 为粒子双电层 Zeta 电位。带电粒子溶液的黏数随粒子的 $\zeta$ 电位而变，而 $\zeta$ 电位则与粒子所带电荷量有关。将 Smoluchowsky 理论用于聚电解质溶液时，溶液的浓度愈低，聚离子链上净电荷就愈多，其 $\zeta$ 电位就愈高，于是溶液的黏数就愈大，电黏性效应就愈显著。所以比浓黏度-浓度关系也可通过聚离子链上所固定的反离子数量-浓度的关系来表示。

上述电位升高产生电黏性与链伸展导致黏度升高两种效应都可能存在。对柔性链聚离子，电黏性效应的影响可以忽略。

聚电解质溶液的黏数（$\eta_{sp}/c$）与浓度的依赖关系，有 Fuoss-Strauss 经验式（4-149）、Fuoss-Cathers 修正式（4-150）、Schaefgen 和 Trivisonno 经验式（4-151）及 Liberti-Stivala 经验式（4-152）等。

$$\frac{\eta_{sp}}{c} = \frac{A}{1 + B\sqrt{c}} \quad (4\text{-}149)$$

$$\frac{\eta_{sp}}{c} = \frac{A}{1 + B\sqrt{c}} + D \quad (4\text{-}150)$$

$$\frac{\eta_{sp}}{c} = \frac{A}{1 + Bc} + D \quad (4\text{-}151)$$

$$\frac{\eta_{sp}}{c} = \frac{A}{1 + B\left( \sqrt{c} - K'c \right)} \quad (4\text{-}152)$$

式中，$A = [\eta]$；$B$ 为常数，与介质的介电常数有关；$D$ 是作为直线化手段的调节常数，表示当浓度为无限大时黏数的极限值，此时聚离子所带电荷可认为完全被反离子所屏蔽，所以又称为"屏蔽的特性黏数"，并用$[\eta]_\infty$表示，$D = \lim\limits_{c\to\infty}\dfrac{\eta_{sp}}{c} = [\eta]_\infty$；$K'$是聚离子与其反离子之间静电力相互作用的量度，也与介质的介电常数有关。这些经验方程都有一定的适用范围，没有通用性。刘懋涛等借用 Freundlich 吸附等温式来考虑反离子在聚离子表面的吸附，提出一个通用修正的经验式：

$$\frac{\eta_{sp}}{c} = \frac{A}{1+Bc^n} + D \tag{4-153}$$

式中，$c$ 是达到吸附平衡时溶液中反离子的浓度，在无外加盐存在下，与聚电解质溶液浓度有关。设 $\eta_{sp} = kc^n$，$k$ 为常数，$n$ 是 Freundich 吸附等温式中的指数。$n$ 值范围在 0 与 1 之间，对于酸类聚电解质，$n$ 大致为 0.3～0.4；对于盐类聚电解质，$n$ 大致为 0.6～0.8。于是：

$$\frac{\eta_{sp}}{c} = k\frac{1}{c^{1-n}} \tag{4-154}$$

式（4-153）和式（4-154）是两个独立的经验公式，在一定的浓度范围内是可以同时适用的。图 4-39 是磺化聚砜的 DMF 溶液黏数与浓度的关系曲线，其中曲线 1 和

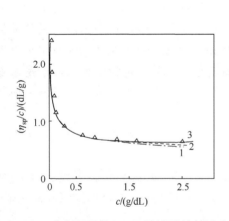

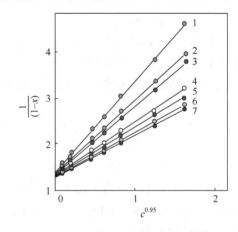

**图 4-39**　磺化聚砜的 DMF 溶液黏数与浓度的关系曲线

1—由式（4-153）计算得出；2—由式（4-154）计算得出；3—按实际数据算出

**图 4-40**　在外加盐浓度不同时，磺化聚砜的 $(1-x)^{-1} - c^{0.95}$ 图

1—$m=0.012\text{mol/L}$；2—$m = 0.02\ \text{mol/L}$；3—$m = 0.03\ \text{mol/L}$；4—$m = 0.07\ \text{mol/L}$；5—$m = 0.10\ \text{mol/L}$；6—$m = 0.15\ \text{mol/L}$；7—$m = 0.20\ \text{mol/L}$

曲线 2 分别按式（4-153）和式（4-154）计算得出，曲线 3 则直接由实验数据作出。可见，在一定浓度范围内三条曲线重合得很好。在此浓度范围内，由式（4-154）求得的 $n$ 值可适用于式（4-153）。在实验条件下，式（4-153）适用的浓度范围较宽，约 1.5g/100mL。

2. 有外加盐存在时

在有外加盐存在时，聚电解质溶液黏数显著降低，随着外加盐浓度升高，其黏数与浓度的依赖关系也逐渐发生改变。以 $x$ 来表示因外加盐使聚电解质溶液黏数减小的程度：

$$x = \left(\frac{\eta_{sp}}{c}\right)_{Salt} \Bigg/ \left(\frac{\eta_{sp}}{c}\right) \qquad (4-155)$$

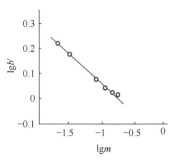

显然，$x$ 是聚电解质浓度和外加盐浓度的函数，它与聚电解质溶液浓度 $c$ 之间存在如下关系：

$$\frac{1}{1-x} = a + b'c^{\psi} \qquad (4-156)$$

式中，$\psi$ 是个定值。例如 25℃ 下，磺化聚砜试样在 $NaNO_3$ 的 DMF 溶液中 $\psi$ 为 0.95。图 4-40 是磺化聚砜试样在 DMF 溶液中添加不同浓度的 $NaNO_3$ 后，以 $1/(1-x)$ 对 $c^{0.95}$ 作图所得的直线。可见，$NaNO_3$ 浓度 $m$ 不同，则直线的斜率 $b'$ 值和截距 $a$ 值均不相同。以 $\lg b'$ 对 $\lg m$ 作图，可得一条直线（图 4-41）：

**图 4-41** 磺化聚砜试样在含有 $NaNO_3$ 的 DMF 溶液中 $\lg b'$ 与 $\lg m$ 的关系

$$\lg b' = \lg b - \phi \lg m \qquad (4-157)$$

通过实验可以求得参数 $b$ 和 $\phi$。

外加盐对聚电解质具有聚沉的作用。利用这一作用可以对聚电解质进行分子量分级。高分子溶液的抗盐析能力与溶质的分子量有关；当溶质的化学组成相似时，分子量较小的高分子抗盐析能力强。分步加入非溶剂，聚电解质也可以进行分级。

## 四、聚电解质溶液电导率

高分子离子本身运动速率较慢，因此，聚电解质溶液的电导率主要来源于反离子的数目和迁移率。尽管高分子离子对电导率贡献有限，但却会影响反离子对电导率的贡献。一般 $M < 20000$ 时，高分子链较为伸展，电荷均匀分布在整个分子的周围，电导率稍大些；$M > 20000$ 时，分子链易蜷曲，一部分反离子陷入其中，失去原来的活动性，电导率较低。

## 五、反聚电解质效应

对两性聚电解质体系，其黏度-浓度行为与聚电解质溶液相反，在无外加盐时，黏度随浓度增大而增大；有外加盐时，黏度随盐浓度增大而增大（图 4-42）。这种现象就是反聚电解质效应。

其原因在于，一般聚电解质，链内存在着静电斥力而使链得以伸展；外加电解质时，链上的斥力减弱，链蜷曲，使黏度下降。而对两性聚电解质，高分子链中由于静电吸引而产生缔合作用，因此没有外加盐时，其行为与一般高分子无异；当添加小分子电解质时，这种缔合作用会被破坏，高分子链反而得以舒展，从而使黏度增大。图 4-43 是聚甜菜碱在水中和在 NaCl 溶液中的形态变化的示意图。

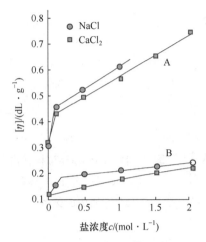

**图 4-42**　电中性的两性聚电解质
的反聚电解质行为

A—聚乙烯基吡啶-*N*-丙基磺酸盐；B—聚
甲基丙烯酸-*N*-磺酸丙基二乙基氨基乙酯

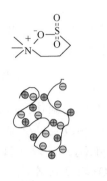

(a) 基团内缔合(紧密离子对)，
分子链内收缩

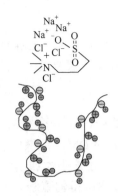

(b) 溶剂化基团(离子型和水溶性增加)
屏蔽后的缔合(伸展构象)

**图 4-43**　聚甜菜碱在水中和在 NaCl 溶液中的形态变化

## 六、聚电解质在溶液中的尺寸

链形貌不同，链尺寸也随之而变。在稀溶液中，聚电解质由于电离产生的小离子可以迁移到纯溶剂区，与高分子链上的离子相距较远，因此高分子链上所带相同电性的离子间存在的斥力使高分子链较为伸展而膨胀，其均方旋转半径就比较大[图 4-44(a)]。而在浓溶液中，高分子离子链相互靠近，反离子与高分子离子间相距较近，链上同性离子间的斥力减弱，链构象可以发生蜷曲，尺寸就缩小[图 4-44(b)]。如果在聚电解质溶液中添加 NaCl 等小分子电解质，增大了离子的浓度，其中一部分离子可以渗入高分子离子中而屏蔽有效电荷，就会弱化链膨胀效应，高分子链就会更加蜷曲[图 4-44(c)]。聚电解质在溶液中的尺寸与聚电解质电离程度、溶液浓度、溶剂类型、外加电解质种类及浓度，以及温度、压力等因素有关。

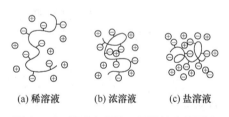

(a) 稀溶液　　(b) 浓溶液　　(c) 盐溶液

**图 4-44**　聚电解质在不同溶液中的形态

### （一）传统理论

在稀溶液中，由于固定离子基团在链上以化学键相连，同时链膨胀后受到熵弹性影响，链的膨胀是有限的。溶液越稀，高分子链所带净电荷越高，产生的局部静电势能也越高，因此反离子越易被强烈吸引，也使链膨胀受到制约。

假定聚电解质不带电时为高斯链，其末端距在空间的分布符合高斯分布。当聚电解质发生电离产生离子后，由于电荷间产生相互作用，末端距 $h$ 分布会发生变化：

$$w(h)\mathrm{d}h = w_0(h)\exp\left[-\frac{G_{el}^{E}(h)}{kT}\right]\mathrm{d}h \qquad （4-158）$$

式中，$w_0(h)$ 为不带电的高斯链末端距分布密度函数，由式（2-21）给出；$G_{el}^E(h)$ 为影响带电链末端距分布的过量静电自由能。于是，问题的关键就在于要找到合适的 $G_{el}^E(h)$ 的形式及其影响因素，如聚离子的链长、沿链离子化基团的密度、外加电解质的浓度等。$h$ 的新分布可由最可几 $h^*$ 确定：

$$\frac{d\ln[w_0(h)dh]}{dh} - \frac{1}{kT}\frac{dG_{el}^E(h)}{dh} = 0 \tag{4-159}$$

带电后聚电解质链的均方末端距可由下式估计：

$$\overline{h^2} = \frac{\int h^2 w(h)dh}{\int w(h)dh} \tag{4-160}$$

对于高斯链，由式（2-24），我们有 $(h^*)^2 = 2\overline{h_0^2}/3$。对于带电链，由于链是伸展的，$h$ 的分布函数将变得尖锐，导致 $(h^*)^2/\overline{h_0^2}$ 趋于 1。但在接下来的理论处理中，假定链远未完全伸展，$(h^*)^2/\overline{h_0^2}$ 仍维持高斯链的特征值。

Kuhn 和 Katchalsky 认为稀溶液中反离子从聚离子区域中扩散出来，因此不会影响链上固定电荷间的排斥作用。他们假定聚离子电荷 $Q$ 可分为 $Z_s+1$ 个等份，每个等份的电荷量 $q$ 分布于链端及统计单元的连接点上。静电自由能由所有电荷对的贡献之和及对所有具有链末端距为 $h$ 的合适权重的链构象进行平均而得。但是，即便是特别稀的溶液，大部分反离子也仍会停留在聚离子区域中，反离子电荷分布在聚离子的周围形成屏蔽，导致链受电荷排斥而造成扩展程度相应减小。为此，Katchalsky 及 Lifson 假定每个固定电荷周围都会建立离子氛，此时聚电解质溶液中移动离子浓度所对应的离子强度与简单盐溶液中的离子强度相一致。在距固定电荷为 $r$ 处的势能按 Debye-Hückel 定律假定为 $q\exp(-\kappa r)/(Dr)$，其中 $\kappa$ 是离子氛等效厚度的倒数：

$$\kappa = \sqrt{4\pi e^2 N \sum m_i v_i^2 / (1000DkT)} \tag{4-161}$$

式中，$e$ 是单位电荷量；$m_i$ 是价数为 $v_i$ 的离子的摩尔浓度；$D$ 是溶剂的介电常数。应用这些屏蔽势能，可得：

$$G_{el}^E(h) = \left( \sum_i \sum_{j>i} \frac{q_i q_j}{D r_{ij}} \right)_h \tag{4-162}$$

对高分子长链而言，高分子链尺寸 $h$ 远大于离子氛厚度，即 $h\kappa \gg 1$；同时 $Z_s+1 \approx Z_s$，且 $Z_s q \approx Q$，而加和项含 $Z_s^2/2$ 项，$q_i q_j/D$ 是常数。通过计算可得：

$$G_{el}^E(h) = \frac{Q^2}{Dh}\ln\left(1 + \frac{6h}{\kappa \overline{h_0^2}}\right) \tag{4-163}$$

于是，聚离子膨胀程度为：

$$\alpha_e^2 - 1 = \frac{Q^2}{2DkTh^*}\left[ \ln\left(1 + \frac{6h^*}{\kappa\overline{h_0^2}}\right) - \frac{6h^*/\left(\kappa\overline{h_0^2}\right)}{1 + 6h^*/\left(\kappa\overline{h_0^2}\right)} \right] \tag{4-164}$$

由此所得的聚离子链膨胀程度是高于实际的。这是因为采用未带电链的分布函数时，其密堆砌的实际形态不太可能出现在存在静电斥力的聚离子中。因而他们的处理高估了 $G_{el}^E(h)$，尤其是 $h$ 值很小的时候，误差更大。因此，使链膨胀的驱动力也会高估。

Harris 和 Rice 对此进行了校正。他们考虑带有离子电荷的等效链，其电荷集中在每个统计单元的中点，链膨胀有赖于两个毗邻链单元间夹角 $\gamma$ 的概率分布。以 Kuhn 理论处理键角的方法来处理 $\gamma$，得到 $h$ 对 $\gamma$ 的依赖性为：

$$\overline{h^2} = \overline{h_0^2} \frac{1 - \overline{\cos\gamma}}{1 + \overline{\cos\gamma}} \tag{4-165}$$

$\overline{\cos\gamma}$ 的值由下式决定：

$$\overline{\cos\gamma} = \frac{\int \cos\gamma \exp[-G_{j,j+1}^E(\gamma)/(kT)]d\Omega}{\int \exp[-G_{j,j+1}^E(\gamma)/(kT)]d\Omega} \tag{4-166}$$

式中，$d\Omega = 2\pi\sin\gamma d\gamma$，为立体角因子。对于统计长度 $b_s$，相邻电荷间的距离取为 $b_s\sin(\gamma/2)$，如果屏蔽库仑势能满足 Debye-Hückel 定律，则：

$$G_{j,j+1}^E(\gamma) = \frac{q^2 \exp[-\kappa b_s \sin(\gamma/2)]}{D b_s \sin(\gamma/2)} \tag{4-167}$$

Flory 推导了带电聚电解质在溶液中的膨胀对过量自由能的影响，其结果是：

$$\alpha_e^3[\alpha_e^2 - (\alpha_e^0)^2] = 1000 v_p \left\{ \frac{v_p}{1.16 N (\overline{h_0^2})^{3/2} \sum m_i v_i^2} + (v_b - v_c)\left[\frac{v_p}{0.81 N (\overline{h_0^2})^{3/2} \sum m_i v_i^2}\right]^2 + \cdots \right\} \tag{4-168}$$

式中，$\alpha_e^0$ 是膨胀因子，由非荷电链溶剂化观察；$m_i$ 和 $v_i$ 是所有可移动离子（包括外加电解质）的摩尔浓度和价数；$v_b$ 和 $v_c$ 是固定离子和反离子（不包括外加电解质）的价数。

方程（4-168）未区分反离子价数和固定离子价数对聚离子膨胀的影响，但实验表明，聚离子性质对反离子价数 $v_c$ 特别敏感，而固定离子电荷的改变对其影响则较小，故而 Fixman 将其修正为：

$$\alpha^3 = 1 + C_1 Z^{1/2} + \frac{C_2[Q/(ev_c)]}{(\overline{h_0^2})^{1/2} k} \tag{4-169}$$

式中，$C_1$、$C_2$ 均为可调参数；$C_1 Z^{1/2}$ 项是除链上离子电荷相互排斥之外的其他因素引起的膨胀。

（二）标度理论

标度理论用串滴模型来处理聚电解质链。设高分子链的单元数为 $N$，单元尺寸为 $b$，串滴内的单元数为 $g_e$，每间隔 $A$ 个单元可以产生一个有效电荷。因此 $A$ 是有效荷电间的单元数，即需要考虑反离子聚集产生的影响。于是每个串滴所带电荷数为 $g_e/A$，串滴球的直径为 $d$。

1. 无外加盐的聚电解质溶液

当溶液浓度极稀时，因为反离子均匀分布于整个系统的体积中，造成 Debye 屏蔽长度远大于链间距。于是链上的净电荷未能被反离子屏蔽，它们之间存在着静电斥力。如图 4-45 所示，标度理论认为，此时串滴内的子链构象几乎不受静电相互作用影响，依赖于溶剂对中性高分子的溶解性，而串滴之间则因静电斥力而使整体构象伸展呈棒状。

由此，串滴尺寸为：

$$d \approx b \begin{cases} (g_e/\tau)^{1/3} & T < \theta \\ g_e^{1/2} & T = \theta \\ g_e^{3/5} & T \gg \theta \end{cases} \qquad (4\text{-}170)$$

式中，$\tau \equiv 1 - \dfrac{T}{\theta}$。

我们知道，体系中的静电斥力和溶剂化作用使串滴伸展膨胀，而表面张力则使液滴收缩。在良溶剂和 $\theta$ 溶剂中，串滴内电荷间的静电作用起重要作用，与热能处于同一数量级；而在劣溶剂中，串滴尺寸由串滴的静电能和高分子-溶剂界面能 $\sigma$ 共同决定：

$$\begin{cases} \dfrac{(g_e/A)^2 e^2}{\varepsilon d} \approx kT & (T \gg \theta) \\[2mm] \dfrac{(g_e/A)^2 e^2}{\varepsilon d} \approx \sigma d^2 & (T < \theta) \end{cases} \qquad (4\text{-}171)$$

式中，$e$ 为单位电荷量；$\sigma = \dfrac{\tau^2 kT}{b^2}$。结合上述公式可以写出串滴中单元数 $g_e$ 的变化关系：

$$g_e \approx \begin{cases} (A^2/u)\tau & T < \theta \\ (A^2/u)^{2/3} & T = \theta \\ (A^2/u)^{5/7} & T \gg \theta \end{cases} \qquad (4\text{-}172)$$

式中，$u = l_B/b = \dfrac{e^2}{b\varepsilon kT}$，$l_B$ 是 Bjerrum 长度，定义为两个单位电荷间的库仑作用能正好等于热能 $kT$ 时的距离。这样伸展链的末端距为：

$$h \approx dN/g_e \approx Nb \begin{cases} (u/A^2)^{2/3}\tau^{-1} & T < \theta \\ (u/A^2)^{1/3} & T = \theta \\ (u/A^2)^{2/7} & T \gg \theta \end{cases} \qquad (4\text{-}173)$$

可见，良溶剂与劣溶剂仅改变串滴中子链的构象，而整条链的构象总是串滴的棒状组装体（$u/A^2$ 总是 < 1）。

对于亚浓溶液，存在相关长度 $\xi$，在 $c > c^*$ 时满足式（4-89），即 $\xi(c) = S(c^*/c)^n$，式中链的旋转半径 $S$ 与末端距 $h$ 尺度相当，所以可以将 $S$ 改写成 $h$，$n$ 则由体系性质不依赖于聚合度的条件来确定。对于非电解质的高分子亚浓溶液，$n = 3/4$。

在不加盐的聚电解质亚浓溶液中，链的统计有三个不同的区域（图 4-46）：在尺度 $r$ 小于串滴直径 $d$ 的区域，热能比静电能更占优势，构象与不带电的链相似，也即在劣溶剂中会收缩塌陷，在 $\theta$ 溶剂中为无规行走链，在良溶剂中为自避行走链；在 $d < r < \xi$ 区间，静电作用占优势，此时串滴间组成的链取完全伸展构象；而在 $r > \xi$ 的区间，静电

相互作用在超出 $\xi$ 时被屏蔽，于是链是相关串滴的无规行走。

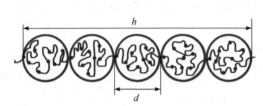

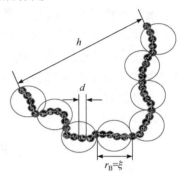

**图 4-45**　不加盐的聚电解质在稀溶液中的模型
实点—带电基团；链—带电串滴形成的棒状的伸展链

**图 4-46**　不加盐的聚电解质在亚浓溶液中的模型

### 2. 含外加盐的聚电解质溶液

考虑外加盐的类型为双一价离子，浓度为 $c_s$。在稀溶液区，因为外加盐离子强烈屏蔽了荷电单元间的库仑作用，聚电解质溶液中带电链上固定电荷间的库仑作用被反离子和外加盐离子屏蔽。如果离子浓度足够高，则聚电解质溶液无论在什么浓度下都是柔性的，末端距可以用中性链进行计算。而离子浓度不足时，则屏蔽效应不明显。因此外加离子浓度的屏蔽效应与离子浓度有关。对于稀聚电解质溶液，串滴内受静电斥力形成伸直链，而串滴间受静电屏蔽而成为柔性链，得到其末端距为：

$$h \approx bN^{3/5}(cb^3)^{-1/5}B^{-2/5}(1+2Ac_s/c)^{-1/5} \tag{4-174}$$

式中，$B$ 是链的轮廓长度 $Nb$ 与真实伸展尺寸即末端距 $h$ 之比，即 $B \equiv Nb/h = bg_e/d$。盐浓度很低时，呈上述构象的聚电解质溶液浓度范围较窄，并随着盐浓度的增加而迅速拓宽。当 $c_s > N^{-2}(B/b)^3/(2A)$ 时，链在稀溶液中总是柔性的，方程（4-174）对 $c > c^*$ 的所有浓度都适用。末端距与聚合度 $N$ 的关系与中性链在良溶剂中相似，$h \propto N^{3/5}$。不同之处是在低盐区（$c \gg 2Ac_s$），末端距对浓度的依赖性为 $h \propto c^{-1/5}$。

对于亚浓溶液，高盐溶液（$c \ll 2Ac_s$）中，相关长度的浓度依赖性与未荷电体系相似，$\xi \propto c^{-3/4}$，因为盐离子强烈屏蔽了荷电单元间的库仑作用；而在低盐浓度（$c \gg 2Ac_s$）时，聚电解质行为满足 $\xi \approx [B/(cb)]^{1/2}$，即 $\xi \propto c^{-1/2}$。亚浓溶液中聚电解质可以看成是 $N/g_e$ 个相关串滴的无规行走：

$$h \approx bN^{1/2}(cb^3)^{-1/4}B^{-1/4}(1+2Ac_s/c)^{-1/8} \tag{4-175}$$

可见，在低盐溶液中，$h \propto c^{-1/4}$；在高盐溶液中，$h \propto c^{-1/8}$。所得链尺寸 $h$ 随聚电解质浓度增加而减小。

以标度理论进行推导，可以获得聚电解质溶液在稀溶液柔性链区域和亚浓溶液的黏度。首先定义 $c_f$ 是聚电解质在稀溶液中从刚性棒状转为柔性的浓度，$c_e$ 是聚电解质链在亚浓溶液区间发生缠结时的浓度。高分子链是否发生缠结，对于中性高分子，典型的区间为 $5 \leqslant c_e/c^* \leqslant 10$。初始发生缠结时每条链与 $n$ 个其他链交叠，$n$ 大致满足 $5 \leqslant n \leqslant 10$。缠结时所需单元浓度为 $c_e = nN/h^3$，$h$ 为链的末端距。

对于聚电解质溶液，在三个不同的浓度区间，其溶液黏度为：

$$\begin{cases} \dfrac{\eta_{sp}}{c} \approx b^3 N^{4/5}(cb)^{-3/5}B^{-6/5}(1+2Ac_s/c)^{-3/5} & (c_f < c < c^*) \\[3mm] \eta_r \approx N(cb^3)^{1/2}B^{-3/2}(1+2Ac_s/c)^{-3/4} & (c^* < c < c_e) \\[3mm] \eta_r \approx n^{-4}N^3(cb^3)^{3/2}B^{-9/2}(1+2Ac_s/c)^{-9/4} & (c_e < c) \end{cases} \qquad (4\text{-}176)$$

在不加盐或外加盐浓度极低（$c \gg 2Ac_s$）时，$c_e = nN/h^3 = (nN/L^3)(c_e/c^*)^{3/4} = n^4c^*$。这样，当不加盐或外加盐浓度极低（$c \gg 2Ac_s$）时，黏度与浓度的关系从稀溶液区域的 $\eta/c \propto c^{-3/5}$ 逐步变为在未缠结的亚浓溶液区域的 $\eta/c \propto c^{-1/2}$（符合 Fuoss 定律），到发生缠结的高浓度亚浓溶液中的 $\eta/c \propto c^{1/2}$。

当外加盐浓度很高（$c \ll 2Ac_s$）时，黏度与浓度的关系从稀溶液区域的 $\eta/c \propto c^0$（$\eta/c$ 与溶液浓度无关），到未缠结的亚浓溶液区域的 $\eta/c \propto c^{1/4}$，到发生缠结的高浓度亚浓溶液中的 $\eta/c \propto c^{11/4}$，与中性高分子在良溶剂中具有相同的标度。

通过标度理论给出的黏度与浓度的关系与实验观察到的现象完全一致。进一步对渗透压、扩散系数、黏度与剪切速率的关系等进行推导，也得到了与实验一致的结果。

高分子溶液理论研究在高分子物理学中占有重要的地位，有关高分子溶液理论的基础研究对实际应用也具有重要的指导意义。从 20 世纪 40 年代开始发展至今，高分子溶液理论已有了很大的发展，从平均场理论开始，到 de Gennes 的标度理论，将高分子溶液的基本规律覆盖到了高分子溶液的整个浓度范围，高分子的性质也包括了中性高分子和带电高分子，研究内容则涵盖了热力学现象和动力学过程。目前人们对溶液中高分子链的构象变化，尤其是低分子量、刚性和半刚性高分子链的构象转变，在受限状态下、在临界交叠浓度附近高分子结构及其性质的观察与研究也已开始，并采用计算机方法开展模拟研究。以往高分子在溶液中的行为主要依赖于各种散射，包括光散射、中子散射和 X 射线散射等方法，一些新的检测手段，如荧光共振能量转移等方法也逐步用于研究高分子链的构象转变，以及受限态下高分子链与固体界面间的相互作用等问题。相信在研究者们的共同努力下，高分子溶液理论还会有很大的发展。

参考文献

# 第五章　高分子的转变与松弛

　　显然，不同物质因为结构不同而具有不同的性能，如聚氯乙烯因含有卤素，因而带有一定的阻燃特性；聚丁二烯因分子链中含有内双键而具有很好的柔性，通过硫化交联，可用作弹性很好的橡胶；等等。但是，我们也可以发现，同种物质所处条件不同，也会表现出不同的性能，如聚甲基丙烯酸甲酯在室温下为硬质的有机玻璃，而在 100℃以上则又成为弹性体等等。同时，一些化学结构不同的高分子材料，其力学性能却相近，如 PMMA、PS 和 PVC 等尽管侧基不同，但室温下它们都是硬质的塑料，表现出相似的力学性质。出现上述这些现象的原因是什么？

　　通过本科阶段的学习，我们知道，材料宏观性质是由其微观结构通过分子运动来体现的，材料的性能与其分子运动密切相关。因此，研究分子运动对于理解高分子结构与性能间的关系是非常有意义的。

## 第一节　高分子分子运动

### 一、高分子分子运动的特点

　　分子运动是物质运动的基本运动形式之一。与低分子的分子运动相比，由于高分子分子量大，分子中结构单元多，凝聚态结构具有不均匀、多分散性等特点，因此高分子的分子运动表现出与低分子不一样的特点。

#### （一）分子运动的多重性

　　高分子的分子运动具有多重性的特点，具体表现为：

　　① 运动单元的多重性。高分子在非晶区域中的运动单元包括主链、侧基、支链、链节和化学键等，也可以是链上的任一尺寸的片段，如 Kuhn 链段、Gauss 链段等；在晶区中，高分子的运动单元也很多，如晶胞中链的片段与链节、片晶中的部分单元、晶格点阵以及晶区中的各种缺陷等。

　　② 运动方式的多重性。高分子分子运动的主要方式包括：a. 化学键的运动，如键长的伸缩与弯曲、键角的变形、二面角的扭转等；b. 端基、侧基和小的链节的旋转和摆动等；c. 链段运动，如部分链段通过单键内旋转而相对于另一部分链段运动，在分子质心不变的情况下，使大分子伸展或蜷曲；d. 高分子链的整体运动，即分子链质心的位移。每种运动单元都有多种不同的运动方式。在晶区中，则包括晶型转变、片晶的局部松弛、晶区中折叠链扩展与收缩等运动模式。

③ 运动程度的多重性。在相同的条件下，不同的运动单元有不同的运动程度；同一种运动单元，在不同的条件下有不同的运动程度。高分子体系中分子运动单元众多，当能量和空间满足一定的条件时，相应的运动单元就会被激发，成为主要的运动单元，其他较小尺寸的运动单元尽管也已被激发，但其产生的运动幅度相对较小而退居次要地位。同时，其他较大尺寸的单元仍处于冻结状态，运动能力则很弱，运动程度很低。

## （二）分子运动的时间依赖性

分子运动具有时间依赖性。例如，将长度为 $l_0$ 的橡皮拉伸至 $l$。除去外力后，橡皮的长度从 $l$ 开始回缩。令橡皮起始伸长量 $\Delta l_0 = l - l_0$，受到橡皮中分子链间的内摩擦力影响，其回缩过程不是瞬间完成的，而是随时间逐渐变化的。其伸长量 $\Delta l$ 随时间 $t$ 的变化曲线如图 5-1 所示。

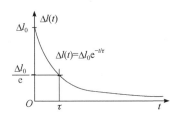

**图 5-1** 橡皮受力伸长撤销力后的回复过程曲线

可见，被拉长的橡皮回复至其起始长度 $l_0$ 需要很长的时间。这种在平衡态间进行转变是需要时间的过程就称为松弛过程。橡皮回复的过程可以用如下方程来描述：

$$\Delta l(t) = \Delta l_0 \exp(-t/\tau) \tag{5-1}$$

式中，$\tau$ 定义为松弛时间，其意义是 $\Delta l$ 变化为起始量 $\Delta l_0$ 的 1/e 所需的时间。其他松弛现象也大致具有这样的规律。反过来橡皮在恒定外力 $f$ 的作用下伸长的过程（蠕变）可描述为：

$$\Delta l = \Delta l_\infty \left[1 - \exp(-t/\tau)\right] \tag{5-2}$$

式中，$\Delta l_\infty$ 为达到平衡时所能达到的最大伸长量。这里松弛时间 $\tau$ 为总变化量的 $(1-1/e)$ 所需的时间。那么如何定义松弛时间呢？松弛时间定义是，在平衡态的转变过程中，平衡态转变尚余 1/e 所需的时间。

任何运动模式均有特定的松弛时间，即时间依赖性。通过松弛时间，我们可以比较不同过程的快慢。

松弛时间过小的运动通常就会认其为瞬时运动，例如化学键的伸缩振动，其变化频率大约为 $10^{-12}\,\text{s}$，一般就不认为它是松弛过程；而松弛时间过大的极慢过程，例如 $10^8\,\text{s}$ 以上，在一般的观察时间范围内看不到其变化，人们则会以为其没有运动，例如玻璃的流动，几十年看不出来，也不在常规松弛现象中讨论。只有那些松弛时间适中的过程，在一般观察的时间尺度范围内能测得其变化，则称为松弛过程。目前，利用现代仪器设备可以测定极快的过程，例如飞秒技术，已将人类的观察时间下行至 $10^{-15}\,\text{s}$，只是，相比于链段的运动，这些运动对力学性能的贡献太小，故不做讨论。

就高分子中的链段运动而言，其松弛时间不仅受到分子结构的影响，也受到外部环境条件的影响。高分子链的柔性越好，松弛时间越短；结晶度越大，或者交联度越高，或者分子间作用力越大，就会影响分子链中链段的运动能力，导致其松弛时间延长。温度升高、单向应力增大，松弛时间就随之缩短；作用频率加快，围压增大，则将导致其松弛时间延长。

高分子中不同的运动单元其松弛时间不同。对于某一种平衡态的转变，各运动单元都有贡献，但贡献的比例不同。以各运动单元的贡献与各单元的松弛时间作图，就形成一个松弛时间谱。对于不同的变化，其松弛时间谱的峰值位置是不同的。例如，对于玻璃态下由内能引起的小的可逆形变，化学键的运动贡献比较大，几乎是瞬时可以完成的，此时松弛时间谱的峰值在高频瞬时区；对于高温下的熔体流动，以分子链运动为主，松弛时间谱的峰值则落在分子整链运动的时间尺度附近。高分子整链、链段、链节等较大尺度运动单元的运动均需要克服内摩擦力，是不可能瞬时完成的，因此，这些运动单元所引起的变化就有明显的松弛特征。

## （三）分子运动的温度依赖性

温度升高，分子运动的动能增加，运动加快，活化了运动单元；而分子间的自由体积也发生膨胀，运动空间增大，使分子运动更为容易。这两个因素都促进了分子运动，导致松弛时间缩短。不同的运动单元对温度的依赖性是不同的。对于低分子而言，其分子运动单元只有化学键和整个分子，其松弛时间对温度的依赖性均满足 Eyring 理论或 Arrhenius 经验方程：

$$\tau = \tau_0 \exp\left[\Delta E / (RT)\right] \tag{5-3}$$

式中，$\tau_0$ 为指前因子；$\Delta E$ 为运动活化能；$R$ 为气体常数；$T$ 为绝对温度。

对高分子而言，同低分子一样，如果运动单元是化学键等很小的运动单元，或者是整个分子的自由运动，则其温度依赖性可用 Eyring 方程（5-3）表示。但高分子链中独特的单元链段的运动规律则与常规运动不同，它符合 Williams-Landel-Ferry 提出的 WLF 经验方程：

$$\lg\frac{\tau}{\tau_s} = -\frac{C_1(T - T_s)}{C_2 + (T - T_s)} \tag{5-4}$$

式中，$C_1$ 和 $C_2$ 为常数。当 $T_s$ 为 $T_g$ 时，$C_1 = 17.44$，$C_2 = 51.6$。

Vogel-Tammann-Fulcher 提出的 VTF 方程也常用来描述玻璃态转变附近的松弛行为：

$$\tau = \tau_0 \exp\left(\frac{B}{T - T_0}\right) \tag{5-5}$$

当 $T_0 = 0K$ 时，方程就转化为 Arrhenius 方程了，此时，$B = \Delta E / R$。若过冷液体在玻璃化转变温度以上的松弛行为仍符合 Arrhenius 方程，这种过冷液体就称为强性液体，如 $SiO_2$ 等。若 $T_0 > 0K$，温度依赖性就是非 Arrhenius 型的，这种过冷液体被称为脆性液体，如邻三联苯、甘油等有机小分子以及各种有机高分子。VTF 方程在数学上与 WLF 方程是等价的。

除松弛时间外，体系的黏度、模量等性能参数也有相似的规律。一般认为，在 $T_g \sim T_g + 100K$ 的温度范围内，高分子以链段运动为主，因此在此范围内，高分子特性基本上都满足 WLF 方程。

由于升高温度可以加快分子运动，所以，同一个力学松弛现象既可以在较低的温度下在较长的时间内观测到，也可以在较高的温度下在较短的时间内观测到，即升高温度与延长观测时间对分子运动是等效的。这个等效性可以借助于一个移动因子来实现，即借助于移动因子可以将在某一温度下测得的力学数据转变为另一温度下的力学数据。这就是时温等效原理（详见第六章第四节）。

高分子在升温或降温过程中到达某一特定温度时，能从一种力学状态转变为另一种力学状态，这时，高分子的物理力学性能发生急剧的变化，其本质是因分子运动模式发生了变化而导致性能上的突变。在热力学上，这些转变有些是一级相变，如高分子的结晶和高分子晶体的熔融；而有些转变却非一级相变，如玻璃化转变和黏流转变。其中玻璃化转变与二级相变类似，但玻璃化转变温度 $T_g$ 随测试频率的增高而提高，在动力学上具有松弛特征。

## 二、力学状态与热转变

### （一）线形非晶高分子

各种分子运动反映在宏观力学性能上就会带来相应的性质。研究分子运动的方法是测定材料的热机械曲线。热机械曲线可以是在一定的外力作用下高分子形变-温度曲线，也可以是高分子在不同温度下的黏度-温度曲线、模量-温度曲线等。典型的线形非晶高分子的热机械曲线如图 5-2 所示，其中图 5-2(a)和图 5-2(b)分别是形变-温度曲线和模量-温度曲线。

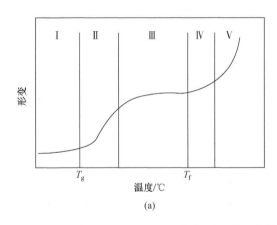
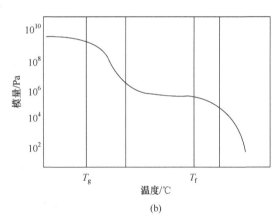

图 5-2　线形非晶高分子的热机械曲线

通常，线形非晶高分子的热机械曲线可以分成五个区域，从低温到高温分别标记为Ⅰ、Ⅱ、Ⅲ、Ⅳ和Ⅴ区。其中Ⅰ、Ⅲ、Ⅴ为三种不同的力学状态区，分别是玻璃态（Ⅰ区）、高弹态（Ⅲ区）和黏流态（Ⅴ区），其微观的分子运动单元、松弛时间、宏观变化和力学性质与力学状态对比于表 5-1 中。

**表 5-1**  不同力学状态下微观与宏观特点比较

| 区域 | 温度范围 | 微观分子运动特点 | 松弛时间 | 宏观变化 | 力学性质/力学状态 |
|---|---|---|---|---|---|
| I | $< T_g$ | 链段处于冻结状态，不能运动；仅键、端基、侧基等小单元能运动，外力主要引起体系内能变化 | 链段运动的 $\tau$ 很大，无法在通常时间尺度上观察 | 形变很小，$0.01\% \sim 0.1\%$，形变可逆且为瞬时变化；模量很大，为 $10^9 \sim 10^{11} N/m^2$；应力应变关系符合胡克弹性方程，为硬质固体 | 普弹性或能弹性/玻璃态 |
| III | $T_g \sim T_f$ | 链段运动被激活；分子链可以发生构象的变化，外力主要引起体系熵的变化；但分子整链运动仍被冻结 | 链段运动的 $\tau$ 值降低，易于观察；分子链运动的 $\tau$ 还很大，难以观察 | 形变很大，$100\% \sim 1000\%$，形变可逆，但具有松弛特性；属高弹形变，该区间出现高弹平台；模量降低为 $10^5 \sim 10^7 N/m^2$；为富有弹性的固体；应力应变关系由橡胶状态方程决定 | 高弹性或熵弹性/高弹态 |
| V | $> T_f$ | 整链运动被激活，外力引起大分子链之间相对位移 | 分子链的 $\tau$ 值缩短易于观察 | 形变量很大，且不可逆；模量从 $100 N/m^2$ 急剧下降；体系变为黏稠的液体，可以产生黏性流动；应力与应变速率关系由流动方程决定 | 黏性/黏流态 |

在这三个力学状态之间有两个狭窄的转变区 II 和 IV，为热转变区。第一个转变（II 区）是链段运动解冻与否的转变区，是玻璃态与高弹态间的转变，通常称之为玻璃化转变。该区域起始转变温度定义为玻璃化转变温度，用 $T_g$ 表示。

第二个转变（IV 区）是高分子的分子链运动是否被激活的转变区域，是高弹态与黏流态之间的转变区，称之为黏流转变。该区域的起始转变温度定义为黏流转变温度，用 $T_f$ 表示，简称黏流温度。

## （二）结晶高分子

对于结晶高分子，有两方面因素的影响，一个是熔点与黏流温度高低的比较，另一个是结晶度的影响。

熔点 $T_m$ 和黏流温度 $T_f$ 均与分子量有关，但影响程度不同，如图 5-3 所示。$T_m$ 和黏流温度 $T_f$ 随分子量逐渐增大的过程中有一个交点，该点分子量为临界分子量 $M^*$。当 $M < M^*$ 时，熔点高于黏流温度；而当 $M \geqslant M^*$ 时，黏流温度 $T_f$ 高于熔点 $T_m$。

结晶度不高时，高分子的链段运动受限程度有限，因此还可以观察到玻璃化转变，只是其玻璃化转变温度会比非晶体系略高，同时玻璃化转变后的高弹形变量会比非晶体系要低。有些体系还可以看到双玻璃化转变温度现象，一个是受周边晶区影响使链段运动受阻导致玻璃化转变温度升高，另一个是远离晶区未受影响的原玻璃化转变温度。结晶度越高，受影响的玻璃化转变温度也越高，而高弹形变量则越低。到一定结晶度后，由于链段运动完全受阻，高弹形变将无法发生，此时我们将观察不到玻璃化转变。

高弹形变后，继续升高温度，达到熔点时，晶区发生熔融，但高分子是否能直接进入黏流态则要看分子量的大小。

对于 $M < M^*$ 的体系，熔点高于黏流温度，因此，当温度达到 $T_f$ 时，由于晶体尚未熔融，体系无法进入黏流态，因此体系仍延续之前的状态；当温度达到熔点时，体系将

熔融并直接进入黏流态[图 5-4(a)]。

对于 $M \geqslant M^*$ 的体系，黏流温度高于熔点。当温度达到熔点时，体系尚未达到黏流温度，因此，晶区熔融后仍为高弹态。但此时可以将原先被晶区冻结的链段激活，原先受限的高弹形变将恢复至与非晶体系一样的程度，从而释放出残余的高弹形变。继续升温至黏流温度后，体系才能进入黏流态[图 5-4(b)]。从加工成型的角度来看，由于加工温度可能过高，且高温下出现高弹态给加工成型也带来麻烦，因此，结晶高分子的分子量通常应控制得低一些，以满足机械强度的要求为度。

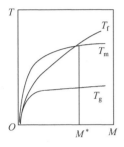

图 5-3　分子量对 $T_g$、$T_f$ 和 $T_m$ 的影响

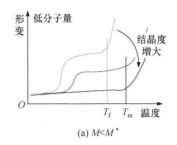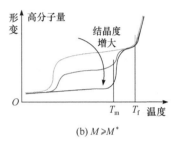

(a) $M < M^*$　　　　(b) $M \geqslant M^*$

图 5-4　结晶高分子的热机械曲线示意图

## （三）交联高分子

对于交联高分子，因为高分子链间存在化学键连接，链与链间无法产生永久的相对位移，因此没有黏流态，也就不存在黏流转变。与结晶影响相似，由于有交联，链段运动受到限制，其玻璃化转变温度也将随交联度的增大而升高。在低交联度时，有些体系还可以观察到双玻璃化转变温度现象。高弹形变量则随交联度的增大而降低。该状态将持续至分解温度。当达到一定交联度时，链段运动受阻导致构象转变无法实现，体系将保持玻璃态至分解，玻璃化转变温度消失（图 5-5）。

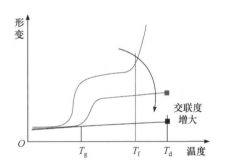

图 5-5　交联高分子的热机械曲线

## （四）多组分高分子

对多组分高分子体系，其热机械曲线与各组分间的相容性有关。以双组分为例，如果两组分为相容体系，则在热机械曲线上出现单一的 $T_g$，它居于两个组分各自的 $T_{gi}$ 之间。

对于不相容体系，则两组分将出现相分离，每一组分相有一个 $T_g$，但均略向另一组分的 $T_g$ 值靠近，说明每一组分都会对另一组分的特性产生影响。相容性越好，二者就越靠近。如果是半相容体系，则会从第一组分的 $T_g$ 到第二组分的 $T_g$ 间形成一个逐渐过渡的区域。这种情况在化学接枝改性高分子中很常见。当接枝链的柔性与主链不同时，随着接枝率的提高，玻璃化转变温度将从接近主链均聚物的玻璃化转变温度逐渐趋近于支链均聚物的玻璃化转变温度，且转变的温度范围也将逐渐加宽，尤其是接枝反应随机性较强的时候。这是因为随着接枝率提高，原先均聚物的链段被改性而逐渐改变，且长短不一，尺寸范围随接枝率的增大而增加，到达一定程度后，链段尺寸又将趋于均一，转变的温度范围又逐渐变窄。

## 三、高分子松弛转变的类型

### （一）主级松弛

在非晶态高分子中，链段运动从冻结到解冻的玻璃化转变是主转变，通常称为α转变。这种运动单元产生的松弛现象称为α松弛，也称为主级松弛。

如果是结晶高分子，当结晶度较低时，仍会出现玻璃化转变，它是由非晶区的链段产生的松弛，与非晶态高分子相似。到熔点时，原先被晶格限制的链段也得以解冻，形成新的松弛和转变。因此，结晶高分子的熔点也可以看成是一个主级转变，但为了与玻璃化转变相区别，通常用$\alpha_c$表示。对于柔性较大的高分子，其远离晶区的链段和晶区附近的链段运动能力不同，导致其存在双 α 转变，即有两个玻璃化转变温度，如 PE 的双 α 转变分别在 240K 和 205K。晶区中的链段虽然受到晶格限制，但当材料受到强烈刺激时，如受热或受较大应力作用时，也会因强迫运动而产生α松弛。结晶熔融时出现的$\alpha_c$转变与玻璃化转变不同，它是一级相变。当体系结晶度很高时，在$T_m$以下，非晶区中链段运动被晶区限制，不能自由运动，链段解冻的温度就直接提高到了熔点，此时就不会出现玻璃化转变，只有$\alpha_c$转变。

### （二）次级松弛

在主级松弛之外出现的其他松弛现象称为次级松弛。

在玻璃化转变温度以上 $T_f > T > T_g$ 的温区中，还发现一种转变，表示为$\beta_{ll}$转变，对应的转变温度为$T_{ll}$。它是链段间发生协同运动产生的，这些能发生协同运动的链段集合成为该转变的新的运动单元。链段运动间协同运动，会产生近乎流动的运动，但体系的黏度很高，还不足以产生真正的流动，此时相当于流动前的准备，称为液液转变。

在玻璃化转变温度以下，虽然高分子的整链和链段运动被冻结了，但是多种小尺寸的运动单元仍能运动，因为它们运动所需的活化能较低，可以在较低的温度下被激发。高分子链中的小尺寸运动单元包括链段的某一部分、多个链节的集合、个别链节、支链、侧基、主链或支链上的各种功能基团、端基等。随着温度的升高或降低，这些小尺寸运动单元同样也要发生从冻结到运动或从运动到冻结的转变，依照它们的大小和运动方式的不同，运动所需的活化能也不同，因此与之对应的松弛过程将在不同的温度范围内发生。这些松弛过程就是高分子的次级松弛过程。在玻璃化转变温度以下的次级转变，其模量-温度曲线（图 5-6）及损耗温度曲线（图 5-7）上出现的次级松弛按温度下降的顺序依次标注为β、γ、δ、ε 等转变，对应于高分子链中小于链段的各种逐渐变小的运动单元的运动。每一种次级转变对应于哪一种运动单元，随高分子链的结构不同而不同，需根据具体情况进行分析。据文献报道，β 转变常与杂链高分子中包含杂原子的部分（如 PC 主链上的—O—CO—O—、聚酰胺主链上的—CO—NH—、聚砜主链上的—SO₂—）的局部运动、较大的侧基（如 PMMA 上的侧酯基）的局部运动、主链上 3 个或 4 个以上亚甲基链的曲柄运动有关。γ 转变往往与那些与主链相连体积较小的基团如$\alpha$-甲基的局部内旋转有关。δ转变则与另一些侧基（如 PS 中的苯基、PMMA 中酯基内的甲基）的局部扭振运动有关。

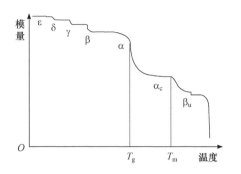 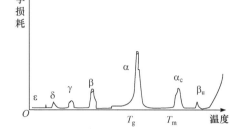

图 5-6 高分子的次级松弛模量示意图　　　图 5-7 高分子的各级松弛的损耗谱示意图

对于结晶高分子，在 $T < T_m$ 的温区中也有多种次级松弛过程，除了半晶态高分子的玻璃化转变外，晶区的局部运动以及非晶区中各种小尺寸运动单元所形成的松弛，都是次级松弛。对于某些分子量较大的 $T_m < T_f$ 的结晶高分子，有时在 $T_m < T < T_f$ 间也发现有液液转变，存在着预熔融的转变和松弛等，与非晶高分子的 $\beta_{ll}$ 转变一致；而在某些分子量较小的 $T_m > T_f$ 的结晶高分子中，在 $T_m$ 以上还发现另一种液液转变，它可能是熔体中某种难熔的晶元残留在熔体中，进一步升高温度后，残留晶元结构变化产生转变，通常以 $T_{ll}$ 表示这种转变温度。

比较精细地测量高分子的比容或膨胀系数随温度的变化，可以发现在玻璃化转变温度以下，比容-温度曲线有多处小的转折，膨胀系数-温度曲线则出现几个小小的波动，它们都指示着次级松弛过程的存在。由于次级松弛时形变很小，难以精确测定，因此，次级松弛很少通过形变-温度曲线来测定。高分子发生次级松弛过程时，在其动态力学性质和介电性质方面会有较为明显的变化，因此，动态力学性质测量和动态介电性质测量是检测和研究次级松弛过程的有力手段。

不同高分子有不同的次级松弛过程表现，所能出现的次级松弛数目及其转变温度取决于高分子的链结构和凝聚态结构。对次级松弛过程的研究，可以帮助我们了解高分子各层次结构与性能之间的内在联系。

# 第二节　高分子的玻璃化转变及次级松弛

## 一、玻璃化转变温度的测量

### （一）玻璃化转变现象

玻璃化转变是自然界中许多物质的一种普遍现象。高分子发生玻璃化转变时，许多物理性能都会发生明显的变化。例如，模量在玻璃化转变前后将改变 3～4 个数量级（图 5-2），高分子便从坚硬的固体变成柔软的弹性体。作为塑料使用的高分子，当温度升高到玻璃化转变温度以上时，便失去了塑料的性能，变成了柔软的弹性体；而作为橡胶使用的材料，当温度降低到玻璃化转变温度以下时，便失去了高弹性，成为硬性的物质。

可见，玻璃化转变是高分子材料力学状态的一个重要指标。而玻璃化转变所对应的分子运动，也是研究高分子微观结构与宏观性能的重要桥梁。

## （二）玻璃化转变温度的测量方法

测量玻璃化转变温度的方法有很多，但凡在玻璃化转变过程中发生显著变化的物理性质，都可用来测量玻璃化转变温度。下面归纳一下玻璃化转变温度的测量方法。

在体积-温度或比容-温度曲线上，玻璃化转变时将出现转折，如图 5-8 所示。转折处的温度就是 $T_g$ 值。

如果将体积的变化换算成体膨胀系数 $\alpha$，以此对温度作图，则在玻璃化转变处将出现一个突变，由此可确定 $T_g$ 值（图 5-9）。

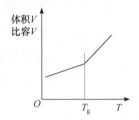

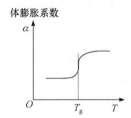

**图 5-8** 玻璃化转变时体积变化    **图 5-9** 玻璃化转变时体膨胀系数变化

与密度相关的性质如折光指数、扩散系数、热导率和电离辐射透射率（如β射线吸收率）等在玻璃化转变时都会发生转折（图 5-10～图 5-12）。

在玻璃化转变区，高分子的焓随温度的变化会出现转折，比热容变化则出现突变（图 5-13）。采用差示扫描量热仪（DSC）即可观察到试样的热效应。高分子试样由玻璃态转变为高弹态时虽然没有吸热或放热效应，但比热容有突变，在热分析谱图上表现为基线的突变，据此可确定 $T_g$ 值。

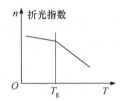

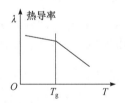

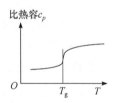

**图 5-10** 玻璃化转变时折光指数变化　　**图 5-11** 玻璃化转变时扩散系数　　**图 5-12** 玻璃化转变时导热系数变化　　**图 5-13** 玻璃化转变时比热容变化

高分子的热机械曲线在玻璃化转变前后有明显的变化，转变区的起始温度就定义为玻璃化转变温度。而高分子发生玻璃化转变时的黏度为 $10^{12}\,\mathrm{Pa\cdot s}$，就是所谓的等黏度状态，因而取黏度-温度曲线上黏度变化至该值时所对应的温度即为 $T_g$ 值（图 5-14）。

此外，还可以采用动态力学测量方法，包括自由振动法（如扭摆法和扭辫法）、强迫振动共振法（如振簧法）以及强迫非振动法（如动态黏弹谱仪）等多种手段，通过测量非晶高分子的动态力学过程中力学损耗 $\tan\delta$ 随温度的变化（图 5-7），从最高损耗峰的位置可以确定 $T_g$ 值。

高分子的动态介电性质在玻璃化转变区有明显的变化，其中介电常数和介电损耗对温度（或频率）的关系曲线称为介电松弛谱，它与动态力学谱很相似，介电损耗曲线与力学损耗曲线有对应关系。

核磁共振法（NMR）也是研究固态高分子分子运动的一种重要方法。在较低温度下，分子运动被冻结，分子中的各种质子处于不同的状态，因此反映质子状态的 NMR 谱线很宽，而在较高温时，分子运动速度加快，质子的环境起了平均化作用，谱线变窄，在发生玻璃化转变时，谱线的宽度有很大的改变，对应于 NMR 谱线宽急剧降低的温度即 $T_g$ 值。

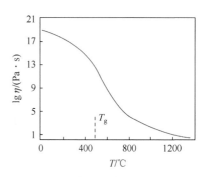

图 5-14　玻璃化转变时黏度变化

## （三）工业参数及其测定方法

工业上常用软化点来衡量塑料的最高使用温度，其主要测定方法是，以特定的负荷作用于试样，当负荷端随温度升高嵌入试样中特定深度时，这个温度就被定义为软化点，包括马丁耐热温度、热变形温度和维卡软化温度等，各有不同的测定标准。其实用性很强，对于非晶高分子，软化点接近于 $T_g$；当晶态高分子结晶度足够大时，软化点接近于 $T_m$。但由于这些工业参数定义与玻璃化转变温度不同，且受到负荷端形状（如针、球、锥等）的影响，嵌入深度为人为规定，因此并无明确的物理意义，导致有时软化点与 $T_g$ 或 $T_m$ 相差很大，所以并不能用软化点来代替玻璃化转变温度或熔点。

# 二、玻璃化转变理论

玻璃化转变既然是很多物质所共有的现象，那么其转变应有其本质的原因。根据其体积膨胀过程中的特点、热力学参数的变化特征以及其行为的动力学依赖性等现象，人们分别提出了自由体积理论、热力学理论、动力学理论以及标度理论和闪烁分形理论等。

## （一）自由体积理论

所谓自由体积，就是液体或固体物质中分子间的空隙所具有的体积。链段运动必须有足够的自由体积才能实现，分子链运动则需要有更大的自由体积。

玻璃化转变的自由体积理论是 20 世纪 40 年代末由 Turnbull 和 Cohen 提出来的理论，由 Fox 和 Flory 推广至高分子体系。该理论认为，当高分子冷却时，分子体积将逐渐变小，自由体积也随温度的降低而逐渐减少。到某一温度时，自由体积缩小到不足以提供空间给高分子链段进行运动来调整构象时，链段运动就被冻结，高分子进入玻璃态。因此，在玻璃态下，由于链段运动被冻结，自由体积也不能再调整。温度继续降低，只有分子固有体积在减小，自由体积则不再发生变化（图 5-15）。因而高分子的玻璃态可视为等自由体积状态。对于任何高分子，玻璃化转变温度就是自由体积减少至某一临界值的温度，在此临界值以下，没有足够的空间进行分子构象的调整。那么达到这个临界点时，自由体积所占的分数是多少呢？

如图 5-15 所示，以 $V_0$ 表示玻璃态高分子在 0K 时的已占体积，$V_f$ 是玻璃态下的自

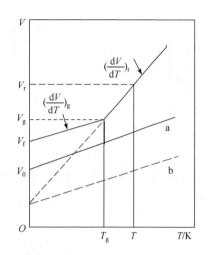

**图 5-15** 自由体积理论示意图

由体积，$V_g$ 是在玻璃化转变温度时高分子的总体积。这样，按照自由体积理论，在 $T_g$ 以上不远的某温度 $T$ 时，体系的自由体积为：

$$V_{f,T} = V_f + \left[ \left( \frac{\mathrm{d}V}{\mathrm{d}T} \right)_r - \left( \frac{\mathrm{d}V}{\mathrm{d}T} \right)_g \right] (T - T_g) \qquad (5\text{-}6)$$

式中，下标 r 和 g 分别表示高弹态（橡胶态）和玻璃态。根据膨胀系数的定义，在 $T_g$ 以及在温度 $T$ 时：

$$\begin{cases} \alpha_g = \dfrac{1}{V_g} \left( \dfrac{\mathrm{d}V}{\mathrm{d}T} \right)_g \\[3mm] \alpha_r = \dfrac{1}{V_r} \left( \dfrac{\mathrm{d}V}{\mathrm{d}T} \right)_r \approx \dfrac{1}{V_g} \left( \dfrac{\mathrm{d}V}{\mathrm{d}T} \right)_r \end{cases} \qquad (5\text{-}7)$$

则 $T_g$ 附近自由体积的膨胀系数 $\alpha_f$ 就是 $T_g$ 上下高分子膨胀系数差 $\Delta\alpha$，即：

$$\alpha_f = \alpha_r - \alpha_g = \Delta\alpha \qquad (5\text{-}8)$$

所以：

$$\begin{aligned} V_{f,T} &\approx V_f + (\alpha_r - \alpha_g) V_g (T - T_g) \\ &= V_f + \alpha_f V_g (T - T_g) \end{aligned} \qquad (5\text{-}9)$$

于是，在温度 $T$ 时的自由体积分数 $f_T$ 为：

$$f_T = \frac{V_{f,T}}{V_T} \approx \frac{V_{f,T}}{V_g} = \frac{V_f}{V_g} + \alpha_f (T - T_g) = f_g + \alpha_f (T - T_g) \qquad (T \geqslant T_g) \qquad (5\text{-}10)$$

式中，$f_g$ 是高分子在 $T_g$ 时的自由体积分数。借助 WLF 方程和 Doolittle 黏度方程，可以求出玻璃化转变温度时高分子的自由体积分数。Doolittle 黏度方程指出，液体的黏度与分子固有体积 $V_0$ 和自由体积 $V_f$ 有关：

$$\eta = \eta_0 \exp(BV_0 / V_f) \qquad (5\text{-}11)$$

由此可得：

$$\begin{aligned} \ln \frac{\eta_T}{\eta_g} &= B \left( \frac{V_{0,T}}{V_{f,T}} - \frac{V_{0,g}}{V_f} \right) \approx B \left( \frac{1}{f_T} - \frac{1}{f_g} \right) \\ &= B \frac{1}{f_g + \alpha_f (T - T_g)} - \frac{1}{f_g} = -B \frac{\alpha_f (T - T_g)}{[f_g + \alpha_f (T - T_g)] f_g} \end{aligned} \qquad (5\text{-}12)$$

所以：

$$\lg \frac{\eta_T}{\eta_g} = -\frac{B}{2303 f_g} \times \frac{T - T_g}{f_g / \alpha_f + (T - T_g)} \qquad (5\text{-}13)$$

而 WLF 方程是关乎链段运动规律的经验方程[式（5-4）]。以黏度表示时，则为：

$$\lg \frac{\eta_T}{\eta_g} = -\frac{17.44(T-T_g)}{51.6+(T-T_g)} \qquad （5-14）$$

式中，$\eta_T$ 和 $\eta_g$ 分别是温度为 $T$ 和 $T_g$ 时高分子的黏度。比较 WLF 方程与 Doolittle 方程，二者具有相同的形式，若取 $B \approx 1$，可解得：

$$\frac{V_f}{V_g} = f_g = 0.025 = 2.5\% ; \quad \alpha_f = 4.8 \times 10^{-4} / K \qquad （5-15）$$

这一结果说明，结合 WLF 方程定义所得的高分子自由体积分数和自由体积的膨胀系数在玻璃化转变温度下均为常数，与高分子的种类和性质无关。D. Panke 和 W. Wunderlich 用实验证明了 WLF 的自由体积分数值。实验测量结果表明，WLF 自由体积分数值与高分子的类型基本无关，均在 2.5 % 左右，见表 5-2。

**表 5-2** 几种非晶高分子 $T_g$ 时的不同定义自由体积分数值

| 高分子 | PS | PVAc | PMMA | PBMA | PIB |
|---|---|---|---|---|---|
| $f_g$ | 0.025 | 0.028 | 0.025 | 0.026 | 0.026 |

注：PBMA 为聚甲基丙烯酸丁酯。

R. Simha 和 R. F. Boyer 提出另一种自由体积定义。他们提出玻璃态高分子在 $T = 0K$ 时的自由体积应该是该温度下高分子的实际体积和由液体体积外推到 $T = 0K$ 的外推值之差（即将图 5-15 中的 b 线设为分子体积本身的热膨胀线）。按此定义，由图 5-15 可得：

$$V_f' = T_g \left[ \left( \frac{dV}{dT} \right)_r - \left( \frac{dV}{dT} \right)_g \right] \qquad （5-16）$$

于是：

$$V_f' = V_g(\alpha_r - \alpha_g)T_g = V_g \alpha_f T_g \qquad （5-17）$$

R. Simha 和 R. F. Boyer 依据实验数据，以 $\alpha_f = (\alpha_r - \alpha_g)$ 对 $1/T_g$ 作图得一直线（图 5-16），从直线斜率可得 Simha-Boyer 定义的玻璃化转变温度下自由体积分数为：

$$f_{SB} = \frac{V_f'}{V_g} = \alpha_f T_g = 0.113 \qquad （5-18）$$

显然，Simha-Boyer 定义的玻璃化转变温度下自由体积分数也与高分子的性质类型无关，它表明所有高分子在玻璃化转变温度时的自由体积分数相等。这一结论与 WLF 方程的定义是一致的。同时，两者都认为玻璃态下，自由体积不随温度而变化。只是 Simha-Boyer 定义的自由体积分数比 WLF 方程定义值更大些，且自由体积的膨胀系数与高分子的 $T_g$ 有关。这两种自由体积分数的定义虽然不同，但都得到了实验的支持。

此外，还有几种定义的自由体积分数。如空体积分数 $f_{vac}$ 定义为：

$$f_{vac} = \frac{v_a - v_{vdw}}{v_a} \qquad （5-19）$$

式中，$v_{vdw}$ 是以范德瓦耳斯半径算出的比容；$v_a$ 是非晶高分子的比容。这种定义的自由体积分数相当大，约 0.35，与低分子液体一样。在高分子中，这部分体积也不能完全为热运动所利用，因为受到构象的限制，热运动无法利用全部空位。

热膨胀体积分数 $f_{exp}$ 是指热膨胀所能利用的体积分数，定义为：

$$f_{exp} = \frac{v_a^0 - v_c^0}{v_a^0} \qquad (5\text{-}20)$$

式中，$v_a^0$ 和 $v_c^0$ 分别为以非晶高分子和结晶高分子的比容外推至 0K 的值。所得 $f_{exp}$ 值约为 0.13，与 Simha-Boyer 定义接近。

涨落体积分数 $f_{flu}$，由声速法测量的描述热运动所造成的分子重心运动，所得自由体积分数在 0.0010～0.0035 之间。

这些自由体积分数值除涨落体积分数有较大的波动外，大多也近似为常数，与高分子类型无关。

自由体积理论简单明了，可以解释玻璃化转变的许多实验事实。

例如，玻璃化转变温度与测定条件有关。升温速率越快，测得的玻璃化转变温度越高；降温速率越快，测得的玻璃化转变温度越高。

对这一现象的解释可以用图 5-17 来说明。在玻璃化转变温度以上，高分子链段能够运动，构象调整速率很快。随着温度的降低，分子固有体积收缩，构象也随之调整，从而高分子总体积收缩。但构象调整的速率会随着温度的降低而下降。当温度降低至玻璃化转变温度以下时，构象调整速率跟不上外界降温速率，构象调整被冻结，高分子总体积便出现转折。所以可以认为玻璃化转变温度是构象调整速率与温度下降速率相当时的温度。如果加快降温速率，那么构象调整速率在较高温度下就会跟不上外界温度下降的速率，从而使自由体积在较高的温度下就被冻结，玻璃化转变温度升高。反之，如果从玻璃化转变温度以下逐渐升温来测定玻璃化转变温度，加快升温速率时，构象调整速率与之相适应的温度也会相应提高，自由体积需要在更高的温度下解冻，导致玻璃化转变温度上升。由于玻璃化转变温度强烈地依赖于加热的速率和测量的方法，所以玻璃化转变是一个典型的松弛过程。

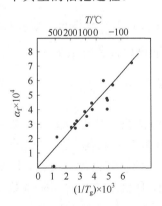

**图 5-16** 某些高分子的高弹态和玻璃态膨胀系数差对玻璃化转变温度倒数作图

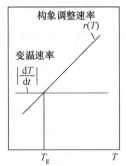

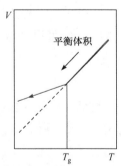

(a) 构象调整速率与变温速率比较    (b) 玻璃化转变过程体积变化

**图 5-17** 构象调整速率及变温速率与温度的关系

自由体积理论也可以解释玻璃化转变温度与压力的关系。

压力增加会使自由体积减小，从而使 $T_g$ 升高。利用自由体积理论可以分析如下。在围压的作用下，高分子从状态 1（$P_1$, $T_{g1}$）变到状态 2（$P_2$, $T_{g2}$）。对于任一从状态 1 到状态 2 的过程，温度升高将使自由体积分数增加，而压力增加则会使自由体积分数变小，于是，总的自由体积分数的变化应为：

$$f_2 = f_1 + \alpha_f(T_2 - T_1) - K_f(P_2 - P_1) \tag{5-21}$$

式中，$K_f$ 是自由体积等温压缩系数，假定其是与压力无关的常数。如果从状态 1 变到状态 2 的同时，维持高分子处于玻璃化转变温度，因为玻璃化转变是等自由体积状态，则 $f_2 = f_1$，于是：

$$\alpha_f(T_{g2} - T_{g1}) = K_f(P_2 - P_1) \tag{5-22}$$

当变化很小时，式（5-22）可以写成：

$$\frac{dT_g}{dP} = \frac{K_f}{\alpha_f} = \frac{\Delta K}{\Delta \alpha} \tag{5-23}$$

式中，$\Delta K$ 是 $T_g$ 上下高分子的压缩系数差。表 5-3 所示非晶高分子的实验结果大致符合式（5-23）的关系。表中也列出了按式（5-37）计算的结果。

**表 5-3** $T_g$ 的压力依赖性

| 高分子 | $dT_g/dP$/(K·atm$^{-1}$) | $\Delta K/\Delta \alpha$/(K·atm$^{-1}$) | $(V\Delta \alpha T_g/\Delta C_p)$/(K·atm$^{-1}$) |
|---|---|---|---|
| 聚乙酸乙烯酯 | 0.02 | 0.05 | 0.025 |
| 聚苯乙烯 | 0.036 | 0.10 | — |
| 天然橡胶 | 0.024 | 0.024 | 0.020 |
| 聚甲基丙烯酸甲酯 | 0.023 | 0.065 | — |

注：1atm=101.325kPa。

自由体积理论相对简单，在解释玻璃化转变现象时与实验现象也基本相符。同时，自由体积也是链段和分子链运动的重要因素，对材料的硬度、强度和韧性等力学性能也有重要的影响，因此自由体积理论具有较好的应用价值。但是，实验结果也表明，不同的高分子在 $T_g$ 时的自由体积分数并不严格相等；而在玻璃化转变温度以下，在不同的测试条件下，自由体积也是会变的。因此，对于玻璃化转变，人们在自由体积理论之外，也提出了其他的理论。

## （二）热力学理论

对于各种相变过程，P. Ehrenfest 将 Gibbs 自由能的一阶偏导不连续的相变称为一级相变，而把 Gibbs 自由能的二阶偏导不连续的相变称为二级相变。

对于结晶、熔融、液化、蒸发等过程，在转变温度时，两相处于平衡中，因而 Gibbs 自由能相等：

$$G_1 = G_2 \quad 或 \quad dG_1 = dG_2 \tag{5-24}$$

而此时两相的熵和体积不相等：

$$S_1 \neq S_2 \quad 及 \quad V_1 \neq V_2 \tag{5-25}$$

根据热力学关系，我们有：

$$\begin{cases} S = -\left(\dfrac{\partial G}{\partial T}\right)_P \\[3mm] V = \left(\dfrac{\partial G}{\partial P}\right)_T \end{cases} \qquad (5\text{-}26)$$

因此，结晶和熔融等过程中：

$$\begin{cases} \left(\dfrac{\partial G_1}{\partial T}\right)_P \neq \left(\dfrac{\partial G_2}{\partial T}\right)_P \\[3mm] \left(\dfrac{\partial G_1}{\partial P}\right)_T \neq \left(\dfrac{\partial G_2}{\partial P}\right)_T \end{cases} \qquad (5\text{-}27)$$

即体系 Gibbs 自由能的一阶偏导不连续，为一级相变。

同样，我们可以推出，二级相变应有：

$$\begin{cases} \left(\dfrac{\partial^2 G_1}{\partial T^2}\right)_P \neq \left(\dfrac{\partial^2 G_2}{\partial T^2}\right)_P \\[3mm] \left[\dfrac{\partial}{\partial T}\left(\dfrac{\partial G_1}{\partial P}\right)_T\right]_P \neq \left[\dfrac{\partial}{\partial T}\left(\dfrac{\partial G_2}{\partial P}\right)_T\right]_P \\[3mm] \left(\dfrac{\partial^2 G_1}{\partial P^2}\right)_T \neq \left(\dfrac{\partial^2 G_2}{\partial P^2}\right)_T \end{cases} \qquad (5\text{-}28)$$

而由式（5-26）可得：

$$\begin{cases} \left(\dfrac{\partial^2 G}{\partial T^2}\right)_P = \left(\dfrac{\partial S}{\partial T}\right)_P = \dfrac{C_p}{T} \\[3mm] \left[\dfrac{\partial}{\partial T}\left(\dfrac{\partial G}{\partial P}\right)_T\right]_P = \left(\dfrac{\partial V}{\partial T}\right)_P = \alpha V \\[3mm] \left(\dfrac{\partial^2 G}{\partial P^2}\right)_T = \left(\dfrac{\partial V}{\partial P}\right)_T = -KV \end{cases} \qquad (5\text{-}29)$$

式中，$C_p$ 为恒压比热容；$\alpha$ 是体膨胀系数；$K$ 是压缩系数。即二级相变时，比热容、体膨胀系数和压缩系数将发生不连续变化：

$$\begin{cases} \Delta C_{p1} = C_{p2} - C_{p1} \\[2mm] \Delta\alpha = \alpha_2 - \alpha_1 \\[2mm] \Delta K = K_2 - K_1 \end{cases} \qquad (5\text{-}30)$$

从玻璃化转变温度测定发现，玻璃化转变时，高分子的 $C_p$、$\alpha$ 和 $K$ 恰好都发生不连续变化（$\alpha$ 和 $C_p$ 如图 5-9 和图 5-13 所示），因此玻璃化转变具有二级相变特征。

但是，由于热力学分析仅适用于相平衡过程，因此，对于普通的玻璃化转变是不适用的，我们需要将转变过程放慢，使其在温度变化过程中每一个温度下都能达到平衡，这时所测得的转变温度才能符合热力学要求。而自由体积理论指出，当高分子从玻璃化转变温度以上降温时，由于总体积收缩是由分子固有体积收缩和链段发生构象重排导致的自由体积收缩两部分构成的，在温度远高于 $T_g$ 时，构象调整速率快，可以保持热力学平衡，但当温度降低到某点时，构象调整速率跟不上冷却速率了，体积降低速率就发生变化，高分子的体积就会大于其热力学平衡体积，也即达不到热力学平衡。所以，尽管此时相应也出现了 $C_P$、$\alpha$ 和 $K$ 等参数的不连续变化，但这一转变温度还不是真正的热力学二级相变。要测得真正的二级相变温度，就必须在接近转变温度前采用无限慢的冷却速率。那么从热力学角度分析，达到热力学平衡的二级相变的本质是什么呢？

1948 年，W. Kauzmann 对玻璃化转变进行了研究，他发现如果将玻璃态物质的熵向低温外推，在温度达到绝对零度前，熵已经变为零，而当外推至 0K 时，便会得到负熵（图 5-18）。而负熵是没有物理意义的，这曾被称为"熵灾难"。这一现象被称为"Kauzmann 佯谬"。对低分子而言，晶体结构是以分子或离子紧密堆砌的有序结构，在 0K 时，由于已达最低能量状态，也没有可运动的空间，质点间无法区分，所以体系状态数就是 1，其熵值为 0。而玻璃态并未达到紧密堆砌的晶体结构，其熵值应该不为 0。为解释玻璃态物质的这个矛盾的现象，Kauzmann 建议玻璃态不是平衡态，在到达零外推熵的温度以上，玻璃态仍将转变为结晶固体。这种解释否定了热力学二级相变的存在。

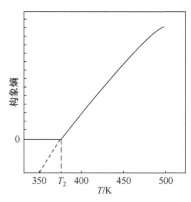

**图 5-18** 玻璃态物质构象熵与温度的关系

对于低分子而言，在向玻璃态转变时，分子在调整其空间位置时，由于粒子间发生碰撞，导致部分封闭的空隙由于缺乏足够的空间尺寸或通道，成为永久空隙[图 5-19(a)]，在冷却过程中无法继续调整让其他分子进入，因此，其体积或熵值则无法继续降低。玻璃态下低分子体积虽然不能再调整，但分子间仍是有间隙的，是类似球形无规则密堆砌，粒子间相互碰撞接触后无法实现最低能量状态的有序排列，这种障碍使玻璃态物质无法达到像晶体一样的密度。由于堆砌障碍是随机的，因此可以预料，不同条件下制备的玻璃态其体积也会略有不同，密度也会略有差异，不像晶体有固定的体积和密度。在玻璃态下，虽然结构是非有序的，但当每个质点也处于不可改变之状态时，其熵值也可等于 0，此时的温度为 $T_2$。而且，玻璃态从液态冷却时，由于分子冷却时的随机收缩和位置调整，比结晶过程调整得更快，因此其体积或熵值随温度的降低比缓慢结晶过程所产生的体积或熵随温度变化的关系来得更为迅速[图 5-19(b)]，从而导致其向更低温度外推时，

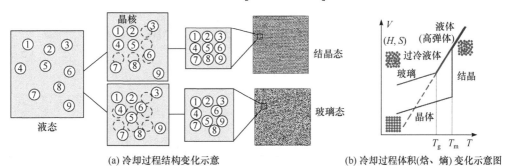

(a) 冷却过程结构变化示意      (b) 冷却过程体积(焓、熵) 变化示意图

**图 5-19** 结晶物质和玻璃态物质

熵值会更快抵达 0。而且尽管这种玻璃态内部存在着比晶体更多的空隙，但由于存在着空间位阻，即便后期冷却过程无限慢，靠分子运动来调整也是无法达到与晶体结构完全一致的状态的。

高分子链一方面比较长，占据格子的链段必须彼此相连，有序性受到了限制；另一方面，链段上存在的取代基在进行构象调整时，也有空间位阻，因此形成有序密堆砌的障碍很大，更容易封闭多余的空间。而且，即使高分子链将所有格子占满，也并不一定是有序排列，所以难以形成晶体结构。事实上很多玻璃态的高分子，如无规聚苯乙烯等，就从未发现结晶态的存在。所以在玻璃态转变前再有个结晶过程使之熵等于 0 是很难想象的。有些观点为了避免"熵灾难"，则认为外推本身也并不一定反映体系熵随温度降低的真实情况，比如有可能呈非线性降低使之逐渐趋于 0。

J. H. Gibbs 和 E. A. DiMarzio 对 Kauzmann 所观察到的现象提出了二级相变的解释。他们认为，温度在 0K 以上构象熵趋近零，表明确实存在一个热力学二级相变。在某一温度，高分子体系的平衡构象熵变成零，这个温度就是真正的二级相变温度，记为 $T_2$。在 $T_2$ 到 0K 之间，构象熵不再改变，而不是继续外推，从而避免所谓的"熵灾难"。

Gibbs 和 DiMarzio 对熵值进行了推导，提出了玻璃化转变的 Gibbs-DiMarzio 热力学理论（G-D 理论）。具体的方法是，将高分子体系看成是由一个个格子组成的，每个格子可以容纳一个链段，格子的配位数为 z。他们引入了孔穴能 $u$ 和挠曲能 $\varepsilon$ 两个参数。孔穴能指体系中因引入孔穴而破坏相邻链段间的范德瓦耳斯作用引起的能量变化，反映分子间相互作用；挠曲能指分子内旋转异构态间的能量差，反映分子内的近程作用。假定每一链段有一种确定的最低能量的构象和数种能量相对较高的构象，在 $T > T_2$ 时，每条高分子链可以有很大数目的构象，各种能量的构象按 Boltzmann 分布随机分配。这样，温度较高时，每个大分子都可以取各种各样的构象，并且不停地变化着，因而体系中大分子有许多堆砌（或排列）方式，体系的平衡构象熵大于零。温度降低时，一方面大分子的高能态构象愈来愈少，低能态构象变得占优势；另一方面自由体积也减少了。当 $T \leqslant T_2$ 时，体系中只允许一种最低能量的构象，此时高分子链的熵值为 0。由此可计算体系处于各种构象状态时的能量。假定每条高分子链含 $x$ 个链段，共有 $N_2$ 条高分子链，在含有 $N_0$ 个孔穴位点和 $xN_2$ 个链段格子的格子体系中，由 Flory-Huggins 格子模型，将高分子链的链段逐一放置，推导出其可能的状态数，从而获得其熵值为：

$$\begin{cases} \dfrac{S_{>T_2}}{kxN_2} = -\dfrac{1}{kxN_2} \times \dfrac{\partial G_{>T_2}}{\partial T} = f\left(\dfrac{u}{kT}\right) + g\left(\dfrac{\varepsilon}{kT}\right) + \left(\dfrac{1}{x}\right)\ln\left\{[(z-2)x+2]\dfrac{z-1}{2}\right\} \\ \dfrac{S_{<T_2}}{kxN_2} = -\dfrac{1}{kxN_2} \times \dfrac{\partial G_{<T_2}}{\partial T} = 0 \end{cases} \tag{5-31}$$

其中：

$$f\left(\dfrac{u}{kT}\right) = \left(\dfrac{z-2}{2}\right)\ln\left(\dfrac{\phi_0}{\lambda_0}\right) + \dfrac{\phi_0}{1-\phi_0}\ln\left[\dfrac{\phi_0^{(z-2)/2}}{\lambda_0^{z/2}}\right] \tag{5-32}$$

$$g\left(\frac{\varepsilon}{kT}\right)=\frac{x-3}{x}\left\{\begin{array}{l}\ln\left[1+(z-2)\exp\left(-\frac{\varepsilon}{kT}\right)\right]\\[2mm]+\frac{\varepsilon}{kT}\times\frac{(z-2)\exp\left[-\varepsilon/(kT)\right]}{1+(z-2)\exp\left[-\varepsilon/(kT)\right]}\end{array}\right\} \tag{5-33}$$

且

$$\begin{cases}\phi_0=\dfrac{N_0}{N_0+xN_2}\\[3mm]\lambda_0=\phi_0^{1-2/z}\exp\left[-\dfrac{u}{kT}(1-\phi_0)\right]\end{cases} \tag{5-34}$$

当 $T$ 趋近于 $T_2$ 时，$\lim\limits_{T\to T_2}S_{>T_2}=\lim\limits_{T\to T_2}S_{<T_2}=0$。

由于体系的 Helmholtz 自由能 $F$ 和熵 $S$ 在 $T_2$ 时是连续函数，故内能 $U$ 也为连续函数。高分子的体积为

$$\begin{cases}V_{>T_2}=C(T)[xN_2+N_0(T)]\\[2mm]V_{<T_2}=C(T)[xN_2+N_0(T_2)]\end{cases} \tag{5-35}$$

式中，$C(T)$ 是温度 $T$ 时晶格位点的体积，在 $T_2$ 以上，体积与挠曲能 $\varepsilon$ 无关；在 $T_2$ 以下，体积则是挠曲能、孔穴能以及分子量的函数。当然，体积也是一个连续函数。由于 $F$、$S$、$U$ 和 $V$ 在 $T_2$ 上下两个温度区间内有不同的表达形式，所以，体系的 $C_p$、$\alpha$ 和 $K$ 等为不连续函数，证明体系在 $T_2$ 处发生二级相变。以分子量趋于无穷的 PS 为例，所得熵与温度的关系如图 5-20 所示。由此还推出了玻璃化转变温度与分子量的关系曲线（图 5-21），也与实验值相吻合。

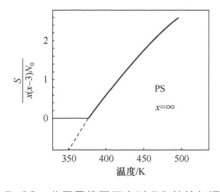

**图 5-20**　分子量趋于无穷时 PS 的熵与温度的关系

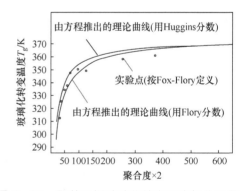

**图 5-21**　聚苯乙烯玻璃化转变温度与分子量的关系

Flory 针对半柔性高分子链进行了类似的推导，所得结果也类似。随着温度的降低，到某一温度时，熵便降低为 0。Flory 认为此时体系出现由链的非柔性驱动的相转变。

上述关于高分子体系玻璃化转变的热力学理论应该是玻璃化机理研究中最严密的代表。这些理论通过对构象熵随温度的变化进行了复杂的数学处理，证明通过 $T_2$ 时，$G$ 和 $S$ 是连续变化的，内能 $U$ 和体积 $V$ 也连续变化，但 $C_p$ 和 $\alpha$ 不连续变化，从而从理论上预言，在 $T_2$ 时存在真正的二级热力学转变。

不过，当高分子体系从一种状态变为另一种特定的状态时，其构象重排需要一定的时间，而且随温度降低，分子运动愈来愈慢，构象的转变需要愈来愈长的时间。因此，

为保证所有的链都转变成最低能态的构象，实验必须进行得无限慢，这实际上是做不到的。G-D 理论认为，尽管事实上不可能达到 $T_2$，因而无法用实验证明 $T_2$ 的存在，但是，在正常动力学条件下观察到的玻璃化转变行为和 $T_2$ 处的二级相变非常相似，$T_2$ 和 $T_g$ 是彼此相关的，影响 $T_2$ 和 $T_g$ 的因素应当互相平行，因此理论所得关于 $T_2$ 的结果，应当也适用于 $T_g$。可以将 $T_2$ 看成是 $T_g$ 测定的下限。在这样的框架内，得到了一系列结果，很好地说明了玻璃化转变行为与交联密度、增塑、共聚和分子量的关系，也解释了压力对 $T_2$ 和 $T_g$ 的影响。

对于一级相变，转变温度的压力依赖性由 Clapeyron 方程确定：

$$\frac{\mathrm{d}T}{\mathrm{d}P} = \frac{\Delta V}{\Delta S} \tag{5-36}$$

对于二级热力学转变，因为转变时 $\Delta V$ 和 $\Delta S$ 都为零，不能直接用式（5-36）获得转变温度对压力的依赖性。援引洛必达法则，将式（5-36）右边的分子和分母分别对 $T$ 求导，并根据体积热膨胀系数和压缩系数的定义可得：

$$\frac{\mathrm{d}T_2}{\mathrm{d}P} = \frac{\partial \Delta V / \partial T}{\partial \Delta S / \partial T} = \frac{V \Delta \alpha T_g}{\Delta C_P} \tag{5-37}$$

如果将式（5-36）右边的分子和分母分别对 $P$ 求导，则结果为：

$$\frac{\mathrm{d}T_2}{\mathrm{d}P} = \frac{\partial \Delta V / \partial P}{\partial \Delta S / \partial P} = \frac{\Delta K}{\Delta \alpha} \tag{5-38}$$

这就是压力对 $T_2$ 的影响。热力学理论认为，压力对 $T_2$ 的影响也就是对 $T_g$ 的影响，因此，$T_g$ 对压力的依赖性可以用式（5-37）和式（5-38）表示。其中式（5-38）和自由体积理论的结果式（5-23）相同，并与实验结果基本相符（见表 5-3），说明热力学理论是成功的。

热力学理论预言的热力学二级相变温度 $T_2$，可由 WLF 方程求出。取 $T_g$ 作为参考温度时，式（5-4）可写成

$$\lg a_T = \lg \frac{\tau}{\tau_g} = -\frac{C_1(T - T_g)}{C_2 + (T - T_g)} \tag{5-39}$$

式中，$a_T$ 为移动因子；$\tau_g$ 是温度为 $T_g$ 时的松弛时间；$C_1$ 和 $C_2$ 分别为 17.44 和 51.6。根据前面的分析，到 $T = T_2$ 时，构象重排需要无限长的时间，即 $\tau = \tau_2 \to \infty$；或者说，为将一个有着无限时间标尺的实验数据移动到有限的时间标尺，必须取 $\lg a_T \to \infty$。显然，要满足上述条件，方程式（5-39）右边的分母必须为零，即：

$$C_2 + T_2 - T_g = 0 \tag{5-40}$$

因而：

$$T_2 = T_g - C_2 \approx T_g - 52 \tag{5-41}$$

这就是说，在一个进行得无限慢的实验中，将可以在 $T_g$ 以下约 52K 处观察到二级相变。热力学理论反映了玻璃化转变的本质。

根据高分子链的构象熵在温度低于 $T_g$ 时不再变化的原理，利用 Flory 和 Huggins 的晶格模型对构象熵 $\Delta S$ 进行处理，还可以得出 $T_g$ 与链刚性因子 $\sigma$ 及聚合度 $\overline{X_n}$ 等分子参数间的关系。

Adam 和 Gibbs 针对玻璃化转变的动力学依赖性，提出过冷液体在低温的松弛是通过一系列独立运动完成的，每个独立运动代表体系的局部区域松弛到一个新的结构，而这些松弛过程的发生是由于熵的局部涨落导致局部区域内的链段可以协同运动。因此这些局部区域也被称为"协同重排区"（Cooperatively Rearranging Regions，CRR）。应用统计物理的方法进行推导，可以得到：

$$\tau = \tau_0 \exp\left(\frac{C}{TS_c}\right) \tag{5-42}$$

式中，$\tau_0$ 和 $C$ 都是常数；$S_c$ 代表构象熵。如果 $S_c$ 在一个非零的温度趋于零，如 $S_c = a(T - T_0)/T$，并且假设 $T_0 = T_2$，即松弛时间发散的温度 $T_0$ 和构象熵为 0 的温度 $T_2$ 一致，就可以得到 VTF 方程。这样 Adam-Gibbs 理论在体系松弛动力学和热力学间建立起了直接的关系，也就能解释玻璃化转变温度测定与动力学因素有关这一现象了。

### （三）动力学理论

玻璃化转变现象具有明显的动力学性质，$T_g$ 与实验的时间标尺（如升降温速率和动态实验时所用的频率等）有关，因此玻璃化转变的动力学理论便顺理成章了。

动力学理论的一种类型是松弛理论。这些理论认为，温度降低时，高分子的体积收缩来自于链段热运动能力降低和由构象重排成能量较低的状态产生的两部分体积收缩之和。显然，构象重排是一个松弛过程。在降温过程中，当构象重排的松弛时间适应不了降温速率时，构象重排受到阻碍，体积变化就会高于其平衡体积，导致体积变化出现转折。因此，链段构象调整运动被冻结而出现的转变就是玻璃化转变。该理论与自由体积理论相似。

动力学理论的另一类型是势垒理论。这些理论认为大分子链段构象重排时，需要克服单键内旋转势垒。当温度较高时，分子运动有足够的能量去克服势垒，从而构象调整能够实现，高分子体积与平衡态体积相等；但随着温度的降低，分子热运动的能量随之下降，当其不足以克服势垒时，构象调整便被冻结，于是体积将大于其平衡态体积，出现体积变化的转折，即出现玻璃化转变。

这两种理论从本质上讲是一样的，无论是温度降低导致松弛时间延长，还是温度降低导致运动能降低，都反映了分子运动对温度依赖性的基本特点。

由动力学理论可以看出，玻璃化转变温度并不是材料的特征温度，它仅取决于动力学因素。低温下平衡态的热力学性质与高温平衡态外推值应该完全一致。

玻璃化转变时链段的构象来不及调整，因此出现体积偏离平衡体积的情况，体积随温度的变化便出现转折。动力学原理指出，在玻璃态下，链段的运动并非完全冻结，只是其松弛时间比较大，短时间内看不出有明显的变化而已。但只要不是完全被冻结，那么假以足够的时间，还是能实现其体积调整的。一些实验也已表明，在 $T_g$ 以下，只要给其足够时间，体积的确还会收缩，从而产生物理老化现象。调整时间与松弛时间及体积调整余量有关。

动力学原理对此过程进行模拟，可以得到自由体积分数与温度和体积余量间的关系。A. J. Kovacs 引入有序参数来定量处理玻璃化转变的体积收缩过程。

由于玻璃化转变现象与分子量无关，仅是其玻璃化转变温度与分子量有关，因此可以用易于玻璃化的低分子物质来进行研究。如图 5-22 所示，Kovacs 选择玻璃化转变温度为 35℃的葡萄糖为研究对象，将试样先在高于其玻璃化转变温度的 40℃下退火足够长时间，使之充分达到平衡态，然后快速降温至图上指定的各温度，在瞬时的体积调整之后，试样在等温条件下体积继续收缩。定义试样体积偏离平衡的归一化体积为：

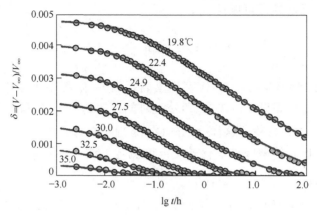

**图 5-22** 葡萄糖等温体积收缩曲线

点—实验值；实线—利用式（5-47）式（5-45）计算所得值[计算所用参数：$T_g = 35℃$时，$f_g = 0.025$，$\alpha_f = 3.6 \times 10^{-4}/K$，$\tau(T_g, \delta = 0) = 0.015h$]

$$\delta = (V - V_\infty)/V_\infty \tag{5-43}$$

式中，$V$ 和 $V_\infty$ 分别是 $t$ 时刻和最终达到平衡时的体积。以 $\delta$ 对 $\lg t$ 作图，得到一组反 S 形曲线。可以看到温度越高，体积平衡建立得越快。

对于气体或单相液体而言，体系能快速建立热力学平衡，因此物质的体积或比容是温度和压力的唯一函数，温度和压力确定，则其体积也一定。但是，对于玻璃态物质而言，在玻璃化转变区，物质的体积不但取决于温度和压力，还取决于时间。例如图 5-22 中在 19.8℃的等温条件下，试样起始体积比平衡体积多约 0.5%，过量体积可以保持很长时间。因此，体积不能表示为温度和压力的唯一函数，还需引进一个与平衡偏离程度相关的参数 $\xi$：

$$V = V(T, P, \xi) \tag{5-44}$$

式中，$\xi$ 称为有序参数，取决于试样体积对平衡的偏离量。平衡建立后，体积则重新仅依赖于温度和压力。

由于体系趋向平衡的速率（$d\delta/dt$）正比于 $\delta$，反比于运动的松弛时间 $\tau$，因而体积收缩速率可表示为：

$$\frac{d\delta}{dt} = -\frac{\delta}{\tau(\delta)} \tag{5-45}$$

松弛时间 $\tau$ 越小，平衡就可以越快到达；而 $\tau$ 很大时，则达到平衡所需的时间就很长。

分子运动与自由体积有关，而上述实验中，自由体积也随时间而变化，因此式（5-45）中的松弛时间 $\tau$ 本身也必定依赖于 $\delta$，并随时间而变化。这样，关于自由体积分数的表达式（5-10）需要修正为：

$$f_T = f_g + \alpha_f\left(T - T_g\right) + \delta \tag{5-46}$$

也即自由体积分数不仅是温度的函数，也是体积的函数。当 $\delta = 0$ 时，自由体积分数 $f_T$ 取得平衡值。松弛时间对自由体积的依赖性可以借用黏度对自由体积的依赖关系式（5-12），则：

$$\ln\frac{\tau(T,\delta)}{\tau(T_g,\delta=0)} = B\left(\frac{1}{f_T} - \frac{1}{f}\right) \approx \frac{1}{f_g + \alpha_f(T - T_g) + \delta} - \frac{1}{f_g} \tag{5-47}$$

这样通过自由体积分数和自由体积膨胀系数，就把在平衡体积条件下 $T_g$ 时测得的松弛时间 $\tau(T,\delta=0)$ 与其他温度非平衡体积条件下所得的松弛时间 $\tau(T,\delta)$ 关联了起来。图 5-22 中的实线就是利用上式计算所得的结果，可见理论计算与实验数据是吻合的。

实验指出，冷却速率不同，高分子的 $T_g$ 不同，导致 $T_g$ 时的体积就不同，$T_g$ 时的自由体积也就并不相等。同时，自由体积理论认为 $T_g$ 以下自由体积不变，但实际上 $T_g$ 以下自由体积也是会改变的，这一点动力学理论与之相符。对于冷却过程，可以看作是一系列的温度跃变。在较高温度时，体系恢复速率快，每一个降温跃变后体积很快就达到平衡；温度降低后，松弛时间延长，恢复速率变慢，降温跃变后一时达不到平衡，于是 $V$（或 $H$、或 $S$）偏离了平衡值，这时就出现转折，转折点就是玻璃化转变。当冷却速率变慢时，相当于连续两次降温跃变之间留给体系恢复平衡的周期变长了，于是平衡值便能延续到较低的温度后再发生偏离，从而使 $T_g$ 降低。这就解释了冷却速率对 $T_g$ 的影响。

由于高分子中存在着不同大小的运动单元，各运动单元所处的微观环境也不尽相同，因此高分子在运动时其松弛时间不是单一的数值，而是有一个松弛时间谱。因此，解释某些其他类型的体积和熵的恢复实验时，不能完全反映高分子材料的变化特征，尤其是在其他运动单元对性能变化具有较大影响时，更显得单一松弛时间的局限性。采用多有序参数模型可以克服此缺点。多有序参数模型设置一组有序参数 $\xi_i$（$1 \leqslant i \leqslant N$）来代替原先单一的 $\xi$，将式（5-44）修正为：

$$V = V(T, P, \xi_i) \tag{5-48}$$

每一个 $\xi_i$ 对应一种恢复模式，具有一定的松弛时间 $\tau_i(\delta)$。要注意，$\tau_i(\delta)$ 和整个体系的状态或结构（$\delta$）有关，即 $\tau_i(\delta)$ 与 $\delta$ 有关，而不是与 $\delta_i$ 有关。每个 $\xi_i$ 和偏离量 $\delta_i$ 的恢复对体系的总恢复都有贡献，体系对平衡态的总偏离量 $\delta$ 是各部分偏离之和，即 $\sum\limits_i \delta_i$。这样，有序参数 $\xi_i$ 对平衡态偏离的分数 $\delta_i/\sum\limits_i \delta_i$ 和 $\tau_i(\delta)$ 就构成了一个松弛时间分布函数。

对第 $i$ 个恢复模式，在等温情况下趋向平衡的速率为：

$$\frac{\mathrm{d}\delta_i}{\mathrm{d}t} = -\frac{\delta_i}{\tau_i(\delta)} \qquad (1 \leqslant i \leqslant \mathrm{N}) \tag{5-49}$$

同时，$\tau_i(\delta)$ 也是 $T$ 和 $\delta$ 的函数：

$$\tau_i(T,\delta) = \tau_{i,r}\exp\left[-\theta(T - T_r)\right]\exp\left[-(1-x)\theta\delta/\Delta\alpha\right] \tag{5-50}$$

式中，$\tau_{i,r}$ 是在参考温度 $T_r$ 时体系处于平衡情况下的第 $i$ 个松弛时间；$\theta = E_a/(RT_r)$，是材料常数，其中 $E_a$ 为表现活化能，$\theta$ 表征在平衡情况下 $\tau_i$ 对温度 $T_r$ 的依赖性；$x$ 是配分参数（$0 \leqslant x \leqslant 1$），表示温度（$T$）和状态（$\delta$）对 $\tau_i(T,\delta)$ 的相对贡献，$x = 1$ 表示 $\tau_i(T,\delta)$ 只依赖于 $T$，而 $x = 0$ 则表示 $\tau_i(T,\delta)$ 对 $\delta$ 的依赖性达到最大；$\Delta\alpha$ 是玻璃化转变温度上下体膨胀系数之差，即 $\Delta\alpha = \alpha_r - \alpha_g$。式（5-50）右边的第一个指数项表示在平衡的情况下

$\tau_i(T, \delta)$ 的温度依赖性，定义为移位因子 $a_T$：

$$a_T \equiv \exp[-\theta(T - T_r)] \tag{5-51}$$

而第二个指数项表示等温情况下的状态或结构依赖性，定义为移位因子 $a_\delta$：

$$a_\delta \equiv \exp[-(1-x)\theta\delta / \Delta\alpha] \tag{5-52}$$

则式（5-50）可写成

$$\tau(T, \delta) = \tau_{i,r} a_T a_\delta \tag{5-53}$$

应用多有序参数模型理论，可以对玻璃化转变中涉及多种运动单元和运动模式的现象加以解释。

例如，玻璃化转变中有记忆现象，如图 5-23 所示。实验从参考温度 $T_r$ 开始，第一次温度突降至 $T_r - 5℃$（A），令其平衡，测量 $\delta\text{-}t$，得到图中曲线 A。第二次温度突降至 $T_r - 7.5℃$（B），等温恢复一段时间 $t_1$，使 $v - v_r$ 变化 $-2×10^{-3} \text{cm}^3/\text{g}$，$v_r$ 是温度为 $T_r$ 时的平衡比容，然后再突升 $+2.5℃$，使第二次的温度变化表面上和第一次一样，比容相等。但在升温后可观察到 $\delta$ 先升高，然后下降，如曲线 B 所示。曲线 C、D 和 E 也是连续两次变温过程后 $\delta$ 的变化情况。很明显，这些曲线说明高分子有记忆现象，比容对平衡值的偏离 $\delta$ 和体系的热历史密切有关。

对于上述记忆现象，可以用多有序参数解释如下：在第一次温度突降后，等温恢复，推迟时间短的恢复过程很快达到平衡，而推迟时间长的，恢复过程仍在进行中，$\delta$ 仍大于零。接着升温后，虽然表面上达到了平衡体积，实际上只不过是附加一个 $-\delta$ 去抵消 $+\delta$，使 $\delta = 0$，而 $\delta_i$ 仍不为零。在升温后的等温恢复过程中，又是那些推迟时间短的 $\delta_i$ 先达到平衡，这样就引起 $\delta$ 增加，即体系的体积暂时偏离平衡体积，$\delta$ 通过最大值后又降低，逐渐趋近平衡态，使 $\delta_i = 0$。

由于松弛时间在空间的分布是不均匀的，快速运动和慢速运动共存于体系中，这种现象称为"动力学异质性"（Dynamic Heterogeneity）。对这种动力学异质性进行计算机模拟，结果显示（图 5-24），体系中粒子的平均位移随着时间的推移会平稳地增加，但每个单个粒子的位移随时间却是断断续续的，由表示粒子处于振动状态的长时间区间和发生跳跃的短时间区间构成，且相邻两次跳跃之间的时间也具有一个比较广的分布；不同粒子有

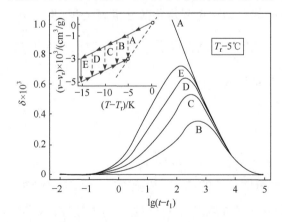

**图 5-23**　高分子在 $T = T_r - 5℃$ 时的记忆效应
（插图表示体系的热历史）

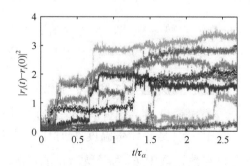

**图 5-24**　过冷液体中不同粒子的均方位移随
时间的变化
黑色实线—粒子运动的平均行为

显著不同的轨迹，有的运动比较快，有的比较慢，有的甚至没有发生明显的运动。模拟显示，粒子的运动倾向由构象的局部特征决定，而体系中所存在的缺陷起着重要的作用。这说明，在玻璃化转变时动力学因素不是唯一的因素。

### （四）其他理论

#### 1. 标度理论

J. P. Sethna 等针对低分子过冷液体偏离结晶出现玻璃化的现象，提出了玻璃化转变临界点的标度理论。在液态下，分子运动的松弛时间随温度的变化为：

$$\tau = \tau_0 \left| \frac{T-T_2}{T} \right|^{-z} \tag{5-54}$$

式中，指前因子 $\tau_0$ 取决于材料，临界指数 $z$ 则是通用的，一般为 1。而在液态下分子运动活化能与温度的关系为：

$$E(T) = DkT_2 \left| \frac{T-T_2}{T} \right|^{-1} \tag{5-55}$$

式中，$D$ 为无量纲量，与 Arrhenius 方程中的指前因子相关；$T_2$ 是临界的二级相变温度，实验中很难测定，需要将平衡时间延至无限长。理论认为，形成玻璃态的液体黏度与松弛时间在冷却经过临界温度时会呈指数式增大，即标度会发生改变。这是由温度降低时，分子运动的能垒的标度发生改变而造成的。

$$E(T) \approx DkT_2 \left| \frac{T-T_2}{T} \right|^{-\theta} \tag{5-56}$$

式中，$\theta$ 为通用指数，与材料类型无关。在玻璃化转变温度以上，该值为 1；而在玻璃化转变温度以下，该值将偏离 1，变化范围是 1～8，依赖于体系非平衡结构与平衡态结构间的差别。这样松弛活化能在临界点 $T_2$ 处将出现偏离。引入平衡比热容 $C_{eq}$，在 $T_2$ 温度前后有不同的表达式：

$$C_{eq}(T) = \begin{cases} A\left(\dfrac{T-T_2}{T_2}\right)^{-\alpha} + B & (T > T_2) \\[3mm] A'\left(\dfrac{T-T_2}{T_2}\right)^{-\alpha'} + B' & (T < T_2) \end{cases} \tag{5-57}$$

式中，指数及指前因子之比与所用材料无关，为通用常数；$B$ 与 $B'$ 的差值与结构有关。玻璃化转变时能量标度的改变是由于潜在的、向有序的刚性相过渡的二级相变。这样，标度理论就将动力学的能垒与热力学参数联系了起来。

#### 2. 闪烁分形理论

R. P. Wool 等对玻璃化转变提出了闪烁分形理论（Twinkling Fractal Theory，TFT）。他们认为 $T_g$ 附近物质内部发生的动态渗流分形结构及其衍化是导致玻璃化转变的主要因素。固体和液体分子在相互转化时，固体原子和液体原子所占的分数分别为 $p_S$ 和 $p_L$，在 $T_g$ 附近，$p_S$ 和 $p_L$ 符合下式：

$$\begin{cases} p_{\mathrm{L}} = (1-p_{\mathrm{c}})\dfrac{T}{T_{\mathrm{g}}} \\ p_{\mathrm{S}} = 1 - p_{\mathrm{L}} \end{cases} \tag{5-58}$$

式中，$p_{\mathrm{c}} \approx 0.5$。$p_{\mathrm{c}}$ 是固液转变达到临界温度（$T_{\mathrm{g}}$）时固体原子所占的分数，是玻璃化转变时的渗滤阈值，它依赖于观察方法和渗滤固体颗粒的长径比 $A$，因此不是普适值。例如，对 $A \approx 1$ 的球形粒子渗滤（例如导电性或导热性的依赖关系），$p_{\mathrm{c}} \approx 0.3$；对于矢量渗流（如力和模量的依赖关系），$p_{\mathrm{c}} \approx 0.4 \sim 0.5$。它是用于将闪烁分形理论结果与实验值进行比较的一个参数。当 $p_{\mathrm{S}}$ 趋于 $p_{\mathrm{c}}$ 时，体系趋于形成无穷大尺寸的分形结构，相关长度在 $p_{\mathrm{c}}$ 处转向无穷大而发生渗滤，如图 5-25 所示。TFT 理论提出，在玻璃化转变时，固液间以频率 $\omega$ 进行互相转化。其运动活化能 $\Delta E \propto (T^2 - T_{\mathrm{g}}^2)$，分形的 Orbach 振动态密度 $g(\omega)$ 与分维 $D$ 有关：$g(\omega) \propto \omega^{D-1}$。于是，固液互相转换的频率随温度而变，其频谱 $F(\omega)$ 可表示为：

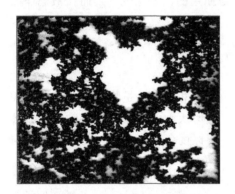

**图 5-25** $T_{\mathrm{g}}$ 处闪烁分形团簇
空白处表示液态分子区域，黑色表示固体分子团簇

$$F(\omega) = \omega^{D-1} \exp\left(\frac{\beta\left|T^2 - T_{\mathrm{g}}^2\right|}{kT}\right) \tag{5-59}$$

式中，$\beta$ 为常数，与化学键的键能参数有关。

TFT 的关键概念源自激发态的 Boltzmann 分布以及 $T_{\mathrm{g}}$ 附近因渗流而产生的固体分形结构。$T_{\mathrm{g}}$ 附近闪烁分形谱 $R(\omega)$ 通过时空热波动自相关松弛函数 $C(t)$ 来预测其动态异质行为。该函数表现为时间依赖性，在高频、较短时间或 $T_{\mathrm{g}}$ 以下，$C(t) \propto t^{-(D-1)} \propto t^{-1/3}$；在中长期低频下 $C(t) \propto t^{-D} \propto t^{-4/3}$；而在更长的时间（$300 \sim 1000\mathrm{s}$）及 $\omega < \omega_{\mathrm{c}}$ 时，$C(t) \propto t^{-2}$。这一结果与 $T_{\mathrm{g}}$ 附近玻璃态高分子在纳米尺度上的 AFM 电介质力波动实验数据高度吻合。

利用 Morse 势能，TFT 预测 $T_{\mathrm{g}} = 2D_0/(9k)$，其中 $D_0$ 是原子间键合能，大约为 $2 \sim 5\mathrm{kcal/mol}$（$1\mathrm{kcal} = 4.1868\mathrm{kJ}$），与熔化热 $\Delta H_{\mathrm{f}}$ 相当，$k$ 是 Boltzmann 常数。因为非谐振动既影响热膨胀系数 $\alpha_{\mathrm{L}}$，也影响 $T_{\mathrm{g}}$，TFT 指出二者的乘积 $\alpha_{\mathrm{L}}T_{\mathrm{g}} \approx 0.03$，适用于玻璃、甘油和高分子等大多数玻璃态物质。

在 $T_{\mathrm{g}}$ 以下，通过分形结构的受限处理，玻璃态结构达到非平衡状态，玻璃态的热膨胀系数降低至渗流阈值，此时，$\alpha_{\mathrm{g}} \approx p_{\mathrm{c}}\alpha_{\mathrm{L}}$，玻璃化转变温度时比热容的变化 $\Delta C_p = C_{p\mathrm{L}} - C_{p\mathrm{g}}$，$C_{p\mathrm{L}}$ 和 $C_{p\mathrm{g}}$ 分别是液态和玻璃态的比热容，比热容的差值与其维数和分维 $D$ 相适应。由 Debye 近似可得，$C_{p\mathrm{L}}/C_{p\mathrm{g}} = 3/D$（表 5-4）。

**表 5-4** $\triangle C_p$ 的 TFT 预测值与实验值的比较

| 维数 | 分维 $D$ | $C_{p\mathrm{L}}/C_{p\mathrm{g}}$（TFT） | $C_{p\mathrm{L}}/C_{p\mathrm{g}}$（实验） | $\Delta C_p$（TFT） | $\Delta C_p$（实验值） |
|------|------|------|------|------|------|
| 3（本体） | 2.5 | 1.2 | 1.2 | 0.32 | 0.32 |
| 2（薄层） | 1.75 | 1.14 | 1.13 | 0.21 | 0.22 |

对高分子，TFT 可以解释 $T_g$ 对分子量和交联度的依赖性、混合体系的 Flory-Fox 规则以及 WLF 经验式所指出的时温移动因子 $a_T$。TFT 为纳米受限玻璃态材料的特性和物理老化动力学提供了新的方法。它预测熔点 $T_m$ 和 $T_g$ 之间的关系为 $T_m / T_g = 1/(1-p_c) \approx 2$，与对称结构的高分子实验值一致。

针对玻璃态高分子在 $T_g$ 处的松弛存在着所谓 J-G 松弛（又称β松弛或次级松弛）现象，人们又提出了模耦合理论（Mode Coupling Theory），从非线性反馈机制出发，采用密度-扰动动力学方法，将非平衡扩散运动的 Langevin 方程中的记忆函数用密度自关联函数表示，可以对实验现象进行解释和预测。高分子纳米复合材料的研究开发使人们开始关注受限状态下的玻璃化转变行为，由此也开展了受限条件下的玻璃化转变理论和模拟研究，提出了动力学约束模型，其中具有代表性的是伊辛模型（Ising Model），其核心内容是松弛单元的运动必须满足特定的约束条件。目前新发展的理论还有受挫有限畴理论、介观平均场理论、耦合动态分子串模型（简称串模型）等。由于玻璃化转变现象的复杂性，有关玻璃化转变的研究还将继续深入下去。正如诺贝尔奖获得者 P. W. Anderson 指出的，固体理论中最为深入和最为有趣的、尚未解决的问题可能是玻璃的性质和玻璃化转变的理论。继 1995 年玻璃化转变被 Science 杂志评为物理学中的六大主要问题之一后，2005 年 Science 杂志提出 21 世纪科学研究面临的 100 个重大科学问题中，玻璃态及玻璃化转变再次上榜前 25 个重要问题之一。

## 三、玻璃化转变的多维性

### （一）玻璃化转变温度与频率的关系

$T_g$ 与频率的关系可以通过 WLF 方程来联系：

$$\lg \frac{\eta(T)}{\eta(T_g)} = \lg \frac{\tau(T)}{\tau(T_g)} = -\frac{17.44(T - T_g)}{51.6 + (T - T_g)}$$

令 $\lg a_T = \lg \dfrac{\tau(T)}{\tau(T_g)}$，则不同测量周期下的 $T_g$ 关系为：

$$T_g' - T_g = -\frac{51.5 \lg a_T}{17.44 + \lg a_T} = -\frac{2.96}{\dfrac{1}{17.44} + \dfrac{1}{\lg a_T}} \tag{5-60}$$

WLF 方程的另一形式为：

$$T_g' = T_g + \frac{51.6 \lg a_T}{17.44 - \lg 51.6 \lg a_T} \tag{5-61}$$

此式也在 $T_g$ 到 $T_g$+100K 范围内适用。通过式（5-61），只要知道测量方法的折合周期（表 5-5），求出移动因子 $a_T$，就可以将不同方法测量的 $T_g$ 值互相换算。

**表 5-5** 各种 $T_g$ 测量方法对应的折合周期

| $T_g$ 测定方法 | 膨胀法 | 针入法 | 力学损耗法 | 回弹性 | 介电损耗法 | 宽谱线 NMR | NMR 自旋 -晶格松弛 |
|---|---|---|---|---|---|---|---|
| 折合周期/s | $10^4$ | $10^2$ | $10^3 \sim 10^{-7}$ | $10^{-5}$ | $10^4 \sim 10^{-11}$ | $10^{-4} \sim 10^{-5}$ | $10^{-7} \sim 10^{-8}$ |

## （二）玻璃化转变的多维性

上面所讨论的玻璃化转变，是在固定压力、频率等条件下，改变温度来观察玻璃化转变现象的，因此我们得到的是玻璃化转变温度。其实，玻璃化转变温度只不过是玻璃化转变的指标之一。如果保持温度不变，而改变其他因素，我们也能观察到玻璃化转变现象，这就是玻璃化转变的多维性。例如，在等温条件下，观察高分子的比容随压力的变化，得到比容-$P$ 曲线（图 5-26），在玻璃化转变处，曲线发生转折，转折点对应的压力即为玻璃化转变压力 $P_g$；在一定的温度下，测定高分子材料的介电损耗随电场频率的变化或力学损耗随应变频率的变化，都会发现在特定的电场频率或应变频率下，高分子会出现介电损耗或力学损耗的极大值，这些频率就是高分子的玻璃化转变的电场频率或应变频率；如果改变高分子的聚合度，测定不同分子量的高分子的比容与分子量的关系，可以发现比容随分子量的增加而减小，达到一定值后会出现转折，比容随后趋于恒定，转折点所对应的分子量就是玻璃化转变分子量，比如实验测得 PMMA 的玻璃化转变分子量约为 15000。此外，还有玻璃化转变浓度、玻璃化转变共聚物组成等。同样，次级松弛也具有多维性的特点。

## （三）焓松弛

高分子玻璃化转变研究多以体积松弛、介电松弛和力学松弛为主，近年来对焓松弛也开始加以研究。焓松弛研究可以得到更多的松弛动力学信息，从而有助于理解结构变化对分子运动松弛特性的影响。

玻璃态是一种非平衡态，因此和熵、体积一样，体系的焓值与温度的关系也会在玻璃化转变温度处出现转折。同样，转折的出现在于其实际值对平衡值的偏离，因此，随着时间的延长，它会自发地向平衡态数值趋近。

对高分子 $T_g$ 以下的恒温焓松弛研究表明，材料的焓值在松弛过程中会向高温平衡态的外推值趋近，但是其松弛外推平衡值仍高于高温平衡态外推值，如图 5-27 所示。Gómez 和 Ribelles 等假定在 $T_g$ 以下高分子焓值存在中间状态，提出了 GR 模型，与实验结果更为接近；但 Cangialosi 对高分子的恒温松弛研究表明，高分子在 $T_g$ 以下十几摄氏度的范围内并不存在中间平衡态，那么中间平衡态是否出现在更低温度下则尚未可知。

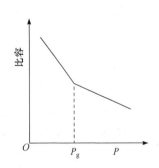

图 5-26　高分子的比容-压力关系曲线

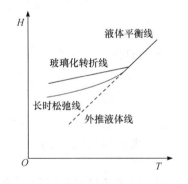

图 5-27　焓松弛中间平衡态示意图

## 四、物理老化现象及机理

### （一）物理老化现象

非晶高分子处于玻璃化转变温度以下时，尽管链段运动被冻结，但高分子内仍有较多的自由体积；同时，玻璃化转变温度以下的次级松弛，尤其是诸如聚碳酸酯、ABS 树脂等高分子，其 β 松弛主要来自于主链上链节等运动单元，其在外部作用下的运动可以产生较大的能量损耗，在自由体积允许的条件下，链段也可以产生强迫运动，因此，这些非晶高分子在玻璃化转变温度以下就具有较好的韧性。

但是也应看到，玻璃化转变是热力学非平衡转变。动力学研究指出，玻璃态并非等自由体积状态，在长期存放或者在 $T_g$ 以下不远处进行退火时，链段或更大的运动单元虽然松弛时间很长，但仍能通过微布朗运动，使其凝聚态结构由非平衡态向平衡态缓慢转化，导致体系自由体积逐步减少，分子链趋向紧密，材料的弹性模量和屈服应力增大的同时，抗冲性能大幅下降，材料性能变脆。这种在玻璃态下材料发生缓慢的体积收缩导致材料变脆的现象称为材料的物理老化。这是链段及更大的运动单元在玻璃化转变温度以下因长期缓慢的松弛产生的。由此也可看出，在 $T_g$ 以下，链段运动并未完全被冻结，只是其松弛时间相对较长而已。

对于结晶高分子，由于存在着次级结晶现象，其也存在着类似的物理老化问题。要保证材料性能的稳定，就必须消除或减少使用温度下的体积收缩问题。

### （二）物理老化机理

#### 1. 定性理论

关于物理老化的定性理论主要有自由体积理论和凝聚缠结理论。

自由体积是分子间的空隙体积，它既包括体系中未被占据的无规分布的孔穴，也包括由于局部分子运动时所形成的动态空间。形成自由体积的孔穴尺寸及其分布对于高分子的热转变、渗透与扩散能力、强度和抗冲性等力学性能都密切相关。物理老化是试样中自由体积逐渐减小的过程，这也进一步降低了分子中各运动单元的运动能力。

用 DSC 升温测量高分子试样物理老化现象时，当高分子从熔体淬火到玻璃态后，再在低于 $T_g$ 温度下进行热处理（退火），会发现在 $T_g$ 附近出现一个吸热峰。钱人元等为此提出了凝聚缠结理论。该理论认为，在高分子非晶相中，分子链间除了拓扑缠结外，非晶相分子链的某些相邻链段在分子间作用力的作用下相互靠近，形成局部有序结构。比如，非晶态聚苯乙烯在 $T_g$ 以下的温度退火，被冻结的链段获得了一定的活性就会向平衡态作构象调整；同时由于分子间作用力的作用，某些区域的链段相互靠近，就形成了局部凝聚态缠结的物理交联点，它不同于规整排列的结晶结构，但也有凝聚热。随着退火时间的延长和退火温度的提高，缠结点的密度和强度增大，高分子体系从而达到比较稳定的低能态。这是体系中有缠结点造成的。由于缠结点的形成限制了链段的运动，体系需要更多的能量才能实现由玻璃态向高弹态的转变，所以出现吸热峰。热处理的时间越长，或者热处理的温度越高，吸热峰就越大，$T_g$ 也有所提高（图 5-28）。凝聚缠结与几何缠结不同，它比几何缠结更为稠密地分布在主链上，缠结点的密度和强度依赖于温度，因而与高分子的热历史有关，它对高分子在 $T_g$ 以下及 $T_g$ 邻近处的物理力学性能有重要影响。

2. 定量模型

定量描述物理老化的理论模型有 KWW 方程、TNM 模型、KAHR 模型、RSC 理论等。

KWW 方程是 William 和 Watts 根据 Kohlrausch 在 1866 年的一个构想建立的关于松弛函数的方程：

$$\phi(t) = \exp\left[-\left(\frac{t}{\tau}\right)^{\beta}\right] \tag{5-62}$$

式中，松弛指数 $\beta$ 取值在（0，1）之间，由松弛时间分布或运动单元之间的协同效应决定，它反比于松弛时间的分布宽度，温度、老化时间等对 $\beta$ 都有影响。由于老化过程包含多个具有不同松弛时间 $\tau$ 的运动单元的松弛，所以，自由体积、剩余焓及应力等特征量的松弛速率并不正比于各特征量。Kovacs 利用该方程分析了无规聚苯乙烯的物理老化过程中体积松弛变化，物理老化参数随老化时间而增加与实际参数变化相吻合。

由于一般老化过程由多重单元的松弛过程叠加产生，不同的老化阶段有不同的运动模式，而不同的模式间是有自相似性的。体系的松弛时间有一个分布，这种分布也是随时间而发生变化的。为此，Ngai 提出了一种对 KWW 模型的改进，称为耦合模型。它将老化动力学过程中各阶段的松弛规律加以联系，在各阶段间引入耦合强度因子 $n$，它与松弛指数 $\beta$ 有关，$n = 1 - \beta$。耦合强度依赖于结构，随着老化过程的演化，耦合将逐渐加强，从而可以更好地描述恒温老化过程中的体积松弛。

从 Arrhenius 方程变形可以得到 Tool-Narayanaswamy-Moynihan（TNM）模型，它基于 Tool 在 1946 年提出的虚拟温度 $T_F$ 的概念。$T_F$ 表示玻璃态下某温度的非平衡态参数沿切线方向与液体平衡线的延长线相交点所对应的温度，即图 5-29 中的 $T_F'$。Narayanaswamy 和 Moynihan 等进一步完善了这一概念，将虚拟温度 $T_F$ 用于描述体系的老化状态，它表示在温度 $T$ 下经老化时间 $t_e$ 后体系非平衡参数值与体系按液体平衡线外推值相等时所对应的温度，如图 5-29 中的 $T_F$。这样，在 $T$ 下经老化后的非平衡参数值与虚拟温度 $T_F$ 下的平衡值相等。用非平衡态的衰减方程描述高分子向平衡态的松弛过程，松弛时间满足如下方程：

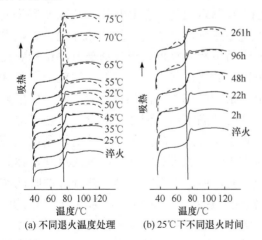

(a) 不同退火温度处理　　(b) 25℃下不同退火时间

**图 5-28**　经熔体淬火所得 PET 膜再经不同退火处理的 DSC 曲线

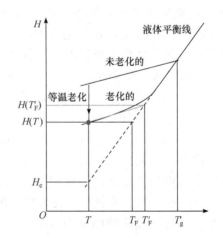

**图 5-29**　Tool 虚拟温度 $T_F$ 定义示意图

$$\tau(T, T_{\mathrm{F}}) = \tau_0 \exp\left[\frac{x\Delta h}{RT} + \frac{(1-x)\Delta h}{RT_{\mathrm{F}}}\right] \tag{5-63}$$

式中，$\Delta h$ 相当于结构松弛的活化能；$x$ 是关于结构的经验参数，用于描述温度和结构因素对松弛时间的相对影响；$\tau_0$ 是平衡态时的松弛时间，是老化温度和玻璃态结构参数的函数。该模型是由 Moynihan 等首先提出的，所以也简称 Moynihan 方程。该模型能很好地模拟 DSC 数据曲线，已用于众多的高分子物理老化研究中，可以描述玻璃态材料的焓松弛行为。但模型仅限于线性黏弹性材料。

Kovacs 等提出 KAHR 模型，其理论基础与上述的 KWW 方程和 TNM 模型相同，都是基于结构重排的松弛特性建立的。其核心是提出老化位移因子 $a_{\mathrm{te}}$ 与热力学平衡体积分数 $\delta$ 相关：

$$a_{\mathrm{te}} = \exp\left[r_0(T) + r_1(T)\delta\right] \tag{5-64}$$

式中，$r_0(T)$ 是老化位移因子 $a_{\mathrm{te}}$ 的均衡值；$r_1(T)$ 表示 $a_{\mathrm{te}}$ 相对于平衡态的变化值。其松弛时间为：

$$\tau_i(T, \delta) = \tau_{ir} \exp\left[-\theta(T - T_{\mathrm{r}}) - (1-x)\theta\frac{\delta}{\Delta\alpha}\right] \tag{5-65}$$

式中，$\tau_{ir}$ 为在参考温度 $T_{\mathrm{r}}$ 下处于平衡时的 $\tau_i$ 值；$\Delta\alpha$ 为热膨胀系数的差值；$x$ 为模型参数；$\theta$ 是材料常数。

势能时钟模型是在材料时钟与势能时钟的概念基础上发展出来的非线性黏弹性模型，它通常基于两点假定，一是材料的瞬时松弛率与材料当前状态有关，二是材料为热流变简单材料。基于此模型能更充分地表征材料的自由体积、焓、应力、应变及物理老化响应，但模型参数多达 29 个，实用性不佳。

RSC（Robertson-Simha-Curro）理论是以自由体积重排为出发点，从物理学和统计学得到的理论，其基本假定是：局部自由体积变化率是该区域自由体积的函数；在一个区域中发生状态转换时，不仅取决于该区域的自由体积，还与它和周围区域的耦合参数有关。

物理老化包括材料的力学松弛过程和体积松弛过程，二者不一定同步。Simon 等认为在临近 $T_{\mathrm{g}}$ 的温度区域内，这两种松弛的时间标尺相似；在小于 $T_{\mathrm{g}}$ 的其他温度区域，这两种时间标尺各不相同。

Struik 将非晶态高分子材料的物理老化概念扩展到多晶高分子材料中。他认为，对于结晶高分子材料，其 $T_{\mathrm{g}}$ 不是单一的值，有一个温度分布。采用 DSC 和 DMA 研究发现，在温度高于 $T_{\mathrm{g}}$ 时也可以发生物理老化行为。随着老化时间的延长或退火温度的提高，材料的 $T_{\mathrm{g}}$ 增大，结晶度增加，该过程与次级结晶相似。

## 五、影响玻璃化转变温度的因素

### （一）内因

1. 玻璃化转变温度与链柔性的关系

由于玻璃化转变是链段运动冻结与否间的转变，因此，链段越短、链柔性越好的高分子，其玻璃化转变温度也越低。Privalko 和 Lipatov 分析归纳了一些高分子的 $T_g$ 和刚性因子 $\sigma$ 的实验数据，提出了如下关系：

$$T_g = A(\sigma - a) \qquad (5-66)$$

式中，$A$ 和 $a$ 为依赖于高分子类别的常数。他们把高分子分为四类，第一类为聚酯或聚醚，第二类为含非极性侧基的乙烯基高分子（如聚丙烯、聚苯乙烯等），第三类是含极性侧基的乙烯基高分子，第四类是含较大侧基的乙烯基高分子。不同类别高分子的 $A$ 和 $a$ 值列于表 5-6 中，表中同时还列出了采用卢-姜方程的计算值。

**表 5-6** 分类高分子的 $A$ 和 $a$ 值

| 计算方法 | Privalko-Lipatov 公式 | | | | 卢-姜方程计算值 | | |
|---|---|---|---|---|---|---|---|
| 高分子类别 | 一 | 二 | 三 | 四 | 二 | 三 | 四 |
| $A$ | 630 | 360 | 270 | 225 | 348 | 270 | 228 |
| $a$ | 1.35 | 1.15 | 1.00 | 0.87 | 1.25 | 0.97 | 0.82 |

这里所列的数据没有考虑温度对刚性因子的影响，因此引用文献中的刚性因子进行计算时是比较粗略的，有时会得出不合理的结论。

根据玻璃化转变的 G-D 理论，卢新亚和姜炳政推导了玻璃化转变温度与刚性因子间的关系。

假定体系中含有 $N_p$ 条高分子链，每条高分子链有 $x$ 个链段，$x$ 是与温度有关的参数。在玻璃化转变温度以下，$x$ 被冻结；在玻璃化转变温度之上，$x$ 随温度升高而增多，链段间自由连接，符合高斯链。在这种状态下，可以运用格子理论进行推导。设格子的配位数为 $z$，将高分子链在 $xN_p$ 个格子中排列，可推得其构象熵为：

$$\Delta S = kN_p\left[\ln x + (x-1)\ln\frac{z-1}{e}\right] \qquad (5-67)$$

由于晶格尺寸是随链段长度而变化的，高分子链结构只影响链段长度而不影响 $z$ 值，因此 $z$ 值可视为常数。在 $T_g$ 以下，$\partial x/\partial T = 0$，故 $\partial\Delta S/\partial T = 0$。

自由旋转链的均方末端距 $\overline{h_r^2} = nl^2\dfrac{1+\cos\theta}{1-\cos\theta} = \dfrac{L^2}{n}\times\dfrac{1+\cos\theta}{1-\cos\theta} = \dfrac{L^2}{n}b$，$n$ 为主链化学键的数目，$\theta$ 为键角的补角，对乙烯基高分子，$b\approx 2$。高分子链均方末端距 $\overline{h^2} = xl_e^2 = L^2/x$，其中 $l_e$ 为链段长。伸直链长 $L = nl = xl_e$，对于乙烯基高分子，键数是聚合度的两倍，即 $n = 2X_n$，则有：

$$\sigma^2 = \frac{\overline{h^2}}{\overline{h_r^2}} = \frac{n}{xb} = \frac{2X_n}{xb} \qquad (5-68)$$

由此，构象熵与刚性因子的关系为：

$$\Delta S = kN_p\left[\ln\frac{n}{b\sigma^2} + \left(\frac{n}{b\sigma^2}-1\right)\ln\frac{z-1}{e}\right] \qquad (5-69)$$

对温度求导，可得：

$$\frac{\partial \Delta S}{\partial T} = K\beta\left(\frac{2}{n}+\frac{c}{\sigma^2}\right) = K\beta\left(\frac{1}{X_n}+\frac{c}{\sigma^2}\right) \tag{5-70}$$

式中，$K$ 为常数，与气体常数 $R$ 和高分子结构单元摩尔体积有关；$\beta = \partial\ln(1/\sigma^2)/\partial T$，反映高分子链柔性对温度的敏感程度；$c = \frac{2}{b}\ln(\frac{z-1}{e})$，对给定的高分子链骨架类型，$c$ 为常数，对于乙烯基高分子，$c \approx 1$。

根据热力学函数关系：

$$\frac{\partial S}{\partial T} = \frac{C_p}{T} \tag{5-71}$$

由于 $T_g$ 以下高分子链处于冻结状态，$\dfrac{\partial \Delta S}{\partial T} \equiv 0$；而 $T > T_g$ 时，$\dfrac{\partial \Delta S}{\partial T} > 0$，所以 $\dfrac{\partial \Delta S}{\partial T}$ 在 $T_g$ 处发生不连续变化，对应的恒压比热容 $C_p$ 也发生突变。由 $T_g$ 前后两状态的热力学函数相减知：

$$\left(\frac{\partial \Delta S}{\partial T}\right)_P = \frac{\Delta C_p}{T_g} = \frac{C_{p,r}-C_{p,g}}{T_g} \tag{5-72}$$

结合式（5-70），可推得：

$$\frac{1}{T_g} = \frac{K\beta}{\Delta C_p}\left(\frac{1}{X_n}+\frac{c}{\sigma^2}\right) \tag{5-73}$$

要注意的是，式中 $\Delta C_p$ 是 $T_g$ 转变处恒压比热容的变化，是一个度量高分子链段运动所需能量的分子参数；$\sigma^2$ 是 $T_g$ 转变处高分子的刚性因子。

由此可见，分子链的刚性因子越大，玻璃化转变温度越高。二者的倒数间呈线性关系。以 $1/T_g$ 对 $1/\sigma^2$ 作图，可以获得一条直线（图 5-30），说明该公式是估算刚性因子与 $T_g$ 之间关系的有效方程。由刚性因子和分子量可以方便地运用式（5-73）来计算 $T_g$。如果忽略温度对刚性因子的影响，则对式（5-73）在 $\sigma = 2a$ 处作泰勒级数展开，略去高次项后即得到与 Privalko-Lipatov 公式形式一样的方程：

$$T_g = 4\frac{\Delta C_p}{K\beta}a(\sigma-a) = A(\sigma-a) \tag{5-74}$$

对乙烯基高分子，$\Delta C_p/(K\beta) = 69.5$，代入计算，所得 $A$ 和 $a$ 数值与 Privalko-Lipatov 给出的数据基本一致（表 5-6）。由此式计算，则没有必要对乙烯基高分子再分为三类。

由于玻璃化转变温度是高分子的特征参数，化学结构对 $T_g$ 有决定性影响，人们也曾提出基团加和法来估算 $T_g$：

$$T_g = \sum_i n_i T_{gi} \tag{5-75}$$

式中，$n_i$ 是高分子中的第 $i$ 个基团的摩尔分

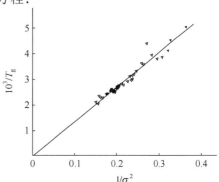

**图 5-30** 理论关系式（5-73）与实验数据的比较

直线为 $K\beta/\Delta C_p = 1.40 \times 10^{-2}$ 时的理论计算值

数。只要知道每一个基团对 $T_g$ 的贡献 $T_{gi}$，就可以通过基团贡献加和法来估算玻璃化转变温度。

不仅高分子的玻璃化转变温度取决于化学结构，熔点也与化学结构有关，因此，这两个特征温度间应该有一定的内在联系。根据实验数据（K 氏温标）大致可以归纳出，链结构对称的高分子，$T_g$ 约为 $T_m$ 的 1/2，对于不对称的高分子，$T_g$ 约为 $T_m$ 的 2/3。至于其内在原因，尚需进一步研究。

定性说来，结构单元主链含有孤立双键的，以及含有 C—N、C—O、Si—O 等单键的高分子，柔性较好，$T_g$ 就较低，但这些极性基团也会在分子链间产生较强的相互作用，导致内旋转受阻，又会使 $T_g$ 增高，此时就要看哪种作用更强，比如，酯类、醚类高分子，酯或醚带来的柔性效应高于其极性带来的效应，$T_g$ 就降低，而含有酰氨基、脲基等能够形成氢键基团的高分子，$T_g$ 就增高。主链含有共轭双键、芳香环、脂肪环等刚性基团的高分子，$T_g$ 较高。

取代基位阻越大，导致主链单键内旋转势垒越高，则 $T_g$ 越高；取代基极性越大，高分子链间相互作用越强，内旋转受到的阻碍越大，则其 $T_g$ 也越高；但若在主链的季碳原子上为对称取代，即在同一个 C 原子上有两个相同的取代基，则其柔性比单取代的要好，$T_g$ 低于单取代的高分子。若取代基是柔性侧基，则取代基柔性链长越长，高分子的 $T_g$ 越低。有趣的是，通常一取代的不同立构体，$T_g$ 基本没有差别；而 1,1-不对称二取代烯类高分子的间同立构比全同立构的 $T_g$ 高得多，如间同立构 PMMA 的 $T_g$ 是 115℃，而全同立构 PMMA 的 $T_g$ 仅 45℃，比无规 PMMA 的还低，这是因为全同立构 PMMA 链的择优链构象为局部螺旋，这种局部螺旋构象是不稳定的，温度升高即被破坏，分子链随温度升高而变得更柔曲，故有较低的 $T_g$；间同立构 PMMA 链的择优构象是近平面弯曲的链构象，一方面使链变得刚硬，另一方面也使链间难以紧密堆砌而难以结晶。

2. 玻璃化转变温度与分子量的关系

由式（5-73）可以看出，分子量越大，$T_g$ 越高。对应于聚合度趋于无穷时的 $T_{g,\infty}$ 为：

$$\frac{1}{T_{g,\infty}} = \frac{K\beta}{\Delta C_p}\left(\frac{c}{\sigma^2}\right) \tag{5-76}$$

因此：

$$\frac{T_g}{T_{g,\infty}} = \frac{X_n}{X_n + K'}, \quad K' = \frac{K\beta}{\Delta C_p}T_{g,\infty} \tag{5-77}$$

或：

$$\frac{T_g}{T_{g,\infty}} = \frac{M_n}{M_n + K''}, \quad K'' = M_u K' \tag{5-78}$$

式中，$M_u$ 是结构单元分子量。

当 $X_n$ 远大于 $\sigma$ 时，上面的关系式可简化为：

$$T_g = T_{g,\infty} - \frac{K_g}{M_n}, \quad K_g = T_{g,\infty}\sigma^2 M_u \tag{5-79}$$

这就是 Fox-Flory 关系式，它说明了系数 $K_g$ 与分子结构参数的关系。许多实验表明，只有当数均分子量 $\overline{M_n}$ 大于 $10^4$ 时，$K_g$ 才接近常数。研究结果表明，当 $n > 30\sim40$ 时（不同结构的高分子，此值不同），链构象统计平均所得 $\sigma^2$ 与 $n\to\infty$ 时的 $\sigma^2$ 值几乎相等，此时可用式（5-79）计算 $K_g$。

对于聚合度不高的体系，用式（5-78）比较合适。对于聚合度很低的体系，还需要考虑刚性因子随聚合度的变化。关于这一点，可以从蠕虫状链模型加以分析。对蠕虫状链，其均方回转半径可表示为：

$$\frac{\overline{S^2}}{nl^2} = \left(\frac{\overline{S^2}}{nl^2}\right)_\infty \left\{1 - 3\frac{a}{L} + 6\frac{a^2}{L^2} - 6\frac{a^3}{L^3}\left[1 - \exp(-\frac{L}{a})\right]\right\} \tag{5-80}$$

或：

$$\sigma_n^2 = \sigma_\infty^2 \left\{1 - 3\frac{a}{L} + 6\frac{a^2}{L^2} - 6\frac{a^3}{L^3}\left[1 - \exp(-\frac{L}{a})\right]\right\} \tag{5-81}$$

式中，$L$ 为链的轮廓线长度；$a$ 为持续长度。对于乙烯类高分子链：

$$\frac{a}{L} = \frac{\sigma_\infty^2}{2X_n \sin^2\frac{\alpha}{2}} \tag{5-82}$$

令 $a/L = y$，以键角 $\alpha$ 约为 110° 值代入计算可得 $y \approx 0.75\sigma_\infty^2 / X_n$，则 $\sigma_n^2 = \sigma_\infty^2 f(y)$，其中 $f(y) = 1 - 3y + 6y^2 - 6y^3(1 - e^{-1/y})$。代入式（5-77），得：

$$\frac{T_g}{T_{g,\infty}} = \frac{X_n}{X_n + \sigma_\infty^2 f(y)} \tag{5-83}$$

理论与实验的比较见图 5-31，其中，实线按式（5-77）计算，虚线以式（5-83）进行校正。可见校正后理论与实验非常吻合。

由式（5-76）得 $\sigma^2 \propto T_{g,\infty}$，所以 $K_g \propto T_{g,\infty}^2 M_u$，实验指出 $M_u \propto T_{g,\infty}^\varepsilon$（$0 \leqslant \varepsilon \leqslant 1$），因此，$K_g \propto T_{g,\infty}^{2+\varepsilon}$，与实验所发现的标度关系相符合。令 $K_g^* = K_g / M_u = A T_{g,\infty}^2$，以 $K_g^*$ 对 $T_{g,\infty}^2$ 作图，可得一过坐标原点的直线，与实验结果相吻合，可求得直线的斜率为 $1.42 \times 10^{-2}$。

由自由体积理论也可推出类似的关系式。设 $\theta$ 是每条高分子链的一个链端对高分子自由体积的超额贡献量，$a'_f$ 是单位质量高分子的自由体积膨胀率，$\overline{M_n}$ 是高分子链的数均分子量，则：

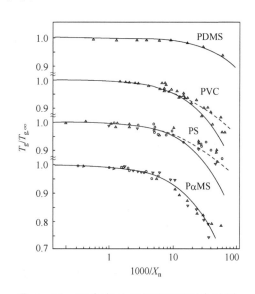

**图 5-31**　聚合度对 $T_g$ 的影响理论与实验比较

点—实验值；实线—按式（5-77）计算；虚线—按式（5-83）计算

$$T_g = T_{g,\infty} - \frac{2\widetilde{N}\theta}{\alpha'_f} \times \frac{1}{\overline{M}_n} = T_{g,\infty} - \frac{K}{\overline{M}_n} \tag{5-84}$$

式中，$K$ 为高分子的特征常数，是与链端自由体积和自由体积膨胀系数有关的参数。

由式（5-84）可见，数均分子量越大，高分子的 $T_g$ 越高；当分子量达到一定程度后，$T_g$ 随分子量的增加就不明显了，就是因为随着分子量的增加，链端对自由体积的额外贡献所占比例逐渐减少，当分子量达到一定程度后，其贡献就可以忽略不计。实验测定表明，$\theta$ 与一个重复单元的体积为同一数量级，大约在 $0.02\sim0.05\text{nm}^3$ 范围。

3. 共聚、共混与增塑的影响

共聚对 $T_g$ 的影响与共聚方式有关。无规共聚时，共聚物的 $T_g$ 介于两组分各自均聚物的 $T_g$ 之间，且随组成而呈线性或非线性变化。这是连续改变 $T_g$ 的手段。按照 Gibbs-Dimarzio 热力学原理，无规共聚物的 $T_g$ 是组分各自 $T_g$ 按摩尔分数 $x$ 的贡献之和，符合式（5-85）；而 Fox 经验方程则认为共聚物 $T_g$ 的倒数是组分各自 $T_g$ 倒数按质量分数 $w$ 的贡献之和，符合式（5-86），都有不同的实验数据支持，但均非普适方程。

$$T_g = \sum_i x_i T_{gi} \tag{5-85}$$

$$\frac{1}{T_g} = \sum_i \frac{w_i}{T_{gi}} \tag{5-86}$$

交联会使分子链的运动能力大幅度下降，导致 $T_g$ 增大。一般认为，交联后高分子的 $T_g$ 随交联点密度的增大而线性增加。但是，采用交联剂进行交联时，还需要考虑交联剂引入时产生的共聚效应。由于引入了不同的组分，随着交联度的增大，交联高分子的组成逐渐变化，其玻璃化转变温度也将随之发生改变。共聚效应可能使 $T_g$ 增高，也可能使之降低。前者使 $T_g$ 显著增高；后者则可能出现复杂的总体变化形式。

如果体系中含有增塑剂，则会因引入额外的自由体积而使高分子材料的 $T_g$ 明显下降。含有增塑剂体系的自由体积分数为

$$f_T = f_g + \alpha_{fp}(T - T_{gp})\phi_p + \alpha_{fd}(T - T_{gd})\phi_d \tag{5-87}$$

式中，下标 $p$ 和 $d$ 分别指高分子和增塑剂；$\phi$ 是体积分数。当 $\alpha_{fp}=\alpha_{fd}$ 时，可以得到 $T_g$ 的估算公式：

$$T_g = \sum_i \phi_i T_{gi} \tag{5-88}$$

## （二）外因

玻璃化转变温度的测定结果指出，$T_g$ 随测定条件而变。其中，变温速率的影响就是最容易观察到的因素。变温速率提高，所得 $T_g$ 增大。玻璃化转变理论都可以解释这一现象。

单向外力可以促进链段运动，帮助高分子链发生构象变化，因而使 $T_g$ 降低。

在受到围压作用时，高分子的 $T_g$ 增大。这与自由体积理论和热力学理论所得结果 [式（5-23）和式（5-35）] 是吻合的。不过，在常压附近的小压力变化对 $T_g$ 的影响可以忽略。

采用动态方法测定玻璃化转变温度时，测量的频率对 $T_g$ 有一定的影响，这种影响可以用 WLF 方程或者其转化方程式（5-60）或式（5-61）来计算。

# 第三节　黏流转变及黏性流动

## 一、流动机理及黏流温度

### （一）切黏度的定义

物质在一定的力的作用下，分子间产生相对位移的现象，就是流动。上一章我们介

绍了溶液黏度的概念，它同样可以反映高分子熔体的流动行为，流体的剪切应力 $\sigma$ 与其流动时的剪切速率 $\dot{\gamma}$ 可以用牛顿流动方程来表示：

$$\sigma = \eta\dot{\gamma} \tag{5-89}$$

式中，比例系数 $\eta$ 就是流体的黏度，其单位为 Pa·s，它反映了流体流动过程中所受的内摩擦力的大小。由于这是剪切应力与剪切应变速率间的关系，所以这一黏度称为剪切黏度或切黏度。利用剪切应力和剪切速率之间的关系曲线，就可以了解流体的宏观流动特性。对于大部分低分子流体，在一定温度下，黏度为常数，其剪切应力与剪切速率间的关系是过原点的线性关系，这种流体就是牛顿流体。

当然引发流动过程的力不一定是剪切应力，它也可以是拉伸应力。由拉伸应力导致的流动分量称为拉伸流动，由此产生的黏度为拉伸黏度。

（二）流动的机理

对低分子而言，当分子具有足够的运动能且分子间的空隙与分子尺寸相当时，就具备了流动的必要条件。在受到外场作用时，分子可以定向跃迁，便形成了流动。这种流动机理被称为流动的孔穴机理。流体的黏度与温度的关系满足 Arrhenius 方程；黏度与自由体积的关系满足 Doolittle 方程；流动的活化能 $\Delta E_\eta$ 与蒸发热 $\Delta H_v$ 成正比，约为蒸发热的 1/4～1/3；流动活化能与分子量成正比；流动规律满足牛顿方程。

对高分子流动而言，通常也可以采用孔穴机理来解释。当分子链的运动被解冻，分子链获得足够的运动能力，同时孔穴尺寸足够时，即可在外场作用下实现分子的定向迁移。只是开始流动时的孔穴尺寸并不需要与分子尺寸相当，只需要与链段的尺寸相当即可，而其所要克服的流动活化能也与链段尺寸的流动活化能相当。这说明高分子开始流动的基本运动单元是链段。

孔穴尺寸对流动性的影响可以用 Doolittle 方程来描述。体系自由体积越大，体系的黏度越低，在自由体积不足时，体系的黏度很大，不足以在有限时间内观察到其流动；当其黏度降低到能观察到流动的范围时，构成自由体积的孔穴尺寸就是流动的临界尺寸。对于低分子，流动时孔穴尺寸与分子尺寸相当，因此，流动初期，低分子流体的黏度为：

$$\eta = \eta_0 e^{BV_0/V_f} \approx \eta_0 e^B \tag{5-90}$$

不同的流体有不同的指前因子。由于高分子流动时孔穴尺寸与链段尺寸相当，由均方末端距与链段的关系 $\overline{h_0^2} = n_e l_e^2$，利用 $\overline{h_0^2} = 6S_0^2$，可得高分子初始流动时自由体积分数为：

$$f \approx \frac{V_f}{V_0} \approx \frac{l_e^3}{S_0^3} = \frac{l_e^3}{(6h_0^2)^{3/2}} = \frac{l_e^3}{(6n_e l_e^2)^{3/2}} = \frac{1}{(6n_e)^{3/2}} \tag{5-91}$$

这样，对于高分子从弹性体向流体转变的初期，其黏度为：

$$\eta = \eta_0 e^{BV_0/V_f} = \eta_0 \exp\left[B(6n_e)^{3/2}\right] \tag{5-92}$$

可见黏度与分子量有关，分子量越大，$n_e$ 越多，黏度越大。

流动的活化能与分子量有关。对低分子同系物，流动活化能一般随分子量线性增大，但如果这种线性关系一直保持的话，对高分子而言，其所要克服的能量将远大于其化学键能，在能流动前，高分子就会被破坏。通过测定黏流活化能与分子量的关系发现，流动活化能与分子量的关系有个临界点 $M^*$，在 $M < M^*$ 时，流动活化能是与分子量成正比

的；而当 $M \geqslant M^*$ 后，流动活化能就变化不大了。这也说明流动的基本单元并非高分子的分子整链，而是链段。

高分子流体黏度与温度的关系与流动单元有关。在从弹性体向流体转变的初始阶段，由于流动由链段协同运动产生，所以其黏度与温度的关系符合 WLF 方程；而一旦流动单元远大于链段尺寸达到整链时，其黏度与温度的关系就重新遵循 Arrhenius 方程。高分子流动不满足牛顿流体，因此，在牛顿方程（5-89）中，黏度不是一个常数。低分子和高分子流动的情况比较见表 5-7。

## （三）黏流温度及其影响因素

黏流温度是分子链运动解冻并能发生分子间相对位移的起始温度。从其转变机制看，它满足了两个条件，一个是链段有足够的运动能力可以产生协同运动，另一个是分子链间的孔穴尺寸与链段尺寸相当。因此，分子链柔性越大，链段尺寸越小，就越容易满足这两个条件，黏流温度就越低。不过由于黏性流动也是松弛过程，所以，这个温度也非一个确定的温度值，它通常有一个转变温度区间。而且根据流动现象观察时间的长短，流动的温度也会发生变化。例如，即使是处于玻璃态的玻璃、沥青等，已有实验证明其在室温下也能流动。只是这种流动移动单位距离所需的时间实在太长，失去了生产实际的现实意义。

**表 5-7** 低分子流动特性与高分子流动特性比较

| 流体 | 低分子流体 | 高分子流体 |
|---|---|---|
| 流动机理 | 分子定向迁移 | 链段协同运动实现分子链定向迁移 |
| 孔穴尺寸要求 | 分子尺寸 | 链段尺寸 |
| 活化能要求 | 分子运动活化能 | 链段运动活化能 |
| $\eta$ - $T$ 关系 | Arrhenius 方程 $\eta = A e^{\Delta E_\eta/(RT)}$ | Arrhenius 方程 $\eta = A e^{\Delta E_\eta/(RT)}$   （ $T < T_g$ ， $T > T_g + 100K$ ）<br>WLF 方程  $\lg \dfrac{\eta}{\eta_g} = -\dfrac{17.44(T-T_s)}{51.6+(T-T_s)}$   （ $T_g \sim T_g + 100K$ ） |
| $\eta$ - $V_f$ | Doolittle 方程 $\eta = \eta_0 e^{BV_0/V_f}$ | Doolittle 方程 $\eta = \eta_0 e^{BV_0/V_f}$ |
| $\Delta E_\eta$ -$M$ | 随分子量线性增大 | <br>$\Delta E_\eta$ 随分子量线性增大至临界分子量，之后基本保持不变<br>（对碳链高分子， $n_c$ 为 20～30） |
| 流动规律 | 大部分为牛顿流体 | 绝大部分为非牛顿流体 |

分子间作用力越大，分子运动受到的阻碍就越大，则黏流温度就越高，且这种影响比对玻璃化转变温度的影响要大。因此，分子间作用力大的体系，其高弹平台就会

比较宽。

由于流动活化能与分子量成正比，因此，黏流温度会随着分子量增大而升高。当分子量达到一定程度后，链段尺寸就与分子量无关了，链段运动活化能与分子量的关系也不大了。但是，由于分子量越大，分子间的缠结越严重，因此，分子量达到一定程度后，尽管链段的尺寸、运动的活化能均与分子量的关系不大，但受到分子链间缠结的影响，链段的协同运动能力受到阻碍，因此，黏流温度仍会有很大程度的提高。

添加增塑剂后，可以提升分子间的孔穴尺寸，同时减少分子链间的缠结，因此，黏流温度随之下降。

除此之外，外界因素对黏流温度也有影响。例如，单向外力作用会促使链段向外场方向定向移动，导致分子链间相对滑移而产生流动，黏流温度就会降低；而围压作用下，由于分子间孔穴尺寸减小，因此黏流温度升高。在交变力场作用下，材料的流动能力与外场作用频率有关，作用频率越高，高分子链越难跟随外场运动，从而阻碍分子链的定向移动，导致黏流温度提高。

一些典型高分子的黏流温度、注射成型温度和分解温度列于表 5-8 中。

**表 5-8** 一些典型高分子的黏流温度、注射成型温度和分解温度

| 高分子 | 黏流温度/℃ | 注射成型温度/℃ | 分解温度/℃ |
|---|---|---|---|
| HDPE | 100～130 | 170～200 | |
| PP | 170～175 | 200～220 | |
| PS | 112～146 | 170～190 | |
| PVC | 165～190 | 170～190 | 140 |
| PMMA | | 210～240 | |
| ABS | | 180～200 | |
| POM | 165 | 170～190 | 200～240 |
| 氯化聚醚 | 180 | 185～200 | |
| 尼龙-66 | 264 | 250～270 | 270 |
| PC | 220～230 | 240～285 | 300～310 |
| PPO | 300 | 260～300 | >350 |
| 聚砜（PSO） | | 310～330 | |
| PTrFE | 208～210 | 275～280 | 300 |
| 可熔聚酰亚胺（PI） | | 280～315 | |

## 二、高分子熔体的流动规律

高分子流动有很多与低分子流动不同的现象，如图 5-32 所示。高分子流体在搅拌时会顺着旋转的转轴往上爬，称为包轴或爬杆效应，又称 Weissenberg 效应[图 5-32(a)]，而

低分子液体会在搅拌中心下陷；在测量流体流动压力时，如果压力传感器的传感面安装低于流道壁面，形成凹槽，那么测得的高分子流体的内压力将低于传感面与流道壁面相平时的压力，存在着孔压误差现象[图 5-32(b)]；熔体从挤出口挤出时有胀大的 Barus 效应[图 5-32(c)]；对高分子流体虹吸时，即使虹吸管已经提升至液面以上，虹吸现象仍会继续，熔体会持续从虹吸管中流出，被称为离面虹吸或无管虹吸现象[图 5-32(d)]；将装有高分子熔体的烧杯微倾，使液体流下，该过程一旦开始就不会停止，即使液面已低于杯口，流动仍在继续，直到杯中液体全部流光，这种现象称为侧吸效应[图 5-32(e)]；低分子流体形成的自由射流产生的液滴间是分离的，而高分子流体从喷口射出时，小液滴间会有液流小杆相连，杆中的液体逐渐进入液滴中，杆变细[图 5-32(f)]。此外，高分子溶液流动时，其黏度不是定值，会随着剪切力的改变而改变，如图 5-32(g)所示，在垂直的双管中分别倒入低分子液体和高分子稀溶液，在初始液面较高且相同时，高分子溶液因产生较大的剪切力使初始黏度降低，所以流到中间刻度时所用时间较少；但随着液面降低，剪切力变小，黏度又逐渐增大，故而高分子一侧的后期流速变慢，反而是低分子流体先流空。在流程中的收缩口处存在着靠壁环流或蛋形环流及收缩口处气泡暂停的 Uebler 效应；高分子溶液液滴以细流方式倒在自身液面上时会产生液流回弹的周期性现象。此外，高分子溶液和高分子熔体还存在着湍流减阻现象（Toms 效应）、熔体在流道入口和出口区的末端压力降、次级流动方向与牛顿流体相反等特殊的现象。

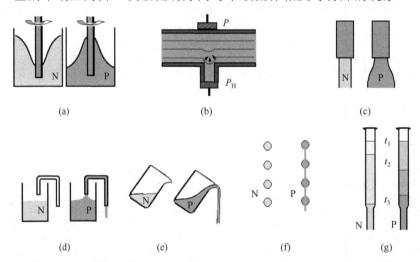

**图 5-32**    高分子黏性流动时的一些常见现象及与低分子流体的对比

N—牛顿流体；P—高分子流体

## （一）高分子熔体的流动特点

如前所述，高分子熔体刚开始流动时的基本运动单元是链段。随着温度的增加，体系的孔穴尺寸逐渐增大，其流动的运动单元也随之增大。到一定温度后，高分子的运动单元是整链时，其运动规律就开始遵从 Arrhenius 方程了。

高分子熔体黏度比一般低分子流体的黏度大得多，一般可达 $10^2 \sim 10^5$ Pa·s，因此称之为黏性流动。

低分子流动一般为纯粹的黏性，但高分子熔体流动时通常还伴有高弹形变。当拉伸应力或剪切应力改变时，则高分子流体形状和流动性质随之发生相应的弹性和黏性的双重变化。

由于高分子熔体的流动不是分子的直接迁移和纯粹的黏性流动，因此不属于牛顿流体。流动黏度不仅与温度有关，而且与流体在流道中所受应力与流动速率有关，呈现典型的黏弹性流体的非牛顿流动特征。

高分子链因为难以运动，所以通常流动所需的温度较高，同时需要有较大的应力。在这种较高能量的反复作用下，高分子的流动就不再是纯粹的物理过程了，它可能伴有化学反应，如分解反应或交联反应等。利用这种高能量的环境，人们设计出诸如反应性挤出的工艺，在挤出成型加工的同时，将所需的单元通过化学反应接枝到高分子主链上，或者在高分子中引入一些特殊的功能基团等。

### （二）非牛顿流体

凡是不符合牛顿流体规律的流体均为非牛顿流体。其中流变行为与时间无关的流体，比较简单的有三种（图 5-33），分别是宾厄姆流体、假塑性流体和胀流型流体。

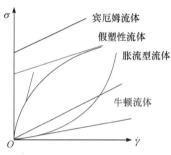

**1. 宾厄姆流体**

宾厄姆流体又称为塑性流体。这种流体存在着屈服应力，当所受剪切应力低于屈服应力时，流体保持弹性状态，不能产生流动；只有当剪切应力超过屈服应力时，体系才能实现流动。其基本关系为：

$$\begin{cases} \sigma = G\gamma & (\sigma < \sigma_y) \\ \sigma - \sigma_y = \eta_p \dot{\gamma} & (\sigma \geqslant \sigma_y) \end{cases} \tag{5-93}$$

**图 5-33** 几种简单流动规律

式中，$\sigma_y$ 是屈服应力；$\eta_p$ 是结构黏度，又叫塑性黏度。呈现这种行为的高分子体系包括某些涂料、油墨、牙膏等。

**2. 假塑性流体**

假塑性流体又称切力减稀流体或剪切变稀流体。随着剪切应力增大，体系的黏度会逐渐降低，曲线逐渐趋于稳定，接近于不过原点的直线，类似于塑性流体，所以称之为假塑性流体。剪切应力与剪切速率的关系为：

$$\sigma = \eta \dot{\gamma} = K\dot{\gamma}^n \quad (n < 1) \tag{5-94}$$

式中，$K$ 为稠度；$n$ 是非牛顿指数，用于表征流体偏离牛顿流动程度。大多数高分子熔体和溶液都属于此类非牛顿流体。因为高分子链可以跨越多个液层，而不同液层的流动速率不同，随着流动过程的进行，高分子链将逐渐趋向于进入流速一样的同一液层，这样高分子链在流动方向上就会取向；而流动的同时，也会使原本缠结在一起的高分子链解开。这两个因素都使高分子熔体的黏度下降。

**3. 胀流型流体**

胀流型流体又称为切力增稠流体或剪切增稠流体。随着剪切应力增大，体系的黏度会逐渐升高，并迅速增大，甚至可以导致流动停止。剪切应力与剪切速率之间的关系为：

$$\sigma = \eta \dot{\gamma} = K\dot{\gamma}^n \quad (n > 1) \tag{5-95}$$

高分子体系中一些复合材料、含极性取代基的高分子的悬浮液、胶乳和高分子-填料体系会出现这种流动行为。

（三）依时性流体

以上流体尽管剪切应力与剪切速率间的关系不再是简单的线性关系，但一旦剪切应力和剪切速率中的一个参数确定，则另一个参数也就确定了，体系的黏度也随之确定。还有些流体，在保持剪切应力不变时，其剪切速率会随时间逐渐变化，或者在保持剪切速率恒定时，剪切应力会随时间而变化，因此，其黏度是时间的函数，不是恒定的值。这种流体称为依时性流体。它有两种类型，一种是在恒定剪切应力或恒定剪切速率下，体系的黏度随时间逐渐降低，称为触变体，或摇溶体；另一种是体系的黏度会随时间逐渐升高，称为震凝体或摇凝体，也叫反触变体。

一般而言，此类流体在流动过程中体系的结构会发生较大的变化，造成黏度改变。摇溶体一般在外力作用下总是伴随着某种结构的破坏，而摇凝体则通常会伴随着某种结构的生成。摇溶体或摇凝体均有可逆和不可逆两种情况。如冻胶，体系中存在着大量的静电作用、氢键作用和分子链的缠结，因此不易流动；而在外力作用下，这些物理交联点逐渐破坏，体系的黏度会逐渐下降；静置后，体系中的相互作用又会重新建立，黏度又随时间而增大，这种摇溶体就是可逆的摇溶体。许多高分子熔体也表现出一定的触变性，这是因为分子链的解缠结与取向均有时间的依赖性，具有明显的松弛特性使然，且随分子量增大，黏度下降到某一平衡值所需的时间也延长。这种触变性具有一定的可逆性。

如果在流动过程中，体系会生成某种结构，则体系黏度会上升。如淀粉等多糖、$TiO_2$ 和 $SiO_2$ 等含有大量—OH 基团的高分子或无机物在水中形成的分散体，在不受外力作用时，粒子表面分子与水分子间的氢键作用会形成溶剂化层，削弱了分子间的相互作用，粒子间相互距离较远，粒子间的碰撞概率较小，体系黏度较低；随着外力的介入，增加了粒子间的碰撞概率，粒子间的氢键作用导致粒子间相互结合，使体系黏度逐渐增大，从而表现出摇凝体的性质。

## 三、高分子熔体流动性

（一）剪切流动性表征

对于剪切流动，高分子流体的流动性通常用以下不同的黏度或参数来表征。

① 零剪切黏度：它是低剪切速率下体系的黏度，可表示为 $\eta_0 = \lim\limits_{\dot{\gamma} \to 0} \eta = \lim\limits_{\dot{\gamma} \to 0} \dfrac{\sigma}{\dot{\gamma}}$。

② 表观黏度：定义为 $\eta_a = \dfrac{\sigma}{\dot{\gamma}}$，是剪切应力与剪切速率之比。对于高分子熔体，它不是常数，而是随剪切速率而变的。由于高分子是黏弹性流体，流动过程中的形变既包含不可逆的黏性流动，也包含可逆的高弹形变，所以表观黏度的意义已非纯粹的黏性参数，它并不完全反映高分子流体中不可逆形变的难易程度。但是作为流动性的相对指标，可以相对反映流体流动性能，表观黏度大的，流动性差，反之，表观黏度小的，流动性好。

③ 微分黏度：定义为 $\eta_c = \dfrac{\mathrm{d}\sigma}{\mathrm{d}\dot{\gamma}}$，也有称之为稠度的，它和稠度 $K$ 值不同。微分黏度

更能反映体系中由不可逆的黏性所产生的流动性能。

④ 复数黏度：如果剪切速率是交变的，则可以得到复数黏度 $\eta^* = \eta' - i\eta''$，其中实数部分 $\eta'$ 是动态黏度，表示用于黏性流动的能量耗散部分；虚数部分 $\eta''$ 是用于弹性形变的储能部分。它们和剪切模量 $G'$ 和 $G''$ 之间的关系为：

$$\eta' = \frac{G''}{\omega}; \quad \eta'' = \frac{G'}{\omega} \tag{5-96}$$

式中，$\omega$ 是振动角频率。绝对复数黏度为：

$$|\eta^*| = \sqrt{\eta'^2 + \eta''^2} = \frac{\sqrt{G''^2 + G'^2}}{\omega} \tag{5-97}$$

⑤ 熔体指数 MI：定义为在一定温度下，高分子熔体按照测试标准要求，在一定负荷下，10min 内从特定直径和长度的毛细管中流出的质量（单位为 g）。MI 的测定比较方便，工业上常用它来表示高分子材料的流动性。但是，由于不同的高分子测定条件不同，所以用 MI 来笼统地比较流动性的好坏是没有意义的。但可以由 MI 的高低大致了解其流动性，从而选择合适的加工条件。由于熔体指数测定时的流速比较慢，所以所得流动性相当于在低剪切速率下的流动性。

以上是几种常见的流动性表征参数。不同的参数适用的范围不同。在不同的条件下不同的高分子熔体间进行流动性比较时，需要采用合适的参数。例如表观黏度是随剪切应力变化而变化的，在高剪切速率下所得的流动性参数与低剪切速率下所测得的流动性有很大的差别。而零剪切黏度则是剪切速率很低时熔体的黏度，它所对应的流动状态与熔体指数测定条件下所得的流动性一致。

## （二）影响剪切流动性的结构因素

### 1. 分子结构的影响

首先，分子链柔性越大，链段越容易运动，链段的尺寸越小，流动温度越低，流动活化能和流动黏度就越低。例如聚有机硅氧烷和含有醚键、酯键的高分子的黏度就特别低；而刚性很强的高分子，例如聚酰亚胺和其他主链含有芳环或脂环的高分子的黏度都很高，加工也较困难。

### 2. 分子量影响

分子量对黏度有很大的影响。分子量越大，链段协同运动所要调集的单元就越多，为了实现整个分子链重心的位移就越难；分子量越大，相互之间的缠结也越多，体系内摩擦也越严重，因此，其流动温度也越高，流动性也越差。分子量的缓慢增大，会使体系黏流温度和表观黏度都急剧呈指数式上升。缩合聚合所得高分子和加成聚合所得高分子，其零剪切黏度有如下经验关系：

缩聚物：
$$\begin{cases} \lg \eta_0 = A + B \overline{M}_w^{\beta} \\ \lg \eta = A + B \overline{M}_w^{\beta} + \dfrac{C}{T} \end{cases} \tag{5-98}$$

加聚物：
$$\begin{cases} \eta_0 = K_1 \overline{M}_w & (\overline{M}_w < M_c) \\ \eta_0 = K_2 \overline{M}_w^{3.4} & (\overline{M}_w > M_c) \end{cases} \tag{5-99}$$

式中，$A$、$B$、$\beta$、$C$、$K_1$、$K_2$ 和 3.4 都是经验常数；$M_c$ 是临界分子量。分子量大于 $M_c$ 后，高分子熔体的零剪切黏度会大幅增加，可以认为，它是因分子链间的缠结作用引起的。分子量越大，缠结越多，流动阻力越大，流动性越差。分子量小于 $M_c$ 时，虽然分子链间也可能存在着缠结，但是解缠结容易，过程进行得极快，所以黏度较低。根据长链分子的链缠结模型所得的关系是 $\eta_0 = K\overline{M}_w^{3.5}$，与经验方程非常一致。各种高分子的临界分子量数值各不相同，随链刚性的增加，缠结的倾向减小。

不同的应用场合对分子量有不同的要求，例如，合成橡胶希望弹性好些，分子量通常较高，如 $10^5$ 数量级；纤维所用高分子通常分子间相互作用较大，所以一般分子量控制得较低，如 $10^4$ 数量级；塑料一般介于二者间。从加工方式上讲，一般注射成型的分子量较低，挤出成型的分子量较高，吹塑成型用的分子量介于两者之间。具体的选择需要考虑多种因素，包括使用性能的要求和加工条件等。

3. 分子量分布的影响

对于分子量分布较宽的高分子，其熔体黏度与重均分子量没有严格的关系，其中高分子量部分对零剪切黏度的贡献比低分子量部分要大得多，因此，重均分子量相同的同种高分子，分子量分布较宽的试样就比窄分布试样的零剪切黏度要高；但高分子量部分对剪切速率更为敏感，剪切引起的黏度降低更大，而且低分子量部分对流动也起到了一定的促进作用，因此，宽分布试样熔体的流动在更低的剪切速率下就开始出现非牛顿性，体系黏度降低得更快，导致其在高剪切速率区的黏度值比窄分布的试样更低。

4. 其他结构因素的影响

链支化对流动性能的影响与支化链的类型有关。与线形链相比，短支链通常可以减少分子链间的作用，且分子尺寸更短，因此，零剪切黏度更低。但若支链长到足以相互缠结，则将会大大增加体系的黏度。

分子的极性、氢键、CTC 作用和离子键等强相互作用不仅会使高分子黏流温度大大增加，也会使熔体黏度大大增加。

高分子在熔体中的状态也会影响高分子熔体的黏度。高分子链以小粒子状态存在于熔体中时会降低熔体黏度。如乳液法制备的 PS 或 PVC 等高分子，加工时其黏度有时会比分子量相同的悬浮法制备的高分子小好几倍。研究指出，乳液法所得产物在熔融状态下，乳胶颗粒有可能尚未完全消失，它作为刚性的流动单元，相互作用较小，便于相互滑移，因而黏度很低。继续升高温度到 200℃ 以上后，乳胶颗粒被破坏，乳液法聚氯乙烯与悬浮法的差别随即消失。

再如等规聚丙烯在 208℃ 下，仍具有螺旋分子构象，当剪切速率增加到一定值时，分子链伸展，黏度可突然升高一个数量级，甚至可导致流动突然停止。这是因为聚丙烯分子链在高度单轴取向状态下发生结晶，导致黏度突然升高。此时单纯降低剪切速率并不能使聚丙烯的黏度重新下降，而只有加热至 280℃ 以上时，黏度才能重新下降。

（三）　影响剪切流动性的外部条件

1. 温度

温度升高，链段运动能力增加，熔体自由体积增大，分子间的相互作用减弱，高分子熔体黏度下降。在 $T_g < T < T_g + 100K$ 范围，黏度与温度的关系满足 WLF 方程：

$$\lg \frac{\eta}{\eta_g} = -\frac{17.44(T-T_g)}{51.6+(T-T_g)} \tag{5-100}$$

在此范围内，因为不涉及分子结构，故在相同温差情况下，黏度下降的幅度也是一样的。而在 $T_g$ +100K 以上或远高于 $T_f$ 以上时，则大致满足 Arrhenius 方程：

$$\ln \eta = \ln A + \frac{\Delta E_\eta}{RT} \tag{5-101}$$

在此区间内，同样温差，黏度下降程度与黏流活化能有关。黏流活化能越高的体系，黏度对温度的敏感性更高。因此，像 PC、PMMA 等刚性较大的高分子与 PE、PP 等柔性高分子相比，采用升高温度的方法来降低黏度更为有效。

2. 剪切速率和剪切应力

高分子熔体大多是假塑性流体，黏度会随着剪切速率的增大而减小。但在较广泛的范围内考察剪切速率对黏度的影响时，情况则较为复杂，剪切应力与剪切速率的关系如图 5-34 所示。

在低剪切速率范围，剪切速率很低，剪切应力与剪切速率成正比，基本满足牛顿流体方程；剪切速率增加到一定程度后，熔体出现剪切变稀的假塑性流体行为，黏度随剪切速率的增加而降低；到达很高的剪切速率时，高分子的黏度可不再随剪切速率而改变，重新表现

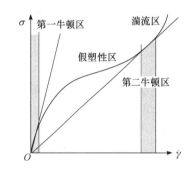

**图 5-34　剪切速率对黏度影响**

出牛顿流体的行为；进一步增大剪切速率，体系黏度再次升高，出现不稳定的湍流。因此，随着剪切速率的增大，高分子熔体依次出现第一牛顿区、假塑性区、第二牛顿区和湍流区。

在第一牛顿区，尽管受到剪切力的作用，但剪切力小，高分子链构象的改变会很快回复，被破坏的缠结结构也能很快重建，因此缠结形成的拟网状结构密度不变，因而黏度不变，黏度基本保持恒定的高值；增大剪切速率，缠结点破坏速度大于缠结点的重建速度，同时高分子链在剪切力的作用下开始取向，黏度开始下降，熔体进入假塑性区；当剪切速率继续增大到缠结结构完全被破坏，并来不及重建，高分子链沿剪切方向也达到高度取向排列时，黏度达到最小值并不再变化，熔体进入第二牛顿区；当剪切速率继续增大后，不仅拟网络结构完全被破坏，取向结构也再次被打乱，导致膨胀区出现，黏度再次升高，进入不稳定的湍流区。

不过，虽然图 5-34 是综合的普适流动曲线，但并非所有高分子熔体都有这四个区域。事实上，大多数高分子熔体的流动曲线都难以出现第二牛顿区，原因在于，在高剪切速率下，高分子熔体会产生大量的热量，使温度升高，流动行为发生改变，而且在高剪切速率下，熔体的稳定性也受到破坏，出现弹性湍流，从而跳过第二牛顿区直接进入湍流区。由此也可看出，由于在假塑性区域，增大剪切速率可以破坏分子链间的缠结结构而降低黏度，因此，对柔性高分子和刚性高分子而言，黏度降低的程度是不同的。柔性高分子容易通过链段运动而取向，而刚性高分子链的链段尺寸大，运动困难，对缠结点的破坏有限，所以提高剪切速率对柔性高分子降低黏度更为有效。

剪切应力对高分子黏度的影响与剪切速率的影响是一致的。

#### 3. 流体静压力

在挤出和注塑成型过程中，熔体会受到相当高的流体静压力。增大流体静压力将压缩体系中的自由体积，从而增强分子间的相互作用，剪切黏度随之大幅度增大。剪切黏度与流体静压力 $P$ 间的关系可用黏度压力系数 $K$ 来表征，$K$ 定义为：

$$K = \frac{\mathrm{d}\ln\eta}{\mathrm{d}P} \tag{5-102}$$

表 5-9 列出了几种高分子的黏度压力系数值。

**表 5-9**　几种高分子的黏度压力系数

| 高分子 | LDPE | HDPE | PP | PS | PS | PMMA | PC | PDMS |
|---|---|---|---|---|---|---|---|---|
| 温度/℃ | 210 | 170 | 210 | 165 | 190 | 235 | 270 | 40 |
| $K \times 10^8 / \mathrm{Pa}^{-1}$ | 1.43 | 0.68 | 1.50 | 4.3 | 3.5 | 2.14 | 2.35 | 0.73 |

压力增大等效于温度降低。由黏度压力系数 $K$ 与黏度温度系数 $A$（$A = \mathrm{d}\ln\eta/\mathrm{d}T$）之比 $K/A \approx 4 \times 10^{-7}\mathrm{K} \cdot \mathrm{Pa}^{-1}$，可以估算出压力每增加 100MPa，大致相当于温度降低 40K。

### （四）拉伸流动及其表征

在拉伸应力的作用下，熔体会发生拉伸流动。质点在流动场中的运动速度分布称为流谱。剪切流动时的流谱为横向速度场，即速度梯度与流动方向垂直，如拖曳流[图 5-35(a)]、压力流[图 5-35(b)]等。拉伸流动的流谱为纵向速度梯度场，即速度梯度方向与流动方向相平行[图 5-35(c)]。当流体流经的管道截面积发生变化，流线收敛或发散时就有拉伸流动分量。如吹塑、纺丝、注塑和挤出等加工过程中都会涉及拉伸流动。

(a) 剪切流动拖曳　(b) 剪切流动压力流　(c) 拉伸流动
流(Coutte流)　　(Poiseuille流)

**图 5-35**　拉伸流动与剪切流动示意图

与剪切流场相比，拉伸流场在加工过程中有一些独特的优势，主要是在拉伸流场中，在应变速率相同的情况下，理论模拟结果显示，体系中的刚性粒子会受到约为剪切流场中 2 倍的作用力，因此可以使高分子中的填料分散得更好，分散混合的效率也更高；由于拉伸流场更多的是体积正位移输送，其传热效率更高；尤其是对于一维填充体系，拉伸流场可以使其在一定程度上发生取向，达到自增强效果。

根据拉伸流动中流体的受力方式，拉伸流动可分为单轴拉伸、双轴拉伸、平面单轴拉伸和三维拉伸。例如，纺丝过程中，在接近毛细管式喷丝板的入口处和出毛细管后的纤维卷绕过程中都有单轴拉伸流动，在瓶子和薄膜的吹塑成型中有双轴拉伸流动，在薄膜压延过程中有平面单轴拉伸流动，挤出过程中口模入口处和注射成型过程中注嘴入口处的收敛流动以及厚壁中空容器吹塑等典型的高分子材料加工成型方式中则都有三维拉伸流动。

基于拉伸流动可以提高分散效率，通过对双螺杆挤出机中的啮合块进行重新设计，如设计成椭球状，当螺杆旋转时，高分子物料由大的啮合腔体进入到小的啮合腔体时，会产生熔体的收敛流动，就可以在局部范围内引入拉伸流场，或者设计成尺寸会变化的流道等，从而引入拉伸流场。

拉伸应力 $\sigma_n$ 与拉伸应变速率 $\dot{\varepsilon}$ 间的关系也可以采用牛顿方程表示为：

$$\sigma_n = \eta_n \dot{\varepsilon} \tag{5-103}$$

式中，$\eta_n$ 是拉伸黏度。不同的拉伸方法有不同的拉伸黏度，它可区分为单轴拉伸黏度 $\eta_n^-$、平面单轴拉伸黏度 $\eta_n^=$ 和双轴拉伸黏度 $\eta_n^+$。一般所说的拉伸黏度是指单轴拉伸黏度。对于牛顿流体，Trouton 指出它们与剪切黏度 $\eta$ 间的关系为：

$$\begin{cases} \eta_n^- = 3\eta \\ \eta_n^= = 4\eta \\ \eta_n^+ = 6\eta \end{cases} \tag{5-104}$$

故拉伸与剪切黏度之比又称为 Trouton 比。对于非牛顿流体，只有在拉伸应变速率很小时，拉伸黏度才是常数，式（5-104）才成立。与剪切流动一样，拉伸流动也与高分子的弹性有关。

对于稳态的单轴拉伸流动，Oldroyd 给出了三参数模型，所得拉伸黏度表达式为：

$$\eta_n^- = 3\eta_0 \frac{1 - \lambda_2 \dot{\varepsilon}}{1 - \lambda_1 \dot{\varepsilon}} \tag{5-105}$$

式中，$\eta_0$ 为零剪切黏度；$\lambda_1$ 和 $\lambda_2$ 都是材料常数。在 $\lambda_1 \dot{\varepsilon}$ 较小时，用级数展开后忽略高次项，得：

$$\eta_n^- \approx 3\eta_0 \left[1 + (\lambda_1 - \lambda_2)\dot{\varepsilon} + \lambda_1(\lambda_1 - \lambda_2)\dot{\varepsilon}^2\right] \tag{5-106}$$

由此得到的拉伸黏度与应变速率间的关系如图 5-36 所示。在应变速率趋于 0 时，$\eta_n^- = 3\eta_0$，与 Trouton 公式一致。

Lodge 推导了类橡胶液体的拉伸流动本构方程，在稳态单轴拉伸流场中：

$$\eta_n^- = \frac{3\eta_0}{(1 + \lambda_1 \dot{\varepsilon})(1 - 2\lambda_1 \dot{\varepsilon})} \tag{5-107}$$

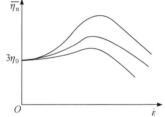

**图 5-36** Oldroyd 三参数模型所得拉伸黏度与拉伸应变速率间的关系（不同的曲线代表不同的 $\lambda_1$ 和 $\lambda_2$ 值）

在 $\lambda_1 \dot{\varepsilon}$ 较小时，采用级数展开后忽略高次项，得：

$$\eta_n^- \approx 3\eta_0(1 - \lambda_1 \dot{\varepsilon} + \lambda_1^2 \dot{\varepsilon}^2)(1 + 2\lambda_1 \dot{\varepsilon} + 4\lambda_1^2 \dot{\varepsilon}^2) \approx 3\eta_0(1 + \lambda_1 \dot{\varepsilon} + 3\lambda_1^2 \dot{\varepsilon}^2) \tag{5-108}$$

上述本构方程与式（5-106）意义相近。它在应用于高分子熔体的拉伸黏度时尚需要进行改进。主要原因在于高分子熔体流动过程中的复杂性，尤其是多相体系，影响因素更多，涉及组分间的相容性、黏弹性差异、粒子的几何形状、尺寸及其在熔体中的分散和分布等，结晶性高分子在拉伸流动中还有可能存在流动诱导结晶，使本构方程的建立更为困难。

拉伸黏度的测定比剪切黏度要困难得多。首先，要获得纯拉伸流动不太容易，流动过程中或多或少都会存在剪切流动的成分；其次，要在稳态下进行测定，就要求维持恒定的纵向速度梯度场，这在一般情况下也是较难做到的；第三，由于温度对黏度的影响很大，必须维持温度恒定，而不受管壁约束的纯拉伸流动加工中，一般又伴随着冷却过程。所以，要同时满足这些条件，同时准确测量拉伸应力和拉伸应变速率并不是很简单的。试样的制备、拉伸试样的自由表面、拉伸应变的控制以及实验仪器的复杂性等也都会影响实验结果的准确性。目前，人们已设计了一些测定拉伸黏度的仪器，建立了相应的方法，包括 Meisner 型拉伸流变仪（RME）、Ballman 拉伸流变仪、Maia 改进旋转流变仪（MRR）、丝状拉伸流变技术（FSR）、Sentmanat 拉伸流变仪（SER）、润滑压缩技术、气泡破裂技术、滞流技术、Rheotens 毛细管拉伸流变仪、入口收敛流动测量技术等。这些技术或仪器是在测量过程中通过缠绕、落盘等方法获得稳定的拉伸流动，直接测定熔体拉伸黏度及其他参数。利用熔体在入口收敛过程中会产生压力降，Cogswell 和 Binding 等通过模型建立了压力降与流变性能间的关系，也可以获得熔体的拉伸黏度。

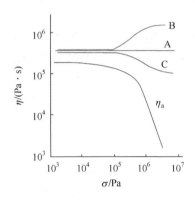

**图 5-37**　高分子拉伸黏度-拉伸应力的关系与剪切黏度-剪切应力关系对比

### （五）拉伸流动的影响因素

图 5-37 将拉伸黏度与剪切黏度进行比较，可以看到高分子熔体的拉伸黏度与拉伸应力的关系一般有三种类型：类型 A 表示拉伸黏度与拉伸应力无关，主要是一些聚合度较低的线形高分子，如尼龙-66、聚甲醛、聚甲基丙烯酸酯等；类型 B 表示当拉伸应力增至剪切黏度开始下降的应力值时，拉伸黏度开始随拉伸应力的增加而上升（拉伸增稠），主要是高分子量的支化高分子，如 LDPE、支化 PS 和 NR 等；类型 C 表示当拉伸应力增至剪切黏度开始下降的应力值时，拉伸黏度开始随拉伸应力的增加而下降（拉伸变稀），主要是高分子量的线形高分子，如 HDPE 和 PP 等。

拉伸黏度的种种变化反映了流体的非牛顿性，其表现出的行为特性与分子链在拉伸方向上的取向有关。包括分子量、链缠结和分子结构以及链间距等在拉伸应力的作用下对松弛和流动所产生的影响。

对稳态单轴拉伸流动进行理论模拟，发现拉伸黏度应随应变速率的增加而升高，但是实际却不尽然，甚至相反。这说明非稳态实验和理论分析可能都存在很多不完善之处。

从拉伸流动中发生的结构变化分析，拉伸流动中同样会发生链解缠结，其结果将使拉伸黏度降低。但是同时，在拉伸流动的过程中分子链发生伸展并沿流动方向取向，结果将使分子间相互作用增加，对流动的阻力增加，因而拉伸黏度增大。表观拉伸黏度的变化方向取决于占优势的一方。

原则上说，如果拉伸黏度随拉伸应变速率的增大而升高，此类拉伸流动行为对成纤的稳定性较为有利。当高分子熔体某处出现一个弱点时，该处拉伸应变速率随之增大，导致拉伸黏度上升，它将阻止对薄弱部分的进一步拉伸，从而使弱点消失，纤维均匀化。与此相反，如果拉伸黏度随拉伸应变速率的增加而降低，则局部弱点在拉伸过程中将导致破裂，不利于稳定成纤。

高分子熔体是非牛顿流体，在高剪切速率下剪切黏度下降的幅度大，而拉伸黏度随拉伸应变速率变化不是很大，因而高分子熔体的拉伸黏度比剪切黏度要大得多，甚至可大两个数量级，远偏离三倍于剪切黏度的牛顿流体规律。

## 四、高分子熔体流动过程中的弹性现象

在稳态剪切流动的流体中，从中切出一个立方小体积元，规定空间方向 1 是流体流动的方向，方向 2 与层流平面相垂直，方向 3 垂直于方向 1 和 2，某一时刻作用在它上面的各应力分量如图 5-38 所示。

对于牛顿流体，作用在流动方向上的剪切应力 $\sigma_s = \sigma_{21}$，而作用在空间相互垂直的三个方向上的法向应力分量大小相等 $\sigma_{11} = \sigma_{22} = \sigma_{33}$。但是，高分子熔体的情况则不相同，三个法向应力分量不再相等，这是由高分子熔体的弹性效应造成的。对此通常定义两个法向应力差，它们的大小与剪切速率有关：

$$\begin{cases} N_1 = \sigma_{11} - \sigma_{22} = \psi_1(\dot{\gamma})\dot{\gamma}^2 \\ N_2 = \sigma_{22} - \sigma_{33} = \psi_2(\dot{\gamma})\dot{\gamma}^2 \end{cases} \tag{5-109}$$

式中，$N_1$ 和 $N_2$ 分别称为第一法向应力差和第二法向应力差；$\psi_1$ 和 $\psi_2$ 分别为第一法向应力系数和第二法向应力系数，它们和黏度函数一样是独立的流体材料函数。黏度函数反映的是流体的黏性行为，法向应力函数则反映流体的弹性行为。

第一法向应力差通常为正值，且较大，称为主法向应力差，特别是当剪切速率很大时，$N_1$ 甚至可超过剪切应力 $\sigma_s$；第二法向应力差一般很小，且为负值（图 5-39）。二者之比值 $-N_2/N_1$ 大约在 0.1 至 0.3 之间。

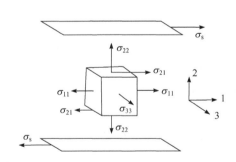

图 5-38　稳态剪切流动时的诸应力分量

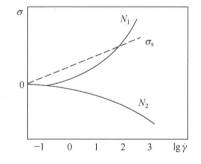

图 5-39　高分子熔体剪切流动时的第一、第二法向应力差与剪切速率的关系

法向应力差的测量一般比较困难，在剪切速率较大时尤其如此，测量的精度也较差。第二法向应力的数据更少。

由于法向应力差的存在，在高分子熔体流动时，会引起一系列在牛顿流体中所不曾见到的特殊现象。下面略加讨论。

### （一）魏森贝格效应

对高分子熔体或浓溶液加以搅拌时，受到旋转剪切作用，流体会沿搅拌轴上升，发生包轴或爬杆现象，即魏森贝格（Weissenberg）效应。

采用装有显示管的锥板黏度计可以演示法向应力，由此也可以测定法向应力差和熔体性质的关系（图 5-40）。在锥体上钻有与轴平行的小孔，装上显示管。锥体绕中心轴旋

转时，锥板间的高分子熔体就会涌入小孔，并沿孔上所接的管子上升。流体流动的流线是轴向对称的封闭圆环，弹性液体沿圆环流动时，沿流动方向的法向应力 $\sigma_{11}$ 在封闭圆环上产生拉力，对流体的运动起了限制作用，迫使液体在法向应力 $\sigma_{22}$（垂直于同心圆筒形流层的方向）的作用下，沿半径方向向轴心运动直至平衡，同时在与轴平行方向上的法向应力分量 $\sigma_{33}$ 的作用下反抗重力，垂直向上运动直至平衡。这三个法向应力分量的共同作用使外层液体向内层液体挤压并向上运动，从而造成包轴、爬杆现象。在转速固定时，通过测定液体沿显示管上升的高度，就可以计算法向应力。第一法向应力差与液体在管中的高度成正比，实验证明，在旋转中心处液柱最高，离中心愈远，液柱愈低。带有压力传感器的锥板流变仪可以直接测量使锥体和圆板分离的轴向力 $F$（图5-41），这个力是锥体或圆板上从外沿到中心逐渐增大的压力的总和。第一法向应力可按下式计算：

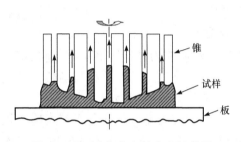

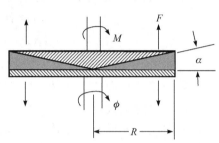

| 图 5-40　法向应力效应实验装置 | 图 5-41　锥板流变仪示意图 |

$$N_1 = \frac{2F}{\pi R^2} \tag{5-110}$$

图5-42是浓度为10%的三种结构的聚异戊二烯浓溶液的第一法向应力差 $N_1$ 和剪切应力 $\sigma_s$ 对剪切速率 $\dot{\gamma}$ 的关系曲线。可以看到，$N_1$-$\dot{\gamma}$ 和 $\sigma_s$-$\dot{\gamma}$ 曲线有交叉点。在交叉点前的低剪切速率区，$N_1 < \sigma_s$，而 $N_1$ 与 $\dot{\gamma}^2$ 成正比，随剪切速率增大，$N_1$ 比 $\sigma_s$ 增加快得多，到某一剪切速率之后，$N_1 > \sigma_s$。在两曲线交叉处附近，即 $N_1$ 与 $\sigma_s$ 大小相近时，可以发现流体黏度也从 $\eta_0$ 开始下降，流体转变为假塑性流体，因此，熔体非牛顿黏性流动发生在交叉点对应的剪切速率附近。

在剪切速率足够小的第一牛顿区，$\sigma = \eta_0 \dot{\gamma}$，可以证明，第一法向应力差为：

$$N_1 = 2J_e^0 \eta_0^2 \dot{\gamma}^2 = 2J_e^0 \sigma_s^2 \tag{5-111}$$

式中，$J_e^0$ 是可回复的剪切柔量。至于一般的剪切速率范围，上述关系为：

$$N_1 / \left(2\sigma_s^2\right) = J_s(\dot{\gamma}) \tag{5-112}$$

式中，$J_s$ 为法向应力柔量，它是剪切速率的函数。不过实际上它变化不大，因此，即使是在假塑性区，$N_1 / \left(2\sigma_s^2\right)$ 仍可近似看作常数。

## （二）挤出物胀大

当高分子熔体从小孔、毛细管或狭缝中挤出时，挤出物的直径或厚度会明显大于模口尺寸，这种现象就是挤出物胀大，称入口效应，亦称巴勒斯（Barus）效应。

如果考察流动过程中一个熔体单元的变化，在进入模孔时，体积元会因模孔的限制被拉长变细，离开模口后失去了孔壁的束缚，由于熔体的弹性效应，体积元倾向于恢复到进入模孔前的形状，仿佛有"记忆"一样，因而这种现象也称为弹性记忆效应。

高分子熔体的挤出物胀大现象时常很显著。通常定义胀大比 $B$ 为挤出物的最大直径 $d$ 与模口直径 $D$ 的比值（$d/D$）。等规 PP 和 LDPE 的 $B$ 值可高达 $3.0\sim4.5$。

高分子熔体的挤出物胀大是熔体弹性的一种表现。它由两方面因素引起，一是拉伸流动中的弹性形变，另一方面是剪切流动中的弹性形变。当熔体进入模孔时，由于流线收缩，在流动方向上产生纵向速度梯度，流动中产生了拉伸流动成分，熔体沿流动方向受到拉伸，发生弹性变形，而在口模中停留的时间又较短，来不及完全松弛掉，出模口后将发生回缩，这就是拉伸流动中的弹性形变带来的挤出物胀大；熔体在模孔中流动时，由于剪切应力和法向应力的作用（$\sigma_{11}$ 沿流动方向对流体产生拉力），也要发生弹性形变，出模口后要回复，这就是剪切流动中的弹性形变带来的挤出物胀大。

当模孔的长径比 $L/D$ 很小时，拉伸形变的回复是主要的，胀大主要由拉伸流动引起；随着 $L/D$ 增大，$B$ 减小，至 $L/D>8$ 时，由拉伸流动引起的变形在模孔内已可以得到充分的松弛回复，此时挤出物胀大主要由剪切流动引起。当采用大长径比的毛细管时，拉伸流动的贡献就可以忽略。

挤出物的胀大比与剪切速率有关。在低剪切速率下，$B$ 约为 1.1。随着剪切速率的增大，$B$ 增大（图 5-43），挤出物胀大明显增加的起始剪切速率也与流体黏度开始出现非牛顿性的剪切速率相对应。剪切速率越快，取向越多，胀大比越严重。

在 $L/D$ 足够大时，挤出物胀大可以认为完全由剪切流动引起，在这种情况下，$B$ 和 $N_1$ 之间的关系可以用较为符合实验的理论关系 Tanner 方程式来表示：

$$N_1^2/\left(8\sigma_s^2\right)+1=(B-0.1)^6 \tag{5-113}$$

挤出物的胀大比还与熔体的温度有关，在剪切速率相同时，温度愈高，取向分子的松弛愈快，所以 $B$ 随温度升高而减小[图 5-44(a)]。但是当以 $B$ 对毛细管壁处的剪切应力 $\sigma_{sw}$ 作图时，不同温度的数据都可能落在同一曲线上[图 5-44(b)]，即胀大比-剪切应力曲线与温度无关。因此，胀大比-剪切应力曲线更具有普遍性，可以将其用于对数据进行外推。

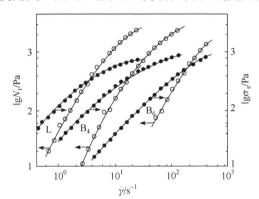

**图 5-42**　三种聚异戊二烯样品浓溶液（10%）的第一法向应力差和剪切应力对剪切速率的关系曲线（225℃）

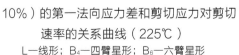

L—线形；$B_4$—四臂星形；$B_6$—六臂星形

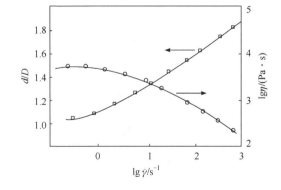

**图 5-43**　黏度和胀大比对剪切速率的依赖关系

从内因上讲，当剪切速率和温度保持不变时，分子量增加，$B$ 值增大。对支化高分子而言，当支链的分子量大于某临界分子量 $M_c$ 时，$B$ 还随支链分子量的增加而增大。此外，刚性填料的加入对毛细管入口处的拉伸流动有抑制作用，同时可以提高熔体模量，减少分子链取向，使 $B$ 值明显降低。

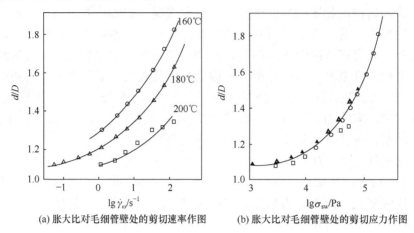

(a) 胀大比对毛细管壁处的剪切速率作图    (b) 胀大比对毛细管壁处的剪切应力作图

**图 5-44**　胀大比的温度效应

试样 PS（$\overline{M_w} = 2.2 \times 10^5$），$D = 1.78$mm，$L/D = 27 \sim 56$

## （三）二次流动现象

在各种流场中，在旋转或轴流等主要的流动形式上，会叠加附带的与主流方向不同的流动，称为次级流动，或二次流动。比如环流、回流等，都是二次流动。二次流动一般有三种存在的形式。一种是流体在弯曲的管道中流动，由于流动的中心流速较快，它趋向于一直向前流动，从而冲击弯管的外侧，而沿边界流速较低的流层产生显著的偏转，因而趋于流向弯管的内侧，所以在弯曲管道中，平衡于管中心线的主流将叠加一个与之垂直的二次流；二次流在管的中心处是向弯曲的外侧流，而在管壁附近是向内侧流，它有将最大速度区域向外壁移置的作用[图 5-45(a)]。第二种是流体在一个平底或锥形底的圆筒中作圆周运动时，靠近底部的流体层中的流动因其摩擦力较大而流向内部[图 5-45(b)]。第三种是在旋转流体的筒体内部或两筒之间的二次流[图 5-45(c)]。不同的流体运动特性不同，决定了不同的二次流动的物理模型。采用在流体中加入带色颗粒可以直观地观察流动情况，建立相应的物理模型。

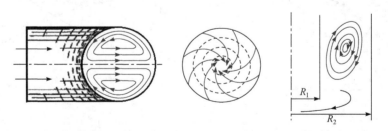

(a) 弯曲管中的流动    (b) 圆(锥)形底部的流动    (c) 筒体(间)流体的流动

**图 5-45**　低分子流体二次流动流线示意图

对于牛顿流体，旋转时的剪切力是产生二次流动的主要原因。而高分子流体由于存在法向应力差引起弹性效应及流线缩短现象，其二次流动方向与牛顿流体相反。这种不同的现象是由惯性力和黏弹力综合作用造成的。熔体不稳定流动时也常伴随着不稳定的二次流动。高分子熔体的这种与牛顿流体流动方向相反的二次流动在流道与模具设计中显得非常重要。

## （四）不稳定流动及熔体破裂现象

当剪切速率不大时，高分子熔体挤出物的表面是光滑的。然而，剪切速率超过某一临界值后，随着剪切速率的继续增大，挤出物的外观依次出现表面粗糙（如鲨鱼皮状或橘子皮状）、尺寸周期起伏（如波纹状、竹节状和螺旋状），直至破裂成碎块等种种畸变现象（图 5-46），这些现象一般统称为不稳定流动或弹性湍流，熔体破裂则是其中最严重的情况。

对于熔体表面的周期性畸变现象，一般认为它们与熔体的弹性效应有关。引起缺陷的原因大致可归纳为两种：一种是滑黏现象，就是在高剪切速率条件下，在剪切速率最大的毛细管壁处，高分子熔体的表观黏度很低，产生熔体与毛细管壁间的滑移现象；此外，受流动分级效应的影响，熔体中的低分子量部分会较多地集中于毛细管壁处，也使管壁处熔体的黏度降得很低。其总结果是熔体沿管壁发生整体滑移，导致不稳定流动，流速不再均匀，而是出现脉动，因此表现为挤出物表面粗糙或横截面积的脉动变化。

线形高分子与支化高分子的不稳定流动现象是不同的。线形高分子如 HDPE 和等规 PP 等熔体的挤出物，其畸变程度一般随模孔长度增加而增大，出现挤出物畸变的临界剪切速率值与模孔入口处的形状关系不大的情况；而 LDPE 等支化高分子，其熔体挤出物畸变程度却随模孔的长度增加而减小，畸变频率更小。

一般认为，两类高分子熔体的不稳定流动产生的主要原因可能分别对应于前面分析的两种原因。线形高分子熔体的不稳定流动的主要表现为出口效应，其模孔入口处的流线扫过整个入口前的容器，如图 5-47(a)所示，因而入口处的形状影响不大，模孔内剪切流动造成滑黏现象，所以模孔愈长畸变愈严重；支化高分子熔体的不稳定流动主要表现为入口效应，其模孔入口处的流线如图 5-47(b)所示，酒杯形收缩的流线增加了熔体所受的拉伸应力，在高剪切速率时发生拉伸破裂，在进入模孔处的流线发生周期性暂时中断期间，死角处的漩涡（弹性湍流）进入模孔，造成模孔内分子链取向情况的周期性变化和螺旋形流线，从而形成挤出物的不均匀收缩和螺旋状畸变，模孔加长，破裂的熔体在模孔内可能完全或部分愈合，从而使挤出物畸变程度减小。

从二次流动看，熔体在挤出方向的拉伸流动外，还存在着涡流、环流等二次流动。如果采用柱坐标系（$\beta$-$\phi$-$Z$）描述入口处的流动，熔体流经口模入口区时存在着三种不同的流动：沿 $Z$ 轴方向的拉伸流动、在 $\beta$-$Z$ 面死角处的涡流以及 $\phi$ 平面上围绕 $Z$ 轴的环流（图 5-47）。有研究认为，环流可能是产生螺纹畸变的主要原因。环流在口模入口区特别强烈，熔体离开口模入口区后就不再受环流的影响，这导致熔体在横向流动上存在着一个速度差。熔体挤出速率达到某一临界值后，环流开始影响拉伸流线，出口模后，熔体就会发生螺纹状畸变；随着挤出速率的增大，环流对熔体流动的影响更明显，熔体沿 $Z$ 轴的流动速率更大。熔体出口模后，流动方向上环流的速度差更大，将导致挤出物螺纹畸变的螺槽深度和螺距都增大。分子量越大、支化越多的高分子产生的螺纹状畸变越严重。

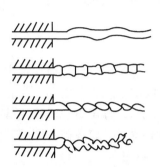

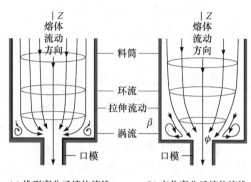

(a) 线形高分子熔体流线　　(b) 支化高分子熔体流线

**图 5-46**　挤出物的形状畸变示意（剪切应力从上到下递增）

**图 5-47**　高分子熔体在毛细管入口处的两类流线

典型的具有线形结构的高分子熔体通过毛细管挤出时，随着剪切速率的增大，挤出物表面由低速时的光滑表面，依次发展为鲨鱼皮、滑黏破裂、整体破裂三个阶段。但是线形低密度聚乙烯 LLDPE 或高密度聚乙烯 HDPE 在发生滑黏畸变之后，挤出压力振荡现象消失，挤出重新恢复稳定，挤出物重新变得光滑平直（图 5-48）。在毛细管内，熔体的流动呈柱塞型，这说明管壁内发生强烈的壁上滑黏现象。在这个特定的剪切速率范围内（特别是口模长度较长时）可能存在一个次级稳定的流动区域，此时，剪切速率比第一稳定区的大 1～2 个数量级，因此对某些高分子来说，第二光滑区的高速稳定挤出对提高产物的生产效率特别有意义。

挤出速率依次升高

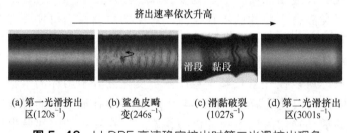

(a) 第一光滑挤出区(120s⁻¹)　(b) 鲨鱼皮畸变(246s⁻¹)　(c) 滑黏破裂(1027s⁻¹)　(d) 第二光滑挤出区(3001s⁻¹)

**图 5-48**　LLDPE 高速稳定挤出时第二光滑挤出现象

对于熔体破裂现象，一般认为是熔体受到过大的应力作用时，发生类似于橡胶断裂方式的破裂。熔体发生破裂时，取向的分子链急速回缩解取向，随后熔体流动又重新建立起这种取向，直至发生下一次破裂，从而使挤出物外观发生周期性的变化，甚至发生不规则的扭曲或破裂成碎状。熔体破裂由拉伸应力而不是剪切应力造成的可能性更大，因此这种过程往往发生在靠近毛细管入口处，那里由于管道的截面积有较大的变化，流线收敛，熔体流动受到很大的拉伸应力。而滑黏现象则往往出现在毛细管内或出口端附近。上述两种原因也可能同时存在，在不同的情况下，所占比例不同。

关于不稳定流动起因的粗略分析，还可以说明一些其他因素改变的影响。例如温度升高，可提高发生熔体破裂的临界剪切速率，这与温度升高，分子链松弛加快有关；又如减小模孔入口角能使剪切速率达到更高值时才出现熔体破裂，这是减小熔体所受拉伸应力的结果；等等。

## 五、黏性流动的数学模型

由于高分子流体流动时含有弹性形变部分，这种黏弹性流体的运动与单纯的牛顿流体相比复杂得多，人们已建立了多种模型来进行研究。但与牛顿流体运动问题相比，研究结果还非常有限。很多研究尚处于建模尝试阶段。

在描述流体流动的数学模型中，反映应力张量（用黑体 $\boldsymbol{\sigma}$ 来表示）与应变速率张量（用黑体 $\boldsymbol{D}$ 来表示）间关系的方程称为状态方程或本构方程。它确定流体的类型，不同流体对应着不同的状态方程。当模型中的应力张量与应变速率张量满足定常的线性关系 $\boldsymbol{\sigma}=2\mu\boldsymbol{D}$ 时（其中 $\mu$ 为运动黏性系数），所描述的流体就是牛顿流体。高分子熔体结构复杂，其应力张量与应变速率张量之间的关系还与时间有关，并呈现出非线性关系，为非牛顿流体或黏弹性流体。与黏弹性体形变性能的数学模拟类似，可以用纯弹性元件（弹簧）与纯黏性元件（黏壶）的线性组合来建模研究非牛顿流体的流动问题。如 Mexwell 模型就是用一个弹簧和一个黏壶串联而成，而 Voigt-Kelvin 模型则是用一个弹簧和一个黏壶并联而成。

三元件非牛顿流体运动模型首先由 Oldroyd 等提出，它由两个黏壶和一个弹簧通过串并联而成，相当于一个黏壶串联了一个 Voigt 元件（图 5-49）。在黏弹性流体中我们以三元件模型所代表的 Oldroyd 流体为例，来分析黏弹性流体的流动运动规律。这一模型我们在下一章的黏弹性理论中还会涉及。设弹簧的弹性系数为 $G$，串联的黏壶的黏度为 $\eta_1$，Voigt 元件中的黏壶的黏度为 $\eta_2$。当模型受到应力 $\sigma$ 作用时，总应变速率应该是上下两个元件应变速率之和：

$$\frac{\partial\gamma}{\partial t}=\frac{\partial\gamma_1}{\partial t}+\frac{\partial\gamma_2}{\partial t} \tag{5-114}$$

式中，$\gamma_1$ 和 $\gamma_2$ 分别为模型中上半部分黏壶（元件 1）的形变和下半部分 Voigt 元件（元件 2）的形变。由力学原理可知，模型中各元件所受应力满足以下关系式：

$$\sigma=\eta_1\frac{\partial\gamma_1}{\partial t}=G\gamma_2+\eta_2\frac{\partial\gamma_2}{\partial t} \tag{5-115}$$

将式（5-115）代入式（5-114）得：

$$\frac{\partial\gamma}{\partial t}=\frac{\sigma}{\eta_1}+\frac{1}{\eta_2}(\sigma-G\gamma_2)$$

$$\frac{\partial^2\gamma}{\partial t^2}=\frac{1}{\eta_1}\times\frac{\partial\sigma}{\partial t}+\frac{1}{\eta_2}\times\frac{\partial\sigma}{\partial t}-\frac{G}{\eta_2}\times\frac{\partial\gamma_2}{\partial t}$$

整理得：

$$\frac{\eta_1+\eta_2}{G}\times\frac{\partial\sigma}{\partial t}+\sigma=\eta_1\left(\frac{\partial\gamma}{\partial t}+\frac{\eta_2}{G}\times\frac{\partial^2\gamma}{\partial t^2}\right) \tag{5-116}$$

设应变张量为：

$$\gamma=\frac{\partial\xi(x,t)}{\partial x} \tag{5-117}$$

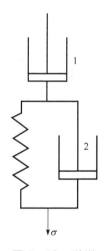

**图 5-49**　黏弹性 Oldroyd 流体模型

运动速度为：

$$u = \frac{\partial \xi(x,t)}{\partial t} \tag{5-118}$$

则有：

$$\frac{\partial \gamma(x,t)}{\partial t} = \frac{\partial u(x,t)}{\partial x} \tag{5-119}$$

定义松弛时间 $\tau_1 = \frac{\eta_1 + \eta_2}{G}$，滞后时间 $\tau_2 = \frac{\eta_2}{G}$，且 $0 < \tau_2 < \tau_1$，结合式（5-116）～式（5-119），有：

$$\tau_1 \frac{\partial \sigma}{\partial t} + \sigma = \eta \left( \frac{\partial u}{\partial x} + \tau_2 \frac{\partial^2 u}{\partial x \partial t} \right) \tag{5-120}$$

将式（5-120）张量化并假设 $u$ 和 $\sigma$ 都很小，则可以列出以下状态方程：

$$\left( 1 + \tau_1 \frac{\partial}{\partial t} \right) \sigma = 2\eta_1 \left( 1 + \tau_2 \frac{\partial}{\partial t} \right) D \tag{5-121}$$

式中，$D = (D_{ik}) = \frac{1}{2}(u_{ix_k} + u_{kx_i})(i,k=1,2)$，$u$ 为流体速度向量；$\sigma = (\sigma_{ik})(i,k=1,2)$，为应力张量。设 $\sigma(x,0) = 0$，且 $D(x,0) = 0$，对式（5-121）做简单的变化后，可以得到：

$$\sigma(x,t) = 2\eta_1 \left( \frac{\tau_2}{\tau_1} \right) D + \frac{2\eta_1}{\tau_1} \left( 1 - \frac{\tau_2}{\tau_1} \right) \int_0^t e^{-\tau_1^{-1}(t-\tau)} D d\tau \tag{5-122}$$

特别地，当松弛时间 $\tau_1$ 和滞后时间 $\tau_2$ 相等时，模型对应纯黏性流体，关系式（5-122）可简化为：

$$\sigma = 2\eta_1 D \tag{5-123}$$

成为牛顿流体的状态方程。当 $\tau_1 > 0$、$\tau_2 = 0$ 时，模型对应于纯弹性流体模型（Maxwell模型）。

根据应力贡献的不同，式（5-122）也可写作：

$$\sigma = \sigma_N + \sigma_E \tag{5-124}$$

式中，$\sigma_N = 2\nu D$ 为牛顿流体的贡献部分，其中 $\nu = \eta_1 \frac{\tau_2}{\tau_1}$，为牛顿黏性系数；黏弹性部分贡献为 $\sigma_E = 2\rho \int_0^t e^{-\delta(t-\tau)} D d\tau$，其中 $\delta = \tau_1^{-1}$、$\rho = \frac{\eta_1}{\tau_1}(1 - \frac{\tau_2}{\tau_1})$ 为黏弹性系数。

考虑二维空间 $R^2$ 中不可压缩黏弹性流体的流动问题，设 $\Omega$ 为二维空间中的有界区域，由动量守恒定律与质量守恒定律，有：

$$\frac{\partial u}{\partial t} + (u \cdot \nabla)u - \nabla \sigma + \nabla p = f, \quad x \in \Omega, t > 0 \tag{5-125}$$

$$\mathrm{div} u = 0, \quad x \in \Omega, t > 0 \tag{5-126}$$

式中，$u = u(x,t)$ 为流体速度；$\sigma = \sigma(x,t)$ 为应力张量；$p = p(x,t)$ 为流体压力；$f = f(x,t)$ 为外力。将式（5-122）代入式（5-125）中，再结合上述对参数的定义和给定适当的初始边界条件，则可以得到关于黏弹性流体的微分运动方程模型：

$$\begin{cases} \dfrac{\partial \boldsymbol{u}}{\partial t} - \nu\Delta\boldsymbol{u} - \displaystyle\int_0^t \beta(t-\tau)\Delta\boldsymbol{u}\mathrm{d}\tau + (\boldsymbol{u}\cdot\nabla)\boldsymbol{u} + \nabla p = \boldsymbol{f}, \quad x\in\Omega,\ t>0 \\ \mathrm{div}\boldsymbol{u} = 0, \quad x\in\Omega,\ t>0 \\ \boldsymbol{u}(x,0) = \boldsymbol{u}_0, \quad x\in\Omega, \quad \boldsymbol{u}(x,t)|_{\partial\Omega} = 0, \quad t>0 \end{cases} \tag{5-127}$$

式中，$\beta(t) = \rho\mathrm{e}^{-\delta t}$，特别地，当松弛时间与滞后时间相等时，状态方程（5-122）可以简化为定常的线性方程（5-123），与式（5-127）相似，将式（5-122）代入式（5-125）中就可以得到 Navier-Stokes 方程。

作为一类经典的非牛顿流体运动问题，近年来对它在数学方面的研究渐渐增多，运用 Ladyzhenskaya 对 Navier-Stokes 方程的分析方法，已有多项研究证明了在有限时间区间和长时间区域上，方程（5-127）的解的存在唯一性。如 Temam 将一种称之为"罚方法"的解耦方法应用于求解牛顿流体力学问题，对速度和压力进行了解耦，在求解时化原来耦合的大规模问题为解耦后的两个小规模问题，降低了计算规模。Kotsiolis 和 Oskolkov 等则将此方法推广至 Oldroyd 黏弹性流体，证明了罚系统解的存在唯一性。其他还有有限元数值逼近方法等。由于解此微分方程涉及较复杂的数学原理和计算方法，这里就不详细介绍了。

参考文献

# 第六章　高分子材料力学性能

　　力学是研究物质机械运动规律的科学。关于材料的力学研究有很多分支。与量子力学研究微观世界结构与运动规律不同，经典力学（包括固体力学、流体力学和理论力学）研究的是宏观物体在力的作用下发生的变形或运动。经典力学中理论力学通常是对刚性质点或刚性物体进行受力分析，以及研究其在力的作用下运动的规律，如牛顿三大定律就属于理论力学的研究内容。而对于材料的力学性能而言，需要了解材料在力的作用下发生变形和破坏的行为，是固体力学研究的主要内容，它又包括材料力学、结构力学、弹性力学、塑性力学等分支。材料力学主要研究杆、梁、轴等棒状材料在各种外力作用下产生形变和破坏的规律；结构力学主要研究工程结构受力和传力的规律，以及如何进行结构优化的方法；弹性力学研究弹性物体在外力和其他外界因素作用下产生的变形和内力，又称弹性理论，是材料力学、结构力学、塑性力学和某些交叉学科的基础；塑性力学主要研究固体受力后处于塑性变形状态时，塑性变形与外力的关系，以及物体中的应力场、应变场及其有关规律和相应的数值分析方法。所谓塑性，是指外力卸除后，变形的一部分或全部并不消失，物体不能完全恢复到原有的形态，产生了不可逆的永久变形。要注意的是塑性力学考虑的永久变形只与应力和应变的历史有关，而不随时间变化，与时间有关的永久变形属于流体力学和流变学研究的范畴。

　　任何高分子材料在应用中都要受力的作用。高分子可以是坚硬的塑料，也可以是富有弹性的橡胶，或者富有韧性的高强度皮革、薄膜和纤维，这皆是由于不同高分子具有不同的力学性能所决定的。高分子的力学性能强烈依赖于温度和力的作用时间，它与高分子的分子结构和凝聚态结构有密切关系，因此研究高分子的力学性能还有助于深入了解高分子的微观结构和大分子运动的特征，从而有助于研究高分子的结构与性能的关系。可见，研究高分子的力学性能有重要的意义。高分子材料的力学性能包括塑料的弹性形变、塑性形变和断裂现象，橡胶的高弹性本质和高弹形变的本构方程，以及高分子材料所特有的黏弹行为规律。本章分别介绍塑料的力学性能、橡胶的高弹性理论及高分子特有的黏弹性规律等。

## 第一节　力学性能基本概念

　　高分子材料力学性能涉及变形和破坏两方面，在变形方面，涉及弹性形变和塑性形变；在破坏方面，则涉及材料的脆性断裂和韧性断裂。评价材料的力学性能，就是从形变性能和断裂性能两方面进行的。

## 一、力学性能的基本参数

① 外力：外部对物体所施加的力，可分为体力和面力。所谓体力，是分布在物体体积内的力，如重力、惯性力等。面力是分布在物体表面上的力，如流体静压力、表面张力等。

② 内力：物体内部某一部分与其他部分间相互作用的力称为内力。外力使物体发生变形，在物体内部将引起附加内力。通常我们所说的内力就是这种附加内力。考虑整个物体平衡时，物体内力相互抵消；但当我们考虑物体内部某一部分的平衡时，那么截面上的内力对该部分就起着外力的作用了。

③ 应力：单位面积上的内力即应力。由于内力与外力大小相等，因此，实际上就用单位面积上的外力来表示应力的大小。一般规定，拉伸方向应力为正，压缩方向应力为负。应力的单位是 Pa，即 $N/m^2$。与物体形变及材料强度直接有关的是应力在其作用截面上的法向分量与切向分量。

④ 应变：材料在受外力作用时，内部质点会发生位移，宏观上表现为形变。材料在外力作用下发生的形变率称为应变。伸长应变为正，压缩应变为负。应变是无量纲的参数。

⑤ 模量：材料在外力作用下抵抗形变的能力是评判材料刚度或弹性的重要指标。我们把单位应变所对应的应力称为模量。模量的单位与应力单位相同，为 Pa 或 $N/m^2$。

⑥ 柔量：柔量指材料顺应外力作用而产生变形的能力，用单位应力下的应变表示。通常它是模量的倒数。

⑦ 泊松比：在受到单轴拉伸时，材料在拉伸方向会随之伸长，产生伸长应变；而在垂直于拉伸方向的另两个方向上，材料会发生收缩应变。收缩方向的应变 $\varepsilon_\perp$ 与拉伸方向上的应变 $\varepsilon_{//}$ 之比的负数称为泊松比 $v$：

$$v = -\varepsilon_\perp / \varepsilon_{//} \tag{6-1}$$

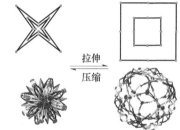

泊松比为无量纲的量。大部分材料的泊松比为正值，也有部分材料的泊松比为负值，属于拉胀材料，这些材料的结构需要进行特殊的设计，如图 6-1 所示。

**图 6-1**　拉胀材料拉伸与压缩过程结构变化示意图

## 二、高分子力学性能

高分子力学性能包括形变性能和断裂性能两方面。

### （一）形变性能

从形变的可逆性可分为弹性形变和黏性形变。而弹性形变从其与时间的关系上看可分为瞬时弹性行为和黏弹行为；从弹性的本质上看，弹性形变分为能弹形变和熵弹形变；从弹性的大小上看则分为普弹形变和高弹形变。图 6-2 是在恒定应力作用下的几种形变行为示意曲线。

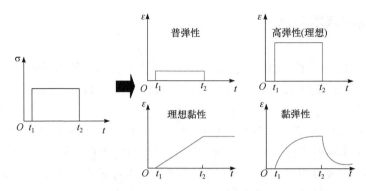

**图 6-2**　几种形变行为示意曲线

1. 弹性形变

（1）基本形变形式

基本形变包括简单拉伸、简单剪切和流体静压力压缩变形，其应力、应变和模量对应于各基本形变见表 6-1。

**表 6-1**　基本形变形式

| 形变类型 | 示意图 | 应力 | 应变 | 弹性模量 | 弹性柔量 |
|---|---|---|---|---|---|
| 简单拉伸 | | 拉伸应力：<br>习用应力 $\sigma = \dfrac{f}{A_0}$<br><br>真应力 $\sigma' = \dfrac{f}{A}$ | 拉伸应变<br>$\varepsilon = \dfrac{l-l_0}{l_0} = \dfrac{\Delta l}{l_0}$<br>单向拉伸 $\varepsilon > 0$<br>单向压缩 $\varepsilon < 0$ | 杨氏模量<br>（拉伸模量）<br><br>$E = \dfrac{\sigma}{\varepsilon}$ | 拉伸柔量<br><br>$D = \dfrac{\varepsilon}{\sigma} = \dfrac{1}{E}$ |
| 简单剪切 | | 剪切应力<br>（简称切应力）<br><br>$\sigma = \dfrac{f}{A_0}$ | 剪切应变<br>（简称切应变）<br><br>$\varepsilon_s = \gamma = \tan\theta = \dfrac{s}{d}$ | 剪切模量<br><br>$G = \dfrac{\sigma_s}{\gamma}$ | 剪切柔量<br><br>$J = \dfrac{1}{G}$ |
| 流体静压力 | | 压缩应力 $P=$围压<br>= 流体静压力<br><br>$\sigma = P$ | 压缩应变（体积应变）<br><br>$\Delta = \dfrac{V_0 - V}{V_0} = \dfrac{\Delta V}{V_0}$ | 体积模量<br>（本体模量）<br><br>$B = \dfrac{P}{\Delta}$ | 可压缩度<br><br>$C = \dfrac{1}{B}$ |

（2）各种模量间的关系

材料在发生拉伸形变、剪切形变和围压形变时所表现出的抵抗能力是不同的，因此一个材料的拉伸模量、剪切模量和本体模量各不相同。对于各向异性材料，材料的不同方向也具有不同的模量，材料的泊松比也有多个参数，因此其相互关系非常复杂。对于各向同性材料而言，情况就简单得多，三种模量与泊松比仅有两个是独立变量，它们相互间满足如下规律：

$$E = 2G(1+\nu) = 3B(1-2\nu) \tag{6-2}$$

若材料不可压缩，且材料形变很小，则$\Delta = 0$，$B \rightarrow \infty$，则$\nu = 0.5$，此时：

$$E = 3G \tag{6-3}$$

2. 黏性形变

黏性形变是不可逆的形变，在一定的应力作用下，应变随时间逐渐增大。它包括牛顿流体和非牛顿流体两大类。对于牛顿流体，应力与应变速率间呈线性关系，比例系数就是体系的黏度。对于非牛顿流体，应力与应变速率间呈非线性关系，二者间的比例系数不是常数。

3. 黏弹性形变

形变是可逆的，但又不是瞬时发生的，是随时间逐渐发展的，这种既有弹性特征，又带有黏性特点的形变称之为黏弹性形变。

（二）断裂行为

材料的断裂分为脆性断裂和韧性断裂两种断裂行为。脆性断裂材料没有塑性形变过程，而韧性断裂通常会在经历发展大形变后才发生断裂，因而可以吸收更多的能量。表征材料断裂行为的参数主要有 3 个，分别是断裂强度、断裂伸长率和韧性。断裂强度是断裂时材料所能承受的应力，断裂伸长率则是断裂时材料的应变，韧性则用材料断裂时所能吸收的能量来表示。

### 三、高分子材料力学性能参数

材料的力学性能无非就是其强弱、软硬和韧脆的程度。通过应力应变曲线可以清楚地反映材料的这些性能，也可以采用相应的参数来表征材料的力学性能。材料的强弱通常用断裂时的应力大小来表示；材料的软硬用材料的起始弹性模量大小来表示；材料的韧脆则用断裂破坏前材料所吸收的能量高低来判断。断裂伸长率的大小也可辅助判断材料的软硬或韧脆。

实际应用的力学性能参数与上述参数不尽相同，对于形变性能，除各种模量外，还有硬度，包括洛氏硬度、布氏硬度、邵氏硬度和巴氏硬度等参数，也表示材料对负荷的抵抗能力。断裂性能参数包括拉伸强度（又称抗张强度）、抗压强度（指单向压缩）、抗弯强度等，而表征韧性则采用抗冲强度。同样，断裂前材料的伸长率即断裂伸长率也是力学性能参数之一。

# 第二节 高分子材料的普弹形变

高分子在玻璃化转变温度以下时，在应力不太大的情况下只能发生小应变，这种应变是热力学可逆的，属于普弹形变，此时应力与应变的关系基本满足胡克定律。下面我们就普弹形变行为进行分析，了解材料在受到外力作用时的应力状态和应变状态。

## 一、应力状态

对于连续均匀的各向同性材料，在受到单向外力作用产生伸长或压缩变形时，材料任一横截面上应力是均匀分布的，在此横截面上的任一点的应力也是相同的[图 6-3(a)]；但若发生扭转形变或悬臂梁弯曲形变，横截面上的应力分布不均匀，横截面上任一点的应力则不同[图 6-3(b)和图 6-3(c)]。因此，我们必须对材料中各点进行应力分析。由于应力是单位面积所受的力，显然应力与所取截面有关，截面不同，则该点的应力也不同。而过一点的截面有无数个，因此只有当过该点的任意截面上的应力状态都已知时，才能知道这一点的应力状态。因此，物体内一点的应力状态就是过该点不同面上应力的集合。

那么如何分析过一点的任意截面上的应力呢？我们先将材料进行简化。

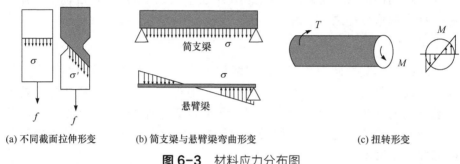

(a) 不同截面拉伸形变        (b) 简支梁与悬臂梁弯曲形变              (c) 扭转形变

**图 6-3**　材料应力分布图

### （一）对材料的假定

实际使用的材料千差万别，其结构也具有多变性和复杂性，在研究材料力学性能时，为了简化起见，我们通常对材料做如下假定：

① 材料是连续的。材料内部由连续介质组成，其中无空隙，这样材料中的应力、应变和位移等物理量是连续的，可用坐标的连续函数来表示。

② 材料是均匀的。材料的各部分性质相同，具有相同的模量和泊松比。对于多组分材料，若作为分散相的组分颗粒很小，且分布均匀，也认为是均匀的。

③ 材料是各向同性的。处于非晶态的高分子没有取向时是各向同性的，若具有取向态结构，则是各向异性的。含有结晶的高分子材料也是各向异性的。若晶粒尺寸很小且无规分布，在大尺度范围内也可以认为其是各向同性的。

④ 材料是完全弹性体。即材料形变时只存在可逆的弹性形变，没有不可逆的形变。满足这 4 条假定的材料就是理想弹性体。一般材料在形变很小且没有初始应力时可以看成是理想弹性体。我们对这样的理想弹性体先进行研究，再推广至实际材料。

### （二）应力张量表示

力的三要素是大小、方向、作用点。应力也有三要素：大小、方向和作用面。在外力作用下，材料达到平衡（无移动、转动）时，材料内部一点的受力情况我们可以通过在该点附近选取一个小立方元来分析。

如图 6-4 所示，在平衡物体中任选一点 $O$，在其附近取出一微小的平行六面体，以 $O$ 点为坐标原点，设置笛卡尔坐标轴平行于其棱边。

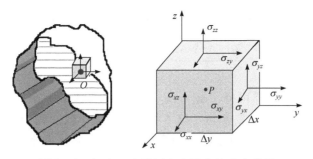

**图 6-4**　任意一点附近立方元上的应力分量

小立方元的每面都存在着应力分量。将各个面上的应力分解为一个正应力和两个切应力。这样正应力有 6 个，切应力有 12 个，共 18 个应力分量。

如在 $x$ 面，它可分解为垂直于 $x$ 面分量 $\sigma_{xx}$、平行于 $x$ 面的分量 $\sigma_{xy}$ 和 $\sigma_{xz}$。在 $-x$ 面，它也可分解为垂直于 $x$ 面分量 $\sigma_{xx}$、平行于 $x$ 面的分量 $\sigma_{xy}$ 和 $\sigma_{xz}$。其他面上所受力也是如此。由于材料是平衡的，并未移动，因此，其上下、左右、前后三组相对面的受力情况是完全对应的，大小相等，方向相反，因此描述材料内部的受力情况，只需用上、右、前三个坐标正向面上的应力分量，或三个正方向上的应力矢量即可。它们可表示为：

$$\begin{cases} \overline{\boldsymbol{\sigma}_x} = \left\{ \sigma_{xx}, \sigma_{xy}, \sigma_{xz} \right\} \\ \overline{\boldsymbol{\sigma}_y} = \left\{ \sigma_{yx}, \sigma_{yy}, \sigma_{yz} \right\} \\ \overline{\boldsymbol{\sigma}_z} = \left\{ \sigma_{zx}, \sigma_{zy}, \sigma_{zz} \right\} \end{cases} \tag{6-4}$$

于是，我们可以用一个数组来表示这三个方向的应力矢量，用 $\overline{\boldsymbol{\sigma}_{ij}}$ 来表示：

$$\overline{\boldsymbol{\sigma}_{ij}} = \begin{bmatrix} \sigma_{xx} & \sigma_{xy} & \sigma_{xz} \\ \sigma_{yx} & \sigma_{yy} & \sigma_{yz} \\ \sigma_{zx} & \sigma_{zy} & \sigma_{zz} \end{bmatrix} \tag{6-5}$$

由式(6-5)中 9 个应力分量组成的数组称为笛卡尔坐标系的应力张量(stress tensor)。采用其他坐标系所得到的应力张量当然是不同的，如采用柱坐标，其应力张量为：

$$\overline{\boldsymbol{\sigma}_{ij}} = \begin{bmatrix} \sigma_{zz} & \sigma_{zr} & \sigma_{z\theta} \\ \sigma_{rz} & \sigma_{rr} & \sigma_{r\theta} \\ \sigma_{\theta z} & \sigma_{\theta r} & \sigma_{\theta\theta} \end{bmatrix} \tag{6-6}$$

$z$ 面为高度为 $z$ 与 $z$ 轴垂直的平面；$r$ 面为半径为 $r$ 的圆柱表面；$\theta$ 面为过 $Oz$ 轴与极轴成 $\theta$ 角的平面。

采用张量这一数学工具，可以从一个坐标系的应力张量分量求出其在另一坐标系中的应力张量分量。因此，知道了笛卡尔坐标系的应力张量，就可以完全描述材料的受力状态。当然，这 9 个应力分量并不是都是独立的参数，下面我们来证明，只有 6 个是独立分量。

图 6-4 中所有力的方向均为正。由于物体是平衡的，因此从物体中取出的这一点也

是平衡的。由于该点处于平衡状态，即无平移无转动，其力矩也应该是平衡的，于是有：

$$\frac{2\sigma_{yz}\Delta z\Delta x\Delta y}{2}-\frac{2\sigma_{zy}\Delta y\Delta x\Delta z}{2}=0 \tag{6-7}$$

由此可得 $\sigma_{yx}=\sigma_{yz}$。同样可得，$\sigma_{xy}=\sigma_{yx}$，$\sigma_{xz}=\sigma_{zx}$。因此 9 个应力分量中有三对是相等的，只有 6 个是独立的。只要知道了这 6 个应力分量，就能完全描述材料的受力状态。当坐标轴改变时，这 6 个分量也会随之而变。但应力状态是确定的，不会随坐标系选取的不同而改变，即其特征值不变，当所选坐标系是反映应力特征值的坐标体系时，则应力为主应力。我们以 1、2、3 来表示主应力方向，则应力张量也可表示为：

$$\overline{\sigma_{ij}}=\begin{bmatrix}\sigma_{11} & \sigma_{12} & \sigma_{13}\\ \sigma_{12} & \sigma_{22} & \sigma_{23}\\ \sigma_{13} & \sigma_{23} & \sigma_{33}\end{bmatrix} \tag{6-8}$$

## （三）应力状态分析

如前所述，物体内一点的应力状态是过该点不同面上应力的集合。只有当过该点的任意截面上的应力状态都已知时，才能知道这一点的应力状态。因此，应力状态分析就是对物体中任一点分析过该点所有面的应力，以了解在外力作用下物体的各部分所受应力的情况。分析的方法是在物体中选取任意一点 $P$，通过该点任意截取一个斜面，对斜面上所受的应力进行分析，以各面上的应力分量来描述这点所受的正应力（即斜面的法向应力）和切应力。

如图 6-5 所示，过物体中任一点 $P$ 选取任意截面，分别与 $x$、$y$、$z$ 三个坐标轴相交于 $A$、$B$、$C$ 三点，这样坐标原点 $O$ 与 $ABC$ 构成一个封闭的立体单元，其体积为 $\Delta V$，$\triangle ABC$ 的面积为 $\Delta S$。设 $\triangle ABC$ 所在斜面的外法线方向为 $N$，其与 $x$、$y$、$z$ 三个坐标轴间夹角的余弦称为方向余弦，分别为 $l$、$m$、$n$；相应地，$\triangle ABC$ 在 $y$-$z$ 平面（即 $x$ 面）、$z$-$x$ 平面（即 $y$ 面）、$x$-$y$ 平面（即 $z$ 面）上的投影面积为 $l\Delta S$、$m\Delta S$、$n\Delta S$。

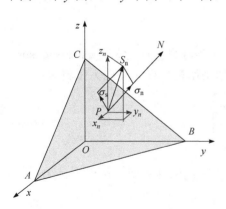

**图 6-5**　过 $P$ 点的任意斜面

设 $\triangle ABC$ 上受到的应力为 $S_n$，那么，它在斜面 $\triangle ABC$ 上可以分解为正应力 $\sigma_n$ 和切应力 $\sigma_s$。应力 $S_n$ 也可以按照三个坐标轴进行分解，得 $x_n$、$y_n$、$z_n$。因为物体是平衡的，因此对体积元 $OABC$ 在 $x$ 方向上合力为 0，则有：

$$x_n\Delta S-\sigma_{xx}l\Delta S-\sigma_{yx}m\Delta S-\sigma_{zx}n\Delta S+X\Delta V=0 \tag{6-9}$$

式中，$X$ 为 $S_n$ 的体力分量，它使材料整体发生移动。两边都除以 $\Delta S$，因 $\Delta V$ 比 $\Delta S$ 为更高阶微量，可忽略，则：

$$x_n=l\sigma_{xx}+m\sigma_{yx}+n\sigma_{zx} \tag{6-10}$$

同理，有：

$$y_n=l\sigma_{xy}+m\sigma_{yy}+n\sigma_{zy} \tag{6-11}$$

$$z_n = l\sigma_{xz} + m\sigma_{yz} + n\sigma_{zz} \tag{6-12}$$

于是，$\triangle ABC$ 斜面上正应力 $\sigma_n$ 为：

$$\begin{aligned}
\sigma_n &= lx_n + my_n + nz_n \\
&= l^2\sigma_{xx} + m^2\sigma_{yy} + n^2\sigma_{zz} + 2mn\sigma_{yz} + 2nl\sigma_{zx} + 2lm\sigma_{xy}
\end{aligned} \tag{6-13}$$

又 $S_n^2 = \sigma_n^2 + \sigma_s^2 = x_n^2 + y_n^2 + z_n^2$，所以，切应力 $\sigma_s$ 为：

$$\sigma_s^2 = x_n^2 + y_n^2 + z_n^2 - \sigma_n^2 \tag{6-14}$$

这样对于任意斜面，其所受的应力都可以用立方体积元的 6 个应力分量来表示。只要知道立方体积元上应力的 6 个分量，就可求得任意斜截面（$l, m, n$）的正应力分量和切应力分量。

### （四）应力主轴与应力不变量

若经过 $P$ 点的某一斜面上的切应力为 0，则此斜面上的正应力称为 $P$ 点的一个主应力，此斜面称应力主面，其法线方向为 $P$ 点的一个应力主向，该方向即为应力主轴。例如图 6-5 中，对于应力 $S_n$，我们可以找到斜面 $\triangle A'B'C'$，使斜面的外法线方向与 $S_n$ 重合。此时应力分量中切应力分量为 0，应力 $S_n$ 即为主应力，用 $\sigma$ 表示。对由这一斜面参与构成的体积元 $OA'B'C'$ 而言，主应力在坐标轴上的投影为 $x_n = l\sigma$、$y_n = m\sigma$、$z_n = n\sigma$。而 $S_n$ 在坐标轴上的投影同样可以用式（6-10）～式（6-12）表示，所以：

$$\begin{cases}
(\sigma_{xx} - \sigma)l + \sigma_{yx}m + \sigma_{zx}n = 0 \\
\sigma_{xy}l + (\sigma_{yy} - \sigma)m + \sigma_{zy}n = 0 \\
\sigma_{xz}l + \sigma_{yz}m + (\sigma_{zz} - \sigma)n = 0
\end{cases} \tag{6-15}$$

解此方程组就可以得到三个主应力的解。因为 $l^2 + m^2 + n^2 = 1$，故 $l$、$m$、$n$ 不能同时为 0，故式（6-15）的系数行列式为 0：

$$\begin{vmatrix}
\sigma_{xx} - \sigma & \sigma_{yx} & \sigma_{zx} \\
\sigma_{xy} & \sigma_{yy} - \sigma & \sigma_{zy} \\
\sigma_{xz} & \sigma_{yz} & \sigma_{zz} - \sigma
\end{vmatrix} = 0 \tag{6-16}$$

展开得：

$$\sigma^3 - I_1\sigma^2 + I_2\sigma - I_3 = 0 \tag{6-17}$$

式（6-17）中：

$$I_1 = \sigma_{xx} + \sigma_{yy} + \sigma_{zz}$$

$$I_2 = \begin{vmatrix} \sigma_{xx} & \sigma_{xy} \\ \sigma_{xy} & \sigma_{yy} \end{vmatrix} + \begin{vmatrix} \sigma_{yy} & \sigma_{yz} \\ \sigma_{yz} & \sigma_{zz} \end{vmatrix} + \begin{vmatrix} \sigma_{zz} & \sigma_{zx} \\ \sigma_{zx} & \sigma_{xx} \end{vmatrix}$$

$$I_3 = \begin{vmatrix} \sigma_{xx} & \sigma_{xy} & \sigma_{zx} \\ \sigma_{xy} & \sigma_{yy} & \sigma_{yz} \\ \sigma_{xz} & \sigma_{yz} & \sigma_{zz} \end{vmatrix}$$

式（6-17）的解$\sigma_1$、$\sigma_2$、$\sigma_3$就是所求的三个主应力，即：

$$(\sigma - \sigma_1)(\sigma - \sigma_2)(\sigma - \sigma_3) = 0$$

所以：

$$\sigma^3 - (\sigma_1 + \sigma_2 + \sigma_3)\sigma^2 + (\sigma_1\sigma_2 + \sigma_2\sigma_3 + \sigma_3\sigma_1)\sigma - \sigma_1\sigma_2\sigma_3 = 0 \qquad （6-18）$$

比较式（6-18）和式（6-17），可得：

$$\begin{cases} I_1 = \sigma_1 + \sigma_2 + \sigma_3 = \sigma_{xx} + \sigma_{yy} + \sigma_{zz} \\ I_2 = \sigma_1\sigma_2 + \sigma_2\sigma_3 + \sigma_3\sigma_1 = \sigma_{xx}\sigma_{yy} + \sigma_{yy}\sigma_{zz} + \sigma_{zz}\sigma_{xx} - \sigma^2_{xy} - \sigma^2_{yz} - \sigma^2_{zx} \\ I_3 = \sigma_1\sigma_2\sigma_3 = \sigma_{xx}\sigma_{yy}\sigma_{zz} - \sigma_{xx}\sigma^2_{yz} - \sigma_{yy}\sigma^2_{zx} - \sigma_{zz}\sigma^2_{xy} + 2\sigma_{xy}\sigma_{yz}\sigma_{zx} \end{cases} \qquad （6-19）$$

在一定应力状态下，坐标系变化会改变应力分量，但物体内任一点的主应力是一定的，它们之间的运算结果不会随坐标系的变化而变化，即式（6-19）中的三个量也是不会随坐标系的变化而改变的。所以，$I_1$、$I_2$和$I_3$称作应力不变量。根据式（6-15）及$l^2 + m^2 + n^2 = 1$的关系可以分别求出三个主应力$\sigma_1$、$\sigma_2$和$\sigma_3$各自的方向余弦（$l_1, m_1, n_1$）、（$l_2, m_2, n_2$）和（$l_3, m_3, n_3$），可以证明，$\sigma_1$、$\sigma_2$和$\sigma_3$三者间是相互垂直的。

由$I_1$的表达式可以看出，物体内任意一点，它的三个互相垂直面上的正应力之和是常数，它等于该点的三个主应力之和。可见，如将原来的坐标系经适当的旋转变换后，与三个主应力的方向一致，就可使所有的切应力为0。这一特殊的坐标系即为特征坐标系。

## （五）最大与最小应力

现通过式（6-13）和式（6-14）来求最大和最小正应力和切应力。为简便起见，将三个坐标轴与三个主应力重合，则$\sigma_{xy} = \sigma_{yz} = \sigma_{zx} = 0$，$\sigma_{xx} = \sigma_1$、$\sigma_{yy} = \sigma_2$、$\sigma_{zz} = \sigma_3$。

### 1. 求最大和最小正应力

由式（6-13）得任意斜面上的正应力为：

$$\sigma_n = l^2\sigma_1 + m^2\sigma_2 + n^2\sigma_3 \qquad （6-20）$$

用$l^2 + m^2 + n^2 = 1$代入消去$l$，得$\sigma_n = (1 - m^2 - n^2)\sigma_1 + m^2\sigma_2 + n^2\sigma_3$，求$\sigma_n$的极值。令$\dfrac{\mathrm{d}\sigma_n}{\mathrm{d}m} = 0$和$\dfrac{\mathrm{d}\sigma_n}{\mathrm{d}n} = 0$，得$m = n = 0$，$l = \pm 1$，代入得$\sigma_n = \sigma_1$。

同理可得$\sigma_n$的另外两个极值$\sigma_2$、$\sigma_3$。

因此$\sigma_n$的三个极值就是$\sigma_1$、$\sigma_2$、$\sigma_3$，其中最大的为最大正应力，最小的为最小正应力。

### 2. 求最大和最小切应力

同样，按式（6-14），斜面上主应力在坐标轴上的投影为$x_n = l\sigma_1$、$y_n = m\sigma_2$、$z_n = n\sigma_3$。将其与式（6-20）一起代入式（6-14）得：

$$\sigma_s^2 = l^2\sigma_1^2 + m^2\sigma_2^2 + n^2\sigma_3^2 - (l^2\sigma_1 + m^2\sigma_2 + n^2\sigma_3)^2 \qquad （6-21）$$

用上述同样的方法，分别消去$l$、$m$、$n$，再分别求极值，解方程组，所得解见表6-2。

**表 6-2**　正应力和切应力的极值

| 项目 | 正应力的极值解与所在面 | | | 切应力的极值解与所在面 | | |
|---|---|---|---|---|---|---|
| $l$ | $\pm 1$ | 0 | 0 | 0 | $\pm 1/\sqrt{2}$ | $\pm 1/\sqrt{2}$ |
| $m$ | 0 | $\pm 1$ | 0 | $\pm 1/\sqrt{2}$ | 0 | $\pm 1/\sqrt{2}$ |
| $n$ | 0 | 0 | $\pm 1$ | $\pm 1/\sqrt{2}$ | $\pm 1/\sqrt{2}$ | 0 |
| $\sigma_s^2$ | 0 | 0 | 0 | $[(\sigma_2-\sigma_3)/2]^2$ | $[(\sigma_3-\sigma_1)/2]^2$ | $[(\sigma_1-\sigma_2)/2]^2$ |
| $\sigma_n$ | $\sigma_1$ | $\sigma_2$ | $\sigma_3$ | 非极值 | 非极值 | 非极值 |
| 所在面 | | | | | | |

　　表中前三组解对应于应力主面，切应力均为 0，是正应力的极值；后三组解是切应力的极值，对应于经过主轴之一并平分其余二应力主轴的夹角的三个平面，以及与其垂直的另外三个平面。

　　单轴拉伸时，$\sigma_1=\sigma_0$，$\sigma_2=\sigma_3=0$，于是最大正应力 $\sigma_n=\sigma_0$，最大切应力 $\sigma_s=\sigma_0/2$，可见最大正应力 $\sigma_n>$ 最大切应力 $\sigma_s$。但是对于 PE、PP 和 PC 等高分子材料，拉伸时较易达到材料自身的最大抗切应力，比正应力达到最大抗拉应力的时间要快得多，所以往往先发生剪切滑移形变，在材料内部出现与试样轴呈约 45° 和 135° 的剪切带。

　　双轴拉伸时，在相应的斜面上的最大切应力为 $(\sigma_1-\sigma_2)/2$。当 $\sigma_1=\sigma_2$ 时，$\sigma_s=0$，即双轴拉伸的应力相等时，制品内无切应力，大分子链单向取向很少，只引起平面取向。故吹塑成型的薄膜其单向取向程度一般不如压延薄膜。

## （六）应力状态的分类

　　下面我们分析一下应力的几种特殊状态。根据施加的主应力不同，应力状态有三类，如图 6-6 所示，一种是简单的单向应力状态，物体仅受一维方向力的作用[图 6-6(a)]；第二种是平面应力状态，在第三维度上不受应力的作用[图 6-6(b)]；第三种是空间应力状态，这是最复杂的一种应力状态[图 6-6(c)]。

### 1. 单向应力状态

　　单向应力状态通常定义为有且只有两个主应力为零的状态。单向应力状态有两种形式，一种是拉伸，一种是压缩。以拉伸应力为例，若受到 $x$ 方向的拉伸作用，则物体在与 $y$-$z$ 表面平行的外表面一点的应力为：

$$\sigma_{xx}=f/A \tag{6-22}$$

用应力张量形式可表示为：

$$\overrightarrow{\sigma_{ij}}=\begin{bmatrix} \sigma_{xx} & 0 & 0 \\ 0 & 0 & 0 \\ 0 & 0 & 0 \end{bmatrix} \tag{6-23}$$

如图 6-7 所示，在物体内的某一点 $Q$，其应力大小因所取面不同而不同。为了表示清楚，我们分别取两个点 $Q$ 和 $Q'$，分别落在不同的平面上加以分析。$Q$ 点所在的分割面 $ABCD$ 与 $y$-$z$ 面相平行，其应力张量与式（6-23）相同。

$Q'$ 点所在平面 $EFGH$ 与坐标 $y$-$z$ 面成 $\theta$ 角（$\theta \neq 90°$），若 $ABCD$ 面积为 $A$，则分割面 $EFGH$ 面积 $A_\theta = A/\cos\theta$。应力 $\sigma_\theta$ 可以分解为正应力 $\sigma_n$ 和切应力 $\sigma_s$ 两个分量，它们由下式给出：

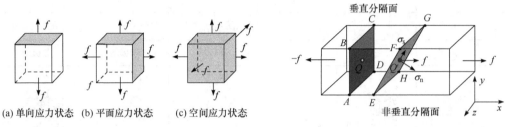

图 6-6　应力状态类型　　　　　　　　图 6-7　单向应力状态

$$\sigma_\theta = \frac{f}{A_\theta} = \frac{f\cos\theta}{A} = \sigma_{xx}\cos\theta \tag{6-24}$$

$$\begin{cases} \sigma_n = \sigma_\theta\cos\theta = \sigma_{xx}\cos\theta\cos\theta = \sigma_{xx}\cos^2\theta \\ \sigma_s = \sigma_\theta\sin\theta = \sigma_{xx}\cos\theta\sin\theta = \dfrac{1}{2}\sigma_{xx}\sin 2\theta \end{cases} \tag{6-25}$$

以 $\theta$ 角为横坐标，以正应力和切应力为纵坐标，我们可以画出其变化曲线（图 6-8）。显然，在 $\theta = 0°$ 面（平行于 $y$-$z$ 面）正应力取得最大，而切应力为 0；在与 $y$ 轴成 45°的面，切应力达到最大，$\sigma_{smax} = \sigma_{xx}/2$。

如果所受的单向力作用在与 $z$-$x$ 面相平行的面上指向 $x$ 方向，则与 $z$-$x$ 面相平行的外表面上所受的应力为切应力，其应力张量为：

$$\overrightarrow{\sigma_{ij}} = \begin{bmatrix} 0 & \sigma_{xy} & 0 \\ \sigma_{yx} & 0 & 0 \\ 0 & 0 & 0 \end{bmatrix} \tag{6-26}$$

物体内一点的应力状态与所取面有关，这里就不再分析了。

2. 平面应力状态

平面应力状态定义为有且只有一个主应力为零的应力状态。在这种情况下，物体中所有应力分量均处于同一个平面内。此时我们把物体所在的立方元简化为平面来对物体中任意点的应力状态进行分析。

如图 6-9 所示，物体所受两个主应力分别为 $\sigma_1$ 和 $\sigma_2$，设 $\sigma_1 > \sigma_2$。对于物体中的任意点 $P$，过 $P$ 点选取垂直于应力面的任意截面 $\alpha$，其法线方向与主应力 $\sigma_1$ 间成 $\alpha$ 角。再以此截面的法线方向逆时针旋转 90°得到 $\beta$ 截面的法线方向，该斜面与主应力 $\sigma_1$ 间成 $\beta$ 角。可见，$\beta = \alpha + \pi/2$。对主应力 $\sigma_1$ 和 $\sigma_2$ 在斜面上引起的应力分量先分别考虑，然后再叠加。对于 $\alpha$ 斜截面，容易推出其法向分量为：

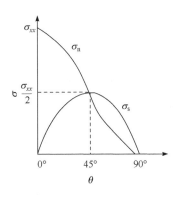

图6-8　正应力和切应力与 $\theta$ 角的关系

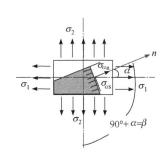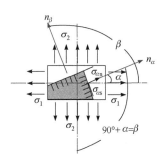

图6-9　平面应力状态时斜截面上的应力

$$\sigma_{\alpha n} = \sigma_{1\alpha}\cos\alpha + \sigma_{2\alpha}\cos\left(\frac{\pi}{2}+\alpha\right) = \sigma_1\cos^2\alpha + \sigma_2\cos^2\left(\frac{\pi}{2}+\alpha\right)$$
$$= \frac{\sigma_1+\sigma_2}{2} + \frac{\sigma_1-\sigma_2}{2}\cos 2\alpha \tag{6-27}$$

剪切分量为：

$$\sigma_{\alpha s} = \sigma_{1\alpha}\sin\alpha + \sigma_{2\beta}\sin\left(\frac{\pi}{2}+\alpha\right) = \sigma_1\cos\alpha\sin\alpha + \sigma_2\cos\left(\frac{\pi}{2}+\alpha\right)\sin\left(\frac{\pi}{2}+\alpha\right)$$
$$= \frac{1}{2}\sigma_1\sin 2\alpha + \frac{1}{2}\sigma_2\sin 2\left(\frac{\pi}{2}+\alpha\right) = \frac{\sigma_1-\sigma_2}{2}\sin 2\alpha \tag{6-28}$$

由此，我们可以得到：

$$\left(\sigma_{\alpha n}-\frac{\sigma_1+\sigma_2}{2}\right)^2 + \sigma_{\alpha s}{}^2 = \left(\frac{\sigma_1-\sigma_2}{2}\right)^2 \tag{6-29}$$

该方程表示的是一个以 $(\sigma_1+\sigma_2)/2$ 为圆心，$(\sigma_1-\sigma_2)/2$ 为半径的圆（图6-10），即莫尔应力圆，简称莫尔圆。任意一点的正应力和切应力皆可直接从图中读出。圆周上某一点与圆心的连线与正应力方向间的夹角为 $\varphi$ ，可以推出它与斜面角 $\alpha$ 的关系为：

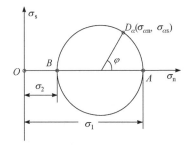

$$\sin\varphi = \frac{\sigma_{\alpha s}}{R} = \frac{\dfrac{\sigma_1-\sigma_2}{2}\sin 2\alpha}{\dfrac{\sigma_1-\sigma_2}{2}} = \sin 2\alpha \tag{6-30}$$

图6-10　莫尔应力圆

可见，扇形角 $\varphi$ 是斜面角 $\alpha$ 的两倍。由图可知，最大正应力就是 $\sigma_1$，最大切应力为 $(\sigma_1-\sigma_2)/2$，方向在 $\varphi=90°$ 即 $\alpha=45°$ 角上。

同理，我们可以解得与 $\alpha$ 斜面成90°的 $\beta$ 斜面的正应力和切应力：

$$\sigma_{\beta n} = \frac{\sigma_1+\sigma_2}{2} - \frac{\sigma_1-\sigma_2}{2}\cos 2\alpha \tag{6-31}$$

$$\sigma_{\beta s} = -\frac{\sigma_1-\sigma_2}{2}\sin 2\alpha \tag{6-32}$$

可见：

$$\sigma_{\alpha n} + \sigma_{\beta n} = \sigma_1 + \sigma_2 = 常数 \tag{6-33}$$

即两个任意垂直面上的正应力之和与主应力之和相等。这正是第一应力不变量在平面应力状态的反映，且：

$$\sigma_{\alpha s} = -\sigma_{\beta s} \tag{6-34}$$

即两个任意垂直面上的切应力大小相等，方向相反。这就是切应力互生互等定理。

3. 空间应力状态

当三个主应力均不为 0 时，就是空间应力状态。对于任意斜截面，我们可以把它分成以下几类：

第一种斜面和三个主应力中的一个平行，如图 6-11(a)、图 6-11(b) 和图 6-11(c) 三个面，分别平行于主应力 $\sigma_1$、主应力 $\sigma_2$ 和主应力 $\sigma_3$。与主应力 $\sigma_1$ 平行的面也有无穷多个，图 6-11(a) 所示的为其中一个。$\sigma_1$ 对此斜面的作用可视为单向应力，而 $\sigma_2$ 和 $\sigma_3$ 对斜面的作用可分解为正应力和切应力，其大小仍可以用莫尔圆来表示。该平面上所受的正应力和切应力满足以 $\sigma_2$ 和 $\sigma_3$ 构成的莫尔圆方程。其他斜面用类似方法可以轻松获得正应力和切应力值。

第二种斜面与三个主应力都相交 [图 6-11(d)]，此时情况比较复杂，但斜面上所受的正应力和切应力值落在三个应力圆之间的阴影部分中 [图 6-11(e)]。

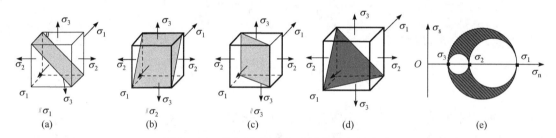

**图 6-11**　空间应力状态时斜截面上的应力

## 二、应变状态

与物体内部各点在受力后应力各不相同一样，物体内部各点在受力后所发生的位移实际上也是彼此不同的。例如上端固定棒受拉力发生伸长时，下端位移最大；一端固定的横梁受外力作用而弯曲时，自由端位移最大；等等。因此对于受力物体而言，其应变状态分析也很重要。

（一）应变状态分析

物体受载荷作用或者温度变化等外界因素影响，其内部各点在空间的位置将发生变化，即产生位移。这个移动过程，弹性体将可能同时发生两种位移变化。

第一种位移是位置的改变，内部各个点仍然保持初始状态的相对位置不变，这种位移是物体在空间做刚体运动引起的，因此称为刚体位移。

第二种位移是弹性体形状的变化，位移发生时不仅改变物体的绝对位置，而且改变了物体内部各个点的相对位置，这是物体形状变化引起的位移，即变形。

如图 6-12 所示，物体中的任意相邻的两点 $P_1$（$x, y, z$）和 $P_2$（$x+\mathrm{d}x, y+\mathrm{d}y, z+\mathrm{d}z$）在受到外力作用发生位移变形时，分别移动到了 $P_1'$（$x+u, y+v, z+w$）和 $P_2'$（$x+\mathrm{d}x+u+\mathrm{d}u, y+\mathrm{d}y+u+\mathrm{d}u, z+\mathrm{d}z+w+\mathrm{d}w$）处。其变形前 $P_1P_2$ 间的距离 $\mathrm{d}s$ 和变形后 $P_1'P_2'$ 间的距离 $\mathrm{d}s'$ 情况可以用位移矢量来描述：

$$\mathrm{d}s:\ P_1P_2 = \{\mathrm{d}x, \mathrm{d}y, \mathrm{d}z\}$$
$$\mathrm{d}s':\ P_1'P_2' = \{\mathrm{d}x + \mathrm{d}u, \mathrm{d}y + \mathrm{d}v, \mathrm{d}z + \mathrm{d}w\} \tag{6-35}$$

式中，$x$、$y$、$z$ 是 $P_1$ 的位置坐标；$u$、$v$、$w$ 是 $P_1$ 位移；$\{\mathrm{d}x, \mathrm{d}y, \mathrm{d}z\}$ 表示的是 $P_1P_2$ 的尺寸；$P_1P_2$ 的相对位移量 $\mathrm{d}u$、$\mathrm{d}v$、$\mathrm{d}w$ 是 $x$、$y$、$z$ 的函数。$\mathrm{d}u$ 是 $x$ 方向上 $P_2$ 相对于 $P_1$ 的位移，$\mathrm{d}u/\mathrm{d}x$ 是沿 $x$ 方向单位长度所发生的伸长，即 $x$ 方向的正应变；$\mathrm{d}u/\mathrm{d}y$ 是 $y$ 方向的单位长度所产生的 $x$ 方向的位移，即 $x$ 面偏离 $y$ 轴一个角度，在 $x$ 方向上产生的位移，即切应变；$\mathrm{d}u/\mathrm{d}z$ 是 $z$ 方向单位长度所产生 $x$ 方向的位移，即 $x$ 面偏离 $z$ 轴一个角度，在 $x$ 方向上产生的位移，也是切应变。因此，$x$ 方向的相对位移 $\mathrm{d}u$ 既有 $x$ 方向正应变的贡献，也有 $x$ 方向切应变的贡献（包括偏离 $y$ 轴和偏离 $z$ 轴）。其他方向上的相对位移也同样由三部分组成。由于 $u$、$v$、$w$ 与 $x$、$y$、$z$ 都有关，我们采用偏导的形式来代替导数，因此各方向的相对位移可以表示为：

$$\begin{cases} \mathrm{d}u = \dfrac{\partial u}{\partial x}\mathrm{d}x + \dfrac{\partial u}{\partial y}\mathrm{d}y + \dfrac{\partial u}{\partial z}\mathrm{d}z \\[2mm] \mathrm{d}v = \dfrac{\partial v}{\partial x}\mathrm{d}x + \dfrac{\partial v}{\partial y}\mathrm{d}y + \dfrac{\partial v}{\partial z}\mathrm{d}z \\[2mm] \mathrm{d}w = \dfrac{\partial w}{\partial x}\mathrm{d}x + \dfrac{\partial w}{\partial y}\mathrm{d}y + \dfrac{\partial w}{\partial z}\mathrm{d}z \end{cases} \tag{6-36}$$

下面我们以平面为例来分析一下 $\dfrac{\mathrm{d}u}{\mathrm{d}y}$ 和 $\dfrac{\mathrm{d}v}{\mathrm{d}x}$ 等参数的意义。如图 6-13 所示，平面长方形 $ABDC$ 以 $A$ 为坐标原点，形变后，分别位移至 $A'B'D'C'$。设 $AB$ 间距离为 $\mathrm{d}x$，$AC$ 间距离为 $\mathrm{d}y$，形变后，$A$ 位移至 $A'$，$x$ 方向上位移了 $u$，$y$ 方向上位移了 $v$。再来看 $AB$ 边，由于 $B$ 位移至 $B'$，导致 $A'B'$ 相对于 $AB$ 旋转了一个角度 $\beta$，$A'B'$ 在 $y$ 轴方向也产生了相对位移 $\mathrm{d}v$。$AC$ 边则因为 $C$ 位移至 $C'$，导致 $A'C'$ 相对于 $AC$ 也旋转了一个角度 $\alpha$，$A'C'$ 在 $x$ 方向也产生了相对位移 $\mathrm{d}u$。显然：

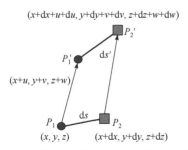

**图 6-12**　物体内任意两点 $P_1P_2$ 位移变化情况

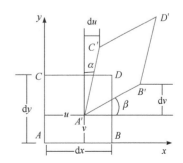

**图 6-13**　物体内切应变示意图

$$\tan \alpha = \frac{\mathrm{d}u}{\mathrm{d}y}; \tan \beta = \frac{\mathrm{d}v}{\mathrm{d}x} \qquad (6\text{-}37)$$

即 $\dfrac{\mathrm{d}u}{\mathrm{d}y}$ 和 $\dfrac{\mathrm{d}v}{\mathrm{d}x}$ 都是切应变。图 6-13 中，$AB$ 与 $AC$ 间原为直角，现夹角改变了 $\alpha + \beta$，所以定义这个夹角变化角正切之和为切应变 $e_{xy}$。因为 $u$、$v$ 与 $x$、$y$ 都有关，所以用偏导代替导数，我们有：

$$e_{xy} = \tan \alpha + \tan \beta = \frac{\partial u}{\partial y} + \frac{\partial v}{\partial x} \qquad (6\text{-}38)$$

定义工程应变为：

$$\vec{e}_{ij} = \begin{bmatrix} e_{xx} & e_{xy} & e_{xz} \\ e_{yx} & e_{yy} & e_{yz} \\ e_{zx} & e_{zy} & e_{zz} \end{bmatrix} \qquad (6\text{-}39)$$

其中：

$$\begin{cases} e_{xx} = \dfrac{\partial u}{\partial x}; e_{yy} = \dfrac{\partial v}{\partial y}; e_{zz} = \dfrac{\partial w}{\partial z} \\[2mm] e_{xy} = e_{yx} = \dfrac{\partial u}{\partial y} + \dfrac{\partial v}{\partial x} \\[2mm] e_{xz} = e_{zx} = \dfrac{\partial u}{\partial z} + \dfrac{\partial w}{\partial x} \\[2mm] e_{yz} = e_{zy} = \dfrac{\partial v}{\partial z} + \dfrac{\partial w}{\partial y} \end{cases} \qquad (6\text{-}40)$$

可见，工程应变中切应变 $e_{yx}$ 定义为 $y$ 面偏离 $x$ 轴的切应变与 $x$ 面偏离 $y$ 轴的切应变之和。其他类推。

另一种应变张量定义为：

$$\vec{\varepsilon}_{ij} = \begin{bmatrix} \varepsilon_{xx} & \varepsilon_{xy} & \varepsilon_{xz} \\ \varepsilon_{yx} & \varepsilon_{yy} & \varepsilon_{yz} \\ \varepsilon_{zx} & \varepsilon_{zy} & \varepsilon_{zz} \end{bmatrix} \qquad (6\text{-}41)$$

其中：

$$\begin{cases} \varepsilon_{xx} = \dfrac{\partial u}{\partial x}; \varepsilon_{yy} = \dfrac{\partial v}{\partial y}; \varepsilon_{zz} = \dfrac{\partial w}{\partial z} \\[2mm] \varepsilon_{xy} = \varepsilon_{yx} = \dfrac{1}{2}(\dfrac{\partial u}{\partial y} + \dfrac{\partial v}{\partial x}) = \dfrac{1}{2}e_{xy} \\[2mm] \varepsilon_{xz} = \varepsilon_{zx} = \dfrac{1}{2}(\dfrac{\partial u}{\partial z} + \dfrac{\partial w}{\partial x}) = \dfrac{1}{2}e_{zx} \\[2mm] \varepsilon_{yz} = \varepsilon_{zy} = \dfrac{1}{2}(\dfrac{\partial v}{\partial z} + \dfrac{\partial w}{\partial y}) = \dfrac{1}{2}e_{yz} \end{cases} \qquad (6\text{-}42)$$

就是说，与工程应变相似，应变张量的主应变分量是一致的，差别仅在于切应变分量的定义不同，工程应变的切应变分量是应变张量切应变分量的 2 倍。对任意应变，我们可以用工程应变或应变张量的六个分量来描述。

对于位移矩阵，我们可以写成变形矩阵与原始矩阵的乘积形式：

$$
\begin{bmatrix} \mathrm{d}u \\ \mathrm{d}v \\ \mathrm{d}w \end{bmatrix} = \begin{bmatrix} \dfrac{\partial u}{\partial x} & \dfrac{\partial u}{\partial y} & \dfrac{\partial u}{\partial z} \\ \dfrac{\partial v}{\partial x} & \dfrac{\partial v}{\partial y} & \dfrac{\partial v}{\partial z} \\ \dfrac{\partial w}{\partial x} & \dfrac{\partial w}{\partial y} & \dfrac{\partial w}{\partial z} \end{bmatrix} \begin{bmatrix} \mathrm{d}x \\ \mathrm{d}y \\ \mathrm{d}z \end{bmatrix} \tag{6-43}
$$

而变形矩阵又可改写为：

$$
\begin{bmatrix} \dfrac{\partial u}{\partial x} & \dfrac{\partial u}{\partial y} & \dfrac{\partial u}{\partial z} \\ \dfrac{\partial v}{\partial x} & \dfrac{\partial v}{\partial y} & \dfrac{\partial v}{\partial z} \\ \dfrac{\partial w}{\partial x} & \dfrac{\partial w}{\partial y} & \dfrac{\partial w}{\partial z} \end{bmatrix} = \begin{bmatrix} \dfrac{\partial u}{\partial x} & 0 & 0 \\ 0 & \dfrac{\partial v}{\partial y} & 0 \\ 0 & 0 & \dfrac{\partial w}{\partial z} \end{bmatrix}_{\mathrm{I}} + \begin{bmatrix} 0 & \dfrac{1}{2}\left(\dfrac{\partial u}{\partial y}+\dfrac{\partial v}{\partial x}\right) & \dfrac{1}{2}\left(\dfrac{\partial u}{\partial z}+\dfrac{\partial w}{\partial x}\right) \\ \dfrac{1}{2}\left(\dfrac{\partial u}{\partial y}+\dfrac{\partial v}{\partial x}\right) & 0 & \dfrac{1}{2}\left(\dfrac{\partial v}{\partial z}+\dfrac{\partial w}{\partial y}\right) \\ \dfrac{1}{2}\left(\dfrac{\partial u}{\partial z}+\dfrac{\partial w}{\partial x}\right) & \dfrac{1}{2}\left(\dfrac{\partial w}{\partial y}+\dfrac{\partial v}{\partial z}\right) & 0 \end{bmatrix}_{\mathrm{II}}
$$

$$
+ \begin{bmatrix} 0 & \dfrac{1}{2}\left(\dfrac{\partial u}{\partial y}-\dfrac{\partial v}{\partial x}\right) & \dfrac{1}{2}\left(\dfrac{\partial u}{\partial z}-\dfrac{\partial w}{\partial x}\right) \\ \dfrac{1}{2}\left(\dfrac{\partial v}{\partial x}-\dfrac{\partial u}{\partial y}\right) & 0 & \dfrac{1}{2}\left(\dfrac{\partial v}{\partial z}-\dfrac{\partial w}{\partial y}\right) \\ \dfrac{1}{2}\left(\dfrac{\partial w}{\partial x}-\dfrac{\partial u}{\partial z}\right) & \dfrac{1}{2}\left(\dfrac{\partial w}{\partial y}-\dfrac{\partial v}{\partial z}\right) & 0 \end{bmatrix}_{\mathrm{III}} \tag{6-44}
$$

$$
= \begin{bmatrix} \varepsilon_{xx} & \varepsilon_{xy} & \varepsilon_{xz} \\ \varepsilon_{yx} & \varepsilon_{yy} & \varepsilon_{yz} \\ \varepsilon_{zx} & \varepsilon_{zy} & \varepsilon_{zz} \end{bmatrix}_{\mathrm{IV}} + \begin{bmatrix} 0 & \omega_{xy} & \omega_{xz} \\ \omega_{yx} & 0 & \omega_{yz} \\ \omega_{zx} & \omega_{zy} & 0 \end{bmatrix}_{\mathrm{V}}
$$

矩阵 Ⅰ 中的各元素代表线度变形，是正应变的三个分量；矩阵 Ⅱ 是切应变在 *x-y*、*y-z* 和 *z-x* 三个平面上的分量，矩阵 Ⅰ 和矩阵 Ⅱ 也可综合表示为对称矩阵 Ⅳ，它表示无转动的纯形变部分。矩阵 Ⅲ 也可表示为矩阵 Ⅴ，其张量是反对称的，表示与变形无关的刚性转动分量。以图 6-13 看，$\omega_{xy}$ 就是四边形 *ABDC* 位移变形后成为四边形 *A'B'D'C'* 时的对角线 *AD* 转至 *A'D'* 时所旋转的角度，它与 $\omega_{yx}$ 不同，从 *x* 到 *y* 旋转为正，从 *y* 到 *x* 的旋转即为负。如无旋转，则矩阵 Ⅲ 或矩阵 Ⅴ 为 0（张量为 0）。

## （二）基本形变的应变

高分子材料基本弹性应变有膨胀（收缩）应变、拉伸（压缩）应变、切应变。下面以边长分别为 *a*、*b* 和 *c* 的各向同性长方体为例来说明简单应变情况。

膨胀或收缩是形状相似、尺寸等比例变化的形变。发生膨胀或收缩变形后，长方体边长变为 *a'*、*b'* 和 *c'*。若 *a'=λa*，则 *b'=λb*，*c'=λc*。根据定义，材料应变 $\varepsilon=(a'-a)/a=\lambda-1$。当形变很小时，$\lambda\approx1$，体积应变为：

$$\Delta = \Delta V / V_0 = \lambda^3 - 1 = (1 + \varepsilon)^3 - 1 = 3\varepsilon + 3\varepsilon^2 + \varepsilon^3 \approx 3\varepsilon(1 + \varepsilon) \approx 3\varepsilon \qquad (6\text{-}45)$$

以上应变分析是对物体的宏观分析。对于物体中的任一点 $(x, y, z)$，膨胀或收缩变形后，该点坐标变为 $(x', y', z')$，则根据仿射变换假定，$x' = \lambda x = (1 + \varepsilon)x$，$y' = \lambda y = (1 + \varepsilon)y$，$z' = \lambda z = (1 + \varepsilon)z$。其工程应变分量为：$e_{xx} = e_{yy} = e_{zz} = \varepsilon$，$e_{xy} = e_{yz} = e_{zx} = e_{yx} = e_{zy} = e_{xz} = 0$。

对于拉伸应变，长方体在拉伸方向上长度增加，设 $a' = \lambda a$，拉伸应变 $\varepsilon = (a' - a)/a = \lambda - 1$；长方体在拉伸方向上伸长的同时，其宽度和厚度方向变小，因为是各向同性体，所以变小的幅度是一样的，则 $b' = \mu b$，$c' = \mu c$，其应变为 $\delta = \mu - 1$。当形变很小时，体积应变为：

$$\Delta = \Delta V / V_0 = \lambda \mu^2 - 1 \approx \varepsilon + 2\delta \qquad (6\text{-}46)$$

对于物体内任一点 $(x, y, z)$，拉伸变形后，该点坐标变为 $(x', y', z')$，则根据仿射变换假定，$x' = \lambda x = (1 + \varepsilon)x$，$y' = \mu y = (1 + \delta)y$，$z' = \mu z = (1 + \delta)z$。其工程应变分量为：$e_{xx} = \varepsilon$，$e_{yy} = e_{zz} = \delta$，$e_{xy} = e_{yz} = e_{zx} = e_{yx} = e_{zy} = e_{xz} = 0$。

对于切应变，长方体的垂直边从直角变化 $\theta$ 角，应变 $\gamma = \tan\theta$。应变很小时，体积应变为：

$$\Delta = \Delta V / V_0 = 0 \qquad (6\text{-}47)$$

对于物体内任一点 $(x, y, z)$，剪切变形后，该点坐标变为 $(x', y', z')$，由仿射变换假定，$x' = x + \gamma y$，$y' = y$，$z' = z$。其工程应变分量为：$e_{xx} = e_{yy} = e_{zz} = 0$，$e_{xy} = e_{yx} = \gamma$，$e_{yz} = e_{zx} = e_{zy} = e_{xz} = 0$。

## （三）应变状态不变量

应变张量一旦确定，则任意坐标系下的应变分量均可确定。因此，应变状态就完全确定。一点的应变状态与坐标系的选取无关，改变坐标系体系，虽然各应变分量均发生改变，但作为一个整体，所描述的应变状态并未改变。与应力状态分析一样，我们也可以找到这样一个坐标系，使得切应变为 0，这就是应变主轴，主轴方向的正应变称为主应变。这样我们可以建立关于 $(l, m, n)$ 的三个齐次线性方程组，它与应力不变量推导方程相似，当无旋转时，变形张量的特征方程为：

$$\begin{vmatrix} \varepsilon_{xx} - \varepsilon & \varepsilon_{xy} & \varepsilon_{xz} \\ \varepsilon_{yx} & \varepsilon_{yy} - \varepsilon & \varepsilon_{yz} \\ \varepsilon_{zx} & \varepsilon_{zy} & \varepsilon_{zz} - \varepsilon \end{vmatrix} = 0 \qquad (6\text{-}48)$$

上式可化为一元三次方程，即：

$$\varepsilon^3 - I_1 \varepsilon^2 + I_2 \varepsilon - I_3 = 0 \qquad (6\text{-}49)$$

或：

$$(\varepsilon - \varepsilon_1)(\varepsilon - \varepsilon_2)(\varepsilon - \varepsilon_3) = 0 \qquad (6\text{-}50)$$

将行列式（6-48）展开与式（6-49）比较可得：

$$\begin{cases} I_1 = \varepsilon_{xx} + \varepsilon_{yy} + \varepsilon_{zz} \\ I_2 = \begin{vmatrix} \varepsilon_{xx} & \varepsilon_{xy} \\ \varepsilon_{yx} & \varepsilon_{yy} \end{vmatrix} + \begin{vmatrix} \varepsilon_{yy} & \varepsilon_{yz} \\ \varepsilon_{zy} & \varepsilon_{zz} \end{vmatrix} + \begin{vmatrix} \varepsilon_{zz} & \varepsilon_{zx} \\ \varepsilon_{xz} & \varepsilon_{xx} \end{vmatrix} \\ I_3 = \begin{vmatrix} \varepsilon_{xx} & \varepsilon_{xy} & \varepsilon_{xz} \\ \varepsilon_{yx} & \varepsilon_{yy} & \varepsilon_{yz} \\ \varepsilon_{zx} & \varepsilon_{zy} & \varepsilon_{zz} \end{vmatrix} \end{cases} \qquad (6\text{-}51)$$

将式（6-50）展开与式（6-49）比较可得：

$$\begin{cases} I_1 = \varepsilon_1 + \varepsilon_2 + \varepsilon_3 \\ I_2 = \varepsilon_1\varepsilon_2 + \varepsilon_2\varepsilon_3 + \varepsilon_3\varepsilon_1 \\ I_3 = \varepsilon_1\varepsilon_2\varepsilon_3 \end{cases} \tag{6-52}$$

方程（6-50）有三个根，分别为$\varepsilon_1$、$\varepsilon_2$和$\varepsilon_3$，为主应变，即三个应变主面上的切应变均为 0。将式（6-52）与式（6-51）相比可知，$I_1$、$I_2$和$I_3$与坐标轴的选取无关，因此称为应变状态不变量。由特征方程（6-49）可求得主应变，并可进一步求解应变主轴的方向余弦。对各向同性材料，应力主轴与应变主轴是重合的。

## 三、应力应变关系

我们知道理想弹性体的本构方程即胡克定律$f = kx$，转化为应力应变关系则为$\sigma = Ee$或 $e = D\sigma$，其中 $E$ 和 $D$ 分别为弹性模量和弹性柔量。应力和工程应变各有 9 个张量分量，可以写出应力各分量与应变各分量间的类似关系，即广义胡克定律：

$$\begin{cases} \sigma_{11} = E_{1111}e_{11} + E_{1112}e_{12} + E_{1113}e_{13} + E_{1121}e_{21} + \cdots + E_{1133}e_{33} \\ \sigma_{12} = E_{1211}e_{11} + E_{1212}e_{12} + E_{1213}e_{13} + E_{1221}e_{21} + \cdots + E_{1233}e_{33} \\ \qquad\qquad\qquad\qquad \cdots \\ \sigma_{33} = E_{3311}e_{11} + E_{3312}e_{12} + E_{3313}e_{13} + E_{3321}e_{21} + \cdots + E_{3333}e_{33} \end{cases} \tag{6-53}$$

或：

$$\begin{cases} e_{11} = D_{1111}\sigma_{11} + D_{1112}\sigma_{12} + D_{1113}\sigma_{13} + D_{1121}\sigma_{21} + \cdots + D_{1133}\sigma_{33} \\ e_{12} = D_{1211}\sigma_{11} + D_{1212}\sigma_{12} + D_{1213}\sigma_{13} + D_{1221}\sigma_{21} + \cdots + D_{1233}\sigma_{33} \\ \qquad\qquad\qquad\qquad \cdots \\ e_{33} = D_{3311}\sigma_{11} + D_{3312}\sigma_{12} + D_{3313}\sigma_{13} + D_{3321}\sigma_{21} + \cdots + D_{33}\sigma_{33} \end{cases} \tag{6-54}$$

式（6-53）中 $E_{ij}$ 是模量张量，又称刚度张量，该张量有 81 个分量；式（6-54）中 $D_{ij}$ 是柔量张量，同样有 81 个分量。但由于应力 $\sigma_{ij} = \sigma_{ji}$，应变 $e_{ij} = e_{ji}$，因此应力和应变分量均可减少为 6 个，模量系数和柔量系数也可减少为 36 个。将正应力、正应变的下标 11、22、33 分别简化为 1、2、3，将切应力、切应变的下标 23、13、12 分别简化为 4、5、6，则：

$$E_{ij} = \begin{bmatrix} E_{11} & E_{12} & E_{13} & E_{14} & E_{15} & E_{16} \\ E_{21} & E_{22} & E_{23} & E_{24} & E_{25} & E_{26} \\ E_{31} & E_{32} & E_{33} & E_{34} & E_{35} & E_{36} \\ E_{41} & E_{42} & E_{43} & E_{44} & E_{45} & E_{46} \\ E_{51} & E_{52} & E_{53} & E_{54} & E_{55} & E_{56} \\ E_{61} & E_{62} & E_{63} & E_{64} & E_{65} & E_{66} \end{bmatrix} \tag{6-55}$$

这 36 个系数仍有对称性，$E_{ij} = E_{ji}$，可再减去 15 个。由线性弹性理论，正应力与切应力所产生的效应互不干扰，正应力不会产生切应变、切应力不会产生正应变，切应力在非作用方向不产生切应变，则 $E_{14} = E_{15} = E_{16} = E_{24} = E_{25} = E_{26} = E_{34} = E_{35} = E_{36} = E_{45} = E_{46} = E_{56} = 0$。这样模量仅剩下 9 个分量。因为是各向同性体，沿相互垂直的方向，弹性关系相同，得 $E_{12} = E_{13} = E_{23}$，$E_{11} = E_{22} = E_{33}$，$E_{44} = E_{55} = E_{66}$。令 $E_{11} = a$，$E_{12} = b$，$E_{44} = c$，则：

$$E_{ij} = \begin{bmatrix} a & b & b & 0 & 0 & 0 \\ b & a & b & 0 & 0 & 0 \\ b & b & a & 0 & 0 & 0 \\ 0 & 0 & 0 & c & 0 & 0 \\ 0 & 0 & 0 & 0 & c & 0 \\ 0 & 0 & 0 & 0 & 0 & c \end{bmatrix} \tag{6-56}$$

于是，我们可以写出以下 6 个方程：

$$\begin{cases} \sigma_1 = ae_1 + be_2 + be_3 \\ \sigma_2 = be_1 + ae_2 + be_3 \\ \sigma_3 = be_1 + be_2 + ae_3 \\ \sigma_4 = ce_4 \\ \sigma_5 = ce_5 \\ \sigma_6 = ce_6 \end{cases} \tag{6-57}$$

可进一步证明应变转换方程：

$$\frac{1}{c} = 2\left(\frac{1}{a} - \frac{1}{b}\right) \tag{6-58}$$

将其代入可以解得 $a$、$b$、$c$ 等系数的意义：

$$\begin{cases} E = E_{11} = E_{22} = E_{33} = \dfrac{\sigma_1}{e_1} = a \\ \nu = -\dfrac{e_2}{e_1} = -\dfrac{\sigma_1/b}{\sigma_1/a} = -\dfrac{a}{b} = -\dfrac{E}{b}, \ \ 即 b = -\dfrac{E}{\nu} \\ G = E_{44} = E_{55} = E_{66} = \dfrac{\sigma_4}{e_4} = c \end{cases} \tag{6-59}$$

且 $\dfrac{1}{G} = 2(\dfrac{1}{E} + \dfrac{\nu}{E})$，所以 $G = \dfrac{E}{2(1+\nu)}$。可见，剪切模量 $G$、拉伸模量 $E$ 和泊松比 $\nu$ 只有 2 个是独立变量。所以，式（6-57）可以写成：

$$\begin{cases} \sigma_1 = E[e_1 - \dfrac{1}{\nu}(e_2 + e_3)] \\ \sigma_2 = E[e_2 - \dfrac{1}{\nu}(e_1 + e_3)] \\ \sigma_3 = E[e_3 - \dfrac{1}{\nu}(e_2 + e_1)] \\ \sigma_4 = Ge_4 \\ \sigma_5 = Ge_5 \\ \sigma_6 = Ge_6 \end{cases} \ \ 或 \ \ \begin{cases} e_1 = \dfrac{1}{E}[\sigma_1 - \nu(\sigma_2 + \sigma_3)] \\ e_2 = \dfrac{1}{E}[\sigma_2 - \nu(\sigma_1 + \sigma_3)] \\ e_3 = \dfrac{1}{E}[\sigma_3 - \nu(\sigma_1 + \sigma_2)] \\ e_4 = \dfrac{1}{G}\sigma_4 \\ e_5 = \dfrac{1}{G}\sigma_5 \\ e_6 = \dfrac{1}{G}\sigma_6 \end{cases} \tag{6-60}$$

方程（6-60）即为广义胡克定律。

在本体压缩时：

$$\Delta = (1+e_1)(1+e_2)(1+e_3) - 1 \approx e_1 + e_2 + e_3 \tag{6-61}$$

而 $\sigma_1 = \sigma_2 = \sigma_3 = \sigma$，结合式（6-60）与式（6-61），可得：

$$\Delta = \frac{1}{E}(1-2\nu)(\sigma_1 + \sigma_2 + \sigma_3)$$
$$= \frac{3\sigma}{E}(1-2\nu) \tag{6-62}$$

本体模量 $B$ 为：

$$B = \frac{\sigma}{\Delta} = \frac{E}{3(1-2\nu)} \tag{6-63}$$

可见，本体模量与拉伸模量和泊松比也有关，也非独立变量。根据以上公式，我们可以得到各模量及泊松比间的关系。

## 四、理论模量与实际模量

### （一）理论模量

Treloar 依据价键力场对 PE 的杨氏模量进行了估算。其依据是：a.高分子晶体的各向异性使平行于分子链方向的模量比垂直于分子链方向的模量高出两个数量级；b.链上主价键的强度比链间次价键的强度高出一个数量级。因此，一个晶体在平行于分子链方向的模量可以用一个由硬棒代键组成的锯齿形链模型沿链方向的弹性系数来进行简单的估算。代入聚乙烯的相关参数后算得 PE 单晶沿分子链方向的拉伸模量约为 180GPa。这一结果因为忽略了分子间相互作用的贡献，因此比其他更精确的计算结果略低。

韦荣斌等依据一维链力场（FFQODC）将准一维链的势能表示为力常数的函数，再借助于量子化学从头计算方法计算总能量，继而计算出 PE 沿分子链方向的杨氏模量理论值为 408GPa。它比用价键力场（VFF）方法、Urey-Bradley 力场（UBFF）方法、Tashio-Kobayashi-Tadokoro 方法等计算出的理论值要高，也比用 XRD 方法、Raman 声学模方法、中子散射方法和 Raman 纵向声学模方法所得到的观察值高。

尽管 PE 晶体沿链方向的理论模量达到了 $10^2$GPa 数量级，达到这一数量级的高分子有间规 PVA（287.4GPa）、β-PVDF（224GPa）、α聚酰胺（311.5GPa）等，此类高分子多取平面锯齿形构象，其模量较高，应变能主要分布在主链键和键角的部位。

但并不是每一种高分子都能达到这个量级。如 PMO 和 PTFE 晶体中沿链轴方向的模量为 100～160GPa，它比 PE 低的原因在于这两种高分子在晶体中的构象分别取 H9$_5$ 和 H13$_7$ 螺旋。等规立构的 PP 只有 49GPa，仅为 PE 的 1/7～1/4，主要原因就是其在晶体中呈 H3$_1$ 构象，侧基甲基的存在增大了链的横截面积，使模量下降。α-PVDF 仅为 77GPa，约是β晶型的 1/3，其原因在于在受到沿链方向的外力作用时，主要是靠沿链轴方向的扭转变形产生回复力来与之对抗的。扭转储存的应变能比键长和键角变化引起的应变能小得多，因而对抗外力的能力也较小，模量就较低。

主链含芳香基或脂环基的刚性高分子，模量会比较高。但是像聚对羟基苯甲酸乙二酯的理论模量仅为 2GPa，尽管有苯环，但其模量很低的原因在于其具有长单体单元的锯齿状螺旋构象，在轴向外力作用下，引起链内扭转，它所产生的回复力很小，因此，其轴向模量很低。换成β晶型后，由于它在晶体中形成完全伸直的平面锯齿形构象，在轴向拉伸力作用下主要由骨架链的键角应变产生的回复力来与之对抗，所以模量又高出一个数量级，达到57GPa。

晶体的模量与分子链的构造、构型、晶体中的构象、晶型和分子间作用力等因素都有关系。研究表明，其中构象的影响是最大的。

## （二）实际模量

一些高分子材料的模量如表6-3所示。

**表6-3**  一些高分子材料及其玻纤增强后的模量[①]

| 高分子材料 | 泊松比 | 拉伸模量/GPa | 弯曲模量/GPa | 玻纤增强后拉伸模量/GPa |
|---|---|---|---|---|
| LDPE | 0.49 | 0.2 | | |
| HDPE | 0.47 | 1.0 | 0.8 | 6.30 |
| PS | 0.38 | 3.4 | 3.3 | 8.5 |
| ABS | | 0.7~2.9 | 3.0 | 5.8 |
| PMMA | 0.40 | 3.2 | 3.0 | |
| PP | 0.43 | 1.4 | 1.5 | 8.0 |
| PVC | 0.42 | 2.6 | 3.5 | |
| 尼龙-66 | 0.46 | 2.0 | 2.3 | 9.3 |
| 尼龙-6 | 0.44 | 1.9 | 2.0 | 9.0 |
| 尼龙-1010 | | 1.6 | 1.3 | |
| PMO | 0.44 | 2.7 | 2.6 | 5.7 |
| PC | 0.42 | 2.5 | 2.5 | 11.9 |
| PSU（聚芳砜） | 0.42 | 2.5 | 2.8 | 7.1 |
| PI | 0.42 | 3.0 | 3.2 | 3.3 |
| PPO | 0.41 | 2.3 | 2.1 | 2.3 |
| PBT | 0.44 | 2.5 | 0.9 | 8.5 |
| PET | 0.43 | 3.0 | 2.9 | 6.8 |
| PTFE | 0.46 | 0.5 | 0.35 | 0.9 |
| 酚醛树脂 | | 3.4 | 4.0 | 1.3 |
| 环氧树脂 | | 2.4 | 2.5 | 5.2 |

①  受材料牌号、加工方式、测试温度以及增强材料中玻纤类型、含量、增容剂使用等因素影响，强度与模量会有较大范围的波动，这里只是大致的情况。

与理论模量相比，高分子材料的实际模量相差几十到几百倍。例如，聚乙烯的理论模量可以达到金属的上百吉帕（GPa）的模量水平，但实际模量不到1GPa。采用凝胶纺丝和超倍热拉伸的方法，可以使超高分子量聚乙烯（UHWMPE）的分子链以平行于纤维轴方向的伸直链形态排列，其模量可达到理论值的 1/3～1/2，高出普通 PE 材料的上百倍，因此可制成高模量、高强度纤维，应用于缆绳和索具，在超级油轮、海洋操作平台和航行灯塔上用作固定锚绳，质轻高强而耐腐蚀，备受航运界的欢迎。其织物也可制作轻柔的防弹背心和防切割手套。类似的还有超高分子量的聚乙烯醇 UHMW-PVA、超高分子量聚丙烯腈 UHMW-PAN 等，前者可以用作纤维筋代替钢筋作为建筑墙体或板块的增强材料；后者可制成绳索、渔网、轮胎帘子线或传送带等，其优点是模量高、强度高、耐热性好、耐酸碱性强、耐光性优良。

即便如此，高分子实际模量仍远低于理论值。这是因为高分子材料中存在着大量缺陷，例如纤维中的分子链并没有达到100%结晶或取向，纤维的聚集状态也并不均匀，纤维中还存在着一些缺陷等。尤其是在垂直于分子链的方向上，模量是很低的。塑料、橡胶等高分子材料，由于分子链取向程度低，材料中缺陷多，其模量与理论值相比就更低。

利用 Rao 函数可以通过基团加和法估算材料的体积模量 $B = \rho(U / \tilde{V})^6$，式中，$U$ 为关于基团贡献的 Rao 函数，其数值可以从相关手册中查到；$\tilde{V}$ 是高分子的摩尔体积；$\rho$ 是高分子的密度。然后由泊松比换算出材料的拉伸模量和剪切模量。

（三）提高三维模量的方法

由于各向异性的高分子晶体在三个不同方向上的弹性系数是不同的，通过晶格动力学理论和分子力学方法可以计算高分子晶体三维弹性常数。Tashiro 对菱形 PE 单晶的受力与形变进行了计算，得到 PE 的 9 个弹性常数理论值分别为 $E_{11} = 7.99GPa$、$E_{22} = 9.92GPa$、$E_{33} = 315.92GPa$、$E_{12} = 3.28GPa$、$E_{13} = 1.13GPa$、$E_{23} = 2.14GPa$、$E_{44} = 3.19GPa$、$E_{55} = 1.62GPa$、$E_{66} = 3.62GPa$。其中，$E_{33}$ 就是沿链轴方向的弹性模量，它比另两个正应力方向的模量 $E_{11}$ 和 $E_{22}$ 要高出 30～50 倍。这是因为沿链轴方向是化学键方向，而另两个方向是分子间作用力方向，因此模量有几十倍的差别，与化学键能与分子间作用力的差别相当。

我们是否能制备出一类具有三维高模量的新型高分子材料呢？Tashiro 等提出通过将共价交联引入到已有高分子晶体中相邻分子链间的方法来实现。它包括以下步骤：①令高分子链在点阵中相互平行排列；②用碳原子来代替位于主链旁侧的原子（如氢原子）；③令其中的一部分链平移一个适当的距离（该距离以有利于下一步交联为准）；④用单双键交替的序列使这些替代后的碳原子以共价键连接成锯齿形。用这种方法得到的交联高分子晶体的理论轴向模量可再提高一个数量级，如交联聚乙炔可达到 1699GPa，横向模量也可达到 998～1796GPa。这就是说，交联聚乙炔的三维理论模量可以与 1050GPa 的金刚石模量媲美，在有的方向上甚至超过了它。用 B 原子代替 PE 链上的 H 原子，借助于 B—B 键的形成在 PE 链间构成交联，计算表明，其三维模量皆可达约 600GPa，成为高模量各向同性材料。

当然上述这些设想都还是计算机模拟的结果，如何实现还需要大量的结构设计和相关的实验。高分子材料的理论模量那么高，说明还有很大的提升空间值得我们去努力。当然，在实际运用中，综合考量材料性能时，我们更多的可能关注于材料的韧性，模量值够用即可，不会单纯去追求高模量。

# 第三节　高分子材料的高弹形变

在玻璃化转变温度以上，非晶高分子材料进入高弹态，其热力学可逆形变可以达到 100 %以上，例如 1000 %甚至更多。高分子材料与小分子材料的很大区别就在于高分子的弹性可能会很好。当材料的弹性形变能达到 50 %以上时，我们就称之为高弹性。

## 一、高弹性的特点

高分子在高弹态的形变特点与其他固体物质的形变特点不同，与高分子在其他力学状态下的特点也不同。其特征主要有：

① 弹性形变量很大。高分子的弹性形变可达 100%～1000%，一般金属和无机材料的弹性形变量不足 1%。韧性很好的钢材其弹性形变可以达到 20%，但与高弹态高分子材料相比，还是无法比拟的。

② 弹性模量很小。金属的弹性模量可超过 10GPa，如钢的模量就高达 200GPa，无机晶体的弹性模量接近 100GPa，塑料的模量低一些，也可达 1GPa 数量级，一些皮革的模量也可达 0.1GPa 数量级，而橡胶的模量仅为 0.1～10MPa，所以橡胶特别柔软。

③ 模量随温度升高会升高。金属、塑料等大部分物质受热会变软，但是处于高弹态的高分子材料受热会"变硬"，温度升高时，模量随之增加。

④ 形变时有热效应。快速拉伸一根橡胶样条时，橡胶会发热，回缩时它又会吸热，存在热效应。橡胶的热效应随伸长率增加而增加。

⑤ 形变是松弛过程，有时间依赖性。橡胶受到外力作用发生变形时，形变一般不能迅速达到其平衡值，而是随时间发展的。在特定条件下，当松弛时间小到一定程度后，高弹形变也可看作是瞬时过程，此时，可将其视作理想弹性体。

## 二、大应变下的弹性理论

这里我们将橡胶视为理想弹性体，讨论其平衡条件下的应力与应变关系。

（一）应变的广义定义

借用图 6-12，物体中任意相邻的两点 $P_1P_2$ 变形前长为 $\mathrm{d}s$，变形后 $P_1'P_2'$ 长为 $\mathrm{d}s'$。于是：

$$\begin{cases} (\mathrm{d}s)^2 = (\mathrm{d}x)^2 + (\mathrm{d}y)^2 + (\mathrm{d}z)^2 \\ (\mathrm{d}s')^2 = (\mathrm{d}x + \mathrm{d}u)^2 + (\mathrm{d}y + \mathrm{d}v)^2 + (\mathrm{d}z + \mathrm{d}w)^2 \end{cases} \tag{6-64}$$

$u$、$v$、$w$ 分别是 $x$、$y$、$z$ 的函数。因此：

$$\frac{(\mathrm{d}s')^2}{(\mathrm{d}s)^2} = \frac{(\mathrm{d}x+\mathrm{d}u)^2 + (\mathrm{d}y+\mathrm{d}v)^2 + (\mathrm{d}z+\mathrm{d}w)^2}{(\mathrm{d}s)^2} = \frac{(\mathrm{d}x+\mathrm{d}u)^2}{(\mathrm{d}s)^2} + \frac{(\mathrm{d}y+\mathrm{d}v)^2}{(\mathrm{d}s)^2} + \frac{(\mathrm{d}z+\mathrm{d}w)^2}{(\mathrm{d}s)^2} \tag{6-65}$$

由式（6-36），位移量 $\mathrm{d}u$ 应来自于 $x$ 方向的一个正应变分量和两个切应变分量，即 $\mathrm{d}u = \frac{\partial u}{\partial x}\mathrm{d}x + \frac{\partial u}{\partial y}\mathrm{d}y + \frac{\partial u}{\partial z}\mathrm{d}z$，$\mathrm{d}v$ 和 $\mathrm{d}w$ 也类似，同时，将方向余弦 $l = \frac{\mathrm{d}x}{\mathrm{d}s}$、$m = \frac{\mathrm{d}y}{\mathrm{d}s}$ 和 $n = \frac{\mathrm{d}z}{\mathrm{d}s}$ 代入可得：

$$\frac{(\mathrm{d}s')^2}{(\mathrm{d}s)^2} = \frac{(\mathrm{d}x+\mathrm{d}u)^2}{(\mathrm{d}s)^2} + \frac{(\mathrm{d}y+\mathrm{d}v)^2}{(\mathrm{d}s)^2} + \frac{(\mathrm{d}z+\mathrm{d}w)^2}{(\mathrm{d}s)^2}$$

$$= \left(\frac{\mathrm{d}x}{\mathrm{d}s} + \frac{\partial u}{\partial x}\times\frac{\mathrm{d}x}{\mathrm{d}s} + \frac{\partial u}{\partial y}\times\frac{\mathrm{d}y}{\mathrm{d}s} + \frac{\partial u}{\partial z}\times\frac{\mathrm{d}z}{\mathrm{d}s}\right)^2 + \left(\frac{\mathrm{d}y}{\mathrm{d}s} + \frac{\partial v}{\partial x}\times\frac{\mathrm{d}x}{\mathrm{d}s} + \frac{\partial v}{\partial y}\times\frac{\mathrm{d}y}{\mathrm{d}s} + \frac{\partial v}{\partial z}\times\frac{\mathrm{d}z}{\mathrm{d}s}\right)^2$$

$$+\left(\frac{\mathrm{d}z}{\mathrm{d}s}+\frac{\partial w}{\partial x}\times\frac{\mathrm{d}x}{\mathrm{d}s}+\frac{\partial w}{\partial y}\times\frac{\mathrm{d}y}{\mathrm{d}s}+\frac{\partial w}{\partial z}\times\frac{\mathrm{d}z}{\mathrm{d}s}\right)^2$$

$$=\left[l\left(1+\frac{\partial u}{\partial x}\right)+m\frac{\partial u}{\partial y}+n\frac{\partial u}{\partial z}\right]^2+\left[l\frac{\partial v}{\partial x}+m\left(1+\frac{\partial v}{\partial y}\right)+n\frac{\partial v}{\partial z}\right]^2 \tag{6-66}$$

$$+\left[l\frac{\partial w}{\partial x}+m\frac{\partial w}{\partial y}+n\left(1+\frac{\partial w}{\partial z}\right)\right]^2$$

$$=(1+2\boldsymbol{e}_{xx})l^2+(1+2\boldsymbol{e}_{yy})m^2+(1+2\boldsymbol{e}_{zz})n^2+2\boldsymbol{e}_{yz}mn+2\boldsymbol{e}_{zx}nl+2\boldsymbol{e}_{xy}lm$$

此为 Lagrangian 应变表示法，其中：

$$\begin{cases} e_{xx}=\varepsilon_{xx}=\frac{\partial u}{\partial x}+\frac{1}{2}\left[\left(\frac{\partial u}{\partial x}\right)^2+\left(\frac{\partial v}{\partial x}\right)^2+\left(\frac{\partial w}{\partial x}\right)^2\right] \\[2mm] e_{yy}=\varepsilon_{yy}=\frac{\partial v}{\partial y}+\frac{1}{2}\left[\left(\frac{\partial u}{\partial y}\right)^2+\left(\frac{\partial v}{\partial y}\right)^2+\left(\frac{\partial w}{\partial y}\right)^2\right] \\[2mm] e_{zz}=\varepsilon_{zz}=\frac{\partial w}{\partial z}+\frac{1}{2}\left[\left(\frac{\partial u}{\partial z}\right)^2+\left(\frac{\partial v}{\partial z}\right)^2+\left(\frac{\partial w}{\partial z}\right)^2\right] \\[2mm] e_{yz}=e_{zy}=2\varepsilon_{yz}=2\varepsilon_{zy}=\frac{\partial w}{\partial y}+\frac{\partial v}{\partial z}+\frac{\partial u}{\partial y}\times\frac{\partial u}{\partial z}+\frac{\partial v}{\partial y}\times\frac{\partial v}{\partial z}+\frac{\partial w}{\partial y}\times\frac{\partial w}{\partial z} \\[2mm] e_{zx}=e_{xz}=2\varepsilon_{zx}=2\varepsilon_{xz}=\frac{\partial w}{\partial x}+\frac{\partial u}{\partial z}+\frac{\partial u}{\partial x}\times\frac{\partial u}{\partial z}+\frac{\partial v}{\partial x}\times\frac{\partial v}{\partial z}+\frac{\partial w}{\partial x}\times\frac{\partial w}{\partial z} \\[2mm] e_{xy}=e_{yx}=2\varepsilon_{xy}=2\varepsilon_{yx}=\frac{\partial u}{\partial y}+\frac{\partial v}{\partial x}+\frac{\partial u}{\partial x}\times\frac{\partial u}{\partial y}+\frac{\partial v}{\partial x}\times\frac{\partial v}{\partial y}+\frac{\partial w}{\partial x}\times\frac{\partial w}{\partial y} \end{cases} \tag{6-67}$$

注意，式中 $e_{xx}$、$e_{yz}$ 等定义与小应变不同，文献中常用加粗字体来表示相应的大应变。本教材不加以区别，由上述方程确定其定义。大应变和小应变一样，张量切应变 $\varepsilon_{xy}$ 等定义为工程切应变 $e_{xy}$ 等的一半。可以看出，当应变很小时，上式中的二次项就可略去，得到：

$$\begin{cases} e_{xx}=\varepsilon_{xx}=\frac{\partial u}{\partial x} \\[2mm] e_{yy}=\varepsilon_{yy}=\frac{\partial v}{\partial y} \\[2mm] e_{zz}=\varepsilon_{zz}=\frac{\partial w}{\partial z} \\[2mm] e_{yz}=e_{zy}=2\varepsilon_{yz}=2\varepsilon_{zy}=\frac{\partial w}{\partial y}+\frac{\partial v}{\partial z} \\[2mm] e_{zx}=e_{xz}=2\varepsilon_{zx}=2\varepsilon_{xz}=\frac{\partial w}{\partial x}+\frac{\partial u}{\partial z} \\[2mm] e_{xy}=e_{yx}=2\varepsilon_{xy}=2\varepsilon_{yx}=\frac{\partial u}{\partial y}+\frac{\partial v}{\partial x} \end{cases}$$

与小应变的关系式（6-40）和式（6-42）一致。

显然选择不同的坐标系，应变分量会相应改变，但应变状态是确定的，不会随坐标系的变化而变化。因此，我们可以找到一个特殊的坐标系，使切应变 $e_{xy} = e_{yz} = e_{zx} = 0$，此时的坐标轴方向即为应变主向。平行于 $x$、$y$ 和 $z$ 轴的三个线元变形后的拉伸比分别为 $\lambda_1$、$\lambda_2$ 和 $\lambda_3$，由式（6-66）可见，其 $(\mathrm{d}s')^2/(\mathrm{d}s)^2$ 值在 $x$、$y$、$z$ 三个方向上分别为 $1+2e_{xx}$、$1+2e_{yy}$ 和 $1+2e_{zz}$，即：

$$\begin{cases} \text{平行于}x\text{方向的线元}:\dfrac{(\mathrm{d}s')^2}{(\mathrm{d}s)^2}\Big|_x = \lambda_1{}^2 = 1 + 2e_{xx} \\[3mm] \text{平行于}y\text{方向的线元}:\dfrac{(\mathrm{d}s')^2}{(\mathrm{d}s)^2}\Big|_y = \lambda_2{}^2 = 1 + 2e_{yy} \\[3mm] \text{平行于}z\text{方向的线元}:\dfrac{(\mathrm{d}s')^2}{(\mathrm{d}s)^2}\Big|_z = \lambda_3{}^2 = 1 + 2e_{zz} \end{cases} \tag{6-68}$$

它将拉伸比与应变联系了起来。通过建立关于新坐标系的方向余弦 $(l, m, n)$ 的齐次线性方程组，可以推出大应变条件下的应变不变量为：

$$\begin{cases} I_1 = \lambda_1{}^2 + \lambda_2{}^2 + \lambda_3{}^2 = 3 + 2e_{xx} + 2e_{yy} + 2e_{zz} \\[2mm] I_2 = \lambda_1{}^2\lambda_2{}^2 + \lambda_2{}^2\lambda_3{}^2 + \lambda_3{}^2\lambda_1{}^2 \\[2mm] \quad = \begin{vmatrix} 1+2e_{xx} & e_{xy} \\ e_{yx} & 1+2e_{yy} \end{vmatrix} + \begin{vmatrix} 1+2e_{yy} & e_{yz} \\ e_{zy} & 1+2e_{zz} \end{vmatrix} + \begin{vmatrix} 1+2e_{zz} & e_{zx} \\ e_{xz} & 1+2e_{xx} \end{vmatrix} \\[5mm] I_3 = \lambda_1{}^2\lambda_2{}^2\lambda_3{}^2 = \begin{vmatrix} 1+2e_{xx} & e_{xy} & e_{xz} \\ e_{yx} & 1+2e_{yy} & e_{yz} \\ e_{zx} & e_{zy} & 1+2e_{zz} \end{vmatrix} \end{cases} \tag{6-69}$$

## （二）应力分量的定义

对于大应变情形下的应力，文献通常也是采用粗体字 $\boldsymbol{\sigma}$ 来表示，本教材不加以区别。由于体积元是平衡的，我们可以得到 $\sigma_{yx} = \sigma_{yz}$，$\sigma_{xy} = \sigma_{yx}$，$\sigma_{xz} = \sigma_{zx}$。可见，与小应变一样，应力分量也有 6 个独立分量，包括 3 个正应力和 3 个切应力。

## （三）应力与应变的关系

高弹性在初始形变时也可按照广义胡克定律写出应力与应变的关系为：

$$\begin{cases} \sigma_{11} = E_{1111}e_{11} + E_{1112}e_{12} + E_{1113}e_{13} + E_{1121}e_{21} + \cdots + E_{1133}e_{33} \\ \sigma_{12} = E_{1211}e_{11} + E_{1212}e_{12} + E_{1213}e_{13} + E_{1221}e_{21} + \cdots + E_{1233}e_{33} \\ \qquad\qquad\qquad\qquad\qquad \cdots \\ \sigma_{33} = E_{3311}e_{11} + E_{3312}e_{12} + E_{3313}e_{13} + E_{3321}e_{21} + \cdots + E_{3333}e_{33} \end{cases} \tag{6-70}$$

由于应变存在非线性情况，因此其系数比小应变时复杂得多。

在小应变时，有式（6-60）所示关系。对于不可压缩体，$\nu = 0.5$，设 $p = (\sigma_1 + \sigma_2 + \sigma_3)/3$，代入式（6-60），可得 $e_1 = \dfrac{3}{2E}(\sigma_1 - p)$ 和 $e_4 = \dfrac{3}{E}\sigma_4$ 等。因此，已知应力，可得应变；但确定了应变，并不能知道应力的法向分量，它差一个 $p$，$p$ 相当于流体静压力。只有确定了 $p$，才能确定 $\sigma_1$。但由于物体是不可压缩体，$p$ 为任意值都不会使体积发生变化，因此只要

$\sigma_1$、$\sigma_2$、$\sigma_3$ 三者相对值确定，$e_1$、$e_2$、$e_3$ 三个分量就一定，应力的绝对值大小对形变无关。

对于不可压缩体的高弹形变，结合 $E = 3G$，Rivlin 提出类似的方程为：

$$\begin{cases} 1 + 2e_{xx} = \dfrac{3}{E}(\sigma_1 - p) \\ 1 + 2e_{yy} = \dfrac{3}{E}(\sigma_2 - p) \\ 1 + 2e_{zz} = \dfrac{3}{E}(\sigma_3 - p) \end{cases} \quad \text{或} \quad \begin{cases} \sigma_1 = G\lambda_1^2 + p \\ \sigma_2 = G\lambda_2^2 + p \\ \sigma_3 = G\lambda_3^2 + p \end{cases} \quad (6\text{-}71)$$

符合这一关系的材料称为不可压缩的新胡克弹性体（Neo-Hookean Solid）。

对单位立方体在 $x$ 方向进行单向拉伸时，按式（6-71）可得：

$$\begin{cases} \sigma_1 = G\lambda_1^2 + p \\ \sigma_2 = G\lambda_2^2 + p = 0 \\ \sigma_3 = G\lambda_3^2 + p = 0 \end{cases}$$

材料为不可压缩体时，$\lambda_1\lambda_2\lambda_3 = 1$。因此，由上式可得：$\lambda_2^2 = \lambda_3^2 = 1/\lambda_1$，$p = -G/\lambda_1$。所以 $\sigma_1 = G(\lambda_1^2 - 1/\lambda_1)$ 或 $\sigma_1/\lambda_1 = G(\lambda_1 - 1/\lambda_1^2)$。

而 $\sigma_1/\lambda_1 = \sigma_1 l_0 / l = \sigma_1 A / A_0 = f / A_0 = \sigma$，正是习用应力。以 $\lambda$ 代替 $\lambda_1$ 后，我们得到：

$$\sigma = G\left(\lambda - \frac{1}{\lambda^2}\right) \qquad (6\text{-}72)$$

这正是我们所熟悉的橡胶状态方程，它可以从大应变条件下的应力应变关系得到。要注意，这里的 $\sigma$ 是习用应力。

## 三、高弹形变的统计热力学

### （一）热力学理论

由于高弹形变是可逆形变，因此可以用热力学进行分析。本科阶段我们已经详细了解了热力学的推导过程，这里简要回顾一下。

假定在等温条件下以力 $f$ 作用于长度为 $l_0$ 的高弹体试样时，试样伸长 $\mathrm{d}l$。根据热力学第一定律，体系能量守恒，体系内能的增加应等于体系吸收的热能减去体系对外所做的功：

$$\mathrm{d}U = \mathrm{d}Q - \mathrm{d}W \qquad (6\text{-}73)$$

根据热力学第二定律，对于等温可逆过程，体系吸收的热量为 $\mathrm{d}Q = T\mathrm{d}S$；体系对外所做的功就是试样因体积变化产生的膨胀功减去外力对体系所做的功，即 $\mathrm{d}W = P\mathrm{d}V - f\mathrm{d}l$，这样，对于体积不变（$\mathrm{d}V = 0$）的不可压缩体而言，有：

$$\mathrm{d}U = T\mathrm{d}S + f\mathrm{d}l \qquad (6\text{-}74)$$

或：

$$f = \left(\frac{\partial U}{\partial l}\right)_{T,V} - T\left(\frac{\partial S}{\partial l}\right)_{T,V} \tag{6-75}$$

此即高弹体热力学方程。由此可见，外力对高弹体的作用，一方面使其内能随拉伸而变化，同时也使体系熵随伸长而变化。或者说，高弹形变中，既有内能的贡献，也有熵的贡献。那么谁是起主导作用的因素呢？

在固定伸长下，测定不同温度下所用的外力，作 $f$-$T$ 图，在应变不太大时可以得到近似直线，直线的截距为 $(\partial U/\partial l)_{T,V}$，斜率为 $(\partial S/\partial l)_{T,V}$。实验结果表明，$f$-$T$ 曲线在相当宽的伸长范围和温度范围内均保持良好的线性关系，直线的截距 $(\partial U/\partial l)_{T,V} \approx 0$，说明高弹体拉伸过程中内能几乎不发生变化，外力主要引起熵的变化：

$$f = \left(\frac{\partial U}{\partial l}\right)_{T,V} - T\left(\frac{\partial S}{\partial l}\right)_{T,V} \approx -T\left(\frac{\partial S}{\partial l}\right)_{T,V} \tag{6-76}$$

该式表明高弹性的本质是熵变，因此这种弹性又被称为熵弹性。可以想见，在外力作用下，高分子链由原来的蜷曲状态变为伸展状态，熵值由大变小，因为终态是不稳定的体系，当外力去除后，分子链就会自发地回到初态。这就说明了高弹形变为什么是可回复的。由 $\mathrm{d}Q = T\mathrm{d}S$，既然熵变是负值，则热能也是负值。这就解释了高弹体在拉伸过程中会放热的原因。符合式（6-76）者称为理想高弹体。实际上，内能项一般也可占到 $12\% \sim 15\%$。

## （二）拉伸过程熵变的统计计算

既然高弹性的本质是熵弹，那么我们就可以通过统计方法来计算高弹形变时体系的熵变，从而进一步推出宏观的应力与应变关系。这一过程我们也简单回顾如下。

先计算一条孤立的高分子链形变前后的构象熵，得出其形变过程产生的熵变，再进一步运用于交联体系中所有的交联网链的熵变，从而得到体系总的熵变。为了计算方便，通常采用理想交联网模型来代替实际的交联网。理想交联网符合以下假定：

① 每个交联点由四条链组成，交联点无规分布；

② 两交联点之间的链是高斯链，其末端距符合高斯分布；

③ 由这些高斯链组成的各向同性的交联网的构象总数是各单个网链的构象数的乘积；

④ 交联网中的交联点在形变前后都是固定在其平均位置上的，形变时，这些交联点坐标的变化与宏观形变相似，即符合仿射变形假定（图6-14）。

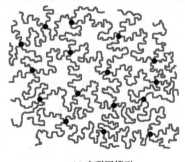

(a) 交联网模型

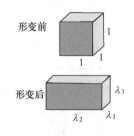

(b) 单位立方体试样的宏观形变

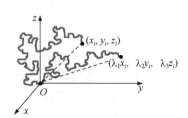

(c) 微观坐标变化

**图6-14**　理想交联网络

对于一条孤立链，其均方末端距可以按照等效自由结合链来处理，其末端在空间的分布满足高斯分布，即把孤立链看成是高斯链。将孤立链的一个端点固定在坐标原点，则另一端点落在点 $(x, y, z)$ 附近一个小体积元 $\mathrm{d}x\mathrm{d}y\mathrm{d}z$ 中的概率为：

$$w(x, y, z)\mathrm{d}x\mathrm{d}y\mathrm{d}z = \left(\frac{\beta}{\sqrt{\pi}}\right)^3 \mathrm{e}^{-\beta^2(x^2+y^2+z^2)}\mathrm{d}x\mathrm{d}y\mathrm{d}z \qquad (6\text{-}77)$$

式中，$\beta^2 = \dfrac{3}{2n_e l_e^2} = \dfrac{3}{2\overline{h_0^2}}$。

我们知道，体系的熵 $S$ 与体系的微观状态数 $\Omega$ 的关系为 $S = k\ln\Omega$，其中 $k$ 是 Boltzmann 常数。在坐标点 $(x, y, z)$ 附近的体积元 $\mathrm{d}x\mathrm{d}y\mathrm{d}z$ 中出现链末端的构象数 $\Omega$（微观状态数）应正比于概率函数 $w(x, y, z)$，因此，链末端坐标处于 $(x, y, z)$ 的构象熵为：

$$S = k\ln C_0 w = C - k\beta^2(x^2 + y^2 + z^2) \qquad (6\text{-}78)$$

式中，$C_0$ 相当于体系中总的构象数；$C$ 为常数，$C = k\ln C_0 + 3k\ln\beta - 3/2\ k\ln\pi$。

对于一条孤立链，拉伸前其末端坐标处于 $(x, y, z)$，构象熵为：

$$S_0 = k\ln C_0 w_0 = C - k\beta^2(x^2 + y^2 + z^2) \qquad (6\text{-}79)$$

式中，$w_0$ 为拉伸前坐标的概率函数。当试样被拉伸时，宏观尺寸在 $x$、$y$、$z$ 三个坐标轴方向变为原来的 $\lambda_1$、$\lambda_2$ 和 $\lambda_3$ 倍[图 6-14（b）]，按照仿射变形假定，这条孤立链的末端坐标变为 $(\lambda_1 x, \lambda_2 y, \lambda_3 z)$[图 6-14（c）]，其构象熵随之变为：

$$S = k\ln C_0 w = C - k\beta^2(\lambda_1^2 x^2 + \lambda_2^2 y^2 + \lambda_3^2 z^2) \qquad (6\text{-}80)$$

单个分子链拉伸前后的熵变为：

$$\Delta S = S - S_0 = -k\beta^2[(\lambda_1^2 - 1)x^2 + (\lambda_2^2 - 1)y^2 + (\lambda_3^2 - 1)z^2] \qquad (6\text{-}81)$$

对于由 $N$ 条高斯链组成的各向同性的交联网，构象总数是各个单独网链构象数之积，则总的熵变应为：

$$\Delta S = \sum_{i=1}^{N}\Delta S_i = -k\beta^2\sum_{i=1}^{N}[(\lambda_1^2 - 1)x_i^2 + (\lambda_2^2 - 1)y_i^2 + (\lambda_3^2 - 1)z_i^2] \qquad (6\text{-}82)$$

为了计算方便，我们对所有网链的末端距取平均值，则：

$$\Delta S = -Nk\beta^2[(\lambda_1^2 - 1)\overline{x^2} + (\lambda_2^2 - 1)\overline{y^2} + (\lambda_3^2 - 1)\overline{z^2}] \qquad (6\text{-}83)$$

因为交联网是各向同性的，所以：

$$\overline{x^2} = \overline{y^2} = \overline{z^2} = \frac{1}{3}\overline{h^2} \qquad (6\text{-}84)$$

式中，$\overline{h^2}$ 是单条网链的均方末端距。因此式（6-83）可写成：

$$\Delta S = -\frac{1}{3}Nk\overline{h^2}\beta^2(\lambda_1^2 + \lambda_2^2 + \lambda_3^2 - 3) \qquad (6\text{-}85)$$

由于网链也看成是高斯链，所以网链的均方末端距 $\overline{h^2}$ 就等于高斯链的均方末端距 $\overline{h_0^2}$，所以：

$$\Delta S = -\frac{1}{2}Nk(\lambda_1^2 + \lambda_2^2 + \lambda_3^2 - 3) \tag{6-86}$$

对于 $x$ 方向的单向拉伸，令 $\lambda_1 = \lambda$，则 $\lambda_2 = \lambda_3 = (1/\lambda)^{1/2}$，所以交联网链的熵变为：

$$\Delta S = -\frac{1}{2}Nk(\lambda^2 + \frac{2}{\lambda} - 3) \tag{6-87}$$

体系 Helmholtz 自由能变化则为：

$$\Delta F = \Delta U - T\Delta S = -\frac{1}{2}NkT(\lambda^2 + \frac{2}{\lambda} - 3) \tag{6-88}$$

## （三）橡胶状态方程

我们通过热力学得到了方程（6-76），我们又通过统计计算，得到了方程（6-87）。将式（6-87）代入式（6-76），考虑到 $\lambda = l/l_0$，我们可以得到：

$$f = -T\left(\frac{\partial \Delta S}{\partial l}\right)_{T,V} = -T\left(\frac{\partial \Delta S}{\partial \lambda}\right)_{T,V}\left(\frac{\partial \lambda}{\partial l}\right)_{T,V} = \frac{NkT}{l_0}\left(\lambda - \frac{1}{\lambda^2}\right) \tag{6-89}$$

若试样的起始截面积为 $A_0$，体积 $V_0 = A_0 l_0$，并用 $N_0$ 表示单位体积内的网链数，或网链密度 $N_0 = N/V_0$，则拉伸的习用应力为：

$$\sigma = N_0 kT\left(\lambda - \frac{1}{\lambda^2}\right) = n_0 RT\left(\lambda - \frac{1}{\lambda^2}\right) \tag{6-90}$$

式中，$n_0$ 是单位体积内网链的物质的量。该方程即为交联橡胶的状态方程，它描述的是交联橡胶的习用应力与应变关系。显然，它与胡克定律 $\sigma = E\varepsilon$ 是不同的。

因为 $\lambda = 1 + \varepsilon$，$\lambda^{-2} = (1+\varepsilon)^{-2} = 1 - 2\varepsilon + 3\varepsilon^2 - 4\varepsilon^3 + \cdots$，当应变很小时，忽略高次项，则：

$$\sigma = 3n_0 RT\varepsilon = 3n_0 RT(\lambda - 1) \tag{6-91}$$

就是说，当形变很小时，交联橡胶的应力应变关系也符合胡克定律，于是体系的初始弹性模量为 $E = 3n_0 RT$。对不可压缩体，拉伸模量与剪切模量的关系为：

$$E = 2G(1+\nu) = 3G \tag{6-92}$$

比较可得：

$$G = n_0 RT \tag{6-93}$$

于是，交联橡胶的状态方程也可写为：

$$\sigma = G(\lambda - \frac{1}{\lambda^2}) \tag{6-94}$$

可见，该结果与 Revlin 方程（6-72）是一致的，这里的 $\sigma$ 同样是习用应力。

## （四）标度理论

设分子链为完全连续化的高斯链，高分子链的基本统计单元为 Kuhn 链段，链段长度为 $b$，链段总数为 $N$；而 Gauss 链段的尺寸为 $\xi$，内含 $g$ 个 Kuhn 链段，且也满足高斯链要求，即 $\xi^2 = gb^2$。这样，整链有 $N/g$ 个 Gauss 链段，拉伸后 Gauss 链段呈线性排列，分子链的末端距为 $h = (N/g)\xi$，于是 $g^2 = \xi^2 \dfrac{N^2}{h^2} = g\dfrac{N^2 b^2}{h^2}$，因此：

$$g = \frac{N^2 b^2}{h^2} \tag{6-95}$$

标度理论认为，分子链的大部分构象熵由最小尺度统计单元的局部构象变化引起，在平衡态下，这种局部构象的变化来自于布朗运动，而与布朗运动相关的相互作用能大小在 $kT$ 数量级。当分子链受到外场作用时，若外场力不是足够大，平均作用到每个小单元的外场能很小，不足以改变单元内的构象。如果扩大范围，将若干个 Kuhn 链段合并，则平均到每个新单元上的外场能也增大。当合并的链段数达到一定程度，这些新单元上累积的外场能大于等于 $kT$ 时，外力在该尺度及该尺度之上范围就可以改变分子链的构象，使之在大尺度范围定向排列，如图 6-15 所示。

因此，标度理论认为，自由能在 $kT$ 数量级的高斯链就是拉伸变形时分子链的统计单元，其尺寸 $\xi$ 由 $kT$ 决定，在外力作用下，只有在观察尺度大于链段尺寸 $\xi$ 的范围内才能观察到构象的变化，分子链的拉伸实际上是 Gauss 链段的定向排列。而在 Gauss 链段的内部，外场能小于 $kT$ 数量级，内部链构象基本不受外场影响，仍由热运动决定。拉伸时，链段内的构象仍是多样的。

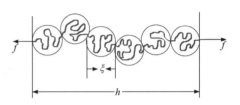

**图 6-15** 拉伸形变的标度理论模型

若每个 Gauss 链段可承受的拉伸能为 $kT$，则整个分子链由于拉直引起末端距变化而带来的 Helmholtz 自由能的增量为：

$$\Delta F \approx kTN / g = kT \frac{\overline{h^2}}{Nb^2} \tag{6-96}$$

这一结果与统计法所得结果从标度上看是一致的。我们可证明如下。

由式（6-79），将 $\beta^2 = \frac{3}{2n_e l_e^2} = \frac{3}{2Nb^2}$ 值代入可得：

$$S_0 = k \ln C_0 w_0 = C - k\beta^2 (x^2 + y^2 + z^2) = C - \frac{3k}{2Nb^2} \overline{h_0^2} \tag{6-97}$$

对橡胶进行拉伸，末端坐标移动后，末端距变为 $h$，则：

$$S = k \ln C_0 w = C - k\beta^2 (x'^2 + y'^2 + z'^2) = C - \frac{3k}{2Nb^2} \overline{h^2} \tag{6-98}$$

因此，拉伸后体系的熵变为：

$$\Delta S = -\frac{3k}{2Nb^2} (\overline{h^2} - \overline{h_0^2}) \propto -\frac{3kT}{2Nb^2} \overline{h^2} \tag{6-99}$$

所以，Helmholtz 自由能变化为：

$$\Delta F = \Delta U - T\Delta S \propto \frac{3kT}{2Nb^2} \overline{h^2} \tag{6-100}$$

将式（6-96）与式（6-100）比较可见，除了系数不同外，二者具有相同的标度律。这样，通过标度法也可方便地通过理想链的自由能关系而衍生出形式上基本一致、唯系数不同的橡胶状态方程。因此，由标度理论所得应力与伸长间的关系也仅在外场力较小的情况下才成立。对于自避行走链，由式（2-31）知 $\xi = g^\nu b$，可得 $\Delta F = kT\left(\dfrac{h}{N^\nu b}\right)^{\frac{1}{1-\nu}}$。在这种情况下，橡胶状态方程与指数 $\nu$ 有关。

## 四、高弹性理论修正

天然橡胶的典型应力-拉伸比曲线与橡胶状态方程（6-94）给出的理论曲线如图 6-16 所示。它与实际拉伸过程仅在拉伸比较小时相符，在拉伸比超过 1.5 时与实际有较大的偏离。在变形适中的部分，实测应力小于理论值，而形变较大的部分则实测应力急剧上升，

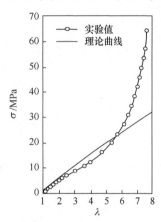

**图 6-16** 由橡胶状态方程（6-94）绘制的曲线与实验曲线的比较（其中理论曲线按 $G = 4\text{MPa}$ 计算）

大大超过理论值。原因可能有两方面，一是在高度拉伸的交联网中，网链已接近其极限伸长比，不可能符合高斯分布了；二是在高度拉伸时，分子链因取向排列会导致结晶，即应变诱发结晶，从而导致应力急剧增大。为此，人们对橡胶状态方程进行了修正。

### （一）基本修正

在统计理论的推导过程中有很多假定，如内能对弹性没有贡献、交联网是理想的、网链的末端距符合高斯分布、仿射变形、拉伸时体积不变等，这些假定使橡胶状态方程与实际可能产生较大的出入，因此需要对其作出修正。

1. 非高斯链校正

对于高斯链，式（6-85）可以简化为式（6-86）。但对于非高斯链而言，在交联网发生变形之后，体系的熵变式（6-85）应改写为：

$$\Delta S = -\frac{1}{2}Nk\left(\overline{\frac{h^2}{h_0^2}}\right)(\lambda_1^2 + \lambda_2^2 + \lambda_3^2 - 3) \tag{6-101}$$

这样在状态方程中，其剪切模量应为：

$$G = n_0 RT\left(\overline{\frac{h^2}{h_0^2}}\right) = n_0 RT\zeta \tag{6-102}$$

式中，$\zeta$ 为非高斯校正因子。

2. 非有效网链校正

由于交联网中存在着未形成有效交联网的端链和自闭链圈，这些链对高分子的弹性没有贡献，因此，对有效网链数需要加以修正。设橡胶密度为 $\rho$，单位体积中理想交联网的物质的量 $n_0^i = \rho/\overline{M_c}$，其中 $\overline{M_c}$ 是有效网链的平均分子量。考虑到每个线形分子链交联后都有两个末端形成自由链，因此单位体积中有效链的数目应为：

$$n_0 = \frac{\rho}{M_c} - \frac{2\rho}{M_n} = \frac{\rho}{M_c}\left(1 - \frac{2\overline{M_c}}{M_n}\right) \tag{6-103}$$

式中，$\overline{M_n}$ 是交联前橡胶的数均分子量。

3. 体积变化的校正

考虑到拉伸前的体积为 $V_0$，拉伸后体积变为 $V$，还需要做体积校正：

$$\sigma = G\left(\lambda - \frac{V}{V_0} \times \frac{1}{\lambda^2}\right) \qquad (6\text{-}104)$$

4. 非仿射变形校正

在拉伸比在 1.5 到 6 间，实际模量低于理论模量。因此，一些工作就此进行了改进。

对于仿射变形而言，其联结点是固定不变的，其坐标是与宏观尺寸同步等比变化的。但实际高分子链在受力变形时，微观坐标会偏离仿射变形的假定。

1947 年 Guth 提出了虚幻网络模型，这种理想链与仿射网络模型不同，联结点随时间在不断波动，且这种波动不受邻近链阻碍。所谓"虚幻"就是联结点的位置是可变的。假定少数联结点固定在网络的表面，其余联结点随时间自由波动，非仿射形变的剪切模量可通过引入校正因子 $A_\phi$（$A_\phi < 1$）进行校正：

$$G = A_\phi n_0 RT\zeta \qquad (6\text{-}105)$$

根据 Flory 虚幻模型计算，$A_\phi = 1 - 2/\phi$，$\phi$ 是联结点的官能度，即从一个联结点向外发射的网链的数目。若联结点数目为 $u$，联结链数为 $N$，则有 $u\phi = 2N$。

我们把 $A_\phi n_0 = (1 - 2/\phi)n_0$ 称为环度（cycling degree），它是维持网链完整所必需的网链数。与仿射变形模型相比，模量或应力的计算中用环度代替有效网链数。在此理论下，网链形变不必是仿射变形，通过联结点涨落的调整，只有部分网链是有效链。非仿射程度越高，承担应力的网链越少，体系模量就越低。但涨落有个限度，这个限度就是环度。

实际网络中联结点的位置既非仿射网络那样联结点固定不变，也非虚幻网络那样联结点随时在变，而是介于其间，1975 年 Ronca Allegra 提出了联结点受约束模型。当约束不起作用时，体系趋于虚幻网络；当约束无限大时，则体系趋于仿射网络。1981 年，Edwards 等提出了滑动-环节模型，将沿着链的轮廓线上的缠结数都考虑在弹性自由能中。环节可沿着分子链的轮廓长度滑动一段距离，滑动-环节的作用等于网络中附加的联结点。导出的结果与统计理论也相似。通过这些校正，可以使理论模量有所降低。

5. 物理缠结校正

除化学交联外，高分子链之间的物理缠结对橡胶的弹性模量也会产生相应的影响。在化学交联前，高分子链是彼此缠结在一起的，一旦形成化学交联网络，交联点间的"圈套"有可能形成永久性的链间缠结点，如图 6-17 所示。这些缠结点将起着附加交联点的作用。对物理缠结进行校正，模量的表达式可为：

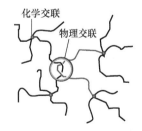

**图 6-17** 物理交联与化学交联点示意图

$$G = \left(\frac{\rho RT}{M_c} + \alpha\right)\left(1 - \frac{\varphi\overline{M_c}}{M_n}\right) \qquad (6\text{-}106)$$

式中，$\alpha$ 是缠结对剪切模量的贡献；$\varphi \leqslant 2$ 是经验参数，$\varphi = 2$ 对应于无效缠结的情况。

## （二）Langevin 函数修正

标度理论指出，当外力增大到分配在每个链段上的拉伸能也大于 $kT$ 时，分子链除了 Gauss 链段间定向排列"拉直"外，Gauss 链段内部也会发生变化，此时，力与伸长间的关系将是非线性的。

对于等效自由结合链，在外力较大、链的形变很大时，平均末端距与外力的关系需要采用 Langevin 函数进行修正：

$$\overline{h} = NbL\left[fb/(kT)\right] \tag{6-107}$$

式中，$L[fb/(kT)]$ 为 Langevin 函数：

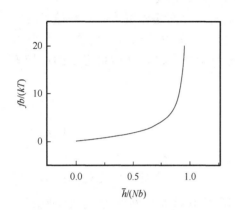

**图 6-18** 由标度理论所得拉力与链平均末端距间的关系示意图

$$L\left(\frac{fb}{kT}\right) = \coth\left(\frac{fb}{kT}\right) - \frac{kT}{fb} \tag{6-108}$$

利用 Langevin 反函数 $L^{-1}$ 得到大变形下末端距等于 $\overline{h}$ 时的拉力为：

$$f = \frac{kT}{b}L^{-1}\left(\frac{\overline{h}}{Nb}\right) \tag{6-109}$$

由此所得拉力与链平均末端距间的关系如图 6-18 所示。链段数 $b$ 和分子链的长度参数 $N$ 会影响拉力的数值，但不影响曲线形式，拉力 $f$ 仅为平均末端距 $\overline{h}$ 的函数。拉力在末端距达到一定程度时迅速增大，远大于橡胶状态方程式（6-94）所给出的力，但其上升幅度过快，与实际仍有差距。

## （三）等效自由旋转链校正

在推导熵变时，有一个基本的观点就是构象数与概率函数成正比。我们注意到，拉伸变形前，交联网中的第 $i$ 条链的末端处于 $(x_i, y_i, z_i)$ 附近小体积元内的构象数与概率函数成正比，假定其比例系数为 $C_0$；拉伸后末端坐标相应变为 $(\lambda_1 x_i, \lambda_2 y_i, \lambda_3 z_i)$，其构象数虽然也与概率函数成正比，但由于变形后一些构象不再能得到，其构象总数与未受力状态相比要大大减少，其总的状态数显然与未受力状态下总的状态数不同，因此，其比例系数不再是 $C_0$，计算熵变时，式（6-79）和式（6-80）中的两个常数项就不能相互抵消，从而导致最终的状态方程出现偏差，而且拉伸比越高，误差越大。

假定在高分子链受力变形前，其构象分布符合高斯分布，其均方末端距可以用 $\overline{h_0^2}$ 表示。拉伸过程中，高分子链由于链伸展，其取向程度增大，链的构象就不再满足高斯分布了，其均方末端距 $\overline{h^2}$ 也将偏离其未拉伸时的值 $\overline{h_0^2}$，即 $\overline{h^2} > \overline{h_0^2}$。拉伸程度越大，链越伸展，其均方末端距也增加越多，偏离高斯链的程度也越严重。此时，橡胶状态方程中的剪切模量应由式（6-102）决定，即需要作非高斯链校正。

这里我们介绍一种等效自由旋转链的处理方法。

### 1. 旋转角

我们知道，高斯链实际上是等效自由结合链，即链段与链段间的结合完全是自由的，并且无规取向，亦即链段与链段间的夹角 $\alpha$ 可以取 $[0, \pi]$ 间任意夹角，且概率相等，如图 6-19(a)所示，其中 $\alpha_m$ 表示链段间可以取得的最小夹角。然而在受到拉伸作用后，高分子链中链段全部以 0° 或 0° 附近的夹角所构成的一些紧缩构象便不再能取得，于是原先链段和链段间的自由连接便受到限制。链段间的夹角不再可以任意取得，也必将受到一定的限制。平均看来，链段和链段的夹角只能在某一临界角 $\alpha_m$ 以上，即在 $[\alpha_m, \pi]$ 间任意取得[图 6-19(b)]，拉伸比越大，这个临界角也越大。当交联网链完全被拉直后，其链段间的临界夹角达到最大，只能取一个固定的值 $\pi$[图 6-19(c)]。

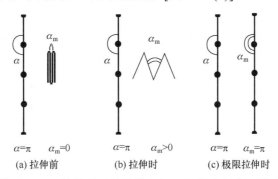

$\alpha=\pi$　$\alpha_m=0$　　　　$\alpha=\pi$　$\alpha_m>0$　　　　$\alpha=\pi$　$\alpha_m=\pi$

(a) 拉伸前　　　　　　(b) 拉伸时　　　　　　(c) 极限拉伸时

**图 6-19**　拉伸前后网链链段间可取的夹角范围图示

2. 非高斯链校正因子

对于键的数目为 $n$、键的长度为 $l$、键角为 $\alpha$ 的自由旋转链而言，其均方末端距 $\overline{h_r^2}$ 为：

$$\overline{h_r^2} = nl^2 \frac{1+\cos\theta}{1-\cos\theta} = \overline{h_f^2} \frac{1+\cos\theta}{1-\cos\theta}$$

式中，$\theta$ 为键角 $\alpha$ 的补角，$\overline{h_f^2}$ 为自由结合链的均方末端距。为简便起见，以下公式中的末端距均略去其上方的矢量箭头。与等效自由结合链是将统计单元从键转换为链段相似，我们也可以把拉伸后的高分子网链视为等效自由旋转链，即将统计单元扩大到链段，并受到假想夹角的限制，只是链段间假想的夹角不是一个固定的值，而是可以在 $[\alpha_m, \pi]$ 间变化的。假定链段在此范围内，其相互连接的势垒 $U$ 与所取的角度 $\alpha$ 无关，即视作常数，则其间夹角在 $[\alpha_m, \pi]$ 范围内取得某种角度的概率是相等的。令 $\theta$ 等于夹角 $\alpha$ 的补角，即 $\theta = \pi - \alpha$，则其最大补角 $\theta_m = \pi - \alpha_m$，因为 $\alpha$ 在 $[\alpha_m, \pi]$ 范围内变化，则 $\theta$ 的变化范围为 $[0, \theta_m]$。由上述自由结合链的计算公式可类推出该等效自由旋转链的均方末端距为：

$$\overline{h^2} = n_e l_e^2 \frac{1+\overline{\cos\theta}}{1-\overline{\cos\theta}} = \overline{h_0^2} \frac{1+\overline{\cos\theta}}{1-\overline{\cos\theta}} \tag{6-110}$$

之所以采用 $\overline{\cos\theta}$ 而不是 $\cos\theta$，是因为自由旋转链的旋转角是固定的，它等于键角的补角；而这里所涉及的等效自由旋转链的旋转角是可变的，$\theta$ 可以在 $[0, \theta_m]$ 间取任意值，因此 $\overline{\cos\theta}$ 应为 $\theta$ 从 0 到 $\theta_m$ 间其余弦值的平均值，即：

$$\overline{\cos\theta} = \frac{\int_0^{\theta_m} U\cos\theta\,\mathrm{d}\theta}{\int_0^{\theta_m} U\,\mathrm{d}\theta} = \frac{\int_0^{\theta_m} \cos\theta\,\mathrm{d}\theta}{\int_0^{\theta_m} \mathrm{d}\theta} = \frac{\sin\theta_m}{\theta_m} \tag{6-111}$$

于是，非高斯链校正因子为：

$$\zeta = \frac{\overline{h^2}}{\overline{h_0}^2} = \frac{1 + \overline{\cos\theta}}{1 - \overline{\cos\theta}} = \frac{\theta_m + \sin\theta_m}{\theta_m - \sin\theta_m} \qquad (6\text{-}112)$$

在拉伸达到极限时，由于网链被完全拉伸，因此，其均方末端距应接近于网链伸直时长度的平方。令网链伸直时的长度为 $L_m$，则网链或橡胶的最大拉伸比 $\lambda_m = L_m / \sqrt{\overline{h_0^2}}$。未拉伸状态下，$\lambda = 1$，即 $\theta_m = \pi$，$\overline{\cos\theta} = 0$，则 $\overline{h^2} = \overline{h_0^2}$，$\zeta = 1$，可见这就是高斯链，是等效自由旋转链的一种特殊形式。随着拉伸比 $\lambda$ 的增加，$\theta_m$ 值将逐渐降低。在极限拉伸状态下，$\theta_m = 0$，则 $\overline{\cos\theta} = 1$，$\zeta \to \infty$。

随着拉伸比 $\lambda$ 的增加，链段间的最小夹角 $\alpha_m$ 将增大。考虑到低拉伸比对高斯链影响较小，只有在高拉伸比时，影响才逐渐增强，因此，其角度的变化随拉伸比的改变应呈非线性关系，在拉伸比小时，$\alpha_m$ 变化较小，而在大拉伸比时，有较大的变化。因此我们可以将这种依赖关系用一多项式表示：

$$\alpha_m = a_0 + a_1\lambda + a_2\lambda^2 + \cdots \qquad (6\text{-}113)$$

如果仅考虑其线性关系，则 $\alpha_m = a_0 + a_1\lambda$。由边界条件 $\lambda = 1$ 时 $\alpha_m = 0$ 及 $\lambda = \lambda_m$ 时 $\alpha_m = \pi$，可以解得 $a_0$ 和 $a_1$。所以：

$$\alpha_m = \pi\left(\frac{\lambda - 1}{\lambda_m - 1}\right) \qquad (6\text{-}114)$$

$$\theta_m = \pi - \alpha_m = \pi\frac{\lambda_m - \lambda}{\lambda_m - 1} \qquad (6\text{-}115)$$

由不同的 $\lambda$ 值，可以得出不同的 $\theta_m$ 值，从而由式（6-112）可获得不同的非高斯链校正因子 $\zeta$ 值。

3. 橡胶状态方程校正曲线

根据式（6-115）和式（6-112），我们可以获得如图 6-20 所示的一系列曲线。从图中可以看出，非高斯链校正因子随着拉伸比的增加而增大，并在极限拉伸比附近急剧增加而趋于无穷。这与橡胶实际拉伸过程十分相似。将此非高斯链校正因子代入式（6-102），利用式（6-94），在不同极限拉伸比时得到的橡胶应力与应变的理论曲线如图 6-21 所示，适用于不同结构和交联度的橡胶体系。与实验数据相比较[图 6-22(a)]，其中的理论曲线是在 $\lambda_m = 15$、取剪切模量 $G = 1.8\text{MPa}$ 时所获得的，它与橡胶实际拉伸过程应力应变曲线十分吻合。

采用非线性关系，则拟合将更符合实际。例如，用二次方程假定来处理：

$$\alpha_m = \left(a_1' + a_2'\lambda\right)^2 \qquad (6\text{-}116)$$

同样，由边界条件 $\lambda = 1$ 时，$\alpha_m = 0$；$\lambda = \lambda_m$ 时，$\alpha_m = \pi$，可得：

$$\alpha_m = \pi\left(\frac{\lambda - 1}{\lambda_m - 1}\right)^2 \qquad (6\text{-}117)$$

$$\theta_{\mathrm{m}} = \pi - \alpha_{\mathrm{m}} = \pi \left[ 1 - \left( \frac{\lambda - 1}{\lambda_{\mathrm{m}} - 1} \right)^2 \right] \tag{6-118}$$

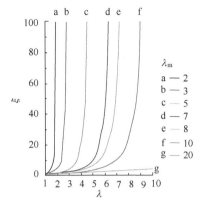

图 6-20　非高斯链校正因子与拉伸比的关系　　图 6-21　不同极限拉伸比时应力应变曲线

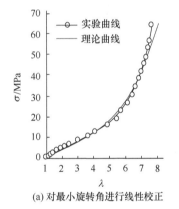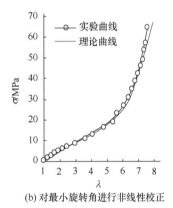

(a) 对最小旋转角进行线性校正　　　　　(b) 对最小旋转角进行非线性校正

图 6-22　非高斯链校正后的橡胶状态方程理论与实验曲线比较

　　则由不同的 $\lambda$ 值，可以得出不同的 $\theta_{\mathrm{m}}$ 值，这样得到的非高斯链校正因子 $\zeta$ 值来拟合的曲线如图 6-22(b)所示。可见，在拉伸比< 7 的广泛范围，理论与实验值更为吻合。

　　在式（6-110）中，当 $\theta \to 0$ 时，$\overline{\cos\theta} \to 1$，则 $\overline{h^2} \to \infty$，显然这是不合理的，此时的网链为全伸展状态，因此，其均方末端距应接近于网链伸直时长度的平方 $L_{\mathrm{m}}^2$。当末端距接近或超过该长度时，网链已经完全取向或断裂，则其应力受网链中薄弱化学键键能的制约，因而已不再符合橡胶状态方程，即达到某一应力值时，橡胶网链断裂。

　　总之，对于拉伸橡胶的应力-应变曲线，只要采用非高斯链校正，就可以获得良好的与实际相符合的结果。

## 五、唯象理论模型与八链网络模型

### （一）Mooney-Rivlin 模型

　　按照 Rivlin 基本方程（6-71），在单向拉伸时，真应力方程为 $\sigma_1 = G\left( \lambda^2 - \dfrac{1}{\lambda} \right)$。对于

双轴拉伸产生的均匀的二轴伸长，其伸长比为 $\lambda_1 = \lambda_2 = \lambda$，$\lambda_3 = \lambda^{-2}$，$\sigma_1 = \sigma_2$，$\sigma_3 = 0$，$P = -G\lambda_3^2 = -G\lambda^{-4}$，所以，真应力方程为 $\sigma_1 = \sigma_2 = G(\lambda_1^2 - \lambda_3^2) = G\left(\lambda^2 - \dfrac{1}{\lambda^4}\right)$。该形式中仅第二项与单向拉伸略有差别，在拉伸比较大时，该项的影响就很小了。同样，利用 Rivlin 基本方程也可对高弹体的简单切变进行分析。这些模拟都与实际高弹体的应力应变曲线有较大的差距，仅在较低的拉伸比（$\lambda < 2$）时才比较符合。在稍大拉伸比情况下，就需要进行校正。

1. 从应变储能函数分析

在普弹理论中，通常假定应力与应变成线性函数，即满足线弹性理论，但橡胶弹性不然，它是非线性的。对于任意材料，变形时将产生能量变化。用储能函数 $U$ 表示，它应该是三个基本拉伸比的函数，即 $U = f(\lambda_1, \lambda_2, \lambda_3)$。根据应力应变与能量的关系，我们有：

$$\frac{U}{V_0} = \sigma_{xx}\mathrm{d}e_{xx} + \sigma_{yy}\mathrm{d}e_{yy} + \sigma_{zz}\mathrm{d}e_{zz} + \sigma_{xy}\mathrm{d}e_{xy} + \sigma_{yz}\mathrm{d}e_{yz} + \sigma_{zx}\mathrm{d}e_{zx} \tag{6-119}$$

由此，应力也可表示为能量 $U$ 对应变或拉伸比的偏导：

$$\sigma_{xx} = \frac{1}{V_0}\left(\frac{\partial U}{\partial e_{xx}}\right) \tag{6-120}$$

原则上可由实验确定 $U$，从而进一步由实验计算应力。

假定橡胶不可压缩，未形变时材料是各向同性的，根据 Rivlin 方程所得结果，Mooney-Rivlin 从唯象学出发，将应变储能函数定义为：

$$\begin{aligned}U &= C_1'\left(\lambda_1^2 + \lambda_2^2 + \lambda_3^2 - 3\right) + C_2'\left(\lambda_1^{-2} + \lambda_2^{-2} + \lambda_3^{-2} - 3\right)\\&= C_1'\left(\lambda^2 + 2\lambda^{-1} - 3\right) + C_2'\left(\lambda^{-2} + 2\lambda - 3\right)\end{aligned} \tag{6-121}$$

式中，$C_1'$，$C_2'$ 为 Mooney-Rivlin 常数。从形式上看，与式（6-88）相比多了后面一项。

对单向拉伸而言：

$$\sigma = \frac{1}{V_0}\left(\frac{\partial U}{\partial e_{xx}}\right) = \frac{1}{V_0}\left(\frac{\partial U}{\partial \lambda}\right) = 2C_1\left(\lambda - \lambda^{-2}\right) + 2C_2\left(1 - \lambda^{-3}\right) = 2\left(\lambda - \lambda^{-2}\right)\left(C_1 + C_2\lambda^{-1}\right) \tag{6-122}$$

以 $\sigma/(\lambda - \lambda^{-2})$ 对 $\lambda^{-1}$ 作图，可得一直线，其截距为 $2C_1$，斜率为 $2C_2$。当应变很小（$e_{xx} \ll 1$）时，可推得 $\sigma = 6(C_1 + C_2)e_{xx}$，即 $E = 6(C_1 + C_2)$。实验表明，当拉伸比在 2 以下时，Mooney-Rivlin 方程可以更好地符合实际。但两个常数的物理意义并不明确，与统计理论相比，$C_1$ 与弹性模量有关，$C_2$ 则可作为对统计理论偏差的校正（统计理论中 $C_2 = 0$）。

对于简单切变，切应力与切应变间的关系为 $\sigma_{xy} = 2(C_1 + C_2)\gamma$。若切应变 $\gamma \ll 1$，则可推得 $G = 2(C_1 + C_2)$。正应力差分别为：

$$\begin{cases} \sigma_1 - \sigma_3 = 2C_1\gamma^2 \\ \sigma_2 - \sigma_3 = -2C_1\gamma^2 \\ \sigma_1 - \sigma_2 = 2(C_1 + C_2)\gamma^2 = \sigma_{xy} \end{cases} \tag{6-123}$$

式（6-123）还说明，如果对一个橡胶体做非线性的简单切变实验，只施切向应力 $\sigma_{xy}$ 和 $\sigma_{yx}$ 是不够的，还必须在三个不同的法向施加正应力，否则变形就不是简单切变，在法向上也会产生变形。这种作用称为"正应力效应"。

扭转比剪切更多地用来测定剪切模量。因为切应力 $\sigma_{xy} = 2(C_1 + C_2)\gamma$，所以将一个半径为 $a$、高为 $l$ 的圆柱形扭转 $\varphi$ 角度时所需之扭矩为：

$$L = \pi(C_1 + C_2)\varphi a^4 / l$$

当然，只施加扭矩是不行的，还需要在与 $\gamma$ 垂直的方向上施加正应力。在 $z$ 轴方向上的正应力为：

$$\sigma_3 = \left(\frac{\varphi}{l}\right)^2 \left[(C_1 - 2C_2)(a^2 - r^2) + 2a^2C_2\right] \tag{6-124}$$

式中，$r$ 是质点离 $z$ 轴的距离。

由式（6-124）可知 $r$ 增加，则 $\sigma_3$ 减小；$r = 0$ 时，$\sigma_3$ 最大。若只施加扭矩，试样会伸长，因此必须施加正应力平衡材料内的正应力。

Mooney-Rivlin 修正仅在低拉伸比的情况下使理论稍有改善，并没有从根本上解决问题。

2. 从应变函数分析

对于高弹形变这种大应变，由应变函数 $e_{ii}$、$e_{ij}$、$e_{ji}$ 及主应变情况下的拉伸比 $\lambda_1$、$\lambda_2$ 和 $\lambda_3$ 导出的应变不变量为式（6-69）。体积不变时，$\lambda_1\lambda_2\lambda_3 = 1$，所以 $I_3 = \lambda_1^2\lambda_2^2\lambda_3^2 = 1$，$I_2 = \lambda_1^{-2} + \lambda_2^{-2} + \lambda_3^{-2}$ 。

因为 $I_3 = 1$ 是常数，则应变储能函数可简化为 $U = f(I_1, I_2)$。因为零应变时 $U = 0$，则用多项式来表示有 $U = \sum C_{ij}(I_1 - 3)^i(I_2 - 3)^j$（$i, j = 0, 1, 2, 3\cdots$）以及 $C_{00} = 0$。其中 $(I_1 - 3)$ 和 $(I_2 - 3)$ 都与正应变 $e_{ii}$ 有关。可见，应变储能函数为因子 $(I_1 - 3)$ 和 $(I_2 - 3)$ 的幂函数。

① 对于高斯交联网，对应于其函数的级数的第一项，即取 $i = 1$、$j = 0$，则：

$$U = C_1(I_1 - 3) = C_1(\lambda_1^2 + \lambda_2^2 + \lambda_3^2 - 3) \tag{6-125}$$

这就是 Neo-Hookean 模型。令 $C_1 = \frac{1}{2}NkT$，则 $U = \frac{1}{2}NkT(\lambda_1^2 + \lambda_2^2 + \lambda_3^2 - 3)$。单向拉伸时，$\lambda_1 = \lambda$，则 $\lambda_2 = \lambda_3 = (1/\lambda)^{1/2}$，$U = \frac{1}{2}NkT\left(\lambda^2 + \frac{2}{\lambda} - 3\right)$ 与统计结果式（6-88）一致。

② 若取 $i = 1$、$j = 0$ 和 $i = 0$、$j = 1$，即 $(I_1 - 3)$ 和 $(I_2 - 3)$ 各取一项，则：

$$\begin{aligned} U &= C_{10}(I_1 - 3) + C_{01}(I_2 - 3) \\ &= C_1(\lambda_1^2 + \lambda_2^2 + \lambda_3^2 - 3) + C_1(\lambda_1^{-2} + \lambda_2^{-2} + \lambda_3^{-2} - 3) \end{aligned} \tag{6-126}$$

这就是 Mooney-Rivlin 模型。对于单向拉伸时 $\lambda_1 = \lambda$，则 $\lambda_2 = \lambda_3 = (1/\lambda)^{1/2}$，则 $U = C_1(\lambda^2 + 2\lambda^{-1} - 3) + C_1(\lambda^{-2} + 2\lambda - 3)$，与 Mooney-Rivlin 方程（6-121）一致。

在大形变条件下，橡胶材料出现硬化现象，$\partial U / \partial I_1$ 远大于 $\partial U / \partial I_2$，随着应变增加，后一项逐渐递减并趋于 0。由此 Yeoh 提出应变函数关系（Yeoh 模型）为：

$$U = \sum_{i=1}^{3} C_{i0}(I_i - 3)^i \tag{6-127}$$

当然还可以各取多项。这里就不再一一枚举了。

Ogden 模型采用的应变储能函数为 $U = \sum_{i=1}^{n} \frac{\mu_i}{k_i}(\lambda_1^{k_i} + \lambda_2^{k_i} + \lambda_3^{k_i} - 3) + \sum_{j=1}^{n} \frac{1}{D_j}(I_3^{1/2} - 1)^{2j}$，其中 $\mu_i$ 和 $k_i$ 都是材料常数；$n$ 是模型的阶数，通常为 1 ～ 3；后面一项中，$D_j$ 为可压缩参数，表示体积变化贡献，对不可压缩体，$I_3 = 1$，该项为 0。当 $n$ 为 1 时就是 Neo-Hookean 模型，而 $n$ 为 2 时就是 Mooney-Rivlin 模型，当 $n = 3$ 或更高时，增加了模型的阶数，使之可以在高达 700 %的伸长率下与实际相吻合。当然，材料常数需要有足够多的实验数据支持来获得。该模型已广泛应用于橡胶和生物凝胶等体系中。

## （二）Gent 模型

Gent 引入分子链极限拉伸比的概念，即 $I_1$ 的最大值为 $I_m$，而且将应变能函数以自然对数形式加以表达，得到：

$$U = -\frac{G}{2}(I_m - 3)\ln\left(1 - \frac{I_1 - 3}{I_m - 3}\right) \tag{6-128}$$

当 $I_m$ 趋于无穷时，后一项用级数展开即可转化为 Neo-Hookean 模型。

## （三）Arrude-Boyce 八链网络模型

Arrude-Boyce 提出八链网络模型，即分子链的交联点位于立方体的中心，分子链从中心交联点引向八个顶点形成八链网络。他们给出的应变能函数为：

$$U = nkT\sqrt{N}\left(\beta\lambda + \sqrt{N}\ln\frac{\beta}{\sinh\beta}\right) \tag{6-129}$$

式中，$\beta = L^{-1}\left(\dfrac{\lambda}{\sqrt{N}}\right)$。该模型能够适用于较大的应变范围，是较为成功的非高斯链网络模型。

采用模拟软件对橡胶高弹行为进行有限元分析，可以大大提高工作效率。如 WELSIM 等一些通用有限元分析软件可以对高弹性材料运用 Neo-Hookean、Arruda-Boyce、Mooney-Rivlin、Yeoh、Gent 和 Ogden 等模型进行模拟分析。

## 六、影响橡胶弹性的因素

橡胶弹性是高分子处于高弹态时所特有的性质，在实际运用中，它包括两方面的问题，一是高弹性的弹性大小，二是高弹性的温度范围。无论是化学交联的热固性弹性体，还是物理交联的热塑性弹性体，交联点间的分子链柔性和网链的链长是影响其弹性尺度的内部因素。

分子链柔性越高、网链链长越长的体系，其弹性形变就越大。当顺丁橡胶、天然橡胶等结晶性橡胶在应力作用下发生形变时，会造成其网链分子产生取向结晶，称为应变诱发结晶，可以引起应力应变曲线的急剧提高，有利于提高其断裂性能。温度升高或者在溶液中发生溶胀就会抑制其应变诱发结晶作用，其强度就会降低。而 PDMS 等非晶性交联网则不受影响。网链尺寸越是均匀的体系，其各网链所能达到的弹性越是一致，橡胶整体就可以表现出较高的弹性。但网链长短不一的体系，随着拉伸比增大，应变在网链中可以进行重新分配，直到不存在再分配的可能为止方发生断裂。因此，交联网中短链数目增多时，并未明显降低其极限性质。实验结果表明，全部为短链构成的交联网是脆性的，全部由长链构成的交联网极限强度很低，由长链和短链比例适当的交联网则可以既具有较高的断裂强度，也可以具有较大的断裂伸长率。这种体系被称为双模交联网。端链对橡胶弹性贡献不大，反而会影响橡胶的断裂强度等性能。

就拓宽高弹性的温度范围而言，提高分子量和增大分子间作用力可以拓宽 $T_g$ 和 $T_f$ 间的高弹平台。化学交联的橡胶体系，其上限使用温度已提高至分解温度，因此，提高耐热性可以提高橡胶的使用上限温度。常用的天然橡胶、丁腈橡胶和氯丁橡胶等虽然经过硫化交联，但其耐热性并不好，在超过 120℃时，很难长期保持其高弹性和其他物理力学性能，主要原因是其主链结构中含有大量双键，其受热氧化后容易造成降解或交联导致橡胶老化。因此不含双键的，或双键含量较少的橡胶，如乙丙橡胶、丙烯腈-丙烯酸酯橡胶和丁基橡胶等耐高温老化性能较好。硅橡胶不仅不含双键，主链上 Si—O 键键能也高，因此可以在 200℃以上长期使用。带有取代基的体系，如果其取代基是吸电子基，如含氟、含氯、含氰基的橡胶则具有较好的耐高温老化性能，而含甲基、苯基等推电子基的则耐热性较差。由于硫链中的 S—S 键键能较低，因此，用硫链交联的橡胶耐热性就不如用 C—C、C—O 等化学键进行交联的橡胶体系。

橡胶中主体结构的 $T_g$ 是弹性体使用温度的下限，降低 $T_g$ 可以提高橡胶的耐寒性。柔性越大的体系，其 $T_g$ 也越低。但需要防止橡胶在低温下结晶造成柔性的丧失。通过破坏链的规整性、采用共聚、添加增塑剂等方法都可以提高橡胶的耐寒性。但无规高分子在拉伸后因为缺乏结晶能力，其强度较低，如丁苯、丁腈、乙丙等无规结构的橡胶强度就低于顺丁、丁基、氯丁和天然橡胶等结构规整的体系，需要用炭黑等增强填料加以补强。

处于高弹态下的橡胶在溶剂中溶胀时，体积发生膨胀，单位体积中的有效网链数就会随之下降，而均方末端距则会变大。于是，橡胶状态方程中的剪切模量将变为：

$$G_s = N_0 \phi k T \frac{\overline{h^2}/\phi^{2/3}}{h_0^2} = n_0 RT \phi^{1/3} \frac{\overline{h^2}}{h_0^2} \tag{6-130}$$

$$\sigma_s = G\left(\lambda_s - \frac{1}{\lambda_s^2}\right) = n_0 RT \phi^{1/3} \frac{\overline{h^2}}{h_0^2}\left(\lambda_s - \frac{1}{\lambda_s^2}\right) \tag{6-131}$$

式中，$\phi$ 为高分子在溶胀体中的体积分数；$\lambda_s$ 为溶胀后与溶胀前的边长比或直径比。

在橡胶中加入填料时，有两种情况。一种是增强填料，它可以使材料的模量、硬度、强度和耐磨性都得以提高。而非增强填料通常是体质填料，它不仅不能提高材料的强度，甚至还会使强度有所降低，主要用于降低成本。就增强填料而言，Guth-Small-Wood 提出材料增强后的模量 $E_f$ 与增强前模量 $E_0$ 相比，满足下式：

$$\frac{E_f}{E_0} = 1 + 2.5\phi + 14.1\phi^2 \tag{6-132}$$

式中，$\phi$ 为填料的体积分数。该式在填料体积分数小于 0.3 时适用。在橡胶材料发生形变时，由于填料粒子不发生改变，橡胶要承担更多的应变，其拉伸比为：

$$\lambda = 1 + e(1 + 2.5\phi + 14.1\phi^2) \tag{6-133}$$

式中，$e$ 为拉伸时橡胶表观应变值。填料能增大橡胶模量的原理是填料粒子与橡胶发生相互作用，增加了网络中的交联点数目。这类材料在拉伸时会出现两种应力软化现象，即静态软化的 Mullins 效应和动态软化的 Payne 效应。Mullins 效应是对橡胶施行一次拉伸并回复后再进行第二次拉伸时，其模量会下降的现象，但经高温退火则可恢复。Mullins 等为此提出并存硬相和软相的橡胶双相模型进行解释，他们认为，随着变形增大，越来越多的硬相被破坏退化为软相，使模量降低。而填料的存在会导致 Mullins 效应放大，模量下降更为明显，其原因可能是第一次拉伸后会破坏填料粒子间存在的一些短链结合，从而破坏填料粒子所形成的网络结构。Govindjee 和 Simo 等基于连续介质损伤力学建立了超弹性损伤模型并加入黏弹性行为来描述 Mullins 效应。动态软化的 Payne 效应是橡胶在交变应力作用下，其动态力学性能与应变振幅有关，储能模量随应变振幅增大而降低的现象。研究表明，体系中由填料粒子形成的网络结构是产生 Payne 效应的主要原因，应变幅度增大时，这些网络结构将被破坏。应变振幅较小时，动态模量的下降几乎可以瞬时恢复。静态软化的 Mullins 效应和动态软化的 Payne 效应本质上是一致的。

# 第四节　高分子材料的黏弹性

## 一、黏弹性基本概念

理想弹性固体满足胡克定律 $\sigma = Ge$，应力与应变呈线性关系，比例系数为弹性模量，形变与时间无关。

理想黏性液体服从牛顿定律，$\sigma = \eta e / t$，应力与应变速率呈线性关系，黏度为常数，形变随时间线性发展。

如果形变是可逆的，但非瞬时发生，而是随时间发展的，这种现象介于理想弹性体与理想黏性体之间，就是黏弹性，也称狭义黏弹性。

高分子材料很多形变是部分可逆的，其形变既包含了瞬时变化的可逆形变（普弹形变），也包括随时间发展的可逆形变（黏弹形变），还包含了一部分不可逆的形变（黏性形变）。这种现象我们也称之为黏弹性，是广义的黏弹性。

高分子材料与其他材料相比，最独特的力学性能就是高弹性和黏弹性。对于金属或陶瓷材料，它们具有普弹性，宏观上是大应力产生小形变，其微观原因在于小的运动单元如化学键产生了变形。其热力学上与内能变化有关，故称为能弹性。而高弹性从宏观现象上看是小应力产生大形变，其微观原因是分子链构象在外力作用下产生变化导致的变形，其热力学上与熵的变化有关，因此又称为熵弹性。由于熵弹性往往又具有松弛特征，尤其是在玻璃化转变温度及其以上附近，其形变会随时间而发展，回复也不是瞬时完成的，因此，又表现出黏性的特征，是典型的黏弹行为。

高弹性和黏弹性其实是一个现象的不同方面，高弹性关注材料受力前后的变化结果，即关注于其平衡态间变化的热力学性质，反映的是高分子材料的高弹形变是可逆的，具有弹性的特征，同时形变量很大，所以是高弹的；而黏弹性关注的是形变变化的过程，反映的是形变既是可逆的又是随时间变化的，即既带有弹性的本质，也带有黏性的表现。高分子材料因此又称黏弹性材料。其分子运动具有松弛特性，其力学行为强烈依赖于温度和外力作用的时间，其内应力同时依赖于应变和应变速率。

## 二、高分子黏弹行为表现

高分子的力学行为表现有明显的松弛特征，其表现有多种形式，静态的有蠕变现象和应力松弛，动态的有在交变应力作用下的滞后与损耗等。

### （一）静态力学松弛过程

图 6-23 分别表示在 $t = 0$ 时的瞬间施以恒定应力或恒定应变，又在 $t_1$ 时刻瞬间去除，理想弹性体、理想黏性体和黏弹性体等不同材料所表现的力学行为。

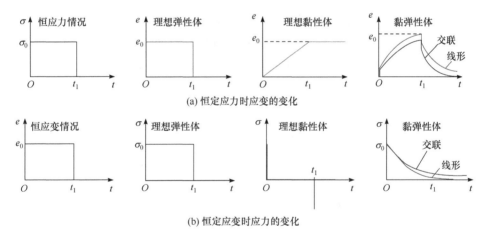

**图 6-23**　理想弹性体、黏弹性体和理想黏性体的应力与应变变化特征

1. 蠕变

所谓蠕变是指在一定温度和较小的恒定外力（拉力、压力或扭力等）作用下，材料的形变随时间的增加而逐渐增大的现象。如图 6-23(a)所示，理想弹性体在外力作用的瞬间发生形变，一旦外力撤除，形变也瞬时回复。理想黏性体则在外力作用时，形变随时间线性增加，一旦外力撤除，已发生的形变将得以保持。而黏弹性体在外力作用下，其总的形变由普弹形变、高弹形变或黏弹形变和黏性形变三部分构成（广义黏弹性），以应变形式表示为总的应变由普弹应变 $e_1$、高弹应变或黏弹应变 $e_2$ 和黏性应变 $e_3$ 构成：

$$e(t) = e_1 + e_2 + e_3 = \frac{\sigma}{G_1} + \frac{\sigma}{G_2}(1 - e^{-t/\tau}) + \frac{\sigma}{\eta_3}t \qquad （6-134）$$

式中，$G_1$ 是普弹形变模量；$\tau$ 是松弛时间，它与链段运动的黏度 $\eta_2$ 和高弹形变模量 $G_2$ 有关，$\tau = \eta_2 / E_2$；$\eta_3$ 是本体黏度。这样我们可以写出蠕变柔量的构成：

$$J(t)=\frac{e(t)}{\sigma}=\frac{1}{G_1}+\frac{1}{G_2}(1-\mathrm{e}^{-t/\tau})+\frac{1}{\eta_3}t=J_{\mathrm{g}}+J_{\mathrm{d}}(t)+\frac{t}{\eta_3} \qquad (6\text{-}135)$$

式中，$J_{\mathrm{g}}$ 为与时间无关的瞬时柔量；$J_{\mathrm{d}}(t)$ 为滞后柔量；最后一项为纯黏性项。三种形变或柔量所占比例随条件不同而不同。

在玻璃化转变温度以下，链段运动的松弛时间很长，$J_{\mathrm{d}}$ 很小，本体黏度很大，此时应变主要是 $e_1$。在玻璃化转变温度以上，链段松弛时间变短，$e_2$ 相应增加，由于 $e_2$ 所能达到的形变量远大于 $e_1$，因此 $e_2$ 将逐渐占据主导。温度继续升高到黏流温度以上，则 $e_3$ 逐渐增大到比较显著的程度。图 6-24 是理想非晶高分子蠕变柔量随作用时间的变化曲线，其中实线为交联高分子的蠕变行为，因为交联高分子不存在流动，因此最后纯黏性项为 0。虚线为线性高分子的蠕变行为，当应力作用达到一定时间后，材料可发生明显的黏性流动。在玻璃态与高弹态中间有一转变区，其柔量强烈地依赖于时间，变化达 3 ～ 4 个数量级，为典型的黏弹区。

蠕变也与温度和外力有关。温度过低、外力太小，形变很小也很慢，在短时间内不易被察觉；温度过高、外力过大，形变发展速度过快，形变接近瞬时变化，也感觉不出蠕变现象。只有在适当的外力下、$T_{\mathrm{g}}$ 转变范围内可以观察到明显的蠕变现象。

不同的高分子抗蠕变性能不同。图 6-25 是几种常见高分子材料室温下的蠕变曲线。由图可见，聚砜、聚苯醚及其改性产品和聚碳酸酯等具有芳环刚性结构的高分子抗蠕变性能较好。而 ABS 树脂、聚甲醛、尼龙等抗蠕变性能较差，需要增加支架等支撑结构来防止结构坍塌或尺寸变化。尤其是聚四氟乙烯抗蠕变性能较差，因此不能做成机械零件。

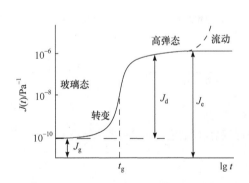

**图 6-24**　无定形高分子的蠕变柔量

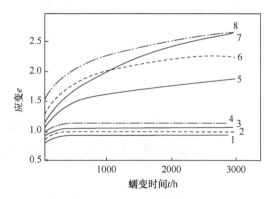

**图 6-25**　几种高分子 23℃时蠕变性能
1—聚砜；2—聚苯醚；3—聚碳酸酯；4—改性聚苯醚；
5—ABS 树脂（耐热级）；6—聚甲醛；7—尼龙；
8—ABS 树脂

2. 应力松弛

应力松弛是在恒定温度和保持形变不变的情况下，高分子内部的应力随时间而逐渐衰减的现象。如图 6-23(b)所示，理想弹性体在恒定应变时会保持恒定的应力，一旦应变回复到 0，应力也立刻回复到 0。理想黏性体在应变发生时需要有瞬间爆发的应力使之实现，并迅速撤销以使应变恒定；而欲使应变回复，又必须迅速施以反向应力，伺应变回到 0 时立即撤销外力。黏弹性体在保持应变时，材料内部的应力会随时间逐渐减小，如果是线形高分子，这种应力会减小到 0，交联高分子则会残留一部分应力。应力与时间呈指数关系：

$$\sigma(t) = \left(\sigma_0 - \sigma_\infty\right)e^{-t/\tau} \qquad (6\text{-}136)$$

式中，$\sigma_0$ 和 $\sigma_\infty$ 分别是起始应力和平衡时残余应力；$\tau$ 是松弛时间。

在高分子被拉长时，分子链被拉伸而处于不平衡的构象，要逐渐过渡到平衡的构象，链段将逐渐顺着外力的方向运动，并通过链间相对位移来减小或消除内部应力。

应力松弛和蠕变是一个问题的两种表现，它们都和温度有关。若温度很高，远远超过 $T_g$，则链段运动时受到的内摩擦力很小，应力将迅速松弛，甚至成为瞬时过程；如果温度太低，比 $T_g$ 低很多，此时，虽然链段受到很大的应力，但由于内摩擦力很大，链段运动能力很弱，所以应力松弛极慢，甚至观察不到。只有在玻璃化转变温度附近的几十摄氏度范围内，应力松弛现象方比较明显。其应力松弛模量随时间变化曲线如图 6-26 所示，其中虚线为线性高分子，实线为交联高分子。

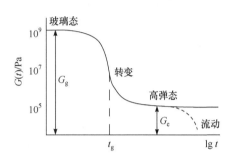

**图 6-26**　无定形高分子的应力松弛模量

我们也可以写出应力松弛模量的变化方程：

$$\sigma(t) = \left[G_e + G_r(t)\right]e \qquad (6\text{-}137)$$

$$G(t) = \frac{\sigma(t)}{e} = G_e + G_r(t) \qquad (6\text{-}138)$$

式中，$G_e$ 为平衡模量；$G_r(t)$ 为动态应力松弛模量中与时间有关的部分。$G_r(t)$ 由 $t = 0$ 时的 $G_r(0)$ 降到 $t = \infty$ 时的 0。起始模量为：

$$G(0) = G_e + G_r(0) = G_g \qquad (6\text{-}139)$$

式中，$G_g$ 为玻璃态下的模量。对线形高分子存在黏性流动的情况，$G_e = 0$。对于交联高分子，分子链间不能滑移，没有流动，可以保持一部分平衡应力。不同时间下模量与柔量的关系为 $G_g=1/J_g$，$G_e=1/J_e$；但在转变区，$G(t) \neq 1/J(t)$。

## （二）动态力学行为

前面讨论的蠕变和应力松弛是静态的力学松弛过程。下面讨论动态的力学松弛过程。

### 1. 滞后现象

在交变应力 $\sigma(t) = \sigma_0 \sin\omega t$ 的作用下，高分子材料应变落后于外力场的变化 $e(t) = e_0 \sin(\omega t - \delta)$，这种现象称为滞后现象（图 6-27）。滞后现象的发生源于高分子材料中的链段运动时要受到内摩擦力的作用。外力变化时，链段的运动跟不上外力的变化，所以应变落后于应力，有一个相位差 $\delta$。相位差越大，说明链段运动越困难，越是跟不上外力的变化。

高分子的滞后现象与化学结构有关，一般刚性分子的滞后现象小，柔性分子的滞后现象严重。温度和外力作用频率对滞后现象都有影响。温度很高时，链段运动跟得上外力变化，则几乎看不出滞后；如果温度很低，链段运动被冻结，则无法跟随外力变化，也无法看出滞后；只有在 $T_g$ 附近才有明显的滞后现象。外力作用频率也有相似的影响。如果外力作用频率很低，链段运动跟得上外力的变化，滞后现象就很小；或者外力作用频率很高，链段根本来不及运动，则高分子的滞后现象也很小。只有外力作用频率在一定范围内，才出现明显的滞后现象。

2. 力学损耗

如果应变完全跟得上应力的变化，没有滞后现象时，每次形变所做的功等于恢复原状时取得的功，没有功的消耗。如果形变落后于应力的变化，产生滞后现象，则每一循环变化中就要消耗功，称为力学损耗，也称为内耗。

以拉伸-回复循环为例[图 6-28(a)]，如果应变完全跟得上应力的变化，拉伸与回缩曲线重合。发生滞后现象时，拉伸过程中应变达不到与其应力相对应的平衡应变值；而回缩时正好相反，回缩曲线上的应变大于其应力相对应的平衡应变值，拉伸与回缩曲线不重合，拉伸时体系对材料所做的功一方面用于改变分子链段的构象，另一方面用来提供链段运动时克服链段间内摩擦所需要的能量。拉伸和回缩时外力对材料所做的功和材料对外所做的回缩功分别相当于拉伸曲线和回缩曲线下所包含的面积。

图 6-28(b)是材料拉伸-压缩循环变化的应力应变曲线。其中所产生的滞后圈面积就是内耗大小的反映。显然损耗功为：

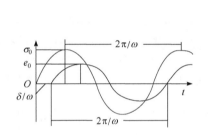

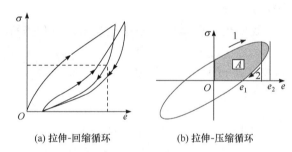

(a) 拉伸-回缩循环          (b) 拉伸-压缩循环

**图 6-27** 交变应力与交变应变          **图 6-28** 应力应变循环曲线

$$\Delta W = \oint \sigma(t)\mathrm{d}e(t) = \oint \sigma(t)\frac{\mathrm{d}e(t)}{\mathrm{d}t}\mathrm{d}t$$
$$= \sigma_0 e_0 \omega \int_0^{2\pi/\omega} \sin \omega t \cos(\omega t - \delta)\mathrm{d}t = \pi \sigma_0 e_0 \sin \delta$$

（6-140）

这就是说，每一循环中单位体积试样损耗的能量正比于最大应力、最大应变及滞后角的正弦。拉伸总储能按照 1/4 周期中储能的 4 倍计为：

$$W_{st} = 4\int_0^{\pi/(2\omega)} \sigma_0 e_0 \omega \sin \omega t \cos(\omega t - \delta)\mathrm{d}t$$
$$= 4\sigma_0 e_0 \omega \int_0^{\pi/(2\omega)} \sin \omega t \cos(\omega t - \delta)\mathrm{d}t$$
$$= 2\sigma_0 e_0 \cos \delta + \pi \sigma_0 e_0 \sin \delta$$

（6-141）

可见，在总储能中既包括了弹性能（第 1 项），也包括了损耗能（第 2 项）。损耗能与弹性能之比为：

$$\frac{\Delta W}{W_{\mathrm{st}} - \Delta W} = \frac{\pi}{2} \tan \delta \propto \tan \delta \qquad (6\text{-}142)$$

力学损耗与滞后角正切 $\tan \delta$ 相关。因此 $\delta$ 又称为力学损耗角，而损耗角正切 $\tan \delta$ 则用来表示内耗的相对大小。

内耗的大小与高分子结构有关。例如顺丁橡胶内耗较小，因为其分子链上没有取代基，链段运动的内摩擦力较小；丁苯橡胶和丁腈橡胶内耗比较大都是因为其侧基引起较强的分子间作用力导致内摩擦力较大；丁基橡胶中侧甲基虽然不会引起很大的分子间作用力，但其基团的数目很多，其内耗比丁苯、丁腈橡胶还要大。内耗较大的橡胶吸收冲击能量较多，回弹性就较差。

3. 动态柔量

应变落后应力，我们可以用三角函数关系展开应变方程：

$$e(t) = e_0 \sin(\omega t - \delta) = e_0 \sin \omega t \cos \delta - e_0 \cos \omega t \sin \delta \qquad (6\text{-}143)$$

它包含两部分，一部分是与应力同相位的，为弹性应变；另一部分与应力相差 $90°$ 角，消耗于克服内摩擦阻力。令弹性柔量 $J' = \frac{e_0}{\sigma_0} \cos \delta$，损耗柔量 $J'' = \frac{e_0}{\sigma_0} \sin \delta$，则：

$$e(t) = J^* \sigma(t) = \sigma_0 J' \sin \omega t - \sigma_0 J'' \cos \omega t \qquad (6\text{-}144)$$

我们也可以将应力应变分别写成 $\sigma(t) = \sigma_0 \exp(\mathrm{i}\omega t)$、$e(t) = e_0 \exp[\mathrm{i}(\omega t - \delta)]$，此时，结合欧拉公式，复数柔量 $J^*$ 可表示为：

$$J^* = \frac{e(t)}{\sigma(t)} = \frac{e_0}{\sigma_0} \exp(-\mathrm{i}\delta) = \frac{e_0}{\sigma_0}(\cos \delta - \mathrm{i} \sin \delta) = J' - \mathrm{i} J'' \qquad (6\text{-}145)$$

式中，$J'$ 为实部柔量；$J''$ 为虚部柔量。在一定的温度下，它们都是频率的函数。

动态柔量（又称绝对柔量）为复数柔量的模，即 $J = \left| J^* \right| = \sqrt{J'^2 + J''^2}$。损耗功的计算式（6-140）也可改写为：

$$\Delta W = \pi \sigma_0 e_0 \sin \delta = \pi \sigma_0^2 J'' \qquad (6\text{-}146)$$

则力学损耗可写为：

$$\tan \delta = \frac{J''}{J'} \qquad (6\text{-}147)$$

柔量 $J'$ 和 $J''$ 随频率的变化曲线如图 6-29 所示。当频率 $\omega \to \infty$ 时，$J'(\omega) = J_{\mathrm{g}}$（普弹形变柔量），而频率 $\omega \to 0$ 时，$J'(\omega) = J_{\mathrm{e}}$（高弹形变柔量）；当频率 $\omega \to \infty$ 时，$J''(\omega) = 0$，而频率 $\omega \to 0$ 时，$J''(\omega) = 0$，在特定频率附近会有最大的损耗柔量。对交联高分子（图 6-29 中的实线），$J''(\omega)$ 有一个极大值；对线形高分子（图 6-29 中的虚线），$J''(\omega)$ 在低频还会出现增大的趋势（可能有峰，也可能不出峰），是由整链运动引起的，无相变，但有松弛特征。当有黏性流动时，$J''(\omega)$ 中包含有流动项 $1/(\eta \omega)$。

4. 动态模量

对于应变 $e(t) = e_0 \sin \omega t$，应力提前，为 $\sigma(t) = \sigma_0 \sin(\omega t + \delta) = \sigma_0 \sin \omega t \cos \delta + \sigma_0 \cos \omega t \sin \delta$。

令弹性模量 $G' = \dfrac{\sigma_0}{e_0}\cos\delta$，损耗模量 $G'' = \dfrac{\sigma_0}{e_0}\sin\delta$，则：

$$\sigma(t) = e_0 G'\sin\omega t + e_0 G''\cos\omega t \tag{6-148}$$

定义复数模量 $G^*$ 为：

$$G^* = \frac{\sigma(t)}{e(t)} = G' + iG'' \tag{6-149}$$

动态模量（又称绝对模量）为复数模量的模，即 $G = \left|G^*\right| = \sqrt{G'^2 + G''^2}$。损耗功为：

$$\Delta W = \pi\sigma_0 e_0 \sin\delta = \pi e_0^2 G'' \tag{6-150}$$

则力学损耗可写为：

$$\tan\delta = \frac{G''}{G'} \tag{6-151}$$

　　模量 $G'$ 和 $G''$ 随频率的变化曲线如图 6-30 所示。当频率 $\omega \to \infty$ 时，$G'(\omega) = G_g$（普弹形变模量），而频率 $\omega \to 0$ 时，$G'(\omega) = G_e$（高弹形变模量）；当频率 $\omega \to \infty$ 时，$G''(\omega) = 0$，而频率 $\omega \to 0$ 时，$G''(\omega) = 0$，在特定频率附近会有最大的损耗模量。同样，对线形高分子（图 6-30 中的虚线），$G''(\omega)$ 在低频出现增大的趋势（可能出峰，也可能不出峰），是由整链运动引起的，体系无相变，但有松弛特征。当有黏性流动时，$G''(\omega)$ 中包含有流动项 $\eta\omega$。

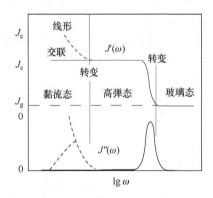

**图 6-29**　柔量与频率的关系

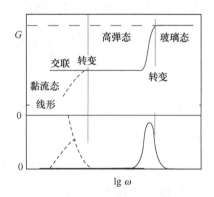

**图 6-30**　模量与频率的关系

5. 动态黏度

根据应变时间关系求得应变速率，然后由应力与应变速率之比可得黏度：

$$\begin{cases} \dfrac{de}{dt} = i\omega e_0 \exp(i\omega t) = i\omega e \\[2mm] \sigma = G^* e = G^*\dfrac{de}{i\omega dt} = \left(\dfrac{G''}{\omega} - i\dfrac{G'}{\omega}\right)\dfrac{de}{dt} \\[2mm] \eta^* = \dfrac{G''}{\omega} - i\dfrac{G'}{\omega} = \eta' - i\eta'' \\[2mm] \tan\delta = \dfrac{G''}{G'} = \dfrac{\eta'}{\eta''} \end{cases} \tag{6-152}$$

黏性流动部分的应变为：

$$e_\infty = \frac{1}{\eta}\int_{-\infty}^t \sigma(t')\mathrm{d}t' = \frac{1}{\eta}\int_{-\infty}^t \sigma_0 \exp(\mathrm{i}\omega t')\mathrm{d}t'$$

$$= \lim\left(\frac{\sigma_0}{\eta}\right)\int_{-\infty}^t \exp\left[(\mathrm{i}\omega + a)t'\right]\mathrm{d}t' \tag{6-153}$$

当 $a\to 0$ 时，应变为：

$$e_\infty = \frac{\sigma_0}{\mathrm{i}\eta\omega}\exp(\mathrm{i}\omega t) = -\frac{\mathrm{i}\sigma}{\eta\omega} \tag{6-154}$$

所以虚部柔量即流动柔量为：

$$J'' = \frac{1}{\eta\omega} \tag{6-155}$$

## 三、黏弹性力学模型

为了研究黏弹性，人们采用弹性和黏性组合来建立相关模型。若黏弹性体的弹性符合胡克定律，黏性符合牛顿定律，则所组成的黏弹性称线性黏弹性。线性黏弹性的本构方程有积分式（6-156）和微分式（6-157）：

$$\sigma(t) = \int_{-\infty}^t \frac{\mathrm{d}e(u)}{\mathrm{d}u}G(t-u)\mathrm{d}u = G(0)e(t) + \int_0^\infty e(t-a)\frac{\mathrm{d}G(a)}{\mathrm{d}a}\mathrm{d}a \tag{6-156}$$

$$a_0\sigma + a_1\frac{\mathrm{d}\sigma}{\mathrm{d}t} + a_2\frac{\mathrm{d}^2\sigma}{\mathrm{d}t^2} + ... + a_n\frac{\mathrm{d}^n\sigma}{\mathrm{d}t^n} = b_0 e + b_1\frac{\mathrm{d}e}{\mathrm{d}t} + b_2\frac{\mathrm{d}^2 e}{\mathrm{d}t^2} + ... + b_n\frac{\mathrm{d}^n e}{\mathrm{d}t^n} \tag{6-157}$$

积分式反映的是 Boltzmann 叠加原理，它指出高分子材料的力学松弛行为是整个历史上各种松弛过程的线性加和的结果。微分式是一常系数微分方程，通过这一方程可以解得黏弹性材料应力或应变随时间的关系函数。微分方程解的任意线性组合也是方程的解。

当然实际高分子材料的弹性并非理想弹性，是偏离胡克定律的；其黏性也非理想黏性，实际是偏离牛顿定律的。这种非线性弹性与非线性黏性的组合，便是非线性黏弹性。高分子材料的力学行为从本质上看是属于非线性黏弹性的，但当变形较小时，可按线性黏弹性来处理，其线性范围的应变大致是：高弹态高分子 10%～100%，玻璃态高分子1%～10%，结晶型高分子＜1%。下面我们着重介绍线性黏弹性力学模型。

通常以弹簧表示理想弹性体，以黏壶表示理想黏性体，如图 6-31 所示。弹簧和黏壶的串联（Maxwell 模型）或并联（Voigt-Kelvin 模型）是研究黏弹性体的两种基本模型。

通常在有限时间内黏弹性试验数据可用本构微分方程两边 1～2 项来描述，其特征方程与对应的力学模型见表 6-4。

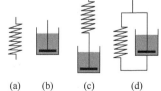

**图 6-31**　几种典型的模型

**表 6-4**　典型的模型及其本构方程

| 模型 | 本构方程 |
|---|---|
| 理想弹性体（弹簧）[图 6-31(a)] | $a_0\sigma = b_0 e$　或　$a_1\dfrac{\mathrm{d}\sigma}{\mathrm{d}t} = b_1\dfrac{\mathrm{d}e}{\mathrm{d}t}$ |
| 理想黏性体（黏壶）[图 6-31(b)] | $a_0\sigma = b_1\dfrac{\mathrm{d}e}{\mathrm{d}t}$ |
| Maxwell 模型 [图 6-31(c)] | $a_0\sigma + a_1\dfrac{\mathrm{d}\sigma}{\mathrm{d}t} = b_1\dfrac{\mathrm{d}e}{\mathrm{d}t}$ |
| Voigt-Kelvin 模型 [图 6-31(d)] | $a_0\sigma = b_0 e + b_1\dfrac{\mathrm{d}e}{\mathrm{d}t}$ |
| 一般线性材料 | $a_0\sigma + a_1\dfrac{\mathrm{d}\sigma}{\mathrm{d}t} = b_0 e + b_1\dfrac{\mathrm{d}e}{\mathrm{d}t}$ |
| 触变性材料（如膏状物等） | $a_1\dfrac{\mathrm{d}\sigma}{\mathrm{d}t} = b_0 e$ |

## （一）二元件模型

### 1. Maxwell 模型

Maxwell 模型如图 6-31(c)所示，它由一个弹簧与一个黏壶串联而成。设弹簧的模量为 $G$，其特征方程为 $\sigma_1 = G e_1$；黏壶的黏度为 $\eta$，其特征方程为 $\sigma_2 = \eta\dfrac{\mathrm{d}e_2}{\mathrm{d}t}$。该模型受应力作用时，两个元件的应力与总应力相等 $\sigma_1 = \sigma_2 = \sigma$，总应变则等于两个应变之和 $e_1 + e_2 = e$。

由此我们可以得到其基本运动方程为：

$$\frac{\mathrm{d}e}{\mathrm{d}t} = \frac{1}{G}\left(\frac{\mathrm{d}\sigma}{\mathrm{d}t}\right) + \frac{\sigma}{\eta} \tag{6-158}$$

此式就是 Maxwell 模型的运动方程，它是一个微分方程，不同的起始条件可以得到不同的解。

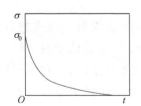

**图 6-32** Maxwell 模型的应力松弛曲线

（1）恒定应变 $e = e_0$

恒定应变时，$\dfrac{\mathrm{d}e}{\mathrm{d}t} = 0$，式（6-158）可转化为 $\dfrac{1}{G}\left(\dfrac{\mathrm{d}\sigma}{\mathrm{d}t}\right) + \dfrac{\sigma}{\eta} = 0$，由边界条件 $t = 0$ 时 $\sigma = \sigma_0 = G e_0$，可得此微分方程解为：

$$\sigma(t) = \sigma_0 \exp(-Gt/\eta) = G e_0 \exp(-t/\tau) \tag{6-159}$$

式中，$\tau = \eta/G$，为应力松弛时间。应力松弛模量为 $G(t) = \dfrac{\sigma(t)}{e_0} = G e^{-t/\tau}$。

形变恒定时应力随时间逐渐减小的变化如图 6-32 所示。因为应力松弛到 0，所以它可以模拟的是线形高分子的应力松弛，并不能模拟交联高分子的应力松弛。

（2）恒定应力 $\sigma = \sigma_0$

恒定应力时，式（6-158）可转化为 $\dfrac{\mathrm{d}e}{\mathrm{d}t} = \dfrac{\sigma_0}{\eta}$ 或 $\sigma_0 = \eta\dfrac{\mathrm{d}e}{\mathrm{d}t}$，其解为 $e = \sigma_0\left(\dfrac{1}{G} + \dfrac{t}{\eta}\right)$，相

当于在瞬时弹性形变上叠加了纯粹的牛顿流体的流动，与蠕变过程相去甚远，因此不能模拟真实的蠕变过程。

（3）动态行为

设交变应力 $\sigma(t) = \sigma_0 e^{i\omega t}$，式（6-158）可写成：

$$\frac{de}{dt} = \frac{1}{G}\left(\frac{d\sigma}{dt}\right) + \frac{\sigma}{\eta} = \left(\frac{i\omega}{G} + \frac{1}{\eta}\right)\sigma_0 e^{i\omega t} \tag{6-160}$$

解得：

$$e = \frac{1}{i\omega}\left(\frac{i\omega}{G} + \frac{1}{\eta}\right)\sigma_0 e^{i\omega t} = \frac{1}{G}\left(1 - \frac{i}{\omega\tau}\right)\sigma_0 e^{i\omega t} \tag{6-161}$$

式中，$\tau = \eta/G$，为应力松弛时间。

其柔量为 $J^* = \dfrac{e(t)}{\sigma(t)} = \dfrac{1}{G}\left(1 - \dfrac{i}{\omega\tau}\right) = J\left(1 - \dfrac{i}{\omega\tau}\right) = J' - iJ''$，其中，$J' = J$，$J'' = \dfrac{J}{\omega\tau}$。

$\tan\delta = \dfrac{J''}{J'} = \dfrac{1}{\omega\tau}$。$J'$ 与频率无关，$J''$ 和 $\tan\delta$ 随频率增大而减小且没有峰值，这些都与实际不符，因此不能描述动态柔量。

其模量为：

$$G^* = \frac{\sigma(t)}{e(t)} = \frac{\sigma_0 e^{i\omega t}}{\frac{1}{G}\left(1 - \frac{i}{\omega\tau}\right)\sigma_0 e^{i\omega t}} = \frac{G}{1 - \frac{i}{\omega\tau}} = G\left(\frac{\omega^2\tau^2}{\omega^2\tau^2 + 1} + i\frac{\omega\tau}{\omega^2\tau^2 + 1}\right), \tag{6-162}$$

可见：

$$\begin{cases} G' = \dfrac{G\omega^2\tau^2}{\omega^2\tau^2 + 1} \\[2mm] G'' = \dfrac{G\omega\tau}{\omega^2\tau^2 + 1} \\[2mm] \tan\delta = \dfrac{G''}{G'} = \dfrac{1}{\omega\tau} \end{cases} \tag{6-163}$$

$G'$、$G''$ 和 $\tan\delta$ 与频率的关系如图 6-33 所示。从图中可见，采用 Maxwell 模型可以在一定程度上模拟弹性模量和损耗模量随频率的变化，但力学损耗曲线形式与实际不同。

以交变应变来建立动态力学关系同样可以获得相同的模拟结果。

设 $e = e_0 \sin\omega t$，则 $\dfrac{1}{G}\left(\dfrac{d\sigma}{dt}\right) + \dfrac{\sigma}{\eta} = e_0\omega\cos\omega t$，解得：

$$\sigma = e_0 \frac{G\eta\omega}{(G^2 + \eta^2\omega^2)^{1/2}}\sin(\omega t + \delta) + C\exp\left(-\frac{Gt}{\eta}\right) \tag{6-164}$$

稳态时，$C\exp\left(-\dfrac{Gt}{\eta}\right) = 0$，所以 $\sigma = e_0 \dfrac{G\omega\tau}{(1 + \omega^2\tau^2)^{1/2}}\sin(\omega t + \delta)$。

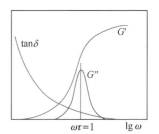

**图 6-33** 模量与损耗的频率关系曲线

由此可得 $\sigma = G'e_0\sin\omega t + G''e_0\cos\omega t$，其中 $G'(\omega) = \dfrac{G\omega^2\tau^2}{1+\omega^2\tau^2}$，$G''(\omega) = \dfrac{G\omega\tau}{1+\omega^2\tau^2}$，$\tan\delta = \dfrac{G''(\omega)}{G'(\omega)}$，与式（6-163）一致。

（4）恒速应变 $e = Rt$

由式（6-158）可得 $\dfrac{1}{G}\left(\dfrac{\mathrm{d}\sigma}{\mathrm{d}t}\right) + \dfrac{\sigma}{\eta} = R$，即 $\dfrac{\mathrm{d}\sigma}{\mathrm{d}t} = -\dfrac{G}{\eta}(\sigma - R\eta)$。解得 $\sigma = Ce^{-t/\tau} + R\eta$，其中 $\tau = \eta/G$，为应力松弛时间。利用边界条件 $t = 0$、$e = 0$、$\sigma = 0$，得 $C = -R\eta$，所以 $\sigma = R\eta(1-e^{-t/\tau})$，稳态时，$t\to\infty$，$\sigma = R\eta$。

（5）恒速负载 $\sigma = Qt$

由式（6-158）可得 $\dfrac{\mathrm{d}e}{\mathrm{d}t} = \dfrac{Q}{G} + \dfrac{Q}{\eta}t$，解方程得 $e = \dfrac{Q}{G}t + \dfrac{Q}{2\eta}t^2 + C$。因 $t = 0$ 时，$e = e_0$，故 $C = e_0$，于是得 $e = e_0 + \dfrac{Q}{G}t + \dfrac{Q}{2\eta}t^2$。

2. Voigt-Kelvin 模型

Voigt-Kelvin 模型如图 6-31(d)所示，为一个弹簧和一个黏壶并联而成。设弹簧的模量为 $G$，其特征方程为 $\sigma_1 = Ge_1$；黏壶的黏度为 $\eta$，其特征方程为 $\sigma_2 = \eta\dfrac{\mathrm{d}e_2}{\mathrm{d}t}$。该模型受应力作用时，总应力等于两个元件的应力之和 $\sigma_1 + \sigma_2 = \sigma$，总应变与两个应变均相等 $e_1 = e_2 = e$。

由此我们可以得到其基本运动方程为：

$$\sigma = Ge + \eta\frac{\mathrm{d}e}{\mathrm{d}t} \tag{6-165}$$

此式就是 Voigt-Kelvin 模型的运动方程，它是一个微分方程，不同的起始条件可以得到不同的解。

（1）恒定应变 $e = e_0$

恒定应变时，$\dfrac{\mathrm{d}e}{\mathrm{d}t} = 0$，所以式（6-165）转化为 $\sigma = Ge_0$。这是一个理想弹性的方程，与恒应变的应力松弛不符。

（2）恒定应力 $\sigma = \sigma_0$

恒定应力时，式（6-165）转化为 $\sigma_0 = Ge + \eta\dfrac{\mathrm{d}e}{\mathrm{d}t}$，方程的解为 $e = \dfrac{\sigma_0}{G} + C\exp\left(-\dfrac{Gt}{\eta}\right)$。由边界条件 $t = 0$ 时，$e = 0$，得 $C = -\dfrac{\sigma_0}{G}$，于是：

$$e(t) = \frac{\sigma_0}{G}(1-e^{-t/\tau}) = e_\infty(1-e^{-t/\tau}) \tag{6-166}$$

式中，$\tau = \dfrac{\eta}{G}$，是蠕变过程的松弛时间，又称为蠕变推迟时间；$e_\infty$ 是 $t\to\infty$ 时的平衡形变。

容易得到蠕变柔量为：

$$J(t)=\frac{e(t)}{\sigma_0}=J(1-e^{-t/\tau}) \qquad （6-167）$$

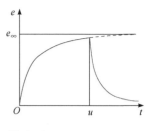

恒定应力时，应变随时间变化趋势如图 6-34 所示。在 $t=u$ 撤销应力时，形变则将缓慢回复。因为蠕变产生的形变在撤销应力后可以回复到 0，不存在分子链间相对滑移产生的永久形变，所以它可以模拟的是交联高分子的蠕变，并不能模拟线形高分子的蠕变。

**图 6-34** Voigt-Kelvin 模型的蠕变曲线

（3）动态行为

交变应变设为 $e=e_0e^{i\omega t}$，式（6-165）可转化为：

$$\sigma(t)=Ge+\eta e_0i\omega e^{i\omega t}=Ge_0e^{i\omega t}(1+i\frac{\eta}{G}\omega)=G(1+i\omega\tau)e_0e^{i\omega t} \qquad （6-168）$$

其模量为：

$$G^*=\frac{\sigma(t)}{e(t)}=\frac{G(1+i\omega\tau)e_0e^{i\omega t}}{e_0e^{i\omega t}}=G(1+i\omega\tau)=G'+iG'' \qquad （6-169）$$

柔量为：

$$J^*=\frac{1}{G^*}=\frac{1}{G(1+i\omega\tau)}=J\frac{1}{1+i\omega\tau}=\frac{J}{1+\omega^2\tau^2}(1-i\omega\tau) \qquad （6-170）$$

由此就可以判断该模型是否能模拟模量、柔量和力学损耗。

在其他条件下，如恒速应变 $e=Rt$ 或恒速负载 $\sigma=Qt$ 下，应力或应变随时间的关系都可以通过建立相应的微分方程并加以求解来获得。

## （二）三元件模型

将弹簧和黏壶以三元件进行组合就是三元件模型。三元件模型比二元件模型更符合高分子的行为，只有一个松弛时间也便于处理。它有四种不同的形式，如图 6-35 所示。它可以是两个弹簧与一个黏壶组成的双簧模型[图 6-35(a) 和图 6-35(b)]，归为第一组；也可以是由两个黏壶与一个弹簧组成的二壶模型[图 6-35(c) 和图 6-35(d)]，归为第二组。下面简要推导一下其运动方程和不同条件下的响应情况。

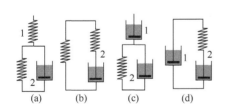

**图 6-35** 三元件模型的几种组合形式

1. 运动方程

对于图 6-35(a) 所示的模型，我们可以把它看成是一个弹簧与一个 Voigt 元件串联的模型。弹簧元件的参数用下标 s 表示，Voigt 元件参数用下标 v 表示。其基本关系式为 $\sigma_s=\sigma_v=\sigma$、$e=e_s+e_v$ 以及 $\sigma_s=G_1e_s$ 和 $\sigma_v=G_2e_v+\eta\frac{de_v}{dt}$，由此可得：

$$\begin{cases} \dfrac{de_s}{dt}=\dfrac{1}{G_1}\left(\dfrac{d\sigma_s}{dt}\right)=\dfrac{1}{G_1}\left(\dfrac{d\sigma}{dt}\right) \\[3mm] \dfrac{de_v}{dt}=\dfrac{\sigma_v}{\eta}-\dfrac{G_2}{\eta}e_v=\dfrac{\sigma}{\eta}-\dfrac{G_2}{\eta}e_v \end{cases} \qquad （6-171）$$

于是，结合基本关系可得：

$$\frac{de}{dt} = \frac{de_s}{dt} + \frac{de_v}{dt} = \frac{1}{G_1}\left(\frac{d\sigma}{dt}\right) + \frac{\sigma}{\eta} - \frac{G_2}{\eta}e_v$$

$$= \frac{1}{G_1}\left(\frac{d\sigma}{dt}\right) + \frac{\sigma}{\eta} - \frac{G_2}{\eta}(e - \frac{\sigma}{G_1}) \tag{6-172}$$

该微分方程也可以写成：

$$\frac{d\sigma}{dt} + \frac{(G_1+G_2)\sigma}{\eta} = G_1\frac{de}{dt} + \frac{G_1G_2}{\eta}e \tag{6-173}$$

上式可简化为：

$$\frac{d\sigma}{dt} + p\sigma = q\frac{de}{dt} + re \tag{6-174}$$

式中：

$$p = \frac{(G_1+G_2)}{\eta}, q = G_1, r = \frac{G_1G_2}{\eta} \tag{6-175}$$

可以推出，对于弹簧与 Maxwell 元件并联的模型[图 6-35(b)]，其运动方程为：

$$\frac{d\sigma}{dt} + \frac{G_2\sigma}{\eta} = (G_1+G_2)\frac{de}{dt} + \frac{G_1G_2}{\eta}e \tag{6-176}$$

它也具有式（6-174）的形式，只是其中的参数有所不同而已，见式（6-177），也即第一组的两个模型的运动方程形式相同。

$$p = \frac{G_2}{\eta}, q = G_1+G_2, r = \frac{G_1G_2}{\eta} \tag{6-177}$$

同理，可以推出第二组两个黏壶和一个弹簧组成的两种模型的运动方程通式为：

$$\frac{d\sigma}{dt} + p\sigma = q\frac{de}{dt} + r\frac{d^2e}{dt^2} \tag{6-178}$$

对于黏壶与 Voigt 元件串联的模型[图 6-35(c)]：

$$p = \frac{G}{\eta_1+\eta_2}, q = G\frac{\eta_1}{\eta_1+\eta_2}, r = \frac{\eta_1\eta_2}{\eta_1+\eta_2} \tag{6-179}$$

对于黏壶与 Maxwell 元件并联的模型[图 6-35(d)]：

$$p = \frac{G}{\eta_2}, q = G\frac{\eta_1+\eta_2}{\eta_2}, r = \eta_1 \tag{6-180}$$

2. 恒定应力 $\sigma = \sigma_0$

（1）双簧模型

根据其运动方程（6-174），在恒应力时方程改写为 $\frac{de}{dt} = \frac{p\sigma_0}{q} - \frac{r}{q}e$。解此微分方程，可得 $e(t) = C\exp(-\frac{r}{q}t) + \frac{p}{r}\sigma_0$。

对于模型 a（弹簧与 Voigt 元件串联模型），运用边界条件 $t=0$、$e = \sigma_0/G_1$，可解得

$C = -\sigma_0 / G_2$，将参数（6-175）代入，得 $e(t) = \dfrac{\sigma_0}{G_1} + \dfrac{\sigma_0}{G_2}(1 - e^{-t/\tau_a})$，其中 $\tau_a = \dfrac{\eta}{G_2}$。

$e(t)$ 随时间的变化曲线如图 6-36(a)所示，它包括了纯弹性形变部分，因此在撤销应力时该部分应变会瞬时回复。柔量为：

$$J(t) = \frac{e(t)}{\sigma_0} = \frac{1}{G_1} + \frac{1}{G_2}(1 - e^{-t/\tau_a}) \tag{6-181}$$

其变化曲线如图 6-36(b)所示。

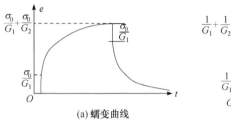 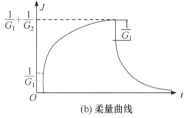

(a) 蠕变曲线　　　　　　　　　　(b) 柔量曲线

**图 6-36**　弹簧与 Voigt 元件串联

对于模型 b（弹簧与 Maxwell 元件并联模型），运用边界条件 $t = 0$、$e = 0$，可解得 $C = -\sigma_0 / G_1$，代入参数（6-177），可得 $e(t) = \dfrac{\sigma_0}{G_1}(1 - e^{-t/\tau_b})$，其中 $\tau_b = \dfrac{\eta(G_1 + G_2)}{G_1 G_2}$。该模型不存在纯弹性变化，最大形变小于模型 a，而松弛时间较长（$\tau_a < \tau_b$）。

（2）二壶模型

根据二壶模型的运动方程（6-178），在恒应力时方程改写为 $\dfrac{d^2 e}{dt^2} + \dfrac{q}{r} \times \dfrac{de}{dt} = \dfrac{p}{r}\sigma_0$。这是一个二阶常系数非齐次线性微分方程。欲解此微分方程，先求二阶常系数齐次线性微分方程 $\dfrac{d^2 e}{dt^2} + \dfrac{q}{r} \times \dfrac{de}{dt} = 0$ 的解。其特征方程是 $a^2 + \dfrac{q}{r}a = 0$，有两个实根 $a_1 = 0$、$a_2 = -\dfrac{q}{r}$，即齐次线性微分方程的通解为 $e(t) = C_1 e^{a_1 t} + C_2 e^{a_2 t} = C_1 + C_2 e^{-qt/r}$。原方程的特解可设为 $e = Q(t)e^{\lambda t}$，其中 $Q(t)$ 为一多项式，用待定系数法代入可得 $\lambda = 0$，$Q = \dfrac{p}{r}\sigma_0 t + C_3$，因此方程的解为 $e(t) = C_1 + C_2 e^{-qt/r} + \dfrac{p}{r}\sigma_0 t + C_3 = \dfrac{p}{r}\sigma_0 t + C_2 e^{-qt/r} + C$。

对于模型 c（黏壶与 Voigt 元件串联模型），运用边界条件可得 $C + C_2 = 0$，且 $C = \dfrac{\sigma_0}{G}$。代入参数（6-179）可得 $e(t) = \dfrac{G}{\eta_1 \eta_2}\sigma_0 t + \dfrac{\sigma_0}{G}\left(1 - e^{-t/\tau_c}\right)$，其中 $\tau_c = \dfrac{\eta_2}{G}$。其蠕变曲线见图 6-37，其中存在着永久形变项。

对于模型 d（黏壶与 Maxwell 元件并联），运用边界条件可得 $C + C_2 = 0$，且 $C = \dfrac{\sigma_0 \eta_2}{\eta_1(\eta_1 + \eta_2)}$。代入参数（6-180）至方程中可得 $e(t) = \dfrac{G}{\eta_1 \eta_2}\sigma_0 t + \dfrac{\sigma_0 t}{\eta_1 + \eta_2}\left(1 - e^{-t/\tau_d}\right)$，其中 $\tau_d = \dfrac{\eta_1 \eta_2}{(\eta_1 + \eta_2)G}$。

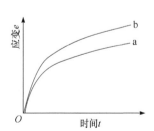

**图 6-37**　第二组模型的蠕变曲线
a—模型 c；b—模型 d

其蠕变曲线如图 6-37 所示。与模型 c 相比，模型 d 中第一项的永久形变与模型 c 相同，但第二项也是不可逆的形变，且 $\tau_d < \tau_c$。

3. 恒定应变 $e = e_0$

（1）双簧模型

根据其运动方程（6-174），在恒应变时方程改写为 $\dfrac{\mathrm{d}\sigma}{\mathrm{d}t} + p\sigma = re_0$。解此微分方程，可得 $\sigma(t) = \dfrac{r}{p}e_0 - Ce^{-pt}$。

对于模型 a，根据边界条件 $t = 0$ 时 $\sigma_0 = G_1 e_0$，且代入参数（6-175）可得：

$\sigma(t) = \dfrac{G_1 G_2}{G_1 + G_2} e_0 \left( 1 + \dfrac{G_1}{G_2} e^{-t/\tau_a'} \right)$。式中，$\tau_a' = \dfrac{\eta}{G_1 + G_2}$，它与恒应力下的松弛时间 $\tau_a = \dfrac{\eta}{G_2}$ 不同。该方程模拟的是应力松弛现象。当 $t \to \infty$ 时，残余应力为 $\sigma(\infty) = \dfrac{G_1 G_2}{G_1 + G_2} e_0$。若 $G_1 \gg G_2$，$\sigma(\infty) = G_2 e_0$。应力随时间的变化曲线如图 6-38(a) 所示。

我们还可以得到模量随时间的变化关系：

$$G(t) = \frac{G_1 G_2}{G_1 + G_2} \left( 1 + \frac{G_1}{G_2} e^{-t/\tau_1} \right) \tag{6-182}$$

恒定应变下的应力松弛模量 $G$ 随时间的变化曲线如图 6-38(b) 所示。可见，虽然这一模量与恒应力下蠕变柔量 $J$ 的倒数 $1/J$ 初始值与平衡值分别相等，但其他各点值均不相等。即 $t \to 0$ 时，$1/J(t) = G(t) = G_1$；$t \to \infty$ 时，$1/J(t) = G(t) = \dfrac{G_1 G_2}{G_1 + G_2}$。因为 $\tau_1 < \tau_2$，故 $G(t) > 1/J(t)$。二者的关系如图 6-38(c) 所示。

对于模型 b 的解这里就不再讨论了。

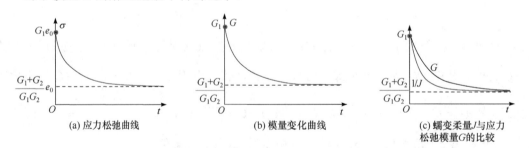

(a) 应力松弛曲线        (b) 模量变化曲线        (c) 蠕变柔量 $J$ 与应力松弛模量 $G$ 的比较

**图 6-38** 弹簧与 Voigt 元件串联时参数变化

（2）二壶模型

根据其运动方程（6-178），在恒应变时方程改写为 $\dfrac{\mathrm{d}\sigma}{\mathrm{d}t} + p\sigma = 0$。解此微分方程，可得 $\sigma(t) = Ce^{-pt}$。

由边界条件可得 $\sigma(t) = \sigma_0 e^{-t/\tau}$，其中对模型 c，$\tau = \dfrac{\eta_1 + \eta_2}{G}$；对于模型 d，$\tau = \dfrac{\eta_2}{G}$。模拟的应力松弛现象与 Maxwell 模型一致，仅松弛时间不同。曲线形式与模型 a 相似，但应力可以松弛到 0。

4. 恒速应变 $e = Rt$

第一组方程为 $\dfrac{\mathrm{d}\sigma}{\mathrm{d}t} + p\sigma = qR + rRt$，其解为 $\sigma = \dfrac{Rrt}{p} + \dfrac{R(pq-r)}{p^2} + Ce^{-pt}$。

第二组方程为 $\dfrac{\mathrm{d}\sigma}{\mathrm{d}t} + p\sigma = qR$，其解为 $\sigma = \dfrac{Rq}{p} + Ce^{-pt}$。

两组方程的常数 $C$ 由边界条件求得。

5. 恒速负荷 $\sigma = Qt$

第一组方程为 $Q + pQt = re + \dfrac{q\mathrm{d}e}{\mathrm{d}t}$，其解为 $e = \dfrac{Qpt}{r} + \dfrac{Q(r-pq)}{r^2} + Ce^{-rt/q}$。

第二组方程为 $Q + pQt = \dfrac{q\mathrm{d}e}{\mathrm{d}t} + \dfrac{r\mathrm{d}^2 e}{\mathrm{d}t^2}$，其解为 $e = \dfrac{Qpt^2}{2q} + \dfrac{Q(q-pr)t}{q^2} + Ce^{-qt/r} + C_1$。

常数 $C$、$C_1$ 由边界条件求得。上述诸解的曲线形式请同学们课后思考。

6. 动态过程

设模型受到交变应变 $e = e_0 \cos\omega t$ 的作用。

第一组方程为 $\dfrac{\mathrm{d}\sigma}{\mathrm{d}t} + p\sigma = re_0\cos\omega t - qe_0\omega\sin\omega t$；第二组方程为 $\dfrac{\mathrm{d}\sigma}{\mathrm{d}t} + p\sigma = -re_0\omega^2\cos\omega t - qe_0\omega\sin\omega t$。

它们的解当稳态时为 $\sigma = A\cos(\omega t + \delta)$。

对第一组模型解得 $A = e_0\omega\left(\dfrac{q^2 + r^2\omega^2}{p^2 + \omega^2}\right)^{1/2}$，$\tan\delta = \omega\left(\dfrac{pq-r}{\omega^2 q + pr}\right)$；对第二组模型解得

$A = e_0\omega\left(\dfrac{q^2 + r^2\omega^2}{p^2 + \omega^2}\right)^{1/2}$，$\tan\delta = \dfrac{1}{\omega}\left(\dfrac{pq - r\omega^2}{q + pr}\right)$。

采用复变数的方法来描述动态性能更为方便。以第一组 $\dfrac{\mathrm{d}\sigma}{\mathrm{d}t} + p\sigma = q\dfrac{\mathrm{d}e}{\mathrm{d}t} + re$ 为例。以 $e = e_0 e^{\mathrm{i}\omega t}$ 及 $\sigma = \sigma_0 e^{\mathrm{i}(\omega t + \delta)}$ 代入上式，两边除以 $e^{\mathrm{i}\omega t}$ 后，得 $\mathrm{i}\omega\sigma_0 e^{\mathrm{i}\delta} + p\sigma_0 e^{\mathrm{i}\delta} = \mathrm{i}\omega q e_0 + re_0$。使实部与虚部分别相等，得 $\dfrac{\sigma_0}{e_0} = \dfrac{r}{p\cos\delta - \omega\sin\delta} = \dfrac{q\omega}{\omega\cos\delta + p\sin\delta}$，解得 $\tan\delta = \omega\left(\dfrac{pq-r}{\omega^2 q + pr}\right)$。因为 $G^* = G' + \mathrm{i}G' = \dfrac{\sigma}{e} = \dfrac{\sigma_0 e^{\mathrm{i}\delta}}{e_0} = \dfrac{\sigma_0}{e_0}(\cos\delta + i\sin\delta)$，所以 $G' = \dfrac{\sigma_0}{e_0}\cos\delta = \dfrac{r\cos\delta}{p\cos\delta - \omega\sin\delta} = \dfrac{r}{p - \omega\tan\delta}$，$G'' = \dfrac{\sigma_0}{e_0}\sin\delta = \dfrac{r\sin\delta}{p\cos\delta - \omega\sin\delta} = \dfrac{r\tan\delta}{p - \omega\tan\delta}$。代入参数值可得：$G' = G_1 + \dfrac{G_2\omega^2\tau^2}{1 + \omega^2\tau^2}$，$G'' = \dfrac{G_2\omega\tau}{1 + \omega^2\tau^2}$，$\tan\delta = \dfrac{G''}{G'} = \dfrac{G_2\omega\tau}{G_1 + (G_1 + G_2)\omega^2\tau^2}$。

三元件模型中某个元件参数达到极限就可以转化为二元件模型，如模型 a 中的 $G_2 = 0$、模型 b 中 $G_1 = 0$、模型 c 中的 $\eta_2 = 0$ 或模型 d 中 $\eta_1 = 0$ 时即转变为 Maxwell 模型；模型 a 中的 $G_1 = \infty$、模型 b 中的 $G_2 = \infty$、模型 c 中 $\eta_1 = \infty$ 或模型 d 中的 $\eta_2 = \infty$ 即转变为 Voigt-Kelvin 模型。

## （三）四元件模型

四元件模型通常是两个弹簧与两个黏壶的组合，它可以将 Maxwell 模型和 Voigt-

Kelvin 模型串联起来[图 6-39(a)]，也可以将 Maxwell 元件与 Voigt 元件并联[图 6-39(b)]，或者将两个 Maxwell 模型并联[图 6-39(c)]或两个 Voigt 模型串联[图 6-39(d)]。

对图 6-39(a)对应的模型 a，以下标 v 表示中间的 Voigt 元件，其基本关系是：

$$\begin{cases} \sigma = \sigma_1 = \sigma_v = \sigma_4; \ e = e_1 + e_v + e_4 \\ \sigma_v = \sigma_2 + \sigma_3; \ e_v = e_2 = e_3 \\ \sigma_1 = G_1 e_1; \ \sigma_2 = G_2 e_2; \ \sigma_3 = \eta_3 \dfrac{de_3}{dt}; \ \sigma_4 = \eta_4 \dfrac{de_4}{dt} \end{cases} \tag{6-183}$$

在恒定应力下：

$$e(t) = e_1 + e_2 + e_4 = \frac{\sigma_0}{G_1} + \frac{\sigma_0}{G_2}(1 - e^{-t/\tau}) + \frac{\sigma_0}{\eta_4}t \tag{6-184}$$

式中，$\tau = \dfrac{\eta_3}{G_2}$。应变随时间变化曲线如图 6-40 所示。其柔量为：

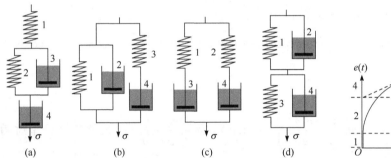

图 6-39    四种不同的四元件模型          图 6-40    四元件模型蠕变曲线

$$J(t) = \frac{1}{G_1} + \frac{1}{G_2}(1 - e^{-t/\tau}) + \frac{t}{\eta_4} \tag{6-185}$$

在恒定应变下，为了书写方便，我们将一阶微分和二阶微分分别用字母上加一点和加两点来表示，则有：

$$\sigma = G_1 e_1 = G_2 e_v + \eta_3 \dot{e}_v = \eta_4 \dot{e}_4 \tag{6-186}$$

结合 $\dot{e}(t) - \dot{e}_1(t) - \dot{e}_4(t) = \dot{e}_v(t)$，得：

$$\ddot{e} = \ddot{e}_1 + \ddot{e}_v + \ddot{e}_4 = \frac{\ddot{\sigma}}{G_1} + \left( \frac{\dot{\sigma}}{\eta_3} - \frac{G_2}{\eta_3}\dot{e}_v \right) + \frac{\dot{\sigma}}{\eta_4}$$

$$\tag{6-187}$$

$$= \frac{\ddot{\sigma}(t)}{G_1} + \left( \frac{1}{\eta_3} + \frac{1}{\eta_4} \right)\dot{\sigma}(t) - \frac{G_2}{\eta_3}\left[ \dot{e}(t) - \frac{\dot{\sigma}(t)}{G_1} - \frac{1}{\eta_4}\sigma(t) \right]$$

其中 $\tau_v = \dfrac{\eta_3}{G_2}$，可得 $\ddot{e}(t) + \dfrac{1}{\tau_v}\dot{e}(t) = \dfrac{\ddot{\sigma}(t)}{G_1} + \left[ \dfrac{1}{\eta_4} + \dfrac{1}{\eta_3}\left(1 + \dfrac{G_2}{G_1}\right) \right]\dot{\sigma}(t) + \dfrac{G_2\sigma(t)}{\eta_3\eta_4}$。

由于是恒应变，即 $e = e_0$，$\dot{e}(t) = \ddot{e}(t) = 0$，所以：

$$\ddot{\sigma}(t) + G_1\left[ \frac{1}{\eta_3}\left(1 + \frac{G_2}{G_1}\right) + \frac{1}{\eta_4} \right]\dot{\sigma}(t) + \frac{G_1 G_2 \sigma(t)}{\eta_3 \eta_4} = 0 \tag{6-188}$$

这是一个二阶齐次线性微分方程，其通解为 $\sigma(t) = Ae^{-t/\tau_1} + Be^{-t/\tau_2}$，其中 $\tau_{1,2} = -1/r_{1,2}$，

$r_{1,2} = -\dfrac{G_1}{2}\left[\dfrac{1}{\eta_3}\left(1+\dfrac{G_2}{G_1}\right)+\dfrac{1}{\eta_4}\right] \pm \dfrac{1}{2}\sqrt{G_1^2\left[\dfrac{1}{\eta_3}\left(1+\dfrac{G_2}{G_1}\right)+\dfrac{1}{\eta_4}\right]^2 - 4\dfrac{G_1 G_2}{\eta_3 \eta_4}}$，$A$、$B$ 由边界条件 $t=0$ 时

$\sigma = \sigma_0$ 与 $e = e_0$ 确定。该模型所得应力松弛的形式与模型 c 是等效的。

对图 6-39(c)对应的模型 c，用下标 $\alpha$ 和 $\beta$ 分别表示两个 Maxwell 元件，有：

$$\begin{cases} \sigma = \sigma_\alpha + \sigma_\beta; \quad \sigma_\alpha = \sigma_1 = \sigma_3; \quad \sigma_\beta = \sigma_2 = \sigma_4 \\ e = e_\alpha = e_\beta; \quad e_\alpha = e_1 + e_3; \quad e_\beta = e_2 + e_4 \\ \sigma_1 = G_1 e_1; \quad \sigma_2 = G_2 e_2; \quad \sigma_3 = \eta_3 \dfrac{de_3}{dt}; \quad \sigma_4 = \eta_4 \dfrac{de_4}{dt} \end{cases} \quad (6\text{-}189)$$

设 $A = G_\alpha e_0, B = G_\beta e_0$，则 $\sigma(t) = G_\alpha e_0 e^{-t/\tau_1} + G_\beta e_0 e^{-t/\tau_2}$，其中：$G_\alpha$、$G_\beta$ 分别为 c 模型中两个 Maxwell 模型元件的动态模量；$\tau_1 = \eta_1/G_\alpha$；$\tau_2 = \eta_2/G_\beta$。利用模型 c 便于求解动态模量 $G'(\omega)$ 和 $G''(\omega)$：

$$\begin{cases} G'(\omega) = G_\alpha \dfrac{\omega^2 \tau_1^2}{1+\omega^2 \tau_1^2} + G_\beta \dfrac{\omega^2 \tau_2^2}{1+\omega^2 \tau_2^2} \\ G''(\omega) = G_\alpha \dfrac{\omega \tau_1}{1+\omega^2 \tau_1^2} + G_\beta \dfrac{\omega \tau_2}{1+\omega^2 \tau_2^2} \end{cases}$$

图 6-41 是 PIB 在 25℃下应力松弛的叠合曲线，它有两个转变，对应于两个不同的松弛时间，因此可以由四元件模型来加以模拟。图 6-42 就是四元件模型给出的应力松弛行为，它由两个 Maxwell 单元并联而成，两个松弛转变就可以分别对应于 PIB 上的玻璃化转变与黏流转变，二者符合得较好。对于由两种不同的高分子组成的共混体系，其玻璃化转变就有两种，对应于两个不同的松弛时间，也可以采用四元件模型进行拟合。

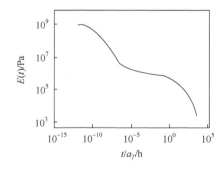

**图 6-41**　25℃下 PIB 的应力松弛叠合曲线

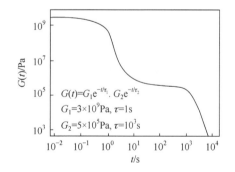

**图 6-42**　四元件模型给出的应力松弛行为

## （四）松弛时间谱与推迟时间谱

二元件和三元件模型只有一个松弛时间，因此仅适用于各种高分子在其主黏弹区所观察到的力学行为，与实际高分子行为相比过于简单。四元件虽然可以反映双松弛时间体系，但与实际高分子相比也有较大的差别。实际上，不同大分子链由于运动单元的多

重性和复杂性，且受到周围环境的影响不同，其力学松弛过程并非一两个松弛过程，而是有一个分布很宽的连续谱的。因此需要采用多元件组合模型来模拟。

1. 广义 Maxwell 模型（Maxwell-Weichert 模型）

取任意多个 Maxwell 单元并联[图 6-43(a)]，每个单元由不同模量的弹簧和不同黏度的黏壶组成，因而具有不同的松弛时间。这种多模式黏弹特性中由不同的松弛时间组成的松弛时间体系称为松弛时间谱。在恒定应变作用下，应力应为各单元应力之和，即：

$$\sigma(t) = \sum_{i=1}^{p} \sigma_i = e_0 \sum_{i=1}^{p} G_i e^{-t/\tau_i}$$

应力松弛模量为：

$$G(t) = \sum_{i=1}^{p} G_i e^{-t/\tau_i} \tag{6-190}$$

显然这种多松弛时间模型应该更符合实际高分子的应力松弛行为。当松弛时间很多，$p \to \infty$，且松弛时间相互很接近时，松弛时间谱可看成是松弛时间连续变化的函数，故可写为：

$$G(t) = \int_0^{\infty} G(\tau) e^{-t/\tau} d\tau \tag{6-191}$$

式中，$G(\tau)$为松弛时间谱；$G(\tau)d\tau$ 为权重函数，它表示具有松弛时间在 $\tau$ 和 $\tau+d\tau$ 之间的 Maxwell 单元对模量的贡献。由于松弛时间包括的数量级范围很宽，实用上采用对数时间坐标更为方便，因此，通常另外定义一个新的松弛时间谱：

$$H(\ln\tau)d(\ln\tau) = G(\tau)d\tau$$
$$H(\tau) = H(\ln\tau) = \tau G(\tau)$$

则式（6-191）变为：

$$G(t) = \int_0^{\infty} \frac{H(\tau)}{\tau} e^{-t/\tau} d\tau = \int_{-\infty}^{+\infty} H(\tau) e^{-t/\tau} d(\ln\tau) \tag{6-192}$$

式中，$H(\tau)\, d(\ln\tau)$表示松弛时间在 $\ln\tau$ 到 $\ln\tau+d(\ln\tau)$之间的松弛单元对模量的贡献。

对于交联高分子，式（6-191）和式（6-192）中还需要一项纯弹性部分，即模型中还要并联一个弹簧 $G_e$，于是有：

$$G(t) = G_e + \int_0^{\infty} G(\tau) e^{-t/\tau} d\tau = G_e + \int_0^{\infty} H(\tau) e^{-t/\tau} d(\ln\tau) \tag{6-193}$$

当 $t = \infty$时，$G_t = G(\infty) = G_e$；$t = 0$ 时，$G_t = G(0) = G_g$。

如果要计算松弛频率谱，则可以通过设松弛频率相关参数 $s = 1/\tau$，改变积分形式，运用拉式变换来求得。

对这种模型施加交变应力或交变应变时，也可推出相应的弹性模量 $G'$ 和损耗模量 $G''$ 的关系式：

$$\begin{cases} G'(\omega) = G_e + \int_{-\infty}^{\infty} H(\tau) \frac{\omega^2 \tau^2}{1 + \omega^2 \tau^2} d(\ln \tau) \\ G''(\omega) = \int_{-\infty}^{\infty} H(\tau) \frac{\omega \tau}{1 + \omega^2 \tau^2} d(\ln \tau) \end{cases} \tag{6-194}$$

2. 广义 Voigt 模型（Voigt-Kelvin 模型）

该模型是取任意多个 Voigt 单元串联而成[图 6-43(b)]。如果第 $i$ 个单元的弹簧模量为 $G_i$，松弛时间为 $\tau_i$，则在拉伸蠕变时，其总形变为全部 Voigt 单元形变之和。根据式（6-166）和式（6-167）可以写出：

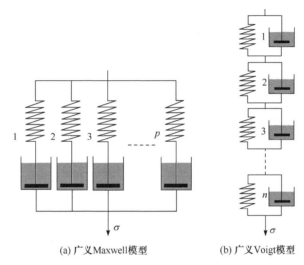

(a) 广义Maxwell模型      (b) 广义Voigt模型

**图 6-43** 多元件模型

$$e(t) = \sum_{i=1}^{n} e_i = \sum_{i=1}^{n} e_i(\infty)\left(1 - e^{-t/\tau_i}\right) \tag{6-195}$$

蠕变柔量为：

$$J(t) = \sum_{i=1}^{n} J_i\left(1 - e^{-t/\tau_i}\right) \tag{6-196}$$

这种具有多种推迟时间的模型也应该更符合实际高分子的蠕变行为。当松弛时间很多，$n \to \infty$，且松弛时间相互很接近时，松弛时间谱可看成松弛时间连续变化的函数，故可写为：

$$J(t) = \int_0^{\infty} J(\tau)\left(1 - e^{-t/\tau}\right) d\tau \tag{6-197}$$

式中，$J(\tau)$ 为蠕变的推迟时间谱；$J(\tau)d\tau$ 为权重函数，表示推迟时间在 $\tau$ 和 $\tau + d\tau$ 间的 Voigt 单元对柔量的贡献。同样，由于 $J(\tau)$ 推迟时间谱范围很宽，实际上常采用对数坐标的推迟时间谱 $L(\tau)$，则：

$$L(\ln\tau)\mathrm{d}(\ln\tau) = J(\tau)\mathrm{d}\tau$$
$$L(\tau) = L(\ln\tau) = \tau J(\tau) \tag{6-198}$$
$$J(t) = \int_{-\infty}^{\infty} L(\tau)(1-\mathrm{e}^{-t/\tau})\mathrm{d}(\ln\tau)$$

式中，$L(\tau)$ 为新的推迟时间谱；$L(\tau)\mathrm{d}(\ln\tau)$ 表示推迟时间在 $\ln\tau$ 和 $\ln\tau + \mathrm{d}(\ln\tau)$ 间的松弛单元对柔量的贡献。

考虑到两种极限情况，还需要增加纯弹性与纯黏性项，即模型中还要串联一个弹簧 $J_\mathrm{g}$ 和一个黏壶 $J_\mathrm{v}$，于是有：

$$\begin{aligned} J(t) &= J_\mathrm{g} + \int_0^\infty J(\tau)(1-\mathrm{e}^{-t/\tau})\mathrm{d}\tau + J_\mathrm{v} \\ &= J_\mathrm{g} + \int_0^\infty L(\tau)(1-\mathrm{e}^{-t/\tau})\mathrm{d}(\ln\tau) + \frac{t}{\eta} \end{aligned} \tag{6-199}$$

当 $t=\infty$ 时，$J_t = J(\infty) = J_\mathrm{e}$；$t=0$ 时，$J_t = J(0) = J_\mathrm{g}$。对于交联高分子，$\eta$ 为无穷大。

当施以交变应力或交变应变时，可推出动态滞后柔量为：

$$\begin{cases} J'(\omega) = J_\mathrm{g} + \sum_i J_i \dfrac{1}{1+\omega^2\tau_i^2} \\ J''(\omega) = \dfrac{1}{\omega\eta} + \sum_i J_i \dfrac{\omega\tau_i}{1+\omega^2\tau_i^2} \end{cases} \tag{6-200}$$

当 $n$ 趋于无穷大，松弛时间彼此无限接近时，上式写成积分式为：

$$\begin{cases} J'(\omega) = J_g + \displaystyle\int_{-\infty}^{+\infty} L(\tau)\dfrac{1}{1+\omega^2\tau^2}\mathrm{d}(\ln\tau) \\ J''(\omega) = \dfrac{1}{\omega\eta} + \displaystyle\int_{-\infty}^{+\infty} L(\tau)\dfrac{\omega\tau}{1+\omega^2\tau^2}\mathrm{d}(\ln\tau) \end{cases} \tag{6-201}$$

## （五）各参数间的关系

### 1. 蠕变柔量与应力模量间的关系

由三元件模型得到，蠕变柔量 $J(t)$ 与应力松弛模量 $G(t)$ 在转变区域不呈倒数关系。二者间的关系可以通过 Laplace 变换给出。对应力松弛函数作 Laplace 变换可得其应力松弛象函数 $\sigma(s) = L[\sigma(t)] = \int_0^\infty \mathrm{e}^{-st}\sigma(t)\mathrm{d}t$，它与应变象函数 $e(s)$ 间的关系通过传递函数 $Q(s)$ 联系 $\sigma(s) = Q(s)e(s)$。

对于蠕变而言，由 $e(t) = J(t)\sigma_0$ 和 $\sigma(t) = \sigma_0$，经变量因子替换可写成 $\sigma(s) = Q(s)e(s)$ 和 $\sigma(s) = \sigma_0/s$，则：

$$Q(s) = \frac{\sigma(s)}{e(s)} = \frac{\sigma_0/s}{J(s)\sigma_0} = \frac{1}{sJ(s)} \tag{6-202}$$

对应力松弛而言，我们也可以做同样的替换，即将 $\sigma(t) = G(t)e_0$ 和 $e(t) = e_0$ 转变为 $\sigma(s) = Q(s)e(s)$ 和 $e(s) = e_0/s$，则：

$$Q(s) = \frac{\sigma(s)}{e(s)} = \frac{G(s)e_0}{e_0/s} = sG(s) \tag{6-203}$$

考虑到 $\sigma(s) = L[\sigma(t)] = \int_0^\infty e^{-st}\sigma(t)dt$ 和 $\sigma(s) = Q(s)e(s)$，我们可以得到：

$$J(s)G(s) = 1/s^2 \qquad (6\text{-}204)$$

从而建立了蠕变柔量 $J(t)$ 与应力松弛模量 $G(t)$ 在转变区域的关系。而对所有松弛时间 $\tau$ 进行积分可得：

$$\int_0^t G(\tau)J(t-\tau)d\tau = t \ \text{或} \ \int_0^t J(\tau)G(t-\tau)d\tau = t \qquad (6\text{-}205)$$

可见，在平衡的静态模式下 $J = 1/G$，但在变化过程中 $J(t) \neq 1/G(t)$。由 $J(t)$ 求 $G(t)$ 或由 $G(t)$ 求 $J(t)$，最好是将其中一方程代入式（6-205），解出积分方程。从纯理论的观点来看，式（6-205）是有意义的，实际计算时，还要做一些近似处理。

例如，假设 $J(t) = At^m$，其中 $m = d[\ln J(t)]/d(\ln t)$，经拉氏变换，有：

$$J(s) = A\int_0^\infty e^{-st}t^m dt = \frac{A\Gamma(m+1)}{s^{m+1}}$$

代入式（6-204），得 $G(s) = \dfrac{\Gamma(1-m)/s^{1-m}}{A\Gamma(m+1)\Gamma(1-m)}$。取逆变换得：

$$G(t) = \frac{t^{-m}}{A\Gamma(m+1)\Gamma(1-m)} = \frac{t^{-m}}{Am\Gamma(m)\Gamma(1-m)}$$

因 $\Gamma(m)\Gamma(1-m) = \pi/\sin m\pi$，于是 $G(t) = \dfrac{t^{-m}\sin m\pi}{Am\pi}$，与假设条件 $J(t)$ 相乘得：

$$G(t)J(t) = \sin m\pi/(m\pi)$$

$m$ 不同取值时结果不同。

$m = 0$: $\qquad\qquad\qquad\qquad G(t)J(t) = 1$

$m < 0.8$: $\qquad\qquad\qquad\qquad G(t)J(t) = \sin m\pi/(m\pi)$

$m > 1$: $\qquad\qquad\qquad\qquad \int_0^t G(\tau)J(t-\tau)d\tau = t$

$m \to 1$: $\qquad\qquad\qquad\qquad J(t) = t/\eta, \ G(t) = 0$

### 2. 动态与静态行为间的关系

#### （1）Kramers-Kronig 关系

Kramers-Kronig 关系是光学研究中介电常数实部与虚部间的联系方程，动态与静态力学行为参数间的关系可以借用这一关系通过数学变换工具来得到。例如应力松弛模量 $G(t)$ 与弹性模量 $G'(\omega)$ 和损耗模量 $G''(\omega)$ 的关系为：

$$\begin{cases} G(t) = G_e + \dfrac{2}{\pi}\int_0^\infty \dfrac{G'(\omega) - G_e}{\omega}\sin\omega t d\omega \\[3mm] G(t) = G_e + \dfrac{2}{\pi}\int_0^\infty \dfrac{G''(\omega)}{\omega}\cos\omega t d\omega \end{cases} \qquad (6\text{-}206)$$

式中，$G_e$ 是平衡模量，对线形高分子，$G_e = 0$。弹性柔量、损耗柔量与蠕变柔量间的关系为：

$$\begin{cases} J'(\omega) = \omega \int_0^\infty J(t)\sin \omega t \mathrm{d}t \\ J''(\omega) = -\omega \int_0^\infty J(t)\cos \omega t \mathrm{d}t \end{cases}$$ （6-207）

考虑到极限情况，上式为：

$$\begin{cases} J'(\omega) = J_\mathrm{g} + \omega \int_0^\infty [J(t) - J_\mathrm{g} - \dfrac{t}{\eta}]\sin \omega t \mathrm{d}t \\ J''(\omega) = -\omega \int_0^\infty [J(t) - J_\mathrm{g} - \dfrac{t}{\eta}]\cos \omega t \mathrm{d}t + \dfrac{1}{\omega\eta} \end{cases}$$ （6-208）

弹性模量与损耗模量（或柔量）可利用傅里叶变换将两者联系起来，其他参数间也可以通过 Laplace 变换、Stieltjes 变换和 Bromwich 变换等工具进行转换，最后我们就可以得到松弛谱、滞后谱和其他黏弹性函数之间的关系，如图 6-44 所示。因为任意一种力学松弛行为都是材料本身特性的反映，因此，理论上讲，只要知道一种黏弹行为参数，就可以通过数学变换手段转化为其他黏弹行为的参数。这就是图 6-44 的现实意义。

利用图 6-44，我们可以在不同的参数间进行转化，如利用静态的蠕变柔量函数与交变力场下的复数柔量间的关系，在复数柔量 $J^*$ 与蠕变柔量 $J(t)$ 间进行相互转化；运用静态的应力松弛函数与交变力场下的复数模量间的关系，在应力松弛模量 $G(t)$ 与复数模量 $G^*$ 间相互转化；运用推迟时间谱与松弛时间谱的关系，在二者间相互转化；等等。

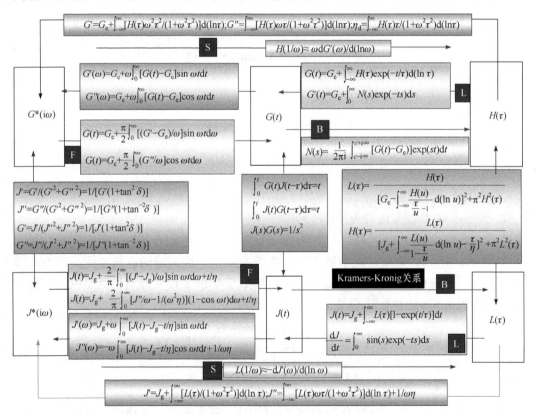

**图6-44** 松弛谱、滞后谱和其他黏弹性函数间的关系
图中 F、B、L 和 S 分别表示 Fourier 变换、Bromwich 变换、Laplace 变换和 Stieltjes 变换

（2）Nutting 方程

蠕变与动态行为间还有一个更为简单的关系是 Nutting 方程，它是一个幂指数方程：

$$\begin{cases} e(t) = K\sigma t^n & (0 < n < 0.2) \\ \lg e(t) = \lg K + \lg\sigma + n\lg t \end{cases} \tag{6-209}$$

作 $\lg e(t)$-$\lg t$ 图可得一直线，斜率为 $n$，截距为 $\lg K + \lg\sigma$，蠕变柔量 $J(t) = Kt^n$，复数模量 $G^* \approx \dfrac{\sigma}{e(t)}$，力学损耗 $\dfrac{G''}{G'} \approx \dfrac{\pi}{2} \times \dfrac{\mathrm{d}(\lg e)}{\mathrm{d}(\lg t)} = \dfrac{\pi}{2}n$，根据大部分高分子的 $G''/G'$，其值基本与实际相符（表 6-5）。

**表 6-5**　常见高分子材料的模量与 Nutting 方程结果比较

| 高分子材料 | 温度/℃ | $G''/G'$（Nutting） | $G''/G'$（实验） |
|---|---|---|---|
| 增塑 PVC | 40 | 0.118 | 0.133 |
| 增塑 PVC | 20 | 0.248 | 0.3 |
| 增塑 PVC | 0 | 0.177 | 0.44 |
| 增塑 PVC | −20 | 0.177 | 0.16 |
| 增塑 PVC | −30 | 0.141 | 0.15 |
| 交联 BR | 24 | 0.302 | 0.137 |
| 交联 BR | 24 | 0.302 | 0.185 |
| 交联 BR | 24 | 0.093 | 0.111 |
| BSt | 24 | 0.29 | 0.28 |
| BSt | 24 | 0.354 | 0.398 |
| LDPE | 24 | 0.186 | 0.175 |

注：BR 为顺丁橡胶；BSt 为丁苯共聚物。

## 四、力学体系与电学体系的对应

从热力学看，属于强度性质的物理量有力、电压、电场强度等；属于容量性质的物理量有形变、电量、电位移等。从某种意义上讲，力学与电学有一定的对应关系。

力学体系所用的参数主要有外力 $f$ 或应力 $\sigma$、位移 $X$ 或应变 $e$、质量 $M$、黏度 $\eta$、柔量 $J$ 或模量 $G$、位移速率 $\dot{X}$、应变速率 $\dot{e}$ 及复数黏度 $\eta^*$。

电学体系所用参数主要是电压 $U$、电场强度 $E$、电量 $Q$、电感 $L$、电阻 $R$、电容 $C$、电流 $I$、阻抗 $Z$ 和复数阻抗 $Z^*$。

力学性能上的弹簧相当于电学中的电容，没有损耗，弹簧存储的是力学能量，而电容则存储电能。力学上的黏壶相当于电学中的电阻，黏壶损耗力学能量转变为热能，电阻损耗电能转变为热能。外加的应力在电学中相当于外加的电压，力学中的应变则相当于产生的电荷，应变速率则相当于电流。模量相当于电容的倒数，质量相当于电感。力学参数与电学参数对应关系如表 6-6 所示。

**表 6-6**　力学参数与电学参数对应表

| 力学参数 | 应力 | 应变 | 应变速率 | 弹性柔量 | 弹性模量 | 黏度 | 质量 |
|---|---|---|---|---|---|---|---|
| 电学参数 | 电压 | 电荷 | 电流 | 电容 | 电容倒数 | 电阻 | 电感 |

此外，我们还可以对应其他一些参数，如单位时间所做的功等于力×变形速度，也等于电压×电流。

力学体系中串联（应力相等，应变相加）相当于电学体系并联（电压相等，电流相加）；力学体系中并联（应变相等，应力相加）相当于电学体系串联（电流相等，电压相加）。例如，与并联的 Voigt-Kelvin 模型[图 6-45(a)]相对应的电学模型如图 6-45(b)所示。前者我们可以写出：

$$e(t) = e_0 e^{i\omega t},$$

$$\sigma(t) = Ge + \eta e_0 i\omega e^{i\omega t} = Ge_0 e^{i\omega t}(1 + i\frac{\eta}{G}\omega) = G(1 + i\omega\tau)e_0 e^{i\omega t}$$

由此可得：

$$G^* = \frac{\sigma(t)}{e(t)} = \frac{G(1 + i\omega\tau)e_0 e^{i\omega t}}{e_0 e^{i\omega t}} = G(1 + i\omega\tau)$$

$$J^* = \frac{1}{G^*} = \frac{1}{G(1 + i\omega\tau)}$$

因 $\dfrac{de}{dt} = i\omega e$，故复数黏度为：

$$\eta^* = \frac{\sigma}{de/dt} = \frac{G(1 + i\omega\tau)}{i\omega} = G\tau - i\frac{G}{\omega} = \eta - i\frac{G}{\omega}$$

对应的电学模型中复数阻抗为：

$$Z^* = R - i\frac{1}{C\omega}$$

可见复数阻抗与复数黏度有完全一致的形式。因此，可以在电学性能参数与力学性能参数间互相进行推演。

图 6-46(a)为线性黏弹体的另一组合模型四元件模型，它可以转化为三元件或二元件模型，和它相对应的电学体系[图 6-46(b)]也可以相应发生变化。两者的基本方程对应于式（6-210）和式（6-211）。

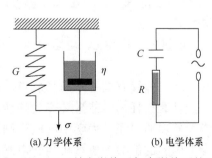

(a) 力学体系　　　(b) 电学体系

**图 6-45**　二元件力学体系与电学体系的对应

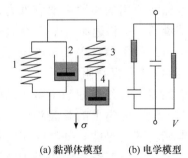

(a) 黏弹体模型　　　(b) 电学模型

**图 6-46**　黏弹体的组合模型与电学模型的对应

$$\sigma + (\frac{\eta_1 + \eta_2}{G_1} + \frac{\eta_2}{G_2})\frac{d\sigma}{dt} + \frac{\eta_1\eta_2}{G_1G_2} \times \frac{d^2\sigma}{dt^2} = \frac{\eta_2 de}{dt} + \frac{\eta_1\eta_2}{G_1} \times \frac{d^2e}{dt^2} \qquad (6\text{-}210)$$

$$U + [(R_1 + R_2)C + R_2C_2]\frac{dU}{dt} + R_1R_2C_1C_2\frac{d^2U}{dt^2} = R_2I + R_1R_2C_1\frac{dI}{dt} \qquad (6\text{-}211)$$

如果在力学模型中并联一个质量为 $m$ 的单元，则在电学模型中需串联上一个电感。其方程则分别为式（6-212）和式（6-213）。

$$m\frac{d^2x}{dt^2} + \eta\frac{dx}{dt} + Gx = f(t) \qquad (6\text{-}212)$$

$$L\frac{d^2q}{dt^2} + R\frac{dq}{dt} + \frac{q}{C} = U(t) \qquad (6\text{-}213)$$

以上讨论的是高分子黏弹性的力学模型，它能帮助我们认识黏弹性现象，但不可能解释黏弹性的本质，不能解决高分子结构与黏弹性的关系。关于其本质问题，需要通过分子理论来进行深入的分析。

## 五、黏弹性基本原理

### （一）时温等效原理

高分子运动具有松弛特性，不同的运动单元有不同的松弛时间，而运动单元的运动与所处温度密切相关。温度升高可以缩短松弛时间。因此，同一个力学松弛现象既可以在较高温度下较短时间内观察到，也可以在较低温度下较长时间内观察到。

在不同温度下测得样品的应力松弛模量 $G(t)$ 如图6-47(a)所示，如果实验是在交变力场下进行，则可以得到不同温度下弹性模量与角频率的关系，如图6-47(b)所示。可见，不同温度下应力松弛的剪切模量随时间关系是相似的，不同温度下弹性模量与角频率的变化曲线也是相似的，都仅仅产生一定的位移。其他如柔量、黏度等参数也有类似情况，低温下的长时或低频现象与高温下的短时或高频现象相对应。因此，升高温度与延长观察时间不仅对于分子运动是等效的，对于黏弹行为也是等效的。

这种等效性借助于一个移动因子 $a_T$ 就可以将在某一温度下测定的力学数据转换至另一温度下的力学数据，这一原理就称为时温等效原理。如图6-48所示，只要将两条曲线沿对数横坐标平移 $\lg a_T$，再沿纵坐标进行一下调整就可以将这两条曲线完全重叠。不同温度下的力学损耗 $\tan\delta$ 也可以借助同一个移动因子来叠合。如果实验温度和指定温度分别为 $T$ 和 $T_r$，两种温度下样品的密度分别为 $\rho$ 和 $\rho_r$，由于模量与 $\rho T$ 成正比，则纵坐标的调整因子为 $\rho T/(\rho_r T_r)$，水平移动因子 $a_T$ 则是实验温度 $T$ 下的松弛时间 $\tau$ 与指定参考温度 $T_r$ 时的松弛时间 $\tau_r$ 之比：

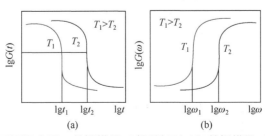

**图6-47**　不同温度下，剪切模量-时间关系(a)和剪切模量-频率关系(b)

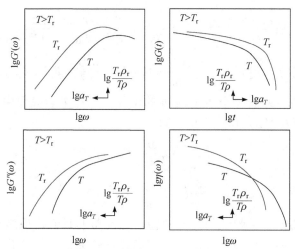

**图 6-48** 不同温度下力学参数的平移

$$a_T = \frac{\tau}{\tau_r} \tag{6-214}$$

这样，通过测定温度 $T$ 下的力学性能参数，就可外推至指定温度 $T_r$ 下的力学性能参数：

$$
\begin{cases}
G(t)_r = G(a_T t)\dfrac{\rho_r T_r}{\rho T}; \quad J(t)_r = J(a_T t)\dfrac{\rho T}{\rho_r T_r} \\[2mm]
G'(\omega)_r = G'\left(\dfrac{\omega}{a_T}\right)\dfrac{\rho_r T_r}{\rho T}; \quad G''(\omega)_r = G''\left(\dfrac{\omega}{a_T}\right)\dfrac{\rho_r T_r}{\rho T} \\[2mm]
\eta_r = \dfrac{\rho_r T_r}{\rho T a_T}\eta
\end{cases}
\tag{6-215}
$$

利用时温等效原理可以让我们获得一些因为松弛时间过长或过短而在实验上难以获得的参数，从而对不同尺度的松弛现象与本质有更全面的认识。

图 6-49 是绘制高分子在指定温度下应力松弛叠合曲线示意图。图的左边是一系列温度下实验测量得到的松弛模量-时间曲线。其中每一根曲线都是在一恒定的温度下测定的，包括的时间标尺不超过 1h，因此它们都只是完整的松弛曲线上的一小段。选定参考温度 $T_r$，假定 $\rho T/(\rho_r T_r)=1$，则由左边的实验曲线按照时温等效原理可以绘制出右边参考温度 $T_r$ 下的叠合曲线。参考温度下测得的实验曲线在叠合曲线的时间坐标上没有移动，而高于和低于这一参考温度下测得的曲线则分别向右和向左水平移动，使各曲线彼此连接成为光滑的叠合曲线。这一曲线时间跨度达 10～15 个数量级，可想而知，在一个温度下直接测得这条曲线是不可能的。

显然在绘制叠合曲线时，各条实验曲线在时间坐标上的平移量是不相同的。如果将这些实际移动量对温度作图可以得到如图 6-50 的曲线。实验证明，很多非晶态线形高分子基本上符合这条曲线。据此，Williams、Landel 和 Ferry 提出了如下经验方程：

$$\lg a_T = -\frac{C_1(T - T_r)}{C_2 + (T - T_r)} \tag{6-216}$$

该方程就是 WLF 方程。式中，$T_r$ 是参考温度；$C_1$ 和 $C_2$ 是经验常数。参考温度不同，常数值不同。当选择 $T_g$ 作为参考温度时，不同的高分子则有大致相同的数值，$C_1 = 17.44$，

$C_2 = 51.6$（表 6-7）。

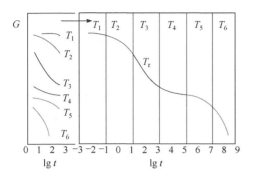

**图 6-49** 由不同温度下测得的高分子松弛模量对时间曲线绘制 $T_r$ 下应力松弛叠合曲线

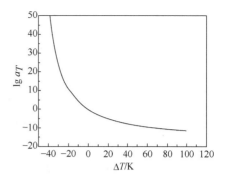

**图 6-50** 移动因子与温度关系

**表 6-7** 几种高分子 WLF 方程中的 $C_1$、$C_2$ 值

| 高分子 | 聚异丁烯 | 天然橡胶 | 聚氨酯弹性体 | 聚苯乙烯 | 聚甲基丙烯酸乙酯 |
|---|---|---|---|---|---|
| $C_1$ | 16.6 | 16.7 | 15.6 | 14.5 | 17.6 |
| $C_2$ | 104 | 53.6 | 32.6 | 50.4 | 65.5 |
| $T_g$/K | 202 | 200 | 238 | 373 | 335 |

由于各高分子以 $T_g$ 为参考温度时的 $C_1$、$C_2$ 值之间差别过大，实际上应用普适常数时误差会较大，只在没有特征的 $C_1$、$C_2$ 值可用时，方可采用。若选择 $T_g$ 以上约 50℃的 $T_s$ 为参考温度，则 $C_1 = 8.86$，$C_2 = 101.6$，在 $T = T_s \pm 50$℃的温度范围内对所有非晶态高分子都适用。不同高分子的参考温度值见表 6-8。在此范围之外，松弛时间满足 Arrhenius 方程，移动因子也相应调整：

$$\begin{cases} \tau = \tau_0 \exp[\Delta H / (RT)] \\ \lg a_T = \dfrac{\Delta H}{R}\left(\dfrac{1}{T} - \dfrac{1}{T_r}\right) \end{cases} \qquad (6\text{-}217)$$

**表 6-8** 几种高分子的参考温度 $T_s$ 值

| 高分子 | $T_s$/K | $T_g$/K | $T_s - T_g$/K |
|---|---|---|---|
| 聚异丁烯 | 243 | 202 | 41 |
| 聚丙烯酸甲酯 | 378 | 324 | 54 |
| 聚乙酸乙烯酯 | 349 | 301 | 48 |
| 聚苯乙烯 | 408 | 373 | 35 |
| 聚甲基丙烯酸甲酯 | 433 | 378 | 55 |
| 聚乙烯醇缩乙醛 | 380 | 380 | 0 |

续表

| 高分子 | | $T_s$/K | $T_g$/K | $T_s-T_g$/K |
|---|---|---|---|---|
| 丁苯共聚物 B/S | 75/25 | 268 | 216 | 52 |
| | 60/40 | 283 | 235 | 48 |
| | 45/55 | 296 | 252 | 44 |
| | 30/70 | 328 | 291 | 37 |

注：B/S 为质量比。

有了 WLF 方程，便可以反过来直接由方程或 $\lg a_T$-$T$ 曲线来计算各种温度下曲线的移动量 $a_T$。

## （二）Boltzmann 叠加原理

Boltzmann 叠加原理指出，高分子材料的力学松弛行为是整个历史上各种松弛过程的线性加和的结果。对于蠕变过程，每个负荷对高分子的变形的贡献是独立的，总的蠕变是各个负荷引起的蠕变的线性加和；对于应力松弛，每个应变对高分子的应力松弛的贡献也是独立的，高分子的总应力应等于历史上诸应变引起的应力松弛过程的线性加和。利用这一原理我们可以根据有限的实验数据去预测在很宽范围内的力学性质。

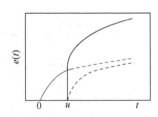

**图 6-51** 相继作用在试样上的两个应力所引起的应变的线性加和

对于高分子黏弹体，在蠕变实验中，应力、应变和蠕变柔量之间的关系为 $e(t)=J(t)\sigma_0$，其中 $\sigma_0$ 是在 $t=0$ 时作用在黏弹体上的应力。如果应力 $\sigma_1$ 作用的开始时间是 $u$，则它引起的形变为 $e(t)=J(t-u)\sigma_1$。当这两个应力相继作用在同一黏弹体上时，根据 Boltzmann 叠加原理，则总的应变是两者作用之和（图 6-51）：

$$e(t)=J(t)\sigma_0+J(t-u)\sigma_1$$

考虑具有几个阶跃加荷程序的情况。$\Delta\sigma_1$、$\Delta\sigma_2$、$\Delta\sigma_3$、$\cdots$、$\Delta\sigma_n$ 分别于时间 $u_1$、$u_2$、$u_3$、$\cdots$、$u_n$ 加到试样上，则总应变为：

$$e(t)=\Delta\sigma_1 J(t-u_1)+\Delta\sigma_2 J(t-u_2)+\Delta\sigma_3 J(t-u_3)+\cdots+\Delta\sigma_n J(t-u_n) \tag{6-218}$$

上式就是 Boltzmann 叠加原理的数学表达式。当应力连续变化时，加和形式可表示为积分形式：

$$\begin{aligned}
e(t) &= \int_{\sigma(-\infty)}^{\sigma(t)} J(t-u)\mathrm{d}\sigma(u) = \int_{-\infty}^{t} J(t-u)\frac{\mathrm{d}\sigma(u)}{\mathrm{d}u}\mathrm{d}u \\
&= J(t-u)\sigma(u)\big|_{-\infty}^{t} - \int_{-\infty}^{t} \frac{\sigma(u)\mathrm{d}J(t-u)}{\mathrm{d}u}\mathrm{d}u \\
&= J(0)\sigma(t) + \int_{0}^{\infty} \sigma(t-a)\frac{\mathrm{d}J(a)}{\mathrm{d}a}\mathrm{d}a
\end{aligned} \tag{6-219}$$

积分下限取 $-\infty$ 是考虑到全部受应力的历史，上式分部积分时假定 $\sigma(-\infty)=0$，并引进了新变量 $a=t-u$。

类似地，对于应力松弛过程，在 $u_1$、$u_2$、$u_3$、$\cdots$、$u_n$ 等不同时间作用在试样上的应变 $\Delta e_1$、$\Delta e_2$、$\Delta e_3$、$\cdots$、$\Delta e_n$，在时间 $t$ 的总应力为：

$$\sigma(t)=\Delta e_1 G(t-u_1)+\Delta e_2 G(t-u_2)+\Delta e_3 G(t-u_3)+\cdots+\Delta e_n G(t-u_n) \tag{6-220}$$

当应变连续变化时，总应力以积分形式表达为：

$$\sigma(t) = \int_{-\infty}^{t} \frac{\mathrm{d}e(u)}{\mathrm{d}u} G(t-u) \mathrm{d}u$$

$$= G(0)e(t) + \int_{-\infty}^{t} e(t-a) \frac{\mathrm{d}G(a)}{\mathrm{d}a} \mathrm{d}a \tag{6-221}$$

## 六、线性黏弹性的分子理论

高分子黏弹性的分子理论是 20 世纪 50 年代分别由 Rouse、Bueche 和 Zimm 提出的，称为 RBZ 理论，因 Rouse 首先发表，因此也常简称为 Rouse 理论。

### （一）Rouse 珠簧模型及其在溶液中的运动方程

在第四章我们曾介绍过高分子链的珠簧模型，该模型将每一条高分子链视为无规线团，其均方末端距服从高斯分布，它由 $x$ 个仍为高斯链的最短子链组成，子链均方末端距也符合高斯分布；子链质量集中于子链的端部，用小球表示（图 6-52），由 $x-1$ 根弹簧相连。在黏性液体中子链运动的摩擦阻力集中于小球，高分子链的弹性是熵弹性，用熵弹簧来表示子链的弹性，弹簧常数为 $e=3kT/b^2$，$b$ 为子链的长度。

首先考虑高分子链在稀溶液中的情况。设想在平行板黏度计中有一条高分子链，当黏度计的上下两板不动时，高分子链是球形的无规线团。当下板不动，上板运动时，在液体中形成了速度梯度，高分子链线团开始旋转，并且变为椭球形，如图 6-53 所示。这样，珠簧模型中的弹簧就被拉开了。当上板停止运动时，速度梯度消失，大分子链则力图恢复初始球形状态。这时，作用在珠子上有两个力，一个是弹簧的弹性回复力，另一个是珠子在液体中运动时受到的摩擦阻力。假定由于小球的加速度所产生的力是很小的，则弹性力和摩擦阻力相平衡。弹性力为：

**图 6-52**　珠簧模型　　　　**图 6-53**　珠簧模型链在流动场中的形态变化

$$f = \frac{3kT}{b^2} \Delta r \tag{6-222}$$

式中，$\Delta r$ 是熵弹簧在 $r$ 方向上长度分量的增量。而黏滞阻力 $f = \mu\dot{r} = \mu\mathrm{d}r/\mathrm{d}t$，其中 $\mu$ 是摩擦系数，$\dot{r}$ 是位移速率。在平衡时，熵弹性力与黏滞阻力相等。对含 $x$ 个珠子的高分子链而言，可建立 $x$ 个方程：

$$\begin{cases} -\dfrac{3kT}{b^2}(r_1 - r_2) = \mu \dot{r}_1 \\ -\dfrac{3kT}{b^2}(-r_1 + 2r_2 - r_3) = \mu \dot{r}_2 \\ \qquad \cdots\cdots \\ -\dfrac{3kT}{b^2}(-r_{i-1} + 2r_i - r_{i+1}) = \mu \dot{r}_i \\ \qquad \cdots\cdots \\ -\dfrac{3kT}{b^2}(-r_{x-1} + r_x) = \mu \dot{r}_x \end{cases} \qquad (6\text{-}223)$$

解出该微分方程组就可以获得运动方程。为了求解这 $x$ 个方程，可以用矩阵 $[\dot{r}] = -B[A][r]$ 来表示，其中，$B = \dfrac{3kT}{b^2\mu}$ 为常数，$\dot{r}$ 和 $r$ 为矢量，$[A]$ 为近邻矩阵：

$$[A] = \begin{bmatrix} 1 & -1 & 0 & \bullet & \bullet & \bullet & \bullet & \bullet \\ -1 & 2 & -1 & 0 & \bullet & \bullet & \bullet & \bullet \\ 0 & -1 & 2 & -1 & 0 & \bullet & \bullet & \bullet \\ 0 & 0 & -1 & 2 & -1 & 0 & \bullet & \bullet \\ \bullet & \bullet & \bullet & -1 & 2 & -1 & \bullet & \bullet \\ \bullet & \bullet & \bullet & \bullet & \bullet & \bullet & \bullet & \bullet \\ \bullet & \bullet & \bullet & \bullet & \bullet & -1 & 2 & -1 \\ \bullet & \bullet & \bullet & \bullet & \bullet & \bullet & -1 & 1 \end{bmatrix}$$

于是，方程可改写为 $[Q^{-1}][\dot{r}] = -B[Q^{-1}][A][Q][Q^{-1}][r]$，其中 $[Q^{-1}]$ 为 $[Q]$ 的逆矩阵。再运用正交坐标变换，使近邻矩阵化为对角阵来使问题简化：

$$[\dot{q}] = -B[\Lambda][q] \qquad (6\text{-}224)$$

式中，$[\dot{q}]$ 为正交坐标；$[\Lambda]$ 为对角阵：

$$[\Lambda] = \begin{bmatrix} \lambda_1 & & & & \\ & \lambda_2 & & & \\ & & \ddots & & \\ & & & \lambda_{x-1} & \\ & & & & \lambda_x \end{bmatrix}$$

于是微分方程组（6-224）中的第 $j$ 个方程就可写成 $\dot{q}_j = -B\lambda_j q_j$，式中的特征值谱为 $\lambda_i = 4\sin^2\left(\dfrac{i\pi}{2x}\right)$，（$i = 1,2,3,\cdots,x$）。积分后得：

$$q_i(t) = q_i(0)\mathrm{e}^{-B\lambda_i t} = q_i(0)\mathrm{e}^{-t/\tau'_i}$$

式中，$\tau'_i = \dfrac{1}{B\lambda_i} = \dfrac{\mu x^2 b^2}{3\pi^2 kTi^2}$ （$i = 1, 2, 3, \cdots, x$）。这样就得到了松弛时间谱 $\tau'_i$（$i = 1, 2, 3, \cdots, x$）。

在松弛时间谱中，$\tau_1$ 为高分子链末端矢量相关函数松弛到 1/e 所对应的最长松弛时间。在线性区，该时间也是高分子链在发生形变后，恢复到平衡尺寸所需要的时间。因为该松弛时间具有特殊的物理意义，所以称之为 Rouse 松弛时间：

$$\tau_R = \frac{\mu_0 x^2 b^2}{3\pi^2 kT} \tag{6-225}$$

时间由 0 到 $t$ 是外力撤销后模型在弹性回复力的作用下应变逐渐恢复的过程，因此这里的松弛时间相当于子链的蠕变滞后时间。文献表明，子链应力松弛时间为滞后时间的一半，即 $\tau_i = \dfrac{\tau_i'}{2} = \dfrac{1}{2B\lambda_i} = \dfrac{\mu x^2 b^2}{6\pi^2 kT i^2}$，可以把这些松弛时间与广义 Maxwell 模型[图 6-43（a）]的松弛时间联系起来，这样，珠簧模型的应力松弛行为就可以写成：

$$G(t) = \sum_{i=1}^{x} G_i e^{-t/\tau_i} \tag{6-226}$$

若每根弹簧微扰的量均为 $\Delta r$，则其弹性力为 $f = \dfrac{3kT}{b^2}\Delta r$，高分子分子横截面积若为 $a^2$，则每根弹簧经受的应力为 $\sigma = \dfrac{f}{a^2} = \dfrac{3kT}{a^2 b^2}\Delta r$，而应变 $e = \dfrac{\Delta r}{b}$，于是，瞬时拉伸模量为 $E(0) = \dfrac{\sigma}{e} = \dfrac{3kT}{a^2 b}$，分母 $a^2 b$ 相当于每个子链所占的体积，$a^2 b = \dfrac{1}{xN_0}$，$N_0$ 是单位体积中高分子链的数目。若高分子为不可压缩体，则剪切模量为 $G(0) = \dfrac{1}{3}\times\dfrac{\sigma}{e} = \dfrac{kT}{a^2 b}$。代入可得 $G(0) = xN_0 kT$。当时间很短时，式（6-226）的极限为 $G(0) = \sum\limits_{i=1}^{x} G_i$，再假设各个 $G_i$ 均相等，所以 $G(0) = xG_i$。比较可得：

$$G_i = N_0 kT \tag{6-227}$$

与橡胶状态方程结果一致。因为广义 Maxwell 模型的 $\tau_i$ 与 $G_i$ 已经确定，其他黏弹性参数也都可以计算，其动态过程的模量为：

$$\begin{cases} G'(\omega) = N_0 kT \sum\limits_{i=1}^{x} \dfrac{\omega^2 \tau_i^2}{1+\omega^2 \tau_i^2} \\[3mm] G''(\omega) = N_0 kT \sum\limits_{i=1}^{x} \dfrac{\omega \tau_i}{1+\omega^2 \tau_i^2} + \omega\eta \end{cases} \tag{6-228}$$

将 $\sum\limits_i i^{-2} = \pi^2/6$ 代入应力松弛时间，得 $\sum\limits_{i=1}^{x} \tau_i = \dfrac{\mu x^2 b^2}{6\pi^2 kT}\cdot\dfrac{\pi^2}{6} = \dfrac{\mu h^2 x}{36 kT} \propto M^2$，而 $N_0 \propto M^{-1}$，则在 $\omega \to 0$ 的低频情况下，$G''(\omega) = N_0 kT\omega\sum\limits_{i=1}^{x}\tau_i \propto M$；而在高频极限下，$G''(\omega) = N_0 kT\dfrac{\pi}{2\sqrt{2}}(\omega\tau_R')^{1/2} \propto \omega^{1/2}$，与 $M$ 无关。

## （二）Rouse 理论的实验结果与 Zimm 修正

松弛时间中的摩擦系数和子链的均方末端距 $b^2$ 很难实测，可以改由测定黏度来变通。对拉伸黏度，我们有 $\eta_n = \tau E$；对切变黏度，各子链的贡献则为：

$$\eta = \sum_{i=1}^{x} G_i \tau_i = \sum_{i=1}^{x} \frac{N_0 kT}{2B\lambda_i} = \frac{N_0 kT}{8 \times \frac{3kT}{b^2 \mu}} \sum_{i=1}^{x} \frac{1}{\sin^2\left(\frac{i\pi}{2x}\right)} \quad （6\text{-}229）$$

若高分子链 $x$ 很大，利用 $\sin \theta \approx \theta$，且 $\sum_{i=1}^{x} \frac{1}{i^2} = \frac{\pi^2}{6}$，则上式可简化为：

$$\eta \approx \frac{N_0 b^2 \mu}{24} \sum_{i=1}^{x} \frac{1}{\left(\frac{i\pi}{2x}\right)^2} = \frac{N_0 b^2 \mu x^2}{6\pi^2} \sum_{i=1}^{x} \frac{1}{i^2} = \frac{N_0 b^2 \mu x^2}{6\pi^2} \cdot \frac{\pi^2}{6} = \frac{N_0 b^2 \mu x^2}{36} \quad （6\text{-}230）$$

把同样的假定应用于 $\tau_i$ 并代入黏度的关系，可得：

$$\tau_i = \frac{6\eta}{N_0 kT\pi^2 i^2} \quad （6\text{-}231）$$

这样就建立了黏度与松弛时间的关系。根据式（6-231），只要测出本体黏度 $\eta$，就可得到 $\tau_i$，由此可计算其他各种黏度函数。实验结果表明，高分子在良溶剂中形成的稀溶液，其黏度与频率的实测关系与理论曲线是吻合的（图 6-54）。

Rouse 理论涉及 $x$ 的数值。一般认为，当大分子的分子量足够大时，$x$ 的确切数字就不是那么重要了。相对而言，Rouse 理论是比较方便应用的理论。

但由于高分子链在良溶剂中呈伸展状态，不再符合高斯链分布，而且由于高分子链的无规线团对溶剂渗透速率梯度存在着屏蔽效应，导致溶剂在线团内部的扩散速率梯度与表面不同，因此，Zimm 对 Rouse 理论进行了修正。

在溶液中，粒子运动会带动其周围溶剂一起移动，作用于溶剂的黏性力随距离 $r$ 的增加而递减，但衰减速率较慢。通常，把由于 1 个粒子运动而带动其周围溶剂和其他粒子运动的远程作用称为流体力学相互作用。在 Rouse 理论和 Kirkwood-Riseman 理论的基础上，Zimm 引入了该作用。在 Rouse 理论中，溶剂可以自由地穿过高分子无规线团；Zimm 模型则考虑溶剂在穿过无规线团时，总是受到高分子链的阻碍。他认为在蜷曲的分子内部，流体的速度梯度为 0。这样 Zimm 将松弛时间修正为：

$$\tau_i = \frac{\eta_0 b^3 x^{3v}}{kT i^{3v}} \quad （6\text{-}232）$$

当 $i = 1$ 时，Zimm 松弛时间为：

$$\tau_z = \frac{\eta_0 b^3 x^{3v}}{kT} \quad （6\text{-}233）$$

考虑到排除体积影响时，可推得摩擦系数 $\mu_0' = \eta_0 b x^v$，因此，$\tau_z = \frac{\mu_0' b^2 x^{2v}}{kT}$，在 $\theta$ 溶液中，$v = 1/2$；在良溶液中，$v = 3/5$。与 Rouse 松弛时间式（6-225）相比，无论是 $\theta$ 溶液还是良溶液，Zimm 松弛过程都要快。其原因就在于 Zimm 模型的运动摩擦阻力更小。

将经 Zimm 修正后的参数代入式（6-228），则在低频条件下，$G'(\omega) = N_0 kT \omega^2 \sum_{i=1}^{x} \tau_i^2$，

$G''(\omega) = N_0 kT \omega \sum_{i=1}^{x} \tau_i$；而高频极限下，通过将加和转化为积分，可求得在 $\theta$ 溶液中，

$G'(\omega) = 1.21 N_0 kT (\omega\tau_1)^{2/3}$，$G''(\omega) = 2.09 N_0 kT (\omega\tau_1)^{2/3}$；在良溶液中 $G'(\omega) = 1.14 N_0 kT (\omega\tau_1)^{5/9}$，

$G''(\omega) = 1.38 N_0 kT (\omega\tau_1)^{5/9}$。图 6-55 是在 $\theta$ 溶液中按式（6-228）分别采用 Rouse 理论和 Zimm 模型两种不同处理方式计算的结果。二者在对频率的依赖性上略有差别。

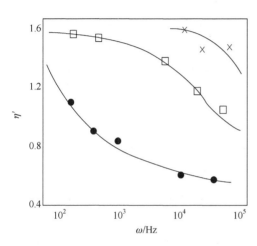

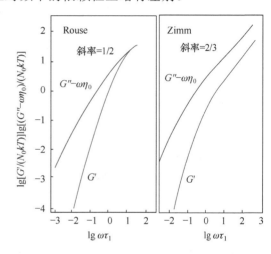

图 6-54　聚苯乙烯/甲苯溶液 30.3℃下实部黏度与频率关系

图 6-55　Rouse 理论与 Zimm 修正模量关系比较

点—实验值；线—Rouse 理论

×—$\overline{M_{\mathrm{W}}} = 2.53\times10^5$，1.48g/100mL，$\eta_r = 2.99$

□—$\overline{M_{\mathrm{W}}} = 5.3\times10^5$，1.48g/100mL，$\eta_r = 3.00$

●—$\overline{M_{\mathrm{W}}} = 6.20\times10^6$，0.144g/100mL，$\eta_r = 3.12$

Tschoegl 曾经计算过中等黏度的流体力学屏蔽作用的情况，结果介于 Rouse 与 Zimm 之间。

Zimm 模型之后也得到了进一步发展，包括针对亚浓溶液和浓溶液性质的广义 Zimm 模型、对随机交联凝胶体系的黏度及法向应力的研究、嵌段共聚物在正弦电场下的振荡行为等。

## （三）Rouse 理论向本体推广及 FLW 修正

以上是把珠簧模型放在溶剂中运动的情况，即高分子溶液的情形。对高分子本体，各分子链的无规线团互相交错，我们把其他分子看成是其中某一分子链的溶剂，再利用上述理论，即可推广至本体体系中。这样松弛时间仍采用式（6-231）表示，但式中的黏度应为高分子体系稳定时的切变黏度。切应力松弛模量为：

$$G(t) = N_0 kT \sum_{i=1}^{x} \mathrm{e}^{-t/\tau_i} \qquad (6-234)$$

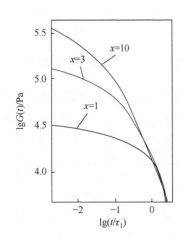

**图 6-56** 按 Rouse 理论计算的应力松弛模量曲线

将 $G(t)$ 对 $t$ 作图，如图 6-56 所示，其中 $x = 1$ 为 Maxwell 模型的情况。所得曲线与实际情况比较，可以发现有一些差别。其一，高分子体系实际上会有两个主要转变，而珠簧模型只预示了一个；其次，对大多数高分子，$G(0) = xN_0kT$ 的计算结果一般为 $7.5 \times 10^8\text{Pa}$，而实验测定值为 $3 \times 10^{11}\text{Pa}$，误差超过两个数量级。

Ferry、Landel 和 Willians 根据实验事实对此提出了修正。他们认为高分子在高弹态下黏弹性的分子机理是由于缠结的长链分子的长程运动，必须考虑缠结对黏弹性的影响；而玻璃化转变区域的分子机理是分子短程运动，后者仅为几个单体单元作较短程运动，松弛时间短，它与单体单元的化学构成有关。他们在 RBZ 理论中引入两种摩擦因子进行运算，一种反映短程协同运动，具有较短的松弛时间，另一种则反映长程协同运动，松弛时间较长。实验指出，高分子存在着一个临界分子量 $M_c$，当 $M < M_c$ 时，高分子体系中不存在缠结，反之则存在缠结。FLW 将松弛时间关系也简单地用两个表达式处理：在 $M < M_c$ 时，松弛时间较短，$\tau_i < \tau_c$，$\tau_i = \dfrac{\mu_0 b^2 x^2}{6kT\pi^2 i^2}$，其中 $\mu_0$ 是不存在缠结时的摩擦系数，由无缠结的高分子体系测得的黏度 $\eta_0$ 来确定；而当 $M > M_c$ 时，松弛时间较长，$\tau_i > \tau_c$，$\tau_i = \dfrac{\mu b^2 x^2}{6kT\pi^2 i^2}$。这里 $\tau_c = \dfrac{\tau_1}{i_c^2}$。

因为高分子量的体系其稳态黏度主要来自于长程运动，所以：

$$\eta = \sum_{i=1}^{x} G_i \tau_i = \frac{N_0 \mu b^2 x^2}{6\pi^2} \sum_{i=1}^{i_c} \frac{1}{i^2} \tag{6-235}$$

当 $i_c > 5$ 后，加和项对 $i_c$ 就不再敏感，因此可把它当成常数。而 $N_0 \propto M^{-1}$，子链数 $x \propto M$，式中其他各项与 $M$ 无关。实验表明，$\overline{M}_w > \overline{M}_c$ 时，$\eta \propto M^{3.4}$，所以摩擦系数 $\mu \propto M^{2.4}$，于是，Ferry-Landel-Willians 假定为：

$$\lg \frac{\mu}{\mu_0} = (3.4 - 1)\lg \frac{\overline{M}_w}{M_c} = 2.4\lg \frac{\overline{M}_w}{M_c} \tag{6-236}$$

$\overline{M}_w < \overline{M}_c$ 时，摩擦系数 $\mu_0$ 与分子量无关；$\overline{M}_w > \overline{M}_c$，摩擦系数 $\mu \propto M^{2.4}$。按上述松弛时间方程所反映的应力松弛叠合曲线如图 6-57(a)所示，其中取 $\tau_c = \tau_1/400$，$N_0kT$ 取 $1 \times 10^6\text{Pa}$，并任意选取一个恰当的 $\mu/\mu_0$。由图 6-57(a)可见，对柔性链来说，FLW 修正后可以出现两个转变区，曲线出现了平台区，并且通过适当选择 $\tau_c$，可得到与大多数实验基本吻合的叠合曲线。分子量不同，平台宽度也不同。图 6-57(b)是聚异丁烯（PIB）实测模量-频率的关系曲线与理论曲线的比较，可见二者符合得比较好。

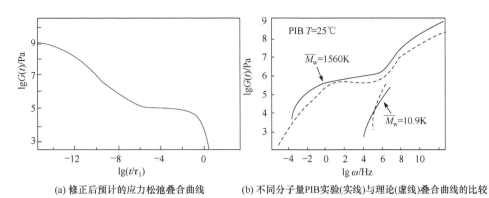

(a) 修正后预计的应力松弛叠合曲线　　　　(b) 不同分子量PIB实验(实线)与理论(虚线)叠合曲线的比较

**图 6-57**　FLW 对 RBZ 修正曲线

Tobolsky 等曾对单分散 PS 做过实验，发现 $\eta \propto M^{4.0}$，与 FLW 修正不符，在高频区或高模量情况下误差更大。在高频区，模量实测值与理论值相差在两个数量级以上，出现此问题的原因在于 $N_0kT$ 对于高弹态的黏弹性是适用的，对玻璃态并不适用。在接近高频的玻璃化转变区，RBZ 理论与实验结果常发生偏离，如 PS、PC 等偏差就很大。对于不同的高分子而言，在此转变区的曲线变化幅度是各不相同的，无法用统一的理论来概括。由于 RBZ 理论处理的是线性链的长程运动问题，而转变区又正好进入了 RBZ 受限制的区域，因此适用场合有限。Tobolsky 认为在高分子试样中，除了一维线性耦合的协同运动外，还存在着二维、三维耦合的协同运动。以 $\lg G(t)/G\text{-}\lg(t/\tau)$ 作图，一维耦合时的斜率为 $-1/2$，而二维耦合则为 $-1$，三维耦合则为 $-2/3$。因此，对各种高分子来说，黏弹相应的耦合不单要考虑一维耦合，还需要研究二维和三维耦合的影响。

### （四）蛇链理论

RBZ 理论没有考虑长链之间的相互作用，默认一条长链在运动时，其周围的链除了考虑黏性影响外，假定它们是以"虚拟链"而存在的，即每条长链可以畅行无阻地横割虚链而实现简正运动。显然，缠结造成的效应是需要加以考虑的。

高分子长链在基体中的曲折受阻滑动犹如 Flory 形容的一锅沸腾的面条翻动或一窝长蛇的穿游，这种模型链称为蠕虫链、爬行链或蛇链。Doi、de Gennes 和 Edwards 等发展了蛇链模型。他们认为一条无规长链处于高分子的基体中，其周围的链对链的横向运动造成了障碍。这些障碍当然也是无规分布在基体中的（图 6-58），当这些链要发生松弛运动时，它必须沿链的拓扑方向滑动，才能绕过这些障碍，仿佛在一根与链形状相似的管子之中运动（图 6-59），在热运动或外力作用下沿管路缓缓滑行。这根管子与链形影相随，链滑行到哪里，管子就延伸保护到哪里，同时，链尾已滑过的管子也就自然消失。

对于这种运动进行精确计算是复杂而困难的，但可以运用标度定律来探寻其本质规律。对于求算的某个物理量 $R$，若它与链长 $N$ 的精确关系为 $R = a_0 + a_1 N^\nu$，则根据标度定律可以简化为 $R \approx N^\nu$。它说明，若 $N$ 变化 2 倍，$R$ 将变化 $2^\nu$ 倍。这样就可以从 $N$ 的变化来了解 $R$ 的变化。对于蛇链模型，一条链的最大松弛时间 $\tau_m$ 与该链从上述约束管中扩散出去所需的时间标度相同，于是一条链在外力作用下运动使之不再受原始约束管的制约而发生全链松弛的问题，就转化为高分子通过与其自身长度相同的约束管的扩散问题。如果施加于链上的稳恒力为 $f$，使之在管中运动的速率为 $v$，则：

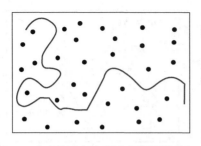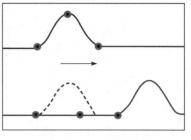

(a) 无规长链处于含无规分布障碍的基体中          (b) 无规长链的蠕行示意

**图 6-58**    蛇链模型示意图

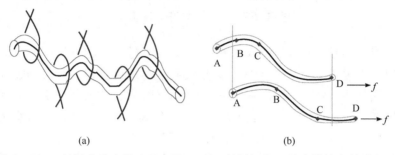

(a)                                    (b)

**图 6-59**    蛇链在约束管中示意图(a)以及蛇链蠕行及约束管的自然消长(b)

$$f = \mu_t v \tag{6-237}$$

式中，$\mu_t$ 是链在管中的摩擦系数。从标度定律的要求，不同长度的链在外力 $f$ 作用下速度应相同，所以，所施加的力应与分子量成正比，$f \propto N$。若单位分子量的链在管中的摩擦系数为 $\mu_0$，则 $\mu_t = \mu_0 M$。

根据 Nernst-Einstein 方程，从分子摩擦系数可以计算链在管中的扩散系数 $D_t$:

$$D_t = \frac{kT}{\mu_t} = \frac{kT}{\mu_0 M} = \frac{D_0}{M} \tag{6-238}$$

$D_0$ 是不依赖于 $M$ 的常数。扩散时间 $\tau$ 满足:

$$\tau = \frac{L^2}{2D_t} \tag{6-239}$$

式中，$L$ 为扩散距离，即约束管长度，而扩散时间就是最大松弛时间，所以:

$$\tau_m = \frac{L^2}{2D_t} = \frac{L^2 M}{2D_0} \propto M^3 \tag{6-240}$$

蛇链运动的黏度为 $\eta = \tau E$，在蛇链模型中，弹性模量 $E$ 仅与障碍之间的距离有关，若障碍是缠结点，则缠结点的间距就决定了缠结点间高斯链的弹性模量，所以它与蛇链的总长无关，于是:

$$\eta \propto \tau_m \propto M^3 \tag{6-241}$$

这是蛇链模型应用标度定律后，对长程松弛运动得出的结果。它与经验方程 $\eta = M^{3.4}$ 已经很接近了，应该说在理论上有了一个很大的进步。

# 第五节　高分子材料的屈服与断裂

前面我们讨论的是弹性和黏弹性，一旦外力作用超过弹性极限，高分子材料可能发生两种变化，一种是直接断裂，另一种是屈服导致不可逆形变后再至断裂。这种不可逆形变称为塑性，如果其加热后可逆，则为形状记忆效应；若加热后也不可逆则为成型性。高分子材料的屈服和断裂需要在较宽的应变范围内考察，需要用应力应变曲线来完整地体现。

## 一、应力应变曲线

### （一）玻璃态高分子

玻璃态高分子在不同温度下的应力应变曲线如图 6-60 所示。其应力应变曲线从初始阶段 $OA$ 段的几乎为一直线段经历不同过程最终到 $D$ 点断裂。$OA$ 段应力与应变成正比，是符合胡克定律的弹性行为。$A$ 点对应的应力为极限弹性应力，据此可以计算出材料的初始弹性模量。由于初始阶段形变量小，模量大，形变主要由高分子链中的键长和键角变化引起，称为普弹形变。

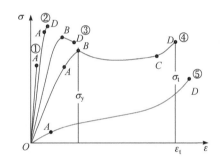

**图 6-60**　玻璃态高分子应力应变曲线

当温度远低于 $T_g$ 时，应力与应变的关系如曲线①和②所示，在应变不到 10% 就会发生断裂，为脆性断裂。

随着温度的升高，应力应变曲线上会出现一个转折点 $B$ 点，之后应变增大，应力增加不多甚至反而下降，称为应变软化。$B$ 点称为屈服点，应力在 $B$ 点达到极大值，称为屈服应力 $\sigma_y$，对应的应变 $\varepsilon_y$ 称屈服伸长。

如果温度还不够高，那么过了屈服点继续拉伸很快就发生断裂，总应变不超过 20%，如曲线③，材料韧性不足；如果继续升高温度至 $T_g$ 以下几十摄氏度的范围内时，应力应变曲线如④所示，在过屈服点 $B$ 之后，试样发生甚至可达百分之几百的很大的应变，应力变化不大，称为稳态应力。屈服点应力与稳态应力之间的差称为过冲应力（overshoot stress）。如果此时停止拉伸，除去外力，试样的大应变已无法完全回复。但如果将温度提高到 $T_g$ 附近则可以发现，形变又回复了。显然，这种大形变的本质是高弹形变，形变主要由链段的构象变化引起。在大外力的作用下，玻璃态高分子本来被冻结的链段被强迫运动而产生强迫高弹形变，这种特性被称为强迫高弹性。外力除去后，由于链段运动尚未解冻，因此不能回复，当温度升高到 $T_g$ 以上时，链段可以运动才能使伸展的链重新蜷曲，应变回复。

应变到达 $C$ 点之后再继续拉伸，由于分子链取向排列，材料强度进一步提高；同时对线形高分子而言，还会产生分子链间的相对滑移，产生不可逆的黏性流动形变，即发生冷流，因此，随应变增大，应力上升很快，称为应变硬化，直至发生断裂。断裂点 $D$ 点的应力称为断裂应力 $\sigma_t$，$D$ 点的应变称为断裂伸长率 $\varepsilon_t$。

当温度升高到 $T_g$ 及以上时，试样进入高弹态，不再出现屈服点，在不大的应力下，便可以发生高弹形变，直至试样断裂前，曲线又开始急剧上升，应变硬化，如曲线⑤所示。

玻璃态高分子在大外力作用下发生的可逆小形变是普弹形变；橡胶的高弹形变则是小应力下产生的可逆的大形变，称为熵弹形变。而玻璃态高分子在大外力作用下产生的大形变，是强迫高弹形变。实验表明，链段运动的松弛时间 $\tau$ 与应力 $\sigma$ 间有如下的关系：

$$\tau = \tau_0 \exp\left(\frac{\Delta E - a\sigma}{RT}\right) \tag{6-242}$$

式中，$\Delta E$ 是链段运动的活化能；$a$ 是材料常数。随着应力的增大，松弛时间缩短。当应力增大到屈服应力 $\sigma_y$ 时，链段运动的松弛时间缩小到与拉伸速率相适应的数值，高分子就可以在大应力作用下产生大形变。所以，加大外力对松弛时间的影响与升高温度类似。

同样，式（6-242）也指出，温度降低，松弛时间将延长。为了使链段的松弛时间缩短到与拉伸速率相匹配，就需要更大的应力。但是要使强迫高弹形变能够发生，必须满足断裂应力 $\sigma_t$ 大于屈服应力 $\sigma_y$ 的条件。若温度太低，$\sigma_t < \sigma_y$，则在发生强迫高弹形变前试样已经断裂。因此并非任何温度下都能发生强迫高弹形变的。发生强迫高弹形变的最低温度称为脆化温度，用 $T_b$ 表示。只要温度低于 $T_b$，玻璃态高分子就不能发生强迫高弹形变，只能发生脆性断裂。只有处于 $T_b$ 和 $T_g$ 之间的温度范围内，才能实现强迫高弹形变，产生韧性断裂。故 $T_b$ 是玻璃态塑料使用的最低温度，在此温度以下，塑料显得很脆，就失去了一般应用价值。

外力作用速率也直接影响高分子的强迫高弹形变行为。对于相同的外力，拉伸速率过快，强迫高弹形变来不及发生，或者强迫高弹形变尚未得到充分的发展，试样发生脆性断裂；而拉伸速率过慢，则线形高分子还会发生一部分黏性流动。因此，只有在适当的拉伸速率下，玻璃态高分子的强迫高弹性才能充分表现出来。

高分子结构对强迫高弹形变起决定性作用。强迫高弹性不同于普通的高弹性，高弹性要求分子具有柔性链结构，而强迫高弹性则要求分子链不能太柔软，因为柔性很大的链在冷却成玻璃态时分子链间堆砌得很紧密，在玻璃态时链段运动很困难，要使链段运动需要很大的外力，甚至超过材料的强度，所以柔性很好的高分子在玻璃态是脆性的，$T_b$ 和 $T_g$ 很接近。如果高分子链刚性很大，则由于分子链中链段运动能力很差，尽管 $T_g$ 较高，但 $T_b$ 也较高，二者仍比较接近，材料也是脆性的，也难以出现强迫高弹性。只有刚柔并济的高分子，冷却时高分子链因为有一定的刚性，其堆砌松散，分子间相互作用力很小，链段活动余地较大，脆点较低，$T_b$ 和 $T_g$ 间隔较远，就比较容易发生强迫高弹形变。这种材料就具有较好的韧性。

## （二）结晶态和半结晶态高分子

聚乙烯、聚酯或聚酰胺等含有结晶部分的高分子其典型的应力应变曲线如图 6-61（a）所示。与玻璃态高分子的拉伸情况相似，拉伸曲线上都经历了弹性形变、屈服、发展大形变、应变硬化直至断裂等阶段。但它比玻璃态高分子的拉伸曲线有更明显的屈服点和冷流点。

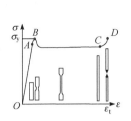
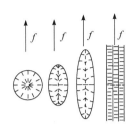
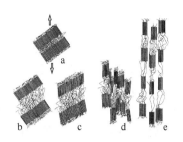

　　(a) 应力应变曲线　　　　(b) 拉伸时球晶内部晶片变化　　(c) 片晶中晶片发生位错、转向、定向排列和拉伸

**图 6-61　结晶高分子的拉伸过程情况示意图**

　　与玻璃态高分子一样，在屈服点前的 $OA$ 段，应力随应变几乎呈线性增大，试样被均匀拉长，伸长率较低；到屈服点 $B$ 点后，试样的截面积突然变得不均匀，出现一个或几个细颈，应力变化不大，而应变不断增大，试样上细颈截面积不变，而长度不断发展，直至整个试样完全变细到达 $C$ 点；之后，变细的试样在拉伸下重新被均匀拉长，应力也随应变的增加而增大直至断裂点 $D$。含结晶结构的高分子拉伸曲线上的转折点是与细颈的突然出现以及最后发展到整个试样而突然停止相关的。

　　对于结晶高分子而言，其强迫高弹形变不仅有非晶区链段的构象改变，也有球晶内部晶片变化以及晶片的位错、转向、定向排列和拉伸等[图 6-61(b) 和 (c)]，也即存在着微晶的重排、破裂、链段取向和再结晶。拉伸后的试样在熔点以下不易回复到初始状态，但只要加热到熔点附近，还是能回到未拉伸状态的，因而这种结晶高分子的大形变，其本质仍是高弹性的，只是形变被新产生的结晶结构所冻结而已。与玻璃态不同的是，结晶高分子发生强迫高弹形变的温度范围是 $T_g$ 和 $T_m$ 之间，在发生强迫高弹形变时，不仅有链段的运动，还存在着结晶的破坏与重生等相变过程。

### （三）取向态高分子

　　单轴取向的高分子由于取向方向上强度和硬度都增大，因此其拉伸曲线的斜率（初始模量）比较高。取向度越高，材料的屈服应力也越高。若屈服应力高于材料的断裂应力，高分子变脆，则不会出现屈服；若断裂强度高于屈服应力，则可以出现屈服。由于取向方向上高分子链已有取向，其高弹形变范围变窄，在发展大形变后很快就会进入应变硬化区域。而在与取向垂直的方向上进行拉伸，拉伸曲线的初始斜率较低，由于强度较小，若低于屈服应力，则会发生脆性断裂；若强度仍高于屈服应力，则经过屈服点后高分子链会发生重新取向，此时发展大形变范围较宽，之后才进入应变硬化阶段。双轴取向因为强度和硬度提高，则视取向后屈服应力和断裂应力间的大小关系而有不同的表现。

### （四）硬弹性高分子

　　聚乙烯、聚丙烯、聚甲醛或尼龙等易结晶的高分子熔体在较高拉伸应力场中结晶时，如熔纺时采用快速牵引，可以得到具有很高弹性的纤维或薄膜材料，只是其弹性模量比一般橡胶高得多（即硬弹性）。其拉伸过程的应力应变曲线如图 6-62(a)所示，拉伸初期，和一般结晶高分子相似，应力随应变的增加急剧增大，到应变为百分之几时，发生不太典型的屈服，应力应变曲线发生明显转折。然而与一般结晶高分子不同的是，它没有成颈现象，继续拉伸时，应力会随应变缓慢增大，而且达到一定形变量后，移去载荷，形变可以自发回复，虽然在拉伸曲线与回复曲线间形成较大的滞后圈，但弹性回复率有时可高达 98%。PP 硬弹性材料在−190℃时仍有 68%的弹性回复率。除了一些结晶性高分子有此现象外，高抗冲聚苯乙烯、聚碳酸酯纤维等非晶高分子在发生大量裂纹时也表现出硬弹性行为[图 6-62(b)]。硬弹性纤维在拉伸时其截面积几乎不变，而不是减小。通过微观形貌观察发现，它们都有板块-微纤复合结构[图 6-62(c)]，板块可以是晶体，也可以不是。在微纤间存在着大量的孔隙，拉伸时材料密度降低与材料中形成了大量孔隙有关。人们提出的模型包括 Clark 片晶弯曲模型[图 6-63(a)]、Sprague 弹簧片模型[图 6-63(b)]、片晶间的链从线团到延展的转变模型[图 6-63(c)]及 Miles 板块-微纤模型[图 6-63(d)]等。与橡胶弹性不同，硬弹性材料随温度升高，拉伸应力下降，模量降低。

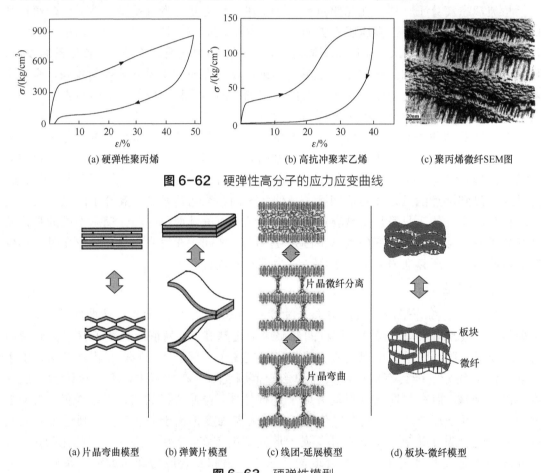

(a) 硬弹性聚丙烯        (b) 高抗冲聚苯乙烯        (c) 聚丙烯微纤SEM图

**图 6-62** 硬弹性高分子的应力应变曲线

(a)片晶弯曲模型    (b)弹簧片模型    (c)线团-延展模型    (d)板块-微纤模型

片晶微纤分离

片晶弯曲

板块

微纤

**图 6-63** 硬弹性模型

## （五）应变诱发塑料橡胶转变

一些具有两相结构的橡胶塑料其应力应变曲线有独特的现象。如 SBS 中当塑料相和橡胶相组成比例接近 1∶1 时，材料室温下像塑料，其拉伸行为与一般塑料的冷拉现象相似，在应变约 5%处发生屈服成颈，随后细颈发展，应力几乎不变而应变不断增加，直到细颈发展完成，此时应变约 200%[图 6-64(a)]。进一步拉伸，细颈被均匀拉细，应力可进一步升高。最大应变可高达 500%以上。可是如果除去外力，这种大形变却能基本回复，而不像一般塑料需要加热到 $T_g$ 或 $T_m$ 附近才能回复。而且如果接着进行第二次拉伸，则与一般交联橡胶的拉伸过程相似，开始发生大形变所需要的外力比第一次拉伸要小得多，试样也不再发生屈服和成颈过程，呈现出高弹性而非强迫高弹性[图 6-64(b)]。两次拉伸曲线分别为典型的塑料冷拉和橡胶拉伸曲线，可以判断，在第一次拉伸超过屈服点后，试样从塑料逐渐转变为橡胶，因而这种现象被称为"应变诱发塑料橡胶转变"。

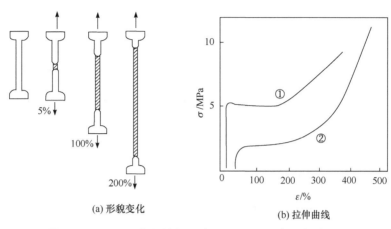

(a) 形貌变化　　　　　(b) 拉伸曲线

**图 6-64**　SBS 嵌段共聚物（S∶B≈1∶1）的拉伸行为

　　经过拉伸转变为橡胶的试样在室温下放置较长的时间后，又能恢复拉伸前的塑料性质。温度低些，这种复原过程进行得慢些；温度升高可加快复原进程。例如上述 SBS 试样，在 60～80℃下只需 10～30min 即可完全恢复在室温下的塑料性质；而室温放置则需一天至数日才能复原。微观形貌分析表明，这种 SBS 试样在拉伸前具有塑料和橡胶双连续相，因此室温下表现为塑料的性质。第一次拉伸过程实际上破坏了塑料连续相，使之逐渐被撕碎而分散在橡胶连续相中，当橡胶成为唯一的连续相时，试样就表现出橡胶的高弹性，因此在外力除去后形变能迅速回复。塑料分散相则起到物理交联作用，阻止不可逆形变的发生。在室温下已拉伸的试样通过相分离的运动，塑料相又逐渐汇聚，重构起塑料连续相，使材料又表现出塑料的性质。

## （六）各种物质的应力应变曲线

　　各种物质的应力应变曲线如图 6-65 所示。其中图 6-65(a)～图 6-65(c)是软性物质，图 6-65(d)～图 6-65(f)是硬性物质。图 6-65(a)是弱而脆的物质，其模量小，强度低，断裂伸长率也不大，没有韧性，如冻胶、豆腐等物质；图 6-65(b)是软而弱的物质，其模量小，强度低，但不太脆，有一点韧性，如未硫化的橡胶、橡皮泥、黏土等；图 6-65(c)是软而韧的物质，其模量小，强度较高，断裂伸长率大，韧性很好，如软塑料、轻度交联的天然橡胶、丁苯橡胶等都属于这种材料；图 6-65(d)是硬而脆的物质，其模量大，强度较高，断裂伸长率小，很脆，如玻璃、陶瓷、低分子量聚苯乙烯、热固性酚醛树脂等；图 6-65(e)是硬而强的物质，其模量大，强度高，因为刚过屈服点，所以有适当的断裂伸长率，有一点韧性，但总的来说韧性不够，如金属材料、高分子量聚苯乙烯、硬 PVC、高分子量 PMMA 等；图 6-65(f)是强而韧的材料，其模量大，强度高，断裂伸长率大，韧性很好，如 PC、高抗冲聚苯乙烯（HIPS）、PET 和尼龙等高分子以及玻璃纤维增强塑料等各种复合材料。

此外，要注意的是，拉伸和压缩时应力应变曲线是不完全相同的（图 6-66），尤其是脆性材料，其拉伸特性受材料的缺陷和微细裂纹的影响很大，而在压缩时，微细裂纹由于压缩应力作用有利于闭合，而不会使裂纹扩大。脆性材料的压缩强度一般为拉伸强度的 1.5～4 倍。压缩过程的屈服强度也大于拉伸过程的屈服强度。

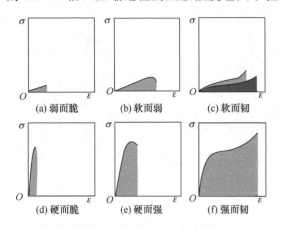

图 6-65　各种物质的应力应变曲线

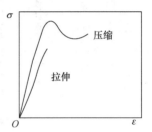

图 6-66　拉伸与压缩的应力应变曲线对比

## 二、高分子材料的屈服

### （一）屈服点特征

材料在达到屈服点之前，形变基本上是完全可以回复的。我们可以在此之前找到应力状态 $(\sigma_1, \sigma_2, \sigma_3)_0$，此后各主应力再成比例地增加极微小的一点，就会产生塑性应变，那么，状态 $(\sigma_1, \sigma_2, \sigma_3)_0$ 就是材料在这种应力状态下的弹性限度。

拉伸试验时，应力状态接近于单向拉应力状态，$\sigma_1 = \sigma$，$\sigma_2 = \sigma_3 = 0$，物体内部各点应力状态也接近于单向拉应力状态，各点应力应变关系和拉伸应力应变曲线关系相同。因此，我们仅对拉伸应力应变曲线进行分析。

发生屈服时，其应变值较大，可达 20% 左右，而金属材料仅约 1%。许多高分子在过屈服点后均有一个不大的应力下降，即应变软化，这时应变增加，应力反而下降。高分子的屈服应力随应变速率增大而增大，随温度升高而降低。当 $T = T_g$ 时，屈服应力为零。高分子的屈服应力对流体静压力很敏感，流体静压力增加，屈服应力增大。高分子的拉伸屈服应力小于它的压缩屈服应力，这种现象称 Bauschinger 效应。高分子屈服后的应变软化有时会伴随着细颈的发生，而且由于细颈的继续会产生应变硬化，从而出现能形成稳定细颈的冷拉过程。高分子屈服后，结构与性能均会发生变化，如取向、结晶以及结晶的破坏和再结晶等。

### （二）真应力应变曲线的屈服点

前面我们所用的应力应变曲线是习用应力 $\sigma$ 与应变 $\varepsilon$ 的曲线，其屈服点是应力的极大值点，因此有：

$$\frac{d\sigma}{d\varepsilon} = 0 \qquad\qquad （6-243）$$

由于在拉伸或压缩的过程中，外力作用的面积随材料长度的变化而变化，因此，真应力$\sigma$大小其实也是在不断地变化的，真应力应变曲线与习用应力应变曲线对比如图 6-67 所示。在真应力应变曲线上，屈服点不再那么明显，此时可以运用真应力与习用应力间的关系来找到屈服点。

假定试样变形时体积不变，即 $A_0l_0 = Al$，拉伸的伸长比 $\lambda = l/l_0 = 1 + \varepsilon$，则实际受力的截面积为 $A = A_0l_0 / l = A_0 / (1+\varepsilon)$，习用应力与真应力间的关系为 $\sigma' = F / A = (1+\varepsilon)\sigma$。这样式（6-243）可以改写为：

$$\frac{\mathrm{d}\sigma}{\mathrm{d}\varepsilon} = \frac{\mathrm{d}}{\mathrm{d}\varepsilon}\left(\frac{\sigma'}{1+\varepsilon}\right) = \frac{1}{(1+\varepsilon)^2}\left[(1+\varepsilon)\frac{\mathrm{d}\sigma'}{\mathrm{d}\varepsilon} - \sigma'\right] = 0 \tag{6-244}$$

可以解得：

$$\frac{\mathrm{d}\sigma'}{\mathrm{d}\varepsilon} = \frac{\mathrm{d}\sigma'}{\mathrm{d}\lambda} = \frac{\sigma'}{1+\varepsilon} = \frac{\sigma'}{\lambda} \tag{6-245}$$

据此在真应力应变曲线上，从横坐标 $\varepsilon = -1$（或 $\lambda = 0$）处向真应力应变曲线上做切线，切点便是屈服点，对应的应力就是屈服真应力 $\sigma'_y$。这种作图法称为 Considere 作图法。

高分子的真应力与应变曲线有三种类型，如图 6-68 所示。对于图 6-68 中曲线 a 而言，由 $\varepsilon = -1$ 处向 $\sigma'$-$\varepsilon$ 曲线引切线，切点 $P$ 就满足 $\dfrac{\mathrm{d}\sigma'}{\mathrm{d}\varepsilon} = \dfrac{\sigma'}{1+\varepsilon}$，因此，$P$ 点就是屈服点，在该点高分子发生屈服。第二类如图 6-68 中曲线 b 所示，由 $\varepsilon = -1$ 处向 $\sigma'$-$\varepsilon$ 曲线可以引出两条切线，得到两个切点 $Q$ 和 $R$，在 $Q$ 点应力达到极大，高分子发生屈服，进一步拉伸时，应力下降，在 $Q$ 和 $R$ 之间高分子试样成颈部分逐渐发展，试样被冷拉，到应力极小值点 $R$ 点后试样又逐渐变细，应力重新增大。第三种类型如图 6-68 中曲线 c 所示，由 $\varepsilon = -1$ 处向 $\sigma'$-$\varepsilon$ 曲线无法引出切线，因而没有屈服点。这种高分子拉伸时，随负荷增大而均匀伸长。

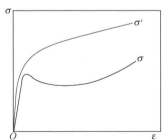

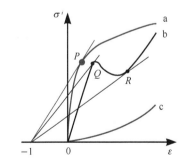

**图 6-67** 真应力应变曲线与习用应力应变曲线 　　**图 6-68** 高分子材料几种真应力应变曲线

## （三）屈服判据函数

对于屈服的判断，如果能找到一个函数，对于所有不同的应力组合，在屈服点它均可以达到一临界值，这一函数就称为屈服判据函数。其一般形式为：

$$f(\sigma_{xx}, \sigma_{yy}, \sigma_{zz}, \sigma_{xy}, \sigma_{yz}, \sigma_{zx}) = C \tag{6-246}$$

式中，$C$ 为常数。对于各向同性体，任何应力体系皆可以主应力来表示。我们知道，应力不变量用三个主应力可表示为：

$$\begin{cases} I_1 = \sigma_1 + \sigma_2 + \sigma_3 \\ I_2 = \sigma_1\sigma_2 + \sigma_2\sigma_3 + \sigma_3\sigma_1 \\ I_3 = \sigma_1\sigma_2\sigma_3 \end{cases}$$

故屈服判据可写为：

$$f(I_1, I_2, I_3) = C \qquad (6\text{-}247)$$

借鉴金属塑性变形理论，需要引入球应力与偏差应力的概念。这里从略。

屈服发生的条件可以是最大主应力或主应变超过临界值，也可以是最大切应力或切应变超过临界值时出现屈服，或者应变能超过临界值等。相应地，就有不同的屈服判据。下面介绍几种屈服判据。

1. Tresca 判据

Tresca 认为，材料内三个最大切应力中，当任何一个的绝对值达到某一定值时，就开始屈服，因此是最大切应力屈服判据。

如前述，单向拉伸时，在同主应力方向成 45°角的面上有最大切应力，其大小为主应力的一半。对空间应力而言，设主应力大小次序为 $\sigma_1 > \sigma_2 > \sigma_3$，则按 Tresca 判据为：

$$|\sigma_3 - \sigma_1| = C \qquad (6\text{-}248)$$

① 当发生单向拉伸屈服时，$\sigma_1 = Y$，$\sigma_2 = \sigma_3 = 0$，代入式（6-248）便得：

$$|\sigma_1| = Y = C \qquad (6\text{-}249)$$

② 当发生纯剪屈服时，$\sigma_1 = -\sigma_3 = K$，$\sigma_2 = 0$，代入式（6-248）便得：

$$|\sigma_3 - \sigma_1| = 2K = C \qquad (6\text{-}250)$$

因此按 Tresca 屈服判据，由式（6-249）和式（6-250）可得：

$$K = Y/2$$

即在 Tresca 判据中，纯剪切屈服应力临界值 $K$ 是单向拉伸屈服应力临界值 $Y$ 的一半。

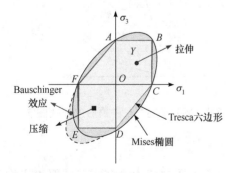

**图 6-69** 以平面应力表示的 Tresca 和 Mises 屈服条件

对应于平面应力的情况，设 $\sigma_2 = 0$，则在 $\sigma_3$ 和 $\sigma_1$ 形成的坐标系中（图 6-69），若 $|\sigma_1 - \sigma_3| = C$，则对应于线段 $AF$ 和 $CD$；$|\sigma_2 - \sigma_3| = C$，对应于线段 $AB$ 和 $DE$；$|\sigma_2 - \sigma_1| = C$，对应于线段 $BC$ 和 $EF$。这六条线段形成了一个六边形，是沿 $\sigma_2 = 0$ 面切开的 Tresca 六边形柱体的截面，如图 6-69 所示。第一象限为拉伸的情况，第二和第四象限为剪切情况，第三象限为压缩的情况。当材料所受的应力组合处于这个六边形的边线上时，材料就发生屈服，边线及边线以外的区域是材料的失效区，边线以内的区域为安全使用区。

2. Mises 判据

von Mises 认为剪切弹性应变能达到某一临界值时材料就开始屈服，是剪切弹性应变能判据，其表达式为：

$$(\sigma_1 - \sigma_2)^2 + (\sigma_2 - \sigma_3)^2 + (\sigma_3 - \sigma_1)^2 = C \qquad (6\text{-}251)$$

对于单向拉伸屈服，$\sigma_1 = Y$，$\sigma_2 = \sigma_3 = 0$，则：

$$(\sigma_1 - \sigma_2)^2 + (\sigma_2 - \sigma_3)^2 + (\sigma_3 - \sigma_1)^2 = 2Y^2 = C \qquad (6\text{-}252)$$

对于纯剪屈服，$\sigma_1 = -\sigma_3 = K$，$\sigma_2 = 0$，则：

$$(\sigma_1 - \sigma_2)^2 + (\sigma_2 - \sigma_3)^2 + (\sigma_3 - \sigma_1)^2 = 6K^2 = C \qquad (6\text{-}253)$$

因此按 Mises 屈服判据，由以上二式得：

$$K = \frac{1}{\sqrt{3}}Y = \frac{2}{\sqrt{3}} \times \frac{Y}{2} = 1.15\frac{Y}{2}$$

即在 Mises 判据中，纯剪切屈服应力 $K$ 是单向拉伸时最大切应力（$Y/2$）的 1.15 倍。

对于平面应力，设 $\sigma_2 = 0$，同样用图 6-69 的 $\sigma_1$、$\sigma_3$ 面来表示，则 Mises 判据的截面曲线方程由式（6-251）得：

$$\sigma_1^2 + \sigma_3^2 - \sigma_1\sigma_3 = C/2 = Y^2 \qquad (6\text{-}254)$$

它对应的是一椭圆，长轴为 $2\sqrt{2}Y$，短轴是 $2\sqrt{2/3}Y$，如图 6-69 所示。Mises 椭圆可以外接于 Tresca 六边形外，说明由 Mises 判据预测的材料安全使用范围大于 Tresca 判据预测的安全使用范围。

Tresca 判据和 Mises 判据是针对金属材料的屈服判据，都是建立在流体静压力对屈服无影响且忽略 Bauschinger 效应的基础上的，与实际高分子的屈服轨迹实验图稍有出入。对于高分子材料，运用单轴拉伸、双轴拉伸、单轴压缩和纯剪切的实验点来评判，实测点只有单轴拉伸的 2 个点与六边形或椭圆重合。通过实验点对判据图进行修正，其左下角将扩大，而右上角部分将被压缩。上下不对称的差异说明了作为软物质的高分子屈服行为存在明显的压力依赖性。

3. Coulomb 屈服判据

一般压缩时屈服应力大于拉伸时屈服应力，这可从 Coulomb 屈服判据得到解决。Coulomb 屈服判据是：在某平面出现屈服作用的临界切应力 $\sigma_s$ 与垂直于该平面的压力成正比，即：

$$|\sigma_s| = \tau_0 - \mu\sigma_n \qquad (6\text{-}255)$$

式中，$\tau_0$ 是材料内聚力；$\mu$ 是内摩擦系数；$\sigma_n$ 是切变平面的正应力分量。

在应力应变一节中我们已经介绍过斜面的正应力与切应力的大小。考虑一横截面积为 $A_0$ 的试样，受到轴向拉力 $f$ 作用（图 6-70），这时，横截面上的应力 $\sigma_0 = f/A_0$。如果在试样上任意取一倾斜截面，设其与横截面的夹角为 $\theta$，则其面积 $A_\theta = A_0/\cos\theta$，作用其上的拉力 $f$ 可以分解为沿平面法线方向和沿平面切线方向的两个分量 $f_n$ 和 $f_s$，$f_n = f\cos\theta$，$f_s = f\sin\theta$。因此，这个斜截面上的正应力 $\sigma_{\theta n}$ 和切向应力 $\sigma_{\theta s}$ 分别为：

$$\sigma_{\theta n} = \frac{f_n}{A_0} = \sigma_0 \cos^2 \theta$$

$$\sigma_{\theta s} = \frac{f_s}{A_0} = \sigma_0 \cos \theta \sin \theta$$

$\theta$ 为 0 时正应力最大，$\theta$ 为 $\pi/4$ 时切应力达到最大。由于存在切应力互生互等定理，所以在 $3\pi/4$ 时切应力也最大。

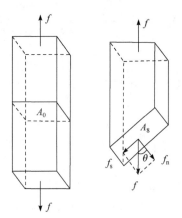 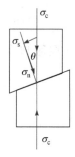

**图 6-70** 单轴拉伸应力分析示意图      **图 6-71** 服从 Coulomb 屈服判据的材料承受压缩应力 $\sigma_c$ 时的屈服方向

假设材料受到的压缩应力达到 $\sigma_c$ 时在某平面产生屈服，其法向与 $\sigma_c$ 成 $\theta$ 角，如图 6-71 所示。其正应力分量为 $\sigma_n = -\sigma_c \cos^2 \theta$，切应力分量为 $|\sigma_s| = \sigma_c \sin \theta \cos \theta$，于是由式（6-255），得：

$$\sigma_c \sin \theta \cos \theta = \tau_0 + \mu \sigma_c \cos^2 \theta \tag{6-256}$$

当 $\sigma_c (\sin \theta \cos \theta - \mu \cos^2 \theta) \geqslant \tau_0$ 时出现屈服。

实际上，满足上式时，屈服出现在使 $(\sin \theta \cos \theta - \mu \cos^2 \theta)$ 为最大值的截面上。由一阶导数为 0 可以得到：

$$\cos 2\theta + \mu \sin 2\theta = 0 \tag{6-257}$$

所以：

$$\tan 2\theta = -\frac{1}{\mu} \tag{6-258}$$

因此出现屈服条件是：

$$\sigma_c \geqslant \frac{\tau_0}{\sin \theta \cos \theta - \mu \cos^2 \theta} = \frac{2\tau_0}{(\mu^2 + 1)^{1/2} - \mu} \tag{6-259}$$

令内摩擦系数 $\tan \phi = -1/\mu$，则由式（6-258）得出现屈服的方向 $\theta_c = \phi/2$。若不考虑正应力对剪切的影响，则出现屈服的方向是 $\theta_c = \pi/4$。

可见 Coulomb 判据不仅指出了出现屈服现象的应力条件，而且还指明了形变的方向。若对材料施以拉伸应力 $\sigma_T$，则有 $|\sigma_s| = \sigma_T \sin \theta \cos \theta$，$\sigma_n = \sigma_T \cos^2 \theta$。于是：

$$\sigma_T \sin\theta\cos\theta = \tau_0 - \mu\sigma_T\cos^2\theta \tag{6-260}$$

这样出现屈服的应力条件是：

$$\begin{cases} \sigma_T(\sin\theta\cos\theta + \mu\cos^2\theta) \geqslant \tau_0 \\ \sigma_T \geqslant \dfrac{\tau_0}{\sin\theta\cos\theta + \mu\cos^2\theta} = \dfrac{2\tau_0}{(\mu^2+1)^{1/2} + \mu} \end{cases} \tag{6-261}$$

将压缩屈服应力与拉伸屈服应力比较可得：

$$\frac{\sigma_c}{\sigma_T} = \frac{(\mu^2+1)^{1/2} + \mu}{(\mu^2+1)^{1/2} - \mu} \geqslant 1$$

压缩屈服应力大于拉伸屈服应力，这样 Coulomb 给出了与实验现象一致的判据。压缩时使链紧缩，强度增加；而拉伸时，使链分开，易引入较多的自由体积。广义地说，流体静压力能使高分子的屈服压力增加，而拉伸则会使玻璃化转变温度降低，屈服应力减小。

## （四）屈服和冷拉理论

冷拉过程的先导是屈服，而屈服后的应变硬化是细颈稳定的决定条件。高分子出现屈服是链段运动被激活的表现。为此，人们从不同的角度提出了屈服和冷拉的机理。

1. 局部热点理论

拉伸过程中吸收能量使材料局部产生热点，当热点温度超过 $T_g$ 或结晶高分子的 $T_m$ 时便可出现高弹态的拉伸。此理论接受程度较低。

2. 自由体积理论

在应力作用下材料发生膨胀，自由体积增加，$T_g$ 下降，从而出现高弹态的拉伸。另外在膨胀时还可能伴随微观孔穴或微细裂纹（银纹）的产生，它们对屈服也是起作用的。

3. Eyring 固态流动模型

Eyring 固态流动模型又称内黏度理论，该理论认为高分子材料发生屈服的内在基本过程是链段由一个平衡位置跃迁到另一个平衡位置的热激活过程。在受到应力作用前，链段在两个平衡位置间的来回跃迁是动态平衡的，其势能曲线是对称的，越过势垒所需的能量为 $\Delta H$。当材料受到应力作用时，顺力方向跃迁势垒降低，而逆向运动势垒升高，导致势能曲线发生变形而不对称。在应力作用下内黏度下降到某一数值，使得形变速率正好等于 Eyring 方程给出的塑性应变速率 $\dot{e}$，此时的应力就是屈服应力：

$$\dot{e} = \dot{e}_0 \exp\left[-\left(\frac{\Delta H}{RT}\right)\right]\exp\left(\frac{V^*\sigma_y}{2RT}\right)$$

式中，$\dot{e}_0$ 是应变速率函数的指前因子；$\sigma_y$ 为屈服应力；$V^*$ 为 Eyring 体积，相当于使塑料形变得以实现时高分子链中能够一起做整体运动的链段所占的体积。

两边取对数，整理可得 Eyring 公式：

$$\frac{\sigma_y}{T} = \frac{2}{V^*}\left(\frac{\Delta H}{T} + R\ln\frac{\dot{e}}{\dot{e}_0}\right) \tag{6-262}$$

对高分子材料在不同温度和不同应变速率下测得屈服应力，以($\sigma_y$ / $T$)- $\ln\dot{e}$ 作图，可以得到一系列直线。由此可以计算得到高分子的 Eyring 体积或称活化体积及链段跃迁活化能。对 PC 的实验结果表明，理论曲线与实验非常吻合，得到 Eyring 体积为 $3.9\times10^{-3}\text{m}^3/\text{mol}$，活化能为 309kJ/mol。

如果是切应力，其结果也是一样的。在通常的温度和通常的应变速率范围内，Eyring 模型能很好地预测玻璃态高分子的屈服应力。它很好解释了应变速率对屈服应力的影响。

当然，屈服和冷拉可能是由多种机理共同引起的，上述各种机理何者起主要作用则因高分子种类的不同和环境条件不同而有所变化。

4. Ree-Eyring 模型

在高应变速率或低温下，屈服应力的增大要比在通常应变速率或通常温度下的增大快得多。在此条件下，Eyring 模型的预测有较大的偏差。Ree 和 Eyring、Bauwens、Hellinckx、Bauwens-Crowet 等对 Eyring 模型进行了修正，这些工作合并起来统称为 Ree-Eyring 模型。

这一模型建立在非牛顿流动基础上。它用两个流变学过程来描述无定形高分子的屈服行为，并涉及α和β两个激活过程，α过程是发生在通常应变速率与通常温度下的激活过程，而β过程是发生在高应变速率和低温下的激活过程。这两个 Eyring 过程的作用是平行的。Ree-Eyring 方程为：

$$\frac{\sigma_y}{T} = A_\alpha\left[\ln(2C_\alpha\dot{e}) + \frac{\Delta H_\alpha}{RT}\right] + A_\beta\sinh\left[C_\beta\dot{e}\exp(\frac{\Delta H_\beta}{RT})\right] \qquad （6-263）$$

式中，$\Delta H_\alpha$是α过程的活化能；$\Delta H_\beta$是β过程的活化能；$A_\alpha$、$A_\beta$、$C_\alpha$、$C_\beta$都是激活过程的参量。利用这一公式，通过高分子实验数据分析，可以得到上述激活过程的各个参量值。

5. F-C 协同模型

Fotheringham 和 Cherry 认为，无定形高分子屈服过程中发生的固态流动是 $n$ 个链段一起发生协同运动产生的，在此前提下，把 Ree-Eyring 模型中的两个平行过程用协同模型来替代，就是 F-C 协同模型。该模型主要引入一个内应力$\sigma_i$，它是热历史在试样内部出现的缺陷导致的，这样引起分子激活过程的有效应力$\sigma_i^*$等于屈服应力$\sigma_y$扣除内应力$\sigma_i$，即$\sigma_i^* = \sigma_y - \sigma_i$；同时运用时温等效原理将温度范围扩大，得到 $T < T_g$ 下的屈服应力表达式：

$$\frac{\sigma_y}{T} = \frac{\sigma_i(0)}{T} - m + \frac{2R}{V}\sinh^{-1}\left\{\frac{\dot{e}}{\dot{e}_0\exp\left[-\Delta H/(RT)\right]}\right\}^{1/n} \qquad （6-264）$$

式中，$\sigma_i(0) = \dfrac{A_\alpha(\Delta H_\alpha - \Delta H_\beta)}{R}$；$V$ 是协同运动的多个链段在固态流动过程中的活化体积，协同指数 $n$ 是屈服过程中协同作用的链段的数目。Richetone 等的研究表明，无定形高分子的实际活化体积与温度有关，也与β松弛和玻璃化转变有关。

但实际上，对 PC 测定结果表明，单个 Eyring 体的半径约为 1.15nm，与其链段尺寸相当，并非多个链段的协同作用，应该说，屈服的 Eyring 理论指出的正是链段本身的运动。此外，有人认为，在受到较大应力作用时，高分子链可能会发生断裂而产生自由基，它对周围分子链的断裂起到催化作用，从而导致高分子材料的屈服。这种化学变化可能是存在的，但不会起主导作用，否则屈服就不是可以在较高温度下能够回复的强迫高弹性的起点了。

采用粒子示踪测速仪可以观测到很多非线性流变学现象。利用布朗动力学模拟与理论分析，可以针对缠结高分子流体的非线性流变学行为进行深入研究。

## 三、高分子材料的断裂

### （一）断裂类型

高分子材料在力的作用下，其极限行为就是断裂。材料断裂通常由裂纹发展而来，而裂纹按其程度可分为贯穿裂纹、表面裂纹和面下裂纹，按照受力情况和扩展途径又可分为张开型裂纹（Ⅰ型）、滑开型裂纹（Ⅱ型）和撕开型裂纹（Ⅲ型）。对材料断裂的研究可分为断裂力学、断裂物理和断裂化学等多个方面。断裂力学研究裂纹在几种特定形式的载荷下裂纹扩展中应力、应变、应变能和断裂行为间的关系；断裂物理研究材料中裂纹产生与裂纹扩展的物理过程，以及它们与材料结构间的关系；断裂化学则着重从化学的角度研究化学介质对材料断裂过程的作用，以及断裂过程中发生的化学变化。这里仅从断裂力学角度对断裂行为进行分析和讨论。

断裂现象可分为脆性断裂和韧性断裂两大类。

脆性断裂是在应力作用下，材料在屈服之前就发生的断裂，它没有经历塑性变形。其断裂表面较光滑或略有粗糙，断裂面垂直于主拉伸方向，试样断裂后，断裂伸长率很小[图 6-72(a)]。

韧性断裂则是在应力作用下，材料在出现屈服并经历了塑性变形后才断裂的现象。韧性断裂时，断裂面与主拉伸方向多成 45°角，断裂表面粗糙，有明显的屈服（塑性变形、流动等）痕迹，形变不能立即恢复[图 6-72(b)]。

两种断裂比较如表 6-9 所示。

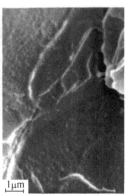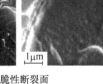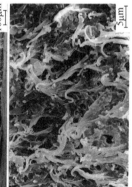

(a) PS脆性断裂面　　　　　　　　　　(b) 增韧改性的PVC韧性断裂面

**图 6-72** 断裂表面的电镜照片

**表 6-9**    脆性断裂和韧性断裂的比较

| 参数 | 脆性断裂 | 韧性断裂 |
|---|---|---|
| 应力应变曲线 | 线性 | 非线性 |
| 屈服 | 无 | 有 |
| 应变量 | 小 | 大 |
| 断裂能 | 小 | 大 |
| 断面形貌 | 光滑 | 粗糙 |
| 断裂原因 | 正应力 | 切应力 |
| 断裂方式 | 主链断裂 | 分子间滑移 |
| 断裂面方向 | 垂直于拉伸方向 | 与拉伸方向接近 45° |

高分子材料的断裂是属于韧性还是脆性与试验的条件紧密相关。例如我们通常认为聚苯乙烯是脆性的，因为其断裂时一般只伸长 1.5%，但在玻璃化转变温度（$T_g = 100℃$）及以上条件下进行试验，则表现为韧性，抗冲强度很高。而聚乙烯和聚丙烯通常认为是韧性材料，可以冷拉至 200% 而不断裂，抗冲强度较高，但若拉伸速率加快或降低温度，分子运动跟不上外界力场的变化，则出现脆性断裂。

所有的高分子在不同的拉伸速率、温度、压力下都有脆性-韧性转变。有人认为：一个材料的脆性断裂和塑性流动是两个互不相关的过程，因此断裂应力 $\sigma_t$ 和屈服应力 $\sigma_y$ 对温度作图得到两条曲线，其交点就是转变点（图 6-73）。把横坐标的温度换成拉伸速率，则沿坐标轴方向数值减小。

在此转变点以上的温度范围内，高分子皆为韧性。如果提高拉伸速率，则断裂强度曲线上移，而屈服应力也向上移动，导致交点移向高温。在一般情况下，屈服应力随拉伸速率和温度的变化较大。必须注意，在快速拉伸时，热量来不及散发，不容易达到恒温，会直接影响到脆性-韧性转变。

材料的缺口会影响脆性-韧性转变。Orowan 总结了许多试验事实，得到下列结果：

① 断裂强度小于屈服强度（$\sigma_t < \sigma_y$）时，材料是脆性的；

② $\sigma_y < \sigma_t < 3\sigma_y$ 时，无缺口抗张试验中是韧性的，但有缺口时则呈脆性；

③ $3\sigma_y < \sigma_t$，材料不论有无缺口都是韧性的。

对常见高分子，Vincent 以 $-180℃$ 下断裂应力 $\sigma_t$ 为纵坐标，将其在 $-20℃$ 和 $20℃$ 下的 $\sigma_y$ 值列于图 6-74 中，图中 $-20℃$ 和 $20℃$ 的 $\sigma_y$ 值的连线可大致表示其抗冲性能从脆性到韧性的转变。由此大致可以作出两条特性曲线：曲线 A 的右面是脆性材料；曲线 A、B 之间无缺口时是韧性材料，有缺口时是脆性材料；曲线 B 的左面是虽有缺口亦为韧性材料。

定量看来，曲线 A 中的 $\sigma_t / \sigma_y$ 大约为 2；曲线 B 中的 $\sigma_t / \sigma_y$ 大约为 6。可以看出，引进缺口使脆性-韧性转变的 $\sigma_t / \sigma_y$ 比值增至三倍。

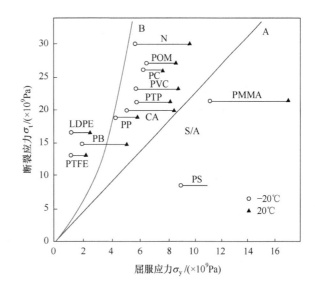

**图 6-73**　脆性-韧性转变示意图　　**图 6-74**　各种高分子–180℃下断裂强度与低温和室温屈服
强度图

正应力本质上与材料的抗拉伸能力有关，其极限值主要取决于分子主链的强度（键能）。因此材料在正应力作用下发生破坏时，往往伴随主链的断裂；切向应力与材料的抗剪切能力相关，极限值主要取决于分子间内聚力。材料在切应力作用下发生屈服时，往往发生分子链的相对滑移。

在外力场作用下，材料内部的应力分布与应力变化十分复杂，断裂和屈服都有可能发生，处于相互竞争状态。定义材料最大抗拉伸能力为 $\sigma_{nc}$，最大抗剪切能力为 $\sigma_{sc}$，不同的高分子材料具有不同的抗拉伸和抗剪切能力（表 6-10）。

**表 6-10**　几种典型高分子材料在室温下 $\sigma_{nc}$ 和 $\sigma_{sc}$ 值（$T = 23℃$）

| 高分子 | PS | SAN | PMMA | PVC | PC | PES | PEEK |
|---|---|---|---|---|---|---|---|
| $\sigma_{nc}$ /MPa | 40 | 56 | 74 | 67 | 87 | 80 | 120 |
| $\sigma_{sc}$ /MPa | 48 | 73 | 49 | 39 | 40 | 56 | 62 |

若 $\sigma_{nc} < \sigma_{sc}$，则在外应力作用下，材料的抗拉伸能力首先达到极限，此时材料破坏主要表现为以主链断裂为特征的脆性断裂，断面垂直于拉伸方向（$\theta = 0°$），断面光滑。若材料的 $\sigma_{sc} < \sigma_{nc}$，且在应力作用下若材料的抗剪切能力首先达到极限时，材料发生屈服，分子链段相对滑移，沿剪切方向取向，继之发生的断裂为韧性断裂，断面粗糙，通常与拉伸方向的夹角 $\theta$ 接近 45°。

塑性流动中分子链的相对位移是韧性的根源之一，如果分子链迁移受到阻碍，材料内就可能形成内部裂缝，裂缝传播时，韧性就会变成脆性。

另一方面，脆性材料又可通过施加流体静压力来变韧。如对材料施以流体静压力 $p$，断裂所需的拉伸应力就为 $(\sigma_{nc} + p)$，与它伴生的切变应力则为 $(\sigma_{nc} + p)/2$。如果材料的临界切变应力低于此值，它就可以在脆性断裂之前先产生剪切屈服而变韧。

对于韧性材料，如果在拉伸屈服后没有明显的应变硬化，其屈服应力就非常接近于材料断裂强度。Tabor 曾提出，材料的屈服应力大约正比于模量的 0.75 次方。如果存在应变硬化现象，如大多结晶聚合物，其断裂强度就比屈服应力高。

## （二）脆性断裂理论

脆性断裂过程基本可分为三个阶段。断裂源首先在材料最薄弱处形成，主裂纹先通过单个银纹扩展。随着裂纹的扩展和应力增加，主裂纹将通过多个银纹扩展而转入雾状区，并进一步进入粗糙区。当裂纹扩展到临界长度时，断裂突然发生。高分子材料在脆性断裂时都能在断面上形成镜面区、雾状区和粗糙区这三个特征区域（图 6-75）。

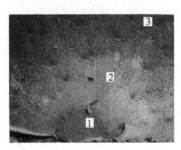

**图 6-75** PMMA 脆性断裂面
1—镜面区；2—雾状区；3—粗糙区

镜面区在宏观上呈现平坦光滑的圆形或半圆形镜面状，一般出现在构件边缘、棱角或其他薄弱环节处，是材料在断裂初始阶段主裂纹通过单个银纹缓慢扩展形成的。应变速率越快，温度越低，材料的分子量越低，则镜面区越小。

雾状区在宏观上也较平整，但如毛玻璃样呈雾状。放大时能看到许多抛物线花样，抛物线的轴线指向裂纹源。距离裂纹源愈远，抛物线密集程度愈高。雾状区的开始意味着次裂纹源出现扩展。

粗糙区在宏观上呈现一定的粗糙度。有时呈现与断裂源同心的弧状肋带，有时则呈河流状或礼花状等，如图 6-76 所示。

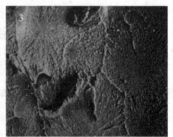

**图 6-76** PMMA 断面粗糙区形貌
1—肋条状；2—河流状；3—礼花状

对脆性断裂，主要有以下理论。

### 1. Inglis 理论

实际材料中总存在许多细小的裂纹或缺陷，在外力作用下，这些裂纹和缺陷附近就会产生应力集中现象，当应力达到一定程度时，裂纹就开始扩展而导致断裂。材料上出现裂纹时，应力将会在此集中，从而造成材料破坏，这就是应力集中效应。Inglis 的研究表明，板材中孔洞两端的应力主要取决于孔洞的长度和端部的曲率半径，而与孔洞的形状无关。

当材料中存在一个圆孔时[图 6-77(a)]，施以拉伸应力 $\sigma_0$，在孔的边缘与 $\sigma_0$ 方向成 $\theta$ 角面上的切应力分量 $\sigma_s$ 为：

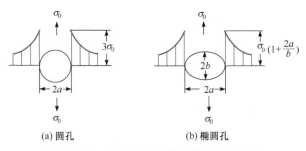

**图 6-77**　圆孔与椭圆孔边缘的应力分布

$$\sigma_s = \sigma_0 - 2\sigma_0 \cos 2\theta \tag{6-265}$$

$\theta = 0$ 时，孔边切应力 $\sigma_{s0} = -\sigma_0$，表现出压缩性；当 $\theta = 90°$ 时，孔边切应力 $\sigma_{s0} = 3\sigma_0$，表现出强烈的拉伸能力，且圆孔应力在边缘处集中了 3 倍。

对于椭圆孔[图 6-77(b)]，在垂直于长轴方向施以拉伸应力 $\sigma_0$ 时，计算结果表明，在长轴的端点受到的切应力最大：

$$\sigma_s = \sigma_0 \left(1 + \frac{2a}{b}\right) = \sigma_0 \left(1 + 2\sqrt{\frac{a}{\rho}}\right) \tag{6-266}$$

式中，$a$ 为长轴半径；$b$ 为短轴半径；$\rho$ 是尖端处的曲率半径（$\rho = b^2 / a$）。可见长短轴之比增加时，椭圆孔边缘的拉伸应力就相应增大，表现出强烈的应力集中现象。

当椭圆的长轴半径 $a \gg b$ 或 $a \gg \rho$ 时，即表现为狭窄的裂缝（扁平的锐裂纹），此时尖端处最大切应力为：

$$\sigma_s = 2\sigma_0 \sqrt{\frac{a}{\rho}} \tag{6-267}$$

此时 $a$ 是裂缝长度的一半。可见初期的裂纹因为尖端曲率半径很小而对材料的影响很大。若能消除裂缝，钝化裂缝的锐度，则可提高强度。

**2. Griffith 断裂理论**

Inglis 只考虑了裂纹端部一点的应力，实际上裂纹端部的应力状态很复杂。当样品中裂纹尖端半径很小时，按照 Inglis 理论，其裂缝尖端处的最大切应力与拉伸应力之比很容易就超过 100；但即便如此，材料仍会有一定的强度。这就需要用其他效应来解释。Griffith 指出，对于裂纹的生长，尖端应力超过理论强度这一条件是不充分的。他从能量的角度研究了裂纹扩展的条件。他认为，物体开裂形成两个新表面所需的能量可以通过释放物体内储存的弹性应变能来补偿，如果释放的弹性应变能大于等于新生表面能，那么裂纹就会扩展；同时，弹性储能在材料中分布不均匀，在裂缝附近集中，导致材料在裂缝处先断裂。根据 Griffith 断裂理论可知，断裂的本质是裂纹扩展的结果。

我们先回顾一下平面应力和平面应变。设 $z$ 方向主应力 $\sigma_3$ 为 0，则平面应力为 $\sigma_1 \neq 0$、$\sigma_2 \neq 0$、$\sigma_{12} \neq 0$、$\sigma_{31} = \sigma_{23} = 0$，$z$ 方向应变为 $\varepsilon_3 = \frac{\nu}{E}(\sigma_1 + \sigma_2)$。平面应变同样设 $z$ 方向应变为 0，则平面应变 $\varepsilon_1 \neq 0$、$\varepsilon_2 \neq 0$、$\varepsilon_{12} \neq 0$、$\varepsilon_3 = \varepsilon_{31} = \varepsilon_{23} = 0$，$z$ 方向应力为 $\sigma_3 = \nu(\sigma_1 + \sigma_2)$。平面应变状态是理论上的抽象，对于厚板件，其表面处于平面应力状态，中心部接近平面应变状态。

由弹性理论，对于平面应力（薄板），若人为割开一个垂直于拉伸方向长 $2a$ 的穿透裂纹，系统释放的能量（应变能）为：

$$W_e = \frac{\pi a^2 \sigma^2}{E} \qquad (6-268)$$

式中，$\sigma$ 为拉伸应力；$E$ 是材料的弹性模量。而产生长度为 $2a$ 单位厚度的两个新断面所需的表面能为：

$$W_s = 4a\gamma_s \qquad (6-269)$$

式中，$\gamma_s$ 为单位面积上的断裂表面能。

裂纹进一步扩展，单位面积所释放的能量为 $\frac{dW_e}{2da}$，形成新的单位表面积所需的表面能为 $\frac{dW_s}{2da}$，因此，当 $\frac{dW_e}{2da} < \frac{dW_s}{2da}$ 时为稳定状态，裂纹不会扩展，而当 $\frac{dW_e}{2da} > \frac{dW_s}{2da}$ 时，裂纹失稳而发展。$\frac{dW_e}{2da} = \frac{dW_s}{2da}$ 时为临界状态，由式（6-268）和式（6-269）很容易得到临界条件为：

$$\begin{cases} \sigma_c = \sqrt{\dfrac{2E\gamma_s}{\pi a}} \\ a_c = \dfrac{2E\gamma_s}{\pi \sigma^2} \end{cases} \qquad (6-270)$$

对平面应变（厚板型），则临界值为：

$$\begin{cases} \sigma_c = \sqrt{\dfrac{2E\gamma_s}{\pi(1-\nu^2)a}} \\ a_c = \dfrac{2E\gamma_s}{\pi(1-\nu^2)\sigma^2} \end{cases} \qquad (6-271)$$

式中，$\nu$ 为泊松比。对于无限大平板在平面应力或平面应变状态下，长度为 $2a$ 的裂纹失稳扩展时，拉应力和裂纹长度的临界值可以由式（6-270）或式（6-271）计算。前者又称为剩余强度。

以上就是 Griffith 脆性固体断裂的能量判据方程。当外加应力超过临界应力或者当裂纹尺寸超过临界裂纹尺寸时，脆性物体将发生断裂。

3. $G$ 判据与 $K$ 判据

在 Griffith 能量平衡关系式 $\frac{dW_e}{2da} = \frac{dW_s}{2da}$ 中，等式左边代表裂纹向两端进一步各自扩展单位面积所释放的弹性应变能。Irwin 提出用 $G$ 代表弹性应变能释放率：

$$G = \frac{dW_e}{2da} = \frac{(1-\nu^2)\pi\sigma^2}{E} \qquad (6-272)$$

它反映了裂纹每扩展单位面积弹性应变能释放率，是裂纹扩展的推动力。

对平面应力状态，将式（6-270）改写为：

$$\sigma_c \sqrt{\pi a} = \sqrt{2E\gamma_s} \tag{6-273}$$

左边的参数用 $K$ 表示，即 $K = \sigma_c \sqrt{\pi a}$，称为应力场强度因子，它说明材料的断裂是与外应力和裂缝长度的乘积有关的。若材料一定，且裂纹尖端附近某一点的位置给定，则该点的各应力、应变和位移分量唯一决定于 $K$ 值。$K$ 值越大，则该点各应力、应变和位移分量之值越大，它综合反映了外加应力和裂纹位置、长度对裂纹尖端应力场强度的影响。

Irwin 应用弹性力学的应力场理论，对裂纹尖端附近的应力场进行了分析，定义其一般表达式为 $K = \xi \sigma \sqrt{\pi a}$，$\xi$ 为几何形状因子，它和裂纹的形式、试件的几何形状有关。当 $a$ 一定时，存在临界的应力值 $\sigma_c$，当 $\sigma > \sigma_c$，时，裂纹扩展造成破断；当 $\sigma$ 一定时，存在临界的裂纹深度 $a_c$，当 $a < a_c$ 时，裂纹是稳定的；$a$ 越大，$\sigma_c$ 越低；$a$ 一定时，$K$ 越大，$\sigma_c$ 越大，表示使裂纹扩展的断裂应力越大。实验得到的裂纹深度与断裂应力的实验关系见图 6-78。当 $\sigma$ 和 $a$ 增大时，$K$ 和裂纹尖端的各应力分量也随之增大。当 $\sigma = \sigma_c$ 或 $a = a_c$ 时，也就是在裂纹尖端足够大的范围内，应力达到材料的断裂强度，裂纹便失稳而导致材料断裂，这时 $K$ 也达到了一个临界值，记为 $K_c$，$K_c = \xi \sigma_c \sqrt{\pi a_c}$，称为临界应力强度因子或断裂韧度，表示材料抵抗断裂的能力。平面应变的断裂韧度记为 $K_{Ic}$，$K_{Ic} < K_c$。

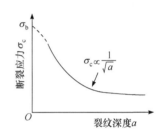

**图 6-78**　裂纹深度与断裂应力的实验关系曲线

临界应力强度因子 $K_c$ 与临界弹性应变能释放率 $G_c$ 之间的关系为：

$$G_c = \frac{(1 - \nu^2) K_c^2}{E} \tag{6-274}$$

经实际强度校正，临界应力强度因子 $K_c = \xi \sigma^* \sqrt{\pi a}$，其中 $\sigma^*$ 是实际断裂强度。当 $K \leqslant K_c$ 时，裂纹可以稳定而不会发展，$K_c$ 就是裂纹扩展临界参数的 $K$ 判据。

由临界应力强度因子和材料所受应力值，便能计算出材料不发生断裂的裂纹长度，或者由裂纹长度可计算它所允许承受的应力。

该判据是针对脆性材料得到的，对韧性材料不再适用，因为韧性材料在微裂纹扩展过程中，裂纹尖端的局部区域会发生不可忽略的塑性形变，需要不断消耗能量，如果外部能量不足，裂纹扩展将会停止。

Orowan 和 Irwin 在 Griffith 断裂理论的基础上，考虑到裂纹扩展时材料释放的应变能不仅用于形成裂纹表面所吸收的表面能 $2\gamma_s$，同时要用于克服裂纹扩展所需吸收的塑性变形能（塑性功）$\gamma_p$，即裂纹发展所需功 $\gamma = 2\gamma_s + \gamma_p$，于是断裂临界值为：

$$对平面应力 \quad \begin{cases} \sigma_c = \sqrt{\dfrac{E(2\gamma_s + \gamma_p)}{\pi a}} \\[3mm] a_c = \dfrac{E(2\gamma_s + \gamma_p)}{\pi \sigma^2} \end{cases} \tag{6-275}$$

$$\text{对平面应变} \quad \begin{cases} \sigma_c = \sqrt{\dfrac{E(2\gamma_s + \gamma_p)}{\pi(1-v^2)a}} \\[4mm] a_c = \dfrac{E(2\gamma_s + \gamma_p)}{\pi(1-v^2)\sigma^2} \end{cases} \quad (6\text{-}276)$$

对高分子而言，产生单位面积裂缝所需的表面功不仅要考虑塑性功，还要考虑黏弹性功，因此，$\gamma$ 的理论值还是偏低的。

高分子材料中的银纹能吸收较多的能量，从而阻止细纹进一步发展，是高分子表现韧性的重要过程。在银纹中高分子链的取向方向与银纹平面垂直，即与张力方向平行，在压缩力帮助下或在 $T_g$ 以上退火，银纹可以回复和消失。

4. 断裂分子理论

Griffith 断裂理论没有考虑时间因素，是热力学理论，而断裂分子理论是动力学理论。

断裂分子理论认为，材料的宏观断裂在微观上必然有化学键的断裂。宏观上的断裂过程可看成微观上化学键断裂的热活化过程。个别处于高应力集中区的化学键首先断裂，然后出现亚微观裂纹，再发展成材料的宏观破裂。外力作用能与原子的热运动能一起引发键的断裂过程，这个过程与时间有关，材料从完好状态到断裂的时间称为寿命。在拉伸应力 $\sigma$ 作用下，材料的寿命降低；在温度升高时，材料的寿命也降低。

当原子热运动的无规热涨落能量超过束缚原子的势垒时，化学键会解离，从而发生断裂。设 A 是正常状态，B 为断键状态，则 A→B 转变的频率为：

$$v = v_0 \exp\left(-\frac{U_{AB}}{kT}\right) \quad (6\text{-}277)$$

式中，$U_{AB}$ 是由状态 A 向 B 转化时的势垒（活化能）；$v_0$ 是原子热振动频率，为 $10^{12} \sim 10^{13}/s$，为常数。

在无应力状态下，因为 $U_{AB}$ 很高，所以由 A 向 B 转化的概率极低，故不会发生断裂；但在应力 $\sigma$ 作用下，A→B 转变的频率变为：

$$v' = v_0 \exp\left(-\frac{U_{AB} - \beta\sigma}{kT}\right) \quad (6\text{-}278)$$

式中，$\beta$ 为常数，具有体积因次，称活化体积，与分子结构和分子间力有关。可见，A 向 B 转化的活化能随应力增加而降低，断裂的概率也随之上升，致使材料寿命降低。当材料中断裂的键达到一定数目时，剩余链失去承载能力，此时材料所能承载的最大应力就是强度。于是，材料的承载寿命为：

$$\tau_f = \frac{N}{v'} = \frac{N}{v_0} \exp\left(\frac{U_{AB} - \beta\sigma}{kT}\right) \quad (6\text{-}279)$$

可见 $\ln\tau_f$ 与应力 $\sigma$、温度的倒数 $1/T$ 呈线性关系。作 $\ln\tau_f$-$\sigma$ 图，可求出断裂活化能 $U_{AB}$ 和活化体积 $\beta$。

一些研究表明，由此求得的 $U_{AB}$ 与高分子的热分解活化能非常接近。这说明高分子材料的断裂在一定程度上是发生在化学键上。

## （三）韧性断裂理论

### 1. 高分子银纹与剪切屈服带

高分子的韧性断裂是在高分子屈服过程之后发生的。银纹和剪切带是高分子材料发生屈服的两种主要形式。

### （1）银纹

高分子在储存与使用过程中由于应力及环境的影响，往往会在表面出现肉眼可见的细纹，在光的折射下发出银色的光，故称银纹。相应的开裂现象称为银纹化现象。在较大外力作用下，银纹就会进一步发展成为裂缝，最终导致材料破坏。

拉伸或弯曲应力引起的裂纹一般出现在试样的表面或接近表面处，产生裂纹的部位叫银纹体（裂纹体或银纹质），银纹体中有取向的高分子链，因此与真正由空隙构成的裂缝不同，其质量不为 0[图 6-79(a)]。裂纹平面垂直于外力方向，银纹体内高分子发生了塑性变形，取向方向与外力方向一致。产生裂纹有最低的临界应力和临界伸长率，一旦达到临界值以上，试样中就会产生裂纹。裂纹不一定引起断裂和破坏，它还具有原始试样一半以上的拉伸强度，超过一定限度后，银纹体才会破裂而产生裂缝，如图 6-79(b)所示。裂缝尖端部位，高分子链是取向的，其密度一般为本体密度的 40 %，银纹体中的折光指数也很低，有强烈的折光现象。它具有可逆性，在加压或在 $T_g$ 以上退火时裂纹可以回缩或消失。

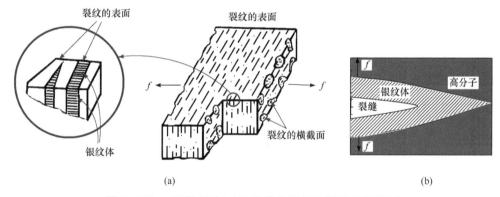

（a）　　　　　　　　　　　　　　　　　（b）

**图 6-79**　塑料裂纹(a)及裂缝尖端部位剖面示意图(b)

环境因素作用会加速材料应力裂纹，使材料在远低于正常破坏值的应力作用下即遭到破坏。这种受环境影响的应力破坏称为环境应力开裂（ESC），其银纹分布通常呈不规则排列。两种银纹对比见图 6-80。引起银纹的环境因素可以是热、紫外线和各种化学反应试剂，包括溶剂和非溶剂等。高分子材料对环境非常敏感。例如 PE 是化学试剂惰性的，环境中

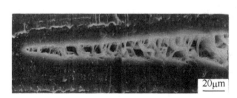

(a) LDPE因应力作用产生的银纹

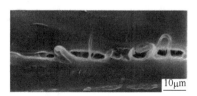

(b) LDPE因环境作用产生的银纹

**图 6-80**　两种银纹的差异

的有机溶剂、洗涤剂、药物等对 PE 没有明显的化学反应，也无明显的溶解或溶胀现象，但都对 PE 的寿命产生影响。应力的来源除外施应力外，还可能源自残余的内应力、缺陷导致的应力集中等因素。在存在溶剂时，Griffith 断裂理论中的表面能应改为界面能。

（2）剪切屈服带

银纹是垂直应力作用下发生的屈服，银纹方向多与应力方向垂直，而银纹中的链与应力方向平行。剪切屈服带是在切应力作用下发生的屈服，由 Coulomb 判据，剪切屈服带的方向应与应力方向接近 $\pi/4$ 和 $3\pi/4$ 角，由于材料的复杂性，实际夹角往往小于 $\pi/4$。在拉伸实验和压缩实验中都曾经观察到剪切屈服带，而以压缩实验为多。剪切屈服带是材料内部具有高度切应变的薄层，是在应力作用下材料局部产生应变软化形成的。剪切屈服带通常发生在缺陷、裂缝或由应力集中引起的应力不均匀区内，在最大切应力平面上由于应变软化引起分子链滑动而形成。

无论产生银纹还是剪切屈服带，都需要消耗大量能量，从而使材料的韧性提高。产生银纹时材料内部会形成微孔穴，即孔穴化现象，体积略有胀大；形成剪切屈服时，材料体积基本不变。高分子基体发生局部塑性形变的基本形式如表 6-11 所示。

表 6-11　屈服过程结构示意图

| 屈服过程试样外观 | 试样内部微观结构 | 主要现象 |
| --- | --- | --- |
| 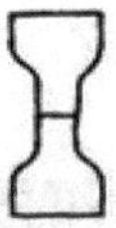 | 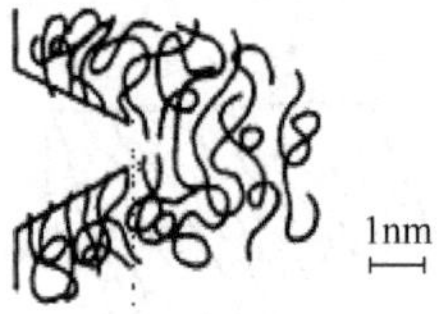 1nm | 裂纹导致分子链绷紧而部分被夹断，化学键随之断裂 |
|  | 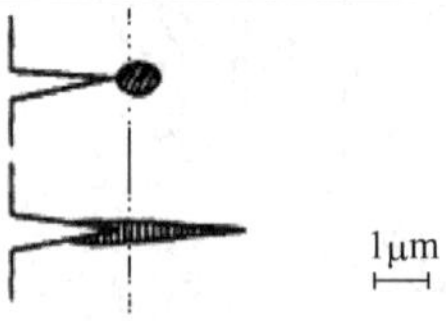 1μm | 小范围塑化流动区<br><br>单个银纹 |
|  | 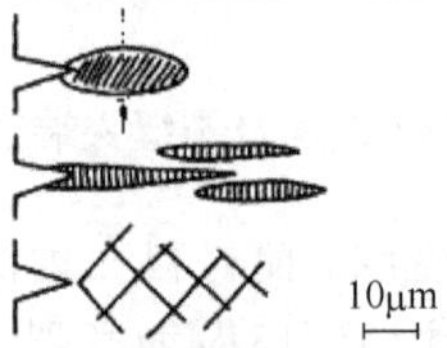 10μm | 大范围塑化流动区<br><br>多个银纹<br><br>剪切屈服带 |
|  | 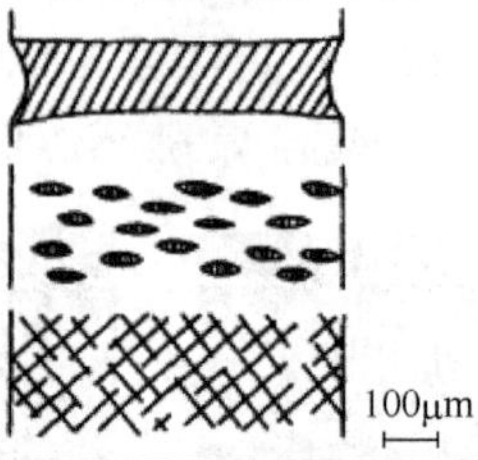 100μm | 大范围塑化流动区<br><br>大量银纹<br><br>大范围剪切屈服带 |

2. 裂纹尖端塑性区的修正

当裂纹尖端附近的应力 $\sigma > Y$ 时，实际高分子材料就会出现屈服产生塑性变形，从而改变了裂纹尖端应力分布。裂纹发展过程就是裂纹尖端银纹区产生、移动的过程。裂纹中大量的银纹钝化了裂纹，松弛了应力集中。由于银纹产生很大的变形，形成银纹要消耗更多的能量，从而提高了材料的韧性。

对于单向拉伸屈服，$\sigma_1 = Y$，$\sigma_2 = \sigma_3 = 0$，Mises 给出的屈服判据为：

$$(\sigma_1 - \sigma_2)^2 + (\sigma_2 - \sigma_3)^2 + (\sigma_3 - \sigma_1)^2 = 2Y^2 = C$$

由此可推出以极坐标 $(r,\theta)$ 表示的塑性区边界方程为：

对平面应力
$$r = \frac{1}{2\pi}\left(\frac{K_c}{Y}\right)^2 \left[\cos^2\frac{\theta}{2}\left(1 + 3\sin^2\frac{\theta}{2}\right)\right] \tag{6-280}$$

对平面应变
$$r = \frac{1}{2\pi}\left(\frac{K_c}{Y}\right)^2 \left[(1-2\nu)^2\cos^2\frac{\theta}{2} + \frac{3}{4}\sin^2\frac{\theta}{2}\right] \tag{6-281}$$

其边界如图 6-81(a) 所示。在 $x$ 轴上，$\theta = 0$，塑性区的宽度 $r_0$ 为：

对平面应力
$$r_0 = \frac{1}{2\pi}\left(\frac{K_c}{Y}\right)^2 \tag{6-282}$$

对平面应变
$$r_0 = \frac{1}{2\pi}\left(\frac{K_c}{Y}\right)^2 (1-2\nu)^2 \tag{6-283}$$

考虑到应力松弛后，塑性区的宽度 $R_0$ 将扩大 1 倍，则：

对平面应力
$$R_0 = \frac{1}{\pi}\left(\frac{K_c}{Y}\right)^2 \tag{6-284}$$

对平面应变
$$R_0 = \frac{1}{\pi}\left(\frac{K_c}{Y}\right)^2 (1-2\nu)^2 \tag{6-285}$$

参见图 6-81(b)。

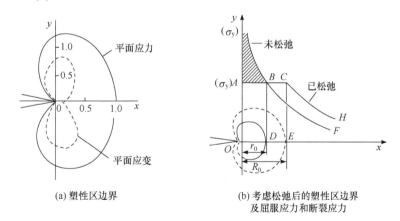

(a) 塑性区边界　　　　(b) 考虑松弛后的塑性区边界
　　　　　　　　　　　　及屈服应力和断裂应力

**图 6-81**　塑性区边界曲线

3. $K_c$ 的修正

当应力增大时，裂纹尖端的塑性区也增大，影响也增大，对 $K_c$ 修正就很有必要。通常情况下，当应力达到屈服值的 60%～70%（$\sigma/Y = 0.6 \sim 0.7$）时就需要对 $K_c$ 进行修正。

修正方程为：

$$对平面应力 \quad K_c = \frac{\xi\sigma\sqrt{a}}{\sqrt{1 - 0.16\xi^2(\sigma/Y)^2}} \quad （6-286）$$

$$对平面应变 \quad K_c = \frac{\xi\sigma\sqrt{a}}{\sqrt{1 - 0.056\xi^2(\sigma/Y)^2}} \quad （6-287）$$

修正后塑性区的宽度见图6-82。

对于轻度交联的弹性体，其断裂机制有"最弱链节"理论和"受力再分配"理论。"最弱链节"理论认为，交联网的断裂开始于最短的网链，因为这样的网链可伸长性有限。不过，"最弱链节"理论与实验事实不符。实验观察，交联网中短链数目增加时，交联网拉伸强度并无显著降低。

这是因为，"最弱链节"理论隐含着仿射变形的假定，而在大拉伸比下，变形往往是非仿射的。随着拉伸比的增大，交联网可以将增加的应变在网链中进行再分配（图6-83），直到不存在再分配的可能为止。到该点后若再增大拉伸比，链才会发生断裂。因此，短链数目越少，应变在网链中的再分配越容易，则导致模量上升所需要的伸长比就越大。这也是为什么由长短链配合而形成的双模交联网可以同时具有较大的断裂伸长率和较高的断裂强度。

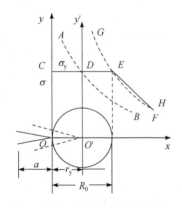

**图6-82** $K_c$因子的塑性区修正

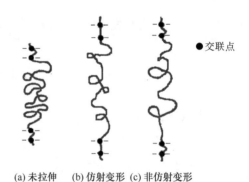

(a) 未拉伸  (b) 仿射变形  (c) 非仿射变形

**图6-83** 橡胶网络拉伸重分配

## （四）影响断裂强度的因素

### 1. 理论断裂强度与实际强度

（1）脆性物质的理论强度

固体在拉伸应力下，由于伸长而储存了弹性应变能，断裂时应变能提供了新生断面所需的表面能，即$2\gamma = \sigma_{th}x$。式中，$\sigma_{th}$为理论强度；$x$是平衡时原子间距的增量；$\gamma$是表面能。由胡克定律，$\sigma_{th} = E\dfrac{x}{r_0}$，$r_0$为平衡时原子间距。于是，理论断裂强度为：

$$\sigma_{th} = 2\sqrt{\frac{\gamma E}{r_0}} \quad （6-288）$$

Orowan 以应力应变正弦函数曲线的形式近似描述原子间作用力随原子间距的变化（图 6-84），即 $\sigma = \sigma_{th} \sin \dfrac{2\pi x}{\lambda}$，也得到了相似的结果。弹性应变能为：

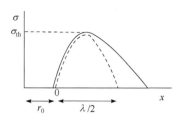

$$W = \int_0^{\frac{\lambda}{2}} \sigma dx = \int_0^{\frac{\lambda}{2}} \sigma_{th} \sin \frac{2\pi x}{\lambda} dx$$
$$= \frac{\sigma_{th} \lambda}{2\pi} \left( -\cos \frac{2\pi x}{\lambda} \right) \Big|_0^{\frac{\lambda}{2}} = \frac{\sigma_{th} \lambda}{\pi}$$

**图 6-84**　Orowan 原子间距与原子间作用力

而 $W = 2\gamma$，故有：

$$\sigma_{th} = \frac{2\pi\gamma}{\lambda} \tag{6-289}$$

结合胡克定律 $\sigma = E \dfrac{x}{r_0}$，因为 $x$ 很小，$\sin \dfrac{2\pi x}{\lambda} \approx \dfrac{2\pi x}{\lambda}$，则 $\sigma = \sigma_{th} \sin \dfrac{2\pi x}{\lambda} \approx \sigma_{th} \dfrac{2\pi x}{\lambda}$，故 $\sigma_{th} \dfrac{2\pi x}{\lambda} = E \dfrac{x}{r_0}$，得 $\lambda = \dfrac{\sigma_{th} 2\pi r_0}{E}$，代入式（6-289）可得：

$$\sigma_{th} = \sqrt{\frac{\gamma E}{r_0}} \tag{6-290}$$

此式与式（6-288）相比结果是一致的，仅相差了一个系数。理论强度取决于弹性模量 $E$ 和表面能 $\gamma$，模量 $E$ 越大、表面能 $\gamma$ 越大、原子平衡距离 $r_0$ 越小的物质，其理论断裂强度就越大。一些无机材料的理论强度与实际强度对比见表 6-12。

**表 6-12**　一些无机材料的理论强度与实际强度

| 材料 | $\sigma_{th}$/MPa | $\sigma_c$/MPa | $\sigma_{th} / \sigma_c$ | 材料 | $\sigma_{th}$/MPa | $\sigma_c$/MPa | $\sigma_{th} / \sigma_c$ |
|---|---|---|---|---|---|---|---|
| $Al_2O_3$ 晶须 | 500 | 154.0 | 3.2 | $Al_2O_3$ 宝石 | 500.0 | 6.44 | 77.6 |
| 铁晶须 | 300 | 130.0 | 2.3 | BeO | 357.0 | 2.38 | 150 |
| 奥氏体钢 | 204.8 | 32.0 | 6.4 | MgO | 245.0 | 3.01 | 81.4 |
| 硼 | 348.0 | 24.0 | 14.5 | $Si_3N_4$ 热压 | 385.0 | 10.0 | 38.5 |
| 玻璃 | 69.3 | 1.05 | 66.0 | SiC | 490.0 | 9.5 | 51.6 |
| NaCl | 40.0 | 1.0 | 40.0 | $Si_3N_4$ 烧结 | 385.0 | 2.95 | 131 |
| $Al_2O_3$ 刚玉 | 500.0 | 4.41 | 113 | AlN | 280.0 | $6.0 \sim 10.0$ | $28.0 \sim 46.7$ |

由表 6-12 可见，无机材料的实际强度远低于其理论值。这是由于材料在制备过程中不可避免地引入了各种缺陷。

（2）高分子材料的理论强度

从分子结构的角度看，高分子的强度主要来自于链上化学键和链间的分子间作用力。理论上讲，高分子断裂的微观过程有以下三种极端情况：如果高分子链的排列方向是平行于受力方向的，则断裂可能是化学键的断裂[图 6-85(a)]或分子间的滑脱[图 6-85(b)]；如果高分子链的排列方向是垂直于受力方向的，则断裂可能是分子间作用力的破坏[图 6-85(c)]。

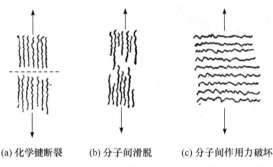

(a) 化学键断裂    (b) 分子间滑脱    (c) 分子间作用力破坏

**图 6-85**　高分子断裂微观过程三种模型示意图

如果是第一种情况，高分子断裂必须破坏所有的链。先计算破坏一根化学键所需要的力。大多数高分子主链共价键的键能一般约 350kJ/mol，这样一根化学键的键能就是 $5.8 \times 10^{-19}$ J。键能 $E$ 可看成是成键原子从平衡位置移开一段距离 $d$，克服其相互吸引力 $f$ 所需要做的功。对共价键而言，$d$ 不超过 0.15nm，超过 0.15nm 就会导致共价键破坏。由 $E = fd$ 可以计算出破坏一根化学键所需的力大约是 $3.9 \times 10^{-9}$ N。对 PE 而言，每根高分子链的截面积约为 $0.2nm^2$，每平方米截面上将有 $5 \times 10^{18}$ 根高分子链，因此理论拉伸强度为：

$$\sigma_{th1} = 3.9 \times 10^{-9} \times 5 \times 10^{18} = 2 \times 10^{10} \, N/m^2 = 2 \times 10^4 \, MPa$$

第二种情况，分子间滑脱的断裂必须使分子间的氢键或范德瓦耳斯力全部破坏。我们以没有氢键的高分子为例，分子间作用力为 5kJ/mol，破坏一对分子间作用力大约需要 $8.3 \times 10^{-21}$ J。分子间的作用距离为 0.3～0.45nm，破坏一对分子间作用力所需的作用力为 $1.8 \times 10^{-11}$ N。若每 0.5nm 链段有一对分子间作用力作用，假定高分子链长为 100nm，每根高分子链的截面积约为 $0.2nm^2$，每平方米截面上将有 $5 \times 10^{18}$ 根高分子链，则理论拉伸强度为：

$$\sigma_{th1} = 1.8 \times 10^{-11} \times 200 \times 5 \times 10^{18} = 1.8 \times 10^{10} \, N/m^2 = 1.8 \times 10^4 \, MPa$$

第三种情况，分子链垂直于受力方向，断裂时是部分分子间作用力被破坏。以分子间作用力为 8kJ/mol 计，破坏一对分子间作用力大约需要 $1.3 \times 10^{-20}$ J。分子间的作用距离设为 0.4nm，则破坏一对分子间作用力所需力为 $3 \times 10^{-11}$ N。若每 $0.25nm^2$ 上有一对分子间作用力作用，则每平方米截面上将有 $4 \times 10^{18}$ 对分子间作用力，则理论拉伸强度为：

$$\sigma_{th1} = 3 \times 10^{-11} \times 4 \times 10^{18} = 1.2 \times 10^8 \, N/m^2 = 120 MPa$$

（3）高分子实际强度

一些高分子的实际强度包括抗冲强度列于表 6-13 和表 6-14 中。

**表 6-13** 高分子材料实际强度与模量

| 高分子材料 | 拉伸强度/MPa | 断裂伸长率/% | 拉伸模量/GPa | 弯曲强度/MPa | 弯曲模量/GPa |
|---|---|---|---|---|---|
| LDPE | 10 | 800 | 0.2 | | |
| HDPE | 30 | 600 | 1 | 45 | 0.8 |
| PP | 33 | 400 | 1.4 | 49 | 1.5 |
| PIB | 30 | 350 | 0.75 | | |
| PS | 50 | 2.5 | 3.4 | 80 | 3.3 |
| PMMA | 65 | 10 | 3.2 | 110 | 3 |
| PVC | 50 | 30 | 2.6 | 90 | 3.5 |
| 聚三氟氯乙烯（PCTFE） | 35 | 175 | 1.9 | 55 | 2 |
| PTFE | 25 | 200 | 0.5 | 19 | 0.35 |
| 尼龙-66 | 80 | 200 | 2 | 103 | 2.3 |
| 尼龙-6 | 75 | 300 | 1.9 | 101 | 2 |
| PMO | 65 | 40 | 2.7 | 90 | 2.5 |
| PC | 60 | 125 | 2.5 | 90 | 2.5 |
| PSU | 65 | 75 | 2.5 | 100 | 2.4 |
| PI | 75 | 1 | 3 | 100 | |
| PPO | 65 | 75 | 2.3 | 80 | 2.4 |
| PPS | 65 | 3 | 3.4 | 110 | 3.8 |
| PET | 54 | 300 | 3 | 83 | 2.9 |
| PBT | 50 | 100 | 2.5 | 95 | 2.6 |
| 酚醛树脂 | 55 | 1 | 3.4 | 90 | 4 |
| 环氧树脂 | 55 | 5 | 2.4 | 110 | 2.5 |
| 乙酸纤维素 | 30 | 30 | 2 | 50 | 1.25 |
| 不饱和聚酯 | 60 | 3 | 5 | 90 | 5 |

**表 6-14** 一些高分子材料的抗冲强度

| 高分子材料 | 抗冲强度/(J·m⁻¹) | 高分子材料 | 抗冲强度/(J·m⁻¹) | 高分子材料 | 抗冲强度/(J·m⁻¹) |
|---|---|---|---|---|---|
| LDPE | > 853.44 | 聚乙烯基甲醛 | 53～1067 | 乙酸纤维素 | 53～299 |
| HDPE | 27～1077 | 尼龙-66 | 53～160 | 硝化纤维素 | 267～373 |
| PP | 27～107 | 尼龙-6 | 53～160 | 乙基纤维素 | 187～320 |
| PS | 13～21 | 尼龙 612 | 53～213 | 环氧树脂 | 11～267 |
| HIPS | 27～43 | 尼龙 11 | 96 | 环氧树脂（玻纤填料） | 533～1600 |
| ABS | 53～533 | PMO | 107～160 | 酚醛塑料（通用） | 13～19 |
| PMMA | 21～27 | PC | 640～960 | 酚醛塑料（布填料） | 53～160 |
| PVC | 21～160 | PSU | 69～267 | 酚醛塑料（玻纤填料） | 533～1600 |
| PVC 共混物 | 160～1067 | PI | 48 | PPO（25%玻纤） | 75～80 |
| PTFE | 107～213 | PPO | 267 | 聚酯（玻纤填料） | 107～1067 |

实验数据表明，材料拉伸断裂前的最大应力 $\sigma_{max}$ 与拉伸模量间的经验方程为：

$$\sigma_{max} = 3.0E^{2/3} \tag{6-291}$$

单向压缩时断裂前的最大应力 $\sigma'_{max}$ 与 $\sigma_{max}$ 之比与泊松比 $\nu$ 有关，约为 $2.2-5\nu$，而抗弯强度与拉伸强度之比接近 1.6。

可见高分子材料的实际强度远低于理论值，一般仅有几到几十兆帕。这是因为，高分子链在本体中的排布不可能像理论计算时如此整齐，即使是高度取向的试样也很难达到上述理想结构程度。由于分子链长短不同，在本体内部会存在大量的链端空隙，由于取向不完善，也会存在大量未取向部分，在应力作用下，这些薄弱环节将首先产生微孔穴，从而将应力集中在位于裂纹末端的主链上。尽管共价键强度比分子间作用力大 10～20 倍，但是由于直接承受外力的取向主链数目少，最终还是要被拉断（图 6-86），产生亚微观裂纹，再发展成材料微观和宏观破裂，也即经历一个从裂纹引发（成核）到裂纹扩展的过程。

实际高分子材料中总是存在多种缺陷，如内部杂质、微孔、晶界、微裂缝和表面划痕等，这些缺陷尺寸虽小但危害很大。实验观察到在玻璃态高分子中存在大量尺寸在 100nm 的孔穴，高分子生产和加工过程中又难免引入许多杂质和缺陷。在材料使用过程中，由于孔穴的应力集中效应，孔穴附近分子链承受的应力超过实际材料所受的平均应力几十倍或几百倍，以至达到材料局部区域的理论强度，使材料在这些区域首先破坏，继而扩展到材料整体。

高分子材料实际强度与理论值还有相当大的差距，这也给我们以希望，在提高高分子材料强度方面尚有很大的潜力，这对于高分子材料在工程中的应用是十分有价值的。

2. 影响强度的因素

（1）高分子结构

高分子的化学结构对高分子本征强度有重要影响。增大极性可以提高化学键键能和分子间作用力，因此可以提高强度。例如非极性 HDPE 的拉伸强度约为 30MPa，极性 PVC 的拉伸强度可提高到 50MPa，尼龙 66 就可达到 80MPa，等等。提升高分子结构刚性也可以提高材料的强度。例如 PS 拉伸强度约 50MPa，高于 PP；PPO 拉伸强度可达 65MPa，等等。但刚性变大，在提高模量和拉伸强度的同时，也增大脆性风险。

支化程度增加时，分子链间距离增大，分子间作用力降低，材料的拉伸强度随之降低。但其冲击强度会有所提高。如 LDPE 的拉伸强度为 25MPa，低于 HDPE 的 40MPa，而抗冲强度则高于 HDPE。

适度交联可以有效地增加分子链间的联系，不仅可以提高材料的抗蠕变能力，也能提高断裂强度。例如 PE 交联后拉伸强度可以提高一倍，冲击强度可以提高 3～4 倍。一般认为，交联对脆性材料的强度影响不大，而对韧性强度影响很大。例如随交联程度提高，橡胶材料的拉伸模量和强度都大大提高，达到极值强度后，又趋于下降；断裂伸长率则连续下降（图 6-87）。

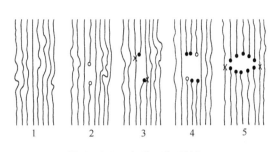

**图 6-86** 高分子断裂过程

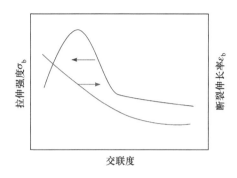

**图 6-87** 橡胶的拉伸强度与交联剂用量的关系

热固性树脂交联前分子量很低，多为液态，几乎没有强度。交联固化后，分子间形成密集的化学交联，使断裂强度大幅度提高。过度交联会使材料的冲击强度和断裂强度都下降。

分子量及其分布是决定高分子材料拉伸强度和冲击强度的重要因素。分子量很低的有机物是不能做材料的，只有当其分子量超过临界分子量后，才具有基本的强度。拉伸强度和冲击强度均随分子量增加而逐渐提高。当分子量达到一定值以后，沿链分子间作用力的总和超过化学键能时，材料强度主要取决于化学键能的大小，这时材料强度不再依赖分子量而变化（图 6-88）。尽管拉伸强度变化不大，但材料的冲击强度会继续增大。例如分子量达到 300 万以上的超高分子量 PE，其冲击强度可以与 PC 媲美，尤其是其低温冲击强度很好，可以将其应用于低温工程领域。分子量分布对强度有一定的影响，分子量分布变宽时，特别是小于临界分子量值的低分子量部分增多时，通常会使材料强度降低，但断裂伸长率却有增加趋势。

（2）结晶

结晶对高分子材料力学性能的影响十分显著。结晶使分子链排列紧密有序，孔隙率低，分子间作用增强。因此，随结晶度增加，材料的屈服强度、断裂强度、硬度、弹性模量均提高，但断裂伸长率和韧性下降（表 6-15）。如果结晶度太高，材料变脆，有可能适得其反。

**表 6-15** 聚乙烯的断裂性能与结晶度的关系

| 结晶度/ % | 65 | 75 | 85 | 95 |
|---|---|---|---|---|
| 断裂强度/ MPa | 14.4 | 18 | 25 | 40 |
| 断裂伸长率/ % | 500 | 300 | 100 | 20 |

球晶尺寸对性能的影响见表 6-16。大球晶将使断裂伸长率和韧性下降，冲击强度下降，而均匀的小球晶在材料内可以起到物理交联点作用，因此能使材料的强度、断裂伸长率、模量和韧性得到提高（图 6-89）。采用淬火方法，或添加成核剂，如在聚丙烯中添加草酸酞作为晶种，都有利于均匀小球晶生成，从而提高材料的强度和韧性。

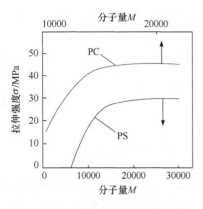

图 6-88  聚苯乙烯和聚碳酸酯的拉伸强度与
分子量的关系

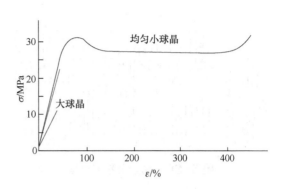

图 6-89  聚丙烯应力应变曲线与球晶尺寸的
关系

表 6-16  聚丙烯拉伸性能与球晶尺寸的关系

| 球晶尺寸/μm | 拉伸强度/MPa | 断裂伸长率/% |
| --- | --- | --- |
| 10 | 30.0 | 500 |
| 100 | 22.5 | 25 |
| 200 | 12.5 | 25 |

晶体形态对高分子拉伸强度的影响规律大致是：同一高分子，伸直链晶体的拉伸强度最大，串晶次之，球晶最小。

（3）取向

分子链取向后，可以阻止裂缝向纵深发展，使材料取向方向得到增强。对于脆性材料，分子链取向使材料在平行于取向方向的强度、模量和断裂伸长率提高，甚至出现脆 -韧转变，而在垂直于取向方向的强度和断裂伸长率降低。对于延性、易结晶材料，在平行于取向方向的强度、模量提高，在垂直于取向方向的强度下降，断裂伸长率提高。

（4）应力集中物

材料中存在的各种缺陷会产生应力集中现象，导致材料强度下降。材料缺陷在高分子加工成型中普遍存在，包括裂缝、空隙、缺口、银纹和杂质等。缺陷形状不同，应力集中也不同。如在加工时，由于混炼不匀、塑化不足，造成微小气泡和接痕；生产过程中也常带入一些杂质，成型过程中，由于制件表里冷却速率不同，材料内部有不同的收缩行为，从而容易在制品中形成细小的银纹，甚至是裂缝，在制件的表皮上将出现龟裂。

（5）温度和拉伸速率

温度和拉伸速率对屈服的影响参见图 6-73。温度对断裂强度影响较小，而对屈服强度影响较大。温度升高，材料屈服强度明显降低。达到脆点温度以上时可使材料先屈服再断裂，则韧性大幅度提高。

拉伸速率对材料屈服强度的影响与温度的影响类似。提高拉伸速率，相当于降低温度，屈服强度随之增大。当拉伸速率大到临界速率之上时，屈服强度超过断裂强度，材料就呈现脆性断裂特征。高分子不再出现屈服，强度会有所增加。温度过低或拉伸速率过快，脆性变大，强度反而下降。

因此评价高分子材料的脆、韧性质是有条件的，一个原本在高温下、低拉伸速率时的韧性材料，处于低温或用高速率拉伸时，会呈现脆性破坏。所以就材料增韧改性而言，提高材料的低温韧性是十分重要的。

3. 高分子材料增韧

（1）橡胶增韧

橡胶增韧塑料的效果是十分明显的，尤其是对脆性塑料，添加弹性体后基体会出现典型的脆-韧转变。所用弹性体有三元乙丙橡胶（EPDM）、其他各类橡胶、SBS 热塑性弹性体和聚烯烃弹性体（POE）等，其形态包括块状、粒状和纳米粉状等。一般含量不宜过高，以防止出现橡胶化。

关于橡胶增韧塑料的机理，曾有人认为是由于橡胶粒子本身吸收能量，橡胶横跨于裂纹两端，阻止裂纹扩展；也有人认为形变时橡胶粒子收缩，诱使塑料基体玻璃化转变温度下降。但研究表明，形变过程中橡胶粒子吸收的能量很少，约占总吸收能量的 10%，大部分能量是被基体连续相吸收的。另外由橡胶收缩引起的玻璃化转变温度下降仅 10℃左右，不足以引起脆性塑料在室温下屈服。

Schmitt 和 Bucknall 等根据弹性体与脆性塑料共混物在低于塑料基体断裂强度的应力作用下，会出现剪切屈服和应力发白现象，以及剪切屈服是高分子韧性来源的观点，逐步完善了橡胶增韧塑料的经典机理。

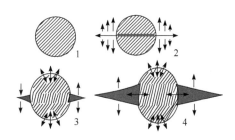

**图 6-90** 应力作用下橡胶粒子变形引发银纹

他们认为，弹性体粒子分散在基体中，形变时成为应力集中体，引发银纹或剪切屈服带，能促使周围基体发生脆-韧转变和屈服。屈服的主要形式有：引发大量银纹（应力发白）（图 6-90）和形成剪切屈服带，吸收大量变形能，使材料韧性提高。剪切屈服带还能终止银纹，阻碍其发展成破坏性裂缝。体系中各部分吸收能量示意图见图 6-91。其中，$A_M$ 为塑料基体吸收的能量；$A_K$ 为弹性体粒子吸收的能量；$A_C$ 为银纹吸收的能量；$A_B$ 为最后断裂吸收的能量。可见银纹吸收的能量最多。

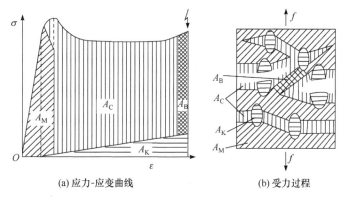

(a) 应力-应变曲线　(b) 受力过程

**图 6-91** HIPS 和 ABS 体系在应力作用下塑料基体橡胶粒子及引发的银纹吸收能量示意图

材料体系不同，发生屈服的形式不同，韧性的表现不同。但同一体系中两种屈服形式有时会同时发生。

若界面强度高于弹性体强度，在应力作用下，弹性体变形产生空化现象，引发银纹和剪切屈服带；若界面强度低于弹性体强度，则在应力作用下，会在界面处发生剥离和空化现象，剥离区周围基体的应力状态发生变化，更容易变形，引发剪切屈服。此外，Wu 渗透理论则认为，当弹性体粒子间的距离小于某一临界值时，相邻弹性体粒子周围应力场将相互影响，相互叠加，基体发生明显的塑性变形，弹性体对基体产生增韧作用。

橡胶增韧塑料虽然可以使塑料基体的抗冲击韧性大幅提高，但同时也随之产生一些问题，如材料强度下降、刚性变弱、热变形温度下降及加工流动性变差等，使橡胶增韧塑料时，增韧与增强改性成为一对不可兼得的矛盾。

（2）刚性粒子增韧

刚性粒子（RF）增韧方法不但可使高分子材料的韧性得以提高，同时也可使其强度、模量、耐热性、加工流动性能等得到改善，显示了增韧增强的复合效应。

刚性粒子可以是刚性有机粒子（ROF），也可以是刚性无机粒子（RIF），其形态可以是微纳尺寸的超细粒子，也可以是层状结构或窄分布粒子。常用的无机粒子有 $CaCO_3$、$BaSO_4$ 等，有机粒子则有 PMMA、PS、SAN 共聚物等。典型体系有 PC/PMMA、HDPE/$CaCO_3$ 等。

对于 RIF 的增韧机理，一般认为是脆-韧转变机理。高分子受力变形时，RIF 产生应力集中效应，引发其周围的基体屈服，产生空化、银纹和剪切屈服带，这种基体屈服将吸收大量的变形功，从而产生增韧作用。当裂纹遇到 RIF 时，其发展需要攀越 RIF 障碍，或沿 RIF 发展，使裂纹扩展的阻力增大，消耗额外的变形能而阻止裂纹扩展。此外，两相界面处部分受力脱黏形成空化，使裂纹钝化而不致发展成破坏性开裂。对 RIF 进行表面处理，表面处理试剂在基体与填料间形成一个弹性过渡层，可有效传递和松弛界面上的力，因而可以更好地吸收和分散外界冲击能，从而提高韧性。通过加入相容剂改善 RIF-高分子的界面使体系增韧是 RIF 增韧的有效途径。

对于 ROF 的增韧则有两种理论，一种是适用于相容性较好体系的"冷拉机理"，另一种是适用于相容性不佳体系的"空穴增韧机理"。

若 ROF 粒子均匀分布于基体连续相中，由于两相的杨氏模量、泊松比均不同，受外部应力场作用，两相因变形不同，在界面就产生一种较高的静压强。在基体与分散相界面黏结良好的前提下，当作用在刚性分散相上的静压强大于 ROF 形变所需要的临界静压强时，ROF 易于屈服而产生冷拉伸，粒子被拉长，长径比增大，产生大的塑性变形，ROF 发生脆-韧转变，从而吸收大量的冲击能量，提高材料的韧性。而 ROF 拉伸时促使其周围的基体随之发生屈服，也吸收了一定的能量，使高分子的冲击强度得以提高。

空穴增韧机理是，体系相容性较差时，ROF 粒子与基体两相之间有明显的界面，在分散相粒子周围存在着很多空穴。材料受到冲击时，界面易脱离而形成微小的空穴，这些微小的空穴易产生变形而吸收能量，也可引发银纹吸收能量，从而提高材料的断裂韧性。

一般使用大粒径粒子易在基体中形成缺陷，虽然提高了体系的硬度和刚度，却损害了强度和韧性。粒度越细，对强度的影响越小，但可以吸收的能量更多，增韧增强的可能性更大。加入量如果过少，则分散相浓度过低，起不到明显的增韧作用。含量超过临界值，粒子间过于接近，材料受冲击时产生微裂纹和塑性变形太大，容易发展成为宏观应力开裂，冲击性能下降。

当然也不是所有的体系都有这样的效果。在 PS 等脆性材料中添加碳酸钙之类的粉状填料，因为填料的应力集中作用会加速材料的破坏，反使材料抗冲击性能进一步下降。

### 4. 高分子材料增强

高分子材料的实际强度和模量与无机材料相比低得多，应用受到一定的限制，其增强改性就显得十分重要。增强改性的基本思想是用填充、混合、复合等方法，将增强材料加入到高分子基体中，提高材料的力学强度或其他性能。

常用的增强材料有粉状填料（零维材料）、纤维状填料（一维材料）、片状填料（二维材料）和网状填料（三维材料）等。除增强材料本身应具有较高力学强度外，增强材料的均匀分散、取向以及增强材料与高分子基体的良好界面亲和也是提高增强改性效果的重要措施。

（1）粉状填料增强

粉状填料按性能分可分为活性填料和惰性填料两类；按尺寸分有微米级填料、纳米级填料等。

粉状填料的增强效果主要取决于填料的种类、尺寸、用量、表面性质以及填料在高分子基材中的分散状况。

为防止填料带来裂纹和加速破坏的副作用，须对填料表面进行适当处理，加强它与高分子基体的亲和性，同时防止填料团聚，促进其均匀分散，经过处理的填料通常称为活性填料。

例如活性炭黑对橡胶的增强，其尺寸在亚微米级时增强效果十分显著。表 6-17 列出几种橡胶用炭黑增强改性的效果。可以看出，尤其是非结晶性的丁苯橡胶和丁腈橡胶，经炭黑增强后拉伸强度提高为原来的 10 倍左右，使这些橡胶得以实际应用。

**表 6-17　几种橡胶采用炭黑增强的效果对比**

| 橡胶 | | 拉伸强度/ MPa | | 增强倍数 |
|---|---|---|---|---|
| | | 纯胶 | 含炭黑橡胶 | |
| 非结晶型 | 硅橡胶 | 0.34 | 13.7 | 40 |
| | 丁苯橡胶 | 1.96 | 19.0 | 9.7 |
| | 丁腈橡胶 | 1.96 | 19.6 | 10 |
| 结晶型 | 天然橡胶 | 19.0 | 31.4 | 1.7 |
| | 氯丁橡胶 | 14.7 | 25.0 | 1.7 |
| | 丁基橡胶 | 17.6 | 18.6 | 1.1 |

活性填料的增强效果主要来自其表面活性。炭黑粒子表面带羧基、酚基、醌基等多种活性基团，这些活性基团与橡胶大分子链接触，可以发生物理或化学吸附，充当物理或化学交联点（图6-92）。

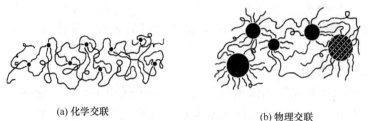

(a) 化学交联　　　　　　　　　(b) 物理交联

**图6-92**　化学交联与物理交联示意图

吸附有多条大分子链的炭黑粒子具有均匀分布应力的作用，当其中某一条大分子链受到应力时，可通过炭黑粒子将应力传递到其他分子链上，使应力分散。而且即便发生某一处网链断裂，由于炭黑粒子的"类交联"作用，其他分子链仍能承受应力，不致迅速危及整体，降低发生断裂的可能性而起增强作用。

碳酸钙、滑石粉、陶土以及各种金属或金属氧化物粉末属于惰性填料，需要经过化学改性赋予粒子表面一定的活性，才具有增强作用。例如用表面活性物质如脂肪酸、树脂酸处理，或用钛酸酯、硅烷等偶联剂处理，或在填料粒子表面化学接枝大分子等都有很好的效果（图6-93）。

(a)　　　　　　　　　　(b)

**图6-93**　粉状填料经硬脂酸处理填充 HDPE 的 SEM 图
硬脂酸用量（质量分数）：（a）0.9%；（b）1.5%

（2）纤维增强

利用纤维的高强度、高模量、尺寸稳定性对树脂进行增强改性，可以克服纤维的脆性，提高树脂基体的强度、刚性、耐蠕变性和耐热性。

常用的纤维材料有玻璃纤维、碳纤维、合成纤维、硼纤维和天然纤维等。基体材料则包括各种高分子材料，如环氧树脂、不饱和聚酯树脂、酚醛树脂、聚乙烯、聚苯乙烯、聚碳酸酯等。

玻璃纤维增强塑料就是用玻璃纤维或其他织物与环氧树脂、不饱和聚酯等复合制备的一种力学性能很好的高强轻质材料，其比强度、比模量不仅超过钢材，也超过其他许多材料，成为航空航天技术中的重要材料。表6-18给出用玻璃纤维增强热塑性塑料的性能数据，可以看到，复合材料比纯塑料性能均大幅度提高。

**表 6-18**　玻璃纤维增强与未增强的某些热塑性塑料的性能

| 材料 | 拉伸强度/MPa | 断裂伸长率/% | 抗冲强度/(J·m⁻²) | 弹性模量/GPa | 热变形温度/K |
|---|---|---|---|---|---|
| PE 未增强 | 22.5 | 60 | 78.5 | 0.78 | 321 |
| PE 增强 | 75.5 | 3.8 | 236 | 6.19 | 399 |
| PS 未增强 | 57.9 | 2.0 | 15.7 | 2.75 | 358 |
| PS 增强 | 96.0 | 1.1 | 131 | 8.34 | 377 |
| PC 未增强 | 61.8 | 60～166 | 628 | 2.16 | 405～471 |
| PC 增强 | 137.0 | 1.7 | 196～470 | 11.7 | 420～422 |
| 尼龙-66 未增强 | 68.6 | 60 | 54 | 2.75 | 339～359 |
| 尼龙-66 增强 | 206.0 | 2.2 | 199 | 5.98～12.55 | > 473 |
| PMO 未增强 | 68.6 | 60 | 74.5 | 2.75 | 383 |
| PMO 增强 | 82.4 | 1.5 | 42 | 5.59 | 441 |

注：以上增强材料均含玻璃纤维的质量分数为 20%～40%。

$$\text{抗冲强度/(J·m}^{-2}\text{)}$$

材料受力时，首先由纤维承受应力，个别纤维即使发生断裂，由于树脂的黏结作用和塑性流动，断纤维被拉开的趋势得到抑制，断纤维仍能承受应力。树脂与纤维的黏结还具有抑制裂纹传播的效用。材料受力引发裂纹时，软基体依靠切变作用能使裂纹不沿垂直应力的方向发展而发生偏斜，使断裂功有很大一部分消耗于反抗基体对纤维的黏着力，阻止裂纹传播。

由此可见，纤维与树脂基体间的界面黏结性是纤维增强复合材料的关键。通过纤维表面改性可以提高其与基体的黏结力。

图 6-94 是玻璃纤维改性前后增强 PP 的微观形貌图，改性后玻纤与 PP 的衔接明显好转，改性前拉伸强度为 40MPa，抗冲强度为 16kJ·m⁻¹，改性后拉伸强度和抗冲强度分别提高至 87MPa 和 34kJ·m⁻¹。

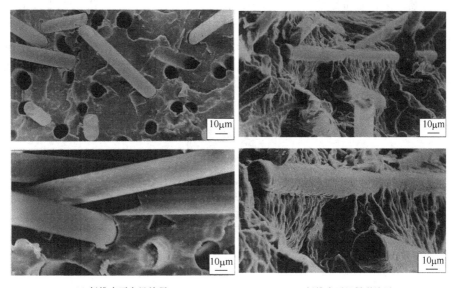

(a) 纤维表面未经处理　　　　　　　　(b) 纤维表面经偶联处理

**图 6-94**　玻璃纤维增强 PP 树脂（纤维质量分数：30%）

　　在热固性树脂及脆性高分子材料中添加纤维状填料，也可以提高基体的冲击强度。纤维一方面可以承担试片缺口附近的大部分负荷，使应力分散到更大面积上，另一方面还可以吸收部分冲击能，防止裂纹扩展成裂缝（图 6-95）。

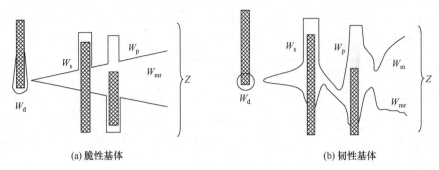

(a) 脆性基体　　　　　　　　　　(b) 韧性基体

**图 6-95**　基体中纤维对裂纹尖区的影响

$W_d$—纤维撕脱能；　$W_s$—纤维滑动能；　$W_p$—纤维拔出能；　$W_{mr}$—基体断裂能；　$W_m$—基体塑性变形能

### 5. 共聚与共混

　　采用与橡胶类单体或聚合物进行嵌段共聚、接枝共聚或物理共混的方法可以大幅度改善脆性塑料的抗冲击性能。而对强度不足的塑料材料，采用与工程塑料类单体或聚合物进行共聚或共混等方法，也可以在一定程度上达到目的。

　　例如，采用丁二烯与苯乙烯共聚可以得到高抗冲聚苯乙烯 HIPS；用氯化聚乙烯 CPE 与 PVC 共混可改善 PVC 的脆性，共混后体系的抗冲强度可以提高几倍至几十倍。在共聚方法中，反应性挤出共聚与共混相结合，可以获得更好的相容性和分散性，例如在 PE 和 PS 共混时加入溶入引发剂与偶联剂的苯乙烯单体，可以减小 PE 的自身偶联，增加 PS 和 PE 间的接枝反应，提高产品的综合性能。共混体系的分散状态与共混工艺有关，第二组分的用量、共混温度和共混时间等对共混物力学性能都有影响。

　　高分子改性技术是高分子材料科学领域内的一项长期和极富挑战性的工作，其前景十分广阔。通过改性，可以改善原有高分子材料的性能，扩大其应用范围。随着现代科技的发展，各种新型改性填料及其纳米化技术得以开发和应用，新型相容剂、接枝剂、成核剂不断涌现，以及塑料合金化新技术、原位反应挤出工艺及改性和成型的发展，都为高分子材料的改性开辟了广阔的空间。

📖 参考文献